Korsch

Physik mit 2 x 2-Matrizen

AF533879

Bleiben Sie auf dem Laufenden!

Hanser Newsletter informieren Sie regelmäßig über neue Bücher und Termine aus den verschiedenen Bereichen der Technik. Profitieren Sie auch von Gewinnspielen und exklusiven Leseproben. Gleich anmelden unter

www.hanser-fachbuch.de/newsletter

Hans Jürgen Korsch

Physik mit 2 x 2-Matrizen

Ein Lehrbuch mit Beispielen und Übungsaufgaben

HANSER

Autor:

Prof. Dr. Hans Jürgen Korsch
Technische Universität Kaiserslautern
Fachbereich Physik

Alle in diesem Buch enthaltenen Informationen wurden nach bestem Wissen zusammengestellt und mit Sorgfalt geprüft und getestet. Dennoch sind Fehler nicht ganz auszuschließen. Aus diesem Grund sind die im vorliegenden Buch enthaltenen Informationen mit keiner Verpflichtung oder Garantie irgendeiner Art verbunden. Autor(en, Herausgeber) und Verlag übernehmen infolgedessen keine Verantwortung und werden keine daraus folgende oder sonstige Haftung übernehmen, die auf irgendeine Weise aus der Benutzung dieser Informationen - oder Teilen davon - entsteht.
Ebenso wenig übernehmen Autor(en, Herausgeber) und Verlag die Gewähr dafür, dass die beschriebenen Verfahren usw. frei von Schutzrechten Dritter sind. Die Wiedergabe von Gebrauchsnamen, Handelsnamen, Warenbezeichnungen usw. in diesem Werk berechtigt auch ohne besondere Kennzeichnung nicht zu der Annahme, dass solche Namen im Sinne der Warenzeichen- und Markenschutz-Gesetzgebung als frei zu betrachten wären und daher von jedermann benutzt werden dürften.

Bibliografische Information der Deutschen Nationalbibliothek:
Die Deutsche Nationalbibliothek verzeichnet diese Publikation in der Deutschen Nationalbibliografie; detaillierte bibliografische Daten sind im Internet über
http://dnb.d-nb.de abrufbar.

Dieses Werk ist urheberrechtlich geschützt.
Alle Rechte, auch die der Übersetzung, des Nachdruckes und der Vervielfältigung des Buches, oder Teilen daraus, vorbehalten. Kein Teil des Werkes darf ohne schriftliche Genehmigung des Verlages in irgendeiner Form (Fotokopie, Mikrofilm oder ein anderes Verfahren) - auch nicht für Zwecke der Unterrichtsgestaltung - reproduziert oder unter Verwendung elektronischer Systeme verarbeitet, vervielfältigt oder verbreitet werden.

© 2021 Carl Hanser Verlag München
Internet: www.hanser-fachbuch.de

Lektorat: Frank Katzenmayer
Herstellung: Anne Kurth
Covergestaltung: Max Kostopoulos
Coverkonzept: Marc Müller-Bremer, www.rebranding.de, München
Titelbild: © Max Kostopoulos
Satz: Hans Jürgen Korsch
Druck und Bindung: CPI books GmbH, Leck
Printed in Germany

Print-ISBN 978-3-446-46694-4
E-Book-ISBN 978-3-446-46806-1

Vorwort

In der Physik werden Matrizen, insbesondere 2 × 2-Matrizen, oft als einfache Modelle eingesetzt, um komplizierte Probleme verständlicher zu machen und ihre theoretischen und praktischen Lösungsmethoden zu illustrieren. Das vorliegende Lehrbuch behandelt interessante aktuelle und anwendungsnahe Aufgabenfelder der modernen Physik, in denen die Matrix-Algebra zum Einsatz kommt. Es wendet sich in erster Linie an Studierende der Physik, zum Selbststudium oder als Begleitmaterial zu Vorlesungen. Das Buch kann jedoch auch fortgeschrittenen Interessenten an physikalischen Fragestellungen und ihrer theoretischen Beschreibung neue Perspektiven eröffnen.

Zum einen bietet es einen schnellen Einstieg in sehr unterschiedliche Gebiete der Physik. Durch die oft verwendete ähnliche Methodik, wie zum Beispiel die Transfermatrizen, erkennt man interessante Zusammenhänge zwischen weit auseinander liegenden Feldern. Zum anderen ermöglicht es der Leserin oder dem Leser, die vermittelten Methoden erfolgreich auf neue Probleme anzuwenden.

Die Themenvielfalt des Buches spannt einen weiten Bogen von fundamentalen Themen wie Dynamischen Systemen bis hin zur allgemeinen Relativitätstheorie und Quantenphysik. Dabei steht die Quantenmechanik im Zentrum, aber es werden auch anwendungsorientiertere Gebiete wie Mechanik, Optik, Elektronik oder Quantencomputing behandelt.

Jedes Kapitel gibt eine kurze Einführung in den physikalischen Problemkreis und illustriert die angewandten Methoden mithilfe zahlreicher durchgerechneter Beispiele und Übungsaufgaben samt Lösungen. Es wird vorausgesetzt, dass der Leser mit den elementaren Methoden der Matrix-Algebra vertraut ist. Deshalb werden mathematische Verfahren nur kurz erläutert. Eine ausführlichere Darstellung der mathematischen Grundlagen findet der Leser in dem parallel erscheinenden Lehrbuch:

> Korsch, Hans Jürgen: *Mathematik mit* 2 × 2 *Matrizen. Ein Lehrbuch mit Beispielen und Übungsaufgaben,* Carl Hanser Verlag 2021, Print-ISBN 978-3-446-46693-7, E-Book-ISBN 978-3-446-46805-4 .

Verweise darauf werden im vorliegenden Buch durch „M2“ angegeben, also beispielsweise als „Mehr dazu findet man in M2, Abschnitt 2.4.“

Wie oben erwähnt, stammen viele der Beispiele für einen Einsatz von Matrix-Methoden aus dem Gebiet der Quantenmechanik. Deren mathematische Grundlagen werden im Rahmen des vorliegenden Buches nur sehr knapp dargestellt. Mehr dazu findet man in dem Lehrbuch

> Korsch, Hans Jürgen: *Mathematik der Quantenmechanik,* Carl Hanser Verlag 2019, Print-ISBN 978-3-446-46226-7, E-Book-ISBN 978-3-446-46255-7 .

Zwei weitere aktuelle Lehrbücher, die sich auf den Einsatz von Matrizen in der Physik konzentrieren, sind:

Ludyk, Günter: *Relativitätstheorie nur mit Matrizen* sowie *Quantenmechanik nur mit Matrizen*, beide erschienen im Springer-Verlag 2020.

Im vorliegenden Buch wurde auf die oft üblichen detaillierten Literaturangaben der Quellen oder der weiterführenden Arbeiten weitgehend verzichtet, da es nach Ansicht des Autors zunehmend einfacher ist, weitere Informationen zu interessanten Themen im Internet zu „ergoogeln", beispielsweise über die immer besser werdenden Einträge bei Wikipedia. Voraussetzung dafür sind natürlich Grundkenntnisse der Thematik und der relevanten Schlagwörter. Quellenangaben gibt es jedoch dort, wo dies unverzichtbar erschien, beispielsweise weil der vorliegende Text sich stark an dieser Literatur orientiert, oder weil die betreffenden Arbeiten schwer auffindbar sind.

Ein paar Worte zur Rolle der vielen Aufgaben im Text. Sie sind bewusst einfach gehalten und lassen sich in der Regel in wenigen Denk- und Rechenschritten lösen. Sie sollen einerseits dazu anregen, aktiv an der Entwicklung eines Themas mitzuarbeiten, um ein besseres Verständnis zu erreichen. Andererseits sollen auf diese Weise Nebenrechnungen, die den Textfluss stören könnten, ausgelagert werden. In allen Fällen findet man ausführliche Lösungen am Ende jedes Kapitels.

Der vorliegende Text beruht auf den Vorlesungen des Autors zu Themen der Theoretischen Physik an der TU Kaiserslautern. Der Autor dankt den ehemaligen Mitgliedern seiner Arbeitsgruppe für viele Anregungen und Kommentare. Insbesondere möchte ich hier Dr. Bruno Mirbach hervorheben, der die Mühe nicht scheute, den vorliegenden Text kritisch durchzusehen, und der durch viele hilfreiche Anmerkungen dazu beitrug, dass der Text verständlicher und ärmer an Fehlern wurde. Weitere Hinweise und Vorschläge bitte an

h.j.korsch@gmail.com.

Eine aktuelle Korrekturliste und weitere Informationen findet man unter

https://www.hanser-fachbuch.de.

Mein Dank gilt auch dem Hanser Verlag für die freundliche Aufnahme des Buches und die hilfreiche Unterstützung durch sein Lektorat.

Kaiserslautern, Oktober 2020 Hans Jürgen Korsch

Inhalt

1 Lineare Dynamik

„Es ist unmöglich, die Schönheiten der Naturgesetze angemessen zu vermitteln, wenn jemand die Mathematik nicht versteht. Ich bedaure das, aber es ist wohl so."
— Richard Feynman

Physik ohne Differentialgleichungen wäre fast undenkbar. Also beginnen wir mit einer Untersuchung ihrer einfachsten nichttrivialen Vertreter, den linearen Differentialgleichungen erster Ordnung mit zwei Variablen. Eine Kenntnis ihrer Eigenschaften ist wichtig für ein Verständnis des Verhaltens komplexer nichtlinearer Systeme in der Umgebung ihrer stationären Punkte. Wir werden diese Fixpunkte klassifizieren und dabei den Begriff des Index eines Fixpunktes kennenlernen.

1.1 Phasenportraits linearer Flüsse

Das Zeitverhalten eines Systems, beispielsweise eines mechanischen Pendels, eines elektrischen Schwingkreises oder eines biologischen Ökosystems, wird oft durch gekoppelte gewöhnliche Differentialgleichungen beschrieben. Solche Differentialgleichungen lassen sich in ein System erster Ordnung für die Variablen $x_1,\ldots,x_n$ transformieren. Im einfachsten Fall sind sie explizite Gleichungen für die Änderung $\dot{x}_j = \mathrm{d}x_j/\mathrm{d}t$ der Größen x_j mit der Zeit t,

$$\dot{x}_j = v_j(x_1, x_2, \ldots, x_n)\,, \quad j = 1, \ldots, n. \tag{1.1}$$

(Genauer gesagt handelt es sich hier um ein **autonomes** System. Im allgemeineren Fall können die Funktionen v_j zeitabhängig sein.) Man sucht eine Lösung für die Anfangsbedingungen $x_j(t_0)$. Wir werden hier annehmen, dass die Variablen und die Funktionen reell sind. Zur Abkürzung schreibt man das Differentialgleichungssystem auch als

$$\dot{\mathbf{x}} = \mathbf{v}(\mathbf{x}). \tag{1.2}$$

Dabei steht $\mathbf{x}$ für ein n-Tupel der Variablen und es soll dadurch nicht unterstellt werden, dass es sich dabei um das mathematische Objekt eines Vektors handeln muss. Man bezeichnet den von den Variablen $\mathbf{x}$ aufgespannten Raum als den **Phasenraum** und eine Lösung der Differentialgleichungen als **Phasenbahn** oder auch kurz als Bahn oder **Trajektorie**. Solch ein Phasenraum ist in der Regel eine **Mannigfaltigkeit**, also lokal ein n-dimensionaler Vektorraum. In jedem Punkt $\mathbf{x}$ des Phasenraumes ist der Tangentialvektor einer Phasenbahn durch $\mathbf{v}$ gegeben, die Vektoren $\mathbf{v}(\mathbf{x})$ bilden ein **Vektorfeld** auf der Mannigfaltigkeit, ihre Richtungen ein **Richtungsfeld**.

Die Geschwindigkeiten $v_j(x_1,\ldots,x_n)$ sind im Allgemeinen **nichtlineare** Funktionen, was in aller Regel zu einem sehr reichhaltigen dynamischen Verhalten führt. Man findet dabei die unterschiedlichsten Strukturen wie beispielsweise Fixpunkte, Grenzzyklen, chaotische Bahnen und seltsame Attraktoren. Eine Übersicht über die Bahnen eines Systems bezeichnet man als ein **Phasenportrait**.

Von großer Bedeutung sind die Punkte $\mathbf{x}_s$ des Phasenraums mit $\mathbf{v}(\mathbf{x}_s) = 0$, die sich also zeitlich nicht ändern. Sie haben viele Namen, wie beispielsweise **singuläre Punkte**, **stationäre Punkte**, **Gleichgewichtspunkte** oder **Fixpunkte**. Wir werden das Verhalten in der Umgebung dieser stationären Punkte genauer analysieren.

Eine Grundvoraussetzung für eine Untersuchung solcher dynamischer Systeme ist eine gute Kenntnis der einfachsten Modellsysteme dieser Art, nämlich **linearer Systeme**

$$\dot{x}_j = \sum_{j=1}^{n} a_{jk} x_k \,, \quad j = 1, \ldots, n. \tag{1.3}$$

Hier ist $\mathbf{x} = (x_1, \ldots, x_n)^T$ ein Vektor und wir können die Gleichungen in Matrixform $\dot{\mathbf{x}} = \mathbf{A}\mathbf{x}$ zusammenfassen mit der Matrix $\mathbf{A} = (a_{jk})$. Solche Gleichungen erhält man beispielsweise dann, wenn man das nichtlineare System (1.1) in der Nähe eines stationären Punktes $\mathbf{x}_s$ mit $v_j(\mathbf{x}_s) = 0$ betrachtet. Entwickelt man die $v_j(\mathbf{x})$ um diesen stationären Punkt und verschiebt ihn in den Koordinatennullpunkt, so erhält man die Gleichungen (1.1) mit $a_{jk} = \partial v_j / \partial x_k |_{\mathbf{x}_s}$.

Im einfachsten Fall einer einzigen Variablen kann die nichtlineare Differentialgleichung

$$\dot{x} = f(x) \tag{1.4}$$

durch $t - t_0 = \int_{x_0}^{x} f^{-1}(x')\,\mathrm{d}x'$ gelöst werden. In der Umgebung eines stationären Punktes x_s mit $\dot{x} = f(x_s) = 0$ ist das Verhalten der linearisierten Gleichung $\dot{x} = a(x - x_s)$ mit $a = f'(x_s)$ sehr übersichtlich: Die Lösung $x(t) = x_s + x_0\,\mathrm{e}^{a(t-t_0)}$ nähert sich für $a < 0$ dem stationären Punkt x_s, für $a > 0$ entfernt sie sich davon. Der stationäre Punkt ist dann **stabil** oder **instabil**.

Schon für zwei Variablen ist das Verhalten der linearen Differentialgleichungen

$$\frac{\mathrm{d}}{\mathrm{d}t}\begin{pmatrix} x \\ y \end{pmatrix} = \begin{pmatrix} a & b \\ c & d \end{pmatrix}\begin{pmatrix} x \\ y \end{pmatrix} \tag{1.5}$$

mit den Anfangsbedingungen $(x(0), y(0))^T = (x_0, y_0)^T$ zur Zeit $t_0 = 0$ merklich interessanter. Es sei daran erinnert, dass wir hier reelle Matrixelemente und Anfangsbedingungen annehmen wollen, und damit auch reelle Lösungen $x(t)$ und $y(t)$. Außerdem wollen wir hier den einfachen Fall zeitunabhängiger Matrixelemente betrachten. Mehr zu dem zeitabhängigen Fall findet man in Abschnitt 2.2.

Wir können eine Lösung der Differentialgleichungen (1.5) finden, indem wir die erste Differentialgleichung ein zweites Mal nach der Zeit differenzieren und dann die Variable $y(t)$ mithilfe der zweiten Gleichung eliminieren. Das führt dann zu einer Differentialgleichung zweiter Ordnung wie bei dem gedämpften harmonischen Oszillator in Abschnitt 1.3. Hier wollen wir aber bei der Matrixdarstellung

$$\dot{\mathbf{x}} = \mathbf{A}\mathbf{x} \tag{1.6}$$

bleiben. Einfache Lösungen dieser Differentialgleichung findet man mithilfe des Separationsansatzes

$$\mathbf{x}(t) = \mathrm{e}^{\lambda t}\,\mathbf{u} \tag{1.7}$$

mit einem zeitlich konstanten Vektor $\mathbf{u}$. Die Zeitableitung ergibt $\dot{\mathbf{x}} = \lambda\mathbf{x}$ und Einsetzen in (1.6) führt auf

$$\lambda\,\mathrm{e}^{\lambda t}\,\mathbf{u} = \mathrm{e}^{\lambda t}\,\mathbf{A}\mathbf{u} \quad \text{oder} \quad \mathbf{A}\mathbf{u} = \lambda\,\mathbf{u}\,. \tag{1.8}$$

Der Vektor $\mathbf{u}$ ist also **Eigenvektor** der Matrix $\mathbf{A}$ mit dem **Eigenwert** λ. Man erhält einen solchen Eigenwert durch die Lösung der **charakteristischen Gleichung**

$$\det\left(\mathbf{A} - \lambda\mathbf{I}\right) = 0 \tag{1.9}$$

(vgl. M2, Gleichung (1.53)). Die Eigenwerte λ_j der Matrix $\mathbf{A}$ und die zugehörigen Eigenvektoren $\mathbf{u}_j$, also vom Nullvektor verschiedene Vektoren mit $\mathbf{A}\mathbf{u}_j = \lambda_j \mathbf{u}_j$, sind sehr wichtig für ein Verständnis der Dynamik des Systems Man sieht sofort, dass jedes Vielfache eines Eigenvektors auch diese Bedingung erfüllt, es gibt also einen **Eigenraum** zu jedem Eigenwert. Mit der Zeit variiert ein Eigenvektor wie

$$\mathbf{u}_j(t) = \mathrm{e}^{\lambda t}\mathbf{u}_j, \tag{1.10}$$

was man sofort durch Einsetzen in die Differentialgleichung (1.6) sieht. Der Vektor bleibt also immer in diesem Eigenraum.

Für unsere 2×2-Matrix gibt es entweder zwei verschiedene Eigenvektoren, nennen wir sie $\mathbf{u}_\pm$ mit den Eigenwerten $\lambda_\pm$, oder nur einen einzigen Eigenvektor $\mathbf{u}$ mit dem Eigenwert λ. Im ersten Fall ist der Rang der Matrix $\mathbf{A}$ gleich zwei und die Eigenvektoren bilden eine Basis. Die Matrix ist dann diagonalisierbar. Im zweiten Fall ist der Rang der Matrix gleich eins und die Matrix ist nicht diagonalisierbar.

Ein allgemeinerer Lösungsansatz der Dynamik des Systems (1.6) formuliert die Bewegungsgleichung in der Matrixform

$$\frac{\mathrm{d}\mathbf{U}}{\mathrm{d}t} = \mathbf{A}\mathbf{U}, \tag{1.11}$$

für die **Zeitentwicklungsmatrix** $\mathbf{U}(t)$, die zur Anfangszeit $t_0 = 0$ gleich der Einheitsmatrix ist: $\mathbf{U}(0) = \mathbf{I}$. Damit erhält man durch

$$\mathbf{x}(t) = \mathbf{U}(t)\mathbf{x}_0 \tag{1.12}$$

die Lösung für jede Anfangsbedingung $\mathbf{x}_0$. Die Lösung des linearen Gleichungssystems (1.11) ist die Exponentialfunktion

$$\mathbf{U}(t) = \mathrm{e}^{\mathbf{A}t} \tag{1.13}$$

deren explizite Form als 2×2-Matrix wir hier nicht angeben wollen. Man findet sie für den harmonischen Oszillator in Abschnitt 1.3, oder allgemeiner in M2, Abschnitt 2.2.

1.2 Fixpunkte und Phasenportraits

Das lineare System $\dot{\mathbf{x}} = \mathbf{A}\mathbf{x}$ aus Gleichung (1.6) besitzt als stationären Punkt, also als Fixpunkt, den Nullpunkt $\mathbf{x} = \mathbf{0}$. Das ist der einzige Fixpunkt, wenn $\mathbf{A}$ invertierbar ist, also für $\det\mathbf{A} \neq 0$. Andernfalls kann es mehr Lösungen geben, nämlich alle Vektoren mit $\mathbf{A}\mathbf{x} = \mathbf{0}$, die Vektoren aus dem **Kern** von $\mathbf{A}$. Wenn $\mathbf{A}$ die Nullmatrix ist, wäre das der gesamte Raum, andernfalls ein eindimensionaler Teilraum, der Eigenraum zum Eigenwert $\lambda = 0$. Derartige Fixpunkte nennt man **nicht-isoliert**, denn in jeder Umgebung eines solchen Punktes liegt ein weiterer Fixpunkt. Im Folgenden werden wir für alle Typen von Fixpunkten die zugehörigen Phasenportraits genauer beschreiben.

Das dynamische Verhalten der Lösungen hängt sicherlich nicht von dem verwendeten Koordinatensystem ab, sondern von Größen, die bei Transformationen des Koordinatensystems, also Ähnlichkeitstransformationen, invariant bleiben (vgl. M2, Kapitel 4). Das ist der Spur der Matrix **A**, also die Summe der Eigenwerte, und die Determinante, also das Produkt der Eigenwerte:

$$\begin{aligned} \tau &= \operatorname{spur}\mathbf{A} = a + d = \lambda_+ + \lambda_- , \\ \Delta &= \det\mathbf{A} = ab - cd = \lambda_+\lambda_- \end{aligned} \tag{1.14}$$

und natürlich die Eigenwerte

$$\lambda_\pm = \tfrac{1}{2}\left(\tau \pm \sqrt{\tau^2 - 4\Delta}\,\right) \tag{1.15}$$

selbst. Da **A** reell ist , sind Spur und Determinante reell und die Eigenwerte sind entweder beide reell oder bilden ein komplex konjugiertes Paar.

Um die Dynamik des Systems zu verstehen, muss man zunächst alle möglichen unterschiedlichen Typen von Eigenwerten klassifizieren.

Fall I: A ist diagonalisierbar.

Bringt man die Matrix durch eine Ähnlichkeitstransformation auf Diagonalform $\begin{pmatrix} \lambda_- & 0 \\ 0 & \lambda_+ \end{pmatrix}$, dann liegen die beiden Eigenvektoren in den Koordinatenrichtungen. Es gibt vier Möglichkeiten:

Fall I a: Eigenwerte reell und det A > 0.

Dann haben die Eigenwerte gleiche Vorzeichen und wir finden ein Verhalten wie in Bild 1.1 für $\lambda_- = -2$, $\lambda_+ = -1$ illustriert, ein sogenannter **stabiler Knoten**. Die Bahnen nähern sich im Langzeitlimit dem Fixpunkt in der Eigenrichtung des Eigenwertes mit dem kleinsten Betrag des Eigenwertes, also der langsamsten Richtung. In dem dargestellten Fall verläuft die Bewegung in der y-Richtung schneller als die in der x-Richtung, da $|\lambda_-| > |\lambda_+|$. Wenn beide Eigenwerte negativ und gleich sind, so bewegt sich jeder Punkt radial zum Zentrum, ein **stabiler Stern**, wie im rechten Bild. Sind beide Eigenwerte positiv, dann kehrt sich das Zeitverhalten um, und die Bahnen entfernen sich vom Fixpunkt. Wir haben einen **instabilen Knoten** bzw. einen **instabilen Stern**.

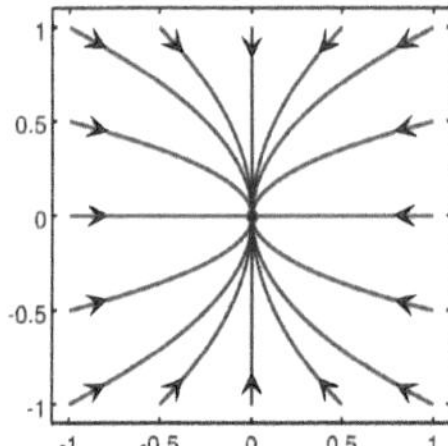

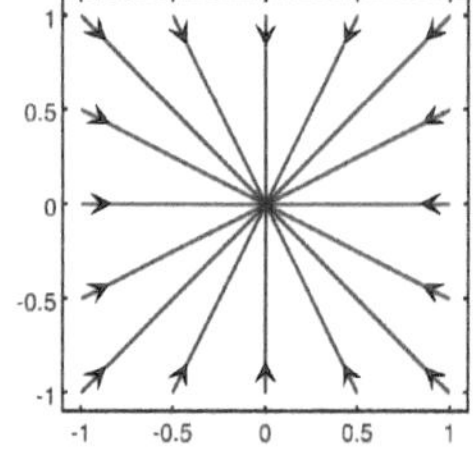

Bild 1.1 Stabiler Knoten (links) und stabiler Stern (rechts).

Fall I b: Eigenwerte reell und det A < 0.

Die Eigenwerte haben unterschiedliches Vorzeichen. In einer Eigenrichtung finden wir dann eine Bewegung zum Fixpunkt hin, in der anderen von ihm weg. Wir haben einen **Sattelpunkt**, wie links in Bild 1.2 für $\mathbf{A} = \left(\begin{smallmatrix} 0 & 1 \\ 1 & 0 \end{smallmatrix}\right)$ mit den Eigenwerten $\lambda_\pm = \pm 1$ und den Eigenvektoren $\mathbf{u}_\pm = (1, \pm 1)^T$.

Fall I c: Eigenwerte reell und det A = 0.

Dann ist einer der beiden Eigenwerte gleich null und damit der Kern von **A** nicht nur der Nullvektor. Das rechte Bild 1.2 zeigt ein Phasenportrait für $\mathbf{A} = \left(\begin{smallmatrix} 0 & 0 \\ 0 & -1 \end{smallmatrix}\right)$. Hier besteht

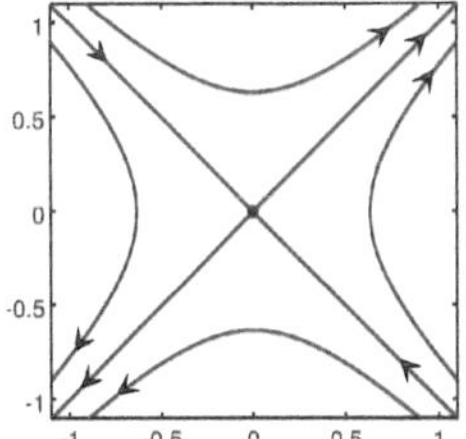

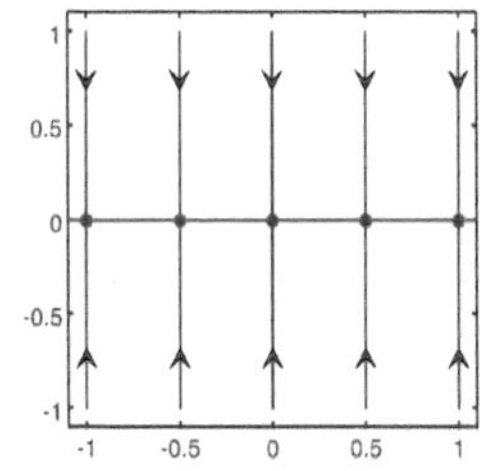

Bild 1.2 Sattelpunkt (links) und nicht-isolierte Fixpunkte auf der x-Achse (rechts).

die gesamte x-Achse aus (nicht-isolierten) Fixpunkten und alle Punkte nähern sich im Langzeitlimit dieser Achse.

Fall I d: Eigenwerte konjugiert komplex.

Dieser Fall mit

$$\lambda_\pm = \gamma \pm \mathrm{i}\omega \quad , \quad \gamma, \omega \in \mathbb{R} \tag{1.16}$$

tritt ein für $\tau^2 - 4\Delta < 0$. Dann ist die allgemeine Lösung

$$\mathbf{x}(t) = c_+ \mathrm{e}^{\lambda_+ t}\mathbf{u}_+ + c_- \mathrm{e}^{\lambda_- t}\mathbf{u}_- \tag{1.17}$$

ein komplexer Vektor. Wir suchen aber eine reelle Lösung. Da unsere Differentialgleichung $\dot{\mathbf{x}} = \mathbf{A}\mathbf{x}$ linear ist, ist mit $\mathbf{x}(t)$ auch $\mathbf{x}^*(t)$ eine Lösung und wir können reelle Linearkombinationen konstruieren. Das lässt sich in übersichtlicher Weise formulieren, indem man die Diagonalform $\mathbf{A} = \begin{pmatrix} \lambda_- & 0 \\ 0 & \lambda_+ \end{pmatrix}$ mithilfe der Ähnlichkeitstransformation $\mathbf{S} = \frac{1}{\sqrt{2}}\begin{pmatrix} 1 & \mathrm{i} \\ \mathrm{i} & 1 \end{pmatrix}$ auf eine reelle Form transformiert:

$$\begin{aligned} \mathbf{A}' &= \mathbf{S}^{-1}\mathbf{A}\mathbf{S} = \frac{1}{2}\begin{pmatrix} 1 & -\mathrm{i} \\ -\mathrm{i} & 1 \end{pmatrix}\begin{pmatrix} \lambda_- & 0 \\ 0 & \lambda_+ \end{pmatrix}\begin{pmatrix} 1 & -\mathrm{i} \\ -\mathrm{i} & 1 \end{pmatrix} \\ &= \frac{1}{2}\begin{pmatrix} 1 & -\mathrm{i} \\ -\mathrm{i} & 1 \end{pmatrix}\begin{pmatrix} \lambda_- & \mathrm{i}\lambda_- \\ \mathrm{i}\lambda_+ & \lambda_+ \end{pmatrix} = \frac{1}{2}\begin{pmatrix} \lambda_- + \lambda_+ & \mathrm{i}\lambda_- - \mathrm{i}\lambda_+ \\ -\mathrm{i}\lambda_- + \mathrm{i}\lambda_+ & \lambda_- + \lambda_+ \end{pmatrix} = \begin{pmatrix} \gamma & \omega \\ -\omega & \gamma \end{pmatrix}. \end{aligned} \tag{1.18}$$

Dann lauten die Bewegungsgleichungen in den Koordinaten $\mathbf{x}' = \mathbf{S}^{-1}\mathbf{x}$

$$\begin{aligned} \dot{x}' &= \gamma x' + \omega y' , \\ \dot{y}' &= -\omega x' + \gamma y', \end{aligned} \tag{1.19}$$

die man in Polarkoordinaten

$$x' = r\cos\varphi , \quad y' = r\sin\varphi \tag{1.20}$$

entkoppeln kann als

$$\dot{r} = \gamma r , \quad \dot{\varphi} = -\omega \tag{1.21}$$

mit den Lösungen

$$r(t) = r_0 \mathrm{e}^{\gamma t} , \quad \varphi(t) = \varphi_0 - \omega t. \tag{1.22}$$

Das ist eine Rotation mit Winkelgeschwindigkeit ω, deren Entfernung vom Koordinatennullpunkt exponentiell abnimmt (für $\gamma < 0$), zunimmt (für $\gamma > 0$) oder konstant bleibt (für $\gamma = 0$). Im ersten Fall ist das ein **stabiler Fokus**, eine **Senke** des Vektorfeldes, wie in links in Bild 1.3 dargestellt, im zweiten Fall ein **instabiler Fokus**, eine **Quelle** des Vektorfeldes, und im letzten Fall ein **Zentrum** wie im rechten Bild.

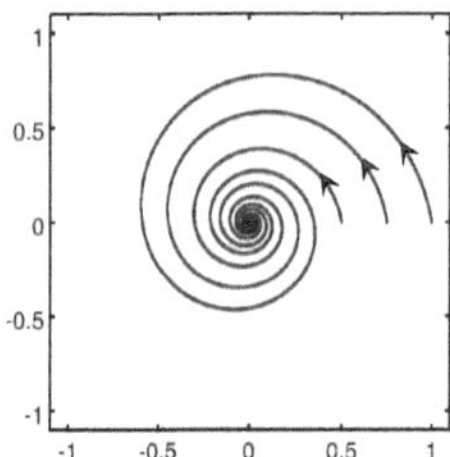

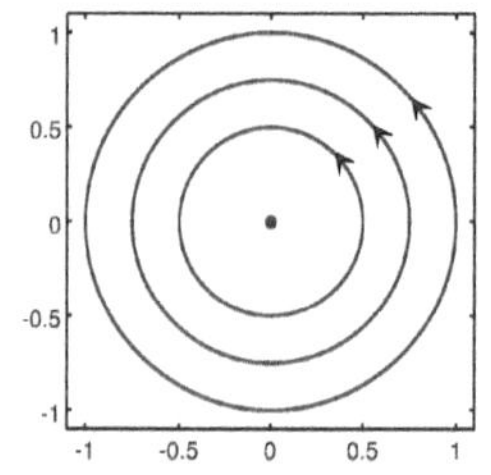

Bild 1.3 Stabiler Fokus (links) und Zentrum (rechts).

Fall II: A ist nicht diagonalisierbar.

Dann lässt sich die Matrix durch eine Ähnlichkeitstransformation auf die Jordan-Form

$$\mathbf{A} = \begin{pmatrix} \lambda & 1 \\ 0 & \lambda \end{pmatrix} \tag{1.23}$$

bringen (vgl. M2, Abschnitt 2.1.3). Dabei ist λ der einzige Eigenwert mit dem einzigen Eigenvektor $\mathbf{u} = (1,0)^T$. Bild 1.4 zeigt den Fluss für $\lambda = -0.5$. Dies ist ein stabiler **degenerierter Knoten**. Alle Bahnen nähern sich dem Koordinatennullpunkt tangential zur Richtung des Eigenvektors, hier die x-Achse. Für $\lambda = 0$ besteht die gesamte x-Achse aus (nicht-isolierten) Fixpunkten, ähnlich zu dem Fall in Bild 1.2 für eine diagonalisierbare Matrix mit einem Eigenwert $\lambda = 0$. Das Verhalten ist hier jedoch anders: Es gibt keine Bahnen, die gegen die Fixpunkte konvergieren. Alle Trajektorien verlaufen parallel zur x-Achse mit einer Geschwindigkeit, die proportional zur y-Komponente anwächst. Alle Bahnen der Abbildung wurden mit $x_0 = 0$ gestartet und jeweils um das gleiche Zeitintervall propagiert.

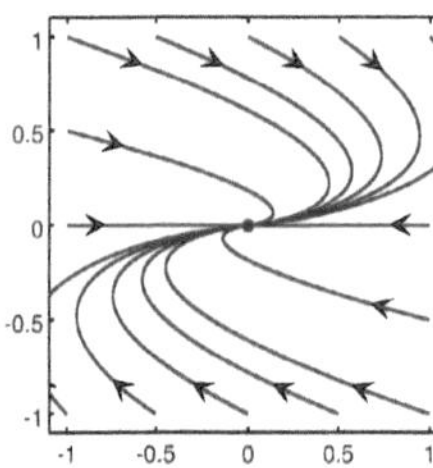

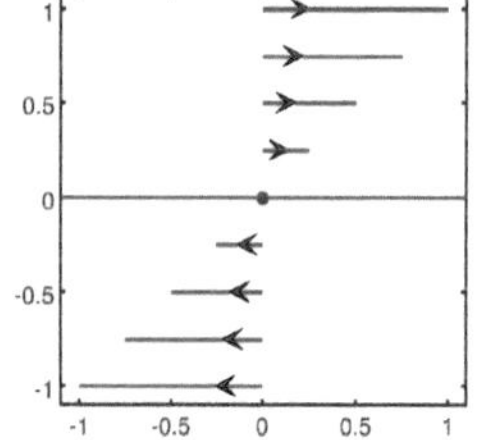

Bild 1.4 Degenerierter stabiler Knoten (links) und nicht-isolierte Fixpunkte (rechts).

Zur Übung der Fixpunktklassifikation die folgende Aufgabe:

Aufgabe 1.1 (Lös. Seite 27): Von welchem Typ sind die Fixpunkte der Matrizen $\mathbf{A} = \begin{pmatrix} 1 & 2 \\ 3 & 4 \end{pmatrix}$ und $\mathbf{B} = \begin{pmatrix} 2 & 1 \\ 3 & 4 \end{pmatrix}$?

Zusammenfassend ist die Klassifikation der Fixpunkte in Bild 1.5 in der (Δ, τ)-Ebene dargestellt. Innerhalb der nach rechts geöffneten Parabel $\tau^2 - 4\Delta = 0$ sind die stationären Punkte Fokus-Punkte, stabil für $\tau < 0$, instabil für $\tau > 0$, und Zentren für $\tau = 0$. Unterhalb und oberhalb der Parabel ergeben sich stabile und instabile Knoten, und in der Halbebene $\Delta < 0$ finden wir Sattelpunkte. Die verschiedenen Fixpunkttypen gehen auf den kritischen Kurven ineinander über. Hier haben wir drei solche Kurven:

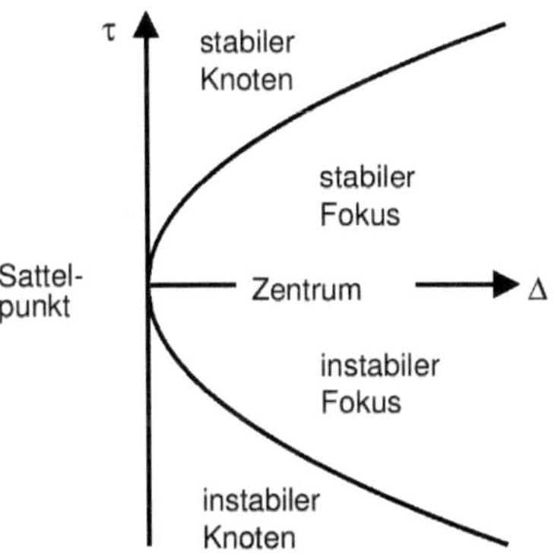

Bild 1.5 Klassifikation stationärer Punkte in Abhängigkeit von Spur τ und Determinante Δ der Matrix **A**. Auf der Parabel $\tau^2 - 4\Delta = 0$ findet man degenerierte Knoten und auf der Geraden $\Delta = 0$ nicht-isolierte stationäre Punkte.

(a) Wenn man bei einer Parametervariation die $(\Delta=0)$-Achse von der linken Seite her kreuzt, dann gehen zwei reelle Fixpunkte verschiedenen Vorzeichens in zwei reelle gleichen Vorzeichens über. Auf der kritischen Geraden ist also einer der Fixpunkte gleich null. Dort finden wir nicht-isolierte Fixpunkte wie rechts in Bild 1.2 dargestellt.

(b) Kreuzt man die kritische Parabel $\tau^2 - 4\Delta = 0$ von außen nach innen, dann nähern sich zwei reelle Eigenwerte, treffen sich und gehen in ein konjugiert komplexes Paar über. Auf der Parabel selbst ist die Matrix nicht diagonalisierbar und hat nur einen einen einzigen Eigenwert. Bei diesem Übergang verwandelt sich ein Knoten über einen degenerierten Knoten (vgl. Bild 1.4) in einen Fokus-Punkt.

(c) Auf der Achse $\tau = 0$ mit $\Delta > 0$ finden wir zwei rein imaginäre Eigenwerte und wir haben ein Zentrum (vgl. das rechte Bild in Bild 1.3). Bei einer Parametervariation, die diese Achse kreuzt, geht ein stabiler Fokus in einen instabilen über.

Von den drei beschriebenen kritischen Fällen trifft man am häufigsten auf den Fall (c), also auf Zentren. Sie treten beispielsweise in reibungsfreien mechanischen Systemen auf.

1.3 Der harmonische Oszillator

Der angetriebene gedämpfte harmonische Oszillator ist eines der elementaren Modellsysteme der klassischen Physik. Die Bewegungsgleichung lautet

$$\ddot{x} + 2\gamma\dot{x} + \omega_0^2 x = f(t) \tag{1.24}$$

mit der Dämpfungskonstanten γ und der Frequenz ω_0 der ungedämpften Schwingung. Der zeitabhängige Antrieb $f(t)$ ist im einfachsten Fall eine monofrequente periodische Funktion $f(t) = f_0 \cos\Omega t$.

Gleichung (1.24) ist eine Differentialgleichung zweiter Ordnung mit konstanten Koeffizienten. Sie lässt sich in zwei gekoppelte Differentialgleichungen erster Ordnung umschreiben, indem man die Geschwindigkeit $v = \dot{x}$ als zweite Veränderliche neben x einführt. Dann erhält man

$$\dot{x} = v \quad , \qquad \dot{v} = -\omega_0^2 x - 2\gamma v + f(t)\,. \tag{1.25}$$

In vektorieller Form lautet das

$$\begin{pmatrix} \dot{x} \\ \dot{v} \end{pmatrix} = \begin{pmatrix} 0 & 1 \\ -\omega_0^2 & -2\gamma \end{pmatrix} \begin{pmatrix} x \\ v \end{pmatrix} + \begin{pmatrix} 0 \\ f \end{pmatrix}, \tag{1.26}$$

oder einfacher

$$\dot{\mathbf{x}} = \mathbf{A}\mathbf{x} + \mathbf{f}(t) \tag{1.27}$$

mit $\mathbf{x} = (x, v)^T$, $\mathbf{f}(t) = (0, f(t))^T$ und der Matrix

$$\mathbf{A} = \begin{pmatrix} 0 & 1 \\ -\omega_0^2 & -2\gamma \end{pmatrix}. \tag{1.28}$$

Im einfachsten Fall haben wir keinen äußeren Antrieb, $f(t) = 0$, und die Bewegungsgleichung vereinfacht sich zu der homogenen Differentialgleichung $\dot{\mathbf{x}} = \mathbf{A}\mathbf{x}$ aus Gleichung (1.6), die wir oben untersucht haben (vgl. Seite 12 und folgende). Den angetriebenen Fall werden wir in Abschnitt 2.2 betrachten.

Die Eigenwerte der Matrix **A** sind gleich

$$\lambda_\pm = -\gamma \pm \sqrt{\gamma^2 - \omega_0^2}\,. \tag{1.29}$$

Es lassen sich drei Fälle unterscheiden:

(a) Für schwache Dämpfung ($\gamma < \omega_0$), im **Schwingfall**, ist der Term unter der Wurzel negativ und wir schreiben zweckmäßigerweise

$$\lambda_\pm = -\gamma \pm \mathrm{i}\omega\,, \quad \omega = \sqrt{\omega_0^2 - \gamma^2}\,. \tag{1.30}$$

Die Eigenfunktionen fallen also zeitlich ab wie $\mathrm{e}^{-\gamma t}$ und oszillieren mit der Frequenz ω.

(b) Für starke Dämpfung ($\gamma > \omega_0$) sind die Eigenwerte reell und beide Lösungen fallen exponentiell ab, am langsamsten die zum Eigenwert λ_+.

(c) Für die kritische Dämpfung ($\gamma = \omega_0$) entarten die Eigenwerte, $\lambda_+ = \lambda_-$, und auch die beiden zugehörigen Eigenvektoren stimmen überein.

Die reelle Matrix **A** aus Gleichung (1.28) ist nicht-symmetrisch. Wenn dann λ_n ihr Eigenwert ist, dann ist λ_n^* ein Eigenwert der hermitesch konjugierten Matrix $\mathbf{A}^\dagger$, ihre Eigenvektoren sind aber verschieden. Man unterscheidet dann zwischen **rechten Eigenvektoren** $\mathbf{x}_n$ (denen von **A**) und **linken Eigenvektoren** $\mathbf{y}_n$ (denen von $\mathbf{A}^T$). Es lässt sich leicht zeigen, dass die rechten und linken Eigenvektoren zu verschiedenen Eigenwerten orthogonal sind. (Mehr dazu in M2, Abschnitt 1.3.2.) Eine solche biorthogonale Basis ist zweckmäßig bei konkreten Berechnungen. Man normiert dann die Basisvektoren wie

$$\mathbf{y}_n^\dagger \mathbf{x}_m = \delta_{nm}\,. \tag{1.31}$$

Aufgabe 1.2 (Lös. Seite 28): Berechnen Sie die rechten und linken Eigenvektoren $\mathbf{x}_\pm$ bzw. $\mathbf{y}_\pm$ der Matrix $\mathbf{A} = \begin{pmatrix} 0 & 1 \\ -\omega_0^2 & -2\gamma \end{pmatrix}$ aus Gleichung (1.28) zu den Eigenwerten $\lambda_\pm$. Verifizieren Sie, dass sie orthogonal sind, $\mathbf{y}_-^\dagger \mathbf{x}_+ = \mathbf{y}_+ \cdot \mathbf{x}_- = 0$, und normieren Sie sie wie $\mathbf{y}_-^\dagger \mathbf{x}_- = \mathbf{y}_+^\dagger \mathbf{x}_+ = 1$.

Eine **allgemeine Lösung**, also eine Lösung $\mathbf{x}(t)$ für jede Anfangsbedingung $\mathbf{x}(0) = \mathbf{x}_0$, lässt sich mit der Zeitentwicklungsmatrix $\mathbf{U}(t)$ aus (1.11) bequem als

$$\mathbf{x}(t) = \mathbf{U}(t)\,\mathbf{x}_0 \tag{1.32}$$

schreiben. Wir werden weiter unten sehen, wie man eine solche Matrixlösung in exponentieller Form $\mathbf{U}(t) = \mathrm{e}^{\mathbf{A}t}$ (vgl. Gleichung (1.13)) konstruieren kann. Im Moment wollen wir einmal akzeptieren, dass

$$\mathbf{U}(t) = \frac{\mathrm{e}^{-\gamma t}}{\omega}\begin{pmatrix} \omega_0 \sin(\omega t+\varphi) & \sin\omega t \\ -\omega_0^2 \sin\omega t & -\omega_0 \sin(\omega t-\varphi) \end{pmatrix} \tag{1.33}$$

mit $\omega = \sqrt{\omega_0^2-\gamma^2}$ und $\sin\varphi = \omega/\omega_0$ eine solche Lösung darstellt.

Aufgabe 1.3 (Lös. Seite 28): Man kann die Lösung (1.33) natürlich durch Differenzieren überprüfen, beispielsweise für das Matrixelement U_{11}.

Hier haben wir zunächst den schwach gedämpften Fall $\gamma < \omega_0$ angenommen, den Schwingfall. Die Modifikationen für starke Dämpfung $\gamma < \omega_0$ ist

$$\mathbf{U}(t) = \frac{\mathrm{e}^{-\gamma t}}{\widetilde{\omega}}\begin{pmatrix} \omega_0 \sinh(\widetilde{\omega} t+\widetilde{\varphi}) & \sinh\widetilde{\omega} t \\ -\omega_0^2 \sinh\widetilde{\omega} t & -\omega_0 \sinh(\widetilde{\omega} t-\widetilde{\varphi}) \end{pmatrix} \tag{1.34}$$

mit $\widetilde{\omega} = \sqrt{\gamma^2-\omega_0^2}$ und $\sinh\widetilde{\varphi} = \widetilde{\omega}/\omega_0$. Im Grenzfall kritischer Dämpfung, $\gamma = \omega_0$, liefern beide Gleichungen

$$\mathbf{U}(t) = \mathrm{e}^{-\gamma t}\begin{pmatrix} 1+\gamma t & t \\ -t & 1-\gamma t \end{pmatrix}. \tag{1.35}$$

Im Folgenden wollen wir zeigen, wie man eine Matrixlösung wie (1.33) bestimmen kann. Wir leisten uns dabei den Luxus einer Verallgemeinerung und untersuchen die Differentialgleichung

$$\frac{\mathrm{d}\mathbf{U}}{\mathrm{d}t} = \mathbf{AU} \quad \text{mit} \quad \mathbf{U}(0) = \mathbf{I} \tag{1.36}$$

für die allgemeine 2×2-Matrix

$$\mathbf{A} = \begin{pmatrix} a & b \\ c & d \end{pmatrix} \tag{1.37}$$

mit konstanten Koeffizienten. Die schon oben erwähnte Lösung ist $\mathbf{U}(t) = \mathrm{e}^{\mathbf{A}t}$ mit der Matrixfunktion $\mathrm{e}^{\mathbf{A}t}$, die man beispielsweise durch die Reihendarstellung der Exponentialfunktion

$$\mathrm{e}^{\mathbf{A}t} = \sum_{n=0}^{\infty} \frac{t^n}{n!}\mathbf{A}^n \tag{1.38}$$

definieren kann, was natürlich wieder eine 2×2-Matrix ergibt, nämlich

$$\mathrm{e}^{\mathbf{A}t} = \mathrm{e}^{\lambda_0 t}\Big\{\cosh\gamma_0\tau\,\mathbf{I} + \frac{1}{\gamma_0}\sinh\gamma_0 t(\mathbf{A}-\lambda_0\mathbf{I})\Big\}. \tag{1.39}$$

mit $\lambda_0 = (a+d)/2$ und $\gamma_0 = \sqrt{(a-d)^2/4+bc}$. (Mehr darüber findet sich in M2, Kapitel 2.2; siehe insbesondere Gleichung (2.88).)

Die Zeitentwicklungsmatrix $\mathbf{U}(t)$ beschreibt den Fluss im Phasenraum, der durch das Vektorfeld $\mathbf{Ax}$ erzeugt wird. Für die Matrix $\mathbf{A}$ aus (1.28) erhält man $\lambda_0 = -\gamma$ und $\gamma_0 = \sqrt{\gamma^2-\omega_0^2}$, also die oben angegebenen Lösungen (1.33) und (1.34).

Aufgabe 1.4 (Lös. Seite 28) : Berechnen Sie explizit Determinante und Spur der Matrix $\mathbf{U}(t)$ aus (1.33). Wie lassen sich diese Ergebnisse direkt aus der Matrix A aus (1.28) ermitteln?

Die Zeitentwicklungsmatrizen $\mathbf{U}(t)$ zu einer Matrix **A** bilden eine kommutative Gruppe bezüglich der Matrixmultiplikation. Das erkennt man auf einfache Weise mithilfe der Darstellung $\mathbf{U}(t) = \mathrm{e}^{\mathbf{A}t}$. Zunächst gehört wegen $\mathbf{I} = \mathrm{e}^{\mathbf{A}\cdot 0} = \mathbf{U}(0)$ die Einheitsmatrix zu dieser Menge und die Gleichungen

$$\mathbf{U}(t_2)\mathbf{U}(t_1) = \mathrm{e}^{\mathbf{A}t_2}\mathrm{e}^{\mathbf{A}t_1} = \mathrm{e}^{\mathbf{A}(t_2+t_1)} = \mathbf{U}(t_2+t_1) = \mathbf{U}(t_1)\mathbf{U}(t_2), \tag{1.40}$$

$$\mathbf{U}^{-1}(t) = \mathrm{e}^{-\mathbf{A}t} = \mathbf{U}(-t) \tag{1.41}$$

zeigen, dass auch die Produkte und die Inversen dazugehören. Außerdem belegt die Formel für das Produkt die Kommutativität.

1.4 Ein Ausflug in die Nichtlinearität

Eine wesentliche Eigenschaft der oben betrachteten Systeme ist ihre **Linearität**. Das erlaubt eine Analyse mit den Techniken der Linearen Algebra, schränkt aber andererseits ihre Anwendbarkeit zur Beschreibung interessanter physikalischer Systeme viel zu sehr ein. Im Rahmen dieses Buches können wir leider nur einen kurzen Ausflug in die Welt nichtlinearer Systeme unternehmen und beschränken uns dabei auf zweidimensionale autonome Systeme, die durch die Differentialgleichungen

$$\dot{x} = f(x,y) \quad , \qquad \dot{y} = g(x,y) \tag{1.42}$$

beschrieben werden, die also nicht explizit von der Zeit abhängen. Mit $\mathbf{x} = (x,y)^T$ für den Punkt in der Phasenebene und der Geschwindigkeit $\mathbf{v} = (f,g)^T$, die wir als glatt, also beliebig oft differenzierbar, voraussetzen, schreiben wie dies wieder als $\dot{\mathbf{x}} = \mathbf{v}(\mathbf{x})$. Solche zweidimensionalen Systeme sind vergleichsweise einfach zu verstehen, denn man kann zeigen, dass hier *keine* chaotische Dynamik auftreten kann.

Einen Überblick über das dynamische Verhalten liefert das Phasenportrait. Es wird wesentlich organisiert durch **Invarianten** der Dynamik, also Punktmengen, deren Punkte bei der Zeitentwicklung für alle Zeiten in dieser Menge verbleiben. Das sind hier Fixpunkte und geschlossene Bahnen, also **invariante Kurven.**

Zum besseren Verständnis ihrer Organisation im Phasenraum benötigen wir noch ein weiteres Charakteristikum, ihren **Index.** Wir betrachten dazu das Richtungsfeld auf einer einfach geschlossenen Kurve C im Phasenraum, also auf einer Kurve, die sich nicht selbst schneidet. Außerdem soll auf der Kurve kein Fixpunkt liegen. Wir betrachten in einem Punkt der Kurve einen Zeiger in Richtung des Richtungsfeldes und verfolgen diesen Zeiger bei einem vollständigen Umlauf des Punktes längs der Kurve entgegen dem Uhrzeigersinn. Der **Index** I_C der Kurve ist definiert als die Anzahl der Zeigerdrehungen, die **Windungszahl**, wieder gemessen entgegen dem Uhrzeigersinn. Unter dem **Index eines Fixpunktes** versteht man den Index ei-

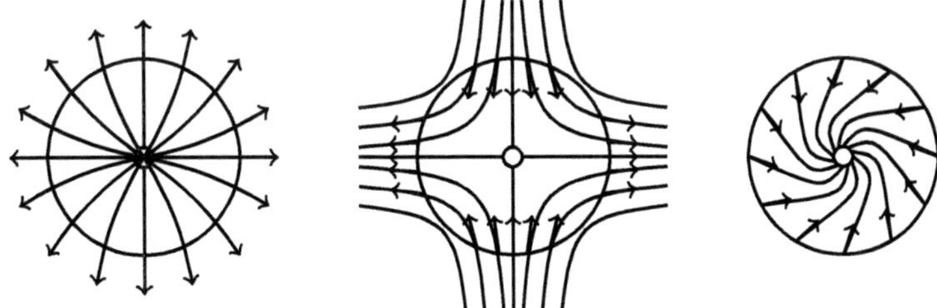

Bild 1.6 Index stationärer Punkte. Knoten (links) und Fokus (rechts) haben den Index +1, ein Sattelpunkt (Mitte) hat den Index -1.

ner geschlossenen Kurve, die ihn einschließt und keinen weiteren Fixpunkt. Hier einige der wichtigsten **Eigenschaften des Index**[1]:

(a) Nach einer kurzen Überlegung mit einem Blick auf Bild 1.6 erkennt man, dass der Index eines Fokus-Punktes und eines Knotens gleich +1 ist, der eines Sattelpunktes gleich -1.

(b) Bei einer stetigen Deformation der Kurve C ohne Kreuzung eines Fixpunktes ändert sich der Index nicht, denn als ganzzahlige Größe kann sich der Index nicht stetig ändern.

(c) Wenn die Kurve C keinen Fixpunkt umschließt, ist ihr Index gleich null, denn man kann nach (b) die Kurve stetig auf einen winzigen Punkt zusammenziehen. Dort ist das Feld konstant und die Windungszahl folglich null.

(d) Umschließt die Kurve C eine endliche Anzahl isolierter Fixpunkte, ist ihr Index gleich der Summe der Indizes dieser Fixpunkte. Das lässt sich zeigen, indem man die Kurve stetig zusammenzieht, sodass sie nur noch die Fixpunkte umschließt sowie Hin- und Rückwege längs ihrer Verbindungslinien. Dann kompensieren sich die Beiträge dieser Verbindungslinien.

(e) Wenn die geschlossene Kurve eine Bahnkurve ist, dann sind alle Geschwindigkeitsvektoren tangential zur Bahn gerichtet. Folglich dreht sich der Vektor genau wie der Bahnpunkt genau einmal und der Index ist gleich +1.

Wenn diese Betrachtungen der Indexfunktion zu anschaulich, also zu wenig „mathematisch" erscheinen, dann könnte die folgende Aufgabe das ausgleichen:

Aufgabe 1.5 (Lös. Seite 29): Für das Vektorfeld der Differentialgleichungen (1.42) ist der Index einer einfachen Kurve C, die keinen Fixpunkt enthält, gleich

$$I_C = \frac{1}{2\pi} \oint_C \frac{f\,\mathrm{d}g - g\,\mathrm{d}f}{f^2 + g^2}\,.$$

Beweisen Sie diese Integralformel und berechnen Sie für das Feld $f(x, y) = x\cos\alpha - y\sin\alpha$, $g(x, y) = x\sin\alpha - y\cos\alpha$ mithilfe der Integralformel den Index für einen Kreis, der den Nullpunkt umschließt.

[1] Sehr viel mehr zu diesem Thema findet man in dem Buch Arnold, V. I.: *Gewöhnliche Differentialgleichungen*, Springer-Verlag 2001.

In den folgenden Abschnitten werden wir uns zwei nichtlineare Systeme etwas genauer ansehen, eine nichtlineare Erweiterung des harmonischen Oszillators und ein bekanntes System der Biologie aus der Populationsdynamik.

1.4.1 Ein nichtlinearer Oszillator

Eine natürliche Erweiterung des bekannten harmonischen Oszillators aus Abschnitt 1.3 ist der nichtlineare Oszillator

$$\ddot{x} + 2\gamma\dot{x} + \alpha x + \beta x^3 = f_0 \cos\omega t, \tag{1.43}$$

der auch nach dem deutschen Ingenieur Georg Duffing (1861-1944) unter dem Namen **Duffing-Oszillator** bekannt ist. Hier wird in der Bewegungsgleichung (1.24) des harmonischen Oszillators die lineare Kraft um der Term βx^3 ergänzt, der das Verhalten des Systems *qualitativ* verändert. Dieser angetriebene nichtlineare Oszillator ist ein charakteristisches Beispiel für ein System mit sehr komplexer chaotischer Dynamik. Hier werden wir uns aber auf den viel einfacheren Fall mit $f_0 = 0$ beschränken, also auf eine freie gedämpfte nichtlineare Schwingung, beispielsweise ein Modell einer realen Feder oder eines gedämpften Pendels für kleine Ausschläge.

Wir schreiben die Differentialgleichungen (1.43) wieder als zwei Gleichungen erster Ordnung

$$\dot{x} = v \quad , \qquad \dot{v} = -\alpha\, x - \beta x^3 - 2\gamma\, v = F(x) - 2\gamma\, v\,. \tag{1.44}$$

mit einer „Kraft" $F(x)$, die man als (negativer) Gradient eines Potentials schreiben kann:

$$V(x) = \tfrac{1}{2}\alpha x^2 + \tfrac{1}{4}\beta x^4 \quad \text{mit} \quad F(x) = -\frac{\mathrm{d}V(x)}{\mathrm{d}x} = \alpha\, x + \beta x^3 \tag{1.45}$$

Die Fixpunkte der Bewegungsgleichung berechnet man als

$$v = 0 \quad \text{und} \quad x_0 = 0 \quad \text{oder} \quad x_\pm = \pm\sqrt{-\alpha/\beta} \quad \text{für} \quad \alpha/\beta < 0. \tag{1.46}$$

Aufgabe 1.6 (Lös. Seite 30): Linearisieren Sie die Differentialgleichungen (1.44) für $\gamma > 0$ und $\beta = 1$ an den Fixpunkten und bestimmen Sie ihren Charakter.

Für ein reibungsfreies System ($\gamma = 0$) ist die „Energie"

$$E = \tfrac{1}{2}v^2 + V(x) \tag{1.47}$$

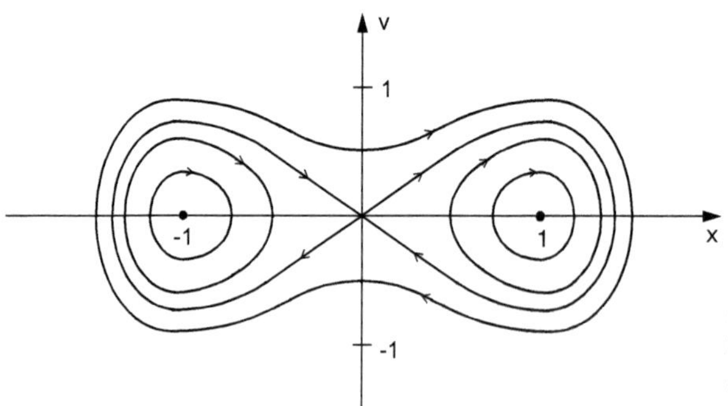

Bild 1.7 Phasenbahnen des freien ungedämpften Duffing-Oszillators mit $\alpha = -1$, $\beta = 1$ und $\gamma = 0$.

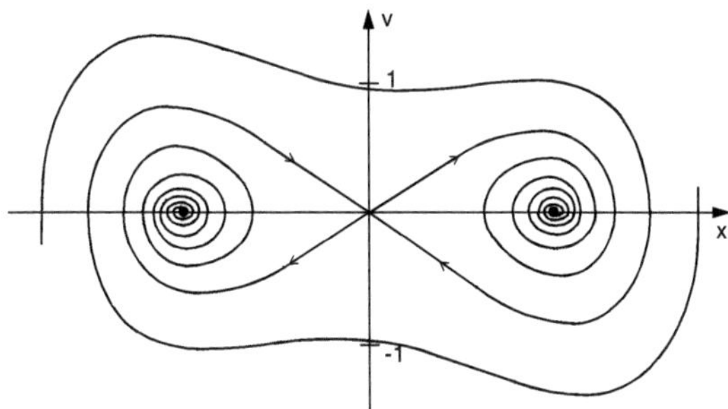

Bild 1.8 Phasenbahnen des freien gedämpften Duffing-Oszillators mit $\alpha = -1$, $\beta = 1$ und $\gamma = 0.1$.

eine Erhaltungsgröße, was man direkt durch Berechnung ihrer Zeitableitung verifizieren kann:

$$\dot{E} = v\dot{v} + \frac{\mathrm{d}V}{\mathrm{d}x}\dot{x} = v\big(F(x) - 2\gamma v\big) - F(x)v = -2\gamma v^2. \tag{1.48}$$

Also ist E für $\gamma = 0$ konstant und nimmt für $\gamma > 0$ monoton ab.

Das Potential $V(x)$ hat für $\alpha/\beta > 0$ ein Minimum bei $x_0 = 0$, andernfalls dort ein Maximum und zwei Minima bei $x_\pm$. Das sind genau die Fixpunkte aus (1.46). Die Phasenbahnen des Systems erhält man aus der Energieerhaltung als

$$v(x) = \pm\sqrt{2\big(E - V(x)\big)}. \tag{1.49}$$

Sie sind also geschlossene Kurven. Nach Eigenschaft (e) ist der Index dieser Kurven gleich +1, sie müssen also entweder nur einen Fixpunkt mit Index -1 einschließen, also hier ein Zentrum, oder drei Fixpunkte, also hier zwei Zentren bei $x_\pm$ mit Index +1 und den Sattelpunkt bei x_0. Bild 1.7 illustriert diesen Fall für $\alpha = -1$, $\beta = 1$.

Wenn man der Reibungsterm hinzunimmt, dann bleiben Lage und Index der Fixpunkte unverändert. Allerdings bleibt die Energie nicht mehr erhalten und die Zentren werden für schwache Dämpfung zu stabilen Fokus-Punkten, die Bahnen anziehen, wie in Bild 1.8 illustriert. Der Sattelpunkt bleibt erhalten (vgl. auch Aufgabe 1.6). Die Bahnen, die gegen den Sattelpunkt konvergieren, seine **stabilen Mannigfaltigkeiten**, und die Bahnen, die sich vor unendlich langer Zeit vom Sattelpunkt entfernt haben, seine **instabilen Mannigfaltigkeiten**, zerlegen die gesamte Phasenebene in jeweils zusammenhängende Bereiche. Alle Bahnen innerhalb dieser Bereiche konvergieren gegen einen der beiden Fokus-Punkte, sie bilden ihre **Einzugsbereiche**.

Geschlossene Bahnen existieren für $\gamma > 0$ nicht. Davon kann man sich für dieses System leicht überzeugen, denn eine geschlossene Bahn ist periodisch. Die Energie E nimmt aber monoton ab, wie wir aus Gleichung (1.48) wissen, im Widerspruch zur Periodizität. (Eine Ausnahme ist der Fall, dass die Geschwindigkeit konstant gleich null ist. Dann ist aber auch x konstant und unsere periodische Bahn reduziert sich auf einen Punkt.)

1.4.2 Das Lotka-Volterra-Modell

Die **Lotka-Volterra-Gleichungen** beschreiben ein Modell der **Populationsdynamik** in der Biologie. Dieses Modell ist auch unter dem Namen Räuber-Beute-Modell bekannt und wurde in den Jahren 1925/1926 unabhängig von A. J. Lotka und V. Volterra formuliert. Sie beschreiben die zeitliche Veränderung der Populationen zweier Spezies, nennen wir sie hier x und y mit $x \geq 0$ und $y \geq 0$, durch Differentialgleichungen.

Was können wir beispielsweise für das Verhalten der Populationsveränderung $\dot{x}$ vermuten? Zunächst bewirkt die Vermehrung einer Spezies eine Zunahme proportional zu ihrer Population, also $\dot{x} = \epsilon_x x$ mit $\epsilon_x > 0$. Ohne sonstige Einflüsse führt das zu einem exponentiellen Wachstum. Mit zunehmendem x wird aber das Wachstum durch Konkurrenz behindert, was man durch einen Term $-\alpha_{xx}x^2$ mit $\alpha_{xx} > 0$ berücksichtigen kann. Dies lässt sich auch begründen, indem man annimmt, dass die Wachstumsrate ϵ_x durch einen Term proportional zu x reduziert wird, beispielsweise indem die vorhandene Nahrung durch die Konkurrenz verringert wird. Zusammen ergibt das die **logistische Gleichung**

$$\dot{x} = \epsilon_x x - \alpha_{xx}x^2 = (\epsilon_x - \alpha_{xx}x)x. \tag{1.50}$$

Das Gleiche gilt für das Wachstum $\dot{y}$ der Spezies y, und genauso berücksichtigt man die gegenseitige Konkurrenz der beiden Spezies durch die Terme $-\alpha_{xy}xy$ bzw. $-\alpha_{yx}xy$ mit $\alpha_{xy} > 0$ und $\alpha_{yx} > 0$. Damit erhalten wir die Gleichungen

$$\begin{aligned} \dot{x} &= x(\epsilon_x - \alpha_{xx}x - \alpha_{xy}y) \\ \dot{y} &= y(\epsilon_y - \alpha_{yy}y - \alpha_{yx}x), \end{aligned} \tag{1.51}$$

oder in Matrixform $\dot{\mathbf{u}} = \mathbf{A}(\mathbf{u})$ mit $\mathbf{u} = (x, y)^T$. Wir wollen hier darauf verzichten, dieses Modell mit den sechs allgemeinen Parametern zu untersuchen, sondern beschränken uns auf ein illustrierendes Beispiel aus einem sehr empfehlenswerten Buch von Strogatz[2] über das Verhalten einer Tierpopulation von Kaninchen, x, und Schafen, y, die beide von dem gleichen Nahrungsmittel abhängig sind, dem Gras. Dafür betrachten wir einen speziellen Parametersatz mit den Lotka-Volterra-Gleichungen

$$\begin{aligned} \dot{x} &= x(3 - x - 2y) \\ \dot{y} &= y(2 - y - x). \end{aligned} \tag{1.52}$$

Die Vermehrungsrate der Kaninchen ist höher angesetzt als die der Schafe, und die Schafe behindern das Wachstum der Kaninchenpopulation stärker als umgekehrt, was beides sinnvoll erscheint. Interessant ist es beispielsweise, ob ein harmonisches Gleichgewicht möglich ist, bei dem Kaninchen und Schafe koexistieren.

Zunächst wollen wir demonstrieren, dass man auf einfache Weise mit den Kenntnissen über das Verhalten linearer Systeme einen ersten Überblick über das Phasenportrait gewinnen kann. Dazu bestimmen wir zuerst die Fixpunkte $\mathbf{u}_s = (x_s, y_s)^T$ und aus den linearisierten Gleichungen $\mathbf{A}(\mathbf{u}) \approx \mathbf{L}(\mathbf{u}_s)(\mathbf{u} - \mathbf{u}_s)$ ihre Charakteristika. Hier gibt es vier Fixpunkte, die man auf einfache Weise aus den Fixpunkt-Gleichungen

$$x(3 - x - 2y) = 0 \quad \text{und} \quad y(2 - y - x) = 0 \tag{1.53}$$

findet. Das wäre zunächst die Lösung $x_s = 0$ mit den beiden Möglichkeiten $y_s = 0$ oder $y_s = 2$. Für $y_s = 0$ gibt es außerdem die Lösung $x_s = 3$ und schließlich, wenn beide Variablen nicht gleich null sind, $3 - x - 2y = 0$ und $2 - y - x = 0$ mit der Lösung $x_s = y_s = 1$. Die **Jacobi-Matrix** zu (1.52) lautet

$$\mathbf{L}(\mathbf{u}) = \frac{\partial(\dot{x}, \dot{y})}{\partial(x, y)} = \begin{pmatrix} 3 - 2x - 2y & -2x \\ -y & 2 - 2y - x \end{pmatrix}. \tag{1.54}$$

Man berechnet für jeden Fixpunkt die Matrix $\mathbf{L}$, ihre Spur τ, ihre Determinante Δ und bestimmt mithilfe der Diskriminante $\tau^2 - 4\Delta$ die Eigenwerte λ_j und die Eigenvektoren $\mathbf{u}_j$ sowie ihren Typ. Alle diese Daten sind in Tabelle 1.1 zusammengestellt.

---

[2] Strogatz, S. H.: *Nonlinear Dynamics and Chaos*, Westview, 2000

Tabelle 1.1 Fixpunkte der Lotka-Volterra-Gleichungen (1.52) und ihre Charakteristika.

(x_s, y_s)	L	τ	Δ	$\tau^2 - 4\Delta$	λ_i	u_i	Typ
(0,0)	$\begin{pmatrix} 3 & 0 \\ 0 & 2 \end{pmatrix}$	5	6	$1 > 0$	2 , 3	$(0,1)^T$, $(1,0)^T$	instab. Knoten
(0,2)	$\begin{pmatrix} -1 & 0 \\ -2 & -2 \end{pmatrix}$	−3	2	$1 > 0$	−1 , −2	$(1,-2)^T$, $(0,1)^T$	stab. Knoten
(3,0)	$\begin{pmatrix} -3 & -6 \\ 0 & 1 \end{pmatrix}$	−4	3	$-7 < 0$	−1 , −3	$(3,-1)^T$, $(1,0)^T$	stab. Knoten
(1,1)	$\begin{pmatrix} -1 & -2 \\ -1 & -1 \end{pmatrix}$	−2	−1	$8 > 0$	$-1 \pm \sqrt{2}$	$(\sqrt{2}, \mp 1)^T$	Sattelpunkt

Wir finden einen instabilen und zwei stabile Knoten sowie einen Sattelpunkt.

Für den Knoten sind die Bahnen asymptotisch tangential zur langsamen Richtung, also zur Richtung des Eigenvektors zum Eigenwert mit dem kleinsten Betrag. Im Sattelpunkt verläuft die stabile Mannigfaltigkeit in Richtung des Eigenvektors zum negativen Eigenwert, die instabile in der Richtung des anderen Eigenvektors. Es ist eine gute Übung, diese Angaben in einer Graphik darzustellen und die kleinen Stücke der linearisierten Phasenbahnen sinnvoll miteinander zu verbinden. Das Resultat sollte dem Bild 1.9 entsprechen.

Wir erkennen die folgenden Eigenschaften der Populationsdynamik:

- Fast alle Bahnen enden in den beiden stabilen Fixpunkten bei $(x_s, y_s) = (3, 0)$ oder bei $(0, 2)$. Es gibt also im Langzeitlimit entweder nur Kaninchen oder nur Schafe. Ein stabiles Gleichgewicht beider Populationen existiert nicht.
- Eine besondere Rolle kommt der stabilen Mannigfaltigkeit des Sattelpunktes zu. Sie trennt die Einzugsbereiche der beiden stabilen Fixpunkte, genau wie wir es schon für den Duffing-Oszillator gesehen hatten.

Es könnte jetzt noch die Frage auftreten, ob nicht doch ein periodisches Verhalten der beiden Populationen möglich ist, also eine geschlossene Bahn im Phasenraum, die uns bei unserer Diskussion des Phasenportraits entgangen ist. Dazu überlegen wir uns Folgendes: Eine solche geschlossene Bahn hat den Index +1, sie muss also mindestens einen Fixpunkt mit Index +1

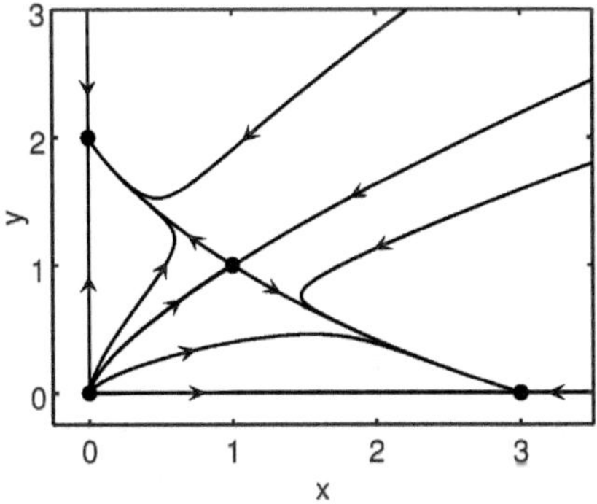

Bild 1.9 Populationsdynamik des Kaninchen (x)-Schafe (y) Systems (1.52). Es gibt vier Fixpunkte (•), drei Knoten und einen Sattelpunkt.

umschließen. Davon gibt es hier drei, und alle liegen auf der x-oder y-Achse. Daher muss eine solche Bahn notwendigerweise eine dieser Achsen kreuzen. Auf diesen Achsen ist das Feld aber immer entlang der Achse gerichtet, kann also niemals tangential zur Bahnkurve sein. Folglich existieren keine periodischen Bahnen.

In beiden Beispielen nichtlinearer Systeme haben wir begründen können, dass in den Phasenportraits keine periodischen Bahnen auftreten konnten. Das soll in keiner Weise bedeuten, dass das immer so ist. Im Gegenteil, es gibt viele interessante Systeme der Physik, in denen solche Bahnen existieren und sogar sehr wichtig sind. Sie können beispielsweise eine stabile kontrollierbare Selbsterregung eines Systems erzeugen, was das folgende Beispiel demonstriert, wobei wir die lineare Gleichung (1.21) durch einen nichtlinearen Term erweitern:

$$\dot{r} = v(r) = r(a - r^2)\,, \quad \dot{\varphi} = 1\,. \tag{1.55}$$

Die Fixpunkte dieser Differentialgleichung sind $r = 0$ und $r = \sqrt{a} = r_0$ für $a > 0$. Mithilfe von $v'(r) = a - 3r^2$ sieht man, dass der Fixpunkt $r = 0$ mit $v'(0) = a$ für $a < 0$ stabil ist, sonst instabil. Wegen $v'(r_0) = -2a$ ist dann r_0 stabil und wir erhalten dann eine geschlossene Bahn als Lösung, ein Kreis mit Radius r_0, der mit konstanter Winkelgeschwindigkeit durchlaufen wird. Die Bahnen in der Nachbarschaft werden von ihr angezogen, hier sogar sämtliche Bahnen mit Ausnahme des instabilen Fixpunktes bei $r = 0$. Man bezeichnet eine solche periodische Lösung als **Grenzzyklus**. Wenn der Systemparameter a von negativen Werten zu positiven variiert wird, dann wird aus einem stabilen Fokus für $a < 0$ ein Grenzzyklus für $a > 0$, der sich mit wachsendem a aufweitet, wie in Bild 1.10 illustriert. Man bezeichnet ein solches Verhalten als **Hopf-Bifurkation**, benannt nach dem deutsch-amerikanischen Mathematiker Eberhard F. F. Hopf (1902-1983).

Bild 1.10 Hopf-Bifurkation. Der stabile Fokus bei $r = 0$ für $a < 0$ entwickelt sich in einen Grenzzyklus $r = \sqrt{a}$ für $a > 0$.

1.5 Iterierte lineare Abbildungen

Eng verwandt mit linearen Flussgleichungen sind iterierte lineare Gleichungen

$$\mathbf{x}_{n+1} = \mathbf{L}\mathbf{x}_n\,, \; n = 0, 1, 2, \ldots\,. \tag{1.56}$$

Sie entstehen beispielsweise aus Flussgleichungen, die man nur bei diskreten Zeiten betrachtet. Dies bietet sich zum Beispiel an bei Systemen

$$\dot{\mathbf{x}} = \mathbf{A}(t)\,\mathbf{x}, \tag{1.57}$$

die periodisch von der Zeit abhängen, $\mathbf{A}(t + T) = A(t)$, und die nur bei Zeiten $t_n = nT$ betrachtet werden, eine sogenannte **stroboskopische Abbildung**. Ganz allgemein werden wir auf solche Abbildungen stoßen, wenn wir iterierte nichtlineare Gleichungen untersuchen, wie beispielsweise bei den harten Stößen oder allgemeiner bei **Poincaré-Abbildungen**, die wir in den Abschnitten 2.4 und 3.1.1 betrachten werden. Dort sind die periodischen Lösungen von großer Bedeutung und Kenntnisse über ihre Stabilität erhält man, indem man die Abbildung linearisiert. Ein Beispiel haben wir oben für das Lotka-Volterra-Modell gesehen.

Hier beschränken wir auf 2×2-Systeme mit einer reellen invertierbaren Matrix $\mathbf{L}$. Diese Matrix vermittelt eine lineare Abbildung des $\mathbb{R}^2$ (siehe M2, Kapitel 4). Ihre Eigenwerte

$$\lambda_\pm = \tfrac{1}{2}\big(\tau \pm \sqrt{\tau^2 - 4\Delta}\big) \tag{1.58}$$

mit $\tau = \operatorname{spur}\mathbf{L}$ und $\Delta = \det\mathbf{L}$ bestimmen das Verhalten der Lösungen

$$\mathbf{x}_n = \mathbf{L}^n \mathbf{x}_0\,, \tag{1.59}$$

genau wie im Fall der linearen Flüsse in Abschnitt 1.2 (siehe insbesondere Bild 1.5).

Besonders wichtig (und häufig) sind flächentreue Abbildungen, also solche mit $\det\mathbf{L} = 1$. Dann ist der Punkt $\mathbf{x} = \mathbf{0}$ für

$$|\operatorname{spur}\mathbf{L}| < 2 \tag{1.60}$$

ein **elliptischer Fixpunkt**. Er ist **stabil**, das heißt, anfänglich benachbarte Bahnen bleiben für alle Zeiten in seiner Nähe. Genauer wissen wir, dass sich die Iterierten auf einer Ellipse um den Fixpunkt herum bewegen. Für $|\operatorname{spur}\mathbf{L}| > 2$ ist der Fixpunkt instabil, ein **hyperbolischer Fixpunkt**, und die Iterierten bewegen sich auf hyperbolischen Bahnen, die sich letztlich vom Fixpunkt entfernen, wie in M2, Bild 4.3 und 4.4 illustriert. Dort, in Abschnitt 3.5.1, findet man weitere Details über solche reellen symplektischen Abbildungen.

Als Beispiel betrachten wir kurz das Bild $\mathbf{x}_{n+1} = \mathbf{L}\mathbf{x}_n$ mit der Matrix

$$\mathbf{L} = \begin{pmatrix} 1 & 1 \\ 1 & 2 \end{pmatrix}. \tag{1.61}$$

Wir werden dieser Abbildung, vermeintlich geringfügig modifiziert durch ein mod 1, in Abschnitt 3.2.2 als Katzen-Abbildung wieder begegnen. Die Determinante der Matrix (1.61) ist gleich eins, die Abbildung ist also flächentreu und hat die positiven Eigenwerte

$$\lambda_\pm = \tfrac{1}{2}\big(3 \pm \sqrt{5}\big). \tag{1.62}$$

Die zugehörigen (hier nicht normierten) Eigenvektoren

$$\mathbf{x}_\pm = (1\,,\, \lambda_\pm - 1)^T \tag{1.63}$$

sind orthogonal, da die Matrix symmetrisch ist. Aus $\operatorname{spur}\mathbf{L} = 3 > 2$ folgt, dass der Fixpunkt $\mathbf{x} = \mathbf{0}$ hyperbolisch ist. Die iterierten Vektoren liegen auf einem Hyperbelast und nähern sich einer ihrer Asymptoten, der instabilen Richtung $\mathbf{x}_+$.

1.6 Lösungen der Aufgaben

Aufgabe 1.1 (Seite 16): Von welchem Typ sind die Fixpunkte der Matrizen $\mathbf{A} = \left(\begin{smallmatrix} 1 & 2 \\ 3 & 4 \end{smallmatrix}\right)$ und $\mathbf{B} = \left(\begin{smallmatrix} 2 & 1 \\ 3 & 4 \end{smallmatrix}\right)$?

Lösung: Die Determinante der Matrix $\mathbf{A}$ ist gleich $\Delta = -2$. Also liegt hier ein Sattelpunkt vor. Für die Matrix $\mathbf{B}$ berechnet man die Determinante als $\Delta = 5$ und die Spur als $\tau = 6$. Damit ist die Diskriminante $\tau^2 - 4\Delta = 16$, also größer als null, und folglich ist der Fixpunkt ein Knoten. Er ist wegen $\tau > 0$ instabil.

Aufgabe 1.2 (Seite 18): Berechnen Sie die rechten und linken Eigenvektoren $\mathbf{x}_\pm$ bzw. $\mathbf{y}_\pm$ der Matrix $\mathbf{A} = \begin{pmatrix} 0 & 1 \\ -\omega_0^2 & -2\gamma \end{pmatrix}$ aus Gleichung (1.28) zu den Eigenwerten $\lambda_\pm$. Verifizieren Sie, dass sie orthogonal sind, $\mathbf{y}_-^\dagger \mathbf{x}_+ = \mathbf{y}_+ \cdot \mathbf{x}_- = 0$, und normieren Sie sie wie $\mathbf{y}_-^\dagger \mathbf{x}_- = \mathbf{y}_+^\dagger \mathbf{x}_+ = 1$.

Lösung: Die rechten und die linken Eigenvektoren berechnet man als

$$\mathbf{x}_\pm = N_\pm \begin{pmatrix} 1 \\ \lambda_\pm \end{pmatrix}, \quad \mathbf{x}_\pm = M_\pm \begin{pmatrix} -\omega_0^2 \\ \lambda_\pm^* \end{pmatrix}. \tag{1.64}$$

Das Skalarprodukt von $\mathbf{y}_+$ uns $\mathbf{x}_-$ zeigt die Orthogonalität der beiden Vektoren:

$$\mathbf{y}_+ \cdot \mathbf{x}_- = \mathbf{y}_+^\dagger \mathbf{x}_- = M_+^* N_- \big(-\omega_0^2 + \lambda_+ \lambda_- \big) = 0, \tag{1.65}$$

da $\lambda_+ \lambda_- = \det \mathbf{A} = \omega_0^2$. Für die Normierung berechnen wir entsprechend

$$\mathbf{y}_\pm \cdot \mathbf{x}_\pm = \mathbf{y}_\pm^\dagger \mathbf{x}_\pm = M_\pm^* N_\pm \big(-\omega_0^2 + \lambda_\pm^2 \big). \tag{1.66}$$

Das ist gleich eins für eine Wahl der Normierungskonstanten als

$$N_\pm = M_\pm^* = \frac{1}{\sqrt{\lambda_\pm^2 - \omega_0^2}}. \tag{1.67}$$

Aufgabe 1.3 (Seite 19): Man kann die Lösung (1.33) natürlich durch Differenzieren überprüfen, beispielsweise für das Matrixelement U_{11}.

Lösung: Die Zeitableitung von U_{11} ergibt

$$\begin{aligned}
\dot{U}_{11} &= \frac{\mathrm{e}^{-\gamma t}}{\omega} \big(-\gamma\omega_0 \sin(\omega t + \varphi) + \omega\omega_0 \cos(\omega t + \varphi) \big) \\
&= \frac{\omega_0 \mathrm{e}^{-\gamma t}}{\omega} \big(-\gamma \sin\omega t \cos\varphi - \gamma \cos\omega t \sin\varphi + \omega \cos\omega t \cos\varphi - \omega \sin\omega t \sin\varphi \big) \\
&= \frac{\omega_0 \mathrm{e}^{-\gamma t}}{\omega} \big(-\frac{\gamma^2}{\omega_0} \sin\omega t - \frac{\gamma\omega}{\omega_0} \cos\omega t + \frac{\omega\gamma}{\omega_0} \cos\omega t - \frac{\omega^2}{\omega_0} \sin\omega t \big) \\
&= \frac{\mathrm{e}^{-\gamma t}}{\omega} \big(-\gamma^2 - \omega^2 \big) \sin\omega t = -\frac{\omega_0^2}{\omega} \mathrm{e}^{-\gamma t} \sin\omega t,
\end{aligned} \tag{1.68}$$

wobei

$$\cos\varphi = \sqrt{1 - \sin^2\varphi} = \sqrt{1 - \omega^2/\omega_0^2} = \gamma/\omega_0 \tag{1.69}$$

benutzt wurde. Dieses Resultat stimmt mit dem Matrixelement der rechten Seite von (1.33) überein:

$$(\mathbf{AU})_{11} = A_{11} U_{12} + A_{12} U_{21} = U_{21} = -\frac{\omega_0^2}{\omega} \mathrm{e}^{-\gamma t} \sin\omega t. \tag{1.70}$$

Aufgabe 1.4 (Seite 20): Berechnen Sie explizit Determinante und Spur der Matrix $\mathbf{U}(t)$ aus (1.33). Wie lassen sich diese Ergebnisse direkt aus der Matrix A aus (1.28) ermitteln?

Lösung:

$$\begin{aligned}
\det \mathbf{U}(t) &= \frac{e^{-2\gamma t}}{\omega^2}\Big(-\omega_0^2 \sin(\omega t+\varphi)\sin(\omega t-\varphi) \;+\; \omega_0^2 \sin^2\omega t\Big) \\
&= \frac{\omega_0^2}{\omega^2} e^{-2\gamma t}\Big(-(\sin\omega t\cos\varphi+\cos\omega t\sin\varphi)(\sin\omega t\cos\varphi-\cos\omega t\sin\varphi)+\sin^2\omega t\Big) \\
&= \frac{\omega_0^2}{\omega^2} e^{-2\gamma t}\Big(-\sin^2\omega t\cos^2\varphi+\cos^2\omega t\sin^2\varphi+\sin^2\omega t\Big) \\
&= \frac{\omega_0^2}{\omega^2} e^{-2\gamma t}\Big(\sin^2\omega t(1-\cos^2\varphi)+\cos^2\omega t\sin^2\varphi\Big) = \frac{\omega_0^2}{\omega^2} e^{-2\gamma t}\sin^2\varphi = e^{-2\gamma t}
\end{aligned} \tag{1.71}$$

$$\begin{aligned}
\operatorname{spur} \mathbf{U}(t) &= \frac{e^{-\gamma t}}{\omega}\Big(\omega_0 \sin(\omega t+\varphi) \;-\; \omega_0 \sin(\omega t-\varphi)\Big) \\
&= \frac{\omega_0}{\omega} e^{-\gamma t}\Big(\sin\omega t\cos\varphi+\cos\omega t\sin\varphi-\sin\omega t\cos\varphi+\cos\omega t\sin\varphi\Big) \\
&= \frac{2\omega_0}{\omega} e^{-\gamma t}\cos\omega t\sin\varphi = 2e^{-\gamma t}\cos\omega t
\end{aligned} \tag{1.72}$$

Die Eigenwerte von $\mathbf{A} = \begin{pmatrix} 0 & 1 \\ -\omega_0^2 & -2\gamma \end{pmatrix}$ aus (1.28) sind nach (1.30) gleich $\lambda_\pm = -\gamma \pm i\omega$. Daraus erhalten wir die Eigenwerte von $\mathbf{U}(t) = e^{\mathbf{A}t}$ als $e^{\lambda_\pm t}$ und damit

$$\det \mathbf{U}(t) = e^{\lambda_+ t} e^{\lambda_- t} = e^{(\lambda_+ + \lambda_-)t} = e^{-2\gamma t} \tag{1.73}$$

$$\operatorname{spur} \mathbf{U}(t) = e^{\lambda_+ t} \;+\; e^{\lambda_- t} = e^{-\gamma t}\Big(e^{+i\omega t} \;+\; e^{-i\omega t}\Big) = 2e^{-\gamma t}\cos\omega t \tag{1.74}$$

Aufgabe 1.5 (Seite 21) : Für das Vektorfeld der Differentialgleichungen (1.42) ist der Index einer einfachen Kurve C, die keinen Fixpunkt enthält, gleich

$$I_C = \frac{1}{2\pi}\oint_C \frac{f\,dg - g\,df}{f^2+g^2}\,.$$

Beweisen Sie diese Integralformel und berechnen Sie für das Feld $f(x,y) = x\cos\alpha - y\sin\alpha$, $g(x,y) = x\sin\alpha - y\cos\alpha$ mithilfe der Integralformel den Index für einen Kreis, der den Nullpunkt umschließt.

Lösung: Beweis: Mit $\phi = \tan^{-1}\frac{\dot y}{\dot x} = \tan^{-1}\frac{g(x,y)}{f(x,y)}$ und

$$\begin{aligned}
d\phi(f,g) &= \frac{\partial\phi}{\partial g}dg + \frac{\partial\phi}{\partial f}df \\
&= \frac{1}{1+\tan^2\phi}\Big(\frac{dg}{f} - \frac{g\,df}{f^2}\Big) = \frac{f\,dg - g\,df}{f^2+g^2}
\end{aligned} \tag{1.75}$$

ergibt sich die gesuchte Formel

$$I_C = \frac{1}{2\pi}\int_0^{2\pi} d\phi = \frac{1}{2\pi}\oint_C \frac{f\,dg - g\,df}{f^2+g^2}\,. \tag{1.76}$$

Für $f(x,y) = x\cos\alpha - y\sin\alpha$ und $g(x,y) = x\sin\alpha + y\cos\alpha$ erhält man zunächst bei einer Parametrisierung des Kreises C als $x = r\cos\varphi$ und $y = r\sin\varphi$

$$f^2 + g^2 = x^2 + y^2 = r^2. \tag{1.77}$$

Im nächsten Schritt berechnet man mit

$$\begin{aligned}\frac{\mathrm{d}f}{\mathrm{d}\varphi} &= r(-\alpha\cos\varphi - \cos\alpha\sin\varphi) = -(x\sin\alpha + y\cos\alpha)\\ \frac{\mathrm{d}g}{\mathrm{d}\varphi} &= r(-\sin\alpha\sin\varphi + \cos\alpha\cos\varphi) = x\cos\alpha - y\sin\alpha \qquad (1.78)\end{aligned}$$

den Zähler des Integranden in (1.76) als

$$\begin{aligned} f\mathrm{d}g - g\mathrm{d}f &= \left(f\frac{\mathrm{d}g}{\mathrm{d}\varphi} - g\frac{\mathrm{d}f}{\mathrm{d}\varphi}\right)\mathrm{d}\varphi = (x\cos\alpha - y\sin\alpha)^2 + (x\sin\alpha + y\cos\alpha)^2\\ &= x^2 + y^2 = r^2 \qquad (1.79)\end{aligned}$$

mit dem Ergebnis $I_C = \frac{1}{2\pi}\int_0^{2\pi}\mathrm{d}\varphi = 1$.

Aufgabe 1.6 (Seite 22): Linearisieren Sie die Differentialgleichungen (1.44) für $\gamma > 0$ und $\beta = 1$ an den Fixpunkten und bestimmen Sie ihren Charakter.

Lösung: Die Linearisierung von $\dot{v}(x,v) = -\alpha x - x^3 - 2\gamma v$ um einen Punkt (x_s, v_s) ergibt mit $\dot{v}(x_s, v_s) = 0$ für einen Fixpunkt und mit $v_s = 0$

$$\begin{aligned}\dot{v}(x,v) &\approx \dot{v}(x_s,v_s) - (\alpha + 3x_s^2)(x - x_s) - 2\gamma v\\ &= -(\alpha + 3x_s^2)(x - x_s) - 2\gamma v. \qquad (1.80)\end{aligned}$$

Für den Fixpunkt $x_0 = 0$ ist dann die linearisierte Abbildung durch die Matrix $\begin{pmatrix} 0 & 1\\ -\alpha & -2\gamma\end{pmatrix}$ gegeben, mit der Spur $\tau = -2\gamma$ und der Determinante $\Delta = \alpha$. Die Eigenwerte

$$\lambda_\pm = \tfrac{1}{2}\left(\tau \pm \sqrt{\tau^2 - 4\Delta}\right) = -\gamma \pm \sqrt{\gamma^2 - \alpha} \qquad (1.81)$$

sind für $\alpha > \gamma^2$ ein konjugiert komplexes Paar. Wegen $\tau = -2\gamma < 0$ ist der Fixpunkt ein stabiler Fokus, eine Senke des Flusses (vgl. Fall I d auf Seite 15). Andernfalls sind die Eigenwerte reell und wegen $\Delta = \alpha$ für $0 < \alpha < \gamma^2$ ist der Fixpunkt ein stabiler Knoten (vgl. Fall I a auf Seite 14) und für $\alpha < 0$ ein Sattelpunkt (Fall I b auf Seite 14).

Für die Fixpunkte $x_\pm = \pm\sqrt{-\alpha}$ betrachten wir nur den Fall reeller Fixpunkte, also $\alpha < 0$. Die linearisierte Abbildungsmatrix ist gleich $\begin{pmatrix} 0 & 1\\ 2\alpha & -2\gamma\end{pmatrix}$ mit mit der Spur $\tau = -2\gamma$ und der Determinante $\Delta = -2\alpha > 0$. Hier sind die Eigenwerte

$$\lambda_\pm = \tfrac{1}{2}\left(\tau \pm \sqrt{\tau^2 - 4\Delta}\right) = -\gamma \pm \sqrt{\gamma^2 + 2\alpha} \qquad (1.82)$$

wieder ein konjugiert komplexes Paar für $\gamma^2 < -2\alpha$, also für schwache Dämpfung, und daher Senken des Flusses (vgl. Fall I d auf Seite 15). Für $\gamma^2 > -2\alpha$, also starke Dämpfung, finden wir stabile Knoten (Fall I a auf Seite 14).

2 Schwingungen und Stöße

„Der Wissenschaftler findet seine Belohnung in dem, was Poincaré die Freude am Verstehen nennt, nicht in den Anwendungsmöglichkeiten seiner Erfindung.“
— Albert Einstein

Das Paradebeispiel für den Einsatz von Matrixmethoden in der klassischen Mechanik sind gekoppelte lineare Schwingungen. In diesem Kapitel stehen einfache, oder vermeintlich einfache Systeme der klassischen Bewegung von Punktmassen im Zentrum. Wir schlagen einen Bogen von linearen Schwingungsgleichungen mit und ohne zeitperiodischen Antrieb zu harten Stößen von Teilchen, entweder miteinander oder mit festen oder oszillierenden Wänden. Dabei werden wir unter anderem auch mit chaotischer Dynamik befassen müssen, ein Thema, das uns im Folgenden noch mehrfach begegnen wird.

2.1 Gekoppelte Schwingungen

Wenn wir kleine Auslenkungen eines mechanischen Systems von N Punktmassen in einer einzigen Raumdimension aus einer Gleichgewichtslage betrachten, so erhalten wir aus den **newtonschen Bewegungsgleichungen** für die Koordinaten x_j der Punktmassen m_j näherungsweise die gekoppelten Schwingungsgleichungen

$$m_j \ddot{x}_j + \sum_{k=1}^{N} d_{jk} x_k = 0 . \tag{2.1}$$

Dabei sind x_j die (kleinen) Auslenkungen aus der Gleichgewichtslage und d_{ij} in der Regel die negativen zweiten Ableitungen eines Potentials am Gleichgewichtspunkt. Die Matrix mit dem Matrixelementen d_{jk}, also die Hesse-Matrix des Potentials, ist reell, symmetrisch und für ein Potentialminimum positiv definit. Zweckmäßigerweise skalieren wir die Koordinaten wie $y_j = \sqrt{m_j}\, x_j$ und erhalten

$$\ddot{y}_j + \sum_{k=1}^{N} \Omega^2_{jk} y_k = 0 \tag{2.2}$$

mit $\Omega^2_{jk} = d_{jk} \big/ \sqrt{m_j m_k}$, oder in Matrixform

$$\ddot{\mathbf{y}} + \mathbf{\Omega^2} \mathbf{y} = 0 \tag{2.3}$$

mit einer reellen, symmetrischen und positiv definiten Matrix $\mathbf{\Omega^2}$.

Wir werden uns hier, ganz im Sinne unseres Themas der 2×2-Matrizen, mit $N = 2$ Freiheitsgraden befassen und suchen eine Lösung des linearen Gleichungssystems mit konstanten Koeffizienten, die gegebene Anfangsbedingungen zur Zeit $t = 0$ erfüllt, also $y_1(0) = y_{10}$, $y_2(0) = y_{20}$

und $\dot{y}_1(0) = v_{10}$, $\dot{y}_2(0) = v_{20}$, oder aber Randbedingungen zu zwei Zeiten t_0 und t_1. Man nennt eine Lösung mit freien Parameter, die es erlauben, alle diese Anfangs- oder Randbedingungen zu erfüllen, eine **allgemeine Lösung**.

Zur Konstruktion einer solchen allgemeinen Lösung verwenden wir ein Verfahren, das uns in der Quantenmechanik in den folgenden Kapiteln noch häufig begegnen wird: Wir bestimmen zunächst einen Satz spezieller Lösungen, aus denen wir dann die allgemeine Lösung aufbauen. Dazu suchen wir nach Lösungen der Form $\mathbf{y}(t) = \mathrm{e}^{\mathrm{i}\omega t}\mathbf{a}$ mit einem zeitunabhängigen Vektor $\mathbf{a}$ und einer zunächst noch unbekannten Frequenz ω. Einsetzen in (2.3) ergibt nach Division durch $\mathrm{e}^{\mathrm{i}\omega t}$

$$\Omega^2\mathbf{a} = \omega^2\mathbf{a}. \tag{2.4}$$

Der Vektor $\mathbf{a}$ ist also Eigenvektor der Matrix $\mathbf{\Omega^2}$ zum Eigenwert ω^2, den man aus der charakteristischen Gleichung

$$\left|\mathbf{\Omega^2} - \omega^2\mathbf{I}\right| = 0. \tag{2.5}$$

bestimmt. Da die Matrix $\mathbf{\Omega^2}$ positiv definit ist, sind die Eigenwerte ω^2 positiv und ihre beiden Wurzeln $\pm\omega$ reell. Wir finden also zu jedem Eigenwert ω_n^2 die beiden Schwingungsmoden $\mathbf{y}_n^{(\pm)}(t) = \mathrm{e}^{\pm\mathrm{i}\omega_n t}\mathbf{a}_n$, wobei wir die Eigenvektoren oder Eigenmoden $\mathbf{a}_n$ normiert und reell wählen können (siehe M2, Abschnitt 3.1). Außerdem wissen wir wegen der Symmetrie der Matrix $\mathbf{\Omega^2}$, dass die Eigenvektoren $\mathbf{a}_1$ und $\mathbf{a}_2$ orthogonal sind (oder orthogonal gewählt werden können, falls die Eigenwerte gleich sind):

$$\mathbf{a}_k \cdot \mathbf{a}_n = \delta_{kn}. \tag{2.6}$$

Man bezeichnet die $\mathbf{a}_n$ daher auch als **Normalkoordinaten** und die $\mathbf{y}_n(t)$ oder $\mathbf{x}_n(t)$ als **Normalschwingungen**. Unser System gekoppelter Differentialgleichungen ist linear. Daher ist auch jede Linearkombination von Lösungen wieder eine Lösung. Die Lösungen bilden einen linearen Raum. Wir wissen also jetzt, dass die Funktionen

$$\mathbf{y}(t) = \sum_{n=1}^{2} c_n^{(+)}\mathbf{y}_n^{(+)}(t) + c_n^{(-)}\mathbf{y}_n^{(-)}(t) = \sum_{n=1}^{2} \left(c_n^{(+)}\,\mathrm{e}^{\pm\mathrm{i}\omega_n t} + c_n^{(-)}\,\mathrm{e}^{\pm\mathrm{i}\omega_n t}\right)\mathbf{a}_n \tag{2.7}$$

unsere Differentialgleichung (2.3) lösen. Wir wollen uns jetzt vergewissern, dass wir so die allgemeine Lösung konstruiert haben. Dazu zeigen wir, dass wir jede Anfangsbedingung erfüllen können. Bilden wir das Skalarprodukt von $\mathbf{y}(0)$ mit dem Eigenvektor $\mathbf{a}_k$, so erhalten wir

$$\mathbf{a}_k \cdot \mathbf{y}_0 = \mathbf{a}_k \cdot \mathbf{y}(0) = \sum_{n=1}^{2} \left(c_n^{(+)} + c_n^{(-)}\right)\mathbf{a}_k \cdot \mathbf{a}_n = c_k^{(+)} + c_k^{(-)}. \tag{2.8}$$

Genauso finden wir für die Geschwindigkeit

$$\mathbf{a}_k \cdot \mathbf{v}_0 = \mathbf{a}_k \cdot \dot{\mathbf{y}}(0) = \mathrm{i}\sum_{n=1}^{2} \left(c_n^{(+)} - c_n^{(-)}\right)\omega_n\,\mathbf{a}_k \cdot \mathbf{a}_n = \mathrm{i}\left(c_k^{(+)} - c_k^{(-)}\right)\omega_k, \tag{2.9}$$

und damit für die gesuchten Koeffizienten

$$c_k^{(\pm)} = \frac{1}{2}\mathbf{a}_k \cdot \mathbf{y}_0 \mp \frac{\mathrm{i}}{2\omega_k}\mathbf{a}_k \cdot \mathbf{v}_0. \tag{2.10}$$

Sie ergeben sich also als Projektion der Anfangskonfiguration und Anfangsgeschwindigkeit auf die Eigenmoden.

Ein Beispiel: Um die theoretischen Überlegungen anschaulicher zu machen, betrachten wir zwei gleiche Massen $m_1 = m_2 = m$, die untereinander durch eine Feder mit Federkonstante d verbunden sind. Zusätzlich ist jede Masse durch eine weitere Feder (Federkonstante D) mit einer festen Wand verbunden wie in Bild 2.1 dargestellt. Die Schwingungsgleichungen lauten dann

$$m\ddot{x}_1 = -Dx_1 + d(x_2 - x_1) = -(D+d)\,x_1 + d\,x_2 \tag{2.11}$$

$$m\ddot{x}_2 = d(x_1 - x_2) - Dx_2 = +d\,x_1 - (D+d)\,x_2 \tag{2.12}$$

Wegen der gleichen Massen wird die Transformation $y_i = \sqrt{m_i}\,x_i$ trivial und wir können sie uns ersparen, indem wir $m = 1$ setzen. Dann erhalten wir die charakteristische Gleichung (2.5) zur Bestimmung der Eigenfrequenzen als

$$\begin{vmatrix} D+d-\omega^2 & -d \\ -d & D+d-\omega^2 \end{vmatrix} = 0 \tag{2.13}$$

oder $\left(D+d-\omega^2\right)^2 - d^2 = 0$. Die gesuchten Eigenfrequenzen sind daher

$$\omega_1 = \sqrt{D} \qquad \text{und} \qquad \omega_2 = \sqrt{D+2d}\,. \tag{2.14}$$

Zur Berechnung der Eigenvektoren müssen wir für jeden dieser Eigenwerte die Gleichung (2.4) lösen, also hier

$$\begin{pmatrix} D+d & -d \\ -d & D+d \end{pmatrix} \begin{pmatrix} a_1^{(j)} \\ a_2^{(j)} \end{pmatrix} = \omega_j^2 \begin{pmatrix} a_1^{(j)} \\ a_2^{(j)} \end{pmatrix}, \quad j = 1,2. \tag{2.15}$$

Die normierte Eigenvektoren ergeben sich dann als

$$\vec{a}^{(1)} = \frac{1}{\sqrt{2}} \begin{pmatrix} 1 \\ 1 \end{pmatrix} \quad , \quad \vec{a}^{(2)} = \frac{1}{\sqrt{2}} \begin{pmatrix} 1 \\ -1 \end{pmatrix}. \tag{2.16}$$

Diese Normalkoordinaten stehen aufeinander senkrecht und beschreiben eine gleichphasige Schwingung mit der Frequenz ω_1 und eine gegenphasige Schwingung mit der Frequenz ω_2. Bei der gleichphasigen Schwingung bleibt der Abstand der beiden Massen unverändert und folglich hängt ihre Frequenz nicht von der Federkonstanten d ab.

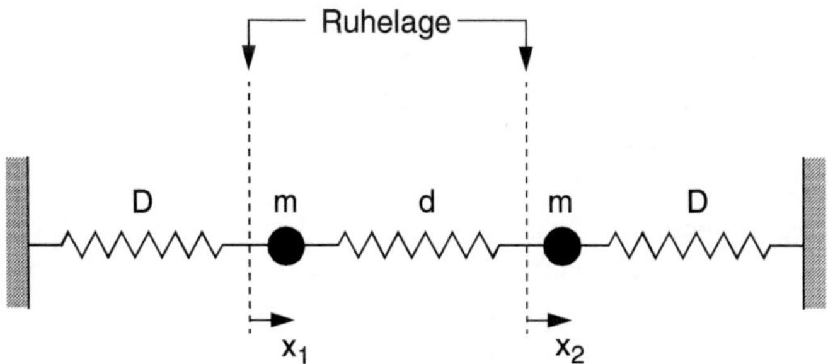

Bild 2.1 Gekoppelte Schwingungen: Zwei gleiche Massen m sind mit einer Feder d gekoppelt und jeweils durch eine Feder D mit einer festen Wand verbunden.

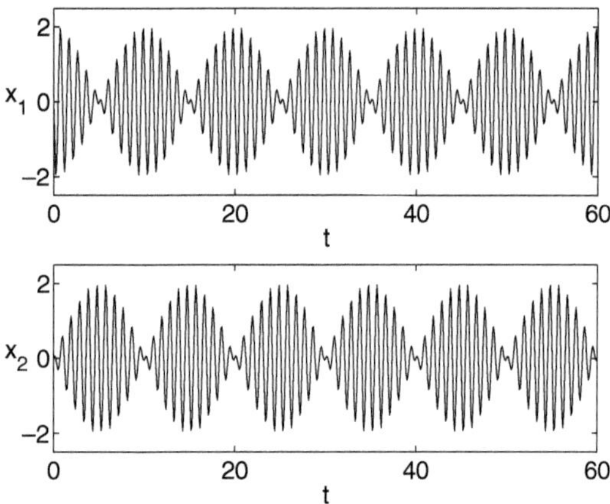

Bild 2.2 Schwebung zweier gekoppelter Schwingungen mit Frequenzen $\omega_2 = 1.1\,\omega_1$. Die Zeit t ist angegeben in Einheiten von $2\pi/\omega_1$.

Die allgemeine Lösung ist eine Linearkombination dieser beiden Schwingungen, wie oben erläutert. Sie lässt sich als

$$\mathbf{x}(t) = c_1 \cos(\omega_1 t + \phi_1)\,\mathbf{a}_1 + c_2 \cos(\omega_2 t + \phi_2)\,\mathbf{a}_2 \tag{2.17}$$

schreiben, wobei die Amplituden c_j und die Phasen ϕ_j durch die Anfangsbedingungen festgelegt werden. Wenn man speziell $c_1 = c_2 = 1$, $\phi_1 = \phi_2 = \pi/2$ wählt, so lauten die Lösungen

$$\begin{aligned} x_1(t) &= \sin\omega_1 t + \sin\omega_2 t = 2\cos\frac{\omega_1-\omega_2}{2}t\,\sin\frac{\omega_1+\omega_2}{2}t \\ x_2(t) &= \sin\omega_1 t - \sin\omega_2 t = 2\sin\frac{\omega_1-\omega_2}{2}t\,\cos\frac{\omega_1+\omega_2}{2}t \end{aligned} \tag{2.18}$$

und zeigen eine schnelle Schwingung mit der mittleren Frequenz $(\omega_1+\omega_2)/2$, deren Amplitude langsamer mit der Differenzfrequenz $|\omega_1-\omega_2|/2$ oszilliert. Das wird besonders deutlich, wenn sich die beiden Eigenfrequenzen nur geringfügig unterscheiden. Bild 2.2 zeigt eine solche Schwingung, eine sogenannte Schwebung, für $\omega_2 = 1.1\,\omega_1$.

Aufgabe 2.1 (Lös. Seite 57): Berechnen Sie die Eigenfrequenzen und Normalschwingungen eines gekoppelten Federpendels wie in Bild 2.1, aber für ungleiche Massen $m_1 = 2m$ und $m_2 = m$. Außerdem seien die linke und die mittlere Feder gleich ($D = d$) und die rechte fehlt.

Lineare Ketten: Eine unendliche lineare Kette mit einer Feder gekoppelter Massen ermöglicht es, in recht überschaubarer Weise die Ausbreitung von Wellen zu modellieren, beispielsweise als ein klassisches Modell für Kristallschwingungen, wobei der Kristall als ein System gekoppelter Punktmassen beschrieben wird.

Als einfachstes Modell betrachten wir zunächst den Fall gleicher Massen mit gleichen Federkopplungen, die in der Ruhelage den gleichen Abstand a haben. Ihre Auslenkungen x_j aus der Ruhelage werden durch die Schwingungsgleichungen

$$m\ddot{x}_j = d(x_{j-1} - x_j) + d(x_{j+1} - x_j) = d(x_{j+1} + x_{j-1} - 2x_j) \tag{2.19}$$

beschrieben. Wir suchen zunächst einfache Typen von Lösungen, nämlich laufende Wellen

$$x_j(t) = A\mathrm{e}^{\mathrm{i}(jka-\omega t)}\,. \tag{2.20}$$

Dabei schwingen alle Massen synchron mit der gleichen Frequenz und zwischen benachbarten besteht eine Phasendifferenz von ka. Setzt man diesen Ansatz in die Schwingungsgleichung ein, so erhält man

$$-m\omega^2 A = dA\left(e^{ika} + e^{-ika} - 2\right), \tag{2.21}$$

was sich umschreiben lässt als

$$\omega = \sqrt{\tfrac{4d}{m}}\left|\sin\frac{ka}{2}\right|, \tag{2.22}$$

eine sogenannte **Dispersionsrelation** zwischen der Frequenz ω und der Wellenzahl k. Die möglichen Schwingungsfrequenzen sind also auf das Intervall

$$\omega < \omega_0 = \sqrt{4d/m} \tag{2.23}$$

beschränkt, eine sogenannte **„Brillouin-Zone"**. Für kleine Wellenzahlen oder Frequenzen hat die Phasengeschwindigkeit $v_{\text{phase}} = \omega/k$ näherungsweise den konstanten Wert $v_{\text{phase}} = \omega_0 a/2$. Ein Wellenpaket breitet sich dann näherungsweise ohne Formänderung aus und die Gruppengeschwindigkeit

$$v_g = \frac{d\omega}{dk} = \sqrt{\frac{da^2}{m}}\cos\frac{ka}{2}, \tag{2.24}$$

der Ausbreitung eines Wellenpakets ist gleich der Phasengeschwindigkeit. Bei größeren Wellenzahlen hängt die Phasengeschwindigkeit von der Wellenzahl ab und ein Wellenpaket läuft im Allgemeinen auseinander.

Wenn die Kette nicht homogen ist, wenn sie beispielsweise aus abwechselnd angeordneten unterschiedlichen Massen m und μ mit gleichen Ruheabständen a und Federkopplungen d besteht, dann lauten die Schwingungsgleichungen für die Auslenkungen x_j bzw. y_j

$$\begin{aligned} m\ddot{x}_j &= d(y_j + y_{j-1} - 2x_j) \\ \mu\ddot{y}_j &= d(x_{j+1} + x_j - 2y_j)\,. \end{aligned} \tag{2.25}$$

Wieder suchen wir nach einfachen Lösungen als laufende Wellen

$$x_j(t) = \overline{x}e^{i(jka-\omega t)}\,, \quad y_j(t) = \overline{y}e^{i(jka-\omega t)}\,, \tag{2.26}$$

und finden durch Einsetzen in die Schwingungsgleichung, dass die Amplituden $\overline{x}$ und $\overline{y}$ die Gleichungen

$$\begin{aligned} -m\omega^2\overline{x} &= d(1 + e^{-ika})\overline{y} - 2d\overline{x} \\ -\mu\omega^2\overline{y} &= d(e^{ika} + 1)\overline{x} - 2d\overline{y} \end{aligned} \tag{2.27}$$

erfüllen müssen, oder in Matrixform

$$\begin{pmatrix} \frac{2d}{m} & -\frac{d}{m}(1 + e^{-ika}) \\ -\frac{d}{\mu}(e^{ika} + 1) & \frac{2d}{\mu} \end{pmatrix}\begin{pmatrix}\overline{x}\\ \overline{y}\end{pmatrix} = \omega^2\begin{pmatrix}\overline{x}\\ \overline{y}\end{pmatrix}. \tag{2.28}$$

Die Frequenzen ω^2 ergeben sich also aus den Matrixeigenwerten, und mit der Spur der Matrix $2d(m+\mu)/(m\mu)$ und der Determinante $4d^2/(m\mu)\sin^2(ka/2)$ erhalten wir

$$\omega_\pm^2(k) = \frac{d}{m\mu}\left(m + \mu \pm \sqrt{(m+\mu)^2 - 4m\mu\sin^2(ka/2)}\,\right) \tag{2.29}$$

(vgl. M2, Gleichung (1.57)). Wie schon zu Beginn dieses Abschnittes beschrieben, können wir die Eigenvektoren berechnen. Hier wollen wir dies nur für kleine Werte der Wellenzahl k durchführen. Dann gilt

$$\omega^2_-(k) \approx \frac{dk^2a^2}{2(m+\mu)}\quad , \quad \omega_+^2(k) \approx 2d\mu \tag{2.30}$$

und für die Amplituden der zugehörigen Eigenschwingungen ergibt sich

$$\overline{x}_-/\overline{y}_- \approx 1 \quad , \quad \overline{x}_+/\overline{y}_+ \approx -\mu/m. \tag{2.31}$$

Zu der niedrigen Frequenz ω_- schwingen die Massen also gleichphasig, bei der höheren Frequenz ω_+ gegenphasig. Wenn es sich dabei um unterschiedlich geladene Teilchen handelt, zu Beispiel um Ionen im Kristallgitter, dann wird bei der gegenphasigen Schwingung eine elektromagnetische Welle emittiert. Daher bezeichnet man diesen Zweig $\omega_+(k)$ der Dispersionsrelation als den **optischen Zweig**, den tiefer liegenden Zweig $\omega_-(k)$ als den **akustischen Zweig.**[1] Der Abstand der beiden Frequenzbänder ist minimal für $ka = \pi$ mit einer Bandlücke

$$\Delta\omega = \left|\sqrt{2d/m} - \sqrt{2d/\mu}\right|. \tag{2.32}$$

2.2 Angetriebene Schwingungen

Bisher haben wir lineare Schwingungen vom Typ $\dot{\mathbf{x}} = \mathbf{A}\mathbf{x}$ mit konstanten 2×2-Matrizen $\mathbf{A}$ betrachtet, also für Matrizen, die nicht explizit von der Zeit abhängen. Hier wollen wir diese Einschränkung aufgeben. Außerdem werfen wir einen kurzen Blick auf nicht-homogene Systeme, also auf Differentialgleichungen vom Typ

$$\dot{\mathbf{x}} = \mathbf{A}(t)\mathbf{x} + \mathbf{b}(t). \tag{2.33}$$

Zwei Spezialfälle sind hier besonders bekannt. Das ist einmal der angetriebene harmonische Oszillator $\ddot{x} + 2\gamma\dot{x} + \omega_0^2 x = f(t)$ aus Abschnitt 1.3 mit der konstanten Matrix

$$\mathbf{A} = \begin{pmatrix} 0 & 1 \\ -\omega_0^2 & -2\gamma \end{pmatrix} \tag{2.34}$$

und einem zeitabhängigen Vektor $\mathbf{b}(t) = (0, f(t))^T$ und zum anderen ein homogenes System mit einer zeitperiodischen Matrix $\mathbf{A}(t+T) = \mathbf{A}(t)$, realisiert beispielsweise durch die **hillsche Differentialgleichung**

$$\ddot{x} + q(t)x = 0 \quad \text{mit} \quad q(t+T) = q(t) \tag{2.35}$$

und der Matrix $\mathbf{A} = \left(\begin{smallmatrix} 0 & 1 \\ -q(t) & 0 \end{smallmatrix}\right)$, die wir weiter unten eingehender untersuchen (siehe Seite 42).

Der angetriebene harmonische Oszillator: Zunächst erinnern wir uns an das übliche Vorgehen bei der Beschreibung des angetriebenen harmonischen Oszillators mit harmonischer Kraft $f(t) = f_0 \cos\Omega t$. Hier kann man durch Einsetzen in die Differentialgleichung leicht verifizieren, dass

$$x(t) = D\cos(\Omega t + \phi) \quad \text{mit}$$
$$D = \frac{f_0}{\sqrt{(\omega_0^2 - \Omega^2)^2 + (2\gamma\Omega 9^2}} \quad , \quad \phi = -\arctan\frac{2\gamma\Omega}{\omega_0^2 - \Omega^2} \tag{2.36}$$

eine Lösung der inhomogenen Differentialgleichung liefert. Das ist eine sehr spezielle Lösung. Sie ist periodisch mit der Periode der Anregungsfrequenz und enthält keine freien Konstanten. Man kann sich aber sofort davon überzeugen, dass man zu dieser speziellen Lösung noch eine beliebige Lösung der freien Bewegung $\dot{\mathbf{x}} = \mathbf{A}\mathbf{x}$ addieren kann. Damit erhält man eine allgemeine Lösung des inhomogenen Systems, mit der eine beliebige Anfangsbedingung erfüllt werden

[1] Mehr dazu findet man in Demtröder, W.: *Experimentalphysik II*, Springer-Verlag 2005, Kap.12.

kann. Da wegen des Reibungsterms für $\gamma > 0$ die Lösung des freien Systems für große Zeiten gegen null geht, nähert sich jede Lösung der inhomogenen Lösung (2.36), einem **Grenzzyklus** (vgl. auch Beispiel (1.55) im ersten Kapitel). Bild 2.3 zeigt ein Beispiel für eine Bahn, die sich von innen dem Grenzzyklus nähert und für eine Bahn von außen.

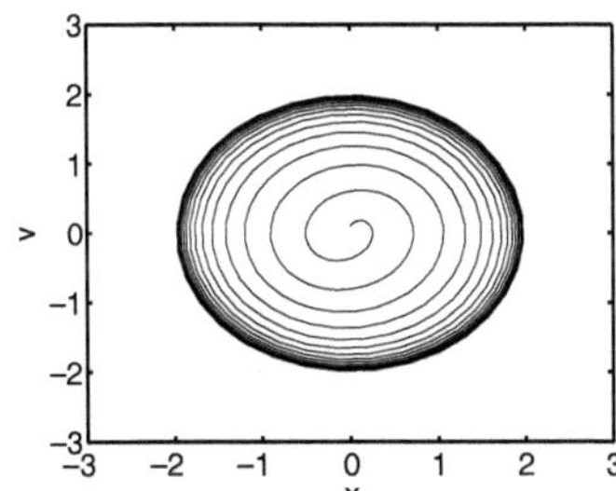

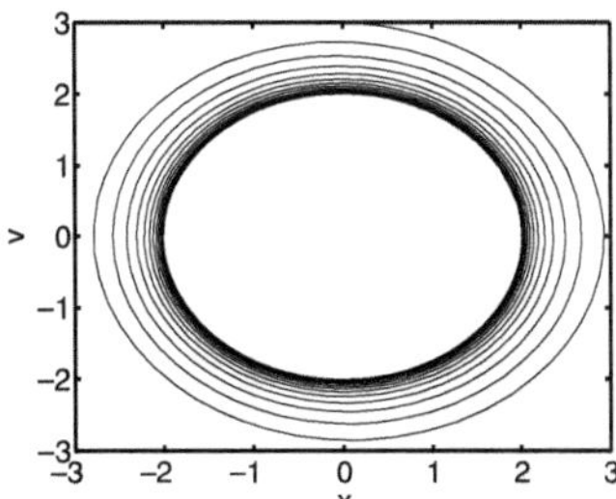

Bild 2.3 Die Phasenbahnen der erzwungenen Schwingung eines gedämpften harmonischen Oszillators nähern sich asymptotisch dem Grenzzyklus.

Diese Lösungsmethode durch intelligentes Raten führt aber für allgemeinere Anregungen $f(t)$ nicht zum Ziel und wir werden deshalb eine geeigneteren Ansatz präsentieren. Dabei nehmen wir zunächst an, dass die Matrix **A** zeitunabhängig ist, und gehen davon aus, dass wir eine nicht-singuläre Matrixlösung $\mathbf{\Phi}(t)$ der homogenen Differentialgleichung $\dot{\mathbf{\Phi}} = \mathbf{A}\mathbf{\Phi}$ kennen. Dann ist

$$\mathbf{x}(t) = \mathbf{\Phi}(t)\,\mathbf{\Phi}^{-1}(0)\,\mathbf{x}_0 + \int_0^t \mathbf{\Phi}(t)\,\mathbf{\Phi}^{-1}(s)\,\mathbf{b}(s)\,\mathrm{d}s \tag{2.37}$$

eine Lösung der inhomogenen Differentialgleichung $\dot{x} = \mathbf{A}\mathbf{x} + \mathbf{b}(t)$. Um das zu zeigen, differenzieren wir (2.37) nach der Zeit t:

$$\begin{aligned}\dot{\mathbf{x}}(t) &= \dot{\mathbf{\Phi}}(t)\,\mathbf{\Phi}^{-1}(0)\mathbf{x}_0 + \int_0^t \dot{\mathbf{\Phi}}(t)\,\mathbf{\Phi}^{-1}(s)\mathbf{b}(s)\,\mathrm{d}s + \mathbf{\Phi}(t)\,\mathbf{\Phi}^{-1}(t)\mathbf{b}(t)\\ &= \mathbf{A}\Big(\mathbf{\Phi}(t)\,\mathbf{\Phi}^{-1}(0)\mathbf{x}_0 + \int_0^t \mathbf{\Phi}(t)\,\mathbf{\Phi}^{-1}(s)\mathbf{b}(s)\,\mathrm{d}s\Big) + \mathbf{\Phi}(t)\,\mathbf{\Phi}^{-1}(t)\mathbf{b}(t)\\ &= \mathbf{A}\mathbf{x}(t) + \mathbf{b}(t).\end{aligned} \tag{2.38}$$

Der Ausdruck in (2.37) erfüllt also die Bewegungsgleichung und außerdem die Anfangsbedingung $\mathbf{x}(0) = \mathbf{x}_0$. Für eine zeitunabhängige Matrix **A** ergibt dies mit $\mathbf{\Phi}(t) = \mathrm{e}^{\mathbf{A}t}$

$$\mathbf{x}(t) = \mathrm{e}^{\mathbf{A}t}\,\mathbf{x}_0 + \int_0^t \mathrm{e}^{\mathbf{A}(t-s)}\,\mathbf{b}(s)\,\mathrm{d}s. \tag{2.39}$$

Die Gleichung (2.37) ist jedoch auch für eine zeitabhängige Matrix $\mathbf{A}(t)$ gültig. Es soll dem Leser überlassen bleiben, auf diese Weise die oben geratene Lösung für $f(t) = f_0 \cos\Omega t$ zu reproduzieren. Als weitere Übung die folgende Aufgabe:

Aufgabe 2.2 (Lös. Seite 57): Bestimmen Sie für die Anfangsbedingung $\mathbf{x}(0) = (1,0)^T$ eine Lösung des inhomogenen Gleichungssystems

$$\dot{\mathbf{x}} = \begin{pmatrix} 1 & 1 \\ 0 & -1 \end{pmatrix}\mathbf{x} + \begin{pmatrix} t \\ 1 \end{pmatrix}.$$

Die Zeitentwicklungsmatrix: Im Folgenden werden wir uns wieder den homogenen Systemen zuwenden, allerdings mit einer zeitabhängigen Matrix $\mathbf{A}(t)$. Wir betrachten also das lineare System

$$\dot{\mathbf{x}}(t) = \mathbf{A}(t)\mathbf{x}(t) \quad \text{mit} \quad x(t_0) = \mathbf{x}_0 \,. \tag{2.40}$$

Unser Ziel ist es, eine allgemeine Lösung zu bestimmen, also eine Lösung, mit der wir jede Anfangsbedingung $\mathbf{x}(t_0) = \mathbf{x}_0$ erfüllen können. Dazu betrachten wir zunächst die Verallgemeinerung zu einer Matrix-Differentialgleichung

$$\dot{\boldsymbol{\Phi}}(t) = \mathbf{A}(t)\,\boldsymbol{\Phi}(t). \tag{2.41}$$

Nützlich könnte es an dieser Stelle sein, sich in Erinnerung zu rufen, dass man bei der Ableitung einer Matrix (die Differenzierbarkeit natürlich vorausgesetzt) beachten muss, dass das Matrixprodukt nicht kommutativ ist. Also sollte man die Produktregel der Differentiation als $(\mathbf{AB})' = \mathbf{A}'\mathbf{B} + \mathbf{AB}'$ formulieren, wenn wir an dieser Stelle die Ableitung mit einem Strich bezeichnen. Zur Übung eine kleine Aufgabe:

Aufgabe 2.3 (Lös. Seite 58) : Die Matrix **A** sei invertierbar und differenzierbar. Zeigen Sie, dass die Ableitung von $\mathbf{A}^{-1}$ durch $(\mathbf{A}^{-1})' = -\mathbf{A}^{-1}\,\mathbf{A}'\,\mathbf{A}^{-1}$ gegeben ist.

Unter einer sogenannten **Fundamentalmatrix** verstehen wir eine Lösungsmatrix $\boldsymbol{\Phi}(t)$ von (2.41) mit $\det\boldsymbol{\Phi}(t) \neq 0$.[2] Dann ist auch $\boldsymbol{\Phi}(t)\,\mathbf{C}$ mit einer nicht-singulären konstanten Matrix **C** eine Fundamentallösung. (Nicht aber $\mathbf{C}\boldsymbol{\Phi}(t)$!) Auf diese Weise lässt sich jede Anfangsbedingung für eine Lösung von (2.41) erfüllen, wovon man sich leicht überzeugen kann. Hier ein Beispiel:

Wenn man die Lösung $\mathbf{x}(t)$ von (2.40) in der Form $\mathbf{x}(t) = \mathbf{U}(t, t_0)\mathbf{x}(t_0)$ schreibt, dann erhält man durch Einsetzen in die Differentialgleichung für $\mathbf{x}(t)$ in (2.40) für **U** die Matrix-Differentialgleichung

$$\frac{\partial}{\partial t}\mathbf{U}(t, t_0) = \mathbf{A}(t)\,\mathbf{U}(t, t_0), \tag{2.42}$$

also eine Gleichung vom Typ (2.41) mit der Anfangsbedingung $\mathbf{U}(t_0, t_0) = \mathbf{I}$. (Wir verwenden hier eine partielle Ableitung, da $\mathbf{U}(t, t_0)$ von zwei Variablen abhängt.) Eine solche **Zeitentwicklungsmatrix** $\mathbf{U}(t, t_0)$ haben wir am Beispiel des harmonischen Oszillators in Abschnitt 1.3 für eine zeitunabhängige Matrix **A** schon kennengelernt. Wenn man irgendeine Fundamentalmatrix $\boldsymbol{\Phi}(t)$ als Lösung von (2.41) kennt, dann erhält man die Zeitentwicklungsmatrix durch $\mathbf{U}(t) = \boldsymbol{\Phi}(t)\,\boldsymbol{\Phi}^{-1}(t_0)$. Wir wollen jetzt zeigen, wie man eine solche Zeitentwicklungsmatrix konstruiert und einige ihrer Eigenschaften kennenlernen.

Zunächst lässt sich die Zeitentwicklungsmatrix für eine zeitunabhängige Matrix **A** problemlos als $\mathbf{U}(t, t_0) = \mathrm{e}^{\mathbf{A}(t-t_0)}$ mit der Matrix-Exponentialfunktion (vgl. Abschnitt 2.2.1 in M2) bestimmen. Für eine (hinreichend glatte) Zeitabhängigkeit kann man das Zeitintervall in kleine Schritte zerlegen, in denen die Matrix näherungsweise als konstant betrachtet werden kann. Bei einer Propagation über einen infinitesimal kleinen Zeitschritt δt entwickelt sich der Vektor $\mathbf{x}(t_0)$ in

$$\mathbf{x}(t_0 + \delta t) \approx \mathbf{x}(t_0) + \dot{\mathbf{x}}(t_0)\,\delta t = \big(\mathbf{I} + \delta t\mathbf{A}(t_0)\big)\mathbf{x}(t_0) = \boldsymbol{\delta}\mathbf{U}(t_0)\mathbf{x}(t_0) \tag{2.43}$$

[2] Wie wir weiter unten sehen werden, ist es dafür hinreichend, dass $\det\boldsymbol{\Phi}(t_1) \neq 0$ für irgendeine Zeit t_1 gilt.

mit der infinitesimalen Zeitentwicklungsmatrix

$$\boldsymbol{\delta}\mathbf{U}(t) = \mathbf{I} + \delta t \mathbf{A}(t). \tag{2.44}$$

Ein weiterer Zeitschritt führt zu

$$\begin{aligned}\mathbf{x}(t_0 + \boldsymbol{\delta} t + \boldsymbol{\delta} t) &\approx \big(\mathbf{I} + \delta t \mathbf{A}(t_0 + \delta t)\big)\mathbf{x}(t_0 + \delta t) \\ &= \big(\mathbf{I} + \delta t \mathbf{A}(t_0 + \delta t)\big)\big(\mathbf{I} + \delta t \mathbf{A}(t_0)\big)\mathbf{x}(t_0) = \boldsymbol{\delta}\mathbf{U}(t_0 + \delta t)\,\boldsymbol{\delta}\mathbf{U}(t_0)\,\mathbf{x}(t_0),\end{aligned} \tag{2.45}$$

und so fort, sodass wir nach N Zeitschritten mit $t_j = t_0 + j\Delta t$

$$\mathbf{x}(t_0 + N\delta t) \approx \boldsymbol{\delta}\mathbf{U}(t_N)\,\boldsymbol{\delta}\mathbf{U}(t_{n-1}) \cdots \boldsymbol{\delta}\mathbf{U}(t_1)\,\mathbf{x}(t_0) \tag{2.46}$$

erhalten. Wenn wir also das Zeitintervall von t_0 bis t in N Intervalle der Länge δt zerlegen, ergibt sich

$$\mathbf{x}(t) = \mathbf{U}(t, t_0)\,\mathbf{x}(t_0) \tag{2.47}$$

mit der Zeitentwicklungsmatrix

$$\mathbf{U}(t, t_0) = \lim_{N\to\infty} \boldsymbol{\delta}\mathbf{U}(t_{N-1})\boldsymbol{\delta}\mathbf{U}(t_{N-2}) \cdots \boldsymbol{\delta}\mathbf{U}(t_0) = \lim_{N\to\infty} \prod_{j=0}^{N-1} \boldsymbol{\delta}\mathbf{U}(t_j). \tag{2.48}$$

Bei der Produktschreibweise ist allerdings zu beachten, dass hier die Faktoren streng zeitlich geordnet sind, da das Matrixprodukt nicht kommutativ ist. Wenn das ausnahmsweise doch der Fall ist, dann kann man sich durch eine kurze Rechnung davon überzeugen, dass sich das Produkt (2.48) umschreiben lässt als

$$\mathbf{U}(t, t_0) = \mathrm{e}^{\int_{t_0}^{t} A(t')\,\mathrm{d}t'} \quad \text{für} \quad \big[\mathbf{A}(t'), \mathbf{A}(t'')\big] = 0. \tag{2.49}$$

Das ist sicherlich richtig für den Spezialfall, dass die Matrix $\mathbf{A}$ nicht von der Zeit abhängt, aber auch im entgegengesetzten Extrem einer impulsiven Zeitabhängigkeit $\mathbf{A}(t) = \mathbf{A}_0 + \delta(t - t_\delta)\mathbf{B}$ mit konstanten Matrizen $\mathbf{A}_0$ und $\mathbf{B}$. Im ersten Fall wird daraus die schon bekannte Formel $\mathbf{U}(t, t_0) = \mathrm{e}^{\mathbf{A}(t-t_0)}$, im zweiten erhält man $\mathbf{U}(t, t_0) = \mathrm{e}^{\mathbf{A}_0(t-t_0)}$ falls t_δ nicht zwischen den Zeiten t_0 und t liegt, und andernfalls

$$\mathbf{U}(t, t_0) = \mathrm{e}^{\mathbf{A}_0(t-t_0)+\mathbf{B}}. \tag{2.50}$$

Eigenschaften der Zeitentwicklungsmatrix: Die folgenden Eigenschaften der Zeitentwicklungsmatrix sind in vielen Anwendungen von Bedeutung:

(1) Die **Kompositionsregel**

$$\mathbf{U}(t_2, t_0) = \mathbf{U}(t_2, t_1)\,\mathbf{U}(t_1, t_0) \tag{2.51}$$

ist eine direkte Konsequenz der Gleichung (2.47), denn einerseits ist $\mathbf{x}(t_2) = \mathbf{U}(t_2, t_0)\mathbf{x}(t_0)$ und andererseits gleich

$$\mathbf{x}(t_2) = \mathbf{U}(t_2, t_1)\,\mathbf{x}(t_1) = \mathbf{U}(t_2, t_1)\,\mathbf{U}(t_1, t_0)\,\mathbf{x}(t_0). \tag{2.52}$$

(2) Aus der Produktformel (2.48) ergibt sich eine einfache Methode für eine (numerische) Berechnung von $\mathbf{U}(t, t_0)$. Man zerlegt das Zeitintervall $[t_0, t]$ in n kleine Intervalle der Länge δt, in denen man $\mathbf{A}(t)$ als konstant annimmt, $\mathbf{A}(t) \approx \mathbf{A}_j$ mit $\boldsymbol{\delta}\mathbf{U}(t_j) \approx \mathrm{e}^{\mathbf{A}_j\delta t}$ und erhält näherungsweise

$$\mathbf{U}(t, t_0) \approx \mathrm{e}^{\mathbf{A}_n\delta t}\mathrm{e}^{\mathbf{A}_{n-1}\delta t} \cdots \mathrm{e}^{\mathbf{A}_i\delta t}. \tag{2.53}$$

(3) Die Determinante von $\mathbf{U}(t, t_0)$ ist mit der Spur von $\mathbf{A}(t)$ verknüpft durch die Gleichung

$$\det \mathbf{U}(t, t_0) = \exp \int_{t_0}^{t} \operatorname{spur} \mathbf{A}(t')\,\mathrm{d}t'. \tag{2.54}$$

Daraus sehen wir, dass die Determinante der Zeitentwicklungsmatrix für keine endliche Zeit t gleich null werden kann, und eine kurze Überlegung führt zu der Einsicht, dass die Determinante einer Matrixlösung $\mathbf{\Phi}(t)$ zu jeder Zeit ungleich null ist, falls sie es zu irgendeiner Zeit ist. Wenn die Spur der Matrix $\mathbf{A}(t)$ gleich null ist, folgt insbesondere, dass die Determinante von $\mathbf{U}(t,t_0)$ gleich eins ist. Man beweist die Beziehung (2.54), indem man von (2.53) ausgeht und dann $\det \mathrm{e}^{\mathbf{B}} = \mathrm{e}^{\mathrm{spur}\mathbf{B}}$ benutzt (vgl. M2, Gleichung (2.95)):

$$\begin{aligned}\det\mathbf{U}(t,t_0) &\approx \det\left(\mathrm{e}^{\mathbf{A}_n\delta t}\mathrm{e}^{\mathbf{A}_{n-1}\delta t}\cdots\mathrm{e}^{\mathbf{A}_i\delta t}\right)\\ &= \det\left(\mathrm{e}^{\mathbf{A}_n\delta t}\right)\det\left(\mathrm{e}^{\mathbf{A}_{n-1}\delta t}\right)\cdots\det\left(\mathrm{e}^{\mathbf{A}_i\delta t}\right) = \mathrm{e}^{\mathrm{spur}\mathbf{A}_n\delta t}\,\mathrm{e}^{\mathrm{spur}\mathbf{A}_{n-1}\delta t}\cdots\mathrm{e}^{\mathrm{spur}\mathbf{A}_1\delta t}\\ &= \exp\Big(\sum_j \mathrm{spur}\mathbf{A}_j\delta t\Big).\end{aligned} \tag{2.55}$$

Lässt man jetzt die Anzahl der Teilintervalle gegen unendlich gehen, so wird aus der Summe im Exponenten das Integral in (2.54).

(4) Für eine antihermitesche Matrix $\mathbf{A}^\dagger = -\mathbf{A}$ ist die Zeitentwicklungsmatrix $\mathbf{U}$ unitär. Die Unitarität zeigt man durch Zeitableitung von $\mathbf{U}^\dagger\mathbf{U}$:

$$\begin{aligned}\frac{\partial}{\partial t}\mathbf{U}^\dagger(t,t_0)\mathbf{U}(t,t_0) &= \frac{\partial\mathbf{U}^\dagger(t,t_0)}{\partial t}\mathbf{U}(t,t_0) + \mathbf{U}^\dagger(t,t_0)\frac{\partial\mathbf{U}(t,t_0)}{\partial t}\\ &= \mathbf{U}^\dagger(t,t_0)\mathbf{A}^\dagger(t)\mathbf{U}(t,t_0) + \mathbf{U}^\dagger(t,t_0)\mathbf{A}(t)\mathbf{U}(t,t_0)\\ &= \mathbf{U}^\dagger(t,t_0)\left(\mathbf{A}^\dagger(t)+\mathbf{A}(t)\right)\mathbf{U}(t,t_0) = 0\end{aligned} \tag{2.56}$$

für $\mathbf{A}^\dagger(t) = -\mathbf{A}(t)$. Damit ist das Produkt zeitlich konstant und (wegen $\mathbf{U}(t_0,t_0) = \mathbf{I}$) gleich eins. Es gilt also dann die Unitarität: $\mathbf{U}^\dagger(t,t_0)\mathbf{U}(t,t_0) = \mathbf{I}$.

Bei Anwendungen in der Quantenmechanik treffen wir häufig auf Matrixgleichungen wie

$$\mathrm{i}\hbar\frac{\partial}{\partial t}\mathbf{U} = \mathbf{H}\mathbf{U} \tag{2.57}$$

mit einer hermiteschen Hamilton-Matrix $\mathbf{H} = \mathbf{H}^\dagger$, also mit $\mathbf{A} = -\mathrm{i}\hbar\mathbf{H}$ in der hier verwendeten Notation. Dann ist $\mathbf{A}$ antihermitesch, $\mathbf{A}^\dagger = -\mathbf{A}$, und die Zeitentwicklunsmatrix ist $\mathbf{U}(t,t_0)$ nach (4) unitär.

Im folgenden Abschnitt werden wir uns mit Systemen befassen, die periodisch in der Zeit sind.

2.2.1 Zeitperiodische Systeme

In vielen Anwendungen ist die Zeitabhängigkeit periodisch mit der Periode T:

$$\mathbf{A}(t+T) = \mathbf{A}(t). \tag{2.58}$$

Das hat wichtige Konsequenzen für die Zeitentwicklungsmatrix $\mathbf{U}(t,t_0)$. Insbesondere ist die gesamte Zeitentwicklung durch das Verhalten innerhalb einer Periode bestimmt, das heißt durch $\mathbf{U}(t,0)$ mit $0 \le t \le T$, wenn wir $t_0 = 0$ wählen. Davon wollen wir uns zunächst überzeugen. Aus Gleichung (2.48) finden wir nach einer Zeitperiode

$$\mathbf{U}(T,0) = \lim_{N\to\infty} \boldsymbol{\delta}\mathbf{U}(t_{N-1})\boldsymbol{\delta}\mathbf{U}(t_{N-2})\cdots\boldsymbol{\delta}\mathbf{U}(t_0) \tag{2.59}$$

mit $\boldsymbol{\delta}U(t_j) = \mathbf{I} + \delta t\mathbf{A}(t_j)$ und $t_j = j\delta t$. Nach zwei Perioden ergibt sich mit $t_{j+N} = t_j + T$ und

$$\boldsymbol{\delta}U(t_{j+N}) = \mathbf{I} + \delta t\mathbf{A}(t_{j+N}) = \mathbf{I} + \delta t\mathbf{A}(t_j+T) = \mathbf{I} + \delta t\mathbf{A}(t_j) = \boldsymbol{\delta}\mathbf{U}(t_j) \tag{2.60}$$

$$
\begin{aligned}
\mathbf{U}(2T,0) &= \lim_{N\to\infty} \boldsymbol{\delta}\mathbf{U}(t_{2N-1})\boldsymbol{\delta}\mathbf{U}(t_{2N-2}\cdots\boldsymbol{\delta}\mathbf{U}(t_N)\boldsymbol{\delta}\mathbf{U}(t_{N-1})\boldsymbol{\delta}\mathbf{U}(t_{N-2})\cdots\boldsymbol{\delta}\mathbf{U}(0)\\
&= \lim_{N\to\infty} \boldsymbol{\delta}\mathbf{U}(t_{N-1})\boldsymbol{\delta}\mathbf{U}(t_{N-2}\cdots\boldsymbol{\delta}\mathbf{U}(0)\boldsymbol{\delta}\mathbf{U}(t_{N-1})\boldsymbol{\delta}\mathbf{U}(t_{N-2})\cdots\boldsymbol{\delta}\mathbf{U}(0)\\
&= \lim_{N\to\infty} \left[\boldsymbol{\delta}\mathbf{U}(t_{N-1})\boldsymbol{\delta}\mathbf{U}(t_{N-2}\cdots\boldsymbol{\delta}\mathbf{U}(t_0)\right]^2 = \left[\mathbf{U}(T,0)\right]^2
\end{aligned}
\tag{2.61}
$$

und entsprechend nach n Perioden

$$\mathbf{U}(nT,0) = \left[\mathbf{U}(T,0)\right]^n. \tag{2.62}$$

Genauso können wir uns von der Gültigkeit der Relation

$$\mathbf{U}(t+T,T) = \mathbf{U}(t,0) \tag{2.63}$$

überzeugen, woraus mit der Kompositionsregel (2.51) folgt

$$\mathbf{U}(t+T,0) = \mathbf{U}(t+T,T)\,\mathbf{U}(T,0) = \mathbf{U}(t,0)\,\mathbf{U}(T,0) \tag{2.64}$$

und $\mathbf{U}(t+nT,0) = \mathbf{U}(t,0)\,\mathbf{U}(nT,0) = \mathbf{U}(t,0)\left[\mathbf{U}(T,0)\right]^n$. Also bestimmt, wie oben behauptet, die Zeitentwicklung über eine Periode das gesamte Zeitverhalten.

Wir wollen jetzt zeigen, dass wir jede Fundamentallösung in der Form

$$\boldsymbol{\Phi}(t) = \mathbf{P}(t)\,\mathrm{e}^{\mathbf{R}t} \quad mit \quad \mathbf{P}(t+T) = \mathbf{P}(t) \tag{2.65}$$

schreiben können. Dabei ist $\mathbf{R}$ eine konstante Matrix. Zum Beweis dieser wichtigen Eigenschaft, die zudem für $n\times n$-Matrizen gilt, überzeugen wir uns zunächst davon, dass mit $\boldsymbol{\Phi}(t)$ auch $\boldsymbol{\Psi}(t) = \boldsymbol{\Phi}(t+T)$ eine Fundamentallösung der Differentialgleichung darstellt. Das sieht man leicht durch

$$\dot{\boldsymbol{\Psi}}(t) = \dot{\boldsymbol{\Phi}}(t+T) = \mathbf{A}(t+T)\,\boldsymbol{\Phi}(t+T) = \mathbf{A}(t)\,\boldsymbol{\Psi}(t). \tag{2.66}$$

Also müssen die linear unabhängigen Spaltenvektoren von $\boldsymbol{\Psi}(t) = \boldsymbol{\Phi}(t+T)$ Linearkombinationen der Spaltenvektoren von $\boldsymbol{\Phi}(t)$ sein. Dann gibt es eine invertierbare konstante Matrix $\mathbf{C}$ mit $\boldsymbol{\Phi}(t+T) = \boldsymbol{\Phi}(t)\,\mathbf{C}$, die wir immer als $\mathbf{C} = \mathrm{e}^{\mathbf{R}T}$ schreiben können (vgl. die Bemerkungen über den Matrix-Logarithmus in M2, Abschnitt 2.2). Es gilt also

$$\boldsymbol{\Phi}(t+T) = \boldsymbol{\Phi}(t)\,\mathrm{e}^{\mathbf{R}T} \tag{2.67}$$

und, mit der Definition $\mathbf{P}(t) = \boldsymbol{\Phi}(t)\,\mathrm{e}^{-\mathbf{R}t}$,

$$\mathbf{P}(t+T) = \boldsymbol{\Phi}(t+T)\,\mathrm{e}^{-\mathbf{R}(t+T)} = \boldsymbol{\Phi}(t)\,\mathrm{e}^{\mathbf{R}T}\,\mathrm{e}^{-\mathbf{R}(t+T)} = \boldsymbol{\Phi}(t)\,\mathrm{e}^{-\mathbf{R}t} = \mathbf{P}(t). \tag{2.68}$$

Daraus erkennen wir, dass $\mathbf{P}(t)$ periodisch ist mit der Periode T, was zu beweisen war.

Eine erste Konsequenz von (2.65) ist die Tatsache, dass die Kenntnis einer Fundamentallösung $\boldsymbol{\Phi}(t)$ über eine Zeitperiode, beispielsweise das Intervall $0 \le t \le T$, die gesamte Zeitentwicklung festlegt, denn mit $\mathbf{P}(0) = \boldsymbol{\Phi}(0)$ erhält man

$$\boldsymbol{\Phi}(T) = \boldsymbol{\Phi}(0)\,\mathrm{e}^{\mathbf{R}T} \quad \text{oder} \quad \mathbf{R} = T^{-1}\log\boldsymbol{\Phi}^{-1}(0)\boldsymbol{\Phi}(T) \tag{2.69}$$

sowie $\mathbf{P}(t) = \boldsymbol{\Phi}(t)\,\mathrm{e}^{-\mathbf{R}t}$. Damit liefert (2.65) die Lösung für alle Zeiten.

Eine weitere Überlegung zeigt uns, dass die Matrizen $\mathbf{P}(t)$ und $\mathbf{R}$ nicht eindeutig festgelegt sind. Sie hängen ab von der gewählten Fundamentallösung $\boldsymbol{\Phi}(t)$. Wenn man eine andere Lösung $\boldsymbol{\Phi}'(t)$ verwendet, dann sind beide durch $\boldsymbol{\Phi}(t) = \boldsymbol{\Phi}'(t)\mathbf{S}$ mit einer konstanten nicht-singulären Matrix $\mathbf{S}$ verknüpft. Es gilt

$$\boldsymbol{\Phi}(t)\,\mathbf{C} = \boldsymbol{\Phi}(t+T) = \boldsymbol{\Phi}'(t+T)\,\mathbf{S} \tag{2.70}$$

oder

$$\boldsymbol{\Phi}'(t+T) = \boldsymbol{\Phi}(t)\,\mathbf{C}\mathbf{S}^{-1} = \boldsymbol{\Phi}'(t)\,\mathbf{S}\mathbf{C}\mathbf{S}^{-1} = \boldsymbol{\Phi}'(t)\,\mathbf{C}'. \tag{2.71}$$

Die Matrizen $\mathbf{C}$ und $\mathbf{C}' = \mathbf{SCS}^{-1}$ sind also einander ähnlich. Unabhängig von der Wahl der Lösungsmatrix $\mathbf{\Phi}(t)$ sind daher Größen, die invariant sind gegenüber Ähnlichkeitstransformationen, nämlich die Eigenwerte λ_j, $j = 1,\ldots,n$ der Matrix $\mathbf{C} = \mathrm{e}^{\mathbf{R}T}$, oder die Eigenwerte von $\mathbf{R}$, die sogenannten **charakteristischen Exponenten** ν_j mit $\lambda_j = \mathrm{e}^{\nu_j T}$.

Mit $\mathbf{\Phi}(T) = \mathbf{\Phi}(0)\,\mathrm{e}^{\mathbf{R}T}$ aus Gleichung (2.69) sehen wir, dass die λ_j Eigenwerte von $\mathbf{\Phi}^{-1}(0)\mathrm{e}^{\mathbf{R}T}$ sind, oder, anders ausgedrückt, sie sind Eigenwerte der Zeitentwicklungsmatrix $\mathbf{U}(t,0)$ mit $\mathbf{U}(0,0) = \mathbf{I}$ über eine Zeitperiode, der sogenannten **Floquet-Matrix** $\mathbf{U}(T,0)$. Wir notieren außerdem die Formel

$$\det \mathbf{U}(T,0) = \lambda_1\lambda_2\cdots\lambda_n = \exp\int_0^T \mathrm{spur}\,\mathbf{A}(s)\,\mathrm{d}s, \tag{2.72}$$

(vgl. auch Gleichung (2.54)) oder für die charakteristischen Exponenten

$$\nu_1 + \nu_2 + \cdots + \nu_n = \frac{1}{T}\int_0^T \mathrm{spur}\,\mathbf{A}(s)\,\mathrm{d}s. \tag{2.73}$$

Für die hier vor allem interessierenden 2×2-Matrizen ergeben sich zwei Eigenwerte $\lambda_\pm$ mit

$$\lambda_+\lambda_- = \mathrm{e}^{\alpha} \quad , \quad \nu_+ + \nu_- = \alpha/T \quad , \quad \alpha = \int_0^T \mathrm{spur}\,\mathbf{A}(s)\,\mathrm{d}s. \tag{2.74}$$

2.2.2 Die Mathieu-Gleichung

Ein Beispiel für ein solches zeitperiodisches System ist die hillsche Differentialgleichung (2.35), die wir hier in der Form

$$\ddot{x} + \omega^2(t)x = 0 \quad , \quad \omega(t+T) = \omega(t), \tag{2.75}$$

schreiben. Für $\omega^2(t) = \omega_0^2 - \gamma\cos(\omega t)$ ist das die bekannte **Mathieu-Gleichung**, die beispielsweise ein Pendel mit einer harmonischen Änderung der Pendellänge beschreibt. Das führt zu interessanten Resonanzeffekten. Wenn, beispielsweise, die Antriebsfrequenz ω doppelt so groß ist wie die freie Schwingungsfrequenz ω_0, wächst die Amplitude der Schwingung an.

Wir werden hier ein „gekicktes" System betrachten, bei dem die Frequenz punktweise periodisch geändert wird:

$$\omega^2(t) = \omega_0^2 - \gamma\sum_j \delta(t - jT). \tag{2.76}$$

In den Variablen $x_1 = x$ und $x_2 = \dot{x}$ erhalten wir die Matrix-Differentialgleichung

$$\dot{\mathbf{x}} = \mathbf{A}(t)\,\mathbf{x} \quad \text{mit} \quad \mathbf{A} = \begin{pmatrix} 0 & 1 \\ -\omega^2(t) & 0 \end{pmatrix}. \tag{2.77}$$

Um die Floquet-Matrix für dieses System zu bestimmen, berechnen wir zunächst die Floquet-Matrix für die zeitlich konstante Matrix $\mathbf{A}_0 = \begin{pmatrix} 0 & 1 \\ -\omega_0^2 & 0 \end{pmatrix}$ als Exponentialfunktion

$$\mathbf{U}_0(T,0) = \mathrm{e}^{\mathbf{A}_0 T} = \begin{pmatrix} \cos\omega_0 T & \frac{1}{\omega_0}\sin\omega_0 T \\ -\omega_0\sin\omega_0 T & \cos\omega_0 T \end{pmatrix}. \tag{2.78}$$

(siehe z.B. Gleichung (2.90) in M2). Die Zeitpropagation durch die Delta-Funktion ergibt sich mit (2.50) als

$$\begin{aligned} \mathbf{U}_\gamma &= \lim_{\epsilon\to 0}\int_{-\epsilon}^{\epsilon} \mathbf{U}(\epsilon,-\epsilon) = \lim_{\epsilon\to 0}\int_{-\epsilon}^{\epsilon} \exp\left\{\begin{pmatrix} 0 & 1 \\ -2\omega_0^2 & 0 \end{pmatrix}(\epsilon+\epsilon) + \begin{pmatrix} 0 & 0 \\ \gamma & 0 \end{pmatrix}\right\}\mathrm{d}t \\ &= \lim_{\epsilon\to 0}\int_{-\epsilon}^{\epsilon} \exp\begin{pmatrix} 0 & 2\epsilon \\ -4\omega_0^2\epsilon+\gamma & 0 \end{pmatrix}\mathrm{d}t = \exp\begin{pmatrix} 0 & 0 \\ \gamma & 0 \end{pmatrix}. \end{aligned} \tag{2.79}$$

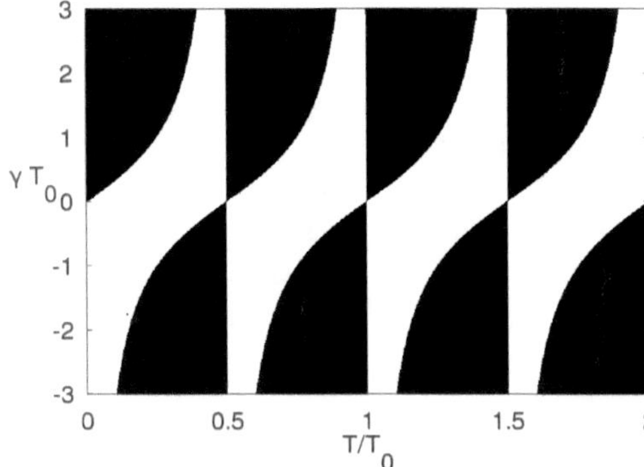

Bild 2.4 Parametrische impulsive Anregung: In den weißen Parameterbereichen ist die Schwingung stabil.

Das Quadrat der Matrix im Exponenten ergibt **0**, die Matrix ist nilpotent, und daher ist die Exponentialfunktion gleich

$$\mathbf{U}_\gamma = \begin{pmatrix} 1 & 0 \\ 0 & 1 \end{pmatrix} + \begin{pmatrix} 0 & 0 \\ \gamma & 0 \end{pmatrix} = \begin{pmatrix} 1 & 0 \\ \gamma & 1 \end{pmatrix}, \tag{2.80}$$

wie man aus ihrer Potenreihenentwickling sieht (vgl. M2, Seite 54). Die gesamte Zeitentwicklungsmatrix über eine Antriebsperiode, die Floquet-Matrix, ist daher gleich

$$\begin{aligned} \mathbf{U}(T,0) = \mathbf{U}_0(T,0)\,\mathbf{U}_\gamma &= \begin{pmatrix} \cos\omega_0 T & \frac{1}{\omega_0}\sin\omega_0 T \\ -\omega_0 \sin\omega_0 T & \cos\omega_0 T \end{pmatrix} \begin{pmatrix} 1 & 0 \\ \gamma & 1 \end{pmatrix} \\ &= \begin{pmatrix} \cos\omega_0 T + \frac{\gamma}{\omega_0}\sin\omega_0 T & \frac{1}{\omega_0}\sin\omega_0 T \\ \gamma\cos\omega_0 T - \omega_0 \sin\omega_0 T & \cos\omega_0 T \end{pmatrix}. \end{aligned} \tag{2.81}$$

Die Determinante von $\mathbf{U}(T,0)$ ist, wie auch die von $\mathbf{U}_0(T,0)$ und von $\mathbf{U}_\gamma$, gleich eins und ihre Eigenwerte $\lambda_\pm$ mit $\lambda_+\lambda_- = 1$ lassen sich mit

$$\cos\nu T = \tfrac{1}{2}\,\mathrm{spur}\,\mathbf{U}(T,0) = \cos\omega_0 T + \frac{\gamma}{2\omega_0}\sin\omega_0 T \tag{2.82}$$

als $\lambda_\pm = \mathrm{e}^{\pm\mathrm{i}\nu T}$ schreiben. Wenn die Funktion auf der rechten Seite der Gleichung (2.82) zwischen -1 und $+1$ liegt, dann besitzt sie zwei reelle Lösungen $\pm\nu$ und die Eigenwerte der Floquet-Matrix sind reine Phasenfaktoren. Die zugehörigen Floquet-Lösungen sind

$$\mathbf{x}_\pm(t) = \mathrm{e}^{\pm\mathrm{i}\nu t}\mathbf{u}_\pm(t) \quad \text{mit} \quad \mathbf{u}(t+T)_\pm = \mathbf{u}_\pm(t) \tag{2.83}$$

und man kann jede Lösung als

$$\mathbf{x}(t) = c_+\mathbf{x}_+(t) + c_-\mathbf{x}_-(t) \tag{2.84}$$

ausdrücken. Die Lösungen sind daher beschränkt. Wenn die Funktion auf der rechten Seite in (2.82) nicht zwischen -1 und +1 liegt, dann sind die Lösungen ν rein imaginär und die Eigenwerte $\lambda_\pm$ rein reell. Wegen $\lambda_+\lambda_- = 1$ ist dann einer dieser Werte, nennen wir ihn λ_+, betragsmäßig größer als eins. Das hat die Konsequenz, dass alle Lösungen $\mathbf{x}(t)$ divergieren, mit Ausnahme der Eigenlösung zu λ_-.

Die Grenzen der Stabilitätsbereiche der Floquet-Matrix aus Gleichung (2.81) sind bestimmt durch

$$\cos\omega_0 T + \frac{\gamma}{2\omega_0}\sin\omega_0 T = \pm 1. \tag{2.85}$$

Dies lässt sich umschreiben als

$$\gamma = \omega_0 \tan \tfrac{\omega_0 T}{2} \quad \text{für } +1 \quad \text{und} \quad \gamma = -\omega_0 \cot \tfrac{\omega_0 T}{2} \quad \text{für } -1\,. \tag{2.86}$$

Also ergibt sich in dem Parameterbereich $0 < \omega_0 T < \pi$ mit $-\cot(\omega_0 T) < \gamma/\omega_0 < \tan(\omega_0 T)$ eine stabile (d.h. beschränkte) Schwingung genauso wie in dem Parameterbereich $\pi < \omega_0 T < 2\pi$ für $\tan(\omega_0 T) < \gamma/\omega_0 < -\cot(\omega_0 T)$. Diese Stabilitätsfenster setzen sich in $\omega_0 T$ periodisch fort. Bild 2.4 stellt die Stabilitätsbereiche, also die Parameterbereiche mit einer beschränkten Schwingung, in Abhängigkeit von T/T_0 und γT_0 grafisch dar. Dabei ist $T_0 = 2\pi/\omega_0$ die Periode der freien Schwingung.

2.3 Drei-Teilchen-Stöße

In den beiden vorangehenden Abschnitten haben wir uns mit der Dynamik recht einfacher Systeme beschäftigt. Das führte auf lineare Differentialgleichungen, die nur in sehr einfachen Fällen analytisch lösbar waren. Hier wollen wir uns einer anderen Systemklasse zuwenden, den Stoßprozessen. Dabei handelt es sich um Systeme, die sich wie freie Teilchen verhalten, abgesehen von isolierten Zeitpunkten, den „Stößen". Daraus resultiert eine diskrete Abbildung zwischen den Systemvariablen an den Stoßpunkten, die es zu analysieren gilt. Die folgenden Abschnitte beschreiben das für zwei charakteristische Beispiele, für die elastischen und inelastischen Stöße dreier Teilchen sowie für die Bewegung eines Teilchen in einem ebenen Billard mit elastischen Stößen an einer harten Randkurve oder an einer oszillierenden Wand.

Zum Einstieg eine kleine Denkaufgabe aus der Presse[3] zum Thema Teilchenstöße:

Aufgabe 2.4 (Lös. Seite 58) : Auf einer Geraden bewegen sich n gleich schwere Kugeln, die elastisch stoßen können. Wie viele Zusammenstöße der Kugeln kann es maximal geben? (Wir können die Kugeln als punktförmig annehmen.)

Nach der (hoffentlich) erfolgreichen Lösung wissen wir, dass die Anzahl elastischer kollinearer Stöße dreier gleicher Teilchen maximal drei beträgt (und dass man für die Lösung keine 2×2-Matrizen benötigt). Anders ist das für Teilchen unterschiedlicher Massen.

In diesem Abschnitt untersuchen wir Stöße dreier Teilchen, die sich entlang einer Geraden, der x-Achse, bewegen können. Die Teilchen sollen von links nach rechts mit den Indizes 1, 2, 3 gekennzeichnet werden und diese Reihenfolge bleibt erhalten, da sich die Kugeln nicht durchdringen können. Die Stöße sind hart, also instantan, und können elastisch oder inelastisch sein. Die Teilchen haben die Massen m_1, m_2, m_3 und die Geschwindigkeiten v_1, v_2, v_3. Die Anfangskonfiguration sei so gewählt, dass die Teilchen 2 und 3 ruhen und dass sich Teilchen 1 mit Geschwindigkeit $v_0 > 0$ nach rechts bewegt.

Bei unserem Stoßsystem, dargestellt in Bild 2.5, denken wir beispielsweise an drei Stahlkugeln, die sich auf einer vorgegebenen Achse bewegen können. Sehr bekannt ist hier der Fall gleicher Massen wie in Aufgabe 2.4. Wenn die Stöße als elastisch betrachtet werden, überträgt sich die Anfangsgeschwindigkeit der ersten Kugel auf die zweite, genau wie bei dem folgenden Stoß der

[3] Dies war eine Denksportaufgabe in der Zeitschrift „*Mathematics Magazine*".

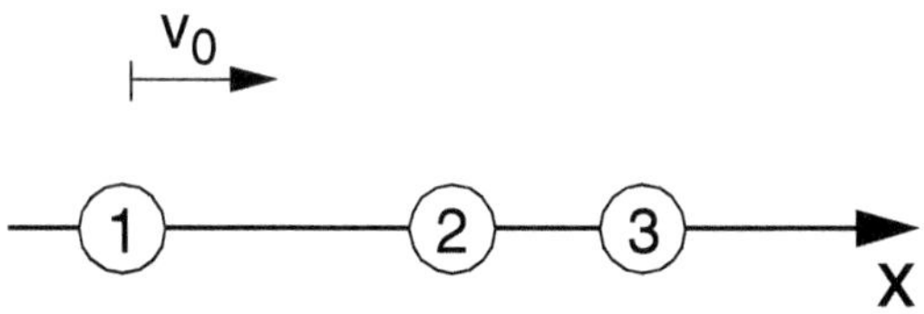

Bild 2.5 Stöße dreier Punktmassen auf einer Geraden. Anfangs sind die Teilchen 2 und 3 in Ruhe, Teilchen 1 bewegt sich mit einer Geschwindigkeit v_0 nach rechts.

zweiten mit der dritten Kugel. In der Endkonfiguration sind dann die Kugel 1 und 2 wieder in Ruhe, und die Kugel 3 bewegt sich mit der anfänglichen Geschwindigkeit von Kugel Nummer 1 nach rechts. Es gibt also insgesamt $N = 2$ Stöße, bei denen die Eigenschaften der Kugeln 1 und 3 ausgetauscht werden. Im allgemeinen Fall ungleicher Massen gibt es aber sehr viel komplexere Stoßfolgen, beispielsweise für den Fall einer kleinen Masse m_2, die dann sehr oft zwischen den äußeren Kugeln hin und her springt. Man kann folgenden Fragen nachgehen:

- Wie groß ist die Anzahl N der Stöße? Gibt es Situationen, in denen unendlich viele Stöße auftreten?
- Welchen Einfluss hat eine Inelastizität? Führt sie zu höheren oder zu niedrigeren Stoßzahlen?
- Falls es unendlich viele Stöße gibt, wie lange dauert dann der gesamte Stoßprozess?
- In welcher Weise hängt das Verhalten der Stoßfolgen von den Parametern ab?

Obwohl das Problem nach einer numerischen Simulation zu verlangen scheint, wollen wir zeigen, dass man mit vergleichsweise wenig Aufwand eine analytische Lösung konstruieren kann.[4]

Wir bezeichnen mit

$$\ell = v_1 - v_2 \quad \text{und} \quad r = v_2 - v_3 \tag{2.87}$$

die Relativgeschwindigkeiten der beiden linken, bzw. rechten Kugeln. Der Gesamtimpuls bleibt erhalten, $m_1 v_1 + m_2 v_2 + m_3 v_3 = m_1 v_0$, und man überzeugt sich schnell davon, dass sich mit

$$\begin{aligned} v_1 &= (m_1 v_0 + (m_2 + m_3)\ell + m_3 r)/M \\ v_2 &= (m_1(v_0 - \ell) + m_3 r)/M \\ v_3 &= (m_1(v_0 - \ell) - (m_1 + m_2)r)/M \end{aligned} \tag{2.88}$$

($M = m_1 + m_2 + m_3$ ist die Gesamtmasse) aus den Relativgeschwindigkeiten ℓ und r die individuellen Teilchengeschwindigkeiten berechnen lassen. Jetzt betrachten wir eine Situation mit den Kugelgeschwindigkeiten v_1, v_2, v_3 und einen Stoß der Kugeln 1 und 2. Die Impulserhaltung ergibt für die Geschwindigkeiten v_1', v_2' der Kugeln nach dem Stoß die Beziehung $m_1 v_1 + m_2 v_2 = m_1 v_1' + m_2 v_2'$, also

$$m_1(v_1 - v_1') = m_2(v_2' - v_2). \tag{2.89}$$

Für elastische Stöße ist die Energie erhalten, $m_1 v_1^2/2 + m_2 v_2^2/2 = m_1 v_1'^2/2 + m_2 v_2'^2/2$, und es folgt

$$m_1(v_1^2 - v_1'^2) = m_2(v_2'^2 - v_2^2) \tag{2.90}$$

[4] Wir folgen hier der Arbeit von D. H. Town, C. H. Hadlock, Am. J. Phys. 45 (1977) 255.

und damit $v_1 + v_1' = v_2' + v_2$, oder

$$\ell' = v_2' - v_1' = -(v_1 - v_2) = -\ell\,. \tag{2.91}$$

Die Relativgeschwindigkeit der beiden linken Kugeln ändert also nur ihre Richtung. Die Kugel 3 bleibt bei diesem Stoß unbeeinflusst. Aus $v_3' = v_3$ ergibt sich dann mit (2.88)

$$r' = r + \frac{m_1}{m_1 + m_2}\,(\ell - \ell')\,. \tag{2.92}$$

Eine Inelastizität können wir dadurch berücksichtigen, dass bei jedem Stoß der Betrag der Relativgeschwindigkeit in (2.91) um einen Faktor $0 < \epsilon \le 1$ reduziert wird. Dann erhalten wir aus (2.91) und (2.92) die Stoßgleichungen

$$\ell' = -\epsilon\ell\,, \quad r' = r + f\,\ell \quad \text{mit} \quad f = \frac{1+\epsilon}{1 + m_2/m_1}\,. \tag{2.93}$$

In der gleichen Weise finden wir für einen Stoß der Kugeln 2 und 3

$$r' = -\epsilon r\,, \quad \ell' = \ell + g\,r \quad \text{mit} \quad g = \frac{1+\epsilon}{1 + m_2/m_3}\,. \tag{2.94}$$

Wir können also unsere Stoßfolge durch abwechselnde Stöße der Kugeln eins und zwei und der Kugeln zwei und drei beschreiben. Bezeichnen wir mit ℓ_n bzw. r_n die Relativgeschwindigkeiten nach dem n-ten Stoß, dann ergeben sich die Relativgeschwindigkeiten nach dem n-ten Stoß als

$$\left.\begin{aligned} \ell_n &= -\epsilon\ell_{n-1} \\ r_n &= r_{n-1} + f\,l_{n-1} \end{aligned}\right\} \; n \text{ ungerade}\,, \tag{2.95}$$

$$\left.\begin{aligned} \ell_n &= \ell_{n-1} + g r_{n-1} \\ r_n &= -\epsilon r_{n-1} \end{aligned}\right\} \; n \text{ gerade}\,. \tag{2.96}$$

Zu Beginn der Stoßfolge ist

$$\ell_0 = v_0\,, \quad r_0 = 0\,. \tag{2.97}$$

Es gibt ein einfaches Kriterium, um festzustellen, ob die Stoßfolge abbricht: Zuerst stoßen 1 und 2 (ℓ_0 ist positiv), dann 2 und 3 (r_1 ist positiv), danach wieder 1 und 2, falls ℓ_2 positiv ist, usw. Die Stoßfolge setzt sich fort, solange die Zahlen in der Folge

$$\ell_0, r_1, \ell_2, r_3, \ell_4, \ldots \tag{2.98}$$

positiv sind. Andernfalls bricht die Stoßsequenz ab.

Für eine übersichtliche Rechnung ist es nützlich, die Stoßgleichungen (2.96) in Matrixform zu schreiben. Dazu führen wir zunächst den Vektor $\mathbf{w}_n = (\ell_n\,, r_n)^T$ ein und erhalten

$$\mathbf{w}_n = \begin{cases} \mathbf{L}\mathbf{w}_{n-1} & n \text{ ungerade} \\ \mathbf{R}\mathbf{w}_{n-1}\,, & n \text{ gerade} \end{cases} \tag{2.99}$$

mit den Stoßmatrizen

$$\mathbf{L} = \begin{pmatrix} -\epsilon & 0 \\ f & 1 \end{pmatrix} \quad , \quad \mathbf{R} = \begin{pmatrix} 1 & g \\ 0 & -\epsilon \end{pmatrix}. \tag{2.100}$$

An dieser Darstellung stören noch die unterschiedlichen Stoßmatrizen für gerades oder ungerades n. Das lässt sich durch einen Trick beseitigen, indem man statt $\mathbf{w_n}$ den Vektor

$$\mathbf{u}_n = \begin{cases} \left(\sqrt{g}\, r_n, \sqrt{f}\, \ell_n\right)^T, & n \text{ ungerade} \\ \left(\sqrt{f}\, \ell_n, \sqrt{g}\, r_n\right)^T, & n \text{ gerade} \end{cases} \tag{2.101}$$

verwendet. Damit erhält man aus (2.99) eine einzige Matrixgleichung

$$\mathbf{u}_n = \mathbf{P}\,\mathbf{u}_{n-1} \quad \text{mit der Stoßmatrix} \quad \mathbf{P} = \begin{pmatrix} \sqrt{fg} & 1 \\ -\epsilon & 0 \end{pmatrix}. \tag{2.102}$$

Dabei gilt $\det \mathbf{P} = \epsilon$. Die Gleichung (2.102) wird solange iteriert, wie die erste Komponente von $\mathbf{u}$ positiv ist, solange also r_n (n ungerade) bzw. ℓ_n (n gerade) positiv sind.

Die Iteration (2.102) wird gelöst durch

$$\mathbf{u}_n = \mathbf{P}^n \mathbf{u}_0 \tag{2.103}$$

mit $\mathbf{u}_0 = \left(\sqrt{f}, 0\right)^T$, oder mit der skalierten Matrix

$$\mathbf{Q} = \frac{\mathbf{P}}{\sqrt{\det \mathbf{P}}} = \begin{pmatrix} 2z & 1/\sqrt{\epsilon} \\ -\sqrt{\epsilon} & 0 \end{pmatrix} \quad \text{mit} \quad z = \frac{1}{2}\sqrt{\frac{fg}{\epsilon}} \tag{2.104}$$

als

$$\mathbf{u}_n = \epsilon^{n/2}\, \mathbf{Q}^n\, \mathbf{u}_0\,. \tag{2.105}$$

Die Eigenwerte $\lambda_\pm$ der Matrix $\mathbf{Q}$ sind Lösungen der charakteristischen Gleichung

$$\lambda^2 - 2z\lambda + 1 = 0\,, \tag{2.106}$$

also $\lambda_\pm = z \pm \sqrt{z^2 - 1}$ mit $\lambda_+\lambda_- = 1$ und den Eigenvektoren

$$\mathbf{q}_\pm = \begin{pmatrix} \lambda_\pm \\ -\sqrt{\epsilon} \end{pmatrix}. \tag{2.107}$$

Für $z \neq 1$ sind die Eigenvektoren linear unabhängig, und man kann den Anfangsvektor der Iteration als Linearkombination

$$\mathbf{u}_0 = \frac{v_0\sqrt{f}}{\lambda_+ - \lambda_-}\left\{\mathbf{q}_+ - \mathbf{q}_-\right\} \tag{2.108}$$

darstellen. Die Lösung schreibt sich damit als

$$\mathbf{u}_n = \frac{\epsilon^{n/2} v_0 f^{1/2}}{\lambda_+ - \lambda_-}\left\{\lambda_+^n \mathbf{q}_+ - \lambda_-^n \mathbf{q}_-\right\} = \epsilon^{n/2}\, v_0\, f^{1/2} \begin{pmatrix} U_n \\ -\sqrt{\epsilon}\, U_{n-1} \end{pmatrix}, \tag{2.109}$$

wenn man die Größen

$$U_n(z) = \frac{\lambda_+^{n+1} - \lambda_-^{n+1}}{\lambda_+ - \lambda_-}\,, \quad \lambda_\pm = z \pm \sqrt{z^2 - 1} \tag{2.110}$$

einführt. Dies ist unser vorläufiges Endergebnis und wir gehen an die Auswertung.

Zunächst ist es nützlich, die $U_n(z)$ einmal aus einer anderen Perspektive zu betrachten:

Aufgabe 2.5 (Lös. Seite 58) : Zeigen Sie, dass die $U_n(z)$ aus (2.110) die Rekurrenzgleichung

$$U_n = 2zU_{n-1} + U_{n-2}\,, \quad n = 2, 3, \ldots$$

mit $U_0 = 1$, $U_1 = 2z$ erfüllen. Diese Gleichung liefert Polynome in z, die **Tschebyscheff-Polynome zweiter Art** (siehe auch M2, Seite 48).

Alternativ zu diesem Vorgehen lässt sich hier auch die Tschebyscheff-Identität für die Potenzen einer Matrix benutzen (vgl. M2, Aufgabe 2.4), benannt, wie die Polynome aus der Aufgabe oben, nach dem russischen Mathematiker Pafnuti Lwowitsch Tschebyscheff (1821-1894).

Für die weiteren Überlegungen benötigen wir noch eine weitere Eigenschaft der Tschebyscheff-Polynome. Ihren Beweis überlassen wir einer Aufgabe:

Aufgabe 2.6 (Lös. Seite 59): Zeigen Sie für die Tschebyscheff-Polynome U_n die Identität

$$U_n^2 - U_{n-1}U_{n+1} = 1 \,.$$

Anzahl der Stöße: Wegen der großen Bedeutung des Parameters z soll die Definition in (2.104) hier umgeschrieben werden als

$$z = \sqrt{\frac{fg}{4\epsilon}} = \frac{\alpha}{\beta} \tag{2.111}$$

mit

$$\alpha = \frac{1}{2}\left(\epsilon^{1/2} + \epsilon^{-1/2}\right) = \cosh\sqrt{\epsilon} \geq 1 \,, \quad \beta = \sqrt{\left(1 + \frac{m_2}{m_1}\right)\left(1 + \frac{m_2}{m_3}\right)} > 1 \,. \tag{2.112}$$

Man beobachtet zunächst, dass dieser Ausdruck symmetrisch ist gegenüber einer Vertauschung der beiden äußeren Massen, also m_1 und m_3. Für elastische Stöße ist $\epsilon = 1$ und daher $\alpha = 1$. Es gilt dann $z < 1$. Für wachsende Inelastizität, also abnehmendes ϵ, wird α größer und erreicht schließlich bei

$$\epsilon_c = \left(\beta - \sqrt{\beta^2 - 1}\right)^2 \tag{2.113}$$

den Wert von β, d.h. für $\epsilon < \epsilon_c$ ist $z > 1$. Es soll aber darauf hingewiesen werden, dass die Funktion $\alpha(\epsilon)$ bei $\epsilon = 1$ ein Minimum hat, also wächst z nur langsam mit fallendem ϵ und die Stoßsequenz wird sich bei kleiner Inelastizität ähnlich wie im elastischen Fall verhalten. Es ist zweckmäßig, die verschiedenen Fälle getrennt zu diskutieren.

- **Fall $0 < z < 1$:** Dieser Bereich kann sowohl für elastische als auch für inelastische Stöße erreicht werden. Für elastische Stöße ist dieser Fall ausschließlich realisiert, für inelastische Stöße bei schwacher Inelastizität, d.h. für $\epsilon > \epsilon_c$.
  Hier sind die beiden Eigenwerte komplex,

  $$\lambda_\pm = \mathrm{e}^{\pm\mathrm{i}\theta} \quad \text{mit} \quad 0 < \theta < \pi/2 \tag{2.114}$$

  und es gilt

  $$z = (\lambda_+ + \lambda_-)/2 = \cos\theta \,. \tag{2.115}$$

  Die U_n aus (2.110) lassen sich in der Form

  $$U_n = \frac{\mathrm{e}^{+\mathrm{i}(n+1)\theta} - \mathrm{e}^{-\mathrm{i}(n+1)\theta}}{\mathrm{e}^{+\mathrm{i}\theta} - \mathrm{e}^{-\mathrm{i}\theta}} = \frac{\sin(n+1)\theta}{\sin\theta} \tag{2.116}$$

  darstellen. Die Stoßsequenz endet, sobald ein Wert der U_n negativ wird. Dieser Stoß war dann der letzte. Damit erhält man die Anzahl N der Stöße als die größte ganze Zahl n mit $n\theta < \pi$, oder explizit geschrieben mithilfe der Gauß-Klammer

  $$N = \left[\frac{\pi}{\arccos z}\right] . \tag{2.117}$$

  Also ist hier die Stoßzahl immer endlich. Wenn z sich dem Wert 1 nähert, wächst N über alle Grenzen. Mit $\cos\theta \approx 1 - \theta^2/2$ erhält man aus (2.117)

  $$N \approx \frac{\pi}{\sqrt{2(1-z)}} \,. \tag{2.118}$$

Das ist zum Beispiel für elastische Stöße realisiert, wenn die Masse der mittleren Kugel, m_2, gegen null geht.

In der allereinfachsten Situation elastischer Stöße gleicher Massen ist $z = 1/2$ und daher ist (wegen $\arccos(1/2) = \pi/6$) die maximale Stoßzahl N gleich 3. Dieses Ergebnis kann man natürlich auch durch einfache Überlegungen erhalten. Illustrativ ist es beispielsweise, wenn man die Bahnen der Kugeln in einem Weg-Zeit-Diagramm durch Geraden darstellt (vgl. Aufgabe 2.4). Bei einem Stoß, also einer Kreuzung dieser Geraden, werden nach den Stoßgesetzen die Geschwindigkeiten der Kugeln ausgetauscht und man kann so tun, als ob die Kugeln sich einfach durchdringen und weiter ihrer Bahn folgen. Also reduziert sich die Frage nach der maximalen Stoßzahl auf die Frage nach der maximalen Anzahl N von Schnittpunkten dreier Geraden in der Ebene. Das liefert sofort das Resultat $N = 3$. Interessanterweise kann man das auch auf n derartige Kugeln verallgemeinern und man erhält nach kurzem Nachdenken für die maximale Stoßzahl die einfache Formel $N = n(n-1)/2$, wie in der Lösung von Aufgabe 2.4 auf Seite 58.

- **Fall $z > 1$:** Dieser Fall lässt sich ausschließlich für inelastische Stöße, $\epsilon < 1$, realisieren. Hier sind die Eigenwerte $\lambda_\pm$ reell und lassen sich durch $\lambda_\pm = \mathrm{e}^{\pm\gamma}$ parametrisieren. Damit ist

$$z = \cosh\gamma \tag{2.119}$$

und

$$U_n = \frac{\mathrm{e}^{+(n+1)\gamma} - \mathrm{e}^{-(n+1)\gamma}}{\mathrm{e}^{+\gamma} - \mathrm{e}^{-\gamma}} = \frac{\sinh(n+1)\gamma}{\sinh\gamma}\,. \tag{2.120}$$

Es finden also immer unendlich viele Stöße statt.

- **Fall $z = 1$:** Man verifiziert schnell, dass die Funktion $U_n(z)$ für $z = 1$ den Wert $n+1$ annimmt:

$$U_n(1) = n+1\,. \tag{2.121}$$

Also bricht in diesem Fall die Stoßsequenz nicht ab und es gibt unendlich viele Stöße.

Stoßdauer: Für den Fall einer unendlichen Stoßsequenz ist es von Interesse, etwas über die Konstellation des Systems im Grenzfall $n \to \infty$ zu erfahren sowie über die (eventuell endliche) Zeit, in der diese Endkonfiguration erreicht wird.

In den Gleichungen (2.99) und (2.109) wurden die Relativgeschwindigkeiten nach dem n-ten Stoß zwischen den beiden linken, ℓ_n, und den beiden rechten Kugeln, r_n, durch die Tschebyscheff-Polynome $U_z(z)$ ausgedrückt. Zusammengefasst lauten diese Gleichungen

$$\ell_n = v_0 \times \begin{cases} -\epsilon^{(n+1)/2}\, U_{n-1}\,, & n \text{ ungerade} \\ +\epsilon^{n/2}\, U_n\,, & n \text{ gerade} \end{cases} \tag{2.122}$$

$$r_n = v_0 \sqrt{\tfrac{1+m_2/m_3}{1+m_2/m_1}} \times \begin{cases} +\epsilon^{n/2}\, U_n\,, & n \text{ ungerade} \\ -\epsilon^{(n+1)/2}\, U_{n-1}\,, & n \text{ gerade}\,. \end{cases} \tag{2.123}$$

Direkt nach dem n-ten Stoß zweier Kugeln hat die andere den Abstand d_n. Das Zeitintervall zwischen Stoß n und Stoß $n+1$ sei t_n. Dann kann man den Abstand d_n einmal durch t_n und ℓ_n bzw. r_n ausdrücken, aber auch genauso durch t_{n-1} und ℓ_{n-1} bzw. r_{n-1}:

$$d_n = v_0 \times \begin{cases} r_n t_n = -r_{n-1} t_{n-1}\,, & n \text{ ungerade} \\ \ell_n t_n = -\ell_{n-1} t_{n-1}\,, & n \text{ gerade}\,. \end{cases} \tag{2.124}$$

In allen Fällen liefern die Gleichungen (2.122) bis (2.124) das Resultat

$$t_n = \frac{U_{n-2}}{U_n}\, t_{n-1} \tag{2.125}$$

und damit auch

$$t_n = \frac{U_0 U_1}{U_{n-1}U_n}\, t_1 = \frac{2z}{U_{n-1}U_n}\, t_1 \,. \tag{2.126}$$

Entsprechend findet man für den Abstand den Ausdruck

$$d_n = K_n \frac{\epsilon^{(n-1)/2}}{U_{n-1}}\, d_1 \tag{2.127}$$

mit $K_n = 1$ für n ungerade und $K_n = \beta$ für n gerade. Damit haben wir für $z > 1$ das Resultat $d_n \to 0$ für $n \to \infty$, denn dann ist $U_n \to \infty$. Im Endstadium sind also alle Kugeln in Kontakt.

Von Interesse ist nun die Zeit, in der dieses Endstadium erreicht wird. Die zurückgelegten Wege werden dabei kleiner, aber die Geschwindigkeiten auch. Also muss eine Rechnung Klarheit schaffen. Die Gesamtzeit für n Stöße ist gleich

$$T_n = \sum_{j=1}^{n-1} t_n = 2z t_1 \sum_{k=1}^{n-1} \frac{1}{U_{k-1}U_k} \,. \tag{2.128}$$

Aus der Formel aus Aufgabe 2.6 folgt die Beziehung

$$\frac{1}{U_{k-1}U_k} = \frac{U_k}{U_{k-1}} - \frac{U_{k+1}}{U_k} \,, \tag{2.129}$$

mit deren Hilfe die Summe zusammengezogen werden kann, denn es bleibt nur noch vom ersten und letzten Term etwas übrig:

$$\sum_{k=1}^{n-1} \frac{1}{U_{k-1}U_k} = \frac{U_1}{U_0} - \frac{U_n}{U_{n-1}} = \frac{U_{n-2}}{U_{n-1}} \,. \tag{2.130}$$

Dabei folgt das letzte Gleichheitszeichen aus der Gleichung $U_1 U_{n-1} - U_n U_0 = U_{n-2} U_0$, ein Spezialfall der allgemeinen Identität (2.167) mit $p = 1$ und $q = n - 1$. Mit $U_n = \sinh(n+1)\gamma \,/\, \sinh\gamma$ aus Gleichung (2.120) gilt dann

$$\frac{U_{n-2}}{U_{n-1}} = \frac{\sinh(n-1)\gamma}{\sinh n\gamma} \tag{2.131}$$

und damit

$$\lim_{n\to\infty} \frac{U_{n-2}}{U_{n-1}} = \mathrm{e}^{-\gamma} \,. \tag{2.132}$$

Also ist die gesamte Stoßdauer für die unendlich vielen Stöße für $z > 1$ endlich und gegeben durch

$$T = \lim_{n\to\infty} T_n = 2 t_1\, z \mathrm{e}^{-\gamma} = \frac{2 t_1\, z}{z + \sqrt{z^2 - 1}} \tag{2.133}$$

mit $\mathrm{e}^{\gamma} = z + \sqrt{z^2 - 1}$ nach der Definition von γ in (2.119). Für $z = 1$ ist die Gesamtstoßzeit mit $T = 2t_1$ maximal. Mit wachsenden Werten von z, also mit wachsender Inelastizität, fällt die Gesamtstoßzeit T monoton ab und nähert sich asymptotisch dem Wert t_1, wird also durch die Dauer des ersten Stoßes bestimmt.

In diesem Abschnitt konnte demonstriert werden, dass ein spezielles eindimensionales Drei-Teilchen-System in geschlossener Form lösbar ist, ein kollineares System mit harten Stößen. Das darf aber nicht den Eindruck erwecken, dass dies eine *typische* Eigenschaft eines Dreikörperproblems ist. Ganz im Gegenteil: ein solches System ist fast immer *chaotisch.* Mehr zur chaotischen Stoßdynamik in den folgenden Abschnitten.

2.4 Billard-Systeme

In den letzten Jahrzehnten konnten auf einem Gebiet, das eigentlich schon als bekannt und uninteressant galt, große Fortschritte erzielt werden, die für beträchtliches Aufsehen sorgten. Es stellte sich heraus, dass schon einfachste Systeme der klassischen Mechanik ein sehr überraschendes, **chaotisches Verhalten** zeigten. Ein Prototyp für derartige Systeme ist die Bewegung einer Punktmasse in einem zweidimensionalen Raum (x, y) mit einem Potential $V(x, y)$. Wir kennen dann die Bewegungsgleichungen, etwa die hamiltonschen Gleichungen, die zum Beispiel numerisch gelöst werden können. Wir wissen, dass die Energie

$$E = \frac{p_x^2}{2m} + \frac{p_y^2}{2m} + V(x, y) \tag{2.134}$$

bei der Bewegung erhalten bleibt. Das beschränkt die Bahn im vierdimensionalen Phasenraum (x, y, p_x, p_y) auf eine dreidimensionale Untermannigfaltigkeit. In aller Regel ist dies die einzige Erhaltungsgröße, aber in speziellen Fällen existieren weitere, wie beispielsweise der Drehimpuls für ein rotationssymmetrisches Potential. Dies schränkt die Bahn abermals ein auf eine zweidimensionale Mannigfaltigkeit, wie im eindimensionalen Fall. Was lässt sich aber über den allgemeinen Fall aussagen, in dem keine weitere Erhaltungsgröße existiert? Dieser Frage werden wir im Kapitel 3 weiter nachgehen. Ein wichtiges Hilfsmittel dabei ist ein **Poincaré-Schnitt** durch den Phasenraum (mehr darüber in Abschnitt 3.1.1). Hier werden wir zur Einstimmung einfache Systeme vorstellen, die fast automatisch auf solche Phasenraum-Schnitte führen. Es handelt sich dabei um sogenannte Billard-Systeme, also Punktmassen, die von harten Wänden reflektiert werden. Solche Systeme lassen sich untersuchen, ohne dass nichtlineare Differentialgleichungen gelöst werden müssen, und eignen sich daher in idealer Weise zur Demonstration des chaotischen Dynamik typischer Systeme. Im Rahmen dieses Textes können wir nicht auf alle Details eingehen und verweisen auf die weiterführenden Literatur.[5]

2.4.1 Das ebene Billard

Eines der wohl am besten untersuchten Systeme ist das ebene Billard. Es beschreibt die reibungs- und kräftefreie Bewegung einer Punktmasse in einer Ebene in einem Bereich, der durch eine Randkurve $r = r(\varphi)$ begrenzt ist. Bei dem Auftreffen des Teilchens auf die Randkurve wird es nach dem Reflexionsgesetz „Einfallswinkel gleich Ausfallswinkel" reflektiert. Zwischen diesen Stößen mit der Wand bewegt sich das Teilchen auf einer Geraden. Wenn wir eine konvexe Randkurve wie in Bild 2.6 annehmen, dann gibt es nach einer solchen Reflexion nur einen einzigen nächsten Schnittpunkt der Bahngeraden mit der Randkurve, der nächste Reflexionspunkt.

Als geeignete Koordinaten zur Beschreibung der Dynamik wählen wir die skalierte Bogenlänge

$$S(\varphi) = \frac{1}{L}\int_0^{\varphi} \sqrt{r^2(\varphi') + (\mathrm{d}r/\mathrm{d}\varphi')^2}\,\mathrm{d}\varphi' \tag{2.135}$$

der Randkurve mit $0 \leq S \leq 1$ und

$$p = \cos\alpha\,, \tag{2.136}$$

[5] Siehe z.B. das auf Seite 24 erwähnte Buch von Strogatz oder H. J. Korsch, H.-J. Jodl und T. Hartmann, *Chaos, a program collection for the PC*, Springer-Verlag 2008.

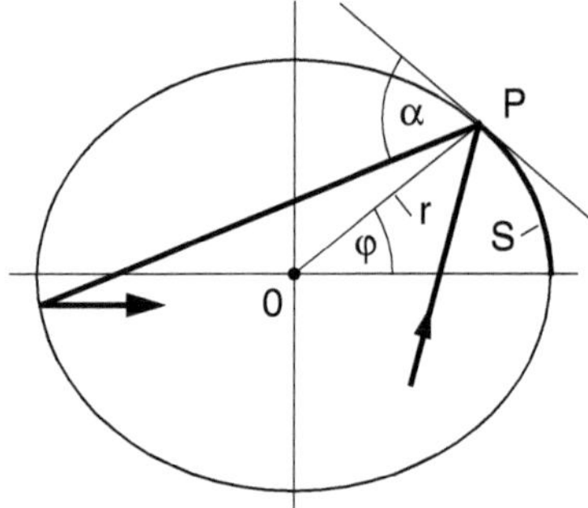

Bild 2.6 Randkurve $r(\varphi)$ und Koordinaten eines ebenen Billards.

wobei α der Winkel zwischen der Bahngeschwindigkeit nach der Reflexion ist.

Die gesamte Bahn kann man dann in einfacher Weise durch die Angabe der Werte (S_n, p_n), $n = 0, 1, \ldots$ in den Reflexionspunkten kodieren, die durch die Billard-Abbildung P mit

$$(S_n, p_n) \xrightarrow{P} (S_{n+1}, p_{n+1}), \tag{2.137}$$

verknüpft sind, eine sogenannte **Poincaré-Abbildung** (mehr darüber in Abschnitt 3.1.1). Diese Billard-Abbildung ergibt sich durch die (numerische) Bestimmung des nächsten Schnittpunktes der Bahn mit der Randkurve und dem Reflexionsgesetz. Man kann zeigen, dass die Abbildung P flächentreu ist, dass heißt es gilt

$$\left| \frac{\partial(S_{n+1}, p_{n+1})}{\partial(S_n, p_n)} \right| = 1, \tag{2.138}$$

eine typische Eigenschaft einer Poincaré-Abbildung für autonome hamiltonsche Systeme.

Wenn man diese iterierten Werte als Punkte in einer (S, p)-Ebene plottet, so erhält man einen optischen Eindruck von der Systemdynamik. Bild 2.7 zeigt einen solchen Poincaré-Schnitt für ein typisches Billard mit einer konvexen Randkurve, die hier als $r(\varphi) = 10 + \cos(2\varphi)$ gewählt wurde. Bei den dargestellten Punkten handelt es sich um mehrere Bahnen mit unterschiedlichen Startpunkten. Man erkennt eine reichhaltige Struktur mit charakteristischen Inseln eingebettet in einer Art „See". Alle Punkte in diesem See stammen von einer einzigen Bahn.

Man erkennt in dem Bild drei Typen von Bahnen:

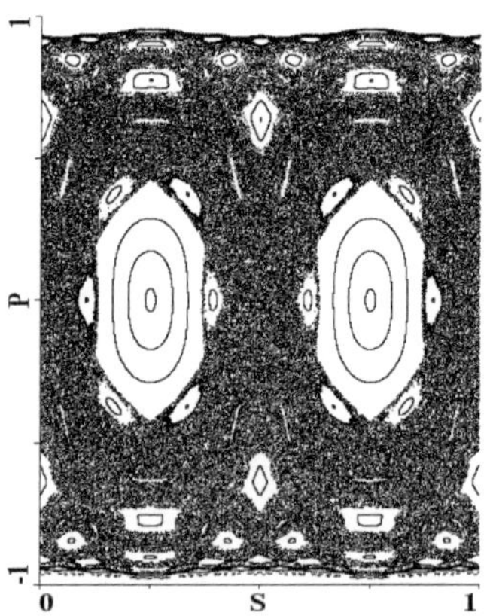

Bild 2.7 Poincaré-Schnitt für ein typisches ovales Billard. Alle Punkte im chaotischen „See" stammen von einer einzigen Bahn.

(a) Eine **periodische Bahn** erzeugt im Poincaré-Schnitt eine endliche Anzahl isolierter Punkte, die wiederholt durchlaufen werden.

(b) Es gibt Punkte, die auf eindimensionalen Kurven liegen, die unter der Dynamik invariant bleiben, sogenannte **invariante Kurven**.

(c) Punkte, die bei Iteration eine höherdimensionale Struktur erzeugen, beispielsweise eine zweidimensionale Fläche, einen „See". Solche Bahnen sind **chaotisch**.

Im Zentrum der Inseln liegen typischerweise periodische Bahnen, darum herum findet man invariante Kurven und das Ganze ist umgeben von Bahnen vom Typ (c). Ohne hier weiter ins Detail gehen zu können, nennen wir eine solche Bahn chaotisch. Aber man sollte sich vor Augen halten, dass dieses Bild eine eine unerwartete Feinstruktur besitzt. Es wird nicht einfacher, wenn man hineinzoomt, sondern es treten mehr und mehr Details auf. Beispielsweise sind die „Inseln" nicht ausgefüllt von invarianten Kurven, sondern es gibt zwischen ihnen mehr und mehr winziger Inselstrukturen, wieder umgeben von weiteren invarianten Kurven und chaotischen Bahnen.

Periodische Bahnen: Wir wollen uns im Folgenden genauer mit den Eigenschaften der periodischen Bahnen befassen. Dazu linearisieren wir die Poincaré-Abbildung, beispielsweise für eine Bahn mit dem Startpunkt $n = 0$ und dem Folgepunkt $n = 1$:

$$\begin{pmatrix} \mathrm{d}S_1 \\ \mathrm{d}p_1 \end{pmatrix} = \mathbf{L}_{10} \begin{pmatrix} \mathrm{d}S_0 \\ \mathrm{d}p_0 \end{pmatrix} \quad \text{mit} \quad \mathbf{L}_{10} = \left(\frac{\partial(S_1, p_1)}{\partial(S_0, p_0)} \right). \tag{2.139}$$

Auf eine detaillierten Herleitung der Jacobi-Matrix $\mathbf{L}$ wollen wir hier verzichten (mehr darüber findet man in dem oben zitierten Buch) und nur das Resultat angeben. Es gilt

$$\mathbf{L}_{10} = \begin{pmatrix} -\dfrac{q_0}{q_1} + \dfrac{d_{10}}{q_1 \rho_0} & -\dfrac{d_{10}}{q_1 q_0} \\ -\dfrac{d_{10}}{\rho_1 \rho_0} + \dfrac{q_1}{\rho_0} + \dfrac{q_0}{\rho_1} & -\dfrac{q_1}{q_0} + \dfrac{d_{10}}{q_0 \rho_1} \end{pmatrix} \tag{2.140}$$

mit $q_j = \sin \alpha_j$, der Bahnlänge d_{10} zwischen den Reflexionspunkten und dem Krümmungsradius ρ_j der Randkurve bei φ_j, gegeben durch

$$\rho(\varphi) = \frac{(r^2 + r'^2)^{3/2}}{r^2 + 2r'^2 - r r''}, \tag{2.141}$$

wobei die Striche Ableitungen nach φ bezeichnen.

Aufgabe 2.7 (Lös. Seite 59): Oben wurde ohne Beweis erwähnt, dass die Poincaré-Abbildung flächentreu ist. Also sollte die Determinante von $\mathbf{L}_{10}$ gleich eins sein, wovon wir uns hier überzeugen sollten.

Genauso gilt $\det \mathbf{L}_{j,j-1} = 1$ für alle diese Matrizen sowie (da die Determinante eines Produktes gleich dem Produkt der Determinanten ist) für

$$\mathbf{L}_{n0} = \prod_{j=1}^{n} \mathbf{L}_{j,j-1}, \tag{2.142}$$

die Linearisierung der gesamten Billard-Abbildung P^n von (S_0, p_0) nach (S_n, p_n). Von besonderem Interesse sind periodische Bahnen mit n Stößen mit der Randkurve, also $(S_n, p_n) = (S_0, p_0)$, mit einer linearisierten Abbildung

$$\mathbf{L}^{(n)} = \mathbf{L}_{0,n-1} \mathbf{L}_{n-1,n-2} \cdots \mathbf{L}_{1,0}. \tag{2.143}$$

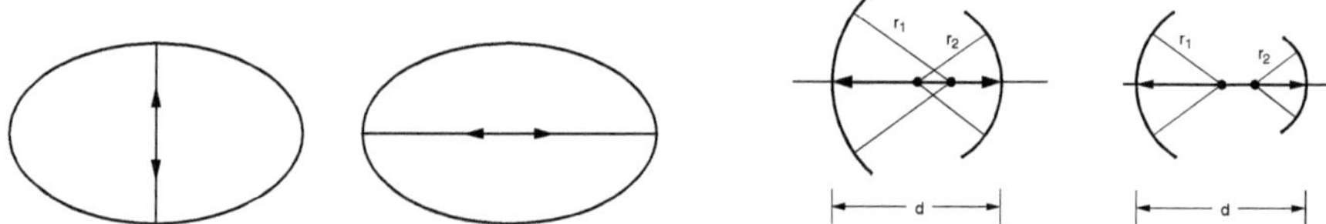

Bild 2.8 Links: Diametrale periodische Teilchenbahnen in einem elliptischen Billard. Rechts: Stabile (links) und instabile (rechts) diametrale Bahnen der Periode zwei.

Die periodische Bahn ist ein Fixpunkt dieser Abbildung. Wie in Abschnitt 1.5 beschrieben finden wir für $|\mathrm{spur}\,\mathbf{L}| < 2$ einen stabilen (elliptischen) Fixpunkt und für $|\mathrm{spur}\,\mathbf{L}| > 2$ einen instabilen (hyperbolischen). Mehr dazu findet man im folgenden Kapitel in Abschnitt 3.1.1.

Es ist lehrreich, einen einfachen Fall genauer ansehen, nämlich eine diametrale Bahn der Periode zwei. Betrachten wir etwa die beiden Bahnen längs der Achsen eines elliptischen Billards in den linken Teilbildern von Bild 2.8. Eine periodische Bahn ist stabil, wenn die benachbarten Bahnen in der Nähe bleiben, instabil, wenn sie sich von ihr entfernen. Welche dieser Bahnen ist stabil? Rein gefühlsmäßig tendieren viele dazu, die längere Bahn als stabil anzusehen, aber wir werden sehen, dass das Gegenteil richtig ist. Also versuchen wir eine genauere Analyse mithilfe der oben angegebenen Matrizen und betrachten die in den rechten Teilbildern von Bild 2.8 dargestellte Situation einer diametralen Bahn zwischen zwei Kreiskurven mit den Kreisradien r_1 und r_2. Zunächst berechnen wir die Spur der linearisierten Abbildung:

Aufgabe 2.8 (Lös. Seite 60) : Zeigen Sie

$$\mathrm{spur}\,\mathbf{L}^{(2)} = 2 - \frac{4d}{r_1} - \frac{4d}{r_2} - \frac{4d^2}{r_2 r_1}$$

für die Produktmatrix $\mathbf{L}^{(2)}$ für die Bahn aus Abbildung 2.8.

Nach kurzer Rechnung erhalten wir damit aus $|\mathrm{spur}\,\mathbf{L}^{(2)}| < 2$ die einfache Stabilitätsbedingung

$$d < r_1 + r_2 \,. \tag{2.144}$$

Für stabile Bahnen muss die Summe der Krümmungsradien also größer sein als der Abstand d, Bahnlänge, wie in Bild 2.8 illustriert. Also wissen wir jetzt, dass für das elliptische Billard die Bahn längs der kleinen Achse stabil ist. In ähnlicher Weise kann man auch Bahnen höherer Perioden untersuchen, wie beispielsweise die mit Periode vier in Bild 2.9.

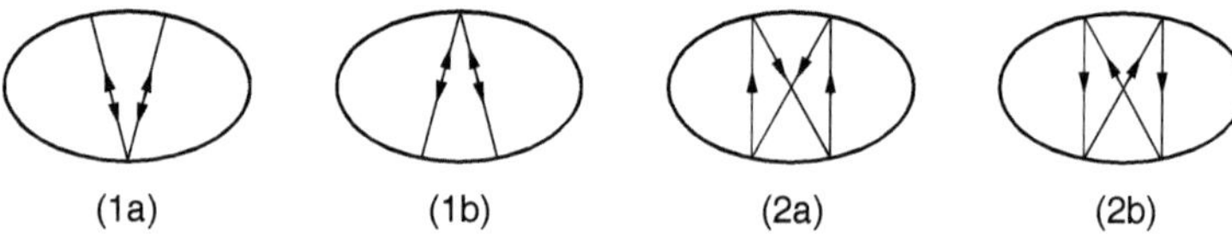

Bild 2.9 Stabile und und instabile Bahnen eines elliptischen Billards mit der Periode vier: (1a,b) sind instabil, (2a,b) stabil.

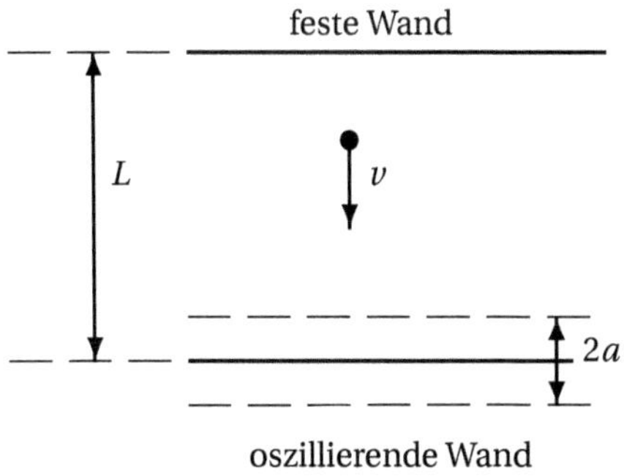

Bild 2.10 Fermi-Beschleunigung: Ein Teilchen bewegt sich zwischen einer oszillierenden und einer festen Wand.

2.4.2 Fermi-Beschleunigung

Das hier beschriebene System wurde im Jahr 1949 von Enrico Fermi eingeführt, um Mechanismen zu Beschleunigung kosmischer Teilchen durch fluktuierenden Magnetfelder zu simulieren. Dabei ergab sich eine zunächst überraschende stochastische Dynamik trotz streng deterministischer Gleichungen. Auch hier handelt es sich wieder um ein Billard-System: Eine Punktmasse bewegt sich zwischen einer oszillierenden und einer festen Wand, wie in Bild 2.10 illustriert. Wir beschränken uns hier auf eine senkrechte Bewegung und vernachlässigen die Gravitation. Die untere Wand oszilliert periodisch um einen mittleren Abstand L von der oberen Wand und wir unterstellen wieder harte elastische Stöße des Teilchens mit den Wänden. Bei Reflexion an der oberen festen Wand wird die Geschwindigkeit v des Teilchens invertiert, bei einem Stoß mit der schwingenden Wand genauso, aber die Geschwindigkeit ändert sich nach den Stoßgesetzen um die doppelte Wandgeschwindigkeit V im Moment des Stoßes: $v' = -v + 2V$. Wir wählen die Koordinaten so, dass die Geschwindigkeit für eine Bewegung nach unten positiv ist. Wir registrieren die Teilchengeschwindigkeit kurz vor dem n-ten Stoß und nennen sie v_n. Beim Stoß ist die Phase der Wandschwingung gleich φ_n und wir erhalten nach der Reflexion eine Geschwindigkeit $-v_n + 2V(\varphi_n)$. Dann bewegt sich das Teilchen zur oberen Wand, wird reflektiert und erreicht die untere Wand kurz vor dem nächsten Stoß mit der Geschwindigkeit

$$v_{n+1} = v_n - 2V(\varphi_n)\,. \tag{2.145}$$

Wenn wir annehmen, dass die Amplitude der Wandschwingung sehr klein ist gegenüber dem Wandabstand, ist dabei die Zeit $t = 2L/|v_{n+1}$ vergangen. Schwingt die Wand mit der Periode T, dann ist die Phase der Wandschwingung im Moment des Stoßes gleich

$$\varphi_{n+1} = \varphi_n + \frac{2L}{T v_{n+1}}\,. \tag{2.146}$$

Wir messen die Geschwindigkeit in einer Geschwindigkeitseinheit V_0, definieren zur Abkürzung $u_n = v_n/V_0$ und $U(\varphi) = -2V(\varphi)/V_0$ sowie $M = 2L/TV_0$ und erhalten so unsere Abbildungsgleichungen als

$$\begin{aligned} u_{n+1} &= |u_n + U(\varphi_n)| \\ \varphi_{n+1} &= \varphi_n + \frac{M}{u_{n+1}} \quad \text{modulo } 1\,. \end{aligned} \tag{2.147}$$

Dabei wurden die Absolutbeträge eingefügt, um unphysikalische negative Reflektionsgeschwindigkeiten bei kleinen Werten zu vermeiden.

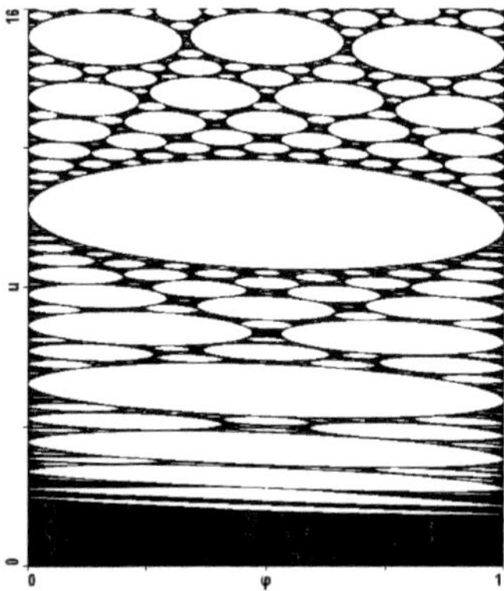

Bild 2.11 Poincaré-Schnitt im Phasenraum (u_n, φ_n) für eine Sägezahn-Oszillation der Wand mit $M = 10$. Die Punkte sind die Iterationen einer einzigen Bahn.

Als Wandbewegung kann man beispielsweise eine harmonische Schwingung $U(\varphi) = \sin(2\pi\varphi)$ oder eine Sägezahn-Schwingung $U(\varphi) = \varphi - 1/2$ wählen. Dann hängt das Verhalten des Systems nur noch von einem einzigen Parameter ab, dem Wert von M. Bild 2.11 zeigt ein Beispiel für eine Sägezahn-Schwingung mit $M = 10$. Dabei stammen alle Punkte von einer einzigen Bahn, gestartet bei niedriger Geschwindigkeit. Wir beobachten eine ausgeprägte Inselstruktur wie schon bei dem ovalen Billard in Bild 2.7. Im Zentrum der Inseln finden wir wieder periodische Bahnen und außerhalb den chaotischen See.

Die Bahnen mit Periode eins lassen sich leicht bestimmen. Hier muss gelten $U(\varphi) = 0$, also $\varphi = 1/2$ für die harmonische oder die Sägezahn-Schwingung und $u_1 = M/m$ mit $m = 1, 2, \ldots$. Das sind also Bahnen, die senkrecht auf die Wände treffen. In dem Bild beobachten wir die zugehörigen Inseln mit Zentren bei $u = 10.0$, 5.0, 3.3, 2.5, 2.0 und 1.7, also nur bis $m = 6$. Warum nicht mehr? Dazu betrachten wir die Stabilität der Bahnen.

Die Abweichung einer Bahn in der Umgebung einer periodischen Bahn erhält man durch Linearisierung der Abbildung (2.147) als

$$\begin{pmatrix}\Delta u' \\ \Delta\varphi'\end{pmatrix} = \mathbf{L}\begin{pmatrix}\Delta u \\ \Delta\varphi\end{pmatrix}, \quad \mathbf{L} = \begin{pmatrix}1 & \frac{\mathrm{d}U}{\mathrm{d}\varphi} \\ -M/u_n^2 & 1 - M\frac{\mathrm{d}U}{\mathrm{d}\varphi}/u_n^2\end{pmatrix} \tag{2.148}$$

mit $\det\mathbf{L} = 1$ und $\operatorname{spur}\mathbf{L} = 2 - M\frac{\mathrm{d}U}{\mathrm{d}\varphi}/u^2$. Die Stabilität der Bahn erfordert, wie schon zu Beginn dieses Kapitels beschrieben,

$$|\operatorname{spur}\mathbf{L}| < 2 \tag{2.149}$$

(vgl. dazu auch den Text zu Gleichung (3.19)), also

$$u > u_s = \frac{1}{2}\sqrt{M\frac{\mathrm{d}U}{\mathrm{d}\varphi}}\,. \tag{2.150}$$

Für die Sägezahn-Schwingung also $u > u_s = \frac{1}{2}\sqrt{M}$, d.h. $u > 1.5$ für $M = 10$. Das schließt daher die periodischen Bahnen mit $m > 6$ aus.

Man kann in ähnlicher Weise auch die Bahnen mit Periode n untersuchen sowie weitere Eigenschaften dieses Systems. Es sei hier nur erwähnt, dass sich beispielsweise die Sägezahn-Schwingung und die harmonische Schwingung deutlich unterscheiden. Der Sägezahn ist unstetig, was sich deutlich in der Dynamik bemerkbar macht. Viel mehr über das Verhalten dieses und anderer Systeme mit chaotischer Dynamik findet man in der Literatur.[6]

6 Zum Beispiel in dem auf Seite 51 erwähnten Buch *Chaos, a program collection for the PC* von H. J. Korsch *et al.*

2.5 Lösungen der Aufgaben

Aufgabe 2.1 (Seite 34): Berechnen Sie die Eigenfrequenzen und Normalschwingungen eines gekoppelten Federpendels wie in Bild 2.1, aber für ungleiche Massen $m_1 = 2m$ und $m_2 = m$. Außerdem seien die linke und die mittlere Feder gleich ($D = d$) und die rechte fehlt.

Lösung: Die gekoppelten Bewegungsgleichungen (2.12) lauten

$$\begin{aligned} m_1\,\ddot{x}_1 &= -(D+d)\,x_1 + d\,x_2 \\ m_2\,\ddot{x}_2 &= +d\,x_1 - d\,x_2 \end{aligned} \tag{2.151}$$

und die Matrixelemente von $\mathbf{\Omega^2}$ sind mit $m_1 = 2m$ und $m_2 = m$ gleich

$$\Omega^2_{11} = \frac{D+d}{m_1} = \frac{d}{m}\,, \quad \Omega^2_{12} = \Omega^2_{21} = -\frac{d}{\sqrt{m_1 m_2}} = -\frac{d}{m\sqrt{2}}\,, \quad \Omega^2_{22} = \frac{d}{m_2} = \frac{d}{m}\,. \tag{2.152}$$

Mit $a = d/m$ liefert die charakteristische Gleichung

$$0 = \begin{vmatrix} a-\omega^2 & -a/\sqrt{2} \\ -a/\sqrt{2} & a-\omega^2 \end{vmatrix} = (a-\omega^2)^2 - a^2/2 \tag{2.153}$$

die beiden Lösungen

$$\omega^2_\pm = \left(1 \pm 1/\sqrt{2}\right)a\,. \tag{2.154}$$

Die Komponenten der Eigenvektoren $\mathbf{v}^{(\pm)}$ zu $\omega_\pm$ müssen $(a-\omega^2_\pm)v_1^{(\pm)} = a v_2^{(\pm)}/\sqrt{2}$ erfüllen, also $y_i^\pm = \mp y_2^\pm$. Transformieren wir zurück auf $x_1 = y_1/\sqrt{2m}$, $x_2 = y_2/\sqrt{m}$ und normieren, so erhalten wir die Normalkoordinaten als

$$\mathbf{x}^{(\pm)} = \frac{1}{\sqrt{3}}\begin{pmatrix} 1 \\ \mp\sqrt{2} \end{pmatrix}. \tag{2.155}$$

Man überprüft wieder die Orthogonalität der beiden Moden und die höhere Frequenz der gegenphasigen Schwingung $\mathbf{x}^{(+)}$.

Aufgabe 2.2 (Seite 37): Bestimmen Sie für die Anfangsbedingung $\mathbf{x}(0) = (1,0)^T$ eine Lösung des inhomogenen Gleichungssystems

$$\dot{\mathbf{x}} = \begin{pmatrix} 1 & 1 \\ 0 & -1 \end{pmatrix}\mathbf{x} + \begin{pmatrix} t \\ 1 \end{pmatrix}.$$

Lösung: Zunächst bestimmen wir für die Matrix $\mathbf{A} = \begin{pmatrix} 1 & 1 \\ 0 & -1 \end{pmatrix}$ mit Gleichung (1.39) die Fundamentallösung des homogenen Systems

$$\mathbf{U}(t) = \mathrm{e}^{\mathbf{A}t} = \begin{pmatrix} \mathrm{e}^t & \sinh t \\ 0 & \mathrm{e}^{-t} \end{pmatrix}, \tag{2.156}$$

berechnen das Integral

$$\int_0^t \mathbf{U}(-t')\mathbf{b}(t')\,\mathrm{d}t' = \int_0^t \begin{pmatrix} \mathrm{e}^{-t'} & -\sinh t' \\ 0 & \mathrm{e}^{t'} \end{pmatrix} \begin{pmatrix} t' \\ 1 \end{pmatrix} \mathrm{d}t'$$

$$= \int_0^t \begin{pmatrix} t'\mathrm{e}^{-t'} - \sinh t' \\ \mathrm{e}^{t'} \end{pmatrix} \mathrm{d}t' = \begin{pmatrix} 2 - \cosh t - (1+t)\mathrm{e}^{-t} \\ \mathrm{e}^{t} - 1 \end{pmatrix} = \widetilde{\mathbf{b}}(t) \tag{2.157}$$

und schließlich (mit $\mathbf{U}(0) = \mathbf{I}$)

$$\mathbf{x}(t) = \mathbf{U}(t)\mathbf{U}^{-1}(0)\mathbf{x}(0) + \mathbf{U}(t)\widetilde{\mathbf{b}}(t) = \mathbf{U}(t)\big(\mathbf{x}(0) + \widetilde{\mathbf{b}}(t)\big)$$

$$= \begin{pmatrix} \mathrm{e}^{t} & \sinh t \\ 0 & \mathrm{e}^{-t} \end{pmatrix} \begin{pmatrix} 3 - \cosh t - (1+t)\mathrm{e}^{-t} \\ \mathrm{e}^{t} - 1 \end{pmatrix} = \begin{pmatrix} \cosh t + 2(\mathrm{e}^{t} - 1) - t \\ 1 - \mathrm{e}^{-t} \end{pmatrix}. \tag{2.158}$$

Nach Abschluss dieser Rechnung sollte man sich Zeit nehmen und verifizieren, dass dieses Ergebnis auch wirklich die Differentialgleichung aus der Aufgabe erfüllt!

Aufgabe 2.3 (Seite 38) : Die Matrix **A** sei invertierbar und differenzierbar. Zeigen Sie, dass die Ableitung von $\mathbf{A}^{-1}$ durch $(\mathbf{A}^{-1})' = -\mathbf{A}^{-1}\mathbf{A}'\mathbf{A}^{-1}$ gegeben ist.

Lösung: Die Ableitung der Gleichung $\mathbf{A}\mathbf{A}^{-1} = \mathbf{I}$ ergibt

$$\mathbf{A}'\mathbf{A}^{-1} + \mathbf{A}(\mathbf{A}^{-1})' = \mathbf{0} \Rightarrow \mathbf{A}(\mathbf{A}^{-1})' = -\mathbf{A}'\mathbf{A}^{-1} \Rightarrow (\mathbf{A}^{-1})' = -\mathbf{A}^{-1}\mathbf{A}'\mathbf{A}^{-1}. \tag{2.159}$$

Aufgabe 2.4 (Seite 44) : Auf einer Geraden bewegen sich n gleich schwere Kugeln, die elastisch stoßen können. Wie viele Zusammenstöße der Kugeln kann es maximal geben? (Wir können die Kugeln als punktförmig annnehmen.)

Lösung: Hier gibt es eine einfache geometrische Lösung. Zunächst überlegen wir uns, dass bei einem elastischen Stoß zweier gleich schwerer Kugeln ihre Geschwindigkeiten ausgetauscht werden. Wir können also auch annehmen, dass sich die Kugeln einfach durchdringen. Damit haben wir das Problem in ein äquivalentes umformuliert: Jede der n Kugeln bewegt sich auf einer Geraden in der Ort-Zeit-Ebene. Wie viele Schnittpunkte der n Gerade kann es maximal geben?

Die Antwort ist einfach: Eine Kugelgerade kann maximal $n-1$ andere Geraden schneiden. Es gibt n Kugeln und folglich $\frac{n(n-1)}{2}$ Schnittpunkte, wobei die Division durch 2 die Doppelzählungen berücksichtigt.

Für eine einzige Kugel ergibt sich also (wie zu erwarten) kein Stoß, für zwei genau einer und für drei Kugeln maximal drei Stöße.

Aufgabe 2.5 (Seite 47) : Zeigen Sie, dass die $U_n(z)$ aus (2.110) die Rekurrenzgleichung

$$U_n = 2zU_{n-1} + U_{n-2}\,, \quad n = 2, 3, \ldots$$

mit $U_0 = 1$, $U_1 = 2z$ erfüllen. Diese Gleichung liefert Polynome in z, die **Tschebyscheff-Polynome zweiter Art** (siehe auch M2, Seite 48).

Lösung: In Gl. (2.110) sind die Tschebyscheff-Polynome $U_n(z)$ durch

$$U_n = \frac{\lambda_+^{n+1} - \lambda_-^{n+1}}{\lambda_+ - \lambda_-} \tag{2.160}$$

definiert. Dabei ist $\lambda_\pm = z \pm \sqrt{z^2 - 1}$. Zunächst verifizieren wir durch Einsetzen von $n = 0$ und $n = 1$, dass wie behauptet gilt

$$U_0 = \frac{\lambda_+ - \lambda_-}{\lambda_+ - \lambda_-} = 1\,, \quad U_1 = \frac{\lambda_+^2 - \lambda_-^2}{\lambda_+ - \lambda_-} = \lambda_+ + \lambda_- = 2z\,. \tag{2.161}$$

Setzt man dann die Definitionen für U_{n-1} und U_{n-2} ein, und außerdem $2z = \lambda_+ + \lambda_-$ und $\lambda_+\lambda_- = 1$, so ergibt sich

$$\begin{aligned} 2zU_{n-1} - U_{n-2} &= (\lambda_+ + \lambda_-)\frac{\lambda_+^n - \lambda_-^n}{\lambda_+ - \lambda_-} - \frac{\lambda_+^{n-1} - \lambda_-^{n-1}}{\lambda_+ - \lambda_-} \\ &= \frac{\lambda_+^{n+1} - \lambda_+\lambda_-^n + \lambda_-\lambda_+^n - \lambda_-^{n+1} - \lambda_+^{n-1} + \lambda_-^{n-1}}{\lambda_+ - \lambda_-} = \frac{\lambda_+^{n+1} - \lambda_-^{n1+1}}{\lambda_+ - \lambda_-} = U_n\,. \end{aligned} \tag{2.162}$$

Es sollte noch darauf hingewiesen sein, dass Matrix-Rekursionen wie $\mathbf{u}_n = \mathbf{P}\mathbf{u}_{n-1}$ immer auf Tschebyscheff-Formeln führen. Mehr dazu in dem Abschnitt über Matrix-Potenzen findet man in M2, Seite 48.

Aufgabe 2.6 (Seite 48) : Zeigen Sie für die Tschebyscheff-Polynome U_n die Identität

$$U_n^2 - U_{n-1}U_{n+1} = 1\,.$$

Lösung: Diese Identität der Tschebyscheff-Polynome zweiter Art,

$$U_n^2 - U_{n-1}U_{n+1} = 1\,, \tag{2.163}$$

beweist man leicht induktiv. Zunächst ist die Behauptung sicher richtig für $n = 1$, denn es gilt mit $U_0 = 1$ und $U_1 = 2z$ und der Rekursion aus Aufgabe 2.5:

$$U_{n+1}(z) = 2zU_n(z) - U_{n-1}(z) \tag{2.164}$$

$$U_1^2 - U_0U_2 = 2zU_1 - U_2 = U_0 = 1\,. \tag{2.165}$$

Sei jetzt (2.163) richtig für n. Dann gilt, wieder mithilfe der Rekursionsformel (2.164), für $n+1$

$$\begin{aligned} U_{n+1}^2 - U_nU_{n+2} &= U_{n+1}\big(2zU_n - U_{n-1}\big) - U_n\big(2zU_{n+1} - U_n\big) \\ &= U_n^2 - U_{n+1}U_{n-1} = 1\,, \end{aligned} \tag{2.166}$$

und damit ist die Behauptung richtig für alle $n \geq 1$.
Bemerkung: Die bewiesene Formel ist ein Spezialfall der allgemeineren Identität

$$U_pU_q - U_{p-r}U_{q+r} = U_{q+r-p-1}U_{r-1}\,. \tag{2.167}$$

Aufgabe 2.7 (Seite 53) : Oben wurde ohne Beweis erwähnt, dass die Poincaré-Abbildung flächentreu ist. Also sollte die Determinante von $\mathbf{L}_{10}$ gleich eins sein, wovon wir uns hier überzeugen sollten.

Lösung:

$$\det \mathbf{L}_{10} = \Big(-\frac{q_0}{q_1}+\frac{d_{10}}{q_1\rho_0}\Big)\Big(-\frac{q_1}{q_0}+\frac{d_{10}}{q_0\rho_1}\Big)+\frac{d_{10}}{q_1q_0}\Big(-\frac{d_{10}}{\rho_1\rho_0}+\frac{q_1}{\rho_0}+\frac{q_0}{\rho_1}\Big)$$
$$= \frac{q_0q_1}{q_1q_0}-\frac{q_0d_{10}}{q_1q_0\rho_1}-\frac{q_1d_{10}}{q_0q_1\rho_0}+\frac{d_{10}^2}{q_0q_1\rho_0\rho_1}-\frac{d_{10}^2}{q_0q_1\rho_0\rho_1}+\frac{q_1d_{10}}{q_0q_1\rho_0}+\frac{q_0d_{10}}{q_0q_1\rho_1}=1. \quad (2.168)$$

Die Matrix ist also reell mit Determinante eins und damit, als 2 × 2-Matrix, reell symplektisch (vgl. M2, Abschnitt 3.5.1).

Aufgabe 2.8 (Seite 54) : Zeigen Sie

$$\operatorname{spur}\mathbf{L}^{(2)} = 2-\frac{4d}{r_1}-\frac{4d}{r_2}-\frac{4d^2}{r_2r_1}$$

für die Produktmatrix $\mathbf{L}^{(2)}$ für die Bahn aus Abbildung 2.8.

Lösung: Der Winkel α zwischen Randkurve und Bahnrichtung ist hier gleich $\pi/2$, und daher ist $q_0 = q_1 = 1$. Die Bahnlängen für Hinweg und Rückweg sind beide gleich d, und die Krümmungsradien sind gleich den Kreisradien. Also ist die Stabilitätsmatrix der periodischen Bahn gleich dem Produkt

$$\mathbf{L}^{(2)} = \begin{pmatrix} -1+\dfrac{d}{r_2} & -d \\ -\dfrac{d}{r_1r_2}+\dfrac{1}{r_2}+\dfrac{1}{r_1} & -1+\dfrac{d}{r_1} \end{pmatrix}\begin{pmatrix} -1+\dfrac{d}{r_1} & -d \\ -\dfrac{d}{r_2r_1}+\dfrac{1}{r_1}+\dfrac{1}{r_2} & -1+\dfrac{d}{r_2} \end{pmatrix}. \quad (2.169)$$

Daraus erhalten wir

$$\mathbf{L}_{11}^{(2)} = \Big(-1+\frac{d}{r_2}\Big)\Big(-1+\frac{d}{r_1}\Big)-d\Big(-\frac{d}{r_2r_1}+\frac{1}{r_1}\Big)=1-\frac{2d}{r_1}-\frac{2d}{r_2}-\frac{2d^2}{r_2r_1}. \quad (2.170)$$

Das Gleiche erhält man für $\mathbf{L}_{22}^{(2)}$ und damit das gesuchte Ergebnis.

3 Ordnung und Chaos

„Nichts kann existieren ohne Ordnung.
Nichts kann entstehen ohne Chaos."
— Albert Einstein

In den vorangehenden Kapiteln haben wir uns mit einfachen dynamischen Systemen beschäftigt. Das waren zum einen Systeme, die durch Bewegungsgleichungen vom Typ $\dot{\mathbf{x}} = \mathbf{A}(t)\,\mathbf{x}$ beschrieben werden, also durch gekoppelte lineare Differentialgleichungen. Eine Ausnahme war der kurze Ausflug in die Nichtlinearität in Abschnitt 1.4. Zum anderen haben wir Stoßprozesse untersucht, also Systeme, die sich wie freie Teilchen verhalten, abgesehen von isolierten punktförmigen Ereignissen. Dies erlaubte eine Beschreibung durch diskrete iterierte Abbildungen. Jetzt wollen wir eine allgemeinere Systemdynamik erlauben. Solche Systeme zeigen in aller Regel eine Mischung von geordneter und chaotischer Dynamik und die dabei auftretenden nichtlinearen Bewegungsgleichungen müssen numerisch gelöst werden. Wir werden aber sehen, dass man auch hier wieder mit Erfolg diskrete Abbildungsgleichungen anwenden kann.

3.1 Hamilton-Dynamik

Eine wichtige Klasse von physikalischen Systemen lässt sich durch die **hamiltonsche Mechanik** beschreiben, begründet von dem irischen Physiker William Rowan Hamilton (1805-1865). Zur Erinnerung: Schon weiter oben haben wir eine Bewegungsgleichung wie $m\ddot{x} = f(x,t)$, also eine Differentialgleichung zweiter Ordnung für die Variable x, durch Einführung der Geschwindigkeit $v = \dot{x}$ als weitere Variable in zwei gekoppelte Differentialgleichungen erster Ordnung umgewandelt. Statt der Geschwindigkeit v kann man auch den Impuls $p = mv$ einführen und erhält dann die beiden Gleichungen

$$\dot{x} = p/m\,, \quad \dot{p} = f(x,t) \tag{3.1}$$

oder, mit der Energie $E = \frac{p^2}{2m} + V(x,t)$ und dem Potential $V(x,t) = -\int^x f(x',t)\,\mathrm{d}x'$,

$$\dot{x} = \frac{\partial E}{\partial p}\,, \quad \dot{p} = -\frac{\partial E}{\partial x}\,. \tag{3.2}$$

Das sind, für unser einfaches System, die hamiltonschen Bewegungsgleichungen im Phasenraum (x,p). Diese Gleichungen lassen sich auf mehrere Freiheitsgrade verallgemeinern und erlauben die Beschreibung der Dynamik vieler wichtiger Systeme der klassischen Physik. Dabei wollen wir uns der Konvention anschließen und statt x die Bezeichnung q verwenden und statt E den Buchstaben H. Der **Phasenraum** ist dann ein $2n$-dimensionaler Raum der n (generalisierten) Koordinaten $\mathbf{q} = (q_1, q_2, \ldots, q_n)$ und der (generalisierten) Impulse $\mathbf{p} = (p_1, p_2, \ldots, p_n)$. Man nennt diese Größen „generalisiert", weil es sich nicht um Koordinaten und Impulse im herkömmlichen Sinn handeln muss. Unser System wird durch die sogenannte **Hamilton-Funktion**

$$H = H(p_1, p_2, \ldots, p_n, q_1, q_2, \ldots, q_n, t) = H(\mathbf{p}, \mathbf{q}, t) \tag{3.3}$$

charakterisiert, eine energieartige Größe, die über die **hamiltonschen** oder **kanonischen Bewegungsgleichungen**

$$\dot{q}_j = \frac{\partial H}{\partial p_j}\,, \quad \dot{p}_j = -\frac{\partial H}{\partial q_j} \tag{3.4}$$

das Zeitverhalten des Systems beschreibt. Wir können das auch in der Form

$$\dot{\mathbf{q}} = \nabla_{\mathbf{p}} H\,, \quad \dot{\mathbf{p}} = -\nabla_{\mathbf{q}} H \tag{3.5}$$

schreiben. Bei dieser Schreibweise sollte uns aber klar sein, dass hier die n-Tupel $\mathbf{q}$ und $\mathbf{p}$ nicht notwendigerweise Vektoren sind, also Elemente eines Vektorraums, wohl aber ihre Zeitableitungen und die partiellen Ableitungen $\nabla_{\mathbf{q}} H = (\partial H/\partial q_1, \ldots, \partial H/\partial q_n)^T$ und $\nabla_{\mathbf{p}} H = (\partial H/\partial p_1, \ldots, \partial H/\partial p_n)^T$.

Diese Gleichungen lassen sich kompakter schreiben, indem man $\mathbf{x} = (q, p)^T$ als Phasenraumvariable einführt, zusammen mit der Ableitung $\nabla_x F = (\frac{\partial F}{\partial q_1}, \ldots, \frac{\partial F}{\partial p_n})^T$ einer Phasenraumfunktion F. Damit erhalten wir die kanonischen Gleichungen in der Form

$$\dot{\mathbf{x}} = \mathbf{J} \nabla_x H. \tag{3.6}$$

Dabei ist $\mathbf{J} = \left(\begin{smallmatrix} 0 & \mathbf{I} \\ -\mathbf{I} & 0 \end{smallmatrix}\right)$ eine $2n \times 2n$-Blockmatrix mit den $n \times n$-Einheitsmatrizen $\mathbf{I}$. Für $n = 1$ ist $\mathbf{J} = \left(\begin{smallmatrix} 0 & 1 \\ -1 & 0 \end{smallmatrix}\right)$ die symplektische Einheitsmatrix (vgl. M2, Abschnitte 3.3.1 und 3.5). Gleichung (3.6) kann lokal als Vektor-Gleichung angesehen werden, global ist das im Allgemeinen nicht der Fall, mit Ausnahme einer rein quadratischen Hamilton-Funktion, die wir uns weiter unten näher ansehen wollen. Die (eindeutige) Lösung $\mathbf{x}(t) = (\mathbf{q}(t), \mathbf{p}(t))$ zu einer Anfangsbedingung $\mathbf{x}(0) = (\mathbf{q}_0, \mathbf{p}_0)$ nennt man auch **Phasenbahn** und die Menge aller Lösungen den **Fluss im Phasenraum**. Hier sind einige wichtige Eigenschaften eines solchen hamiltonschen Flusses zusammengestellt:

(a) **Flächen- und Volumenerhaltung im Phasenraum:** Die symplektische Struktur der Phasenraumdynamik führt dazu, dass das Phasenraumvolumen erhalten bleibt. Es ist hier nicht der Platz, wichtige Theoreme zu dieser Thematik zu beweisen, aber ein erster Eindruck soll vermittelt werden. Zunächst erinnern wir uns an den Begriff der Divergenz eines Vektorfeldes. Sie beschreibt die Änderung des Volumenelements. Für ein hamiltonsches Vektorfeld $\dot{\mathbf{x}} = \mathbf{F}(\mathbf{x}, t)$ ergibt das

$$\operatorname{div}\mathbf{F} = \sum_{k=1}^{2n} \frac{\partial \dot{x}_j}{\partial x_j} = \sum_{j=1}^{n} \left(\frac{\partial \dot{q}_j}{\partial q_j} + \frac{\partial \dot{p}_j}{\partial p_j} \right) = \sum_{j=1}^{n} \left(\frac{\partial^2 H}{\partial q_j \partial p_j} - \frac{\partial^2 H}{\partial p_j \partial q_j} \right) = 0\,, \tag{3.7}$$

falls $H(\mathbf{q}, \mathbf{p})$ zweimal stetig differenzierbar ist, was wir hier unterstellen wollen. Unter dem hamiltonschen Fluss ist also das Phasenraumvolumen $\Delta q_1 \Delta q_2 \cdots \Delta p_n$ konstant. Es gibt darüber hinaus weitere Invarianten, wie beispielsweise die Größe

$$\mathrm{d}\mathbf{q} \cdot \mathrm{d}\mathbf{p} = \sum_j \mathrm{d}q_j \mathrm{d}p_j\,, \tag{3.8}$$

was sich schnell zeigen lässt durch Ableiten nach der Zeit:

$$
\begin{aligned}
\frac{\mathrm{d}}{\mathrm{d}t}\mathrm{d}\mathbf{q}\cdot\mathrm{d}\mathbf{p} &= \left[\frac{\mathrm{d}}{\mathrm{d}t}\mathrm{d}\mathbf{q}\right]\cdot\mathrm{d}\mathbf{p}+\mathrm{d}\mathbf{q}\cdot\left[\frac{\mathrm{d}}{\mathrm{d}t}\mathrm{d}\mathbf{p}\right]\\
&= \left[\frac{\mathrm{d}}{\mathrm{d}t}(\mathbf{q}+\mathrm{d}\mathbf{q})-\frac{\mathrm{d}}{\mathrm{d}t}\mathbf{q}\right]\cdot\mathrm{d}\mathbf{p}+\mathrm{d}\mathbf{q}\cdot\left[\frac{\mathrm{d}}{\mathrm{d}t}(\mathbf{p}+\mathrm{d}\mathbf{p})-\frac{\mathrm{d}}{\mathrm{d}t}\mathbf{p}\right]\\
&= \left[\nabla_{\mathbf{p}}H(\mathbf{p},\mathbf{q}+\mathrm{d}\mathbf{q})-\nabla_{\mathbf{p}}H(\mathbf{p},\mathbf{q})\right]\cdot\mathrm{d}\mathbf{p}+\mathrm{d}\mathbf{q}\cdot\left[-\nabla_{\mathbf{q}}H(\mathbf{p}+\mathrm{d}\mathbf{p},\mathbf{q})+\nabla_{\mathbf{q}}H(\mathbf{p},\mathbf{q})\right]\\
&= \nabla_{\mathbf{q}}\nabla_{\mathbf{p}}H(\mathbf{q},\mathbf{p})\mathrm{d}\mathbf{q}\cdot\mathrm{d}\mathbf{p}-\mathrm{d}\mathbf{q}\cdot\nabla_{\mathbf{p}}\nabla_{\mathbf{q}}H(\mathbf{q},\mathbf{p})\mathrm{d}\mathbf{p}=0\,,
\end{aligned}
\tag{3.9}
$$

wieder wegen der Übereinstimmung der zweiten Ableitungen: $\nabla_{\mathbf{q}}\nabla_{\mathbf{p}}H=\nabla_{\mathbf{p}}\nabla_{\mathbf{q}}H$.

(b) **Erhaltungsgrößen:** Man kann sich durch eine kurze Rechnung davon überzeugen, dass die zeitliche Ableitung einer beliebigen Phasenraumfunktion $F(p,q,t)$ durch

$$\frac{\mathrm{d}F}{\mathrm{d}t}=\{F,H\}+\frac{\partial F}{\partial t} \tag{3.10}$$

beschrieben wird. Dabei ist

$$\{F,G\}=\sum_{j=1}^{n}\left(\frac{\partial F}{\partial q_j}\frac{\partial G}{\partial p_j}-\frac{\partial G}{\partial q_j}\frac{\partial F}{\partial p_j}\right) \tag{3.11}$$

die **Poisson-Klammer** mit den Eigenschaften einer **Lie-Klammer** (vgl. M2, Abschnitt 6.2). Insbesondere gilt $\mathrm{d}H/\mathrm{d}t=\partial H/\partial t$, da $\{H,H\}=0$. Falls H nicht explizit von der Zeit abhängt, ist also die Energie $E=H(p,q)$ konstant. Zum anderen ist eine Größe $F(p,q)$, die nicht explizit von der Zeit abhängt, für den Fall einer verschwindenden Poisson-Klammer, $\{F,H\}=0$, zeitlich konstant, also eine Erhaltungsgröße.

Als einfaches Beispiel betrachten wir die Hamilton-Funktion

$$H(p,q)=\frac{c}{2}p^2+bpq+\frac{a}{2}q^2 \tag{3.12}$$

mit positiven a,b,c, oder, ausgedrückt in der kompakten Schreibweise mit $\mathbf{x}=(q,p)^T$ und der Matrix $\mathbf{M}=\left(\begin{smallmatrix}a & b\\ b & c\end{smallmatrix}\right)$,

$$H=\tfrac{1}{2}\mathbf{x}^T\mathbf{M}\mathbf{x}. \tag{3.13}$$

Das ist eine quadratische Form und bei der Bewegung bleibt ihr Wert, die Energie $E=H(p,q)$, konstant. Das heißt, die Bahnkurve im Phasenraum, die **Phasenbahn**, ist ein Kegelschnitt, eine Ellipse für $ac>b^2$, eine Hyperbel für $ac<b^2$ und andernfalls eine Parabel (siehe M2, Abschnitt A.1). Die Bewegungsgleichung

$$\dot{\mathbf{x}}=\mathbf{J}\mathbf{M}\mathbf{x}=\mathbf{A}\mathbf{x} \tag{3.14}$$

mit $\mathbf{A}=\left(\begin{smallmatrix}b & c\\ -a & -b\end{smallmatrix}\right)$ hat die Lösung

$$\mathbf{x}(t)=\mathbf{U}(t)\mathbf{x}(0) \tag{3.15}$$

mit der Matrix

$$\mathbf{U}(t)=\mathrm{e}^{t\mathbf{A}}=\cos\omega t\,\mathbf{I}+\frac{\sin\omega t}{\omega}\mathbf{A}\quad\text{mit}\quad\omega=\sqrt{ac-b^2} \tag{3.16}$$

nach der allgemeinen Formel in M2, Gleichung (2.88) für die Matrix-Exponentiation. Damit ist unser Problem vollständig gelöst.

Wir müssen uns noch mit der symplektischen Struktur des Phasenraums beschäftigen. Die Matrix $\mathbf{U}(t)$ ist symplektisch, das heißt, es gilt $\mathbf{U}^T\mathbf{J}\mathbf{U}=\mathbf{J}$ (mehr dazu findet man in M2, Abschnitt 3.5.1). Das kann man direkt überprüfen oder, bequemer, daran erkennen, dass $\det\mathbf{U}(t)=1$ gilt, was hinreichend ist für die Symplektizität. Auch dies lässt sich leicht an der expliziten Lösung erkennen, folgt aber (noch bequemer) aus $\mathrm{spur}\mathbf{A} = 0$ und der bekannten Formel $\det\left(e^{\mathbf{A}}\right) = e^{\mathrm{spur}\mathbf{A}}$.

Bei einer symplektischen Abbildung bleibt die schiefsymmetrische Bilinearform $[\mathbf{x},\mathbf{x}'] = \mathbf{x}'^T\mathbf{J}\mathbf{x}$ invariant. Ausgedrückt in q und p ist das

$$[\mathbf{x},\mathbf{x}'] = qp' - q'p, \tag{3.17}$$

was geometrisch die orientierte Fläche im Phasenraum beschreibt, also die Fläche des Parallelogramms, aufgespannt von den Vektoren $\mathbf{x}$ und $\mathbf{x}'$. Das erkennt man schnell durch eine dreidimensionale Erweiterung. Mit $\vec{x} = (q,p,0)^T$ und $\vec{x}' = (q',p',0)^T$ ist das Vektorprodukt gleich $\mathbf{x}' \times \mathbf{x} = (qp' - q'p)\,(0.0.1)^T$. Dessen Betrag ergibt die Parallelogrammfläche.

3.1.1 Poincaré-Schnitte

Um das komplizierte Verhalten der Bahnen im vierdimensionalen Phasenraum besser zu erkennen, gibt es ein sehr nützliches Hilfsmittel: Man definiert eine geeignete zweidimensionale Schnittfläche, beispielsweise die Ebene (x, p_x), und betrachtet nur die Folge der Bahnpunkte in dieser Ebene für $y = 0$ für $p_y > 0$. Wegen der Energieerhaltung ist in dieser Ebene die y-Komponente des Impulses durch $p_y = \sqrt{2m(E - V(x,0)) - p_x^2}$ gegeben, das heißt, jeder Punkt $\mathbf{s} = (x, p_x)^T$ dieser Ebene legt eine Bahn fest. Man bezeichnet einen solchen Schnitt als **Poincaré-Schnitt**, benannt nach dem französischen Mathematiker und Physiker Jules Henri Poincaré (1854-1912), und die Abbildung P zwischen zwei aufeinander folgenden Durchstoßpunkten

$$\mathbf{s} = (x, p_x)^T \xrightarrow{P} \mathbf{s}' = (x', p_x')^T \tag{3.18}$$

als **Poincaré-Abbildung**. Die kontinuierliche Bahn im Phasenraum reduziert sich dann auf eine Folge von Punkten $\mathbf{s}_1, \mathbf{s}_2, \ldots$ wie in Bild 3.1 illustriert.

Wie wir oben gesehen haben, lässt sich aus den hamiltonschen Gleichungen folgern, dass diese Abbildung **flächentreu** ist. Wenn man also alle Punkte auf einer geschlossenen Kurve in der Schnittfläche als Anfangspunkte einer Bahn wählt und diese propagiert, so schließt deren Bildkurve unter der Poincaré-Abbildung die gleiche Fläche ein.

Die Poincaré-Abbildung reduziert die kontinuierliche Dynamik im vierdimensionalen Phasenraum also auf eine diskrete zweidimensionale flächentreue Abbildung, eine beträchtliche

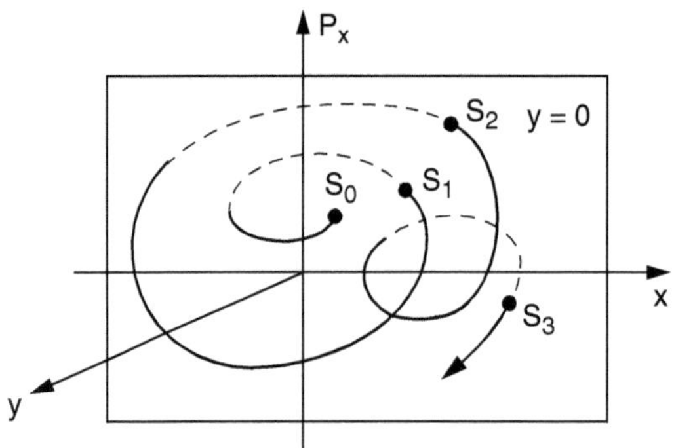

Bild 3.1 Ein Poincaré-Schnitt reduziert die Dynamik auf eine diskrete Abbildung.

Vereinfachung. Von großer Bedeutung für ein Verständnis des Verhaltens eines solchen Systems sind die periodischen Bahnen. Im einfachsten Fall sind solche Bahnen Fixpunkte der Poincaré-Abbildung, also $\mathbf{s}_2 = P\mathbf{s}_1 = \mathbf{s}_1$ und im Poincaré-Schnitt erscheint die Bahn als einzelner Punkt.[1] Höherperiodische Bahnen erscheinen im Poincaré-Schnitt als eine Anzahl von n Punkten $\mathbf{s}_1, \ldots, \mathbf{s}_n = \mathbf{s}_1$, den Fixpunkten der Poincaré-Abbildung P^n.

Zur näheren Untersuchung ist es nützlich, diese Poincaré-Abbildung in der Umgebung eines Fixpunktes zu linearisieren. Man erhält dann eine Abbildungsmatrix $\mathbf{L}$, eine reelle 2×2-Matrix, die die Schnittfläche auf sich selbst abbildet. Da die Poincaré-Abbildung flächentreu ist, muss das auch für die linearisierte Abbildung gelten, das heißt, $\mathbf{L}$ ist eine relle symplektische Matrix mit $\det \mathbf{L} = 1$. Die Eigenschaften solcher Abbildungen sind kurz in Abschnitt 1.5 und ausführlich in M2, Abschnitt 3.5.1 dargestellt, und wir wollen hier nur die wichtigsten Punkte hervorheben. Zunächst legt die Spur der Matrix die Eigenwerte fest. Da ihr Produkt gleich eins sein muss, bilden sie entweder ein konjugiert komplexes Paar mit Betrag eins, oder sie sind beide reell. Der erste Fall liegt vor wenn die Stabilitätsbedingung

$$|\mathrm{spur}\, \mathbf{L}| < 2\,, \tag{3.19}$$

erfüllt ist. Dann ist der Fixpunkt stabil (oder elliptisch). Für $|\mathrm{spur}\, \mathbf{L}| > 2$ ist er instabil oder hyperbolisch. Wenn man die Abbildung iteriert, liegen die iterierten Punkte im stabilen Fall auf einer Ellipse, sie bewegen sich um den Fixpunkt mit der Umlauffrequenz β, dem Stabilitätsindex, mit

$$\cos\beta = \mathrm{spur}\, \mathbf{L}\,. \tag{3.20}$$

Für $\beta = 2\pi\nu$ mit rationalem $\nu = m/n$ ist die iterierte Abbildung periodisch mit der Periode n. Für einen instabilen Fixpunkt entfernen sich die iterierten Punkte auf Hyperbeln.

Beispiele für eine Analyse der Dynamik mithilfe solcher Poincaré-Abbildungen haben wir schon am Beispiel der Billard-Systeme in Abschnitt 2.4 betrachtet, also für punktuelle, impulsive Kräfte. Das soll jetzt auf Systeme mit kontinuierlichen Kräften ausgedehnt werden.

3.1.2 Das Hénon-Heiles-System

Die Bewegung eines Teilchens mit der Masse m in einem zeitunabhängigen eindimensionalen Potential $V(x)$ erhält die Energie E und die Bahnkurve ist durch $\frac{p_x^2}{2m} + V(x) = E$ gegeben. Aber schon in zwei Raumdimensionen sieht das Ganze völlig anders aus, denn in aller Regel existiert neben der Energie E keine zweite unabhängige Erhaltungsgröße. Wir betrachten als Beispiel ein Potential, das in den 1960er Jahren von zwei amerikanischen Astrophysikern benutzt wurde, um modellmäßig die ebene Bewegung eines Sterns um das galaktische Zentrum zu beschreiben, und das nach ihnen benannt wurde. Dieses **Hénon-Heiles-System**

$$H = \tfrac{1}{2}\left(p_x^2 + p_y^2\right) + V(x,y) \quad \text{mit} \quad V(x,y) = \tfrac{1}{2}x^2 + \tfrac{1}{2}y^2 + x^2 y - \tfrac{1}{3}y^3 \tag{3.21}$$

hat über viele Jahre als beliebtes Modellsystem gedient, um die chaotische Dynamik zweidimensionaler hamiltonscher Systeme zu untersuchen. Das Potential $V(x,y)$ hat die Symmetrie eines gleichseitigen Dreiecks um das Minimum mit $V = 0$ im Ursprung und mit drei Sattelpunkten an den Dreieckeckpunkten mit der Höhe $V = 1/6$. Die Energie $H = E$ ist erhalten und für eine Energie $E < 1/6$ bleibt jede Bahn gebunden.

[1] Natürlich wird die Bahn die Schnittebene $y = 0$ zweimal durchschneiden, aber bei dem zweiten Mal mit einem negativen Vorzeichen von p_y, sodass dieser Schnittpunkt nicht gezählt wird.

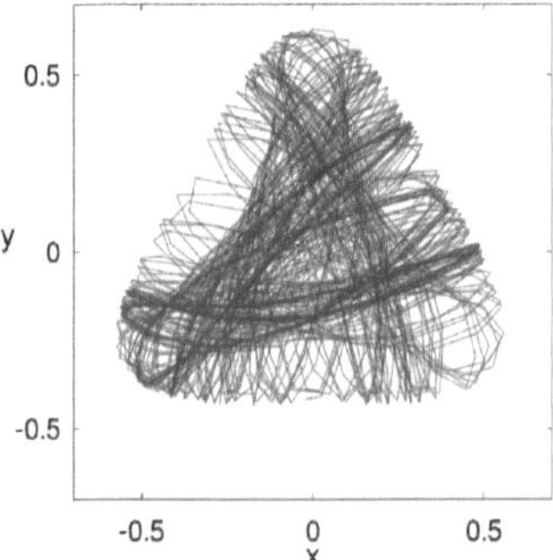

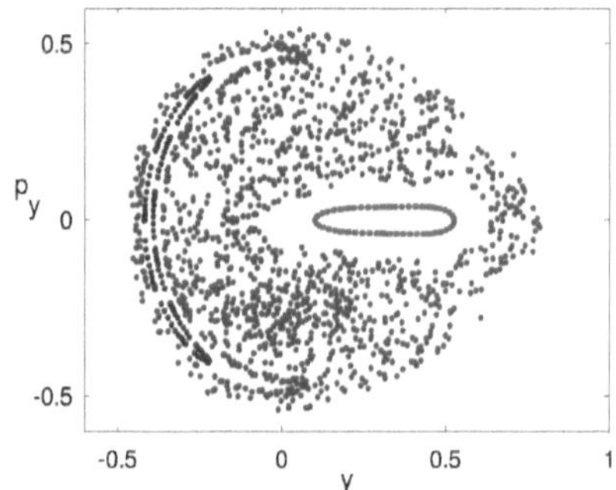

Bild 3.2 Hénon-Heiles-System. Links: Eine typische Bahn im Ortsraum. Rechts: Poincaré-Schnitt im Phasenraum.

Aufgabe 3.1 (Lös. Seite 79): (a) Die Symmetrie des Hénon-Heiles-Potentials $V(x,y) = \frac{1}{2}x^2 + \frac{1}{2}y^2 + x^2 y - \frac{1}{3}y^3$ erkennt man gut in Polarkoordinaten.
(b) Wie lauten die hamiltonschen Bewegungsgleichungen für dieses Potential?

Numerische Bahnberechnungen zeigen ein typisches Verhalten dieses Systems: Fast alle Bahnen sind irregulär (oder „chaotisch"), abgesehen von seltenen periodischen Bahnen. Bild 3.2 zeigt eine numerisch berechnete typische Bahn im Ortsraum mit der Energie $E = 1/8$ für ein endliches Zeitintervall. Wenn man die Länge der Zeitpropagation ausdehnt, so erkennt man nicht viel Neues, außer dass allmählich der ganze energetisch erlaubte Bereich $0 < V(x,y) \leq E$ überdeckt wird. Wie lernt man also mehr über die Systemdynamik? Wie findet man beispielsweise periodische Bahnen? Das ermöglicht der Poincaré-Schnitt.

Rechts in Bild 3.2 sieht man einen solchen Schnitt für die gleiche Bahn aus dem linken Bild. Hier wurde die Schnittebene bei $x = 0$ gewählt, Die Schnittpunkte (y, p_y) überdecken einen flächig wirkenden Bereich, den „chaotischen See", in dem unterschiedlich große „Inseln" zu erkennen sind. Im Zentrum dieser Inseln lokalisiert man periodische Bahnen, umgeben von Bahnen, die in ihrer Nähe bleiben. Dies ist in dem Bild durch zwei zusätzliche Bahnen mit gleicher Energie illustriert, die die beiden Fixpunkte bei $(y, p_y) \approx (0.33, 0)$ und $(-0.41, 0)$ umgeben, und die bei weiterer Zeitpropagation jeweils geschlossene Kurven füllen, die unter der Poincaré-Abbildung invariant sind. Eine solche **invariante Kurve** lässt sich als Schnittkurve eines Torus im Phasenraum mit der Poincaré-Schnittebene verstehen. Man darf sich aber nicht der Illusion hingeben, dass der Inselbereich von solchen invarianten Kurven ausgefüllt ist. Ganz im Gegenteil lässt sich zeigen, dass es dort ein äußerst diffiziles Gemisch von stabilen und instabilen periodischen oder chaotischen Bahnen gibt. Falls das neugierig gemacht hat, dann hilft ein Blick in die Literatur (siehe z.B. die Fußnote auf Seite 51).

3.2 Diskrete Abbildungen

In diesem Abschnitt beschäftigen wir uns mit diskreten iterierten Abbildungen, die zwar durch einfache Matrizen dargestellt werden, die aber dennoch ein sehr reichhaltiges Verhalten aufweisen können. Derartige Abbildungen hatten wir schon bei der Billard-Dynamik in Abschnitt 2.4 und für die Poincaré-Schnitte in Abschnitt 3.1.1 betrachtet. Sie treten aber auch in vielen anderen Fällen auf, beispielsweise bei linearen Matrixabbildungen der Ebene, die durch einen einfachen Zusatz wie „modulo 1" neuartige Eigenschaften gewinnen. Hier wollen wir einige dieser interessanten Systeme vorstellen.

3.2.1 Stroboskopische Abbildungen

In diesem Abschnitt betrachten wir Systeme, deren Parameter periodisch von der Zeit abhängen. Die Dynamik eines solchen Systems lässt sich in bequemer Weise analysieren, indem man es nur zu diskreten Zeiten im Abstand der Periode T betrachtet, genau wie bei einem Stroboskop. Am Beispiel eines linearen Systems, die gekickten Mathieu-Gleichung aus Abschnitt 2.2.2, haben wir eine solche **stroboskopische Abbildung** schon einmal angewandt. Hier wollen wir auf diese Weise versuchen, einen gekickten anharmonischen Oszillator mit der Hamilton-Funktion

$$H = \frac{p^2}{2m} + TV(x) \sum_{n=-\infty}^{+\infty} \delta(t - nT) \tag{3.22}$$

zu „verstehen". Es handelt sich also um ein freies (klassisches) Teilchen mit der Masse m, das zu den Zeiten $t_n = nT$, $n = 1,2,3,\ldots$, durch ein Potential $V(x)$ periodisch gestoßen wird. Ein solcher Stoß führt zu einer Änderung des Impulses $p_n = p(t_n)$ direkt vor dem Stoß um

$$\Delta p = \int_{t_n-\epsilon}^{t_n+\epsilon} \dot{p}\,\mathrm{d}t = -T \int_{t_n-\epsilon}^{t_n+\epsilon} V'(x(t))\delta(t-nT)\,\mathrm{d}t = -TV(x_n) \tag{3.23}$$

am Punkt $x_n = x(t_n)$. Danach bewegt sich das Teilchen frei mit der Geschwindigkeit p_{n+1}/m über ein Teilintervall T bis zum nächsten Stoß bei $x_{n+1} = x_n + (T/m)p_{n+1}$. Damit erhalten wir die iterierte Abbildung

$$\begin{aligned} p_{n+1} &= p_n - TV'(x_n) \\ x_{n+1} &= x_n + \frac{T}{m}\, p_{n+1}\,. \end{aligned} \tag{3.24}$$

Aufgabe 3.2 (Lös. Seite 79): Bei der Abbildungsgleichung (3.24) handelt es sich um ein hamiltonsches System. Da ein stroboskopischer Schnitt auch als Poincaré-Schnitt verstanden werden kann, vermuten wir, dass die Abbildung (3.24) flächentreu ist. Überzeugen Sie sich davon!

Als einfachen Fall betrachten wir das Potential $V(x) = V_0 \cos x$ mit $V_0 > 0$. Wählt man die Einheiten so, dass $T/m = 1$ und definiert den Parameter $K = TV_0$, so erhält man das Gleichungssystem

$$\begin{aligned} p_{n+1} &= p_n + K \sin x_n \\ x_{n+1} &= x_n + p_{n+1}\,, \end{aligned} \tag{3.25}$$

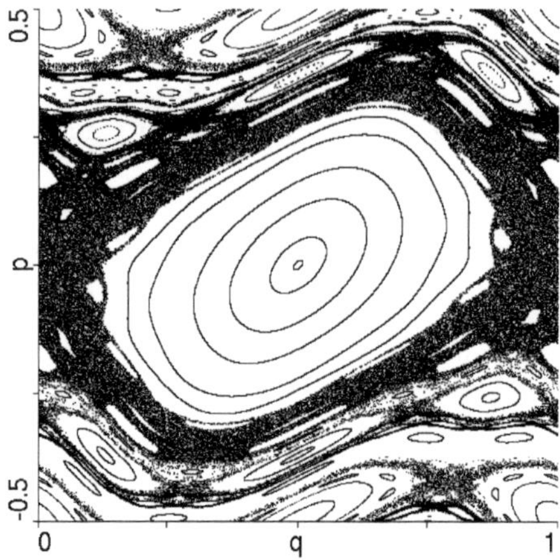

Bild 3.3 Iterationen der vereinfachten Standard-Abbildung für $K = 1$.

oder in Matrix-Form $\mathbf{x}_{n+1} = \mathbf{A}(\mathbf{x}_n)$. Diese Abbildung beschreibt beispielsweise einen gekickten Rotor, sie tritt aber auch in vielen anderen physikalischen Systemen auf und wird oft als die **Standard-Abbildung** bezeichnet. Ihr Verhalten hängt nur von dem einzigem Parameter $K > 0$ ab. Für kleine Werte von K ist die Abbildung regulär und für große Werte chaotisch. Man beobachtet für die chaotischen Bahnen ein diffusives Anwachsen des (Dreh-)Impulses p. Da alle Anfangsimpulse $p_0,\ p_0+1,\ p_0+2\ \ldots$ die gleichen Bahnen liefern, kann man, falls das diffusive Wachstum nicht interessiert, eine vereinfachte Standard-Abbildung definieren, in der p_n modulo eins genommen wird.

Wir berechnen zunächst die Fixpunkte der Abbildung als $(p_s, x_s) = (0,0)$ und $(0,\pi)$. Da die Abbildung $\mathbf{A}$ flächentreu ist, hängt die Stabilität der Fixpunkte nur von der Spur von $\mathbf{A}(\mathbf{x}_s)$ ab (vgl. Seite 53): Wir haben Stabilität für $|\mathrm{spur}\,\mathbf{A}(\mathbf{x}_s)| < 2$. Der Fixpunkt $x_s = 0$ ist damit wegen $\mathrm{spur}\,\mathbf{A}(\mathbf{x}_s) = 2 + K > 2$ immer instabil, der Fixpunkt $x_s = \pi$ ist wegen $\mathrm{spur}\,\mathbf{A}(\mathbf{x}_s) = 2 - K$ stabil für $K < 4$. Das Bild 3.3 zeigt die Iterationen ausgewählter Anfangspunkte für $K = 1$, wobei der Impuls modulo 1 genommen wurde. Man beobachtet auch hier wieder das schon bekannte Szenario eingebetteter Stabilitätsinseln in einem chaotischen See. Mehr dazu findet man in der Literatur.[2]

Ein weiteres Beispiel für ein zeitperiodisches System mit gemischt regulärer und chaotischer Dynamik ist der harmonisch angetriebene Rotor, ein interessantes Modellsystem für eine Untersuchung der Konsequenzen eine klassisch chaotischer Dynamik für die Quantenmechanik. Mehr dazu findet man in Abschnitt 10.4.3.

3.2.2 Arnolds Katze

In diesem Abschnitt stellen wir eine einfache zweidimensionale Abbildung vor, die unter dem Namen **Arnolds Katze** (benannt nach dem russischen mathematischen Physiker Vladimir I. Arnold) (1937-2010) bekannt ist, oder einfach als **Katzen-Abbildung** („Cat Map"). Dabei ver-

[2] Z.B. in H. J. Korsch, E. M. Graefe, H.-J. Jodl: *The kicked rotor: computer-based studies of chaotic dynamics*, Am. J. Phys. 78 (2008) 498.

wenden wir statt der Phasenraumvariablen (q,p) der Theoretischen Mechanik die hier gebräuchlicheren Variablen (x,y).

Die Katzen-Abbildung T ist definiert durch

$$\begin{aligned} x' &= x+y \mod 1 \\ y' &= x+2y \mod 1 \end{aligned} \tag{3.26}$$

mit $x,y \in [0,1)$. Sie bildet das Einheitsquadrat auf sich selbst ab und man überzeugt sich schnell davon, dass diese Abbildung invertierbar ist. Wenn man sich die jeweils gegenüberliegenden Seiten des Quadrats miteinander verklebt denkt, so hat die so entstehende Fläche die Topologie eines zweidimensionalen Torus (siehe Seite 112). Die Abbildung liefert einen Automorphismus auf dem Torus $\mathscr{M} = \{(x,y) \mod 1\}$.

In einer bequemen Matrix-Notation können wir auch schreiben

$$\begin{pmatrix} x' \\ y' \end{pmatrix} = \begin{pmatrix} 1 & 1 \\ 1 & 2 \end{pmatrix} \begin{pmatrix} x \\ y \end{pmatrix} \mod 1 \tag{3.27}$$

oder noch knapper

$$\mathbf{x}' = \mathbf{T}\mathbf{x} \mod 1 \tag{3.28}$$

mit $\mathbf{x} = (x,y)^T$, $\mathbf{x}' = (x',y')^T$ und der Matrix

$$\mathbf{T} = \begin{pmatrix} 1 & 1 \\ 1 & 2 \end{pmatrix}. \tag{3.29}$$

Wir halten noch fest, dass die Katzen-Abbildung des 2-Torus in Gleichung (3.28) differenzierbar ist, wobei ihr Differential durch die Matrix **T** gegeben ist.

Eine Iteration

$$\mathbf{x}_{n+1} = \mathbf{T}\mathbf{x}_n \mod 1 \quad , n = 0,1,2,\ldots \tag{3.30}$$

der zunächst so unschuldig aussehenden Abbildungsvorschrift (3.28) ist, trotz der verführerischen Matrix-Schreibweise, nichtlinear und hat einige äußerst interessante Eigenschaften, die dazu geführt haben, dass man sie als Prototyp einer ganzen Klasse von sogenannten stark chaotischen diskreten Systemen ansehen kann.

Im Folgenden werden wir diese Katzen-Abbildung genauer untersuchen. Dabei erklärt sich das Wort „Katze“ zur Bezeichnung dieser Abbildung, wenn man wie Arnold zur grafischen Illustration der Abbildungseigenschaften ein Bild verwendet, das einen Katzenkopf im Einheitsquadrat zeigt, wie in Bild 3.4. Klar ist aber, dass die Eigenschaften einer Abbildung in ihr selbst liegen und nicht in dem Bild, das abgebildet wird!

Aufgabe 3.3 (Lös. Seite 79): Zeigen Sie, dass man die Abbildung durch die Matrix **T** auch durch zwei aufeinanderfolgende Scherungen in x- und y-Richtung darstellen kann.

Beginnen wir mit den einfachsten Eigenschaften der Katzen-Abbildung. Wenn wir zuerst einmal das (wichtige!) modulo 1 nicht berücksichtigen, so können wir hier auf Abschnitt 1.5 zurückgreifen, in dem die Abbildung durch die Matrix (3.28) als Beispiel vorgestellt wird. Wegen $\det \mathbf{T} = 1$ ist dies eine flächentreue Abbildung der Ebene auf sich selbst. Das Einheitsquadrat wird dabei auf ein gestrecktes Parallelogramm abgebildet (Bild 3.4). Die geometrische Funktion des „modulo 1“ besteht jetzt darin, die überstehenden Stücke des Parallelogramms wieder

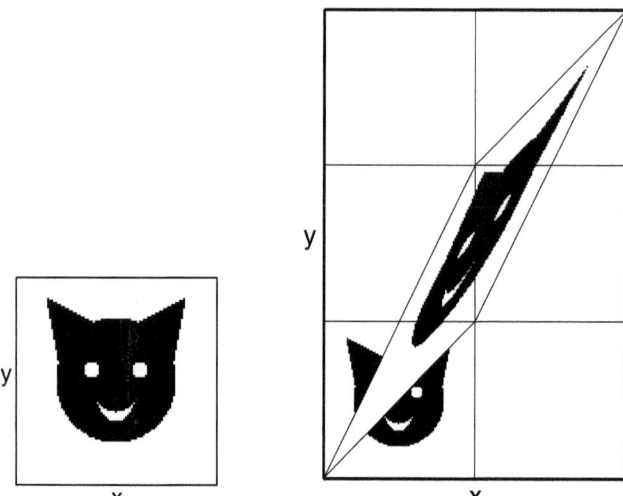

Bild 3.4 Illustration von Arnolds Katzen-Abbildung.

nach unten bzw. nach links zu verschieben, sodass sie wieder in dem Einheitsquadrat liegen. Damit erhalten wir die vollständige Abbildung, dargestellt im ersten Teilbild von Bild 3.5. Hier kann man noch ein verzerrtes Bild der Katze erkennen. Wir untersuchen jetzt die Eigenschaften weiterer Anwendungen der Katzen-Abbildung in Gleichung (3.28), also die Bilder des Einheitsquadrats unter $\mathbf{T}^n$. Nach einer zweifachen Abbildung ist die Katze kaum noch zu erkennen, bei $n = 3$ schon fast vollständig und für $n = 18$ (letztes Teilbild in Bild 3.5) erkennt man nur noch eine zufällige Verteilung der Bildpunkte. Genauso wie sich ein Tropfen Tinte im Wasser verteilt, so verteilt sich das Bild der Katze über das Einheitsquadrat, oder – in dem oben angesprochenen Bild des 2-Torus – homogen über die Torusoberfläche.

Wir wollen uns dieses Zerfließen etwas näher ansehen. Dazu betrachten wir zunächst einmal die Fixpunkte. Die Gleichung (3.28) hat als (einzigen) Fixpunkt den Punkt $(0,0)^T$. Die Eigenwerte der Matrix **T** sind

$$\lambda_+ = \tfrac{1}{2}\,(3+\sqrt{5}) = \lambda \approx 2.62 > 1 \quad \text{und} \quad \lambda_- = \tfrac{1}{2}\,(3-\sqrt{5}) = 1/\lambda < 1\,, \tag{3.31}$$

oder, ausgedrückt durch den Stabilitätsexponenten κ (vgl. M2, Gleichung (4.14)),

$$\lambda_\pm = \mathrm{e}^{\pm\kappa} \quad \text{mit} \quad \kappa = \ln(3+\sqrt{5})/2 \approx 0.9624\,. \tag{3.32}$$

Der Fixpunkt von **T** und jeder Fixpunkt von $\mathbf{T}^n$ ist daher hyperbolisch (vgl. M2, Abschnitt 4.2).

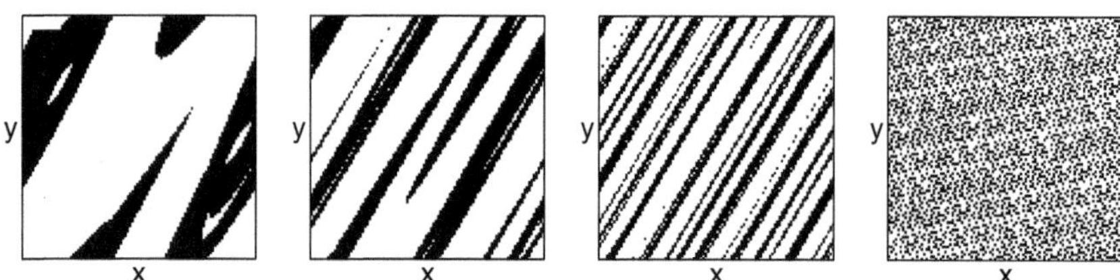

Bild 3.5 Bild von Arnolds Katze nach $n = 1, 2, 3$ und 18 Iterationen der Katzen-Abbildung.

Die zugehörigen (orthogonalen) Eigenvektoren sind $\mathbf{x}_\pm = (1\,,\,\lambda_\pm - 1)^T$. In den Richtungen der Eigenvektoren, also in den Winkelrichtungen

$$\tan\phi_\pm = \tfrac{1}{2}\,(1 \pm \sqrt{5})\,, \tag{3.33}$$

ist die Abbildung komprimierend für λ_- bzw. streckend für λ_+.

Auf dem entsprechenden Torus bilden sich diese beiden Eigenvektoren auf zwei gekrümmte Kurven ab, die **stabile** und die **instabile Mannigfaltigkeit**. Punkte auf der stabilen Mannigfaltigkeit bewegen sich bei einer n-fachen Iteration $\mathbf{T}^n$ der Abbildung auf den Fixpunkt zu, den sie aber erst im Grenzfall $n \to \infty$ erreichen. Punkte auf der instabilen Mannigfaltigkeit bewegen sich vom Fixpunkt weg, oder besser: sie kommen von dort, d.h. sie nähern sich dem Fixpunkt bei Rückwärtsiteration der Abbildung. In der instabilen Richtung wird ein Bündel von Punkten um den Faktor λ gestreckt, und dabei in der Ausdehnung um den Faktor $1/\lambda$ komprimiert. In der stabilen Richtung ist es gerade umgekehrt.

Diese beiden Mannigfaltigkeiten können sich nicht selbst schneiden, wohl aber einander in einem sogenannten **homoklinen Punkt**, und eine kurze Überlegung zeigt, dass es unendlich viele solche homokline Punkte gibt, denn die Iterierten eines homoklinen Punktes müssen wieder auf der stabilen und der instabilen Mannigfaltigkeit liegen.

Die homoklinen Punkte bilden ein Grundgerüst, das viele Eigenschaften der Abbildung erschließt. Dazu ein kleines numerisches Experiment: Wir beginnen mit einer Punktmenge, die anfangs auf der instabilen Mannigfaltigkeit der Fixpunktes $(0,0)$ bei $(x,y) = (0.10, 0.16)$ konzentriert ist. (Im linken Bild 3.6 sichtbar als ein leicht verschmierter Punkt). Unter der iterierten Katzen-Abbildung wird diese Punktmenge längs der instabilen Mannigfaltigkeit verschoben und gestreckt. Vier solche Iterationen sind im linken Bild dargestellt. Das mittlere Bild zeigt die stabilen und instabilen Mannigfaltigkeiten des Fixpunktes. Ein homokliner Punkt ist durch einen Kreis markiert, sowie die ersten drei Abbildungen dieses Punktes. Da der homokline Punkt auf der stabilen Mannigfaltigkeit liegt, müssen sich die Iterierten auf den Fixpunkt zu bewegen, was man auch sieht. (Zur Erinnerung: Die linke und rechte, sowie die obere und untere Seite der Quadrats sind identisch!) Gleichzeitig bewegen sich die Iterierten des homoklinen Punktes auf der instabilen Mannigfaltigkeit von dem Fixpunkt weg. Das wird deutlich, wenn man die beiden Bilder kombiniert wie im rechten Bild.

Neben dem einzigen Fixpunkt $(0,0)$ von $\mathbf{T}$ sind auch die Fixpunkte der n-mal iterierten Abbildung $\mathbf{T}^n$ von Bedeutung. Zunächst betrachten wir $\mathbf{T}^2$:

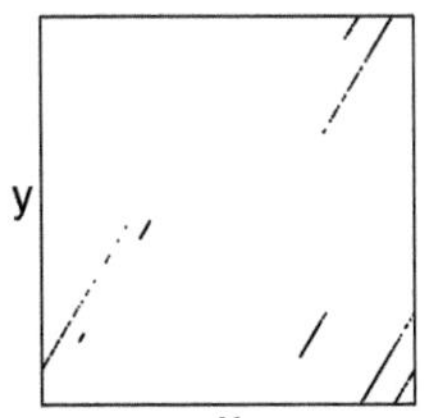

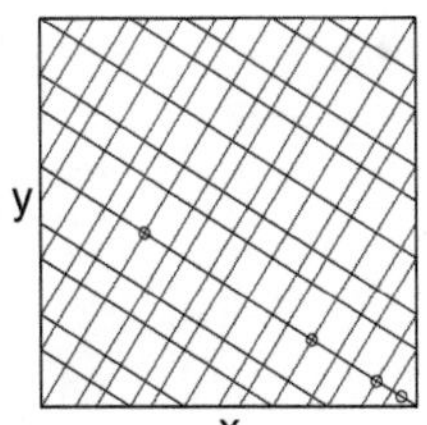

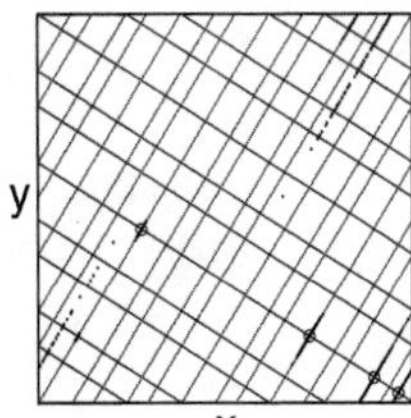

Bild 3.6 Vier Iterationen einer Punktmenge, die anfangs in der Nähe der instabilen Mannigfaltigkeit des Fixpunktes $(0,0)$ konzentriert ist (linkes Bild) sowie ein Teil der instabilen und stabilen Mannigfaltigkeiten (Mitte); einige der homoklinen Punkte sind markiert. Rechts eine Kombination beider Bilder.

Aufgabe 3.4 (Lös. Seite 80): Berechnen Sie alle Fixpunkte von $\mathbf{T}^2$.

Man kann sich recht leicht überlegen, dass – wegen der Ganzzahligkeit der Matrixelemente in **T** – die Fixpunkte genau die rationalen Punkte sind, also die Punkte (x, y) mit $x/y = j/k, j, k \in \mathbb{N}$. Damit sind alle rationalen Punkte im Einheitsquadrat oder besser auf dem Einheitstorus hyperbolische Fixpunkte und werden folglich nach einer festen Anzahl von Iterationen wieder auf sich selbst abgebildet. Diese Fixpunkte liegen dicht, sie sind instabil und besitzen jeweils wieder ihre homoklinen Punkte. Das allein ergäbe schon ein hinreichend komplexes Bild, aber dazu kommen noch die **heteroklinen Punkte**, Schnittpunkte von stabilen und instabilen Mannigfaltigkeiten, die von verschiedenen Fixpunkten stammen.

Das Schicksal eines typischen Punktes unter der iterierten Katzen-Abbildung ist also etwa so zu beschreiben: Unser Anfangspunkt liegt *nicht* in einem Fixpunkt und *nicht* auf einer stabilen oder instabilen Mannigfaltigkeit (die sind vom Maß null), aber sicher in ihrer Nähe. Er wird also durch das dichte(!) Gewebe der homoklinen und heteroklinen Punkte irren, von stabilen und instabilen Mannigfaltigkeiten abgestoßen bzw. angezogen und in ihre Richtung mitgenommen werden und niemals ein Ziel erreichen.

Eine weitere Diskussion der chaotischen Eigenschaften der Katzen-Abbildung würde den Rahmen dieses Buches sprengen. Deshalb notieren wir nur kurz das Wichtigste, ohne dabei zu versuchen, die auftretenen Begriffe zu erklären. Die Katzen-Abbildung ist

- **ergodisch**: Die Iterierten fast aller Punkte kommen jedem Punkt beliebig nahe.
- **mischend**: Jedes kleine Flächenelement verteilt sich im Grenzfall unendlich vieler Iterationen gleichmäßig über die verfügbare Fläche.
- ein **K-System**: Jedes kleine Flächenelement besitzt eine positive mittlere exponentielle Ausdehnungsrate (man spricht auch von einer positiven Kolmogorov-Entropie).
- ein **C-System** oder **Anosov-System**: Jede Folge von Iterierten hat einen positiven Lyapunov-Exponenten, d.h. das System ist global instabil.

Diese Eigenschaften bilden eine aufsteigende Hierarchie, also jedes C-System ist ein K-System, jedes K-System ist mischend, usw. Darüber hinaus konnte gezeigt werden, dass ein C-System **strukturstabil** ist, das heißt, es bleibt unter einer kleinen Störung ein C-System.

Oben haben wir gesehen, dass die Katzen-Abbildung stark chaotisch ist. Sie ist insbesondere mischend, und das Bild der Katze verteilt sich bei sukzessiver Anwendung der Abbildung über das Einheitsquadrat (oder besser: den Torus) wie ein Tropfen Tinte in einem Glas Wasser. Ja, man kann sogar zeigen, dass die Katzen-Abbildung ein C-System ist.

Die diskrete Katzen-Abbildung: In numerischen Untersuchungen der Katzen-Abbildung kann man aber Überraschungen erleben, insbesondere dann, wenn man das abzubildende Bild diskretisiert. Zerlegt man also das Einheitsquadrat (oder den Torus $\mathscr{M}$) in ein Raster von $N \times N$ Punkten $(x_j, y_k) = (j/N, k/N)$ mit $j, k = 0, 1, \ldots, N-1$, dann erhält man eine ganzzahlige Version der Abbildung, die sogenannte **diskrete Katzen-Abbildung**:

$$\begin{pmatrix} j' \\ k' \end{pmatrix} = \begin{pmatrix} 1 & 1 \\ 1 & 2 \end{pmatrix} \begin{pmatrix} j \\ k \end{pmatrix}_{\bmod N} = \begin{pmatrix} j+k \\ j+2k \end{pmatrix}_{\bmod N}, \tag{3.34}$$

oder in der Kurzform

$$\boldsymbol{v}' = \mathbf{T}_{(N)}\, \boldsymbol{v} \mod N \tag{3.35}$$

mit $\boldsymbol{v} = (j,k)^T$. Das diskretisierte Bild lässt sich als eine Matrix $\mathbf{B} = (b_{j,k})$, $j,k \in \{0,1,\dots N-1\}$ beschreiben, das unter der diskreten Katzen-Abbildung $\mathbf{T}_{(N)}$ nach $\mathbf{B}' = (b_{j',k'})$ abgebildet wird.

Da es hier nur endlich viele möglichen Anordnungen der Bildpunkte gibt, ist *jede* Folge von Iterierten $\mathbf{T}^n_{(N)}$, $n = 0,1,2,\dots$ periodisch, d.h. es gibt p mit $\mathbf{T}^p_{(N)} = \mathbf{I}$. Mit $\Pi(N)$ wollen wir die kleinste Periode bezeichnen.

Als erste Übung betrachten wir den simplen Fall $N = 2$. Zuerst bestimmen wir die Bildpunkte der vier Vektoren:

$$\begin{pmatrix}0\\0\end{pmatrix} \xrightarrow{T_{(2)}} \begin{pmatrix}0\\0\end{pmatrix}, \quad \begin{pmatrix}0\\1\end{pmatrix} \xrightarrow{T_{(2)}} \begin{pmatrix}1\\2\end{pmatrix}_{\text{mod}2} = \begin{pmatrix}1\\0\end{pmatrix}, \tag{3.36}$$

$$\begin{pmatrix}1\\0\end{pmatrix} \xrightarrow{T_{(2)}} \begin{pmatrix}1\\1\end{pmatrix}, \quad \begin{pmatrix}1\\1\end{pmatrix} \xrightarrow{T_{(2)}} \begin{pmatrix}2\\3\end{pmatrix}_{\text{mod}2} = \begin{pmatrix}0\\1\end{pmatrix}, \tag{3.37}$$

und damit erhalten wir die Abbildung

$$\mathbf{B} = \begin{pmatrix} b_{01} & b_{11} \\ b_{00} & b_{10} \end{pmatrix} \xrightarrow{T_{(2)}} \begin{pmatrix} b_{11} & b_{10} \\ b_{00} & b_{01} \end{pmatrix}. \tag{3.38}$$

Wenn wir auf die Indizes verzichten und die Bildpunkte mit Buchstaben kennzeichen, liest sich das wie

$$\begin{pmatrix} a & b \\ c & d \end{pmatrix} \xrightarrow{T_{(2)}} \begin{pmatrix} b & d \\ c & a \end{pmatrix} \tag{3.39}$$

und bei weiterer Iteration

$$\mathbf{B} = \begin{pmatrix} a & b \\ c & d \end{pmatrix} \xrightarrow{T_{(2)}} \begin{pmatrix} b & d \\ c & a \end{pmatrix} \xrightarrow{T_{(2)}} \begin{pmatrix} d & a \\ c & b \end{pmatrix} \xrightarrow{T_{(2)}} \begin{pmatrix} a & b \\ c & d \end{pmatrix} = \mathbf{B}. \tag{3.40}$$

Für $N = 2$ finden wir also die Periode $\Pi(2) = 3$. Man erwartet, dass mit wachsendem N die Periode zunimmt.

Aufgabe 3.5 (Lös. Seite 80): Untersuchen Sie analog zu dem Fall $N = 2$ die ganzzahlige Katzen-Abbildung $\mathbf{T}_{(N)}$ für $N = 3$ und $N = 4$. Verifizieren Sie, dass man die Perioden $\Pi(3) = 4$ und $\Pi(4) = 3$ erhält.

Wie man aus der Aufgabe sieht, wächst die Periode nicht monoton mit N an. Im Mittel ist ein solcher Anstieg wohl gegeben, allerdings ist das Wachstum höchstens linear, denn man kann die Ungleichung

$$\Pi(N) \leq \tfrac{12}{7} N \tag{3.41}$$

beweisen. Aber ganz allgemein ist $\Pi(N)$ eine sehr komplizierte Funktion von N, die immer wieder überraschend kleine Werte annimmt. Hier ein Beispiel: Für den Fall $N = 124$ hat man mit $124^2 = 15376$ genügend Bildpunkte, um die Katze aus Bild 3.4 und Bild 3.5 gut erkennbar darzustellen. In Bild 3.7 sind 15 aufeinanderfolgende Iterationen von $\mathbf{T}_{(124)}$ dargestellt. Wie erwartet wird das Bild zunächst mehr und mehr über das gesamte Quadrat verteilt und ist schon nach fünf Iterationen verschwunden. Aber dann geschieht etwas Merkwürdiges: Es erscheinen wieder Strukturen, und nach der siebten Iteration hat man den Eindruck, eine große Zahl winziger Kopien des Ausgangsbildes zu sehen. Bei weiterer Iteration verläuft der ganze Prozess in

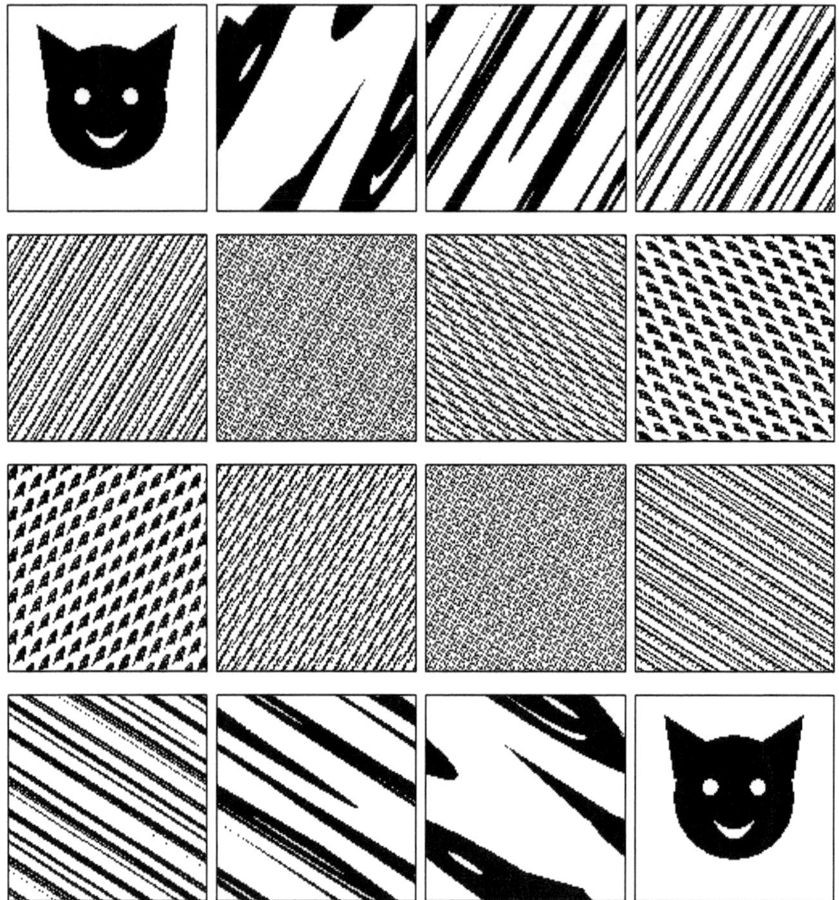

Bild 3.7 Die diskrete Katzen-Abbildung $\mathbf{T}_{(N)}$ für $N = 124$. Gezeigt sind das Ausgangsbild und die ersten 15 Iterationen. Die Abbildung hat die Periode 15.

umgekehrter Richtung und nach der fünfzehnten Iteration wird die Katze wieder vollständig reproduziert. Wir haben also die überraschend niedrige Periode $\Pi(122) = 15$. Viele Eigenschaften der Periodenfunktion $\Pi(N)$ sind noch unbekannt. Bewiesen wurde unter anderem

$$\Pi(N) = 3N \quad \Longleftrightarrow \quad N = 2 \cdot 5^m\,, \; m = 1, 2, \ldots \tag{3.42}$$

$$\Pi(N) = 2N \quad \Longleftrightarrow \quad N = 5^m \text{ oder } N = 6 \cdot 5^m\,, \; m = 1, 2, \ldots \tag{3.43}$$

Da die diskrete Katzen-Abbildung immer periodisch ist, ist sie sicher nicht ergodisch, wie die (nicht-diskrete) Katzen-Abbildung selbst. Numerische Anwendungen dieser stark chaotischen Abbildung sind sehr verbreitet auf dem Gebiet der Bildverschlüsselung. Hier wird die Abbildung immer diskretisiert und daher müssen die Fragen einer eventuellen Periodizität berücksichtigt werden.

Damit wollen wir unsere Untersuchung der Katzen-Abbildung beenden und alles Weitere, auch die Erweiterung auf eine quantenmechanische Katzen-Abbildung, dem Forschungstrieb aller daran Interessierten überlassen.

3.2.3 Fraktale Abbildungen

Mit dem Begriff **Fraktal** bezeichnet man nach dem französischen und US-amerikanischen Mathematiker Benoît Mandelbrot (1924-2010) eine Punktmenge, die im Gegensatz zu glatten Linien oder Flächen nicht durch eine ganzzahlige Dimension beschrieben werden kann. Eine solche fraktale Punktmenge hat eine gebrochene (oder reellwertige) **Hausdorff-Dimension** D (benannt nach dem deutschen Mathematiker Felix Hausdorff (1868-1942)), die auch als **Fraktaldimension** bezeichnet wird. Sie lässt sich für eine Punktmenge in der Ebene in einfacher Weise so charakterisieren: Wenn man die Menge mit zweidimensionalen „Würfeln" der Kantenlänge ℓ überdeckt, so gilt mit der Minimalzahl $N(\ell)$ der dazu benötigten Würfel

$$D = \lim_{\ell \to 0} \frac{\ln N(\ell)}{\ln 1/\ell} . \tag{3.44}$$

Handelt es sich bei der Punktmenge beispielsweise um eine Linie der Länge a, so reichen $N(\ell) = a/\ell$ unserer Würfel für ihre Überdeckung aus. Damit ist

$$D = \lim_{\ell \to 0} \frac{\ln a/\ell}{\ln 1/\ell} = \lim_{\ell \to 0} \frac{\ln 1/\ell + \ln a}{\ln 1/\ell} = 1 . \tag{3.45}$$

Ein Rechteck mit Seitenlängen a und b wird überdeckt durch $N(\ell) = (a/\ell)(b/\ell)$ Würfel und es ergibt sich

$$D = \lim_{\ell \to 0} \frac{\ln ab/\ell^2 l}{\ln 1/\ell} = \lim_{\ell \to 0} \frac{2\ln 1/\ell + \ln ab}{\ln 1/\ell} = 2 . \tag{3.46}$$

Die Fraktaldimension stimmt also hier mit der „normalen" Dimension überein. Sie erlaubt aber darüber hinaus eine Charakterisierung allgemeinerer Punktmengen.

Bei sukzessiven Vergrößerungen zeigen Fraktale eine faszinierende **Selbstähnlichkeit**. Wir wollen hier zeigen, wie solche fraktalen Strukturen durch die Anwendung einfacher linearer Abbildungen erzeugt werden können. Wir werden dabei sehen, dass sehr komplexe Gebilde, wie Farne, Wolken und Gebirgsmassive, durch eine vergleichsweise geringe Menge von Daten beschrieben werden können. Dabei werden wir eine spezielle Klasse von Fraktalen kennenlernen, die **Fraktale des linearen Dialekts**.

Wir betrachten also eine Menge von Punkten $\mathbf{x}$ aus dem $\mathbb{R}^2$ und eine Menge von Abbildungen $f^{(j)} : \mathbb{R}^2 \longrightarrow \mathbb{R}^2$, $j = 1, 2, \ldots, n$, die iterativ auf die Punktmenge angewandt werden, und zwar in zufälliger Reihenfolge. Oft ist es dabei zweckmäßig, den einzelnen Abbildungen $f^{(j)}$ unterschiedliche Wahrscheinlichkeiten p_j zuzuweisen. Hier sind die Abbildungen linear, genauer gesagt affin, beschrieben durch eine Matrix $\mathbf{A}^{(j)}$ und eine Verschiebung um einen Vektor $b^{(j)}$:

$$\mathbf{x}_{n+1} = f^{(j)}(\mathbf{x}_n) = \mathbf{A}^{(j)} \mathbf{x}_n + \mathbf{b}^{(j)} \tag{3.47}$$

mit

$$\mathbf{A}^{(j)} = \begin{pmatrix} a_{11}^{(j)} & a_{12}^{(j)} \\ a_{21}^{(j)} & a_{22}^{(j)} \end{pmatrix} , \quad \mathbf{b}^{(j)} = \begin{pmatrix} b_1^{(j)} \\ b_2^{(j)} \end{pmatrix} . \tag{3.48}$$

Mehr zu den Eigenschaften affiner Abbildungen findet man in M2, Abschnitt 4.2.2. Ein solches System wird durch n mal vier Matrixelemente von $\mathbf{A}$ und n mal zwei Komponenten des Verschiebungsvektors $\mathbf{b}$ beschrieben. Dazu kommen noch n Wahrscheinlichkeiten p_j, abzüglich ihrer Normierung, also insgesamt $n(4+2)+n-1=7n-1$ reelle Zahlen. Im Folgenden werden wir sehen, dass man schon für den Fall $n=4$, also mit 27 Zahlen, eine überraschende Vielfalt von Strukturen kodieren und dann nach Bedarf erzeugen kann.

Als illustratives Beispiel betrachten wir einen Wanderer in einer Ebene, der in zufälliger Weise drei vorgegebene Zielpunkte $\mathbf{r}_j$, $j=1,2,3$, ansteuert, und zwar mit gleicher Wahrscheinlichkeit. Unser „Zufalls-Wanderer“ (engl. „random walker“) bewegt sich bei jeder Aktion von seiner Position $\mathbf{x}$ aus in Richtung eines zufällig ausgewählten Zieles $\mathbf{r}_j$ bis zum halben Abstand, also bis zu dem Punkt

$$\mathbf{x}'=\mathbf{x}+\tfrac{1}{2}(\mathbf{r}_j-\mathbf{x})=\tfrac{1}{2}\mathbf{x}+\tfrac{1}{2}\mathbf{r}_j\,. \tag{3.49}$$

Es ist klar, dass wir diesen Prozess in der Form (3.47) kodieren können, wobei die Vektoren $\mathbf{b}_j$ durch

$$\mathbf{b}_j=\tfrac{1}{2}\mathbf{r}_j \tag{3.50}$$

gegeben sind. Die Matrizen $\mathbf{A}^{(j)}$ sind hier sehr einfach, denn aus (3.49) liest man ab:

$$\mathbf{A}^{(j)}=\begin{pmatrix}\frac{1}{2} & 0\\ 0 & \frac{1}{2}\end{pmatrix}\equiv\mathbf{A}, \tag{3.51}$$

unabhängig von j. Die Wahrscheinlichkeiten für die drei Abbildungen sind hier gleich, also $p_1=p_2=p_3=1/3$.

Unsere erste Erwartung könnte sein, dass der Wanderer in dem Dreieck der Zielpunkte $\mathbf{r}_j$ herumirrt und dabei allen Punkten in diesem Dreieck beliebig nahekommt. Diese Vermutung ist aber falsch. Wenn unserer Wanderer sich einmal innerhalb dieses Dreiecks befindet, ist es ihm zum Beispiel nicht mehr möglich, das Teildreieck zu erreichen, das von den drei Mittelpunkten der Verbindungslinien der Zielpunkte aufgespannt wird, falls es sich einmal außerhalb davon befindet. Die Struktur der Punktmenge im Grenzfall unendlich vieler Iterationen ist also komplizierter und wir überlassen die Auswertung der Iteration einem Computer, beispielsweise durch das folgende MATLAB-Programm.[3]

Listing 3.1 Random Sierpinski Walk

```
% Definition der affinen Abbildung
A = [0.5 0;0 0.5];
b1 = [0; 1]; b2 = [1/sqrt(3); 0]; b3 = [-1/sqrt(3); 0];
% 1000 Iteration von 50 Walkern
for nn=1:50;
  x=[0.1;0];
  for n=1:1000;
    in=rand;
    if in < 1/3
      x = A*x+b1;
    elseif in<2/3
      x = A*x+b2;
    elseif in<1
       x = A*x+b3;
    end
    z(:,n)=x;
  end
```

[3] MATLAB© ist ein Programmpaket zur numerischen Lösung mathematischer Probleme. Weitgehend kompatibel dazu ist die freie Software Octave.

```
% Plot der Walker
  plot(z(1,:),z(2,:),'.k','MarkerSize',5);hold on
  axis equal; axis off
  pause(0)
end
```

Das Programm startet nacheinander 50 Wanderer. Dabei wird mit `in=rand` jeweils eine (gleichverteilte) Zufallszahl zwischen null und eins gewählt und dann, je nach ihrem Wert, eine der drei Abbildungsgleichungen ausgeführt. Dies wird 1000-mal iteriert und dann geplottet.

Bild 3.8 Sierpinski-Dreieck: Punktmenge, die unter der Gleichung (3.49) invariant bleibt.

Das Resultat ist in Bild 3.8 dargestellt. Die drei Zielpunkte bilden ein gleichseitiges Dreieck. Man kennt diese Menge als das sogenannte **Sierpinski-Dreieck**. Sie hat folgende bemerkenswerte Eigenschaften:

- Sie lässt sich auch erzeugen, indem man in dem Dreieck der Zielpunkte das mittlere Dreieck (gebildet aus den Seitenmittelpunkten) löscht und dann diesen Prozess für alle verbleibenden Restdreiecke ad infinitum fortsetzt.
- Sie ist **selbstähnlich**, d.h. wenn man die Menge auf den M-ten Teil einschränkt und um einen Faktor p vergrößert, so reproduziert sie sich. Hier haben wir den Fall $M = 3$ und $p = 2$.
- Sie ist ein **Fraktal**, besitzt also eine nicht-ganzzahlige **Fraktaldimension** $D = 1.5848\ldots$ (vgl. die folgende Aufgabe).

Die erzeugte Menge ist nach Konstruktion unter der Abbildungsgleichung (3.49) invariant. Ein Wanderer, der auf einem ihrer Punkte startet, bleibt immer in dieser Menge. Alle anderen Punkte nähern sich ihr, werden also quasi von ihr angezogen. Sie fungiert als ein **Attraktor**.

Aufgabe 3.6 (Lös. Seite 81) : Eine selbstähnliche Menge ist aus k Kopien ihrer selbst aufgebaut, die um den Faktor $1/p$ kleiner sind. Begründen Sie für die Fraktaldimension D die Formel $D = \frac{\ln k}{\ln p}$.

Für das Sierpinski-Dreieck mit $M = 3$ und $p = 2$ also $D = \ln 3 / \ln 2 \approx 1.585$.

Andere Abbildungen erzeugen andere derartige Mengen. Vier Beispiele zeigt Bild 3.9, eine Spirale, eine sogenannte Koch-Kurve (eine überall stetige, aber nirgends differenzierbare Kurve, benannt nach dem schwedischen Mathematiker Helge von Koch (1870-1924)), einen Farn sowie eine baumähnliche Struktur.

Bild 3.9 Beispiele fraktaler Strukturen, die durch die Familien linearer Abbildungen aus Tabelle 3.1 erzeugt werden.

Die Daten für diese Beispiele findet man in der Tabelle 3.1. Sie unterscheiden sich in der Anzahl der linearen Funktionen, in ihren jeweils sechs Parametern und in den Wahrscheinlichkeiten, mit denen sie auftreten.

Aufgabe 3.7 (Lös. Seite 82): Erzeugen Sie für einen der in Tabelle 3.1 angegebenen Datensätze die Abbildung, beispielsweise duch eine Modifikation des angegebenen MATLAB-Programms für die Sierpinski-Abbildung.

Auf ähnliche Weise lassen sich durch eine sehr kleine Datenmenge viele komplizierte Strukturen erzeugen und es kann nur empfohlen werden, selbst damit zu experimentieren.

Tabelle 3.1 Daten zur Charakterisierung und Erzeugung einiger fraktaler Strukturen.

	$a_{11}^{(j)}$	$a_{12}^{(j)}$	$a_{21}^{(j)}$	$a_{22}^{(j)}$	$b_1^{(j)}$	$b_2^{(j)}$	p_j
Spirale	0.7790	−0.5667	0.2570	0.8240	0.3148	0.3420	0.85
	−0.2730	−0.2940	0.0790	−0.2350	0.0000	0.2590	0.15
Koch-Kurve	0.3333	0.0000	0.0000	0.3333	0.0000	0.0000	0.25
	0.3333	0.0000	0.0000	0.3333	0.6667	0.0000	0.25
	0.1667	−0.2887	0.1667	0.3333	0.3333	0.0000	0.25
	0.3333	0.3333	0.0000	0.0000	0.3333	0.6667	0.25
Farn	0.0000	0.0000	0.0000	0.1600	0.0000	0.0000	0.05
	0.2000	−0.2600	0.2300	0.2200	0.0000	1.6000	0.05
	−0.1500	−0.2800	0.2600	0.2400	0.0000	0.4400	0.05
	0.8500	0.0400	−0.0400	0.8500	0.0000	1.6000	0.85
Baum	0.0000	0.0000	0.0000	0.5000	0.0000	0.0000	0.10
	0.1000	0.0000	0.0000	0.1000	0.0000	0.2000	0.10
	0.4200	−0.4200	0.4200	0.4200	0.0000	0.2000	0.40
	0.4200	0.4200	−0.4200	0.4200	0.0000	0.2000	0.40

3.3 Lösungen der Aufgaben

Aufgabe 3.1 (Seite 66): (a) Die Symmetrie des Hénon-Heiles-Potentials $V(x,y) = \frac{1}{2}x^2 + \frac{1}{2}y^2 + x^2y - \frac{1}{3}y^3$ erkennt man gut in Polarkoordinaten.
(b) Wie lauten die hamiltonschen Bewegungsgleichungen für dieses Potential?

Lösung: (a) Mit Polarkoordinaten $x = r\cos\varphi$ und $y = r\sin\varphi$ lautet das Hénon-Heiles-Potential

$$\begin{aligned} V(x,y) &= \tfrac{1}{2}r^2\cos^2\varphi + \tfrac{1}{2}r^2\sin^2\varphi + r^3\cos^2\varphi\sin\varphi - \tfrac{1}{3}r^3\sin^3\varphi \\ &= \tfrac{1}{2}r^2 + r^3\left(\sin\varphi - \tfrac{4}{3}\sin^3\varphi\right) = \tfrac{1}{2}r^2 + \tfrac{1}{3}r^3\sin 3\varphi, \end{aligned} \tag{3.52}$$

woran man deutlich die dreizählige Symmetrie erkennt. In Richtung $\varphi = \pi/2$ finden wir mit $V = \frac{1}{2}r^2 - \frac{1}{3}r^3$ ein Maximum bei $r = 1$ der Höhe $1/6$ (ein Sattelpunkt der Potentialfläche).
(b) Die hamiltonschen Bewegungsgleichungen (3.4) lauten hier $\dot{x} = p_x$, $\dot{y} = p_y$ und

$$\dot{p}_x = -x - 2xy\,, \quad \dot{p}_y = -y - x^2 + y^3. \tag{3.53}$$

Aufgabe 3.2 (Seite 67): Bei der Abbildungsgleichung (3.24) handelt es sich um ein hamiltonsches System. Da ein stroboskopischer Schnitt auch als Poincaré-Schnitt verstanden werden kann, vermuten wir, dass die Abbildung (3.24) flächentreu ist. Überzeugen Sie sich davon!

Lösung: Mit $p' = p - TV'(x)$ und $x' = x + (T/m)p' = x + (T/m)(p - TV'(x))$ berechnen wir die Determinante der Stabilitätsmatrix als

$$\left|\frac{\partial(p',x')}{\partial(p,x)}\right| = \begin{vmatrix} 1 & -TV''(x) \\ \frac{T}{m} & 1 - \frac{T^2}{m}V''(x) \end{vmatrix} = 1 - \frac{T^2}{m}V''(x) + \frac{T^2}{m}V''(x) = 1. \tag{3.54}$$

Die Abbildung ist also flächentreu.

Aufgabe 3.3 (Seite 69): Zeigen Sie, dass man die Abbildung durch die Matrix **T** auch durch zwei aufeinanderfolgende Scherungen in x- und y-Richtung darstellen kann.

Lösung: Die Matrix

$$\mathbf{T} = \begin{pmatrix} 1 & 1 \\ 1 & 2 \end{pmatrix}. \tag{3.55}$$

aus (3.28) kann man als Produkt zweier Scherungen (vgl. M2, Abschnitt 4.2.1)

$$\mathbf{T}_y = \begin{pmatrix} 1 & 0 \\ 1 & 1 \end{pmatrix} \quad , \quad \mathbf{T}_x = \begin{pmatrix} 1 & 1 \\ 0 & 1 \end{pmatrix} \tag{3.56}$$

in Richtung der x- bzw. y-Achse darstellen:

$$\mathbf{T}_y\mathbf{T}_x = \begin{pmatrix} 1 & 0 \\ 1 & 1 \end{pmatrix}\begin{pmatrix} 1 & 1 \\ 0 & 1 \end{pmatrix} = \begin{pmatrix} 1 & 1 \\ 1 & 2 \end{pmatrix} = \mathbf{T}. \tag{3.57}$$

Aufgabe 3.4 (Seite 72) : Berechnen Sie alle Fixpunkte von $\mathbf{T}^2$.

Lösung: Zur Berechnung der Fixpunkte von $\mathbf{T}^2$ iterieren wir die Katzen-Abbildung (3.27) zweimal und erhalten zunächst mit einem Anfangsvektor $(q,p)^T$

$$q' = q + p \mod 1 \quad , \quad p' = q + 2p \mod 1 \tag{3.58}$$

und dann (jeweils modulo 1 genommen)

$$q'' = q' + p' = 2q + 3p \stackrel{!}{=} q \tag{3.59}$$

$$p' = q' + 2p' = 3q + 5p \stackrel{!}{=} p \tag{3.60}$$

oder

$$0 = q + 3p \mod 1 \quad , \quad 0 = 3q + 4p \mod 1 . \tag{3.61}$$

Subtrahieren wir noch die erste Gleichung von der zweiten,

$$0 = q + 3p \mod 1 \quad , \quad 0 = 2q + p \mod 1 , \tag{3.62}$$

und setzen $q = -2p \mod 1$ ein, so finden wir

$$0 = -5p \mod 1 . \tag{3.63}$$

Also muss p durch 5 teilbar sein, und damit auch q. Mit $q = j/5$ und $p = k/5$, $j,k \in \{0,1,2,3,4\}$, erhalten wir

$$0 = j + 3k \mod 5 . \tag{3.64}$$

Wenn wir nacheinander $k = 0,1,2,3,4$ einsetzen, finden wir neben $(j,k) = (0,0)$ (hier nicht interessant, da schon Fixpunkt von $\mathbf{T}$) die gesuchten vier Fixpunkte von $\mathbf{T}^2$, und zwar die beiden (j,k)–Orbits

$$(2,1) \xrightarrow{T} (3,4) \xrightarrow{T} (2,1) \xrightarrow{T} \ldots \quad \text{und} \quad (1,3) \xrightarrow{T} (4,2) \xrightarrow{T} (1,3) \xrightarrow{T} \ldots \tag{3.65}$$

mit Periode zwei.

Aufgabe 3.5 (Seite 73) : Untersuchen Sie analog zu dem Fall $N = 2$ die ganzzahlige Katzen-Abbildung $\mathbf{T}_{(N)}$ für $N = 3$ und $N = 4$. Verifizieren Sie, dass man die Perioden $\Pi(3) = 4$ und $\Pi(4) = 3$ erhält.

Lösung: Für die diskrete Katzen-Abbildung (3.34)

$$\begin{pmatrix} j' \\ k' \end{pmatrix} = \begin{pmatrix} 1 & 1 \\ 1 & 2 \end{pmatrix} \begin{pmatrix} j \\ k \end{pmatrix}_{\mathrm{mod}\, N} \begin{pmatrix} j+k \\ j+2k \end{pmatrix}_{\mathrm{mod}\, N} \tag{3.66}$$

berechnen wir zunächst die Bilder (j',k') der (j,k), $j,k \in \{0,1,\ldots,N-1\}$, und damit die Bildmatrix (b_{jk}).

<u>$N = 3$:</u>

$$\begin{aligned}
&(0,0) \longrightarrow (0,0) &&, \quad (0,1) \longrightarrow (1,2) \\
&(0,2) \longrightarrow (2,4)_{\mathrm{mod}3} = (2,1) &&, \quad (1,0) \longrightarrow (1,1) \\
&(1,1) \longrightarrow (2,3)_{\mathrm{mod}3} = (2,0) &&, \quad (1,2) \longrightarrow (3,5)_{\mathrm{mod}3} = (0,2) \\
&(2,0) \longrightarrow (2,2) &&, \quad (2,1) \longrightarrow (3,4)_{\mathrm{mod}3} = (0,1) \\
&(2,2) \longrightarrow (4,6)_{\mathrm{mod}3} = (1,0) &&.
\end{aligned} \tag{3.67}$$

Die Abbildung $\mathbf{T}_{(3)}$ lautet also explizit

$$\mathbf{B} = \begin{pmatrix} b_{02} & b_{12} & b_{22} \\ b_{01} & b_{11} & b_{21} \\ b_{00} & b_{10} & b_{20} \end{pmatrix} \xrightarrow{T_{(3)}} \begin{pmatrix} b_{12} & b_{01} & b_{20} \\ b_{21} & b_{10} & b_{02} \\ b_{00} & b_{22} & b_{11} \end{pmatrix}. \tag{3.68}$$

Bei Kennzeichnung der Bildpunkte durch Buchstaben also

$$\begin{pmatrix} a & b & c \\ d & e & f \\ g & h & i \end{pmatrix} \xrightarrow{T_{(3)}} \begin{pmatrix} b & d & i \\ f & h & a \\ g & c & e \end{pmatrix} \xrightarrow{T_{(3)}} \begin{pmatrix} d & f & e \\ a & c & b \\ g & i & h \end{pmatrix} \xrightarrow{T_{(3)}} \begin{pmatrix} f & a & h \\ b & i & d \\ g & e & c \end{pmatrix} \xrightarrow{T_{(3)}} \begin{pmatrix} a & b & c \\ d & e & f \\ g & h & i \end{pmatrix} = \mathbf{B}. \tag{3.69}$$

Die Periode ist also $\Pi(3) = 4$.

<u>$N = 4$:</u>

$$\begin{array}{lll} (0,0) \longrightarrow (0,0) & , & (0,1) \longrightarrow (1,2) \\ (0,2) \longrightarrow (2,4)_{\mathrm{mod}\,4} = (2,0) & , & (0,3) \longrightarrow (3,6)_{\mathrm{mod}\,4} = (3,2) \\ (1,0) \longrightarrow (1,1) & , & (1,1) \longrightarrow (2,3) \\ (1,2) \longrightarrow (3,5)_{\mathrm{mod}\,4} = (3,1) & , & (1,3) \longrightarrow (4,7)_{\mathrm{mod}\,4} = (0,3) \\ (2,0) \longrightarrow (2,2) & , & (2,1) \longrightarrow (3,4)_{\mathrm{mod}\,4} = (3,0) \\ (2,2) \longrightarrow (4,6)_{\mathrm{mod}\,4} = (0,2) & , & (2,3) \longrightarrow (5,8)_{\mathrm{mod}\,4} = (1,0) \\ (3,0) \longrightarrow (3,3) & , & (3,1) \longrightarrow (4,5)_{\mathrm{mod}\,4} = (0,1) \\ (3,2) \longrightarrow (5,7)_{\mathrm{mod}\,4} = (1,3) & , & (3,3) \longrightarrow (6,9)_{\mathrm{mod}\,4} = (2,1) \end{array} \tag{3.70}$$

Die Abbildung $\mathbf{T}_{(4)}$ lautet also explizit

$$\mathbf{B} = \begin{pmatrix} b_{03} & b_{13} & b_{23} & b_{33} \\ b_{02} & b_{12} & b_{22} & b_{32} \\ b_{01} & b_{11} & b_{21} & b_{31} \\ b_{00} & b_{10} & b_{20} & b_{30} \end{pmatrix} \xrightarrow{T_{(4)}} \begin{pmatrix} b_{13} & b_{32} & b_{11} & b_{30} \\ b_{22} & b_{01} & b_{20} & b_{03} \\ b_{31} & b_{10} & b_{33} & b_{12} \\ b_{00} & b_{23} & b_{02} & b_{21} \end{pmatrix}. \tag{3.71}$$

Bei Kennzeichnung der Bildpunkte durch Buchstaben also

$$\mathbf{B} = \begin{pmatrix} a & b & c & d \\ e & f & g & h \\ i & j & k & l \\ m & n & o & p \end{pmatrix} \xrightarrow{t_{(4)}} \begin{pmatrix} b & h & j & p \\ g & i & o & a \\ l & n & d & f \\ m & c & e & k \end{pmatrix} \xrightarrow{t_{(4)}} \begin{pmatrix} h & a & n & k \\ o & l & e & b \\ f & c & p & i \\ m & j & g & d \end{pmatrix} \xrightarrow{t_{(4)}} \begin{pmatrix} a & b & c & d \\ e & f & g & h \\ i & j & k & l \\ m & n & o & p \end{pmatrix} = \mathbf{B}. \tag{3.72}$$

Die Periode ist also $\Pi(4) = 3$.

Aufgabe 3.6 (Seite 77) : Eine selbstähnliche Menge ist aus k Kopien ihrer selbst aufgebaut, die um den Faktor $1/p$ kleiner sind. Begründen Sie für die Fraktaldimension D die Formel $D = \frac{\ln k}{\ln p}$.

Lösung: Wenn man die Menge mit (minimal) M Würfeln der Kantenlänge ℓ überdecken kann, benötigt man für eine Kantenlänge ℓ/p eine Anzahl von kM der Würfel. Setzt man diesen Prozess fort, so benötigt man für $\ell_\nu = \ell/p^\nu$ mindestens $M_\nu = k^\nu M$ Würfel. Also gilt

$$D = \lim_{\nu\to\infty} \frac{\ln M_\nu}{\ln 1/\ell_\nu} = \lim_{\nu\to\infty} \frac{\ln k^\nu M}{\ln p^\nu/\ell} = \lim_{\nu\to\infty} \frac{\nu \ln k + \ln M}{\nu \ln p - \ln \ell} = \frac{\ln k}{\ln p}. \tag{3.73}$$

Aufgabe 3.7 (Seite 78): Erzeugen Sie für einen der in Tabelle 3.1 angegebenen Datensätze die Abbildung, beispielsweise duch eine Modifikation des angegebenen MATLAB-Programms für die Sierpinski-Abbildung.

Lösung: Wir wählen hier die Daten des „Baums“ und ändern in dem Sierpinski-Programm die Daten der Matrixelemente in die aus der Tabelle. Dabei müssen wir berücksichtigen, dass es hier vier statt drei Abbildungen gibt und dass die Abbildungsmatrizen $\mathbf{A}^{(j)}$ unterschiedlich sind. Außerdem müssen die Wahrscheinlichkeiten angepasst werden. Das resultierende Programm liefert das rechte Teilbild in Bild 3.9.

Listing 3.2 Fraktale Abbildung: „Baum“

```
% Definition der affinen Abbildung
A1 = [0 0;0 0.5]; A2 = [0.1 0.0;0.0 0.1];
A3 = [0.42 -0.42 ;0.42 0.42]; A4 = [0.42 0.42;-0.42 0.42];
b1 = [0;0]; b2 = [0;0.2];
b3 = [0;0.2]; b4 = [0;0.2];
% 1000 Iteration von 50 Walkern
for nn=1:50;
  x=[0.1;0];
  for n=1:1000;
in=rand;
  if in < 0.1
    x = A1*x+b1;
  elseif in<0.2
    x = A2*x+b2;
  elseif in<0.6
    x = A3*x+b3;
  elseif in<1
    x = A4*x+b4;
  end
z(:,n)=x;
end
% Plot der Walker
plot(z(1,:),z(2,:),'.k','MarkerSize',5);hold on
axis equal;axis off
pause(0)
end
```

4 Elektrische Netzwerke und Vierpole

„Eine gute Theorie ist das Praktischste, was es gibt."
— Gustav Robert Kirchhoff

In diesem Kapitel betrachten wir elektrische Netzwerke, in denen lineare passive Elemente wie beispielsweise ohmsche Widerstände, Kondensatoren oder Induktivitäten durch Leitungen miteinander verbunden sind. Linear heißt, dass durch das Netzwerk ein Signal unabhängig von anderen Signalen übertragen wird, und passiv heißt, das keine Spannungsquellen enthalten sind. Eine Beschreibung solcher elektrischer Netzwerke durch lineare Schwingungsgleichungen führt in direkter Weise zu Matrixgleichungen, die es dann erlauben, verkettete Netzwerke, insbesondere Vierpolketten, effizient zu analysieren.

Topologisch gesehen besteht ein elektrisches Netzwerk aus einer Anzahl von Knoten, die paarweise auf eine bestimmte Art durch Zweige verbunden sind. Die Netzwerkanalyse befasst sich mit der mathematischen Beschreibung solcher Netze mithilfe der Theorie der Graphen. Das soll aber hier nicht angesprochen werden. Uns interessiert nur eine spezielle Art von Netzwerken, die von außen durch zwei Klemmenpaare, die **Pole**, zugänglich sind. Das Netzwerk denkt man sich als einen „schwarzen" (also undurchsichtigen) Kasten, der zwei Eingangspole mit zwei Ausgangspolen verbindet, einen **Vierpol**, wie in Bild 4.5 dargestellt. Solche Vierpole werden wir in den folgenden Abschnitten untersuchen, genauer den Zusammenhang zwischen den Spannungen und Strömen am Eingang und Ausgang.[1]

4.1 Elektrische Schwingkreise

Innerhalb eines Netzwerks, das die Eingangspole und Ausgangspole verbindet, sind die Spannungen U_k an den Knoten und die Ströme I_j in den Leiterzweigen durch die **kirchhoffschen Regeln** verknüpft, benannt nach dem deutschen Physiker Gustav Robert Kirchhoff (1824-1887):

- **Knotenregel:** An jedem Knotenpunkt ist die Summe aller einlaufenden Ströme gleich der Summe aller auslaufenden.
- **Maschenregel:** Für jeden geschlossenen Stromkreis, also für jede Masche des Netzwerkes, ist die Summe der Quellenspannungen gleich der Summe aller Spannungsabfälle oder, anders ausgedrückt, die Summe aller Spannungen ist gleich null.

[1] Mehr dazu findet man in A. M. Tropper, *Matrizen in der Elektrotechnik*, BI-Hochschultaschenbücher 1964, oder E. Meyer, R. Pottel, *Physikalische Grundlagen der Hochfrequenztechnik*, Vieweg 1969.

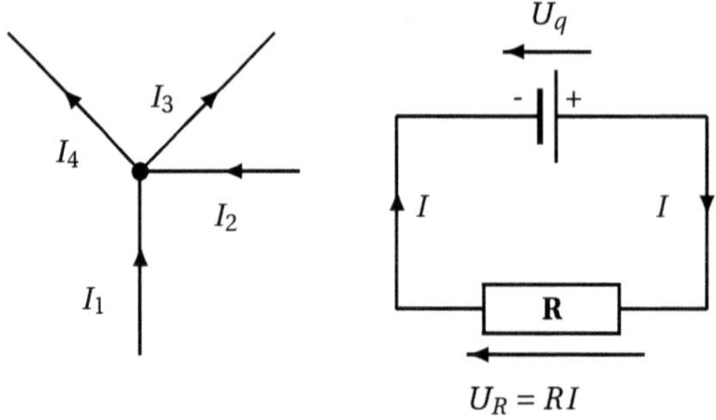

Bild 4.1 Die kirchhoffschen Regeln für Netzwerk-Knoten und -Maschen.

Für die Beispiele aus Bild 4.1 muss dann gelten $I_1 + I_2 = I_3 + I_4$ bzw. $U_q = U_R = RI$.

Nach dem ohmschen Gesetz sind Spannung und Stromstärke proportional:

$$U(t) = Z\,I(t). \tag{4.1}$$

Dabei ist Z der (eventuell komplexwertige) **Widerstand**, oder auch die **Impedanz**. Den Kehrwert $Y = 1/Z$ bezeichnet man als **Leitwert**. Manchmal trennt man ein komplexwertiges Z in Realteil R und Imaginärteil X und nennt $Z = R + \mathrm{i}\,X$ den **Scheinwiderstand**, R den **Wirkwiderstand** mit Leitwert $G = 1/R$ und X den **Blindwiderstand**.

Wir nehmen ein harmonisches Zeitverhalten an und schreiben Spannung $U(t)$ und Strom $I(t)$ bequemerweise in komplexen Zahlen. Wegen der Linearität der Gleichungen können wir dann am Ende den Realteil nehmen, um zu den realen Größen zurückzukehren. Wir setzen also an:

$$U(t) = \hat{U}\,\mathrm{e}^{\mathrm{i}\omega t + \varphi_u}\,, \quad I(t) = \hat{I}\,\mathrm{e}^{\mathrm{i}\omega t + \varphi_i} \tag{4.2}$$

mit reellen positiven Amplituden $\hat{U}$ und $\hat{I}$, einer (eventuell komplexwertigen) Frequenz ω und einer Phasendifferenz $\varphi = \varphi_u - \varphi_i$.

Für einen reinen Wirkwiderstand $Z_R = R$ sind Spannung und Strom in Phase, $\varphi_R = 0$, da $Z = U/I = R$ reell ist. Für eine Induktivität (z.B. eine Spule) L gilt

$$U(t) = L\frac{\mathrm{d}I}{\mathrm{d}t} = \mathrm{i}\omega L\,I(t) = Z_L\,I(t)\,, \quad \text{also} \quad Z_L = \mathrm{i}\omega L \tag{4.3}$$

und die Phasendifferenz ist gleich $\varphi_L = \pi/2$. Für eine Kapazität (z.B. ein Kondensator) C gilt für die Ladung $Q = CU$, also für den Strom

$$I(t) = \frac{\mathrm{d}Q}{\mathrm{d}t} = C\frac{\mathrm{d}U}{\mathrm{d}t} = \mathrm{i}\omega C\,U(t) = \frac{1}{Z_C}\,U(t)\,, \quad \text{also} \quad Z_C = -\frac{\mathrm{i}}{\omega C}. \tag{4.4}$$

Die Phasendifferenz ist hier gleich $\varphi_C = -\pi/2$.

Mithilfe der kirchhoffschen Regeln lässt sich zeigen, dass sich die Widerstände bei einer Hintereinanderschaltung addieren. Bei einer Parallelschaltung addieren sich ihre Leitwerte. Als ein Beispiel eines einfachen Stromkreises betrachten wir den **LC-Schwingkreis** aus Bild 4.2. Hier sind eine Induktivität L und eine Kapazität C parallel geschaltet. Den Gesamtwiderstand Z erhält man aus $Y = Y_L + Y_C = 1/Z_L + 1/Z_C$ als

$$Z_{LC} = \frac{Z_L Z_C}{Z_l + Z_C} = \frac{\mathrm{i}\omega L}{1 - \omega^2/\omega_0^2} \quad \text{mit} \quad \omega_0 = \frac{1}{\sqrt{LC}}. \tag{4.5}$$

Man bezeichnet ω_0 auch als die **Eigenfrequenz** des Schwingkreises. Das wird deutlich durch das Zeitverhalten von Strom und Spannung für den Fall, dass kein Strom nach außen fließt. Dann liegt an Induktivität und Kapazität die gleiche Spannung U und es fließt der gleiche Strom I mit $U = L\frac{\mathrm{d}I}{\mathrm{d}t}$ und $I = C\frac{\mathrm{d}U}{\mathrm{d}t}$. Differenziation nach t ergibt

$$\frac{1}{L}U + C\ddot{U} = 0 \quad \text{oder} \quad \ddot{U} + \frac{1}{LC}U = 0, \tag{4.6}$$

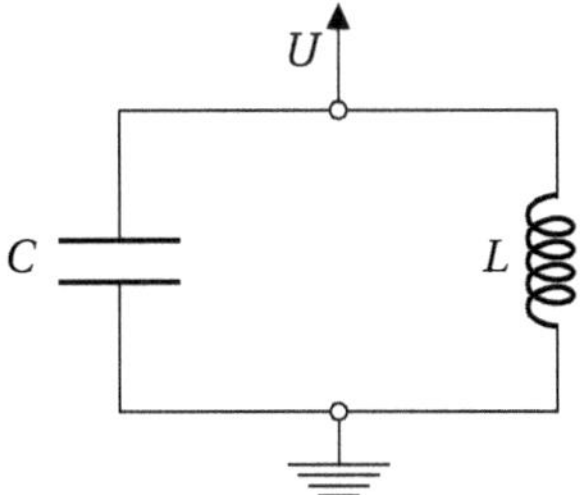

Bild 4.2 Ein LC-Schwingkreis mit der Eigenfrequenz $\omega_0 = 1/\sqrt{LC}$.

eine Schwingungsgleichung mit der Frequenz $\omega_0 = 1/\sqrt{LC}$, wie wir sie schon in Abschnitt 1.3 kennengelernt haben.

Nur wenig komplizierter wird das Verhalten, wenn man zusätzlich einen Widerstand R parallel schaltet, wie in Bild 4.3. Die Gesamtleitfähigkeit dieses **LRC-Kreises** ist gleich

$$Y = Y_L + Y_R + Y_C = \frac{1}{\mathrm{i}\omega L} + \frac{1}{R} + \mathrm{i}\omega C = \frac{1}{R} + \frac{\mathrm{i}}{Z_0}\left(\frac{\omega}{\omega_0} - \frac{\omega_0}{\omega}\right) \tag{4.7}$$

mit der Frequenz $\omega_0 = 1/\sqrt{LC}$ und der charakteristischen Impedanz $Z_0 = \sqrt{L/C}$. Wenn ω mit der Resonanzfrequenz ω_0 übereinstimmt, stimmen kapazitive und induktive Anteile überein, und der Widerstand des Schwingkreises ist rein ohmsch.

Auch hier wollen wir wieder eine Differentialgleichung für die Spannung herleiten. An Widerstand, Induktivität und Kapazität liegt die gleiche Spannung U an, die Ströme sind jedoch unterschiedlich. Wir zählen die auf dem Bild 4.3 nach unten gerichteten Ströme als positiv. Dann ergibt sich nach der Knotenregel

$$I_R + I_L + I_C = 0 \tag{4.8}$$

mit $U = RI_R$ für den Widerstand, $U = L\frac{\mathrm{d}I_L}{\mathrm{d}t}$ für die Induktivität und $I_C = C\frac{\mathrm{d}U}{\mathrm{d}t}$ für die Kapazität. Wir differenzieren Gleichung (4.8) nach t, setzten ein und erhalten

$$\frac{1}{R}\dot{U} + \frac{1}{L}U + C\ddot{U} = 0 \quad \text{oder} \quad \ddot{U} + \frac{1}{RC}\dot{U} + \frac{1}{LC}U = 0\,. \tag{4.9}$$

Das ist eine bekannte Differentialgleichung zweiter Ordnung, die beispielsweise auch einen gedämpften harmonischen Oszillator beschreibt (vgl. Abschnitt 1.3). Wir setzen mit $\omega_0 = 1/\sqrt{LC}$ eine Lösung der Form $U(t) = A\mathrm{e}^{g\omega_0 t}$ an und erhalten mit

$$\gamma = z_0/R \tag{4.10}$$

für g die Gleichung

$$(g^2 + \gamma g + 1)A = 0\,, \tag{4.11}$$

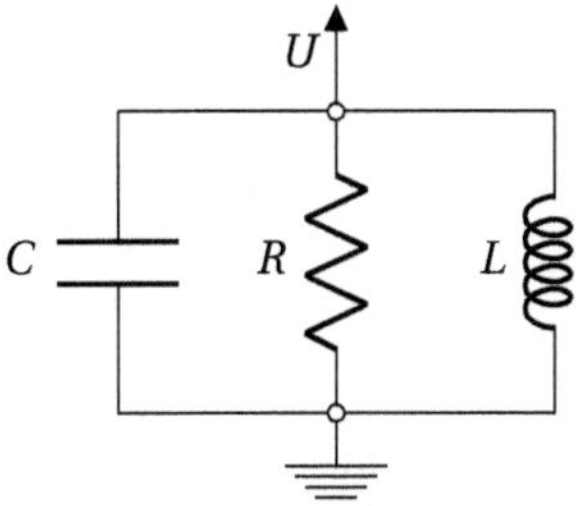

Bild 4.3 Ein LRC-Schwingkreis. Eine Induktivität L, ein Widerstand R und eine Kapazität C sind parallel geschaltet.

also $g^2 + \gamma g + 1 = 0$ mit den Lösungen $g = -\gamma \pm \sqrt{\gamma^2 - 1}$. Für schwache Dämpfung $\gamma < 1$ und mit der Frequenz

$$\omega = \omega_0 \sqrt{1-\gamma^2}\,, \tag{4.12}$$

erhält man die Eigenschwingungen

$$U(t) = \hat{U}\,\mathrm{e}^{-\gamma\omega_0 t/2}\mathrm{e}^{\pm \mathrm{i}\omega t} \tag{4.13}$$

des LRC-Kreises.

Als letztes Beispiel zeigt das Bild 4.4 zwei solche LRC-Schwingkreise mit unterschiedlichen ohmschen Widerständen R_1 und R_2, die durch C_c kapazitiv gekoppelt sind, ein **LRC-Dimer**. Hier liegt an der koppelnden Kapazität C_c die Spannung $U_1 - U_2$ an, und die Schwingungsgleichungen für die beiden Schwingkreise müssen durch die Terme $C_c(\ddot{U}_1 - \ddot{U}_2)$ bzw. $C_c(\ddot{U}_1 - \ddot{U}_2)$ ergänzt werden. Das ergibt die gekoppelten Gleichungen

$$\frac{1}{R_1}\dot{U}_1 + \frac{1}{L}U_1 + C\ddot{U}_1 + C_c(\ddot{U}_1 - \ddot{U}_2) = 0\,, \tag{4.14}$$

$$\frac{1}{R_2}\dot{U}_2 + \frac{1}{L}U_2 + C\ddot{U}_2 - C_c(\ddot{U}_1 - \ddot{U}_2) = 0 \tag{4.15}$$

und mit dem Ansatz $U_j(t) = A_j \mathrm{e}^{\mathrm{i}\Omega t}$ für die Lösungen

$$\frac{\mathrm{i}\Omega}{R_1}A_1 + \frac{1}{L}A_1 + \mathrm{i}\Omega C A_1 - \Omega^2 C_c(A_1 - A_2) \;=\; 0\,, \tag{4.16}$$

$$\frac{\mathrm{i}\Omega}{R_2}A_2 + \frac{1}{L}A_2 + \mathrm{i}\Omega C A_2 - \Omega^2 C_c(A_1 - A_2) \;=\; 0\,. \tag{4.17}$$

Diese beiden Gleichungen lassen sich als eine homogene 2×2-Matrixgleichung schreiben. Um sie auf eine bequeme Form zu bringen, skalieren wie sie durch $\Omega = \omega\omega_0$ mit $\omega_0 = 1/\sqrt{LC}$, $c = C_c/C$ und $\gamma_j = z_0/R_j$ mit $z_0 = \sqrt{L/C}$ und erhalten dann die Matrixgleichung

$$\begin{pmatrix} \frac{1}{\omega} - (1+c)\omega + \mathrm{i}\gamma_1 & c\omega \\ c\omega & \frac{1}{\omega} - (1+c)\omega + \mathrm{i}\gamma_2 \end{pmatrix}\begin{pmatrix} A_1 \\ A_2 \end{pmatrix} = 0 \tag{4.18}$$

für die Amplituden A_1, A_2. Nichttriviale Lösungen existieren nur dann, wenn die Determinante der Matrix gleich null ist. Das ergibt eine Bestimmungsgleichung für die (jetzt dimensionslose) komplexe „Frequenz“ ω als die Nullstellen eines Polynoms vierten Grades.

Interessant ist hier der Spezialfall $R_2 = R > 0$ und $R_1 = -R < 0$. Ein solcher negativer Widerstand lässt sich tatsächlich realisieren(!) und wir werden sehr viel weiter hinten in Abschnitt 10.7 sehen, dass ein solches elektrisches LRC-Dimer Phänomene zeigt, die in der aktuellen Quantenmechanik eine große Rolle spielen, nämlich eine sogenannte PT-Symmetrie. Für eine solche Wahl der Widerstände lassen sich die vier Lösungen für ω in geschlossener Form angeben. Eine weitergehende Diskussion dieses Systems verschieben wir auf Abschnitt 10.7.

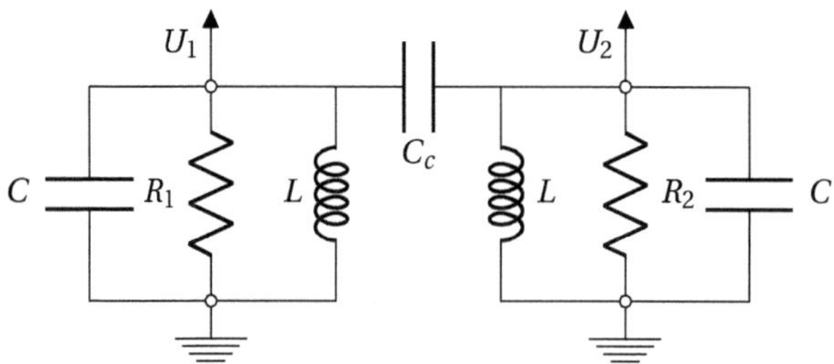

Bild 4.4 Zwei kapazitiv gekoppelte LRC-Schwingkreise.

4.2 Vierpole

Ein Vierpol ist ein Netzwerk, das zwei Eingangsklemmen mit zwei Ausgangsklemmen verbindet. Wenn bei jedem der beiden Klemmenpaare die ein- und ausfließenden Stöme gleich sind, spricht man von einem **Zweitor**, wie in Bild 4.5. Wir werden hier ausschließlich solche Vierpole betrachten, die linear und passiv sind, also keine Spannungsquellen enthalten, und wir setzen einen quasistationären eingeschwungenen Zustand voraus. Dann sind die Klemmenströme I_1 und I_2 mit den Klemmenspannungen U_1 und U_2 durch lineare Gleichungen verknüpft, die man in unterschiedlicher Weise notieren kann. Im Folgenden erläutern wir drei dieser Möglichkeiten.

Bild 4.5 Vierpol, der das Eingangstor 1 mit Spannung U_1 und Strom $\pm I_1$ mit dem Ausgangstor (Spannung U_2, Strom $\pm I_2$) verbindet.

Die Widerstandsmatrix: Die beiden Spannungen sind mit den Strömen durch

$$U_1 = Z_{11} I_1 + Z_{12} I_2 \tag{4.19}$$

$$U_2 = Z_{21} I_1 + Z_{22} I_2 \tag{4.20}$$

verknüpft. Mit $\mathbf{U} = (U_1, U_2)^T$ und $\mathbf{I} = (I_1, I_2)^T$ und der Widerstandsmatrix

$$\mathbf{Z} = \begin{pmatrix} Z_{11} & Z_{12} \\ Z_{21} & Z_{22} \end{pmatrix} \tag{4.21}$$

lässt sich das kurz als

$$\mathbf{U} = \mathbf{Z}\mathbf{I} \tag{4.22}$$

formulieren. Um die Elemente der Widerstandsmatrix zu bestimmen, können wir zwei Leerlauffälle betrachten. Bei leerlaufendem Tor 2, also für $I_2 = 0$, messen wir die Spannungen U_1 und U_2 sowie den Strom I_1 und erhalten $Z_{11} = U_1 / I_1$ und $Z_{21} = U_2 / I_1$. Bei leerlaufendem Tor 1 ergibt sich entsprechend $Z_{22} = U_2 / I_2$ und $Z_{12} = U_1 / I_2$. Für $Z_{11} = Z_{22}$ nennt man das Zweitor **widerstandssymmetrisch** und für $Z_{12} = Z_{21}$ **übertragungssymmetrisch**. Im Folgenden werden wir uns hauptsächlich mit der wichtigen Klasse übertragungssymmetrischer Vierpole befassen.

Wenn wir zwei Vierpole mit den Widerstandsmatrizen $\mathbf{Z}'$ und $\mathbf{Z}''$ hintereinanderschalten, wobei der auslaufende Strom von $\mathbf{Z}'$ gleich dem einlaufenden Strom von $\mathbf{Z}''$ ist (vgl. Bild 4.6), dann gilt mit $I_1' = I_1'' = I_1$ und $I_2' = I_2'' = I_2$

$$\begin{aligned} U_1 &= U_1' + U_1'' = Z_{11}' I_1' + Z_{12}' I_2 + Z_{11}'' I_1'' + Z_{12}'' I_2'' \\ &= (Z_{11}' + Z_{11}'') I_1 + (Z_{12}' + Z_{12}'') I_2. \end{aligned} \tag{4.23}$$

Genauso findet man

$$U_2 = U_2' + U_2'' = (Z_{21}' + Z_{21}'') I_1 + (Z_{22}' + Z_{22}'') I_2 \tag{4.24}$$

und daher folgt

$$\mathbf{U} = (\mathbf{Z}' + \mathbf{Z}'')\mathbf{I} = \mathbf{Z}\mathbf{I} \quad \text{mit} \quad \mathbf{Z} = \mathbf{Z}' + \mathbf{Z}''. \tag{4.25}$$

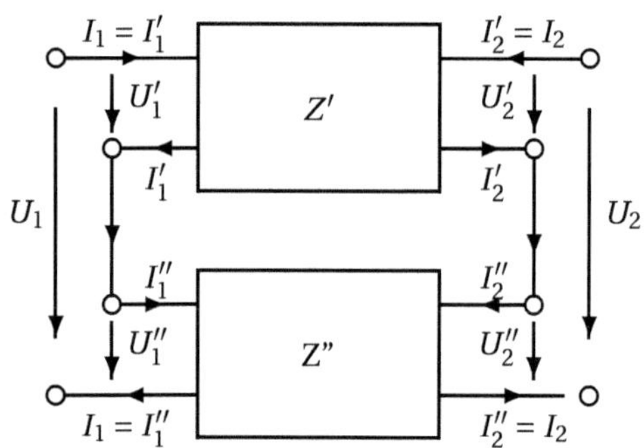

Bild 4.6 Bei einer Reihenschaltung zweier Vierpole addieren sich die Widerstandsmatrizen: $\mathbf{Z} = \mathbf{Z}' + \mathbf{Z}''$.

Bei einer Reihenschaltung der Vierpole addieren sich also die Widerstandsmatrizen.

Die Leitwertmatrix: Wenn wir die beiden Ströme durch die Spannungen ausdrücken, dann erhalten wir

$$I_1 = Y_{11} U_1 + Y_{12} U_2 \tag{4.26}$$

$$I_2 = Y_{21} U_1 + Y_{22} U_2 , \tag{4.27}$$

oder $\mathbf{I} = \mathbf{YU}$ mit der **Leitwertmatrix Y**, der Inversen der Widerstandsmatrix:

$$\mathbf{Y} = \begin{pmatrix} Y_{11} & Y_{12} \\ Y_{21} & Y_{22} \end{pmatrix} = \mathbf{Z}^{-1} = \frac{1}{\det \mathbf{Z}} \begin{pmatrix} Z_{22} & -Z_{12} \\ -Z_{21} & Z_{11} \end{pmatrix} \tag{4.28}$$

Klarerweise übertragen sich etwaige Symmetrieeigenschaften der Widerstandsmatrix auf die Leitwertmatrix.

Bei Parallelschaltung zweier Vierpole wie in Bild 4.7 sind die Spannungen an jedem Tor gleich, $U_1' = U_1'' = U_1$ und $U_2' = U_2'' = U_2$. Die Ströme addieren sich,

$$\begin{aligned} I_1 = I_1' + I_1'' &= Y_{11}' U_1' + Y_{12}' U_2 + Y_{11}'' U_1'' + Y_{12}'' U_2'' \\ &= (Y_{11}' + Y_{11}'') U_1 + (Y_{12}' + Y_{12}'') U_2 , \end{aligned} \tag{4.29}$$

und es gilt

$$I_2 = I_2' + I_2'' = (Y_{21}' + Y_{21}') U_1 + (Y_{22}' + Y_{22}'') U_2 . \tag{4.30}$$

Bei einer Parallelschaltung der Vierpole addieren sich also die Leitwertmatrizen:

$$\mathbf{I} = (\mathbf{Y}' + \mathbf{Y}'')\mathbf{U} = \mathbf{YU} \quad \text{mit} \quad \mathbf{Y} = \mathbf{Y}' + \mathbf{Y}'' . \tag{4.31}$$

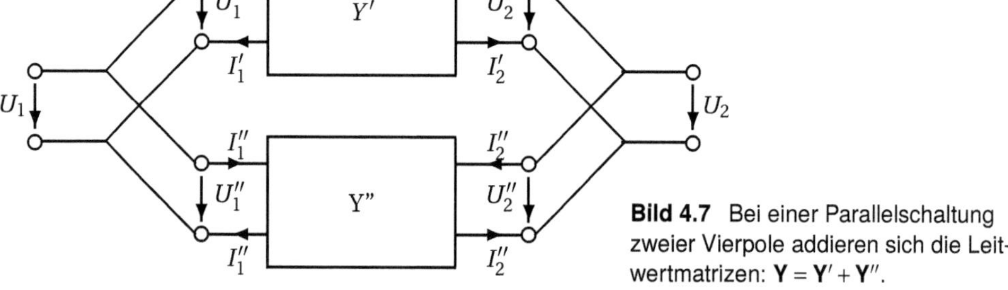

Bild 4.7 Bei einer Parallelschaltung zweier Vierpole addieren sich die Leitwertmatrizen: $\mathbf{Y} = \mathbf{Y}' + \mathbf{Y}''$.

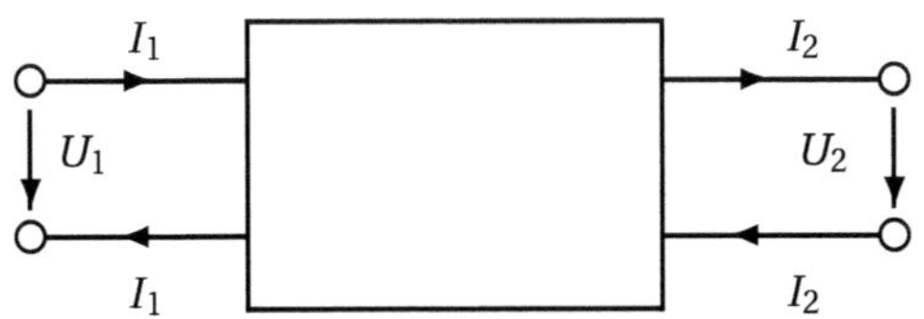

Bild 4.8 Vierpol mit invertierter Stromrichtung I_2.

Die Kettenmatrix: Wenn man die Ströme und Spannungen an beiden Toren verknüpft, ergibt sich

$$U_1 = A_{11}\,U_2 - A_{12}\,I_2 \tag{4.32}$$

$$I_1 = A_{21}\,U_2 - A_{22}\,I_2, \tag{4.33}$$

oder mit $\mathbf{V} = (U_1, I_1)^T$ und $\mathbf{V}' = (U_2, -I_2)^T$ als Matrixgleichung $\mathbf{V} = \mathbf{A}\mathbf{V}'$ geschrieben mit der **Kettenmatrix**

$$\mathbf{A} = \begin{pmatrix} A_{11} & A_{12} \\ A_{21} & A_{22} \end{pmatrix}. \tag{4.34}$$

Aufgabe 4.1 (Lös. Seite 98) : Zeigen Sie: Die Elemente der Kettenmatrix **A** und der Widerstandsmatrix **Z** sind verknüpft durch

$$A_{11} = \frac{Z_{11}}{Z_{21}}, \quad A_{12} = \frac{Z_{11}Z_{22}}{Z_{21}} - Z_{12}, \quad A_{21} = \frac{1}{Z_{21}}, \quad A_{22} = \frac{Z_{22}}{Z_{21}}.$$

Für die Transformation in umgekehrter Richtung gelten genau die gleichen Formeln mit vertauschtem A und Z.

Die Determinante der Kettenmatrix ist gleich

$$\begin{aligned} \det\mathbf{A} &= A_{11}A_{22} - A_{12}A_{21} \\ &= \frac{Z_{11}}{Z_{21}}\frac{Z_{22}}{Z_{21}} - \left(\frac{Z_{11}Z_{22}}{Z_{21}} - Z_{12}\right)\frac{1}{Z_{21}} = \frac{Z_{12}}{Z_{21}} = 1, \end{aligned} \tag{4.35}$$

da wir hier die Übertragungssymmetrie $Z_{12} = Z_{21}$ voraussetzen.

Für viele Anwendungen der Kettenmatrix ist es vorteilhaft, das Vorzeichen des Stromes I_2 umzukehren, wie in Bild 4.8. Wenn man dann zwei Vierpole $\mathbf{A}'$ und $\mathbf{A}''$ hintereinanderschaltet oder „verkettet“ wie in Bild 4.9, dann ist der auslaufende Strom I_2' der Kettenmatrix $\mathbf{A}'$ der einlaufende Strom I_1'' der Kettenmatrix $\mathbf{A}''$, und entsprechend sind I_2' und $I''1$ sowie U_2' und U_1'' gleich.

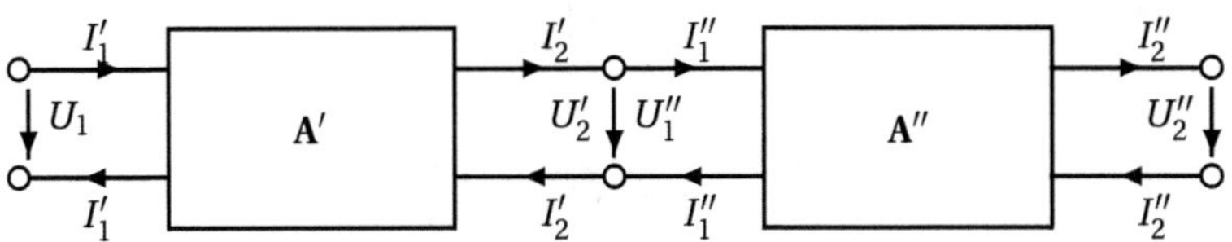

Bild 4.9 Bei der Hintereinanderschaltung zweier Vierpole multiplizieren sich die Kettenmatrizen: $\mathbf{A} = \mathbf{A}'\mathbf{A}''$.

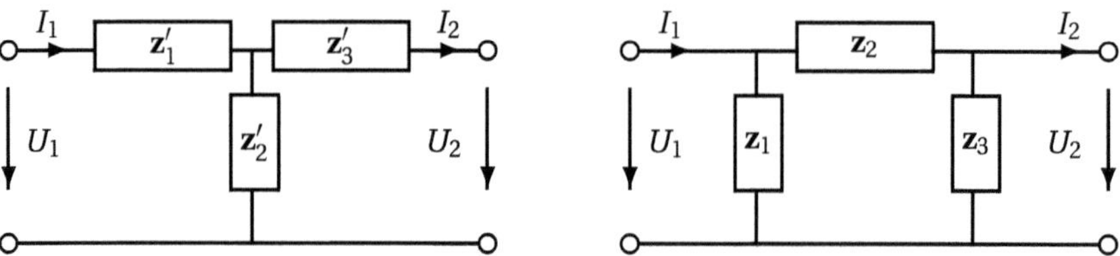

Bild 4.10 Kettenmatrix für eine T- oder Sternschaltung (links) und eine π- oder Dreieckschaltung (rechts).

Man erhält dann mit mit $\mathbf{V} = (U_1, I_1)^T$ und $\mathbf{V}' = (U_2, I_2)^T$

$$\mathbf{V} = \mathbf{A}'\mathbf{V}' = \mathbf{A}'(\mathbf{A}''\mathbf{V}'') = (\mathbf{A}'\mathbf{A}'')\mathbf{V}'' = \mathbf{A}\mathbf{V}''. \tag{4.36}$$

Die Gesamtkettenmatrix **A** ist also gleich dem Produkt der beiden einzelnen Kettenmatrizen: $\mathbf{A} = \mathbf{A}'\mathbf{A}''$ (man beachte dabei die Reihenfolge).

T- und π-Schaltungen der Vierpole: Zwei einfache Vierpoltypen trifft man häufig an, die T- oder Sternschaltung und die π- oder Dreieckschaltung aus Bild 4.10. Ihre Kettenmatrizen lassen sich in bequemer Weise aus elementaren Bausteinen aufbauen. Betrachten wir zunächst einen einfachen Reihenwiderstand wie im linken Teilbild von Bild 4.11. Dann gilt $I_1 = I_2$ und $U_1 = U_2 + ZI_2$, also

$$\begin{pmatrix} U_1 \\ I_1 \end{pmatrix} = \begin{pmatrix} 1 & Z \\ 0 & 1 \end{pmatrix} \begin{pmatrix} U_2 \\ I_2 \end{pmatrix} \quad \text{oder} \quad \mathbf{A} = \begin{pmatrix} 1 & Z \\ 0 & 1 \end{pmatrix}. \tag{4.37}$$

Für einen Ableitungswiderstand wie im rechten Bild ist $U_1 = U_2$ und der Strom durch den Widerstand ist gleich $I_1 - I_2$. Mit $U_2 = Z(I_1 - I_2)$ erhalten wir

$$\begin{pmatrix} U_1 \\ I_1 \end{pmatrix} = \begin{pmatrix} 1 & 0 \\ 1/Z & 1 \end{pmatrix} \begin{pmatrix} U_2 \\ I_2 \end{pmatrix} \quad \text{oder} \quad \mathbf{A} = \begin{pmatrix} 1 & 0 \\ 1/Z & 1 \end{pmatrix}. \tag{4.38}$$

Für die linke Schaltung, eine T- oder Sternschaltung, ergibt sich

$$\begin{aligned} \mathbf{A}_\mathrm{T} &= \begin{pmatrix} 1 & Z'_1 \\ 0 & 1 \end{pmatrix} \begin{pmatrix} 1 & 0 \\ 1/Z'_2 & 1 \end{pmatrix} \begin{pmatrix} 1 & Z'_3 \\ 0 & 1 \end{pmatrix} = \begin{pmatrix} 1 & Z'_1 \\ 0 & 1 \end{pmatrix} \begin{pmatrix} 1 & Z'_3 \\ 1/Z'_2 & Z'_3/Z'_2 + 1 \end{pmatrix} \\ &= \frac{1}{Z'_2} \begin{pmatrix} Z'_1 + Z'_2 & Z'_2 Z'_3 + Z'_3 Z'_1 + Z'_1 Z'_2 \\ 1 & Z'_2 + Z'_3 \end{pmatrix}. \end{aligned} \tag{4.39}$$

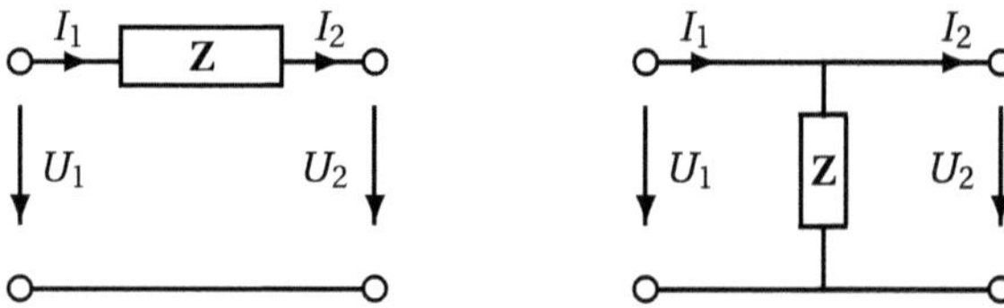

Bild 4.11 Kettenmatrizen für einen Reihenwiderstand (links) oder einen Ableitwiderstand (rechts).

Für die sogenannte π- oder Dreieckschaltung im rechten Bild erhalten wir

$$\mathbf{A}_\pi = \begin{pmatrix} 1 & 0 \\ 1/Z_1 & 1 \end{pmatrix} \begin{pmatrix} 1 & Z_2 \\ 0 & 1 \end{pmatrix} \begin{pmatrix} 1 & 0 \\ 1/Z_3 & 1 \end{pmatrix} = \begin{pmatrix} 1 & 0 \\ 1/Z_1 & 1 \end{pmatrix} \begin{pmatrix} 1+Z_2/Z_3 & Z_2 \\ 1/Z_3 & 1 \end{pmatrix}$$

$$= \frac{1}{Z_1 Z_3} \begin{pmatrix} Z_1(Z_2+Z_3) & Z_1 Z_2 Z_3 \\ Z_1+Z_2+Z_3 & Z_3(Z_1+Z_2) \end{pmatrix}. \tag{4.40}$$

Bei einer **Stern-Dreieck-Transformation** wird eine Sternschaltung durch eine Dreieckschaltung ersetzt (oder umgekehrt) bei gleichen Kettenmatrizen. Dann stimmen auch die entsprechenden Widerstandsmatrizen überein.

Aufgabe 4.2 (Lös. Seite 98): Bestimmen Sie die Transformationsgleichungen

$$Z_1' = \frac{Z_1 Z_2}{S}, \quad Z_2' = \frac{Z_3 Z_1}{S}, \quad Z_3' = \frac{Z_2 Z_3}{S} \quad \text{mit} \quad S = Z_1 + Z_2 + Z_3 .$$

Die inverse Transformation erhält man als

$$Z_1 = \frac{P}{Z_3'}, \quad Z_2 = \frac{P}{Z_2'}, \quad Z_3 = \frac{P}{Z_1'}, \qquad \text{mit} \quad P = Z_1' Z_2' + Z_2' Z_3' + Z_3' Z_1' . \tag{4.41}$$

Diese Formeln erscheinen symmetrischer, wenn wir die Bezeichnungen ändern wie in Bild 4.12. Dabei werden die drei Knoten mit Buchstaben a, b, c in zyklischer Reihenfolge bezeichnet, genau wie die Widerstände der Sternschaltung, und die der Dreieckschaltung mit den Buchstaben der beiden Knoten, die sie verbinden. Dann lauten die obigen Formeln

$$Z_a = \frac{Z_{ac} Z_{ab}}{S}, \quad Z_b = \frac{Z_{ab} Z_{bc}}{S}, \quad Z_c = \frac{Z_{ac} Z_{bc}}{S} \text{ mit } S = Z_{ac} + Z_{ab} + Z_{bc} \tag{4.42}$$

mit der inversen Transformation

$$Z_{ab} = \frac{P}{Z_c}, \quad Z_{ac} = \frac{P}{Z_b}, \quad Z_{bc} = \frac{P}{Z_a}, \qquad \text{mit } P = Z_a Z_b + Z_b Z_c + Z_c Z_a . \tag{4.43}$$

Um die Nützlichkeit der Stern-Dreieck-Transformation bei der Analyse von Netzwerken zu demonstrieren, betrachten wir die Brückenschaltung links in Bild 4.13. Eine Berechnung des Gesamtwiderstandes mithilfe der kirchhoffschen Regeln ist natürlich möglich (Man sollte es einmal versuchen!), aber einfacher ist das folgende Vorgehen: Man transformiert die linke Masche mit den Widerständen Z_1, Z_2 und Z_3, die eine Dreiecksmasche bilden, in eine Sternschaltung mit den Widerständen Z_1', Z_2' und Z_3' aus der Formel in Aufgabe 4.2. Das ergibt die Schaltung im rechten Teilbild von Bild 4.13. Hier sind jeweils zwei Widerstände in Reihe geschaltet, die sich dann addieren, und beide Paare parallel und in Reihe mit Z_1'. Den Gesamtwiderstand kön-

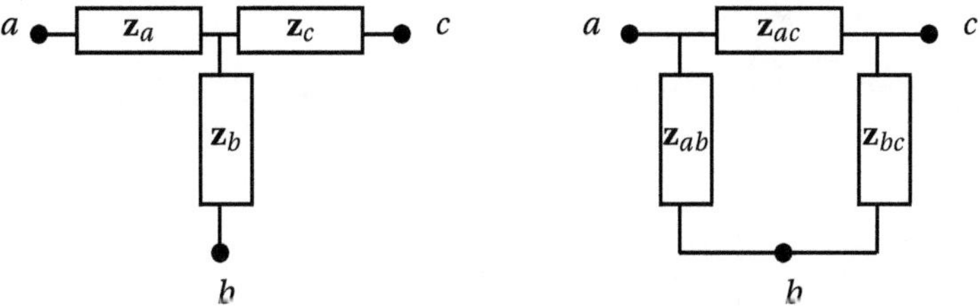

Bild 4.12 Transformation zwischen Sternschaltung (links) und Dreieckschaltung (rechts).

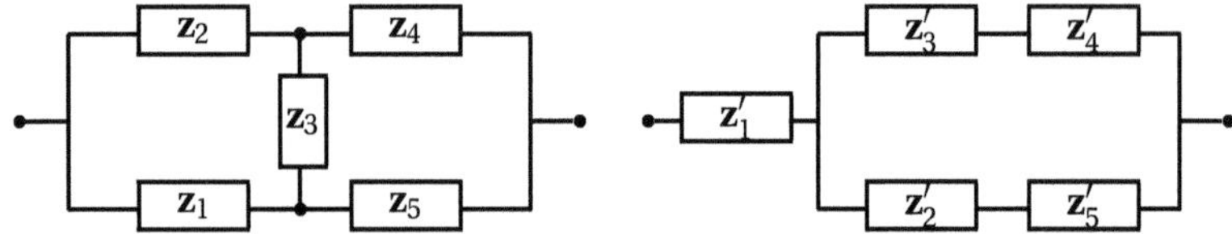

Bild 4.13 Die Brückenschaltung im linken Bild lässt sich durch eine Stern-Dreieck-Transformation auf die Schaltung rechts transformieren.

nen wir direkt angeben als

$$Z = Z_1' + \left(\frac{1}{Z_3' + Z_4} + \frac{1}{Z_2' + Z_5}\right)^{-1}. \tag{4.44}$$

Auf ähnliche Weise lassen sich viele Netzwerke durch Stern-Dreieck-Transformationen vereinfachen.

Symmetrische Vierpole: Wenn man einen Vierpol mit der Kettenmatrix

$$\mathbf{A} = \begin{pmatrix} a & b \\ c & d \end{pmatrix} \quad \text{mit} \quad ad - bc = 1 \tag{4.45}$$

herumdreht, so ist seine Kettenmatrix nicht, wie man vermuten könnte, gleich $\mathbf{A}^{-1} = \left(\begin{smallmatrix} d & -b \\ -c & a \end{smallmatrix}\right)$, sondern es müssen zusätzlich noch die Stomrichtungen invertiert werden. Also ist die Kettenmatrix des umgekehrten Systems gleich

$$\mathbf{A}_{\text{inv}} = \begin{pmatrix} d & b \\ c & a \end{pmatrix} \quad \text{mit} \quad ad - bc = 1. \tag{4.46}$$

Ein Vierpol, der bei einer solchen Inversion gleich bleibt, heißt **längssymmetrisch** oder kurz **symmetrisch**. Für die Kettenmatrix muss daher gelten $a = d$. Da ihre Determinante gleich eins ist (siehe (4.35)), wird sie durch zwei komplexe Zahlen beschrieben und lässt sich darstellen als

$$\mathbf{A} = \begin{pmatrix} \sqrt{1+bc} & b \\ c & \sqrt{1+bc} \end{pmatrix}. \tag{4.47}$$

Aus den Transformationsgleichungen in Aufgabe 4.1 sieht man, dass auch die Diagonalelemente der Widerstandsmatrix gleich sein müssen, $Z_{11} = Z_{22}$, das heißt, die Matrix ist widerstandssymmetrisch.

Vierpol-Charakteristika: Wenn wir einen Vierpol betrachten, so erscheint er zunächst als ein undurchsichtiger, ein „schwarzer" Kasten, von dem uns nur die Eingangs- und Ausgangsklemmen zugänglich sind. Wir beginnen mit einer Beschreibung seiner technischen Eigenschaften und danach mit einer mathematischen Analyse.

Schließt man den Ausgang des Vierpols

$$\mathbf{A} = \begin{pmatrix} a & b \\ c & d \end{pmatrix} \quad \text{mit} \quad ad - bc = 1 \tag{4.48}$$

durch einem Lastwiderstand Z_L ab, also mit $U_2 = Z_L I_2$, so misst man eingangsseitig den Widerstand

$$Z_E = \frac{U_1}{I_1} = \frac{aU_2 + bI_2}{cU_2 + dI_2}. \tag{4.49}$$

Bei Leistungsanpassung, wenn also die Eingangsimpedanz

$$Z_E = \frac{aZ_L + b}{cZ_L + d} \tag{4.50}$$

mit der Lastimpedanz Z_L übereinstimmt, erhalten wir den sogenannten **Wellenwiderstand** $z_0 = Z_E = Z_L$ als Lösung von

$$c z_0^2 + (d - a) z_0 - b = 0 . \tag{4.51}$$

Das (komplexe) **Übertragungsmaß** $\gamma = \alpha + \mathrm{i}\beta$ ist definiert durch das Verhältnis der Eingangs- und Ausgangsspannungen des mit seinem Wellenwiderstand z_0 abgeschlossenen Vierpols als

$$\frac{U_1}{U_2} = \mathrm{e}^{\gamma} \tag{4.52}$$

und durch eine kurze Rechnung findet man

$$\mathrm{e}^{\gamma} = a + b / z_0 = d + c z_0 . \tag{4.53}$$

Der Realteil α von γ, das **Dämpfungsmaß**, ist ein logarithmisches Maß für die Amplitudenänderung, der Imaginärteil β, das **Phasenmaß**, gibt die Phasendrehung der Spannung an.

Für symmetrische Vierpole gilt wegen $a = d$

$$z_0 = \sqrt{b/c} \quad , \quad \mathrm{e}^{\gamma} = a + \sqrt{bc} . \tag{4.54}$$

Daraus ergibt sich

$$\mathrm{e}^{-\gamma} = \frac{1}{a + \sqrt{bc}} = \frac{a - \sqrt{bc}}{a^2 - bc} = a - \sqrt{bc} , \tag{4.55}$$

also $a = \frac{1}{2}(\mathrm{e}^{\gamma} + \mathrm{e}^{\gamma}) = \cosh\gamma$, und mit (4.53) $b = z_0(\mathrm{e}^{\gamma} - a) = z_0 \sinh\gamma$ sowie $c = z_0^{-1}\sinh\gamma$, sodass wir schließlich unsere Kettenmatrix wie

$$\mathbf{A} = \begin{pmatrix} \cosh\gamma & z_0 \sinh\gamma \\ z_0^{-1} \sinh\gamma & \cosh\gamma \end{pmatrix} \tag{4.56}$$

durch die Größen Wellenwiderstand z_0 und Übertragungsmaß γ beschreiben können. Durch diese Größen lässt sich auch die allgemeine Beziehung (4.50) zwischen Lastwiderstand und Eingangswiderstand als

$$Z_E = z_0 \frac{Z_L + z_0 \tanh\gamma}{Z_L \tanh\gamma + z_0} \tag{4.57}$$

ausdrücken. Aus einer Messung des Eingangswiderstandes Z_{Ek} für einen kurzgeschlossenen Ausgang $Z_L = 0$ und Z_{El} für einen leerlaufenden Ausgang $Z_L = \infty$ lassen sich durch

$$Z_{Ek} = z_0 \tanh\gamma \quad , \quad Z_{El} = z_0 \coth\gamma \tag{4.58}$$

die Größen z_0 und γ bestimmen.

Die folgende Aufgabe zeigt einen alternativen Zugang zu den oben beschriebenen Zusammenhängen:

Aufgabe 4.3 (Lös. Seite 99) : Zeigen Sie: Die Eigenwerte der Matrix $\mathbf{A} = \left(\begin{smallmatrix} a & b \\ c & d \end{smallmatrix}\right)$ mit $ad - bc = 1$ sind durch

$$\lambda_{\pm} = \mathrm{e}^{\pm\gamma} \quad \text{mit} \quad \cosh\gamma = (a + d)/2$$

gegeben. Berechnen Sie die Eigenvektoren und transformieren Sie die Matrix auf Diagonalform. Bestätigen Sie dabei auch die Gleichung (4.56) für einen symmetrischen Vierpol.

Schaltet man zwei dieser Vierpole hintereinander, dann erhält man für die resultierende Kettenmatrix mit $\cosh^2\gamma + \sinh^2\gamma = \cosh 2\gamma$ und $2 \sinh\gamma \cosh\gamma = \sinh 2\gamma$

$$\mathbf{A}^2 = \begin{pmatrix} \cosh\gamma & z_0 \sinh\gamma \\ z_0^{-1} \sinh\gamma & \cosh\gamma \end{pmatrix}^2 = \begin{pmatrix} \cosh 2\gamma & z_0 \sinh 2\gamma \\ z_0^{-1} \sinh 2\gamma & \cosh 2\gamma \end{pmatrix} . \tag{4.59}$$

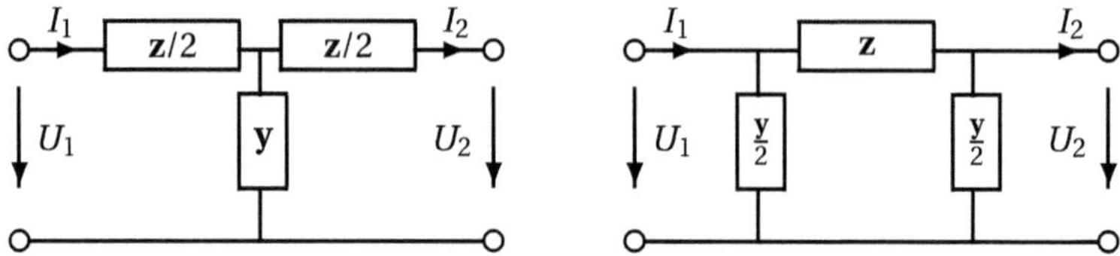

Bild 4.14 Symmetrischer Vierpol in T-Schaltung (links) oder π-Schaltung (rechts).

Bei einer Hintereinanderschaltung bleibt also der Wellenwiderstand z_0 gleich und das Übertragungsmaß γ verdoppelt sich.

Symmetrische Vierpole in T- und π-Schaltung: Als einfache Beispiele symmetrischer Vierpole betrachten wir die Kettenmatrix für ein System mit einem Gesamtlängswiderstand Z und Gesamtquerleitwert Y, also einem Querwiderstand $1/Y$. Bei einer symmetrischen T-Schaltung ergibt das mit $Z_1' = Z_3' = Z/2$ und $Y_2' = Y$ (bei Serienschaltung addieren sich die Widerstände) das linke Teilbild in Bild 4.14, bei einer π-Schaltung mit $Y_1 = Y_3 = Y/2$ (bei einer Parallelschaltung addieren sich die Leitwerte) das rechte Bild. Die beiden Schaltungen sind nicht durch eine Stern-Dreieck-Transformation verknüpft und haben unterschiedliche Kettenmatrizen, die wir aus (4.39) und (4.40) erhalten:

$$\mathbf{A}_\mathrm{T} = \begin{pmatrix} 1+ZY/2 & Z+Z^2Y/4 \\ Y & 1+ZY/2 \end{pmatrix} \quad , \quad \mathbf{A}_\pi = \begin{pmatrix} 1+ZY/2 & Z \\ Y+ZY^2/4 & 1+ZY/2 \end{pmatrix} . \tag{4.60}$$

Die Übertragungsmaße γ sind in beiden Fällen gleich und gegeben durch

$$\cosh g = 1 + \frac{ZY}{2}, \quad \text{oder} \quad \sinh\frac{g}{2} = \sqrt{\frac{ZY}{4}}, \tag{4.61}$$

aber die Wellenwiderstände $z_0 = \sqrt{b/c}$ unterscheiden sich:

$$z_0^\mathrm{T} = \sqrt{\frac{Z}{Y}}\sqrt{1+\frac{ZY}{4}} \quad , \quad z_0^\pi = \sqrt{\frac{Z}{Y}}\Big/\sqrt{1+\frac{ZY}{4}} . \tag{4.62}$$

Ein solcher Vierpol mit reinen ohmschen (also reellen) Widerständen $Z = R$ und Leitwerten $Y = G$ heißt **Wirkdämpfungsglied**. Es hat das Phasenmaß $\beta = 0$ und das Dämpfungsmaß

$$\alpha = 2\,\mathrm{arcsinh}\sqrt{RG/4} . \tag{4.63}$$

Durch eine Serienschaltung solcher Wirkdämpfungsglieder lässt sich eine sukzessive Dämpfung um $\alpha, 2\alpha, 3\alpha, \ldots$ erzielen, ohne den Wellenwiderstand zu verändern.

Der Tiefpass: Kettenmatrizen, die aus reinen Blindwiderständen aufgebaut sind, werden oft als Frequenzsiebe benutzt, die nur Frequenzen in bestimmten Bereichen bevorzugt durchlassen. Hier wollen wir uns einen sogenannten Tiefpass genauer ansehen. Bild 4.15 zeigt zwei LC-Vierpole, einmal in π- und T-Schaltung. Mit $Z = \mathrm{i}\omega L$ und $Y = \mathrm{i}\omega C$ erhalten wir für das in beiden Fällen gleiche Übertragungsmaß nach (4.61)

$$\sinh(g/2) = \sqrt{-\omega^2 LC/4} = \mathrm{i}\omega/\omega_0 \quad \text{mit} \quad \omega_0 = 2/\sqrt{LC} \tag{4.64}$$

und für die Wellenwiderstände nach (4.62)

$$z_0^\mathrm{T} = \sqrt{L/C}\sqrt{1-\omega^2/\omega_0^2} \tag{4.65}$$

$$z_0^\pi = \sqrt{L/C}\Big/\sqrt{1-\omega^2/\omega_0^2} \tag{4.66}$$

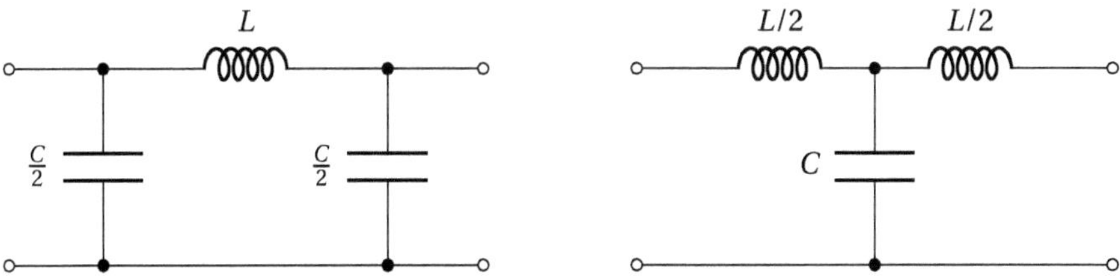

Bild 4.15 Symmetrische LC-Vierpole in π-(links) und in T-Schaltung (rechts).

Wir müssen zwei Bereiche unterscheiden:

(a) $\omega < \omega_0$: Hier finden wir für $\gamma = \alpha + \mathrm{i}\beta$

$$\alpha = 0 \quad , \quad \sin(\beta/2) = \omega/\omega_0 \tag{4.67}$$

und reelle Wellenwiderstände. Im Grenzfall kleiner Frequenzen gilt $\beta \approx 2\omega/\omega_0 = \omega\sqrt{LC}$. Oben haben wir gesehen, dass ein Eingangssignal $U_1(t) = \hat{U}\mathrm{e}^{\mathrm{i}\omega t}$ für einen mit seinem Wellenwiderstand abgeschlossenen Vierpol zu einer Spannung $U_2(t) = U_1(t)\mathrm{e}^{-g}$ am Ausgang führt (vgl. Gleichung (4.52)), also hier zu

$$U_2(t) = \hat{U}\mathrm{e}^{\mathrm{i}(\omega t - \beta)} . \tag{4.68}$$

Das Eingangssignal wird also um die Zeit $\tau = \beta/\omega$, die **Laufzeit**, verzögert, für niedrige Frequenzen um $\tau = \sqrt{LC}$. Aus diesem Grunde wird unser Kettenelement auch als **Laufzeitglied** eingesetzt.

(b) $\omega > \omega_0$: Mit $\sinh(\alpha + \mathrm{i}\beta)/2 = \sinh\alpha/2\cos\beta/2 + \mathrm{i}\cosh\alpha/2\sin\beta/2$ erhalten wir

$$\cosh\alpha/2 = \omega/\omega_0 \, , \quad \beta = \pm\pi \tag{4.69}$$

und rein imaginäre Wellenwiderstände. Bild 4.16 zeigt Dämpfungs- und Phasenmaß als Funktion der Frequenz ω. Frequenzen unterhalb der Grenzfrequenz ω_0 werden besser übertragen als hochfrequente, worauf der Name Tiefpass für diesen Schaltungstyp zurückgeht. Wenn man die induktiven und kapazitiven Blindwiderstände austauscht, ergibt sich ganz entsprechend ein **Hochpass**.

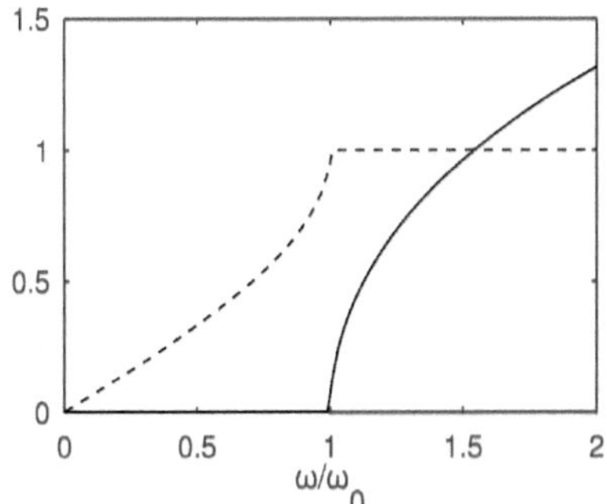

Bild 4.16 Tiefpass: Frequenzabhängigkeit von Dämpfungsmaß $\alpha/2$ (- - -) und Phasenmaß β/π (—).

4.3 Vierpolketten

Im Folgenden werden wir Ketten hintereinander geschalteter Vierpole betrachten. Für n gleiche Vierpole mit der Kettenmatrix $\mathbf{A} = \left(\begin{smallmatrix} a & b \\ c & d \end{smallmatrix}\right)$ mit $ad - bc = 1$ ist die gesamte Kettenmatrix gleich $\mathbf{A}^n$ und ihr Verhalten lässt sich bequem beschreiben durch die Eigenwerte und Eigenvektoren von $\mathbf{A}$, die in Aufgabe 4.3 berechnet wurden. Wir können die Gesamtkettenmatrix mithilfe der Diagonalisierung aus Gleichung (4.88) direkt angeben als

$$\begin{aligned} \begin{pmatrix} a & b \\ c & d \end{pmatrix}^n &= \frac{1}{u+v} \begin{pmatrix} u & -v \\ 1 & 1 \end{pmatrix} \begin{pmatrix} \mathrm{e}^{n\gamma} & 0 \\ 0 & \mathrm{e}^{-n\gamma} \end{pmatrix} \begin{pmatrix} 1 & v \\ -1 & u \end{pmatrix} \\ &= \frac{1}{u+v} \begin{pmatrix} u & -v \\ 1 & 1 \end{pmatrix} \begin{pmatrix} \mathrm{e}^{n\gamma} & v\mathrm{e}^{n\gamma} \\ -\mathrm{e}^{-n\gamma} & u\mathrm{e}^{-n\gamma} \end{pmatrix} \\ &= \frac{1}{u+v} \begin{pmatrix} u\mathrm{e}^{n\gamma} + v\mathrm{e}^{-n\gamma} & uv(\mathrm{e}^{n\gamma} - \mathrm{e}^{-n\gamma}) \\ \mathrm{e}^{n\gamma} - \mathrm{e}^{-n\gamma} & v\mathrm{e}^{n\gamma} + u\mathrm{e}^{-n\gamma} \end{pmatrix} \end{aligned} \tag{4.70}$$

mit $u = g/c$, $v = b/g$ und $g = \frac{1}{2}(a - d + \sqrt{(a+d)^2 - 4})$. Dies vereinfacht sich für eine symmetrische Kettenmatrix, denn aus $a = d$ folgt $g = \sqrt{a^2 - 1} = \sqrt{bc}$ und daher $u = \sqrt{b/c} = v$ der Wellenwiderstand z_0 aus Gleichung (4.54). Dann ist

$$\mathbf{A}^n = \frac{1}{2u} \begin{pmatrix} u(\mathrm{e}^{n\gamma} + \mathrm{e}^{-n\gamma}) & u^2(\mathrm{e}^{n\gamma} - \mathrm{e}^{-n\gamma}) \\ \mathrm{e}^{n\gamma} - \mathrm{e}^{-n\gamma} & u(\mathrm{e}^{n\gamma} + \mathrm{e}^{-n\gamma}) \end{pmatrix} = \begin{pmatrix} \cosh n\gamma & u \sinh n\gamma \\ u^{-1} \sinh n\gamma & \cosh n\gamma \end{pmatrix}, \tag{4.71}$$

was wir schon für $n = 2$ in (4.59) angegeben hatten.

Bisher wurde vorausgesetzt, dass die Kettenmatrix $\mathbf{A}$ diagonalisierbar ist. Das ist nur dann nicht der Fall, wenn die beiden Eigenwerte zusammenfallen. Das ist der Fall für $a + d = \pm 2$ mit dem einzigen Eigenwert $\lambda = +1$ oder $\lambda = -1$ (vgl. Gleichung (4.84)) und man kann leicht nachprüfen, dass dann auch die beiden Eigenvektoren aus Gleichung (4.86) übereinstimmen. Es existiert also auch nur ein einziger Eigenvektor. Die Matrix $\mathbf{A}$ besitzt einen sogenannten **exzeptionellen Punkt** im Parameterraum. Mehr dazu findet man in Abschnitt 11.3. Auch in diesem Fall lässt sich die Gesamtkettenmatrix berechnen. Wir überlassen das einer Aufgabe:

Aufgabe 4.4 (Lös. Seite 99) : Für den exzeptionellen Fall $a+d = \pm 2$ lassen sich die Potenzen der Kettenmatrix $\mathbf{A} = \left(\begin{smallmatrix} a & b \\ c & d \end{smallmatrix}\right)$ mit $ad - bc = 1$ durch

$$\mathbf{A}^n = \begin{cases} n\mathbf{A} - (n-1)\mathbf{I} & \text{für} \quad a + d = +2 \\ (-1)^{n+1}\big(n\mathbf{A} + (n-1)\mathbf{I}\big) & \text{für} \quad a + d = -2 \end{cases}$$

ausdrücken. Beweisen Sie diese Formeln.

Die Eigenwerte $\mathrm{e}^{\pm\gamma}$ der Kettenmatrix bestimmen die **Wellenausbreitung** in der Vierpolkette. Wenn wir ein Strom-Spannungssignal proportional zu einem Eigenvektor einspeisen, dann hat es sich nach Durchgang durch ein Kettensegment nur um den Faktor $\mathrm{e}^{\pm\gamma}$ verändert und nach n Segmenten um $\mathrm{e}^{\pm n\gamma}$. Mit $\gamma = \alpha + \mathrm{i}\beta$, α und β reell, sehen wir aus $\lambda_\pm = \mathrm{e}^{\pm\alpha}\mathrm{e}^{\mathrm{i}\beta}$, dass α die Dämpfung der Wellenamplitude beschreibt und β eine Änderung der Phase zwischen Strom und Spannung.

Von Interesse sind Parameterbereiche, in denen die Dämpfungskonstante α verschwindet, in denen man also einen ungedämpften Durchlass erhält. Das ist erfüllt für

$$\cosh\gamma = \cosh(\mathrm{i}\beta) = \cos\beta = (a+d)/2. \tag{4.72}$$

Also muss $a + d$ reell sein und in dem Intervall

$$-2 \leq a + d \leq +2 \tag{4.73}$$

liegen. Wenn wir beispielsweise ein Kettenelement in Form einer T-Schaltung aus Bild 4.10 betrachten, dann gilt nach (4.39)

$$a + d = \frac{Z_1' + Z_2' + Z_2' + Z_3'}{Z_2'} = 2 + \frac{Z_1' + Z_3'}{Z_2'}. \tag{4.74}$$

Das kann für rein ohmsche Widerstände nicht kleiner sein als 2. Einen ungedämpften Durchlass erhält man also nur für komplexe Z_j.

Für eine Kette aus den symmetrischen LC-Kettenelementen wie in Bild 4.17 erhält man mit $a = d = 1 - 2\omega^2/\omega_0^2$ und $\omega_0 = 2/\sqrt{LC}$ (vgl. Gleichung (4.64)) für die Frequenz die Durchlassbedingung

$$\omega < \omega_0 . \tag{4.75}$$

Nach Gleichung (4.68) gilt dann für ein Eingangssignal $U_1(t) = \hat{U}\mathrm{e}^{\mathrm{i}\omega t}$ am Ausgang des ersten Kettensegmentes $U_2(t) = \hat{U}\mathrm{e}^{\mathrm{i}(\omega t-\beta)}$ mit dem Phasenmaß $\beta = 2\arcsin\omega/\omega_0$. Nach dem n-ten Segment erhalten wir also

$$U_{n+1}(t) = \hat{U}\mathrm{e}^{\mathrm{i}(\omega t - n\beta)} . \tag{4.76}$$

Das entspricht dem Verhalten einer Kette von Massen, die durch Federn gekoppelt sind, (siehe Abschnitt 2.1) und deren Auslenkungen aus den Gleichgewichtsabstand a nach (2.20) durch $x_n(t) = A\mathrm{e}^{\mathrm{i}(nka-\omega t)}$ gegeben sind. Hier entspricht also das Phasenmaß der klassischen Wellenzahl und nach (4.67) die Gleichung

$$\omega = \omega_0 \sin(\beta/2) \tag{4.77}$$

der Dispersionsrelation der Federkette in (2.22). Genau wie die Dispersionsrelation einer Kette mit abwechselnden unterschiedlichen Massen in zwei getrennte Zweige zerfällt, verhält sich die LC-Kette bei alternierenden unterschiedlichen Induktivitäten oder die Kapazitäten. Auch hier findet man dann einen „akustischen“ und einen „optischen“ Zweig, getrennt durch eine Bandlücke.

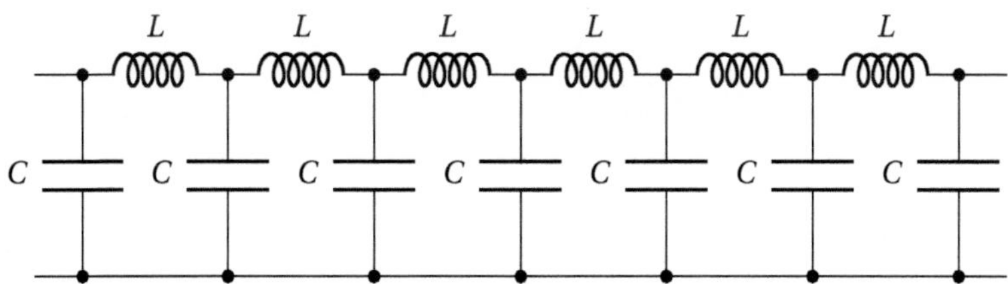

Bild 4.17 Eine Drosselkette aus LC-Gliedern.

4.4 Lösungen der Aufgaben

Aufgabe 4.1 (Seite 89) : Zeigen Sie: Die Elemente der Kettenmatrix **A** und der Widerstandsmatrix **Z** sind verknüpft durch

$$A_{11} = \frac{Z_{11}}{Z_{21}}\,, \quad A_{12} = \frac{Z_{11}Z_{22}}{Z_{21}} - Z_{12}\,, \quad A_{21} = \frac{1}{Z_{21}}\,, \quad A_{22} = \frac{Z_{22}}{Z_{21}}.$$

Für die Transformation in umgekehrter Richtung gelten genau die gleichen Formeln mit vertauschtem A und Z.

Lösung: Aus der Gleichung (4.20) folgt

$$I_1 = \frac{1}{Z_{21}}\,U_2 - \frac{Z_{22}}{Z_{21}}\,I_2 \tag{4.78}$$

und, eingesetzt in (4.19),

$$\begin{aligned} U_1 &= Z_{11}\left(\frac{1}{Z_{21}}\,U_2 - \frac{Z_{22}}{Z_{21}}\,I_2\right) + Z_{12}\,I_2 \\ &= \frac{Z_{11}}{Z_{21}}\,U_2 + \left(Z_{12} - \frac{Z_{11}Z_{22}}{Z_{21}}\right) I_2\,. \end{aligned} \tag{4.79}$$

Vergleicht man dies mit den Koeffizienten der Gleichungen (4.32) und (4.33) für die Kettenschaltung, so ergeben sich die Formeln aus der Aufgabe. Für die inverse Transformation kann man einerseits genauso in umgekehrter Reihenfolge vorgehen. Andererseits kann man sich davon überzeugen, dass die Gleichungen für die Widerstandsschaltung und die Kettenschaltung durch die Transformationen $A_{jk} \leftrightarrow Z_{jk}$, $U_2 \leftrightarrow I_1$, $I_2 \leftrightarrow -I_2$, und $U_1 \leftrightarrow U_1$ ineinander übergehen. In jedem Fall bestätigt man die Aussage aus der Aufgabe. Es gilt also

$$Z_{11} = \frac{A_{11}}{A_{21}}\,, \quad Z_{12} = \frac{A_{11}A_{22}}{A_{21}} - A_{12}\,, \quad Z_{21} = \frac{1}{A_{21}}\,, \quad Z_{22} = \frac{A_{22}}{A_{21}}. \tag{4.80}$$

Aufgabe 4.2 (Seite 91) : Bestimmen Sie die Transformationsgleichungen

$$Z_1' = \frac{Z_1Z_2}{S}\,, \quad Z_2' = \frac{Z_3Z_1}{S}\,, \quad Z_3' = \frac{Z_2Z_3}{S} \quad \text{mit} \quad S = Z_1 + Z_2 + Z_3\,.$$

Lösung: Man bestimmt die Transformationsgleichungen, indem man die Matrixelemente von $\mathbf{A}_\mathrm{T}$ und $\mathbf{A}_\pi$ gleichsetzt. Zunächst ergibt sich aus dem Matrixelement A_{21}

$$\frac{1}{Z_2'} = \frac{S}{Z_2'} \implies Z_2' = \frac{Z_1Z_3}{S}. \tag{4.81}$$

Aus A_{11} folgt dann

$$\frac{Z_1' + Z_2'}{Z_2'} = \frac{Z_2 + Z_3}{Z_3} \implies \frac{Z_1'}{Z_2'} = \frac{Z_2}{Z_3} \implies Z_1' = Z_2'\frac{Z_2}{Z_3} = \frac{Z_1Z_2}{S} \tag{4.82}$$

und aus A_{22}

$$\frac{Z_2' + Z_3'}{Z_2'} = \frac{Z_1 + Z_2}{Z_1} \implies \frac{Z_3'}{Z_2'} = \frac{Z_2}{Z_1} \implies Z_3' = Z_2'\frac{Z_2}{Z_1} = \frac{Z_2Z_3}{S}. \tag{4.83}$$

Aufgabe 4.3 (Seite 93) : Zeigen Sie: Die Eigenwerte der Matrix $\mathbf{A} = \left(\begin{smallmatrix} a & b \\ c & d \end{smallmatrix}\right)$ mit $ad - bc = 1$ sind durch

$$\lambda_\pm = \mathrm{e}^{\pm\gamma} \quad \text{mit} \quad \cosh\gamma = (a+d)/2$$

gegeben. Berechnen Sie die Eigenvektoren und transformieren Sie die Matrix auf Diagonalform. Bestätigen Sie dabei auch die Gleichung (4.56) für einen symmetrischen Vierpol.

Lösung: Die Eigenwerte der Kettenmatrix $\mathbf{A} = \left(\begin{smallmatrix} a & b \\ c & d \end{smallmatrix}\right)$ mit $ad - bc = 1$ sind gegeben durch

$$\lambda_\pm = \tfrac{1}{2}\left(a + d \pm \sqrt{(a+d)^2 - 4}\right), \tag{4.84}$$

mit $\lambda_+ + \lambda_- = a + d$ und $\lambda_+\lambda_- = 1$. Sie lassen sich daher auch als

$$\lambda_\pm = \mathrm{e}^{\pm\gamma} \quad \text{mit} \quad \cosh\gamma = (a+d)/2 \tag{4.85}$$

schreiben. Die zugehörigen (nicht normierten) Eigenvektoren bestimmt man als

$$\begin{pmatrix} \lambda_+ - d \\ c \end{pmatrix} = \begin{pmatrix} g \\ c \end{pmatrix} = c\begin{pmatrix} u \\ 1 \end{pmatrix}, \quad \begin{pmatrix} b \\ \lambda_- - a \end{pmatrix} = \begin{pmatrix} b \\ -g \end{pmatrix} = -g\begin{pmatrix} -v \\ 1 \end{pmatrix} \tag{4.86}$$

mit $g = \tfrac{1}{2}\left(a - d + \sqrt{(a+d)^2 - 4}\right)$, $u = g/c$ und $v = b/g$. Die Matrix

$$\mathbf{U} = \begin{pmatrix} u & -v \\ 1 & 1 \end{pmatrix} \quad \text{mit} \quad \det\mathbf{U} = u + v \quad \text{und} \quad \mathbf{U}^{-1} = \frac{1}{u+v}\begin{pmatrix} 1 & v \\ -1 & u \end{pmatrix} \tag{4.87}$$

transformiert die Kettenmatrix auf Diagonalform $\mathbf{\Lambda} = \left(\begin{smallmatrix} \mathrm{e}^{+\gamma} & 0 \\ 0 & \mathrm{e}^{-\gamma} \end{smallmatrix}\right)$ und wir können die Gesamtkettenmatrix durch $\mathbf{A} = \mathbf{U}\mathbf{\Lambda}\mathbf{U}^{-1}$ berechnen:

$$\begin{aligned}
\begin{pmatrix} a & b \\ c & d \end{pmatrix} &= \frac{1}{u+v}\begin{pmatrix} u & -v \\ 1 & 1 \end{pmatrix}\begin{pmatrix} \mathrm{e}^{+\gamma} & 0 \\ 0 & \mathrm{e}^{-\gamma} \end{pmatrix}\begin{pmatrix} 1 & v \\ -1 & u \end{pmatrix} \\
&= \frac{1}{u+v}\begin{pmatrix} u & -v \\ 1 & 1 \end{pmatrix}\begin{pmatrix} \mathrm{e}^{+\gamma} & v\mathrm{e}^{+\gamma} \\ -\mathrm{e}^{-\gamma} & u\mathrm{e}^{-\gamma} \end{pmatrix} \\
&= \frac{1}{u+v}\begin{pmatrix} u\mathrm{e}^{+\gamma} + v\mathrm{e}^{-\gamma} & uv(\mathrm{e}^{+\gamma} - \mathrm{e}^{-\gamma}) \\ \mathrm{e}^{+\gamma} - \mathrm{e}^{-\gamma} & v\mathrm{e}^{+\gamma} + u\mathrm{e}^{-\gamma} \end{pmatrix}.
\end{aligned} \tag{4.88}$$

Dies vereinfacht sich für eine symmetrische Kettenmatrix, denn aus $a = d$ folgt $g = \sqrt{a^2 - 1} = \sqrt{bc}$ und daher $u = \sqrt{b/c} = v$, also gleich dem Wellenwiderstand z_0 aus Gleichung (4.54). Dann ist

$$\mathbf{A} = \frac{1}{2z_0}\begin{pmatrix} z_0(\mathrm{e}^{\gamma} + \mathrm{e}^{-\gamma}) & z_0^2(\mathrm{e}^{\gamma} - \mathrm{e}^{-\gamma}) \\ \mathrm{e}^{\gamma} - \mathrm{e}^{-\gamma} & z_0(\mathrm{e}^{n\gamma} + \mathrm{e}^{-\gamma}) \end{pmatrix} = \begin{pmatrix} \cosh\gamma & z_0\sinh\gamma \\ z_0^{-1}\sinh\gamma & \cosh\gamma \end{pmatrix}. \tag{4.89}$$

Aufgabe 4.4 (Seite 96) : Für den exzeptionellen Fall $a + d = \pm 2$ lassen sich die Potenzen der Kettenmatrix $\mathbf{A} = \left(\begin{smallmatrix} a & b \\ c & d \end{smallmatrix}\right)$ mit $ad - bc = 1$ durch

$$\mathbf{A}^n = \begin{cases} n\mathbf{A} - (n-1)\mathbf{I} & \text{für} \quad a + d = +2 \\ (-1)^{n+1}\left(n\mathbf{A} + (n-1)\mathbf{I}\right) & \text{für} \quad a + d = -2 \end{cases}$$

ausdrücken. Beweisen Sie diese Formeln.

Lösung: Wir führen den Beweis durch vollständige Induktion. Die Formel ist offensichtlich richtig für $n = 1$ und mit

$$\begin{aligned}\mathbf{A}^2 &= \begin{pmatrix} a & b \\ c & d \end{pmatrix}^2 = \begin{pmatrix} a^2+bc & ab+bd \\ ca+cd & bc+d^2 \end{pmatrix} = \begin{pmatrix} a^2+ad-1 & b(a+d) \\ c(a+d) & ad-1+d^2 \end{pmatrix} \\ &= (a+d)\begin{pmatrix} a & b \\ c & d \end{pmatrix} - \begin{pmatrix} 1 & 0 \\ 0 & 1 \end{pmatrix} = \pm 2\mathbf{A} - \mathbf{I} \end{aligned} \tag{4.90}$$

sehen wir, dass sie auch für $n = 2$ gilt. Wir berechnen jetzt unter der Annahme ihrer Gültigkeit für n und für $n = 2$ die Potenz $\mathbf{A}^{n+1}$. Für $a + d = +2$ ergibt sich

$$\begin{aligned}\mathbf{A}^{n+1} &= \mathbf{A}^n\mathbf{A} = \big(n\mathbf{A} - (n-1)\mathbf{I}\big)\mathbf{A} = n\mathbf{A}^2 - (n-1)\mathbf{A} \\ &= n(2\mathbf{A}-\mathbf{I}) - (n-1)\mathbf{A} = (n+1)\mathbf{A} - n\mathbf{I} \end{aligned} \tag{4.91}$$

und für $a + d = -2$

$$\begin{aligned}\mathbf{A}^{n+1} &= \mathbf{A}^n\mathbf{A} = (-1)^{n+1}\big(n\mathbf{A} + (n-1)\mathbf{I}\big)\mathbf{A} = (-1)^{n+1}\big(n\mathbf{A}^2 + (n-1)\mathbf{A}\big) \\ &= (-1)^{n+1}\big(n(-2\mathbf{A}-\mathbf{I}) + (n-1)\mathbf{A}\big) = (-1)^{n+2}\big((n+1)\mathbf{A} + n\mathbf{I}\big). \end{aligned} \tag{4.92}$$

Beides stimmt mit der Formel aus der Aufgabe für $n + 1$ überein.

5 Gekrümmte Räume

„Ich stehe dazu, dass der Raum nicht gekrümmt sein kann, aus dem einfachen Grund, dass der Raum keine Eigenschaften haben kann.“
— Nikola Tesla

In diesem Kapitel steht ein abstrakter Begriff im Zentrum: Die Raumkrümmung, zunächst als Flächenkrümmung in euklidischen Räumen und dann, sehr viel anspruchsvoller, als Krümmung der Raumzeit in der Relativitätstheorie. Dabei beginnen wir mit einer einfachen Vorstellung der Krümmmung durch Einbettung in einen höherdimensionalen Raum. Eine solche „äußere“ Betrachtung ist allerdings nicht immer möglich. In welchen Raum können wir beispielsweise die vierdimensionale Raumzeit einbetten? Für eine „innere“ Beschreibung einer Krümmung benötigen wir aber geeignetes mathematisches Handwerkszeug, das zunächst bereitgestellt werden soll.

5.1 Flächen im euklidischen Raum

„Gott schuf das Volumen, der Teufel die Oberfläche.“
— Wolfgang Pauli

Zu Beginn stellen wir uns eine glatte zweidimensionale Fläche $\mathscr{M}$ vor, die in den dreidimensionalen euklidischen Raum eingebettet ist. Sie kann entweder geschlossen sein oder durch eine Randkurve $\partial\mathscr{M}$ begrenzt werden, die wir, wenn nichts anderes gesagt wird, auch als glatt annehmen. Dann wird jeder Punkt $\mathbf{x}$ auf $\mathscr{M}$ durch die Angabe von zwei Koordinaten beschrieben, nennen wir sie x^1 und x^2. Der hochgestellte Index (man liest: x^1 als „x oben 1“) kennzeichnet **kontravariante** Vektorkomponenten im Gegensatz zu den **kovarianten** Komponenten x_1 (man liest: x unten 1).[1] Manchmal lassen sich solche Koordinaten nur lokal auf einer sogenannten Karte angeben, und man muss $\mathscr{M}$ durch mehrere solcher Karten überdecken. In der Umgebung jedes Punktes $\mathbf{x}$ auf $\mathscr{M}$ existiert wegen der Glattheit eine Tangentialebene $\mathscr{T}_\mathbf{x}\mathscr{M}$ mit einem normierten Normalenvektor $\mathbf{n}$, die aufgespannt wird durch die Tangentialvektoren

$$\mathbf{u}_j = \partial\mathbf{x}/\partial x^j, \tag{5.1}$$

die kovarianten Grundvektoren (siehe Bild 5.1). Daneben verwendet man die kontravarianten Grundvektoren

$$\mathbf{u}^j = \nabla x^j, \tag{5.2}$$

die Gradienten auf den Flächen mit konstantem x^j. Mehr dazu findet man in M2, Abschnitt 2.3, wie zum Beispiel auch die Orthonormalitätsrelation

$$\mathbf{u}_j \cdot \mathbf{u}^k = \delta_j^k \tag{5.3}$$

[1] Mehr zu diesem Thema findet man in M2, Abschnitt 2.3, insbesondere in 2.3.2.

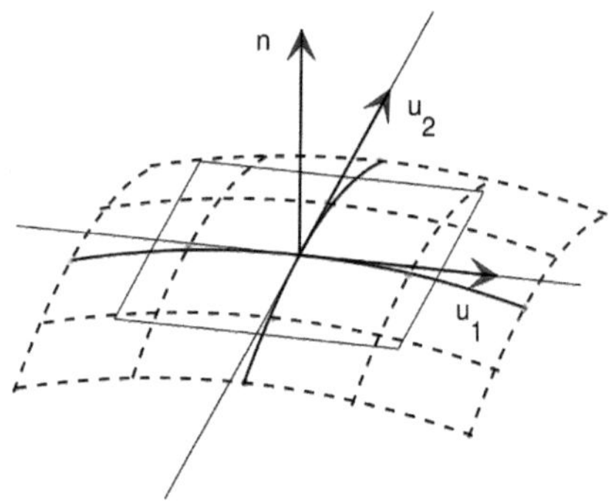

Bild 5.1 Gekrümmte zweidimensionale Fläche eingebettet in den dreidimensionalen Raum. Die Tangentialfläche in einem Punkt wird aufgespannt durch die kovarianten Grundvektoren $\mathbf{u}_1$ und $\mathbf{u}_2$. Der Normalenvektor **n** steht senkrecht auf der Fläche.

und die ko- und kontravariante Metrik, beschrieben durch

$$g_{jk} = \mathbf{u}_j \cdot \mathbf{u}_k = g_{kj} \quad \text{und} \quad g^{jk} = \mathbf{u}^j \cdot \mathbf{u}^k = g^{kj} \quad \text{mit} \quad g^{ji} g_{ik} = \delta^j_k, \tag{5.4}$$

wobei wir die einsteinsche Summenkonvention[2] verwenden, oder durch den (kovarianten) **metrischen Tensor**

$$\mathbf{G} = (g_{jk}). \tag{5.5}$$

Damit ergibt sich das Längenelement $\mathrm{d}s$ auf $\mathcal{M}$ als

$$\mathrm{d}s^2 = g_{jk} \mathrm{d}x^j \mathrm{d}x^k. \tag{5.6}$$

(vgl. M2, Gleichung (2.179)). Die Basis des Tangentialraumes ist geordnet, das heißt, ihre Reihenfolge ist festgelegt. Zwei Basen heißen gleich orientiert, wenn die Determinante ihrer Transformationsmatrix positiv ist, oder, für den zweidimensionalen Fall, wenn die Normalenvektoren

$$\mathbf{n} = \frac{\mathbf{u}_1 \times \mathbf{u}_2}{|\mathbf{u}_1 \times \mathbf{u}_2|} \tag{5.7}$$

übereinstimmen. Eine Mannigfaltigkeit, auf der man überall eine stetige Orientierung definieren kann, nennt man **orientierbar**. Beispiele sind die Oberfläche einer Kugel oder die eines Torus (siehe Seite 112). Beide kann man (stetig) mit „Stacheln" versehen, die nach außen gerichtet sind. Bei einem Möbius-Band ist das nicht möglich, es ist nicht orientierbar.

Wir betrachten nun eine Kurve $\gamma(t)$ auf $\mathcal{M}$, die zwei Punkte $\mathbf{x}_a$ und $\mathbf{x}_b$ verbindet, und parametrisieren sie durch einen reellen Parameter t aus einem Intervall (t_a, t_b) mit $\mathbf{x}_a = \mathbf{x}(\gamma(t_a))$ und $\mathbf{x}_b = \mathbf{x}(\gamma(t_b))$. Dabei spielt t nicht die Rolle einer „Zeit", kann aber anschaulich so interpretiert werden. Man bezeichnet dann folgerichtig auch die Ableitung $\dot{\mathbf{x}}$ von $\mathbf{x}$ nach t als „Geschwindigkeit" und $\ddot{\mathbf{x}}$ als „Beschleunigung". Die Länge der Kurve $\gamma(t)$ zwischen $\mathbf{x}_a$ und $\mathbf{x}_b$ ist gleich

$$s[\gamma] = \int_{t_a}^{t_b} \sqrt{g_{jk} \dot{x}^j \dot{x}^k}\, \mathrm{d}t. \tag{5.8}$$

Oft interessiert man sich für die kürzeste Verbindungskurve zwischen den beiden Punkten $\mathbf{x}_a$ und $\mathbf{x}_b$, eine sogenannte **Geodäte**. Diese Kurve ermittelt man durch ein Variationsverfahren für die Länge (5.8). (Vergleiche dazu auch die Herleitung der Lagrange-Gleichungen in der klassischen Mechanik aus dem Wirkungsintegral.) Dies führt auf die Differentialgleichungen

$$\ddot{x}^i + \Gamma^i_{jk} \dot{x}^j \dot{x}^k = 0. \tag{5.9}$$

2 Über doppelt vorkommende Indizes in einem Produkt, die einmal oben und einmal unten stehen, wird summiert.

Die hier auftretenden Koeffizienten ergeben sich dabei als

$$\Gamma^i_{jk} = \tfrac{1}{2} g^{i\ell}\left(\partial_j g_{k\ell} + \partial_k g_{j\ell} - \partial_\ell g_{jk}\right) = \Gamma^i_{kj}, \tag{5.10}$$

wobei wir die partiellen Ableitungen nach den Koordinaten x^j durch ∂_j abkürzen. Man bezeichnet die Ausdrücke Γ^i_{jk} als **Christoffel-Symbole** nach dem deutschen Mathematiker Elwin Bruno Christoffel (1829-1900). (Trotz der dabei traditionell benutzten Indexschreibweise stellen sie jedoch keinen Tensor dar.)

Für den Fall einer zweidimensionalen Fläche können wir die beiden Geodätengleichungen (5.9) mit dem Vektor(!) $(\dot{x}^1, \dot{x}^2)^T$ auch in Matrixform schreiben:

$$\ddot{x}^i + \left(\dot{x}^1,\ \dot{x}^2\right)\begin{pmatrix}\Gamma^i_{11} & \Gamma^i_{12}\\ \Gamma^i_{21} & \Gamma^i_{22}\end{pmatrix}\begin{pmatrix}\dot{x}^1\\ \dot{x}^2\end{pmatrix} = 0\,, \quad i = 1,2\,. \tag{5.11}$$

Falls die Metrik diagonal ist, vereinfacht sich (5.10) und die nicht-verschwindenden Terme sind

$$\Gamma^j_{jj} = \frac{\partial_j g_{jj}}{2g_{jj}}\,, \quad \Gamma^i_{jj} = -\frac{\partial_i g_{jj}}{2g_{ii}}\,, \quad \Gamma^i_{ji} = \Gamma^i_{ij} = \frac{\partial_j g_{ii}}{2g_{ii}} \tag{5.12}$$

und in zwei Dimensionen

$$\left(\Gamma^1_{jk}\right) = \frac{1}{2g_{11}}\begin{pmatrix}\partial_1 g_{11} & \partial_2 g_{11}\\ \partial_2 g_{11} & -\partial_1 g_{22}\end{pmatrix}, \quad \left(\Gamma^2_{jk}\right) = \frac{1}{2g_{22}}\begin{pmatrix}-\partial_2 g_{11} & \partial_1 g_{22}\\ \partial_1 g_{22} & \partial_2 g_{22}\end{pmatrix}. \tag{5.13}$$

Die Christoffel-Symbole treten noch in einem anderen Zusammenhang auf. Dazu schreiben wir zunächst den Ausdruck (5.10) um. Wenn wir die Schreibweise $\mathbf{u}_j = \partial_j \mathbf{x}$ verwenden, können wir die zweiten partiellen Ableitungen als

$$\mathbf{u}_{jk} = \partial_k \mathbf{u}_j = \partial_k \partial_j \mathbf{x} = \mathbf{u}_{kj} \tag{5.14}$$

ausdrücken und die Ableitungen der Metrik als

$$\partial_j g_{k\ell} = \partial_j (\mathbf{u}_k \cdot \mathbf{u}_\ell) = \mathbf{u}_{kj} \cdot \mathbf{u}_\ell + \mathbf{u}_k \cdot \mathbf{u}_{\ell j}\,. \tag{5.15}$$

Dies eingesetzt in (5.10) führt zu

$$\begin{aligned}\Gamma^i_{jk} &= \tfrac{1}{2} g^{i\ell}\left(\mathbf{u}_{kj}\cdot\mathbf{u}_\ell + \mathbf{u}_k\cdot\mathbf{u}_{\ell j} + \mathbf{u}_{jk}\cdot\mathbf{u}_\ell + \mathbf{u}_j\cdot\mathbf{u}_{\ell k} - \mathbf{u}_{j\ell}\cdot\mathbf{u}_k - \mathbf{u}_j\cdot\mathbf{u}_{k\ell}\right)\\ &= g^{i\ell}\,\mathbf{u}_{kj}\cdot\mathbf{u}_\ell.\end{aligned} \tag{5.16}$$

oder, für zwei Dimensionen,

$$\begin{pmatrix}\Gamma^1_{jk}\\ \Gamma^2_{jk}\end{pmatrix} = \begin{pmatrix}g^{11} & g^{12}\\ g^{21} & g^{22}\end{pmatrix}\begin{pmatrix}\mathbf{u}_{kj}\cdot\mathbf{u}_1\\ \mathbf{u}_{kj}\cdot\mathbf{u}_2\end{pmatrix}. \tag{5.17}$$

Mit der inversen Matrix für die Metrik folgt dann

$$\begin{pmatrix}\mathbf{u}_{kj}\cdot\mathbf{u}_1\\ \mathbf{u}_{kj}\cdot\mathbf{u}_2\end{pmatrix} = \begin{pmatrix}g^{11} & g^{12}\\ g^{21} & g^{22}\end{pmatrix}^{-1}\begin{pmatrix}\Gamma^1_{jk}\\ \Gamma^2_{jk}\end{pmatrix} = \begin{pmatrix}g_{11} & g_{12}\\ g_{21} & g_{22}\end{pmatrix}\begin{pmatrix}\Gamma^1_{jk}\\ \Gamma^2_{jk}\end{pmatrix}. \tag{5.18}$$

Aufgabe 5.1 (Lös. Seite 124): Begründen Sie: Drückt man die partiellen Ableitungen von $\mathbf{u}_1$ und $\mathbf{u}_2$ nach den Koordianten x^1 und x^2 in der Basis $\mathbf{u}_1$, $\mathbf{u}_2$ und $\mathbf{n}$ aus, so ergibt sich

$$\mathbf{u}_{11} = \Gamma^1_{11}\mathbf{u}_1 + \Gamma^2_{11}\mathbf{u}_2 + \lambda_1\mathbf{n},\ \mathbf{u}_{12} = \Gamma^1_{12}\mathbf{u}_1 + \Gamma^2_{12}\mathbf{u}_2 + \lambda_2\mathbf{n},\ \mathbf{u}_{22} = \Gamma^1_{22}\mathbf{u}_1 + \Gamma^2_{22}\mathbf{u}_2 + \lambda_3\mathbf{n}.$$

Die kovariante Ableitung: Wir betrachten eine glatte Kurve $\gamma(t)$ auf $\mathcal{M}$ mit dem Ziel, eine Ableitung auf $\mathcal{M}$ zu definieren, also eine Geschwindigkeit auf $\mathcal{M}$. Dazu holen wir zunächst etwas weiter aus und betrachten in jedem Punkt $\mathbf{x}(t)$ der Kurve einen Vektor $\mathbf{a}(t)$ aus dem

Tangentialraum, also ein allgemeines Vektorfeld $\mathbf{a}(t)$, von dem wir wieder fordern, dass es glatt ist, das heißt beliebig oft nach t differenzierbar. Wenn wir jetzt die Ableitung $\dot{\mathbf{a}}$ bilden, so liegt dieser Vektor im Allgemeinen nicht auf $\mathcal{M}$, also nicht im Tangentialraum. Jetzt definieren wir den linearen Operator

$$\nabla_\gamma \mathbf{a} = \dot{\mathbf{a}} - (\dot{\mathbf{a}} \cdot \mathbf{n})\,\mathbf{n}\,, \tag{5.19}$$

die **kovariante Ableitung** des Vektorfeldes $\mathbf{a}$ längs γ. Das ergibt einen Vektor aus dem Tangentialraum, denn es ist nach Konstruktion $\nabla_\gamma \mathbf{a} \cdot \mathbf{n} = 0$. Ein Vektorfeld $\mathbf{a}(t)$ heißt **parallel längs γ**, wenn auf ganz $\gamma(t)$ gilt $\nabla_\gamma \mathbf{a} = 0$. Für ein solches Feld ist die Geschwindigkeit $\dot{\mathbf{a}}$ in jedem Kurvenpunkt senkrecht zur Tangentialebene. Man spricht dann auch von einem Vektorfeld, das längs der Kurve γ parallel transportiert wird. Die Veränderung eines Vektorfeldes bei einem solchen **Paralleltransport** längs einer geschlossenen Kurve enthüllt wichtige Eigenschaften der Geometrie einer gekrümmten Fläche.

Aufgabe 5.2 (Lös. Seite 124) : Betrachten Sie zwei Vektorfelder $\mathbf{a}(t)$ und $\mathbf{b}(t)$ auf $\mathcal{M}$, die beide parallel sind längs der Kurve $\gamma(t)$. Zeigen Sie dass ihr Skalarprodukt $\mathbf{a} \cdot \mathbf{b}$ auf $\gamma(t)$ konstant ist, sowie auch ihre Beträge und der Winkel zwischen ihnen.

Bisher sind wir davon ausgegangen, dass unsere gekrümmte Mannigfaltigkeit $\mathcal{M}$ in einen höherdimensionalen euklidischen Raum eingebettet ist. Für unsere zweidimensionale Fläche wäre das also eine Einbettung in in den $\mathbb{R}^3$. Dies unterstützt zwar einerseits die Anschauung und auch manche Rechenoperationen, ist aber andererseits nicht notwendig oder sogar nicht durchführbar, wenn wir abstraktere Mannigfaltigkeiten behandeln. Wir wollen das einmal genauer ausführen. Die Geodätengleichungen (5.9) oder (5.11) lauten ausgeschrieben

$$\ddot{x}^1 + \Gamma^1_{11}\dot{x}^1\dot{x}^1 + 2\Gamma^1_{12}\dot{x}^1\dot{x}^2 + \Gamma^1_{22}\dot{x}^2\dot{x}^2 = 0\,, \tag{5.20}$$

$$\ddot{x}^2 + \Gamma^2_{11}\dot{x}^1\dot{x}^1 + 2\Gamma^2_{12}\dot{x}^1\dot{x}^2 + \Gamma^2_{22}\dot{x}^2\dot{x}^2 = 0\,. \tag{5.21}$$

Wir betrachten eine Kurve $\gamma(t)$ auf $\mathcal{M}$ und in jedem Kurvenpunkt die Vektoren $\mathbf{a} = \alpha\mathbf{u}_1 + \beta\mathbf{u}_2$ in der Tangentialebene. Dann findet man mit $\mathbf{u}_{21} = \mathbf{u}_{12}$

$$\begin{aligned}
\dot{\mathbf{a}} &= \dot{\alpha}\mathbf{u}_1 + \dot{\beta}\mathbf{u}_2 + \alpha(\mathbf{u}_{11}\dot{x}^1 + \mathbf{u}_{12}\dot{x}^2) + \beta(\mathbf{u}_{21}\dot{x}^1 + \mathbf{u}_{22}\dot{x}^2)\\
&= \dot{\alpha}\mathbf{u}_1 + \dot{\beta}\mathbf{u}_2 + \alpha\dot{x}^1\mathbf{u}_{11} + (\alpha\dot{x}^2 + \beta\dot{x}^1)\mathbf{u}_{12} + \beta\dot{x}^2\mathbf{u}_{22}\\
&= \dot{\alpha}\mathbf{u}_1 + \dot{\beta}\mathbf{u}_2 + \alpha\dot{x}^1(\Gamma^1_{11}\mathbf{u}_1 + \Gamma^2_{11}\mathbf{u}_2 + \lambda_1\mathbf{n})\\
&\qquad + (\alpha\dot{x}^2 + \beta\dot{x}^1)(\Gamma^1_{12}\mathbf{u}_1 + \Gamma^2_{12}\mathbf{u}_2 + \lambda_2\mathbf{n}) + \beta\dot{x}^2(\Gamma^1_{22}\mathbf{u}_1 + \Gamma^2_{22}\mathbf{u}_2 + \lambda_3\mathbf{n}).
\end{aligned} \tag{5.22}$$

Durch einen Vergleich mit (5.19) identifizieren wir die kovariante Ableitung des Vektorfeldes $\mathbf{a}$ auf $\mathcal{M}$ als

$$\begin{aligned}
\nabla_\gamma \mathbf{a} &= \big(\dot{\alpha} + (\Gamma^1_{11}\dot{x}^1 + \Gamma^1_{12}\dot{x}^2)\alpha + (\Gamma^1_{12}\dot{x}^1 + \Gamma^1_{22}\dot{x}^2)\beta\big)\mathbf{u}_1\\
&\quad + \big(\dot{\beta} + (\Gamma^2_{11}\dot{x}^1 + \Gamma^2_{12}\dot{x}^2)\alpha + (\Gamma^2_{12}\dot{x}^1 + \Gamma^2_{22}\dot{x}^2)\beta\big)\mathbf{u}_2\,.
\end{aligned} \tag{5.23}$$

Ist das Feld $\mathbf{a}(t)$ parallel längs $\gamma(t)$, d.h. $\nabla_\gamma \mathbf{a} = 0$, dann erfüllen die Koeffizienten $\alpha(t)$ und $\beta(t)$ die Differentialgleichungen

$$\frac{\mathrm{d}}{\mathrm{d}t}\begin{pmatrix}\alpha\\ \beta\end{pmatrix} = -\begin{pmatrix}\Gamma^1_{11}\dot{x}^1 + \Gamma^1_{12}\dot{x}^2 & \Gamma^1_{12}\dot{x}^1 + \Gamma^1_{22}\dot{x}^2\\ \Gamma^2_{11}\dot{x}^1 + \Gamma^2_{12}\dot{x}^2 & \Gamma^2_{12}\dot{x}^1 + \Gamma^2_{22}\dot{x}^2\end{pmatrix}\begin{pmatrix}\alpha\\ \beta\end{pmatrix}. \tag{5.24}$$

Geodätische Krümmung: Wenn insbesondere die Kurve $\gamma(t)$ mit Koordinaten $x^1(t)$ und $x^2(t)$ eine Geodäte ist, dann gilt für das Geschwindigkeitsfeld $\dot{\boldsymbol{\gamma}} = \dot{x}^1\mathbf{u}_1 + \dot{x}^2\mathbf{u}_2$ mit $\alpha = \dot{x}^1$, $\beta = \dot{x}^2$ nach Gleichung (5.23)

$$\begin{aligned}\nabla_\gamma\dot{\boldsymbol{\gamma}} &= \left(\ddot{x}^1 + (\Gamma^1_{11}\dot{x}^1 + \Gamma^1_{12}\dot{x}^2)\dot{x}^1 + (\Gamma^1_{12}\dot{x}^1 + \Gamma^1_{22}\dot{x}^2)\dot{x}^2\right)\mathbf{u}_1 \\ &\quad + \left(\ddot{x}^2 + (\Gamma^2_{22}\dot{x}^1 + \Gamma^2_{12}\dot{x}^2)\dot{x}^1 + (\Gamma^2_{12}\dot{x}^1 + \Gamma^2_{22}\dot{x}^2)\dot{x}^2\right)\mathbf{u}_2 = 0\,, \end{aligned} \tag{5.25}$$

wobei das letzte Gleichheitszeichen aus den Geodätengleichungen (5.21) folgt. Wir können also festhalten:

- Für Geodäten gilt $\nabla_\gamma\dot{\boldsymbol{\gamma}} = 0$. Die Geschwindigkeit $\dot{\boldsymbol{\gamma}}$ ist also parallel längs γ und $\ddot{\boldsymbol{\gamma}}$ zeigt in Richtung der Normalen.
- Nach der Aussage aus Aufgabe 5.1 ist auf einer Geodäte der Betrag $|\dot{\boldsymbol{\gamma}}|$ der Geschwindigkeit konstant. Man kann also eine Geodäte immer so parametrisieren, dass $|\dot{\boldsymbol{\gamma}}|$ gleich eins ist. Das entspricht einer Parametrisierung durch die Bogenlänge s der Kurve.

Die **geodätische Krümmung** einer Kurve auf einer Fläche mit dem Normalenvektor $\mathbf{n}$ ist definiert als

$$\kappa_g = \ddot{\boldsymbol{\gamma}}\cdot(\mathbf{n}\times\dot{\boldsymbol{\gamma}}) \quad \text{für} \quad |\dot{\boldsymbol{\gamma}}| = 1\,. \tag{5.26}$$

Auf einer Geodäten $\gamma(t)$ ist diese Krümmung gleich null, da $\ddot{\boldsymbol{\gamma}}$ dort in die Richtung der Normalen $\mathbf{n}$ zeigt.

In den oben hergeleiteten Formeln für die kovariante Ableitung eines Vektorfeldes, für die Geodäten und die geodätische Krümmung einer Kurve handelt es sich um eine innere Beschreibung der Geometrie von Flächen, die auch ohne eine Einbettung in einen höherdimensionalen Raum benutzt werden können.

Aufgabe 5.3 (Lös. Seite 124): Bestimmen Sie die Metrik und die Geodäten einer Ebene in ebenen Polarkoordinaten r und ϕ und untersuchen Sie den Paralleltransport eines Vektorfeldes $\mathbf{a}$ längs eines Kreises mit Radius r um den Koordinatenursprung.

Als ein weiteres Beispiel betrachten wir die Oberfläche einer Kugel mit Radius r. In den üblichen Koordinaten $x^1 = \vartheta$ und $x^2 = \varphi$, also mit $\mathbf{x} = r(\sin\vartheta\cos\varphi, \sin\vartheta\sin\varphi, \cos\vartheta)^T$ ist das Linienelement durch $\mathrm{d}s^2 = r^2\mathrm{d}\vartheta^2 + r^2\sin^2\vartheta\,\mathrm{d}\varphi^2$ gegeben, und der metrische Tensor (5.5) ist gleich

$$\mathbf{G} = \begin{pmatrix} r^2 & 0 \\ 0 & r^2\sin^2\vartheta \end{pmatrix}. \tag{5.27}$$

Zunächst bestimmen wir die Geodäten. Dazu berechnen wir die Christoffel-Symbole (5.13) aus unserer Metrik als

$$(\Gamma^1_{jk}) = \begin{pmatrix} 0 & 0 \\ 0 & -\sin\vartheta\cos\vartheta \end{pmatrix}, \quad (\Gamma^2_{jk}) = \begin{pmatrix} 0 & \cot\vartheta \\ \cot\vartheta & 0 \end{pmatrix} \tag{5.28}$$

und stellen nach Gleichung (5.21) die Differentialgleichungen für die Koordinaten auf:

$$\ddot{\vartheta} - \sin\vartheta\cos\vartheta\,\dot{\varphi}^2 = 0\,, \quad \ddot{\varphi} + 2\cot\vartheta\,\dot{\vartheta}\dot{\varphi} = 0. \tag{5.29}$$

Es folgt der zweite, schwierigere Schritt der Lösung dieser gekoppelten Gleichungen. Das erfordert einige Erfahrung oder umfangreiche Versuche. Zum Erfolg führt es schließlich, wenn wir die erste Gleichung mit $\dot{\varphi}$ multiplizieren, die zweite mit $\dot{\vartheta}$ und dann die zweite von der ersten subtrahieren. Das Resultat

$$\ddot{\vartheta}\dot{\varphi} - \dot{\vartheta}\ddot{\varphi} - \sin\vartheta\cos\vartheta\,\dot{\varphi}^3 - 2\cot\vartheta\,\dot{\vartheta}^2\dot{\varphi} = 0 \tag{5.30}$$

sieht noch immer nicht sehr vielversprechend aus, aber der Experte erkennt sofort, dass es sich hier um die Ableitung

$$\frac{\mathrm{d}}{\mathrm{d}t}\Big(\frac{1}{\sin^4\vartheta}\Big(\frac{\dot\vartheta}{\dot\varphi}\Big)^2+\frac{1}{\sin^2\vartheta}\Big)=0 \tag{5.31}$$

handelt. Also ist für der Ausdruck in der Klammer konstant:

$$\frac{1}{\sin^4\vartheta}\Big(\frac{\mathrm{d}\vartheta}{\mathrm{d}\varphi}\Big)^2+\frac{1}{\sin^2\vartheta}=\text{konstant.} \tag{5.32}$$

Es bleibt als letzter Schritt die Identifikation dieser Kurve als die Gleichung eines Großkreises auf der Kugel. Dafür ist es sinnvoll, einen solchen Kreis als Schnitt einer Ebene, charakterisiert durch ihren Normalenvektor $\mathbf{n}=(\sin\vartheta_n\cos\varphi_n,\sin\vartheta_n\sin\varphi_n,\cos\vartheta_n)^T$, durch $\mathbf{r}\cdot\mathbf{n}=0$ darzustellen. Mit $\mathbf{r}=r(\sin\vartheta\cos\varphi,\sin\vartheta\sin\varphi,\cos\vartheta)^T$ erhält man zunächst

$$\sin\vartheta\cos\varphi\sin\vartheta_n\cos\varphi_n+\sin\vartheta\sin\varphi\sin\vartheta_n\sin\varphi_n+\cos\vartheta\cos\vartheta_n=0 \tag{5.33}$$

und daraus, nach Division durch $\sin\vartheta\sin\vartheta_n$,

$$\cos(\varphi-\varphi_n)+\cot\vartheta_n\cot\vartheta=0\,. \tag{5.34}$$

Wenn man dies nach ϑ differenziert, erhält man nach elementaren Umformungen die Gleichung (5.32). Dabei ergibt sich die Konstante als $1/\cos^2\vartheta_n$.

Wir haben bisher verifiziert, dass die Geodäten auf der Kugel Kurvenstücke von Großkreisen sind. Jetzt betrachten wir einen Breitenkreis mit dem konstanten Polarwinkel ϑ_0 und wählen als Kurvenparameter t den Winkel φ, also die Kurve $\gamma(t)$ mit

$$\mathbf{x}=r(\sin\vartheta_0\cos t,\sin\vartheta_0\cos t,\cos\vartheta_0)^T. \tag{5.35}$$

Der Geschwindigkeitsvektor

$$\dot{\boldsymbol{\gamma}}(t)=r\sin\vartheta_0(-\sin t,\cos t,0)^T \tag{5.36}$$

mit $|\boldsymbol{\gamma}(t)|=r\sin\vartheta_0$ ist tangential zur Kurve $\gamma(t)$ und der Beschleunigungsvektor

$$\ddot{\boldsymbol{\gamma}}(t)=-r\sin\vartheta_0(\cos t,\sin t,0)^T \tag{5.37}$$

ist nach innen gerichtet, also zur z-Achse hin. Zur Berechnung der geodätischen Krümmung (5.26) berechnen wir zunächst das Spatprodukt

$$\ddot{\boldsymbol{\gamma}}\cdot(\mathbf{n}\times\dot{\boldsymbol{\gamma}})=r^2\sin^2\vartheta_0\cos\vartheta_0\,, \tag{5.38}$$

skalieren wegen der Forderung $|\dot{\boldsymbol{\gamma}}|=1$ um, und erhalten die geodätische Krümmung

$$\kappa_g=r^2\sin^2\vartheta_0\cos\vartheta_0/|\dot{\boldsymbol{\gamma}}|^3=(1/r)\cot\vartheta_0. \tag{5.39}$$

Auf dem Äquator $\vartheta_0=\pi/2$ gilt $\kappa_g=0$, was für eine Geodäte zu erwarten ist. Eine weitere Prüfung des Ergebnisses (5.39) für κ_g finden wir weiter unten.

Dies ist eine gute Gelegenheit, um auch den Paralleltransport längs einer Kurve zu illustrieren. Als Beispiel betrachten wir wieder den obigen Breitenkreis und ein Feld mit den Komponenten α in Richtung des tangentialen Vektors $\mathbf{u}_1=\partial_\vartheta\mathbf{x}=r(\cos\vartheta_0\cos\varphi,\cos\vartheta_0\sin\varphi,-\sin\vartheta)^T$ und die Komponente β in Richtung $\mathbf{u}_2=\partial_\varphi\mathbf{x}=r(-\sin\vartheta_0\sin\varphi,\sin\vartheta_0\cos\varphi,0)^T$. Wir parametrisieren wie oben, das heißt, es gilt auf der Kurve $\dot x^1=0$ und $\dot x^2=1$. Dann lauten die Differentialgleichungen (5.24) für einen Paralleltransport mit den Christoffel-Symbolen (5.28)

$$\dot\alpha=\sin\vartheta_0\cos\vartheta_0\beta\,,\quad \dot\beta=-\cot\vartheta_0\alpha\,, \tag{5.40}$$

oder, wenn wir die erste Gleichung differenzieren und die zweite einsetzen,

$$\ddot\alpha+\cos^2\vartheta_0\alpha=0\,. \tag{5.41}$$

Das ist eine Schwingungsgleichung mit der Lösung

$$\alpha(t)=\sin(t\cos\vartheta_0)\,,\quad \beta(t)=\sin(t\cos\vartheta_0) \tag{5.42}$$

für den Fall, dass **a** anfangs tangential ausgerichtet ist, $\mathbf{a}(0) = \mathbf{u}_2$. (Zur Erinnerung: Als Kurvenparameter t hatten wir den Winkel φ gewählt.) Der Vektor $\mathbf{a} = \alpha\mathbf{u}_1 + \beta\mathbf{u}_2$ dreht sich also bei dem Paralleltransport mit der Frequenz $\cos\vartheta_0$. Nur auf dem Äquator $\vartheta_0 = \pi/2$ bleibt der Vektor konstant, was aber nicht verwundert, denn der Äquator ist eine Geodäte.

Die gaußsche Krümmung: Man benötigt außerdem ein quantitatives Maß für die lokale Krümmung der Fläche $\mathcal{M}$. Da wir durch eine Koordinatentransformation die krummlinigen Koordinaten lokal diagonalisieren können, notieren wir den Ausdruck für die gaußsche Krümmung K nur für den Fall lokal orthogonaler Koordinaten. Dann ist die Metrik diagonal und man findet

$$K = \frac{1}{2g_{11}g_{22}}\Big(-\partial_{22}g_{11} - \partial_{11}g_{22} + \frac{1}{2g_{11}}\left[\partial_1 g_{11}\partial_1 g_{22} + (\partial_2 g_{11})^2\right] + \frac{1}{2g_{22}}\left[\partial_2 g_{11}\partial_2 g_{22} + (\partial_1 g_{22})^2\right]\Big). \tag{5.43}$$

Diese Formel hat den unbestreitbaren Vorzug, dass man sie sich nicht merken kann. Sie ist aber bei gegebener Metrik sehr leicht auszuwerten. Beispiele dazu werden folgen. Wie könnte man aber eine Gleichung wie (5.43) finden, ohne eine direkte Herleitung zu versuchen? Das ist recht einfach, wenn man akzeptiert, dass ein solches Krümmungsmaß nur von den ersten beiden Ableitungen der Metrik abhängen sollte, und dass es invariant sein muss gegenüber Koordinatentransformationen. Außerdem kann man dabei sehen, dass es die einzige solche Invariante darstellt.

Als ein erstes Beispiel betrachten wir wieder einmal die Oberfläche einer Kugel mit Radius r und dem metrischen Tensor aus Gleichung (5.27). Dann sind die einzigen nicht verschwindenden Ableitungen in der Gleichung (5.43) für die gaußsche Krümmung $\partial_1 g_{22} = 2r^2\sin\vartheta\cos\vartheta$ und $\partial_{11}g_{22} = 2r^2(\cos^2\vartheta - \sin^2\vartheta)$ und es ergibt sich

$$\begin{aligned} K &= \frac{1}{2g_{11}g_{22}}\Big(-\partial_{11}g_{22} + \frac{1}{2g_{22}}(\partial_1 g_{22})^2\Big) \\ &= \frac{1}{2r^4\sin^2\vartheta}\Big(-2r^2(\cos^2\vartheta - \sin^2\vartheta) + \frac{(2r^2\sin\vartheta\cos\vartheta)^2}{2r^2\sin^2\vartheta}\Big) = \frac{1}{r^2}. \end{aligned} \tag{5.44}$$

Die Kugeloberfläche hat also, wie schon aus Symmetriegründen zu erwarten ist, eine konstante gaußsche Krümmung und der **Krümmungsradius** $R_k = 1/\sqrt{K}$ ist gleich dem Kugelradius r. Ein entsprechendes Äquivalent mit konstanter negativer Krümmung ist die sogenannte **Pseudosphäre**. Sie ist nicht so leicht zu beschreiben wie die Kugel, insbesondere ist sie nicht kompakt, nicht überall glatt und besitzt Singularitäten. Eine einfachere Fläche konstanter negativer Krümmung werden wir bei der Diskussion des Minkowski-Raumes kennenlernen.

Aufgabe 5.4 (Lös. Seite 125): Zeigen Sie mithilfe der Metrik, dass für die Oberfläche eines Zylinders und für die Mantelfläche eines Kegels die gaußsche Krümmung gleich null ist.

Die gaußsche Krümmung einer ebenen Fläche ist gleich null, aber auch die einer Zylinderfläche, wie wir aus Lösung der Aufgabe gesehen haben. Das erscheint im ersten Moment überraschend, aber die gaußsche Krümmung einer Fläche beschreibt nicht etwa, ob die Fläche gebogen ist oder gerade, sondern die (lokale) Abweichung von einer Ebene. Man kann ein Blatt Papier knitterfrei auf eine Zylinderfläche auflegen, aber nicht auf eine Kugel mit positiver Krümmung (das Papier ist beim Auflegen „zu groß“) und nicht auf eine Sattelfläche mit negativer Krümmung (das Papier ist beim Auflegen „zu klein“).

Statt einer Kugel können wir auch ein Hyperboloid betrachten, wobei wir uns auf rotationssymmetrische Flächen beschränken. Hier müssen zwei Fälle unterschieden werden, die sich beide durch die Winkel χ und φ parametrisieren lassen.

(a) Ein zweischaliges Hyperboloid $R^2 = z^2 - x^2 - y^2$ entsteht durch die Rotation einer nach oben geöffneten Hyperbel in der (x, y)-Ebene um die z-Achse. Die Transformation

$$x = R\sinh\chi\cos\varphi \ , \quad y = R\sinh\chi\sin\varphi \ , \quad x = R\cosh\chi \tag{5.45}$$

führt auf lokal orthogonale Koordinaten auf den Hyperboloidflächen. Die Metrik bestimmt man mit

$$\begin{aligned} \mathrm{d}x &= R\cosh\chi\cos\varphi\,\mathrm{d}\chi - R\sinh\chi\sin\varphi\,\mathrm{d}\varphi \\ \mathrm{d}y &= R\cosh\chi\sin\varphi\,\mathrm{d}\chi + R\sinh\chi\cos\varphi\,\mathrm{d}\varphi \\ \mathrm{d}z &= R\sinh\chi\,\mathrm{d}\chi \end{aligned} \tag{5.46}$$

und die euklidische Metrik des Einbettungsraumes ergibt

$$\mathrm{d}s^2 = \mathrm{d}x^2 + \mathrm{d}y^2 + \mathrm{d}z^2 = R^2(\cosh^2\chi + \sinh^2\chi)\mathrm{d}\chi^2 + R^2\sinh^2\mathrm{d}\varphi^2. \tag{5.47}$$

Wenn man die gaußsche Krümmung dieser Fläche berechnet, so findet man, dass sie positiv ist, aber nicht konstant, wie etwa bei der Kugel. Für große Abstände vom Ursprung geht sie gegen null, was auch zu erwarten ist, da das Hyperboloid sich einem Kreiskegel annähert.

(b) Ein einschaliges Hyperboloid $R^2 = x^2 + y^2 - z^2$ entsteht durch die Rotation einer nach rechts geöffneten Hyperbel in der x, y-Ebene um die z-Achse. Hier lauten die Transformationsgleichungen auf lokal orthogonale Koordinaten $x = R\cosh\chi\cos\varphi$, $y = R\cosh\chi\sin\varphi$, $x = R\sinh\chi$ und mit

$$\begin{aligned} \mathrm{d}x &= R\sinh\chi\cos\varphi\,\mathrm{d}\chi - R\cosh\chi\sin\varphi\,\mathrm{d}\varphi \\ \mathrm{d}y &= R\sinh\chi\sin\varphi\,\mathrm{d}\chi + R\cosh\chi\cos\varphi\,\mathrm{d}\varphi \\ \mathrm{d}z &= R\cosh\chi\,\mathrm{d}\chi \end{aligned} \tag{5.48}$$

wird die euklidische Metrik des Einbettungsraumes zu

$$\mathrm{d}s^2 = \mathrm{d}x^2 + \mathrm{d}y^2 + \mathrm{d}z^2 = R^2(\sinh^2\chi + \cosh^2\chi)\mathrm{d}\chi^2 + R^2\cosh^2\chi\mathrm{d}\varphi^2. \tag{5.49}$$

Hier ist die gaußsche Krümmung negativ und auch sie geht für große Abstände gegen null.

Als weiteres Beispiel betrachten wir wieder die Ebene in Polarkoordinaten aus Aufgabe 5.3, diesmal jedoch mit einem Linienelement

$$\mathrm{d}s^2 = f(r)\mathrm{d}r^2 + r^2\mathrm{d}\varphi^2, \tag{5.50}$$

also einer Metrik $\mathbf{G} = \begin{pmatrix} f(r) & 0 \\ 0 & r^2 \end{pmatrix}$. Wir berechnen daraus die gaußsche Krümmung nach der Formel (5.43) als

$$K = \frac{1}{2r^2 f(r)}\left(2 + \frac{1}{2f(r)}\big(f'(r)2r\big) - \frac{1}{2r^2}\big(-2r\big)^2\right) = \frac{f'(r)}{2r f^2(r)}. \tag{5.51}$$

Wir wollen die Metrik so wählen, dass die Krümmung konstant ist. Die zugehörige Metrik $f(r)$ bestimmt man durch Integration von (5.51) mit der Nebenbedingung $f(r) = 1$ für $K = 0$ als

$$f(r) = \frac{1}{1 - Kr^2}. \tag{5.52}$$

Wir unterscheiden die Fälle positiver und negativer Krümmung.

(a) Für positive Krümmung mit dem Krümmungsradius $R = 1/\sqrt{K}$ und

$$f(r) = \frac{1}{1 - (r/R)^2}. \tag{5.53}$$

Dadurch wird die Ebene auf den Kreis $r < R$ eingeschränkt. Durch die Krümmung ändert sich die Länge mit dem Radius r und wir erhalten für den Abstand a vom Koordinatenursprung

$$a = \int_0^r f(r)\,\mathrm{d}r = \int_0^r \frac{1}{1-(r/R)^2}\,\mathrm{d}r = R\arcsin(r/R) \quad \text{oder} \quad r = R\sin(a/R). \tag{5.54}$$

Hier fällt auf, dass durch die Metrik die Ebene auf den Kreis $r < R$ eingeschränkt wird. Wir wollen auch die Geodäten in dieser Kreisebene mit konstanter positiver Krümmung bestimmen. Dazu berechnen wir die Christoffel-Symbole nach (5.13) als

$$\mathbf{\Gamma}^{(r)} = \begin{pmatrix} f'/2f & 0 \\ 0 & -r/f \end{pmatrix} \quad \text{und} \quad \mathbf{\Gamma}^{(\varphi)} = \begin{pmatrix} 0 & 1/r \\ 1/r & 0 \end{pmatrix} \tag{5.55}$$

und dann nach (5.21) die Geodätengleichungen

$$\ddot{r} + \frac{f'(r)}{2f(r)}\dot{r}^2 - \frac{r}{f(r)}\dot{\varphi}^2 = 0\,, \quad \ddot{\varphi} + \frac{2}{r}\dot{\varphi}\dot{r} = 0. \tag{5.56}$$

Durch einen einfachen Trick lässt sich in diesem Fall die weitere Rechnung vereinfachen, indem wir den Kreis in der (x, y)-Ebene mit $r = R\sin\vartheta$ auf die Oberfläche einer Halbkugel $x^2 + y^2 + z^2 = R^2$ mit $z = R\cos\vartheta \geq 0$ abbilden. Dann erhält man $f(r) = 1/\cos^2\vartheta$ und mit

$$\dot{r} = R\dot{\vartheta}\cos\vartheta\,, \quad \ddot{r} = R\ddot{\vartheta}\cos\vartheta - R\dot{\vartheta}^2\sin\vartheta \tag{5.57}$$

gehen die Geodätengleichungen (5.56) in die der Geodäten auf der Kugel in Gleichung (5.29) über. Wir können daher die Geodäten in der Ebene konstanter positiver Krümmung als Projektion der Großkreise auf der Kugel darstellen. Auch die Beziehung (5.54) zwischen r und dem Abstand a vom Ursprung wird klarer, denn auf der Kugeloberfläche erscheint der Urspung der Ebene als Nordpol, dessen Abstand auf der Kugeloberfläche von einem Punkt auf einem Breitenkreis mit Radius r durch die Bogenlänge $a = R\vartheta = R\arcsin(r/R)$ gegeben ist.

(b) Für negative Krümmung und $R = 1/\sqrt{-K}$ ist die Metrik

$$f(r) = \frac{1}{1+(r/R)^2}. \tag{5.58}$$

in der gesamten Ebene definiert und das Integral (5.54) ergibt

$$a = \int_0^r f(r)\,\mathrm{d}r = \int_0^r \frac{1}{1+(r/R)^2}\,\mathrm{d}r = R\,\mathrm{arcsinh}(r/R) \quad \text{oder} \quad r = R\sinh(r/R). \tag{5.59}$$

Allerdings finden wir hier keine einfache Erklärung dieser Metrik konstanter negativer Krümmung in der Ebene durch eine gekrümmte Fläche im dreidimensionalen Raum. Ein solcher Zusammenhang kann erst weiter unten im Minkowski-Raum hergestellt werden.

Der Satz von Gauß-Bonnet: Die mittlere gaußsche Krümmung einer Mannigfaltigkeit hängt eng mit ihren topologischen Eigenschaften zusammen, genauer mit ihrer **Euler-Charakteristik** $\chi(\mathcal{M})$. Für alle Flächen homöomorph zu einer Kugel, Ebene oder einem Torus hat χ die Werte 2, 1 bzw. 0. Es gilt der **Satz vom Gauß-Bonnet**, benannt nach dem deutschen Mathematiker und Physiker Carl Friedrich Gauß (1777-1855) und dem französischen Mathematiker Pierre Ossian Bonnet (1819-1892): Für eine kompakte und orientierbare zweidimensionale riemannsche Mannigfaltigkeit[3] $\mathcal{M}$ mit glattem Rand $\partial\mathcal{M}$ gilt

$$\int_{\mathcal{M}} K\,\mathrm{d}S + \int_{\partial\mathcal{M}} \kappa_g\,\mathrm{d}s = 2\pi\chi\,. \tag{5.60}$$

Dabei ist κ_g die geodätische Krümmung auf der Randkurve. (Es sei darauf hingewiesen, dass κ_g nicht nur von der Randkurve anhängt, sondern auch von der Fläche, die sie berandet.) Insbesondere ist für eine geschlossene Fläche ohne Rand das Integral der Krümmung K über die

[3] Für uns soll es hier ausreichen, darunter eine Mannigfaltigkeit mit einer Metrik zu verstehen.

gesamte Oberfläche gleich $2\pi\chi$:

$$\oiint_{\mathcal{M}} K\,\mathrm{d}S = 2\pi\chi\,. \tag{5.61}$$

Für die Kugeloberfläche mit $K = 1/r^2$ und Oberfläche $4\pi r^2$ ergibt das Integral 4π, in Übereinstimmung mit $2\pi\chi$ und $\chi = 2$. Der Satz sagt aber noch mehr: Wenn wir die Kugeloberfläche stetig deformieren, dann ändern sich Oberfläche und Krümmung so, dass ihr Integral konstant bleibt.

Als Beispiel einer berandeten Fläche betrachten wir eine Kugelkappe um den Nordpol, also die Fläche auf einer Kugel mit $0 \le \vartheta \le \vartheta_0$. Ihre Oberfläche entnehmen wir einer Formelsammlung als $S = 2\pi r h$, wobei $h = r(1-\cos\vartheta_0)$ die Höhe der Kugelkappe ist. Wir prüfen kurz nach, dass sich für $\vartheta_0 = 0$ null ergibt, und für $\vartheta_0 = \pi$ die gesamte Kugeloberfläche $4\pi r^2$. Damit ist das erste Integral in Gleichung (5.60) mit $K = 1/r^2$ gleich $2\pi(1-\cos\vartheta_0)$. Für das zweite Integral haben wir die geodätische Krümmung schon in Gleichung (5.39) als $\kappa_g = (1/r)\cot\vartheta_0$ berechnet. Dann ist das Integral über den Breitenkreis mit Umfang $2\pi r\sin\vartheta_0$ gleich

$$\int_{\partial\mathcal{M}} \kappa_g \mathrm{d}s = 2\pi\cos\vartheta_0\,. \tag{5.62}$$

Beide Integrale zusammen ergeben also 2π, in Übereinstimmung mit $2\pi\chi$, denn die Fläche der Kugelkappe ist homöomorph zu einer Ebene mit $\chi = 1$.

Der Satz von Gauß-Bonnet lässt sich auch auf Randkurven erweitern, die nur stückweise glatt sind. Dann ändert sich die Richtung des Tangentenvektors an den Unstetigkeitspunkten um den Winkel ϕ_j und die linke Seite von Gleichung (5.60) muss um einen Term $+\sum_j \phi_j$ ergänzt werden. Zur Illustration betrachten wir das Beispiel eines Dreiecks auf der Kugel, das aus Großkreisbögen zusammengesetzt ist. Dies sind Geodäten und daher ist ihre geodätische Krümmung κ_g gleich null. Die drei Außenwinkel zwischen den Tangenten sind jeweils gleich π abzüglich der Innenwinkel α, β und γ. Mit der Euler-Charakteristik $\chi = 1$, der Krümmung $K = 1/r^2$ und der Dreiecksfläche S gilt dann nach dem (erweiterten) Satz von Gauß-Bonnet (5.60) $S/r^2 + 3\pi - \alpha - \beta - \gamma = 2\pi$, oder

$$S/r^2 = \alpha + \beta + \gamma - \pi\,, \tag{5.63}$$

also die bekannte Formel für die Fläche eines Kugeldreiecks. (Man sollte sich vergewissern, dass sich im Grenzfall $r \to \infty$ die korrekte Winkelsumme für das ebene Dreieck ergibt.)

Paralleltransport: Wenn man einen Vektor $\mathbf{a}$ auf $\mathcal{M}$ längs einer Kurve $\gamma(t)$ parallel verschiebt, wenn also die kovariante Ableitung längs γ verschwindet, $\nabla_\gamma \mathbf{a} = \dot{\mathbf{a}} - (\dot{\mathbf{a}}\cdot\mathbf{n})\,\mathbf{n} = 0$ (vgl. Gleichung (5.19)), dann bleibt das Feld $\mathbf{a}(t)$ tangential und sein Betrag $|\mathbf{a}(t)|$ ändert sich nicht, wohl aber seine Richtung. Diese Winkeländerung ist unabhängig von dem betrachteten Vektorfeld, denn die Winkel zwischen Vektoren bleiben bei Paralleltransport konstant. Zwei Beispiele haben wir oben untersucht, den Paralleltransport auf einem Kreis in der Ebene und auf einer Kugel längs eines Breitenkreises.

Wenn wir ein Vektorfeld auf $\mathcal{M}$ entlang einer geschlossenen Kurve transportieren, so erhalten wir nach einem vollständigen Umlauf in der Regel nicht das ursprüngliche Feld zurück, sondern ein Feld, das um einen Winkel Ψ gedreht ist, wie in Bild 5.2 illustriert. Eine solche Änderung einer Größe nach Durchlaufen eines geschlossenen Weges im Parameterraum bezeichnet man als **Holonomie** und daher heißt der geänderte Winkel Ψ bei einem Paralleltransport **Holonomiewinkel**. Dieser Holonomiewinkel ist abhängig von der Kurve $\gamma(t)$ und von der Mannigfaltigkeit $\mathcal{M}$ längs des Weges, aber nicht von dem betrachteten Vektorfeld und nicht von dem gewählten Anfangspunkt des geschlossen Weges. Wenn die Kurve γ eine Geodäte ist,

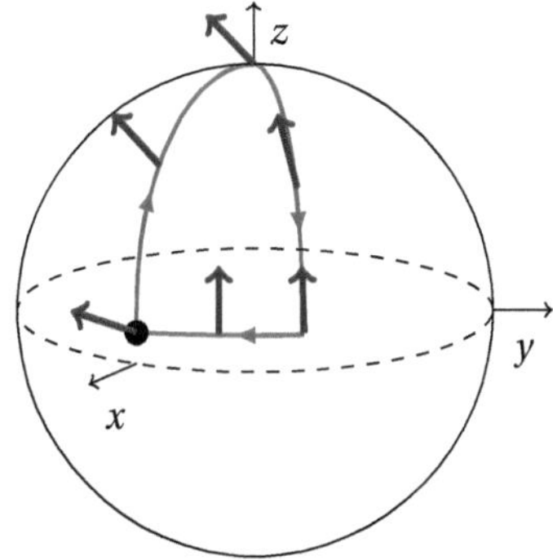

Bild 5.2 Paralleltransport eines Vektorfeldes (Pfeile) von Punkt (•) im Uhrzeigersinn längs eines geschlossenen Weges. Zwischen Anfangs- und Endpunkt ergibt sich eine Differenz der Feldrichtung.

wird definitionsgemäß das Vektorfeld $\dot{\boldsymbol{\gamma}}$ parallel transportiert, und folglich jedes andere Feld genauso. Also ist für eine Geodäte $\Psi = 0$.

Betrachten wir wieder das Beispiel eines Paralleltransports längs eines Breitenkreises auf der Kugeloberfläche mit dem Polarwinkel ϑ_0. Wir hatten gezeigt, das sich der Vektor dabei mit der Frequenz $\cos\vartheta_0$ dreht (vgl. Gleichung (5.41)). Bei einem vollständigen Umlauf ergibt sich der Holonomiewinkel als

$$\Psi = 2\pi\cos\vartheta_0. \tag{5.64}$$

Auf dem Äquator mit $\vartheta_0 = \pi/2$ ist daher der Holonomiewinkel gleich null, das heißt, die Feldrichtung bleibt unverändert, am Nordpol gleich 2π und am Südpol gleich -2π. Es ist hier erhellend, das Ganze einmal aus zwei unterschiedlichen Perspektiven zu betrachten. Beginnen wir mit der Situation am Nordpol. Hier konstatiert ein „Beobachter", der sich entlang der Kurve mitbewegt, dass sich der Feldvektor bei einem Umlauf einmal herumdreht. Für einen Beobachter außerhalb bleibt der Feldvektor hingegen unverändert (vgl. dazu Aufgabe 5.3). Für den Paralleltransport längs des Äquators wissen wir auch ohne Rechnung, dass der Holonomiewinkel gleich null ist, denn der Äquator ist eine Geodäte.

Einem aufmerksamen Leser könnte aufgefallen sein, dass der Holonomiewinkel (5.64), also das Integral über die Drehung bei dem Paralleltransport eines Vektorfeldes auf $\mathcal{M}$, genau mit dem Integral (5.62) über die geodätische Krümmung übereinstimmt. Es lässt sich zeigen, dass dies nicht nur in unserem Beispiel gilt, sondern ganz allgemein. Damit ergibt sich mit dem Satz von Gauß-Bonnet (5.60) eine interessante Beziehung zwischen dem Holonomiewinkel und der gaußschen Krümmung der eingeschlossenen Fläche, nämlich

$$\Psi = 2\pi - \oint\!\!\oint_{\mathcal{M}} K\,\mathrm{d}S, \tag{5.65}$$

falls diese Fläche homöomorph zu einer Ebene ist ($\chi = 1$) und die Randkurve glatt ist.

Der Torus: Als ein weiteres Beispiel betrachten wir die Oberfläche eines Torus. Genauer gesagt handelt es sich um einen Ringtorus, der sich erzeugen lässt indem man einen Kreis mit Radius a in der (x,z)-Ebene mit Mittelpunkt auf der x-Achse bei $x = c > a$ um die z-Achse dreht. Ein solcher Torus, dargestellt in Bild 5.3, lässt sich parametrisieren, indem man als Koordinaten x^1 und x^2 die beiden Winkel u und v wählt mit den Transformationsgleichungen

$$\mathbf{x} = (w\cos u,\, w\sin u,\, a\sin v) \quad \text{mit} \quad w = c + a\cos v\,. \tag{5.66}$$

Die Vektoren in den Koordinatenrichtungen

$$\mathbf{u} = (-w\sin u, w\cos u, 0)^T\,, \quad \mathbf{v} = (-a\sin v\cos u, -a\sin v\sin u, a\cos v)^T \tag{5.67}$$

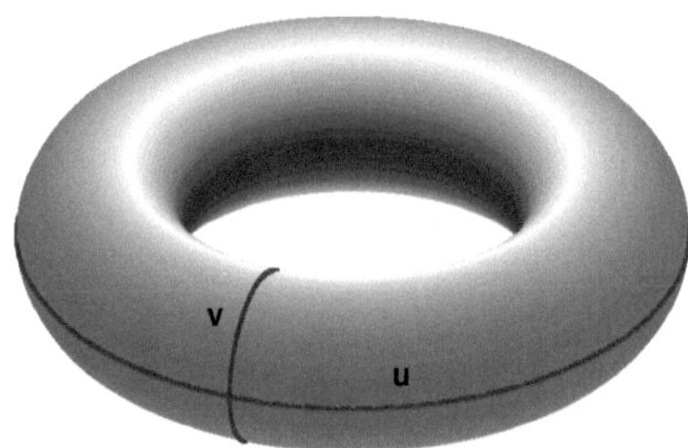

Bild 5.3 Torus-Fläche: Durch die Winkel u und v wird ein orthogonales Koordinatensystem erzeugt. Die gaußsche Krümmung K ist positiv an der Außen- und negativ auf der Innenseite.

sind orthogonal, $\mathbf{u} \cdot \mathbf{v} = 0$. Mit $|\mathbf{u}| = w$, $|\mathbf{v}| = a$ erhalten wir die Metrik

$$\mathbf{G} = \begin{pmatrix} w^2 & 0 \\ 0 & a^2 \end{pmatrix}. \tag{5.68}$$

Bild 5.3 zeigt uns einen solchen Torus für $c = 4$, $a = 2$. Eingezeichnet sind die beiden Koordinatenlinien für $v = 0$ und $u = 0$. Für $u = 0$ oder für jeden festen Wert von u ergeben sich Kreislinien um den Torusmantel mit Radius a, sogenannte Meridiankreise. Auch für konstantes v erhalten wir Kreise, die Mittenkreise. Speziell für $v = 0$ ergibt sich ein Kreis in der (x, y)-Ebene mit dem Radius $r_+ = c + a$, der äußere Äquator, und für $v = \pi$ ein solcher Kreis mit dem Radius $r_- = c - a$, der innere Äquator.

Zur Berechnung der gaußschen Krümmung berechnen wir die von null verschiedenen partiellen Ableitungen

$$\partial_v g_{uu} = -2aw \sin v \quad \partial_{vv} g_{uu} = -2ac \cos v + 2a^2(\sin^2 v - \cos^2 v) \tag{5.69}$$

und erhalten damit aus (5.43) die Krümmung

$$K = \frac{\cos v}{a(c + a\cos v)}. \tag{5.70}$$

Wegen der Rotationssymmetrie hängt die Krümmung nicht von dem Winkel u ab, und es ist beruhigend zu sehen, dass der Nenner immer positiv ist, da $c > a > 0$. Dort, wo der $\cos v$ null wird, also auf den Kreisen mit Radius c ganz oben und ganz unten auf dem Torus, ist die Krümmung gleich null, wie auf einer Zylinderfläche. Auf der Außenseite ist die Krümmung positiv, mit einem Maximum von $K_+ = 1/ar_+$, auf der Innenseite negativ mit einem Minimum von $K_- = 1/ar_-$, was naheliegt wegen der Ähnlichkeit mit einer Sattelfläche. In dem Bild 5.3 ist die Krümmung durch eine Farbkodierung dargestellt. Aus dem Satz von Gauß-Bonnet (5.61) sehen wir, dass die Krümmung über die gesamte Torusfläche gemittelt gleich null ist, denn der Torus hat die Euler-Charakteristik $\chi = 0$.

Interessant ist auch das Verhalten der Geodäten auf dem Torus. Auf der Kugel gibt es nur einen einzigen Typ von Geodäten, nämlich Teile von Großkreisen. Auf dem Torus ist das anders. Man kann sich leicht überlegen, dass wegen der Rotationssymmetrie alle Meridiankreise Geodäten sind (Typ I), sowie außerdem die beiden Äquatorialkreise mit $v = 0$ oder $v = \pi$ (Typ II). Hier erkennt man schon, dass es mindestens zwei Typen von Geodäten geben muss, denn man kann die oben identifizierten Geodäten vom Typ I nicht stetig in die vom Typ II überführen. Wir bestimmen wie oben eine Differentialgleichung der Geodäten, indem wir zunächst die

Christoffel-Symbole berechnen. Wir finden

$$\left(\Gamma^u_{jk}\right) = \begin{pmatrix} 0 & -\frac{a}{w}\sin v \\ -\frac{a}{w}\sin v & 0 \end{pmatrix}, \quad \left(\Gamma^v_{jk}\right) = \begin{pmatrix} \frac{w}{a}\sin v & 0 \\ 0 & 0 \end{pmatrix} \tag{5.71}$$

und damit die Differentialgleichungen

$$\ddot{u} - \frac{2a}{w}\sin v\,\dot{u}\,\dot{v} = 0\,, \quad \ddot{v} + \frac{w}{a}\sin v\,\dot{u}^2 = 0. \tag{5.72}$$

Ähnlich wie oben im Falle der Kugelfläche erhalten wir daraus

$$\dot{u} = \frac{k_1}{w^2}\,, \quad \dot{v} = \pm\sqrt{k_2 - \frac{k_1^2}{a^2 w^2}} \tag{5.73}$$

mit den Integrationskonstanten k_1, k_2 und und schließlich durch Division

$$\frac{\mathrm{d}u}{\mathrm{d}v} = \pm\frac{ah}{w\sqrt{w^2 - h^2}}. \tag{5.74}$$

Dabei ist h eine Konstante, festgelegt durch die Anfangsrichtung. Die rechte Seite von (5.74) ist nur eine Funktion von v, die sich nicht in geschlossener Form integrieren lässt. Die möglichen Werte der Konstanten h sind ein eingeschränkt durch $w^2 + h^2 > 0$. Insbesondere muss $|h|$ kleiner sein als $c + a$, der Radius des äußeren Äquators. Wenn h das Vorzeichen wechselt, wird aus einer Lösungskurve ihr Spiegelbild, sodass wir uns auf Werte im Intervall $0 \le h \le c + a$ beschränken können.

- **Typ I** $(\boldsymbol{0 \le h < c - a})$**:** Für $h = 0$ bleibt u konstant, also erhalten wir als Geodäte die oben schon erwähnten Meridiankreise. Wenn h anwächst, wird die Geodätenkurve schräg und windet sich in Spiralform um den Torus herum. Man kann dabei zählen, wie viele v-Umläufe die Kurve bei einem u-Umlauf ausführt. Für spezielle Werte ist diese Zahl rational und es ergeben sich periodische Geodäten. Mit weiter zunehmendem h nimmt die Frequenz dieser Umläufe ab.
- **Grenzfall** $(\boldsymbol{h = c - a})$**:** Für $h = c - a$ ist die Kurve für $v = \pi$ tangential zum inneren Äquator. Also sehen wir einerseits, dass der innere Äquator eine Geodäte ist, und andererseits, dass für $h = c - a$ keine Geodäte den inneren Äquator schneiden kann. Geodäten mit diesem kritischen h-Wert, die nicht auf dem inneren Äquator beginnen, nähern sich ihm asymptotisch.
- **Typ II** $(\boldsymbol{c - a < h \le c + a})$**:** Für $h > c - a$ gibt es einen Bereich um den inneren Äquator, in dem keine Geodäten dieses Typs existieren. Das folgt aus $w > h$, denn der Radikand in (5.74) muss positiv sein. Die Geodäten sind am Rand dieses Bereiches bei $w = h$ tangential zu einem Mittenkreis mit Radius h und sie werden daran reflektiert. Mit wachsendem h dehnt sich der verbotene Gürtel aus, sodass schließlich für $h \lesssim c + a$ nur noch ein schmaler Steifen um den äußeren Äquator übrig bleibt, in dem die Geodäten um ihn oszillieren. Für $h = c + a$ existiert nur noch der äußere Äquator als Geodäte.

Zum Abschluss werfen wir noch einen kurzen Blick auf der Paralleltransport eines Vektors $\mathbf{a} = \alpha\mathbf{u} + \beta\mathbf{v}$ entlang einer Kurve $\gamma(t)$ auf der Torusfläche. Mit den Christoffel-Symbolen (5.71) lauten die Transportgleichungen (5.24)

$$\dot{\alpha} = (a/w)\,(\dot{v}\alpha + \dot{u}\beta)\sin v\,, \quad \dot{\beta} = -(w/a)\,\dot{u}\alpha\sin v\,. \tag{5.75}$$

Skeptiker können nachprüfen, dass dabei wirklich der Betrag $|\mathbf{a}(t)|^2 = \alpha^2|\mathbf{u}|^2 + \beta^2|\mathbf{v}|^2$ konstant bleibt. Wir wollen uns hier aber darauf beschränken, zwei einfache Situationen zu betrachten. **(a)** Für einen Paralleltransport längs eines Meridians u – konstant bleibt auch β konstant und, wenn wir als Kurvenparameter $t = v$ wählen, ändert sich $\alpha(t)$ gemäß $\dot{\alpha} = (a/w)\sin v\alpha$. Dann

bleibt $\alpha|\mathbf{u}| = \alpha w$ konstant und damit auch der Winkel zur Kurve $\gamma(t)$. Dies ist das erwartete Resultat, dass also die Meridiankreise Geodäten sind.
(b) Ein Paralleltransport entlang eines Mittenkreises v = konstant mit der Parametrisierung $t = u$ führt zu

$$\dot{\alpha} = (a/w)\,\beta \sin v\,, \quad \dot{\beta} = -(w/a)\,\alpha \sin v\,. \tag{5.76}$$

Für $v = 0$ bleiben α und β unverändert, was zu erwarten ist, da der innere und der äußere Äquator Geodäten sind. Allgemein findet man durch Differenzieren die Gleichung

$$\ddot{\alpha} + \sin^2 v\,\alpha = 0\,, \tag{5.77}$$

also eine Drehung mit der Frequenz $\sin v$. Interessant sind hier die Spezialfälle $v = \pm\pi/2$, also ein Transport auf dem oberen oder unteren Torusrücken. Dann ergibt sich eine synchrone Drehung mit einem Holonomiewinkel von 2π, genau wie bei einem Transport entlang eines Kreises in der Ebene (vgl. Aufgabe 5.3). Das ist einleuchtend, wenn man sich daran erinnert, dass hier die gaußsche Krümmung des Torus gleich null ist.

5.2 Die flache Raumzeit

In der nicht-relativistischen Mechanik ist kein Inertialsystem ausgezeichnet. Die Transformation von einem solchen System auf ein anderes, das sich mit der konstanten Geschwindigkeit $\mathbf{v}$ bewegt, ist einfach: Seien t und $\mathbf{r}$ Zeit und Koordinaten in dem einen System, t' und $\mathbf{r}'$ in dem anderen und wählen wir die Systeme so, dass ihre Nullpunkte zum Zeitnullpunkt zusammenfallen, so ist die Transformation gleich

$$t' = t\,, \quad \mathbf{r}' = \mathbf{r} - \mathbf{v}t\,. \tag{5.78}$$

Die Zeit bleibt also unverändert und die Raumkoordinaten werden in Richtung der Geschwindigkeit verschoben. Diese **Galilei-Transformation** (benannt nach dem italienischen Gelehrten Galileo Galilei (1564-1641)) lässt die Gesetze der klassischen Mechanik invariant. Wenn man zwei solche Transformationen zwischen bewegten Systemen mit den Geschwindigkeiten $\mathbf{v}_1$ und $\mathbf{v}_2$ hintereinander schaltet, so ergibt sich wieder eine Galilei-Transformation zu der Geschwindigkeit $\mathbf{v}_1 + \mathbf{v}_2$. Die Geschwindigkeiten addieren sich dabei wie gewohnt. Die Galilei-Transformationen bilden eine Gruppe, die Galilei-Gruppe. Wegen $\mathbf{v}_1 + \mathbf{v}_2 = \mathbf{v}_2 + \mathbf{v}_1$ ist sie kommutativ.

In der Elektrodynamik ist die Situation anders. Hier gibt es im Gegensatz zur klassischen Mechanik eine ausgezeichnete Geschwindigkeit. Die Maxwell-Gleichungen gelten in allen Inertialsystemen und elektromagnetische Wellen breiten sich im Vakuum mit der gleichen Geschwindigkeit aus, der Lichtgeschwindigkeit $c = 299792458\,m/s$, die also in allen Inertialsystemen den gleichen Wert hat. Daraus ergab sich eine grundsätzliche Revision des Raum- und Zeitbegriffes mit Verzicht auf einen absoluten Raum und eine absolute Zeit, und zwar nicht nur für die Elektrodynamik, sondern auch für die Mechanik und die gesamte Physik. Die grundlegende Transformation zwischen bewegten Systemen ist die **Lorentz-Transformation** (benannt nach dem niederländischer Mathematiker und Physiker Hendrik Antoon Lorentz (1853-1928)). Wir wollen hier unsere Koordinatensysteme so wählen, dass ihre die x- bzw. x'-Achse in Geschwindigkeitsrichtung zeigt. Mit den üblichen Abkürzungen

$$\gamma = \frac{1}{\sqrt{1 - v^2/c^2}} = \frac{1}{\sqrt{1 - \beta^2}} \quad \text{mit} \quad \beta = \frac{v}{c} \tag{5.79}$$

lautet die Lorentz-Transformation dann

$$t' = \gamma(t - \beta x/c)\,, \quad x' = \gamma(x - vt)\,, \quad y' = y\,, \quad z' = z\,. \tag{5.80}$$

Ihre Umkehrung ist

$$t = \gamma(t' + \beta x'/c)\,, \quad x = \gamma(x' + vt')\,, \quad y = y'\,, \quad z = z'\,. \tag{5.81}$$

Das ist einerseits plausibel, weil hier ja einfach v durch $-v$ ersetzt wird, sollte aber sicherheitshalber durch Einsetzen verifiziert werden. Wir werden weiter unten eine andere Bestätigung liefern. Diese Transformation führt zu

$$\frac{\Delta x'}{\Delta t'} = \frac{\gamma(\Delta x - v\Delta t)}{\gamma(\Delta t - \beta\Delta x)/c)} = \frac{\Delta x/\Delta t - v}{1 - (\beta/c)\Delta x/\Delta t} = c \tag{5.82}$$

für $\Delta x/\Delta t = c$. Wir erhalten also in beiden Systemen die gleiche Lichtgeschwindigkeit.

Es erweist sich als sehr zweckmäßig, statt der Zeit t und der Raumkoordinaten x, y, z die Koordinaten

$$(x^\mu) = (x^0, x^1, x^2, x^3) = (ct, x, y, z) \tag{5.83}$$

einzuführen. Dabei sorgt der Faktor c bei der Zeit dafür, dass alle Koordinaten die Dimension einer Länge haben. Man nennt den durch diese Vierervektoren aufgespannten vierdimensionalen Raum nach dem deutschen Mathematiker und Physiker Hermann Minkowski (1864-1909) **Minkowski-Raum** oder auch **Raumzeit**. Dabei unterscheiden sich die kovarianten Komponenten, wir schreiben sie als a_μ mit tiefgestellten Indizes, von den kontravarianten Komponenten eines Vierervektors, wir schreiben sie als a^μ mit hochgestellten Indizes, durch ihr Verhalten bei einer Koordinatentransformation $x \leftrightarrow x'$. Es gilt

$$a'^\mu = a^\nu \frac{\partial x'^\mu}{\partial x^\nu}\,, \quad a'_\mu = \frac{\partial x^\nu}{\partial x'^\mu} a_\nu\,. \tag{5.84}$$

Hier haben wir die einsteinsche Summenkonvention benutzt: Über doppelt vorkommende Indizes in einem Produkt, die einmal oben und einmal unten stehen, wird summiert (vgl. Seite 102).[4]

Im Folgenden werden wir uns auf eine einzige Raumdimension beschränken, die x-Richtung und unsere Raumzeit ist zweidimensional. Dabei lassen sich wichtige Grundzüge der speziellen Relativitätstheorie darstellen und wir können mit den 2×2-Matrizen, dem Gegenstand dieses Buches, auskommen. Für die Lorentz-Transformation $x \leftrightarrow x'$ definieren wir die Transformationsmatrix

$$\boldsymbol{\Lambda} = \left(\Lambda^{\mu'}_{\nu}\right) = \left(\frac{\partial x^{\mu'}}{\partial x^\nu}\right) = \begin{pmatrix} \gamma & -\beta\gamma \\ -\beta\gamma & \gamma \end{pmatrix} \tag{5.85}$$

und schreiben die Lorentz-Transformation einfach als

$$x'^\mu = \Lambda^\mu_\nu x^\nu\,. \tag{5.86}$$

Die Matrix $\boldsymbol{\Lambda}$ ist symmetrisch mit Determinante eins,

$$\det \boldsymbol{\Lambda} = \gamma^2 - \beta^2\gamma^2 = \gamma^2(1 - \beta^2) = 1\,, \tag{5.87}$$

und ihre Inverse ist (vgl. M2, Gleichung (1.21))

$$\boldsymbol{\Lambda}^{-1} = \left(\Lambda^\mu_{\nu'}\right) = \left(\frac{\partial x^\mu}{\partial x^{\nu'}}\right) = \begin{pmatrix} \gamma & \beta\gamma \\ \beta\gamma & \gamma \end{pmatrix}, \tag{5.88}$$

[4] Außerdem verwenden wir griechische Indizes, falls der Index 0 für die zeitliche Komponente enthalten ist, sonst römische Indizes.

also eine Lorentz-Transformation für eine Geschwindigkeit $-v$.

Die Lorentz-Transformation hängt von der Geschwindigkeit v ab. Wir schreiben daher

$$\mathbf{\Lambda}(v) = \begin{pmatrix} \gamma & -\beta\gamma \\ -\beta\gamma & \gamma \end{pmatrix} = \gamma \begin{pmatrix} 1 & -\beta \\ -\beta & 1 \end{pmatrix} \tag{5.89}$$

mit $\mathbf{\Lambda}(0) = \mathbf{I}$. Wenn wir zwei solche Transformationen mit den Geschwindigkeiten v_1 und v_2 nacheinander ausführen, so ergibt sich

$$\begin{aligned} \mathbf{\Lambda}(v_1)\mathbf{\Lambda}(v_2) &= \gamma_1\gamma_2 \begin{pmatrix} 1 & -\beta_1 \\ -\beta_1 & 1 \end{pmatrix} \begin{pmatrix} 1 & -\beta_2 \\ -\beta_2 & 1 \end{pmatrix} \\ &= \gamma_1\gamma_2 \begin{pmatrix} 1+\beta_1\beta_2 & -\beta_1-\beta_2 \\ -\beta_1-\beta_2 & 1+\beta_1\beta_2 \end{pmatrix} = \overline{\gamma} \begin{pmatrix} 1 & -\overline{\beta} \\ -\overline{\beta} & 1 \end{pmatrix} \end{aligned} \tag{5.90}$$

mit der Definition

$$\overline{\beta} = \frac{\beta_1 + \beta_2}{1 + \beta_1\beta_2}. \tag{5.91}$$

Aufgabe 5.5 (Lös. Seite 126) : Eine kleine Nebenrechnung zeigt uns: Dann gilt auch

$$\overline{\gamma} = \frac{\gamma_1\gamma_2}{1+\beta_1\beta_2} = 1\Big/\sqrt{1-\overline{\beta}^2}.$$

Daraus können wir wichtige Folgerungen ziehen. Einmal haben wir gezeigt, dass die resultierende Transformation wieder eine Lorentz-Transformation ist, eine Transformation auf ein Bezugssystem mit einer Geschwindigkeit $\overline{v} = \overline{\beta}c$. Wir können dann mit $\overline{v} = v_1 \oplus v_2$ eine relativistische Addition $\oplus$ der Geschwindigkeiten definieren:

$$v_1 \oplus v_2 = \frac{v_1 + v_2}{1 + \frac{v_1 v_2}{c^2}}. \tag{5.92}$$

Diese Summengeschwindigkeit ist gleich c, wenn eine der beiden Geschwindigkeiten v_1 oder v_2 gleich c ist, sonst ist sie immer kleiner als die Lichtgeschwindigkeit. Für Geschwindigkeiten, die klein sind gegenüber der Lichtgeschwindigkeit, geht die Lorentz-Transformation in die Galilei-Transformation über. Wir können uns davon überzeugen, dass die Lorentz-Transformationen wie die Galilei-Transformationen eine Gruppe bilden. Dazu muss es ein neutrales Element geben, das ist die Lorentz-Transformation $\Lambda(0)$ zur Geschwindigkeit $v = 0$, und es muss zu jedem $\Lambda(v)$ eine inverse Transformation geben, das ist $\Lambda(-v)$. Außerdem muss das Assoziativgesetz gelten. Das bedeutet für die relativistische Summation $v_1 \oplus (v_2 \oplus v_3) = (v_1 \oplus v_2) \oplus v_3$ und lässt sich auch, falls erwünscht, mit etwas Rechenarbeit aus Gleichung (5.92) beweisen. Hier können wir aber darauf verzichten, denn dieses Additionsgesetz war ja eine direkte Folgerung der Matrix-Transformation

$$\Lambda(v_1)\Lambda(v_2) = \Lambda(v_1 \oplus v_2). \tag{5.93}$$

Die Matrixmultiplikation ist assoziativ (vgl. M2, Aufgabe 1.1 auf Seite 14) und dies überträgt sich auf die Lorentz-Transformation.

Im Minkowski-Raum haben zwei Punkte $(ct_1, x_1, y_1.z_1)$ und (ct_2, x_2, y_2, z_2), man nennt sie auch **Ereignisse**, den „Abstand" s_{21} mit

$$s_{12}^2 = (ct_1 - ct_2)^2 - (x_1 - x_2)^2 - (y_1 - y_2)^2 - (z_1 - z_2)^2. \tag{5.94}$$

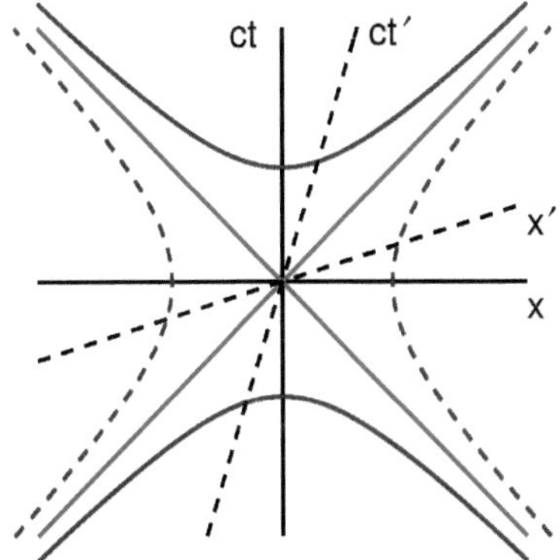

Bild 5.4 Minkowski-Raum für eine Relativbewegung in x-Richtung. Die gestrichelten Geraden sind die Koordinatenrichtungen im bewegten System. Auf den Hyperbeln ist Δs^2 konstant positiv (durchgezogen) bzw. negativ (gestrichelt).

Für den bewegten Beobachter ist dieser Abstand der beiden Ereignisse $(ct'_1, x'_1, y'_1, z'_1)$ und $(ct'_2, x'_2, y'_2, z'_2)$ gleich

$$s'^{\,2}_{12} = (ct'_1 - ct'_2)^2 - (x'_1 - x'_2)^2 - (y'_1 - y'_2)^2 - (z'_1 - z'_2)^2 . \tag{5.95}$$

Mithilfe der Lorentz-Transformation findet man, dass die so definierten Abstände in beiden Systemen gleich sind. Der **Minkowski-Abstand** ist also eine **Lorentz-Invariante**, genauer ausgedrückt, eine skalare Lorentz-Invariante, denn es gibt auch vektorielle oder tensorielle Invarianten. Wir überlassen den Beweis dieser wichtigen Invarianz einer Aufgabe:

Aufgabe 5.6 (Lös. Seite 126): Zeigen Sie durch direkte Rechnung, dass der Abstand s_{12} zweier Ereignisse in allen Inertialsystemen den gleichen Wert hat.

Man bezeichnet Punkte, deren Abstand[5] von einem gegebenen Punkt im Minkowski-Raum positiv ist, als **zeitartig**, Punkte mit negativem Abstand als **raumartig** und solche mit Abstand null als **lichtartig**. Die lichtartigen Punkte liegen auf einem Doppelkegel, dem Lichtkegel. Im Inneren liegen die zeitartigen, im Äußeren die raumartigen Ereignisse. Für raumartige Ereignisse gibt es immer ein Inertialsystem, in dem sie gleichzeitig sind, für zeitartige eines, in dem sie am gleichen Ort stattfinden. Bild 5.4 illustriert dies für eine Relativbewegung in x-Richtung. Die gestrichelten Linien zeigen die Koordinatenrichtungen in dem bewegten System. Die Ereignisse sind in allen Bezugssystemen zeitartig für $|x| < |ct|$ $(\Delta s^2 > 0)$ und raumartig für $|x| > |ct|$ $(\Delta s^2 > 0)$. Ereignisse auf dem Lichtkegel $|x| = |ct|$ mit $\Delta s^2 = 0$ sind lichtartig.

Der Abstand zwischen infinitesimal benachbarten Ereignissen ist

$$\mathrm{d}s^2 = c^2\mathrm{d}t^2 - \mathrm{d}x^2 - \mathrm{d}y^2 - \mathrm{d}z^2 = (\mathrm{d}x^0)^2 - (\mathrm{d}x^1)^2 - (\mathrm{d}x^2)^2 - (\mathrm{d}x^3)^2 . \tag{5.96}$$

Das lässt sich mit den Viererverktoren kompakt in der Form

$$\mathrm{d}s^2 = g_{\alpha\beta}\,\mathrm{d}x^\alpha \mathrm{d}x^\beta \tag{5.97}$$

[5] Das Gesamtvorzeichen dieser Abstandsfunktion ist willkürlich und in manchen Texten findet man ein negatives Vorzeichen.

schreiben, mit der einsteinschen Summenkonvention und der (kovarianten) Minkowski-Metrik

$$\mathbf{G} = \left(g_{\alpha\beta}\right) = \begin{pmatrix} 1 & 0 & 0 & 0 \\ 0 & -1 & 0 & 0 \\ 0 & 0 & -1 & 0 \\ 0 & 0 & 0 & -1 \end{pmatrix}, \tag{5.98}$$

oder, wenn wir uns wieder auf die speziellen Transformationen nur in x-Richtung beschränken, als

$$\mathbf{G} = \left(g_{\alpha\beta}\right) = \begin{pmatrix} 1 & 0 \\ 0 & -1 \end{pmatrix} \tag{5.99}$$

(siehe dazu auch M2, Abschnitt 3.5.2).

Über die Beziehung $g^{ji}\, g_{ik} = \delta^j_k$ (vgl. M2, Gleichung (2.159)) finden wir auch die kontravariante Metrik als

$$g^{\alpha\beta} = g_{\alpha\beta}\,. \tag{5.100}$$

Hier ist allerdings Vorsicht geboten, denn die einfache Form (5.98) der Metrik und die Identität (5.100) gelten nur dann, wenn man für die Raumkoordinaten kartesische Koordinaten verwendet. Für Kugel- oder Zylinderkoordinaten ergeben sich andere und unterschiedliche Ausdrücke für die ko- und kontravariante Metrik. Man erhält außerdem die kontravarianten Koordinatendifferentiale mit $\mathrm{d}x_\alpha = g_{\alpha\beta}\mathrm{d}x^\beta$ als

$$(\mathrm{d}x_0, \mathrm{d}x_1, \mathrm{d}x_2, \mathrm{d}x_3) = (c\mathrm{d}t, -\mathrm{d}x, -\mathrm{d}y, -\mathrm{d}z)\,. \tag{5.101}$$

Wir haben also einen vierdimensionalen Raum, den Minkowski-Raum der $\mathbf{x} = (x^0, x^1, x^2, x^3)^T$, $x_j \in \mathbb{R}$, versehen mit der (indefiniten) Minkowski-Metrik

$$g(\mathbf{x}, \mathbf{y}) = \mathbf{x}^T\mathbf{G}\mathbf{y}. \tag{5.102}$$

Es ist erwähnenswert, dass man den Minkowski-Raum durch

$$\mathbf{x} = (x^0, x^1, x^2, x^3)^T \quad \longleftrightarrow \quad \mathbf{X} = \begin{pmatrix} -x^1 + x^0 & x^2 + \mathrm{i}x^3 \\ x^2 - \mathrm{i}x^3 & x^1 + x^0 \end{pmatrix} \tag{5.103}$$

auf den (reellen) linearen Raum der hermiteschen 2×2-Matrizen abbilden kann. Diese Abbildung ist eine Isometrie, denn mit der Metrik

$$\sigma(\mathbf{X}, \mathbf{Y}) = \tfrac{1}{2}\left(\det(\mathbf{X} + \mathbf{Y}) - \det\mathbf{X} - \det\mathbf{Y}\right) \tag{5.104}$$

im Raum der hermiteschen Matrizen (vgl. M2, Gleichung (3.6)) findet man durch Nachrechnen $\sigma(\mathbf{X}, \mathbf{Y}) = g(\mathbf{x}, \mathbf{y})$.

Die Lorentz-Invarianz des Linienelementes $\mathrm{d}s$ führt auf

$$\mathbf{\Lambda}^T\mathbf{G}\mathbf{\Lambda} = \mathbf{G}, \tag{5.105}$$

was sich durch eine kleine Rechnung nachprüfen lässt. Solche und ähnliche Rechnungen werden einfacher, wenn man die Transformation (5.85) umschreibt als

$$\mathbf{\Lambda}(\psi) = \begin{pmatrix} \cosh\psi & -\sinh\psi \\ -\sinh\psi & \cosh\psi \end{pmatrix} \tag{5.106}$$

mit

$$\cosh\psi = \gamma\,, \quad \sinh\psi = \gamma\beta \quad \text{oder} \quad \tanh\psi = \beta\,. \tag{5.107}$$

Den Parameter ψ bezeichnet man als **Rapidität**. Man identifiziert so die Lorentz-Matrix als eine pseudoorthogonale Matrix (siehe M2, Abschnitt (3.5.3)) und die Hintereinanderschaltung der Transformationen wird zu

$$\mathbf{\Lambda}(\psi_1)\mathbf{\Lambda}(\psi_2) = \mathbf{\Lambda}(\psi_1 + \psi_2)\,. \tag{5.108}$$

was man elementar verifizieren oder aus der Exponentialdarstellung ableiten kann (vgl. M2, Gleichung (3.124)). Die Rapiditäten addieren sich also. Außerdem folgt daraus $\mathbf{\Lambda}^{-1}(\psi) = \mathbf{\Lambda}(-\psi)$.

Bisher haben wir uns auf Transformationen in einer einzigen Koordinatenrichtung beschränkt. Eine allgemeine Lorentz-Transformation lässt sich auffassen als eine Kombination einer solchen Transformation mit einer Drehung im Raum. Diese allgemeinen Lorentz-Transformationen sind im Gegensatz zu den Transformationen in einer Richtung nicht mehr kommutativ, bilden aber noch immer eine Gruppe, die **Lorentz-Gruppe**. Sie ist durch sechs Parameter charakterisiert, die drei Komponenten des Geschwindigkeitsvektors und die drei Parameter der Drehung. Solche allgemeinen Lorentz-Transformationen mit einer Kopplung von Bewegungen in unterschiedlichen Richtungen können zu überraschenden Effekten führen, wie beispielsweise zu der **Thomas-Präzession**.

Relativistische Dynamik: Es bietet sich an, bei dieser Gelegenheit einen kurzen Blick auf die relativistische Dynamik zu riskieren, auch wenn wir uns dabei auf das freie Teilchen beschränken.[6] Zunächst definieren wir die Vierergeschwindigkeiten mit den kontra- bzw. kovarianten Komponenten

$$u^\mu = \frac{\mathrm{d}x^\mu}{\mathrm{d}s}\,, \quad u_\mu = \frac{\mathrm{d}x_\mu}{\mathrm{d}s}\,. \tag{5.109}$$

Sie sind gekoppelt durch

$$u^\mu u_\mu = \frac{\mathrm{d}x^\mu}{\mathrm{d}s}\frac{\mathrm{d}x_\mu}{\mathrm{d}s} = \frac{g_{\mu\nu}\mathrm{d}x^\mu \mathrm{d}x^\nu}{\mathrm{d}s^2} = \frac{\mathrm{d}s^2}{\mathrm{d}s^2} = 1\,. \tag{5.110}$$

Mit $\mathrm{d}s^2 = c^2\mathrm{d}t^2 - \mathrm{d}x^2 - \mathrm{d}y^2 - \mathrm{d}z^2$ ergibt sich $\mathrm{d}s = c\mathrm{d}t\sqrt{1 - v^2/c^2}$ und mit $\gamma = 1/\sqrt{1 - v^2/c^2}$ erhält man $u^0 = \gamma$ und $u^j = \gamma v^j/c$ für $j = 1,2,3$, also

$$(u^\mu) = (\gamma, \vec{v}/c)\,, \quad (u_\mu) = (\gamma, -\vec{v}/c)\,. \tag{5.111}$$

Über das Wirkungsintegral zwischen zwei Punkten P und P' im Ereignisraum

$$S = mc\int_P^{P'} \mathrm{d}s = \int_{t_P}^{t_{P'}} L\,\mathrm{d}t \tag{5.112}$$

erhält man die Lagrange-Funktion

$$L = -mc^2\sqrt{1 - v^2/c^2} \tag{5.113}$$

für das freie Teilchen[7]. Wir ermitteln jetzt den Viererimpuls mit den räumlichen Komponenten

$$p^j = \frac{\partial L}{\partial v^j} = -mc^2\frac{(-2v^j/c)}{\sqrt{1 - v^2/c^2}} = m\gamma v^j = mcu^j\,,\ j = 1,2,3 \tag{5.114}$$

und erhalten mit der plausiblen Bezeichnung $p^0 = mcu^0$ für alle Komponenten

$$p^\mu = mcu^\mu\,. \tag{5.115}$$

[6] Mehr dazu findet man in dem Buch P. Reinecker, M. Schulz, B. M. Schulz, *Theoretische Physik II*, Wiley-VCH, 2006, an dem wir uns auch hier orientieren.

[7] Man vergewissert sich schnell, dass sich daraus für kleine Geschwindigkeiten $L \approx -mc^2 + \frac{m}{2}v^2$ ergibt, also das nicht-relativistische Resultat mit einer bedeutungslosen additiven Konstanten $-mc^2$.

Zum Abschluss bestimmen wir noch die Energie E, unser eigentliches Ziel, mithilfe der Hamilton-Funktion (vgl. Abschnitt 3.1):

$$E = H = \vec{p} \times \vec{v} - L = m\gamma v^2 + mc^2\sqrt{1 - v^2/c^2} = \frac{mc^2}{\sqrt{1 - v^2/c^2}} = cp^0, \tag{5.116}$$

oder $p^0 = E/c$. Damit können wir den Impuls-Vierervektor als

$$(p^\mu) = (E/c, \vec{p}) \quad \text{und} \quad (p_\mu) = (E/c, -\vec{p}) \tag{5.117}$$

schreiben mit $p^\mu p_\mu = E^2/c^2 - p^2$. Andererseits gilt aber

$$p^\mu p_\mu = m^2c^2u^\mu u_\mu = mc^2 \tag{5.118}$$

nach (5.110), sodass wir schließlich unsere Endformel

$$E = \sqrt{m^2c^4 + p^2c^2} \tag{5.119}$$

für die Abhängigkeit der Energie von Masse und Impuls erhalten.

5.3 Die gekrümmte Raumzeit

„Seit die Mathematiker über die Relativitätstheorie hergefallen sind, verstehe ich sie selbst nicht mehr."
—Albert Einstein

Die spezielle Relativitätstheorie hat Raum und Zeit zu einer vierdimensionalen Raumzeit zusammengeführt mit einer Gleichberechtigung aller Inertialsysteme. In der allgemeinen Relativitätstheorie wird die Idee der Raumzeit zu Grundlage einer allgemeinen Theorie, in der die fundamentale Kraft der Gravitation durch die Geometrie der Raumzeit beschrieben wird, also durch eine Krümmung der Raumzeit. Ein „frei fallendes Teilchen", also ein Teilchen, das allein der Gravitation ausgesetzt ist, folgt einer Geodäten in der gekrümmten Raumzeit. Die grundlegenden **einsteinschen Feldgleichungen**

$$R_{\alpha\beta} - \tfrac{1}{2}Rg_{\alpha\beta} + \Lambda g_{\alpha\beta} = 8\pi G T_{\alpha\beta} \tag{5.120}$$

koppeln die Materie mit der Krümmung der Raumzeit. Die Geometrie der Raumzeit wird dargestellt durch den **Ricci-Tensor** $R_{\alpha\beta}$ (nach dem italienischen Mathematiker Gregorio Ricci-Curbastro (1853-1925)) und den metrischen Tensor $g_{\alpha\beta}$. Dabei ist $R = g^{\alpha\beta}R_{\alpha\beta}$ der **Krümmungsskalar** oder **Ricci-Skalar** und Λ die **kosmologische Konstante**. Der **Energie-Impuls-Tensor** $T_{\alpha\beta}$ der Materie bewirkt eine Krümmung der Raumzeit durch die Kopplung über die Gravitationskonstante G.

Die zur Behandlung der Feldgleichungen notwendige Mathematik ist bekanntlich sehr anspruchsvoll. Die Raumzeit ist vierdimensional, die Indizes der Tensoren laufen von 0 bis 3, eine Zeitkoordinate und drei Raumkoordinaten, und die Bewegung erfolgt auf einer gekrümmten vierdimensionalen Mannigfaltigkeit, der Raumzeit, die lokal einen (flachen) Minkowski-Raum darstellt. Im Folgenden werden wir versuchen, einige einfache Probleme der allgemeinen Relativitätstheorie mit unseren zweidimensionalen Methoden zu verstehen.

In einem Koordinatensystem x^α, $\alpha = 0, \ldots, 3$, ist das Raumzeitintervall zwischen benachbarten Ereignissen durch $\mathrm{d}s^2 = g_{\alpha\beta}\,\mathrm{d}x^\alpha \mathrm{d}x^\beta$ aus (5.97) gegeben. Dabei ist $g_{\alpha\beta}$ der metrische Tensor, der die Geodätengleichungen für die Bahn, die **Weltlinie** $x^\mu(\lambda)$, bestimmt. Dabei ist λ ein (reeller) Parameter, den man oft als die Eigenzeit τ wählt, also als die Zeit einer Uhr, die der Weltlinie folgt. Wenn wir zur Abkürzung die Ableitung nach dem Parameter λ durch einen Punkt darstellen, $\dot{x}^\alpha = \mathrm{d}x^\alpha/\mathrm{d}\lambda$, dann lauten die Geodätengleichungen

$$\ddot{x}^\alpha + \Gamma^\alpha_{\beta\gamma}\dot{x}^\alpha\dot{x}^\beta = 0. \tag{5.121}$$

(siehe Gleichung (5.9)) mit den Christoffel-Symbolen $\Gamma^\alpha_{\beta\gamma}$, die nach Gleichung (5.10) durch die Metrik bestimmt sind.

Betrachten wir als Beispiel die Bewegung einer (kleinen) Testmasse im Gravitationsfeld eines rotationssymmetrischen nicht-rotierenden Körpers mit der Masse M. Dazu benötigen wir als erstes die zugehörige Metrik, die sogenannte **Schwarzschild-Metrik**, benannt nach dem deutschen Physiker Karl Schwarzschild (1873-1916), der sie im Jahre 1915 durch Lösung der einsteinschen Feldgleichungen hergeleitet hatte, nur einen Monat nach ihrer Veröffentlichung. Als Raumkoordinaten verwenden wir sphärische Polarkoordinaten r, ϑ und φ. Aus Symmetriegründen bleibt eine Bahn in einer Ebene, wie im nicht-relativistischen Fall, die wir als Äquatorialebene wählen. Wegen der Rotationssymmetrie können wir das Linienelement als

$$\mathrm{d}s^2 = e(r)c^2\mathrm{d}t^2 - f(r)\mathrm{d}r^2 - r^2\mathrm{d}\vartheta^2 - r^2\sin^2\vartheta\mathrm{d}\varphi^2 \tag{5.122}$$

ansetzen. Dabei beschreiben $e(r)$ und $f(r)$ die Krümmung der Raumzeit durch die Masse M. Für große Abstände sollte dieser Einfluss verschwinden, $e(r), f(r) \to 1$ für $r \to \infty$, und die Raumzeit wird flach. Man kann die metrischen Koeffizienten der Schwarzschild-Metrik durch die einsteinsche Feldgleichungen bestimmen als

$$e(r) = \frac{1}{f(r)} = 1 - \frac{r_s}{r} \tag{5.123}$$

mit dem **Schwarzschild-Radius**

$$r_s = \frac{2GM}{c^2}. \tag{5.124}$$

Hier kann dieses Ergebnis jedoch nur plausibel gemacht werden. Dazu betrachten wir einen Schnitt durch die Raumzeit bei fester Zeit t und festem Winkel $\vartheta = \pi/2$. Dann reduziert sich das Linienelement (5.122) auf den Raumanteil in der Äquatorebene, und, wenn wir kurzzeitig das Gesamtvorzeichen der Metrik ändern (vgl. die Fußnote auf Seite 117), erhalten wir $\mathrm{d}s^2 = f(r)\mathrm{d}r^2 + r^2\mathrm{d}\varphi^2$ und können in diesem zweidimensionalen Schnitt die Metrik $\mathbf{G} = \begin{pmatrix} f(r) & 0 \\ 0 & r^2 \end{pmatrix}$ direkt mit den Beispielen aus Abschnitt 5.1 vergleichen und die gaußsche Krümmung aus Gleichung (5.51) übernehmen.

In dem Beispiel auf Seite 108 wurde die Krümmung K konstant gewählt, aber hier erwarten wir eine Abhängigkeit von der Radialkoordinate r und außerdem (eventuell) von der Gravitationskonstanten G, von der Masse M und der Lichtgeschwindigkeit c. Setzt man als einfachste Wahl ein allgemeines Potenzgesetz in diesen Parametern an, so ergibt sich, da K die Dimension Länge^{-2} haben muss, als Resultat

$$K \sim \frac{GM}{c^2r^3}, \tag{5.125}$$

wodurch die Krümmung bis auf eine Proportionalitätskonstante festgelegt ist, die wir als -1 annehmen können. Dabei sollte das negative Vorzeichen für eine Anziehung einer Testmasse sorgen, was wir weiter unten bestätigen werden. Setzen wir dies in Gleichung (5.51) ein,

$$K = \frac{f'(r)}{2rf^2(r)} = -\frac{GM}{c^2r^3} = \frac{r_s}{2r^3} \tag{5.126}$$

und integrieren, so ergibt sich in der Tat die oben angegebene Funktion $f(r) = (1 - r_s/r)^{-1}$.

Nach diesen Vorarbeiten können wir beispielsweise die Bahn einer Testmasse m in der Schwarzschild-Metrik beschreiben, indem wir die Koordinaten so wählen, dass die Bahn in der

Äquatorialebene liegt. Dann bestimmt man die (neun) nicht-verschwindenden Christoffel-Symbole, stellt die Geodätengleichungen auf, und vereinfacht sie mithilfe zweier Erhaltungsgrößen, der Energie und dem Drehimpuls. Dies würde jedoch den Rahmen dieses Textes sprengen. Auch auf die Geheimnisse der schwarzen Löcher oder der Kosmologie können wir hier nicht eingehen.[8]

Die de-Sitter-Raumzeit: Auf Seite 109 haben wir eine Metrik in der zweidimensionalen Ebene kennengelernt, die zu einer konstanten negativen Krümmung führt. Im Gegensatz zu dem Fall konstanter positiver Krümmung konnte dies jedoch nicht durch eine Projektion einer Fläche im dreidimensionalen euklidischen Raum beschrieben werden. Dies lässt sich realisieren durch ein zweischaliges Hyperboloid $-x^2 - y^2 + z^2 = R^2$ (vgl. Seite 108), versehen mit der indefiniten Metrik $\mathrm{d}s^2 = \mathrm{d}x^2 + \mathrm{d}y^2 - \mathrm{d}z^2$. Dann erhalten wir für die Metrik (5.47) in den Koordinaten χ und φ

$$\begin{aligned} \mathrm{d}s^2 &= \mathrm{d}x^2 + \mathrm{d}y^2 - \mathrm{d}z^2 \\ &= R^2(\cosh^2\chi - \sinh^2\chi)\mathrm{d}\chi^2 + R^2\sinh^2\chi\mathrm{d}\varphi^2 = R^2\mathrm{d}\chi^2 + R^2\sinh^2\chi\mathrm{d}\varphi^2\,, \end{aligned} \tag{5.127}$$

und eine Berechnung der gaußschen Krümmung (5.43) ergibt $K = -1/R^2$. Entsprechend findet man für ein einschaliges Hyperboloid $R^2 = x^2 + y^2 - z^2$ mit (5.49)

$$\begin{aligned} \mathrm{d}s^2 &= \mathrm{d}x^2 + \mathrm{d}y^2 - \mathrm{d}z^2 \\ &= R^2(\sinh^2\chi - \cosh^2\chi)\mathrm{d}\chi^2 + R^2\cosh^2\chi\mathrm{d}\varphi^2 = -R^2\mathrm{d}\chi^2 + R^2\cosh^2\chi\mathrm{d}\varphi^2\,, \end{aligned} \tag{5.128}$$

was zu einer konstanten positiven gaußschen Krümmung $K = 1/R^2$ führt.

Beide Flächen sind Spezialfälle eines **de-Sitter-Raumes** (nach dem niederländischen Mathematiker und Astronom Willem de Sitter (1872-1934)), Untermannigfaltigkeiten

$$(x^0)^2 - \sum_{j=1}^{n}(x^j)^2 = \pm R^2, \tag{5.129}$$

eines $1+n$-dimensionalen Minkowski-Raumes, also versehen mit der indefiniten Minkowski-Metrik. Für $n = 3$ ergeben sich dreidimensionale Hyperflächen des Minkowski-Raumes, für $n = 4$ vierdimensionale Hyperflächen. Dabei macht das Vorzeichen in Gleichung (5.129) einen großen Unterschied: Für $+R^2$ ergibt sich ein vierdimensionales zweischaliges Hyperboloid, ein riemannscher Raum mit einer definiten Metrik, für $-R^2$ ein einschaliges Hyperboloid mit einer indefiniten Metrik, eine vierdimensionale Raumzeit, die als (einfaches) Modell der Kosmologie herangezogen wird. Dieser de-Sitter-Raum ist eine Vakuumlösung der einsteinschen Feldgleichungen mit positiver kosmologischer Konstante Λ. Er hat eine positive Krümmung.

Wir wollen als Abschluss unseres Ausflugs in die Welt gekrümmter Räume kurz skizzieren, wie man eine solche vierdimensionale hyperboloide Fläche mit orthogonalen Koordinaten versehen kann. Dazu aber zuvor eine Warnung. Man ist es gewohnt, dass wichtige Eigenschaften unabhängig von dem gewählten Koordinatensystem sind. Das ist hier aber nicht der Fall, denn es kommt darauf an, in welcher Weise eine „Zeit" auftritt. Das illustrieren zwei Beispiele:

Einmal definieren wir t, r, ϑ und φ durch

$$\begin{aligned} &x^0 = \sqrt{R^2 - r^2}\sinh(ct/R)\,, \quad x^4 = \sqrt{R^2 - r^2}\cosh(ct/R) \\ &x^2 = r\omega^1\,, \quad x^2 = r\omega^2\,, \quad x^3 = r\omega^3\,, \end{aligned} \tag{5.130}$$

[8] Mehr dazu findet man in Michael Berry, *Kosmologie und Gravitation: Eine Einführung*, Teubner Studienbücher Physik, 1990.

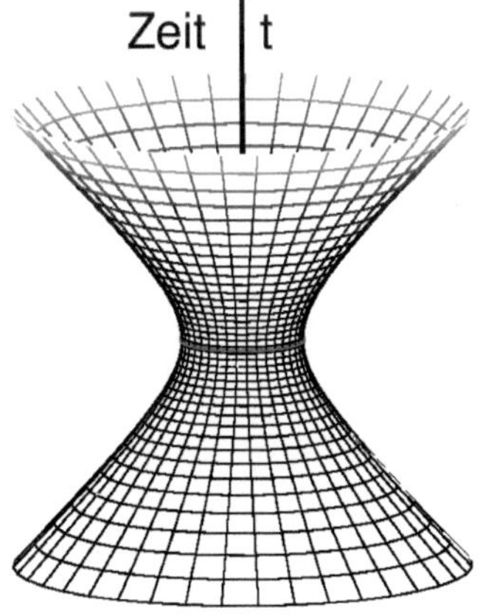

Bild 5.5 Zweidimensionaler de-Sitter-Raum, ein Modell für das „Big Bounce"-Universum. Zur Zeit $t = 0$ ist der Raum minimal.

wobei die ω^j die sphärischen Koordinaten der dreidimensionalen Einheitskugel darstellen: $\omega_1 = \cos\vartheta$, $\omega^2 = \sin\vartheta\cos\varphi$ und $\omega^3 = \sin\vartheta\sin\varphi$. Ihre Quadrate summieren also zu eins, woraus $\omega^1 d\omega^1 + \omega^2 d\omega^2 + \omega^3 d\omega^3 = 0$ folgt. Man sieht sofort, dass

$$\begin{aligned} &x_0^2 - x_1^2 - x_2^2 - x_3^2 - x_4^2 = x_0^2 - x_4^2 - (x_1^2 + x_3^2 + x_3^2) \\ &= (R^2 - r^2)\big(\sinh^2(ct/R) - \cosh^2(ct/R)\big) - r^2\big((\omega^1)^2 + (\omega^2)^2 + (\omega^3)^2\big) = -R^2 \end{aligned} \tag{5.131}$$

erfüllt ist. Als eine kleine Übungsaufgabe bestimmen wir die zugehörige Metrik, die **de-Sitter-Metrik**:

Aufgabe 5.7 (Lös. Seite 126) : Zeigen Sie: Die Minkowski-Metrik induziert in den Koordinaten (5.130) die de-Sitter-Metrik

$$ds^2 = \left(1 - r^2/R^2\right)c^2 dt^2 - \frac{dr^2}{1 - r^2/R^2} - r^2\left(d\vartheta^2 + \sin^2\vartheta d\varphi^2\right).$$

Man bezeichnet diese Koordinaten als **statische Koordinaten**, denn die metrischen Koeffizienten sind unabhängig von der Zeit, und in diesen Koordinaten ist die Raumzeit statisch. Für den **de-Sitter-Radius** $r = R$ wird die Metrik singulär, ähnlich der Schwarzschild-Metrik.

Dies alles ist anders, wenn man beispielsweise **sphärische Koordinaten** wählt, definiert durch

$$x^0 = -R\sinh(ct/R)\,, \quad x^j = \cosh(t/R)\omega^j\,,\ j = 1,\dots,4, \tag{5.132}$$

mit den Kugelkoordinaten ω^j für die S^3-Sphäre im $\mathbb{R}^4$:

$$\omega^1 = \cos\chi\,,\ \omega^2 = \sin\chi\cos\vartheta\,,\ \omega^3 = \sin\chi\sin\vartheta\cos\varphi\,,\ \omega^4 = \sin\chi\sin\vartheta\sin\varphi. \tag{5.133}$$

Hier erhält man wie in Aufgabe 5.7.

$$ds^2 = c^2 dt^2 - R^2\cosh^2(ct/R)\big(d\chi^2 + \sin^2\chi(d\vartheta^2 + \sin^2\vartheta d\varphi^2)\big), \tag{5.134}$$

aber hier sind die metrischen Koeffizienten abhängig von der Zeit und zeigen keine Singularität. Wenn man also den de-Sitter-Raum als Modell für die Zeitentwicklung des Universums mit dem Hyperradius $R(t) = R\cosh(ct/R)$ heranzieht, dann kontrahiert dieses Universum für negative Zeiten, durchläuft ein Minimum zur Zeit $t = 0$ mit $R(0) = R$ und expandiert wieder. Diese „Big Bounce"-Evolution des de-Sitter-Universums illustriert Bild 5.5 für zwei Raumdimensionen.

5.4 Lösungen der Aufgaben

Aufgabe 5.1 (Seite 103): Begründen Sie: Drückt man die partiellen Ableitungen von $\mathbf{u}_1$ und $\mathbf{u}_2$ nach den Koordianten x^1 und x^2 in der Basis $\mathbf{u}_1$, $\mathbf{u}_2$ und $\mathbf{n}$ aus, so ergibt sich

$$\mathbf{u}_{11} = \Gamma^1_{11}\mathbf{u}_1 + \Gamma^2_{11}\mathbf{u}_2 + \lambda_1\mathbf{n}\,,\ \mathbf{u}_{12} = \Gamma^1_{12}\mathbf{u}_1 + \Gamma^2_{12}\mathbf{u}_2 + \lambda_2\mathbf{n}\,,\ \mathbf{u}_{22} = \Gamma^1_{22}\mathbf{u}_1 + \Gamma^2_{22}\mathbf{u}_2 + \lambda_3\mathbf{n}\,.$$

Lösung: Wenn wir allgemein ansetzen

$$\mathbf{u}_{11} = \alpha^1_{11}\mathbf{u}_1 + \alpha^2_{11}\mathbf{u}_2 + \lambda_1\mathbf{n} \tag{5.135}$$

und diesen Ausdruck mit $\mathbf{u}_1$ und $\mathbf{u}_2$ skalar multiplizieren, so ergibt sich wegen der Orthogonalität zu $\mathbf{n}$ die Gleichung

$$\begin{aligned}\mathbf{u}_{11}\cdot\mathbf{u}_1 &= \alpha^1_{11}\mathbf{u}_1\cdot\mathbf{u}_1 + \alpha^2_{11}\mathbf{u}_2\cdot\mathbf{u}_1 = \alpha^1_{11}g_{11} + \alpha^2_{11}g_{21}\\ \mathbf{u}_{11}\cdot\mathbf{u}_2 &= \alpha^1_{11}\mathbf{u}_1\cdot\mathbf{u}_2 + \alpha^2_{11}\mathbf{u}_2\cdot\mathbf{u}_2 = \alpha^1_{11}g_{12} + \alpha^2_{11}g_{22}\,.\end{aligned} \tag{5.136}$$

Das stimmt aber unter Berücksichtigung von $g_{12} = g_{21}$ genau mit der Gleichung (5.18) für $k = 1$ überein und man identifiziert durch Vergleich $\alpha^1_{11} = \Gamma^1_{11}$ und $\alpha^2_{11} = \Gamma^2_{11}$. Genauso kann man die beiden übrigen Gleichungen begründen.

Aufgabe 5.2 (Seite 104): Betrachten Sie zwei Vektorfelder $\mathbf{a}(t)$ und $\mathbf{b}(t)$ auf $\mathcal{M}$, die beide parallel sind längs der Kurve $\gamma(t)$. Zeigen Sie dass ihr Skalarprodukt $\mathbf{a}\cdot\mathbf{b}$ auf $\gamma(t)$ konstant ist, sowie auch ihre Beträge und der Winkel zwischen ihnen.

Lösung: Das Feld $\mathbf{a}$ ist parallel längs γ und damit ist $\dot{\mathbf{a}}$ senkrecht zur Tangentialebene, also auch zu $\mathbf{b}$, denn $\mathbf{b}$ liegt im Tangentialraum. Folglich gilt $\dot{\mathbf{a}}\cdot\mathbf{b} = 0$ und in gleicher Weise $\mathbf{a}\cdot\dot{\mathbf{b}} = 0$. Also gilt

$$\frac{\mathrm{d}}{\mathrm{d}t}(\mathbf{a}\cdot\mathbf{b}) = \dot{\mathbf{a}}\cdot\mathbf{b} + \mathbf{a}\cdot\dot{\mathbf{b}} = 0\,. \tag{5.137}$$

Wählt man $\mathbf{b} = \mathbf{a}$, dann folgt insbesondere, dass der Betrag $|\mathbf{a}|$ konstant ist. Genauso folgt, dass $|\mathbf{b}|$ konstant ist, und dann nach (5.137) auch der Winkel zwischen ihnen.

Aufgabe 5.3 (Seite 105): Bestimmen Sie die Metrik und die Geodäten einer Ebene in ebenen Polarkoordinaten r und ϕ und untersuchen Sie den Paralleltransport eines Vektorfeldes $\mathbf{a}$ längs eines Kreises mit Radius r um den Koordinatenursprung.

Lösung: Für ebene Polarkoordinaten $x^1 = r$, $x^2 = \varphi$ und mit $\mathbf{x} = (r\cos\varphi, r\sin\varphi)^T$ erhalten wir mit $\mathbf{u}_1 = (\cos\varphi, \sin\varphi)^T$, $\mathbf{u}_2 = (-r\sin\varphi, r\cos\varphi)^T$ die Metrik $\mathbf{G} = \left(\begin{smallmatrix}1 & 0\\ 0 & r^2\end{smallmatrix}\right)$ und aus (5.13) die Christoffel-Symbole

$$\left(\Gamma^1_{jk}\right) = \begin{pmatrix}0 & 0\\ 0 & -r\end{pmatrix}, \quad \left(\Gamma^2_{jk}\right) = \begin{pmatrix}0 & 1/r\\ 1/r & 0\end{pmatrix}. \tag{5.138}$$

Damit ergeben sich die Geodätengleichungen

$$\ddot{r} - r\dot{\varphi}^2 = 0\,, \quad \ddot{\varphi} + 2\dot{r}\dot{\varphi}/r = 0. \tag{5.139}$$

Durch Differenzieren von $x = r\cos\varphi$ und $y = r\sin\varphi$ kann man sich davon überzeugen, dass diese Gleichungen die erwarteten Geradengleichungen in Polarkoordinaten darstellen.

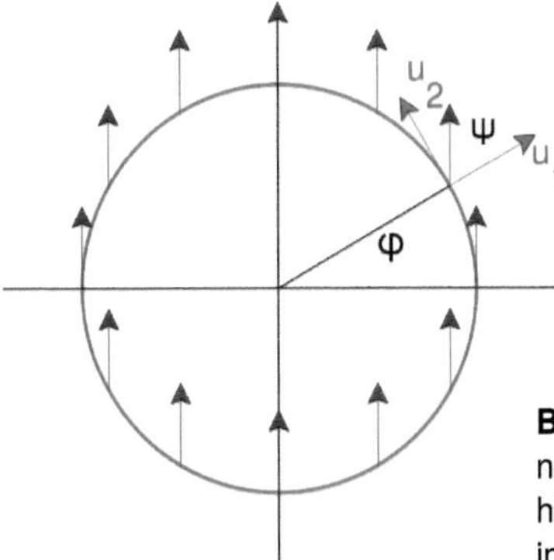

Bild 5.6 Paralleltransport eines Vektors **a** in der Ebene längs einer Kreiskurve. Der Vektor **a** (Pfeile) ist hier für $\varphi = 0$ tangential zum Kreis gewählt, dreht sich im „mitbewegten" System synchron zur Kreisbewegung, bleibt aber im Raum konstant.

Die Gleichungen für den Paralleltransport eines Feldes

$$\mathbf{a} = \alpha \mathbf{u}_1 + \beta \mathbf{u}_2 \tag{5.140}$$

ergeben sich aus (5.24) durch Einsetzen der Christoffel-Symbole als

$$\dot{\alpha} = r\dot{\varphi}\beta\,, \quad \dot{\beta} = -\dot{\varphi}\alpha/r - \dot{r}\beta/r\,. \tag{5.141}$$

Für die Kreiskurve $\gamma(t)$ parametrisiert durch den Polarwinkel $t = \varphi$ ist $\dot{r} = 0$, und $\dot{\varphi} = 1$, also

$$\dot{\alpha} = r\beta\,, \quad \dot{\beta} = -\alpha/r \tag{5.142}$$

mit der Lösung $\alpha(\varphi) = \sin\varphi$, $\beta(\varphi) = (1/r)\cos\varphi$ für ein Feld $\mathbf{a}(0) = (0,1)^T$. Die Richtung des Feldes in dem lokalen Koordinatensystem, beschrieben durch den Winkel Ψ zwischen **a** und $\mathbf{u}_1$, ist dann gegeben durch

$$\tan\Psi = \frac{\beta|\mathbf{u}_2|}{\alpha|\mathbf{u}_1|} = \frac{\beta r}{\alpha} = \tan\varphi\,. \tag{5.143}$$

Der Winkel Ψ ist also gleich dem Polarwinkel φ. Das entspricht natürlich genau unserer Erwartung, denn auf einer ebenen Fläche bleibt ein Vektor bei Paralleltransport unverändert (vgl. die Darstellung in Bild 5.6). Wir rechnen das sicherheitshalber nach:

$$\begin{aligned} \mathbf{a} &= \alpha\mathbf{u}_1 + \beta\mathbf{u}_2 = \sin\varphi(\cos\varphi, \sin\varphi)^T + (1/r)\cos\varphi r(-\sin\varphi, \cos\varphi)^T \\ &= (\sin\varphi - \cos\varphi\sin\varphi, \sin^2\varphi + \cos^2\varphi)^T = (0,1)^T. \end{aligned} \tag{5.144}$$

Aufgabe 5.4 (Seite 107) : Zeigen Sie mithilfe der Metrik, dass für die Oberfläche eines Zylinders und für die Mantelfläche eines Kegels die gaußsche Krümmung gleich null ist.

Lösung: Auf einer Zylinderfläche mit den Koordinaten $x^1 = z$ und $x^2 = \varphi$ und dem Linienelement $\mathrm{d}s^2 = \mathrm{d}z^2 + r^2\mathrm{d}\varphi^2$ ist die Metrik unabhängig von den Koordinaten. Damit ist die gaußsche Krümmung trivialerweise null. Für einen Kegel um die z-Achse mit dem halben Öffnungswinkel ϑ können wir die gleichen Koordinaten verwenden. Mit $\mathrm{d}s^2 = \mathrm{d}z^2 + z^2\tan^2\vartheta\,\mathrm{d}\varphi^2$ ist die Metrik diagonal mit $g_{11} = 1$ und $g_{22} = z^2\tan^2\vartheta$. Mit $\partial_1 g_{22} = 2z\tan^2\vartheta$ und $\partial_{11} g_{22} = 2\tan^2\vartheta$ können wir die Krümmung durch die Formel aus (5.44) bestimmen mit dem Resultat

$$K = \frac{1}{2z^2\tan^2\vartheta}\left(-2\tan^2\vartheta + \frac{(2z\tan^2)^2}{2z^2\tan^2\vartheta}\right) = 0\,. \tag{5.145}$$

Aufgabe 5.5 (Seite 116) : Eine kleine Nebenrechnung zeigt uns: Dann gilt auch

$$\overline{\gamma} = \frac{\gamma_1\gamma_2}{1+\beta_1\beta_2} = 1\Big/\sqrt{1-\overline{\beta}^2}\,.$$

Lösung: Mit einer kleinen Umformung erhalten wir mithilfe von (5.91)

$$\begin{aligned}\frac{1}{1-\overline{\beta}^2} &= \frac{1}{1-(\beta_1+\beta_2)^2/(1+\beta_1\beta_2)^2} = \frac{(1+\beta_1\beta_2)^2}{(1+\beta_1\beta_2)^2-(\beta_1+\beta_2)^2}\\ &= \frac{(1+\beta_1\beta_2)^2}{(1-\beta_1\beta_2)^2-(\beta_1+\beta_2)^2} = \frac{(1+\beta_1\beta_2)^2}{1-\beta_1^2)(1-\beta_2^2} = \gamma_1^2\gamma_2^2(1+\beta_1\beta_2)^2 = \overline{\gamma}^2\,,\end{aligned} \tag{5.146}$$

also, nach Wurzelziehen, das gesuchte Ergebnis.

Aufgabe 5.6 (Seite 117) : Zeigen Sie durch direkte Rechnung, dass der Abstand s_{12} zweier Ereignisse in allen Inertialsystemen den gleichen Wert hat.

Lösung:

$$\begin{aligned}s_{21}'^{\,2} &= (ct_1'-ct_2')^2-(x_1'-x_2')^2-(y_1'-y_2')^2-(z_1'-z_2')^2\\ &= (\gamma ct_1-\gamma\beta x_1-\gamma ct_2+\gamma\beta x_2)^2\\ &\quad -(\gamma x_1-\gamma\beta ct_1-\gamma x_2+\gamma\beta ct_2)^2-(y_1-y_2)^2-(z_1-z_2)^2\\ &= (\gamma ct_1-\gamma ct_2)^2+2(\gamma ct_1-\gamma ct_2)(-\gamma\beta x_1+\gamma\beta x_2)+(-\gamma\beta x_1+\gamma\beta x_2)^2-(\gamma x_1-\gamma x_2)^2\\ &\quad -2(\gamma x_1-\gamma x_2)(-\gamma\beta ct_1+\gamma\beta ct_2)-(-\gamma\beta ct_1+\gamma\beta ct_2)^2-(y_1-y_2)^2-(z_1-z_2)^2\\ &= \gamma^2(1-\beta^2)(ct_1-ct_2)^2-(x_1-x_2)^2-(y_1-y_2)^2-(z_1-z_2)^2 = s_{12}^2\,.\end{aligned} \tag{5.147}$$

Aufgabe 5.7 (Seite 123) : Zeigen Sie: Die Minkowski-Metrik induziert in den Koordinaten (5.130) die de-Sitter-Metrik

$$\mathrm{d}s^2 = \left(1-r^2/R^2\right)c^2\mathrm{d}t^2 - \frac{\mathrm{d}r^2}{1-r^2/R^2} - r^2\left(\mathrm{d}\vartheta^2+\sin^2\vartheta\,\mathrm{d}\varphi^2\right).$$

Lösung: Zunächst berechnen wir das Quadrat des Differentials $\mathrm{d}x^0$:

$$\begin{aligned}(\mathrm{d}x^0)^2 &= \Big(-\frac{r\mathrm{d}r}{\sqrt{R^2-r^2}}\sinh(ct/R)+\frac{\sqrt{R^2-r^2}}{R}\cosh(ct/R)\,c\,\mathrm{d}t\Big)^2\\ &= \frac{r^2\mathrm{d}r^2}{R^2-r^2}\sinh^2(ct/R)-2\frac{r}{R}\sinh(ct/R)\cosh(ct/R)+\Big(1-\frac{r^2}{R^2}\Big)\cosh^2(ct/R)\,c^2\mathrm{d}t^2.\end{aligned} \tag{5.148}$$

Für $(\mathrm{d}x^4)^2$ ergibt sich der gleiche Ausdruck mit vertauschten sinh und cosh und daher

$$(\mathrm{d}x^0)-(\mathrm{d}x^4)^2 = -\frac{r\mathrm{d}r}{\sqrt{R^2-r^2}}+\left(1-r^2/R^2\right)c^2\mathrm{d}t^2\,. \tag{5.149}$$

Für die drei übrigen Differenziale erhalten wir

$$\sum_{j=1}^{3}(\omega^j\mathrm{d}r+r\,\mathrm{d}\omega^j)^2 = \mathrm{d}r^2+r^2(\mathrm{d}\vartheta^2+\sin^2\vartheta\,\mathrm{d}\varphi^2) \tag{5.150}$$

und damit für $\mathrm{d}s^2 = (\mathrm{d}x^0)-(\mathrm{d}x^4)^2-(\mathrm{d}x^1)-(\mathrm{d}x^2)^2-(\mathrm{d}x^3)^2$ die Formel aus der Aufgabe.

6 Optische Systeme

„Mir ist die folgende Frage ja schon etwas peinlich muss ich gestehen,
aber ich bin echt kurz vorm verzweifeln.
Und zwar muss ich die Linsengleichung 1/f = 1/g + 1/b nach b auflösen
und ich komm einfach nicht auf die richtige Lösung."
— Chris (unter www.pilotenboard.de)

Matrixmethoden sind weit verbreitet in der Optik und erlauben eine sehr effiziente Analyse optischer Systeme. In diesem Kapitel werden wir einige grundlegende Methoden der Matrizenoptik kennenlernen sowie ihre Anwendungen, angefangen bei einfachen optische Abbildungen über fotografische Objektive bis hin zur Wellenoptik. Wir finden außerdem Ähnlichkeiten zu Problemen der Mechanik, wie die Billard-Systeme in Abschnitt 2.4.1, und zu Methoden der Quantenmechanik, wie die Transfermatrix in Kapitel 8.

6.1 Linsensysteme

Die Abbildungseigenschaften von Linsensystemen gehören zu den Grundkenntnissen des Physikers, die in jeder Physikausbildung vermittelt werden. Allerdings werden hier in aller Regel rein geometrische Überlegungen zur Strahlenoptik herangezogen, die für die einfachsten Systeme ausreichen. Schon ein wenig komplexere Probleme lassen sich auf diese Weise nur unter Schwierigkeiten angehen. Eine einfache und übersichtlichere Methode ist die Matrixanalyse von Linsensystemen.

Wir beschränken uns dabei hier auf zylindersymmetrische Probleme, also Systeme mit einer Symmetrieachse, die **optische Achse** in Richtung der z-Achse, und wir interessieren uns nur für paraxiale Strahlen, also Strahlen, die immer in der Nähe der optischen Achse bleiben. Darüber hinaus beschränken wir uns anfangs auf sogenannte **Meridionalstrahlen**, also auf Stahlen, die in einer Ebene mit der Achse liegen. Diese Ebene sei die (z, x)–Ebene; x ist dann der Abstand von der optischen Achse.

Wir verfolgen einen Strahl beim Durchgang durch ein optisches System an diskreten Punkten in Referenzebenen senkrecht zur optischen Achse an der Stelle z_j, $j = 1, 2, 3, \ldots$. Dazu benötigen wir den Abstand x_j zur optischen Achse und die Richtung des Strahls, also etwa seinen Winkel α_j zur z-Achse (vgl. Bild 6.1). Dieser Winkel ist in der folgenden paraxialen Näherung immer als klein anzusehen. Das Vorzeichen vereinbaren wir so, dass für den Strahl durch einen Punkt (z_j, x_j) näherungsweise $x \approx x_j + \alpha_j(z - z_j)$ gilt. Daraus folgt, dass bei einer Umkehrung der Strahlrichtung das Vorzeichen des Winkels α erhalten bleibt.

Statt α_j verwenden wir im Folgenden das Produkt

$$p_j = n_j \alpha_j \tag{6.1}$$

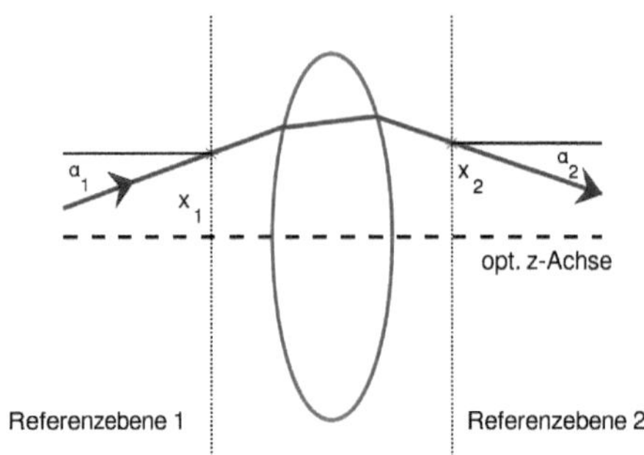

Bild 6.1 Optisches System zwischen den Referenzebenen 1 und 2. Der Strahl wird durch die Abstände x_1, x_2 von der optischen z-Achse sowie durch die Richtungswinkel α_1, α_2 gekennzeichnet.

mit dem Brechungsindex n_j des Mediums und kennzeichnen den Strahl durch die beiden Größen p_j und x_j in Vektorschreibweise als

$$\mathbf{u}_j = \begin{pmatrix} x_j \\ p_j \end{pmatrix} = \begin{pmatrix} x_j \\ n_j \alpha_j \end{pmatrix}. \tag{6.2}$$

Die Idee, die dem jetzt folgenden **„ray-tracing"**-Verfahren zugrunde liegt, ist einfach: In der paraxialen Näherung kann man die Gleichungen der geometrischen Optik linearisieren und die Abbildung $\mathbf{u}_n \to \mathbf{u}_{n+1}$ als Matrixgleichung formulieren, also wie

$$\begin{pmatrix} x_{j+1} \\ p_{j+1} \end{pmatrix} = \begin{pmatrix} a_{11} & a_{12} \\ a_{21} & a_{22} \end{pmatrix} \begin{pmatrix} x_j \\ p_j \end{pmatrix}, \tag{6.3}$$

oder kurz als

$$\mathbf{u}_{j+1} = \mathbf{A}_j \mathbf{u}_j \tag{6.4}$$

mit einer Abbildungsmatrix $\mathbf{A}_j$. Die gesamte Abbildungs- oder Systemmatrix eines Systems mit J aufeinander folgenden Durchgängen durch solche Referenzebenen lässt sich dann als (geordnetes) Matrixprodukt

$$\mathbf{A} = \mathbf{A}_J \cdots \mathbf{A}_2 \mathbf{A}_1 \tag{6.5}$$

darstellen. Zwei Aufgaben bleiben jetzt noch:

- Die Bestimmung einfacher, elementarer Bausteine von Abbildungsmatrizen, aus denen sich die Systemmatrix aufbauen lässt.
- Die Analyse der Abbildungseigenschaften der Systemmatrix **A**.

Wie man bemerken wird, besteht eine enge Verwandtschaft dieser Abbildungsmatrizen zu den Kettenmatrizen der Vierpole in Abschnitt 4.2 sowie zu den Transfermatrizen in der Quantenmechanik, die wir in Kapitel 8 kennenlernen werden.

6.1.1 Elementare optische Abbildungen

Schon mit drei Bausteinen, den Abbildungsmatrizen für **Brechung durch eine gekrümmte Grenzfläche** zwischen zwei Medien, den **Durchgang durch ein Medium** und die **Reflexion an einem Spiegel**, lassen sich die Systemmatrizen einer großen Zahl optischer Systeme kombinieren.

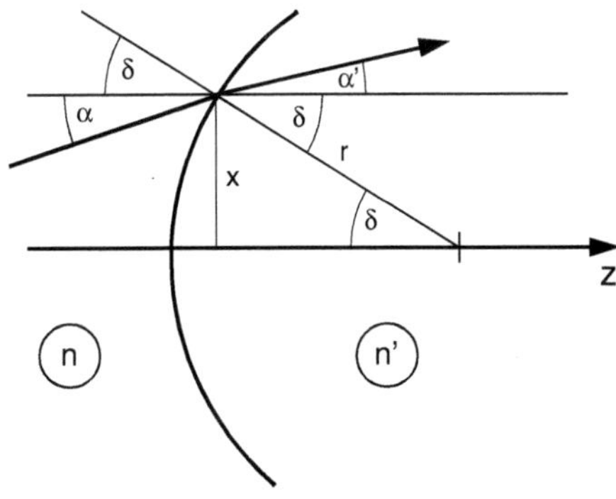

Bild 6.2 Brechung eines Lichtstrahls an einer gekrümmten Fläche.

Die Brechungsmatrix: Bild 6.2 zeigt die Brechung eines Lichtstrahls an einer gekrümmten Grenzfläche, die wir in der paraxialen Näherung als Kugelfläche mit Krümmungsradius r annehmen. Wenn n und n' die Brechungsindizes auf beiden Seiten der Grenzfläche sind, dann verknüpft das Brechungsgesetz

$$n\sin(\alpha+\delta) = n'\sin(\alpha'+\delta) \tag{6.6}$$

die Einfalls- und Ausfallswinkel $\alpha+\delta$ bzw. $\alpha'+\delta$, oder näherungsweise

$$n(\alpha+\delta) = n'(\alpha'+\delta). \tag{6.7}$$

Wir lösen nach $n'\alpha'$ auf und ersetzen $\delta \approx \sin\delta = x/r$:

$$n'\alpha' = n\alpha - Dx \tag{6.8}$$

mit der **Brechkraft**

$$D = \frac{n'-n}{r} \tag{6.9}$$

der brechenden Fläche. Mit $p = n\alpha$ aus (6.1) lassen sich die Brechungsgleichungen als

$$p' = p - Dx\,, \quad x' = x \tag{6.10}$$

schreiben, oder in Matrixform als

$$\begin{pmatrix} x' \\ p' \end{pmatrix} = \begin{pmatrix} 1 & 0 \\ -D & 1 \end{pmatrix} \begin{pmatrix} x \\ p \end{pmatrix} \tag{6.11}$$

und abgekürzt

$$\mathbf{u}' = \mathbf{R}\mathbf{u}\,, \tag{6.12}$$

wobei wir die Abbildungsmatrix

$$\mathbf{R} = \begin{pmatrix} 1 & 0 \\ -D & 1 \end{pmatrix} \tag{6.13}$$

bestimmt haben, die **Brechungs-** oder **Refraktionsmatrix**. Eine Bemerkung sollte nicht fehlen: Hier ist unterstellt, dass der Krümmungsmittelpunkt der brechenden Fläche rechts von ihr liegt, d.h. in diesem Fall wird der Krümmungsradius r positiv gewählt, andernfalls negativ.

Die Übertragungsmatrix: Als zweiten Baustein benötigen wir den freien Durchgang durch ein homogenes Medium mit Brechungsindex n über eine Strecke d. Hier gilt $\alpha' = \alpha$ und, wie aus Bild 6.3 abzulesen, $x' = x + d\tan\alpha \approx x + d\alpha$, oder

$$p' = n\alpha' = n\alpha = p\,, \quad x' = x + d\alpha = x + (d/n)p\,. \tag{6.14}$$

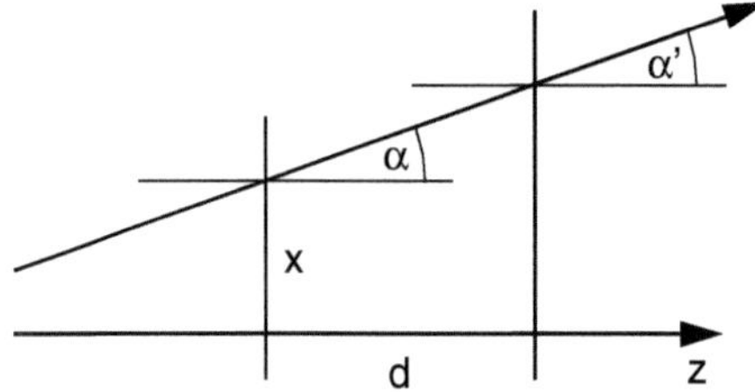

Bild 6.3 Durchgang eines Lichtstrahls durch ein homogenes Medium.

Damit erhalten wir mit der **Übertragungs-** oder **Translationsmatrix T**

$$\mathbf{u}' = \mathbf{T}\mathbf{u}\ , \quad \mathbf{T} = \begin{pmatrix} 1 & d/n \\ 0 & 1 \end{pmatrix}. \tag{6.15}$$

Die Reflexionsmatrix: Zur Matrixanalyse der Reflexion an optischen Systemen mit Spiegelungen betrachten wir zunächst den Fall eines einzelnen sphärischen Spiegels wie in Bild 6.4 dargestellt (hier hat der Krümmungsradius r einen negativen Wert). Es sei wieder α der Winkel des einfallenden Strahls zur z-Richtung und δ bezeichnet den Winkel der Normalen zur z-Richtung. Das Reflexionsgesetz sagt aus, dass der Einfallswinkel $\delta - \alpha$ betragsmäßig gleich dem Ausfallswinkel $\alpha' - \delta$ ist. Also gilt $\alpha' = -\alpha + 2\delta$ oder mit $\delta \approx -x/r$ (da $r < 0$)

$$\alpha' = -\alpha - \frac{2x}{r}. \tag{6.16}$$

Mit $x' = x$ und $p = n\alpha$ ergibt sich dann

$$\mathbf{u}' = \mathbf{M}\mathbf{u} \tag{6.17}$$

mit der **Spiegel-** oder **Reflexionsmatrix**

$$\mathbf{M}(r) = \begin{pmatrix} 1 & 0 \\ -2n/r & -1 \end{pmatrix}. \tag{6.18}$$

Einen Planspiegel erhält man im Grenzfall $r \to \infty$ mit der Reflexionsmatrix

$$\mathbf{M}(\infty) = \begin{pmatrix} 1 & 0 \\ 0 & -1 \end{pmatrix}. \tag{6.19}$$

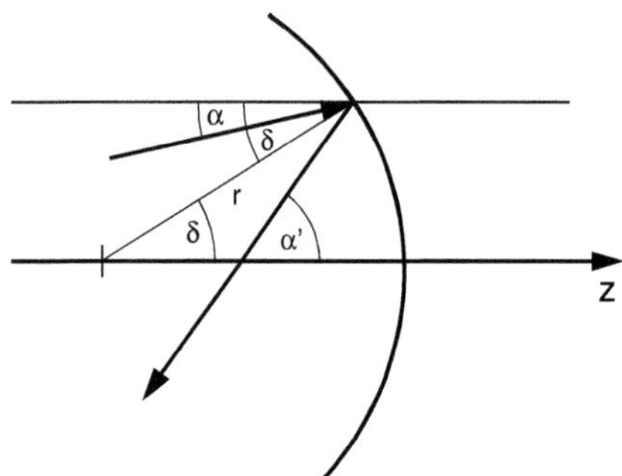

Bild 6.4 Reflexion eines Lichtstrahls an einem sphärischen Spiegel.

6.1.2 Die Systemmatrix

Alle elementaren Bausteine haben Determinante ± 1, und damit auch jedes beliebige Produkt zu einer Systemmatrix **A**. Für den wichtigen Fall von Systemen ohne Reflexion oder mit einer geradzahligen Anzahl von Reflexionen gilt

$$\det \mathbf{A} = 1 . \tag{6.20}$$

Die Systemmatrizen sind damit reelle symplektische Matrizen (vgl. M2, Abschnitt 3.5.1).

Dicke und dünne Linsen: Die Systemmatrix für eine einfache Linse mit einem Brechungsindex n und einer Dicke d (siehe Bild 6.5) lässt sich darstellen als Hintereinanderschaltung einer Brechungsmatrix $\mathbf{R}_1$, einer Translationsmatrix $\mathbf{T}$ und einer zweiten Brechungsmatrix $\mathbf{R}_2$:

$$\mathbf{A} = \mathbf{R}_2 \mathbf{T} \mathbf{R}_1 = \begin{pmatrix} 1 & 0 \\ -D_2 & 1 \end{pmatrix} \begin{pmatrix} 1 & d/n \\ 0 & 1 \end{pmatrix} \begin{pmatrix} 1 & 0 \\ -D_1 & 1 \end{pmatrix} = \begin{pmatrix} 1 - D_1 d/n & d/n \\ -D_1 - D_2 + D_1 D_2 d/n & 1 - D_2 d/n \end{pmatrix} . \tag{6.21}$$

Dabei sind

$$D_1 = (n - n_1)/r_1 \quad , \quad D_2 = (n_2 - n)/r_2 = (n - n_2)/(-r_2) \tag{6.22}$$

die Brechzahlen der beiden Linsenflächen und n_1 und n_2 die Brechungsindizes der Medien vor bzw. hinter der Linse. In vielen Anwendungen ist auf beiden Seiten der Linse Luft mit $n_1 = n_2 = 1$ und $n > 1$. Dann sind für den in Bild 6.5 dargestellten Fall mit $r_1 > 0$ und $r_2 < 0$ die Brechzahlen D_1 und D_2 positiv.

Für eine dünne Linse kann man die Dicke d vernachlässigen und es gilt

$$\mathbf{A}_\mathrm{L} = \begin{pmatrix} 1 & 0 \\ -D_1 - D_2 & 1 \end{pmatrix} = \begin{pmatrix} 1 & 0 \\ -D & 1 \end{pmatrix} , \quad D = D_1 + D_2 , \tag{6.23}$$

mit der Brechkraft D der Linse, wie wir weiter unten noch genauer sehen werden.

Allgemeine Eigenschaften der Systemmatrix: Die Determinante der Systemmatrix $\mathbf{A} = (a_{ij})$ ist gleich ± 1. Eine Konsequenz daraus ist, dass höchstens zwei ihrer Matrixelemente gleichzeitig gleich null sein können, und zwar nur die beiden Diagonalelemente oder die beiden Nichtdiagonalelemente. Zunächst betrachten wir die Eigenschaften der Abbildung

$$\begin{pmatrix} x' \\ p' \end{pmatrix} = \begin{pmatrix} a_{11} & a_{12} \\ a_{21} & a_{22} \end{pmatrix} \begin{pmatrix} x \\ p \end{pmatrix} . \tag{6.24}$$

aus (6.3) für den Fall, dass ein einzelnes Matrixelement null wird. Wir unterscheiden die folgenden Möglichkeiten:

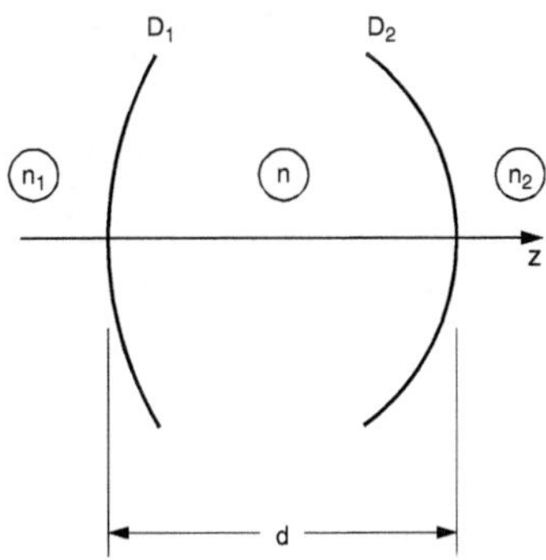

Bild 6.5 Systemmatrix für eine Linse der Dicke *d*.

(a) $a_{12} = 0:$ Dann ist $x' = a_{11}\, x$, das bedeutet eine Abbildung, eine **Objekt-Bild-Beziehung**, mit einer **lateralen Vergrößerung**

$$\mu_{\text{lateral}} = \frac{x'}{x} = a_{11}\,. \tag{6.25}$$

(b) $a_{21} = 0:$ Dann gilt $p' = a_{22}\, p$ oder $\alpha' = a_{22}\, \alpha$. Ein paralleles Bündel von Strahlen (gleicher Winkel α) wird das System auch wieder als paralleles Bündel verlassen. Das ist die Eigenschaft eines Teleskops, das auf unendlich fokussiert ist. Man bezeichnet deshalb Systeme mit $a_{21} = 0$ als **Teleskop-Systeme**. Die **Winkelvergrößerung** ist dann

$$v = \frac{\alpha'}{\alpha} = a_{22}\, \frac{n}{n'}\,. \tag{6.26}$$

(c) $a_{11} = 0:$ Hier gilt $x' = a_{12}\, p$. Aus $x' = 0$ folgt, dass auch $p = 0$ sein muss, unabhängig von x. Also wird ein achsenparalleler Strahl ($p = 0$) nach $x = 0$ fokussiert. Das definiert einen **Brennpunkt** und die **Referenzebene**, in der (x', p') liegt, ist eine **Brennebene**.

(d) $a_{22} = 0:$ Ganz analog zu dem vorangehenden Fall ist dann die Ebene der (x', p') eine Brennebene.

Teleskop-Systeme: Teleskop-Systeme sind charakterisiert durch ein verschwindendes Matrixelement a_{21} der Systemmatrix (siehe Punkt (b) oben). Hier werden wir annehmen, dass sich auf beiden Seiten des Systems ein Medium mit Brechungsindex $n = n' = 1$ befindet (z.B. Luft). Mit der Winkelvergrößerung v ist die Systemmatrix durch

$$\mathbf{A} = \begin{pmatrix} 1/v & a_{12} \\ 0 & v \end{pmatrix} \tag{6.27}$$

gegeben (man denke an $\det \mathbf{A} = 1$). Um die **Abbildungseigenschaften** zu untersuchen, führen wir vor und hinter dem Teleskop-System zwei Translationsmatrizen über die Strecken d_1 bzw. d_2 hinzu. Dann erhalten wir

$$\mathbf{A}' = \left(a'_{ij}\right) = \begin{pmatrix} 1 & d_2 \\ 0 & 1 \end{pmatrix} \begin{pmatrix} 1/v & a_{12} \\ 0 & v \end{pmatrix} \begin{pmatrix} 1 & d_1 \\ 0 & 1 \end{pmatrix} = \begin{pmatrix} 1/v & a_{12} + d_2 v + d_1/v \\ 0 & v \end{pmatrix} \tag{6.28}$$

mit einer lateralen Vergrößerung $\mu_{\text{lateral}} = a'_{11} = 1/v$. Referenzebenen mit einer Objekt-Bild Beziehung findet man für $a'_{12} = 0$ (siehe Punkt (a) oben), d.h. indem wir d_1 und d_2 so wählen, dass gilt

$$a_{12} + d_2\, v + d_1/v = 0. \tag{6.29}$$

Bewegt man das Objekt bei d_1 um Δ_1, so verschiebt sich das Bild bei d_2 um $\Delta_2 = -\Delta_1/v^2$. Die **axiale Vergrößerung** ist also

$$\mu_{\text{axial}} = \left|\frac{\Delta_2}{\Delta_1}\right| = \frac{1}{v^2} = \mu^2_{\text{lateral}}\,. \tag{6.30}$$

Fokussierende Systeme: Fokussierende Systeme sind definiert durch $a_{21} \neq 0$. Zunächst betrachten wir ein spezielles fokussierendes System mit der Systemmatrix

$$\mathbf{A}_{\text{F}} = \begin{pmatrix} 0 & u \\ v & 0 \end{pmatrix}. \tag{6.31}$$

Nach den Eigenschaften (c) und (d) der Systemmatrix ist $\mathbf{A}_{\text{F}}$ eine Abbildung zwischen den beiden Brennebenen als Referenzebenen. Die Bedeutung des Parameters u erklärt sich durch folgende Überlegung: Durch die Abbildung $\mathbf{A}_{\text{F}}$ wird ein Strahl $(0, p)^T$, also ein Brennstrahl, zu einem achsenparallelen Strahl $(x', p') = (pu, 0)$ (vgl. Bild 6.6). Denken wir uns den Brennstrahl

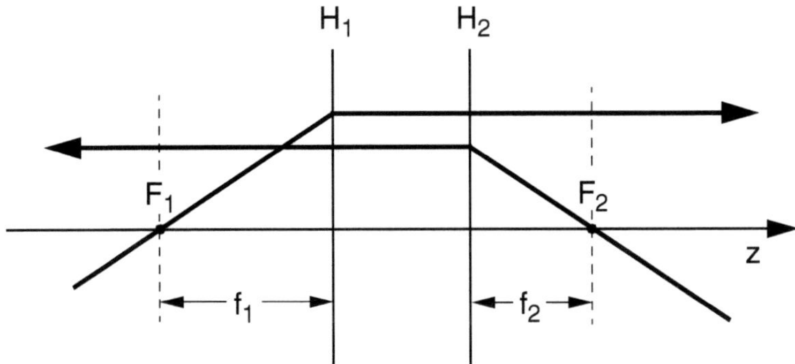

Bild 6.6 Brennpunkte F_1, F_2, Brennweiten f_1, f_2 und Hauptebenen H_1, H_2 eines optischen Systems.

und den auslaufenden achsenparallelen Strahl in gerader Linie verlängert, so schneiden sie sich in einem Punkt im Abstand f_1 von dem Brennpunkt F_1. Mit

$$\alpha \approx \tan\alpha = \frac{x'}{f_1} = \frac{pu}{f_1} = \frac{n_1 \alpha u}{f_1} \tag{6.32}$$

ist $f_1 = n_1 u$, ist also insbesondere unabhängig von α. Alle so konstruierten Punkte liegen auf einer Ebene senkrecht zur optischen Achse, der **Hauptebene** H_1 im Abstand f_1, der (linksseitigen) Brennweite des Systems. Wir können also den Parameter u durch

$$u = f_1 / n_1 \tag{6.33}$$

ersetzen. Eine analoge Überlegung gilt für den rechtsseitigen Brennpunkt F_2: Ein achsenparalleler Strahl ($\alpha = p = 0$) wird in den Brennpunkt $x' = 0$ fokussiert. Aus $p' = vx$ und

$$\alpha' \approx \tan\alpha' = -\frac{x}{f_2} = -\frac{p'}{v f_2} = -\frac{n_2 \alpha'}{v f_2} \tag{6.34}$$

folgt

$$v = -n_2 / f_2 \tag{6.35}$$

und wir erhalten

$$\mathbf{A}_\mathrm{F} = \begin{pmatrix} 0 & f_1/n_1 \\ -n_2/f_2 & 0 \end{pmatrix}. \tag{6.36}$$

Die Bedingung

$$\det \mathbf{A}_\mathrm{F} = \frac{f_1 n_2}{f_2 n_1} = 1 \tag{6.37}$$

für die Determinante liefert die Beziehung

$$\frac{f_1}{n_1} = \frac{f_2}{n_2}. \tag{6.38}$$

Also ist das Verhältnis der Brennweiten gleich dem der Brechungsindizes. Insbesondere gilt

$$f_1 = f_2 \quad \text{falls} \quad n_1 = n_2 \,. \tag{6.39}$$

Die Abbildungseigenschaften eines solchen fokussierenden Systems finden wir, indem wir je eine Translationsmatrix vor die Systemmatrix schalten, die über eine Strecke z_1 transportiert,

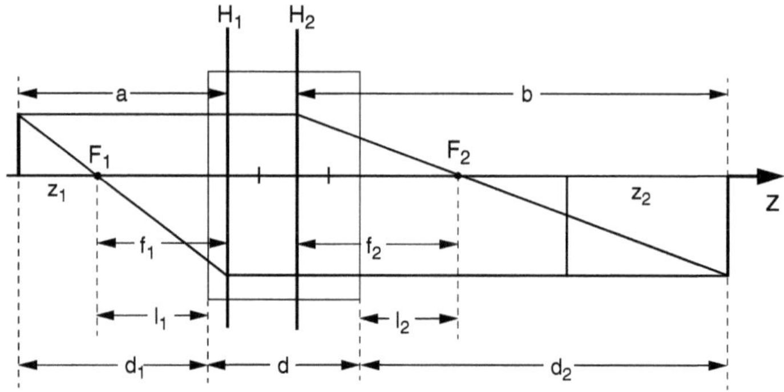

Bild 6.7 Abbildungseigenschaften eines fokussierenden optischen Systems.

und eine weitere hinter die Systemmatrix mit Transport über eine Strecke z_2,

$$\begin{aligned}\mathbf{A}' &= \mathbf{T}(z_1)\mathbf{A}_F\mathbf{T}(z_2)\\ &= \begin{pmatrix}1 & z_2/n_2\\ 0 & 1\end{pmatrix}\begin{pmatrix}0 & f_1/n_1\\ -n_2/f_2 & 0\end{pmatrix}\begin{pmatrix}1 & z_1/n_1\\ 0 & 1\end{pmatrix} = \begin{pmatrix}-\dfrac{z_2}{f_2} & \dfrac{f_1}{n_1}-\dfrac{z_1 z_2}{n_1 f_2}\\ -\dfrac{n_2}{f_2} & -\dfrac{n_2 z_1}{n_1 f_2}\end{pmatrix},\end{aligned} \tag{6.40}$$

wie in Bild 6.7 illustriert. Wenn wir nun fordern, dass die Abbildungsmatrix $\mathbf{A}' = (a'_{ij})$ ein Objekt in einer Entfernung z_1 von der Brennebene F_1 in ein Bild in einer Entfernung z_2 von der Brennebene F_2 abbildet, dann müssen beide in einer Objekt-Bild Beziehung stehen (vgl. Punkt (a) auf Seite 132). Damit ist

$$0 = a'_{12} = \frac{f_1}{n_1} - \frac{z_1 z_2}{n_1 f_2} \qquad \text{oder} \qquad z_1 z_2 = f_1 f_2 . \tag{6.41}$$

Die Vergrößerung

$$m = a'_{22} = -\frac{z_1}{f_2} = -\frac{f_1}{z_1} \tag{6.42}$$

hängt von der Position z_1 des Gegenstandes auf der optischen Achse ab, anders als bei den Teleskop-Systemen.

Die Beziehung (6.41) zwischen Objekt- und Bildposition ist unter dem Namen **Linsengleichung** bekannt. Wir können sie durch eine einfache Manipulation in eine etwas vertrautere Form bringen. Dazu führen wir statt der Abstände z_1, z_2 von den beiden Brennpunkten die Abstände a und b von den Hauptebenen ein. Mit den Bezeichnungen

$$\begin{aligned} a &= z_1 + f_1 \quad \text{Gegenstandsweite}\\ b &= z_2 + f_2 \quad \text{Bildweite}\end{aligned} \tag{6.43}$$

erhalten wir aus Gleichung (6.41) $(a - f_1)(b - f_2) = f_1 f_2$ oder $ab = f_1 b + f_2 a$ und schließlich nach Division durch ab die vertraute Form

$$\frac{f_1}{a} + \frac{f_2}{b} = 1 . \tag{6.44}$$

Für den bekanntesten Fall gleicher Medien auf beiden Seiten des optischen Systems ist nach (6.39) $f_1 = f_2 = f$ und diese Gleichung reproduziert die Linsengleichung aus der Schulphysik:

$$\frac{1}{a} + \frac{1}{b} = \frac{1}{f} . \tag{6.45}$$

Allgemeine Systeme: Es sei jetzt ein allgemeines optisches System mit Systemmatrix $\mathbf{A} = (a_{ij})$ gegeben, das sich auf der optischen Achse über einen Bereich der Länge d erstreckt, d.h. die Referenzebenen haben den Abstand d. Um die Abbildungseigenschaften dieses Systems zu untersuchen, schalten wir wiederum eine Translationsmatrix vor und hinter die Systemmatrix, und zwar jeweils über eine Entfernung ℓ_1 bzw. ℓ_2 von den Referenzebenen. Wir fordern auch hier, dass die resultierende Abbildung einen Gegenstand bei ℓ_1 in sein Bild bei ℓ_2 fokussiert, also eine fokussierende Abbildung $\mathbf{A}_\mathrm{F}$ wie in (6.36). Das ergibt die Abbildungsmatrix

$$\mathbf{A}_\mathrm{F} = \begin{pmatrix} 0 & f_1/n_1 \\ -n_2/f_2 & 0 \end{pmatrix} = \mathbf{T}(\ell_2)\mathbf{A}\mathbf{T}(\ell_1) = \begin{pmatrix} 1 & \ell_2/n_2 \\ 0 & 1 \end{pmatrix} \begin{pmatrix} a_{11} & a_{12} \\ a_{21} & a_{22} \end{pmatrix} \begin{pmatrix} 1 & \ell_1/n_1 \\ 0 & 1 \end{pmatrix}$$

$$= \begin{pmatrix} a_{11} + \dfrac{\ell_2}{n_2} a_{21} & a_{12} + \dfrac{\ell_1}{n_1} a_{11} + \dfrac{\ell_2}{n_2}\left(a_{22} + \dfrac{\ell_1}{n_1} a_{21}\right) \\ a_{21} & a_{22} + \dfrac{\ell_1}{n_1} a_{21} \end{pmatrix}. \tag{6.46}$$

Die Brennweiten f_1 und f_2 und die Entfernungen ℓ_1 und ℓ_2 der Brennpunkte von den Referenzebenen erhält man aus dem Vergleich der Matrixelemente. Zunächst liefert die Beziehung $a_{21} = -n_2/f_2$ die Brennweite

$$f_2 = -\frac{n_2}{a_{21}}, \tag{6.47}$$

und aus dem Verschwinden der Diagonalelemente

$$a_{11} + \frac{\ell_2}{n_2} a_{21} = 0 \qquad \text{und} \qquad a_{22} + \frac{\ell_1}{n_1} a_{21} = 0 \tag{6.48}$$

folgt

$$\ell_2 = -n_2 \frac{a_{11}}{a_{12}} \qquad \text{und} \qquad \ell_1 = -n_1 \frac{a_{22}}{a_{21}}. \tag{6.49}$$

Schließlich ergibt sich mit Gleichung (6.48)

$$\begin{aligned} \frac{f_1}{n_1} &= a_{12} + \frac{\ell_1}{n_1} a_{11} + \frac{\ell_2}{n_2}\left(a_{22} + \frac{\ell_1}{n_1} a_{21}\right) = a_{12} + \frac{\ell_1}{n_1} a_{11} \\ &= a_{12} - \frac{a_{22}}{a_{21}} a_{11} \end{aligned} \tag{6.50}$$

und mit $a_{11}a_{22} - a_{12}a_{21} = 1$

$$f_1 = -\frac{n_1}{a_{21}}. \tag{6.51}$$

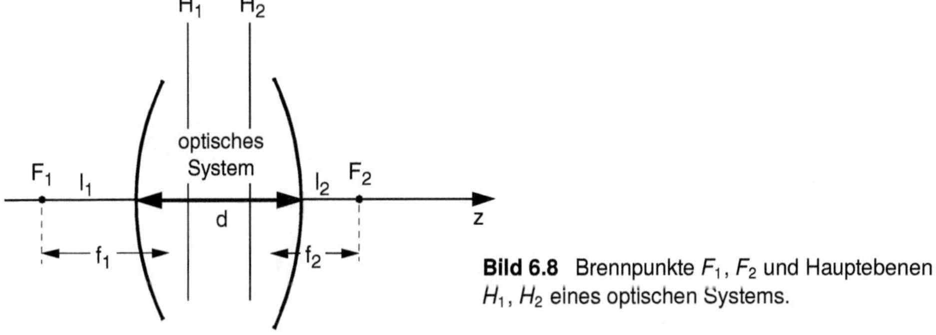

Bild 6.8 Brennpunkte F_1, F_2 und Hauptebenen H_1, H_2 eines optischen Systems.

Die Gleichungen (6.47), (6.49) und (6.51) verbinden die abstrakten Elemente der Systemmatrix $\mathbf{A} = (a_{ij})$ mit den anschaulicheren Größen wie Brennweite und Position der Brennpunkte. Damit sind auch die Hauptebenen H_1 und H_2 bekannt (siehe Bild 6.8), und wir können die Gesamtabbildung in der bekannten geometrischen Weise konstruieren, indem wir die Brennstrahlen und achsenparallelen Strahlen an den Hauptebenen brechen (vgl. Bild 6.6).

Beispiele: Die vielfältigen Anwendungen der Matrixoptik auf Linsensysteme illustrieren die folgenden Beispiele:

(a) Zunächst berechnen wir die Brechkraft einer dicken Linse in Luft (vgl. Bild 6.5), also für $n_1 = n_2 = 1$. Wir benötigen dazu das Matrixelement a_{12} der Systemmatrix in (6.21) und erhalten aus (6.47) und (6.51) $f_1 = f_2 = f$ mit

$$\frac{1}{f} = -a_{21} = D_1 + D_2 - \frac{D_1 D_2 d}{n}, \qquad (6.52)$$

in Übereinstimmung mit den (hoffentlich) bekannten Resultaten aus der Einführung in die Optik.

(b) Wir kombinieren eine dünne Zerstreuungslinse (Brennweite $-f_1$) und eine dünne Sammellinse (Brennweite $-f_2$) so, dass die beiden Brennpunkte übereinstimmen. Sie haben den Abstand $f_2 - f_1$ (siehe auch Bild 6.10). Die Systemmatrix berechnet man dann mit dem Brechungsmatrizen (6.23) für dünne Linsen und der Translationsmatrix (6.15):

$$\begin{aligned}\mathbf{A} &= \mathbf{A}_\mathrm{L}(f_2)\,\mathbf{T}(f_2 - f_1)\,\mathbf{A}_\mathrm{L}(-f_1)\\ &= \begin{pmatrix} 1 & 0\\ -1/f_2 & 1\end{pmatrix}\begin{pmatrix} 1 & f_2 - f_1\\ 0 & 1\end{pmatrix}\begin{pmatrix} 1 & 0\\ 1/f_1 & 1\end{pmatrix}\\ &= \begin{pmatrix} 1 & 0\\ -1/f_2 & 1\end{pmatrix}\begin{pmatrix} f_2/f_1 & f_2 - f_1\\ 1/f_1 & 1\end{pmatrix} = \begin{pmatrix} f_2/f_1 & f_2 - f_1\\ 0 & f_1/f_2\end{pmatrix}. \qquad (6.53)\end{aligned}$$

Wegen $a_{21} = 0$ ist das nach Punkt (b) auf Seite 132 ein Teleskop.

(c) Ein bekanntes Fotoobjektiv mit guten achromatischen und aplanatischen Abbildungseigenschaften ist das **Tessar-Objektiv** aus Bild 6.9. Es besteht aus vier Linsen, die wir (von links nach rechts) mit dem Index $j = 1\ldots,4$ kennzeichnen. Die beiden Krümmungsradien $r_1^{(j)}$, $r_2^{(j)}$ jeder Linse, der Brechungsindex $n^{(j)}$ und die Dicke $d^{(j)}$ sind in der Tabelle aufgeführt, sowie die Abstände $d^{j+1,j}$ (alle Längen in cm, zwischen den Linsen ist $n = 1$).

Zur Berechnung der Systemmatrix **A** benötigen wir die Brechungsmatrizen der vier Linsen, und zwar $\mathbf{R}_-^{(j)}$ für die linke und $\mathbf{R}_+^{(j)}$ für die rechte Seite, sowie die Übertragungsma-

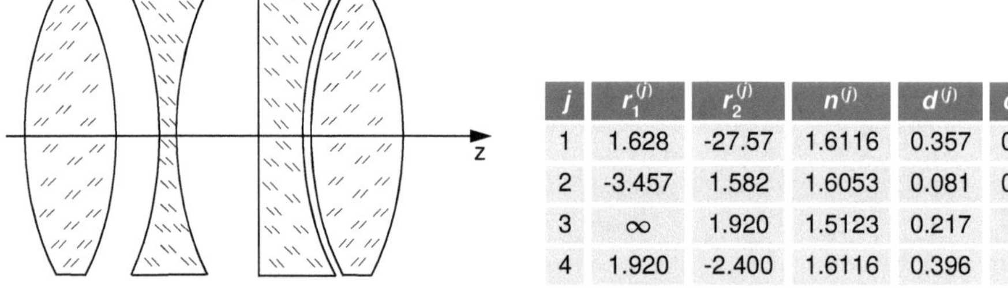

j	$r_1^{(j)}$	$r_2^{(j)}$	$n^{(j)}$	$d^{(j)}$	$d^{j+1,j}$
1	1.628	-27.57	1.6116	0.357	0.189
2	-3.457	1.582	1.6053	0.081	0.325
3	∞	1.920	1.5123	0.217	0.0
4	1.920	-2.400	1.6116	0.396	0.0

Bild 6.9 Das Tessar-Objektiv.

trizen $\mathbf{T}^{(j)}$ innerhalb der Linsen und $\mathbf{T}^{(j+1,j)}$ zwischen benachbarten Linsen. Nach den Gleichungen (6.13) und (6.15) sind ihre Abbildungsmatrizen gleich

$$\mathbf{R}_{\pm}^{(j)} = \begin{pmatrix} 1 & 0 \\ \pm\frac{n^{(j)}-1}{r^{(j)}} & 1 \end{pmatrix}, \quad \mathbf{T}^{(j)} = \begin{pmatrix} 1 & \frac{d^{(j)}}{n^{(j)}} \\ 0 & 1 \end{pmatrix}, \quad \mathbf{T}^{(j+1,j)} = \begin{pmatrix} 1 & d^{j+1,j} \\ 0 & 1 \end{pmatrix}. \tag{6.54}$$

Die Systemmatrix ist dann gleich dem Produkt

$$\begin{aligned} \mathbf{A} &= \mathbf{R}_{+}^{(4)}\mathbf{T}^{(4)}\mathbf{R}_{-}^{(4)}\cdots\mathbf{T}^{(3,2)}\mathbf{R}_{+}^{(2)}\mathbf{T}^{(2)}\mathbf{R}_{-}^{(2)}\mathbf{T}^{(2,1)}\mathbf{R}_{+}^{(1)}\mathbf{T}^{(1)}\mathbf{R}_{-}^{(1)} \\ &= \begin{pmatrix} 0.86754 & 1.33868 \\ -0.19690 & 0.84886 \end{pmatrix}, \end{aligned} \tag{6.55}$$

wenn man die Werte aus der Tabelle einsetzt und das Produkt ausführt, hier wohl besser mithilfe eines Computers. Damit sind Brennweite f und die Abstände ℓ_1, ℓ_2 der Brennpunkte von den äußeren Linsen nach den Gleichungen (6.47), (6.49) und (6.51) gleich

$$f = -1/a_{2,1} = 5.0788\,, \quad \ell_1 = a_{11}f = 4.4061\,, \quad \ell_2 = a_{22}f = 4.3112 \tag{6.56}$$

und die Abstände der Hauptebenen von den äußeren Linsen gleich

$$h_1 = f - \ell_1 = 0.67275\,, \quad h_2 = f - \ell_2 = 0.76761\,. \tag{6.57}$$

Zusammen mit der Dicke $d = 1.5650$ des Linsensystems, also der Summe der Linsendicken und -abstände, sind alle Größen bekannt, um die Abbildung des Systems zu beschreiben.

6.1.3 Stationäre Lösungen

Ein optisches System sei beschrieben durch die Systemmatrix **A**. Zur Vereinfachung wollen wir hier annehmen, dass auf beiden Seiten $n_1 = n_2 = 1$ gilt. Wir haben es also dann mit der Abbildung $\mathbf{u}' = \mathbf{A}\mathbf{u}$ zu tun, oder

$$\begin{pmatrix} x' \\ \alpha' \end{pmatrix} = \begin{pmatrix} A & B \\ C & D \end{pmatrix}\begin{pmatrix} x \\ \alpha \end{pmatrix} \quad \text{mit} \quad \mathbf{A} = \begin{pmatrix} A & B \\ C & D \end{pmatrix}. \tag{6.58}$$

wobei wir in diesem Abschnitt die Bezeichnung der Matrixelemente etwas vereinfachen. Es gilt $\det\mathbf{A} = AD - BC = 1$.

Kugelwellen: Neben der Betrachtung des Durchgangs einzelner Strahlen durch ein optisches System mit Systemmatrix **A** ist es oft zweckmäßig, das Verhalten einer Kugelwelle zu untersuchen, die durch die Optik geschickt wird. Eine solche Kugelwelle ist charakterisiert durch den Krümmungsradius r, der für die hier betrachteten kleinen Winkel durch

$$r = \frac{x}{\alpha} \tag{6.59}$$

gegeben ist. Nach der üblichen Vorzeichenkonvention haben Kugelwellen mit Mittelpunkt links von der Bezugsebene einen positiven, andernfalls einen negativen Krümmungsradius.

Nach Durchgang durch das optische System ändert sich der Krümmungsradius der Kugelwelle und ist nach (6.58) durch die einfache Formel

$$r' = \frac{x'}{\alpha'} = \frac{Ax + B\alpha}{Cx + D\alpha} = \frac{Ar + B}{Cr + D} \tag{6.60}$$

gegeben, was oft als das **ABCD-Gesetz** bezeichnet wird.

Eigenwerte und Eigenvektoren: Die Eigenwerte der Systemmatrix (6.58) sind gleich

$$\mu_\pm = \frac{1}{2}\Big(A + D \pm \sqrt{(A+D)^2 - 4}\Big) \tag{6.61}$$

(siehe z.B. M2, Gleichung (1.57). Ein Eigenvektor $\mathbf{u} = (x, \alpha)^T$ der Abbildung **A** zum Eigenwert μ,

$$\mathbf{A}\mathbf{u} = \mu\mathbf{u}\,, \tag{6.62}$$

zeigt folgendes Verhalten für reelles μ: Die Länge x und der Winkel α werden um den Faktor μ gestreckt. Man bezeichnet daher $|\mu|$ als die Vergrößerung. Eine Abbildung der zugehörigen Kugelwellen mit dem Krümmungsradius $r = x/\alpha$ liefert den Krümmungsradius

$$r' = \frac{x'}{\alpha'} = \frac{\mu x}{\mu\alpha} = \frac{x}{\alpha} = r\,. \tag{6.63}$$

Der Krümmungsradius bleibt also erhalten und die Kugelwelle wird reproduziert. Nach Gleichung (6.60) ergibt sich dieser spezielle reproduzierte Kugelwellenradius aus

$$r = \frac{Ar + B}{Cr + D}\,. \tag{6.64}$$

Dies führt auf eine quadratische Gleichung, deren Lösungen wir in zwei äquivalenten Darstellungen benötigen:

$$r_\pm = \frac{1}{2C}\big(A - D \pm \sqrt{(A+D)^2 - 4}\,\big) \tag{6.65}$$

$$r_\pm^{-1} = \frac{1}{2B}\big(D - A \pm \sqrt{(A+D)^2 - 4}\,\big)\,. \tag{6.66}$$

Zu den Eigenwerten (6.61) stehen sie in der Beziehung

$$r_\pm = (\mu_\pm - A)/B\,. \tag{6.67}$$

Ein Beispiel: Ein Teleskop aus einer Zerstreuungs- und einer Sammellinse (Brennweiten $-f_1$ bzw. f_2 mit $f_2 > f_1 > 0$) hat die Systemmatrix

$$\mathbf{A} = \begin{pmatrix} f_2/f_1 & f_2 - f_1 \\ 0 & f_1/f_2 \end{pmatrix} \tag{6.68}$$

(vgl. Gleichung (6.53)). Die Eigenwerte und die reproduzierten Krümmungsradien sind dann

$$\mu_+ = \frac{f_2}{f_1} \quad , \quad r_+ = \infty \tag{6.69}$$

$$\mu_- = \frac{f_1}{f_2} \quad , \quad r_- = \frac{f_1^2 f_2^2}{f_1 - f_2} < 0\,. \tag{6.70}$$

Die erste Beziehung sollte bekannt sein: Ein parallel zur optischen Achse einfallendes Strahlenbündel (also $r_+ = \infty$) wird als ein paralleles Strahlenbündel auslaufen, wobei jedoch der Strahldurchmesser d um den Faktor μ_+ vergrößert ist (siehe Bild 6.10 (a)). Die zweite Lösung ergibt eine konvergierende Kugelwelle mit Krümmungsradius r_-, die um den Faktor μ_- verkleinert reproduziert wird (siehe Bild 6.10 (b))

6.1.4 Wellenoptik mit Gauß-Strahlen

Bisher haben wir reine Strahlenoptik betrieben. Man kann nun in einer einfachen Näherung den Wellencharakter berücksichtigen. Wir unterstellen wieder ein zylindersymmetrisches op-

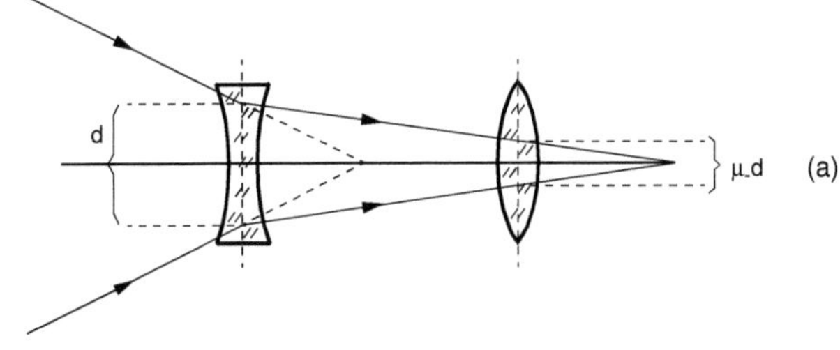

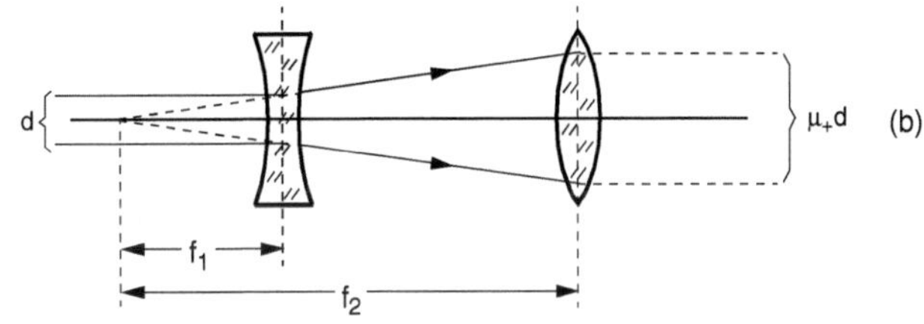

Bild 6.10 Teleskop: Ebene Wellen werden vergrößert (a), konvergierende Kugelwellen verkleinert (b) reproduziert.

tisches System mit optischer Achse in z-Richtung. Wenn $E'(x', y')$ die Feldamplitude[1] in einer Ebene senkrecht zur optischen Achse bei z' bezeichnet, so kann man das Feld $E(x, y)$ in einer Ebene an der Stelle $z = z' + d$ durch das sogenannte Kirchhoff-Integral über die Fläche (x', y') in Fresnel-Näherung berechnen. Wenn sich nun zwischen den beiden Ebenen optische Elemente befinden, lässt sich die optische Weglänge zwischen den Punkten (x', y') und (x, y) näherungsweise durch die Systemmatrix $\mathbf{A} = \left(\begin{smallmatrix} A & B \\ C & D \end{smallmatrix}\right)$ zwischen den Referenzebenen z' und z ausdrücken, und man erhält den Ausdruck

$$E(x, y) = -\frac{\mathrm{i}k\mathrm{e}^{\mathrm{i}kd}}{2\pi B} \iint_F \mathrm{d}x'\,\mathrm{d}y'\,E'(x', y')\,\mathrm{e}^{\frac{\mathrm{i}k}{2B}\left[A(x'^2+y'^2)-2(x'x+y'y)+D(x^2+y^2)\right]}, \tag{6.71}$$

der als **Collins-Integral** bezeichnet wird. Hierbei ist k die Wellenzahl des Feldes mit Wellenlänge $\lambda = 2\pi/k$. Dabei ist unterstellt, dass alle in das optische System einfallenden Strahlen es auch wieder verlassen. Wenn in dem System durch eine Aperturblende Strahlen ausgeblendet werden, kann das durch eine zweimalige Anwendung des Collins-Integrals beschrieben werden. Dabei wird einmal bis zur Blende integriert, und dann, mit einem entsprechend der Blende reduziertem Feld, bis zum Ausgang des optischen Systems.

Für den wichtigen Spezialfall eines gaußförmigen Feldes

$$E'(x', y') = E_0\,\mathrm{e}^{\frac{\mathrm{i}k}{2}\frac{x'^2+y'^2}{q_0}} \tag{6.72}$$

mit einer Konstanten $q_0 \in \mathbb{C}$, dem **Strahlparameter**, lässt sich das Collins-Integral (6.71) in geschlossener Form berechnen und es ergibt sich mithilfe der Integralformel (A.53) aus M2,

$$E(x, y) = \frac{E_0\,\mathrm{e}^{\mathrm{i}kd}}{A + B/q}\,\mathrm{e}^{\frac{\mathrm{i}k}{2}\frac{x^2+y^2}{q}} \quad \text{mit} \quad q = \frac{Aq_0 + B}{Cq_0 + D}. \tag{6.73}$$

Man erhält also wiederum eine Gauß-Funktion, wobei sich der q-Parameter nach einem verallgemeinerten ABCD-Gesetz (6.73) transformiert (vgl. Gleichung (6.60)). Man bezeichnet sol-

[1] Zur Vereinfachung rechnet man mit komplexwertigen Feldern; das reale Feld wird dann durch den Realteil beschrieben. Die Intensität ergibt sich aus dem Betragsquadrat des Feldes.

che Strahlen als **Gauß-Strahlen** und wir wollen sie wegen ihrer Bedeutung etwas genauer betrachten.

Der einfachste Fall ist die Ausbreitung eines solchen Gauß-Strahls im freien Raum. Wir nehmen an, dass die Feldverteilung in der Referenzebene bei $z' = 0$ eine rein reelle Gaußverteilung

$$E(x', y', z' = 0) = E_0\,\mathrm{e}^{-\frac{x'^2+y'^2}{w_0^2}} \tag{6.74}$$

ist, mit einem Strahlradius w_0. Zusätzlich führen wir die **Raleighlänge**

$$z_0 = k w_0^2/2 \tag{6.75}$$

ein. Bei Durchgang durch den freien Raum über eine Strecke z lauten die Matrixelemente der Systemmatrix (eine Translationsmatrix) $A = D = 1$, $C = 0$, und $B = z$ (siehe (6.15)). Das Feld bei z erhält man jetzt direkt aus den oben hergeleiteten Formeln. Mit $q_0 = -\mathrm{i}z_0$ findet man nach Gleichung (6.73)

$$q = z + q_0 = z' - \mathrm{i}z_0 \tag{6.76}$$

und daraus mit

$$r(z) = z + z_0^2/z \quad , \quad w(z) = w_0\sqrt{1 + z^2/z_0^2}\,, \tag{6.77}$$

$$\frac{1}{q} = \frac{1}{z - \mathrm{i}z_0} = \frac{z + \mathrm{i}z_0}{z^2 + z_0^2} = \frac{1}{r} + \frac{2\mathrm{i}}{kw^2}\,. \tag{6.78}$$

Das Feld ergibt sich dann als

$$E(x, y, z) = \frac{E_0\,\mathrm{e}^{\mathrm{i}kz}}{A + B/q}\,\mathrm{e}^{\frac{\mathrm{i}k}{2}\frac{x^2+y^2}{q}} = \frac{E_0\,\mathrm{e}^{\mathrm{i}kz}}{1 - iz/z_0}\,\mathrm{e}^{\frac{\mathrm{i}k}{2}\frac{x^2+y^2}{r}}\,\mathrm{e}^{-\frac{x^2+y^2}{w^2}} \tag{6.79}$$

mit einem Krümmungsradius r (vgl. die folgende Aufgabe) und einer Strahlbreite w, die beide von der Entfernung z abhängen. Die Raleighlänge z_0 gibt also die Entfernung an, in der sich die Strahlbreite um den Faktor $\sqrt{2}$ vergrößert hat.

Für große Abstände wachsen r und w proportional zu z (vgl. auch die folgende Aufgabe), und der Gauß-Strahl verhält sich in der Nähe der optischen Achse wie eine Kugelwelle. Bild 6.11 illustriert dieses Verhalten.

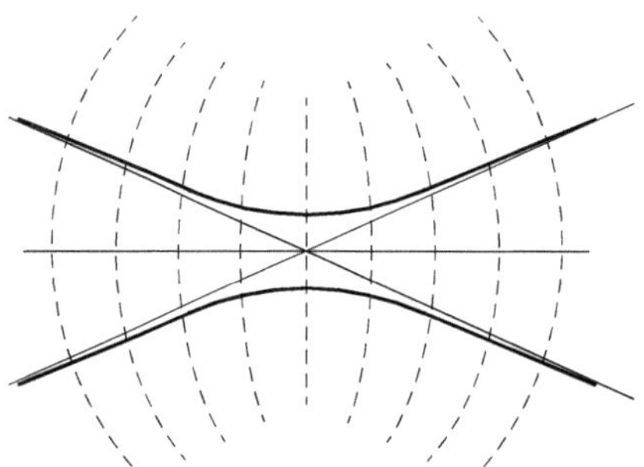

Bild 6.11 Gauß-Strahl im freien Raum.

Aufgabe 6.1 (Lös. Seite 154): (a) Untersuchen Sie für eine Kugelwelle $E(\vec{r}) = \frac{a}{r}\mathrm{e}^{\mathrm{i}kr}$ mit $\vec{r} = (x, y, z)$ den Term $\mathrm{e}^{\mathrm{i}kr}$ und zeigen Sie: In einer (x, y)–Ebene bei einem festem z ergibt sich für $z^2 \gg x^2 + y^2$ der Ausdruck (vgl. Gleichung (6.79))

$$\mathrm{e}^{\mathrm{i}kr} \approx \mathrm{e}^{\mathrm{i}kz}\,\mathrm{e}^{\frac{\mathrm{i}k}{2}\frac{x^2+y^2}{r}}\,.$$

(b) Berechnen Sie den asymptotischen Öffnungswinkel θ_0 des Gaußstrahls. Zeigen Sie, dass das Produkt aus Taillenweite w_0 und Öffnungswinkel θ_0 des Strahls, das Strahlprodukt, konstant ist.

Ein weiteres Beispiel werden wir in Abschnitt 6.2.2 untersuchen.

6.2 Optische Resonatoren

Ein einfacher optischer Resonator besteht aus zwei einander gegenüberliegenden Spiegeln, im einfachsten Fall zwei Planspiegel im Abstand d wie in Bild 6.12. Oft kommen dazu noch Linsen, Blenden und weitere optische Elemente. Solche optische Resonatoren werden beispielsweise in der Laserphysik benutzt. Man erzeugt in dem Hohlraumresonator eine kohärente Strahlung. Einer der beiden Spiegel ist teilweise durchlässig und erlaubt die Auskoppelung des Laserstrahls. Eine Verstärkung durch ein aktives Medium im Resonator ist eine Voraussetzung für eine Laseremission. Lässt man sie aber zunächst außer Betracht, spricht man von einem **passiven Resonator**. Wir wollen uns hier auf einen solchen passiven Fall beschränken.

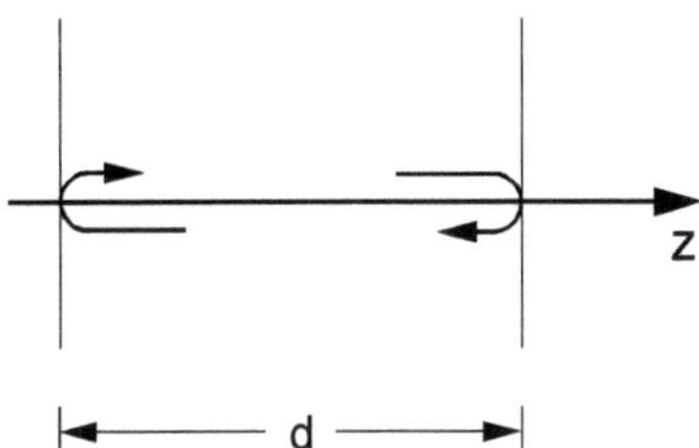

Bild 6.12 Optischer Resonator mit zwei Planspiegeln im Abstand *d*.

6.2.1 Die Systemmatrix

Die Systemmatrix für einen vollständigen Durchlauf eines Planspiegelresonators ist eine Kombination einer Translationsmatrix $\mathbf{T}(d)$ (6.15) um eine Strecke d, einer Reflexionsmatrix $\mathbf{M}(\infty)$ (6.19) und einer weiteren Translation $\mathbf{T}(-d)$ und Reflexion $\mathbf{M}(\infty)$:

$$\mathbf{A} = \mathbf{M}(\infty)\,\mathbf{T}(-d)\,\mathbf{M}(\infty)\,\mathbf{T}(d) \tag{6.80}$$

oder ausgeschrieben

$$\mathbf{A} = \begin{pmatrix} 1 & 0 \\ 0 & -1 \end{pmatrix} \begin{pmatrix} 1 & -d/n \\ 0 & 1 \end{pmatrix} \begin{pmatrix} 1 & 0 \\ 0 & -1 \end{pmatrix} \begin{pmatrix} 1 & d/n \\ 0 & 1 \end{pmatrix} = \begin{pmatrix} 1 & 2d/n \\ 0 & 1 \end{pmatrix}. \tag{6.81}$$

Diese Matrix, eine Jordan-Normalform (vgl. M2, Abschnitt 2.1.3), hat nur den Eigenwert eins mit einem Eigenvektor $(0, x)^T$:

$$\begin{pmatrix} 1 & 2d/n \\ 0 & 1 \end{pmatrix} \begin{pmatrix} x \\ 0 \end{pmatrix} = \begin{pmatrix} x \\ 0 \end{pmatrix}. \tag{6.82}$$

Also wird jeder achsenparallele Strahl auf sich selbst abgebildet.

Nur wenig komplizierter ist ein optischer Resonator aus zwei gleichen gegeneinander gerichteten Hohlspiegeln mit Krümmungsradius r im Abstand d. Die Systemmatrix

$$\mathbf{A} = \mathbf{M}(r)\,\mathbf{T}(-d)\,\mathbf{M}(-r)\,\mathbf{T}(d) \tag{6.83}$$

berechnet man als

$$\begin{aligned}\mathbf{A} &= \begin{pmatrix} 1 & 0 \\ -2/r & -1 \end{pmatrix} \begin{pmatrix} 1 & -d \\ 0 & 1 \end{pmatrix} \begin{pmatrix} 1 & 0 \\ 2/r & -1 \end{pmatrix} \begin{pmatrix} 1 & d \\ 0 & 1 \end{pmatrix} \\ &= \begin{pmatrix} 1 & -d \\ -2/r & -1+2d/r \end{pmatrix} \begin{pmatrix} 1 & d \\ 2/r & -1+2d/r \end{pmatrix} = \begin{pmatrix} 1-\frac{2d}{r} & 2d-\frac{2d^2}{r} \\ -\frac{4}{r}+\frac{4d}{r^2} & 1-\frac{6d}{r}+\frac{4d^2}{r^2} \end{pmatrix}. \end{aligned} \tag{6.84}$$

Für den allgemeinen Fall eines optischen Resonators aus zwei gegeneinander gerichteten Hohlspiegeln mit Krümmungsradien $r_1 > 0$ und $r_2 < 0$ in einem Medium mit Brechungsindex n erhält man die Systemmatrix

$$\mathbf{A} = \begin{pmatrix} 1+\frac{2d}{r_2} & \frac{2d}{n}+\frac{2d^2}{nr_2} \\ -\frac{2n}{r_1}+\frac{2n}{r_2}-\frac{4nd}{r_1 r_2} & 1-\frac{4d}{r_1}+\frac{2d}{r_2}-\frac{4d^2}{r_1 r_2} \end{pmatrix}. \tag{6.85}$$

Die Referenzebene liegt dabei auf dem linken Spiegel mit Krümmungsradius r_1.

Aufgabe 6.2 (Lös. Seite 154): (a) Leiten Sie die Gleichungen (6.85) her und zeigen Sie, dass die Stabilitätsbedingung $|\mathrm{spur}\,\mathbf{A}| < 2$ (siehe Abschnitt 1.5, Gleichung (1.60)) zu dem Stabilitätskriterium $d < |r_1| + |r_2|$ für den Hohlraumresonator führt.
(b) In der Laserphysik verwendet man oft die **g-Parameter** $g_1 = 1 - d/r_1$, $g_2 = 1 + d/r_2$ der Spiegel. Zeigen Sie, dass man damit das Stabilitätskriterium aus (a) als $0 < g_1 g_2 < 1$ ausdrücken kann.

Die Stabilitätsbedingung aus Aufgabe 6.2 – der Abstand der Spiegel muss kleiner als die Summe ihrer Radien sein – sagt aus, dass in diesem Fall ein axiales Strahlenbündel stabil bleibt, während es anderenfalls defokussiert wird.

Es ist hier sicherlich aufgefallen, dass eine enge Verwandtschaft zwischen den optischen Resonatoren und den Billard-Systemen der klassischen Teilchendynamik aus Abschnitt 2.4.1 besteht. Die optische Systemmatrix entspricht der klassischen Stabilitätsmatrix und Bild 2.8 aus der Untersuchung der Billardbahnen lässt sich auch zur Illustration des Strahlengangs eines optischen Systems zweier Hohlspiegel verwenden. Konsequenterweise sind dann auch die Stabilitätsbedingungen in beiden Fällen gleich.

Wir wollen uns den Fall gleicher Hohlspiegel genauer ansehen. Die Systemmatrix ist in Gleichung (6.84) angegeben. Ihre Spur ist

$$\mathrm{spur}\,\mathbf{A} = 2 - \frac{8d}{r} + \frac{4d^2}{r^2} = 4\left(\frac{d}{r}-1\right)^2 - 2, \tag{6.86}$$

und die Stabilitätsbedingung $|\mathrm{spur}\,\mathbf{A}| < 2$ (siehe Aufgabe 6.2 oben) vereinfacht sich zu

$$d < 2r. \tag{6.87}$$

Im Folgenden wollen wir die Abbildungseigenschaften unseres Systems zweier Hohlspiegel untersuchen. Bei ihrer Charakterisierung hilft das sogenannte **Residuum**

$$\varrho = (2 - \mathrm{spur}\,\mathbf{A})/4, \tag{6.88}$$

oder der **Stabilitätswinkel** β mit $\varrho = \sin^2(\beta/2)$ (siehe M2, Gleichungen (4.29) und (6.86)), der die Umlauffrequenz der iterierten Punkte um den Fixpunkt beschreibt. Für $\beta = 2\pi m/n$ mit ganzzahligem m und n sind die Bahnen periodisch mit Periode n. (Mehr dazu findet man in M2, Abschnitt 4.2 auf Seite 100 über die Eigenwerte reeller symplektischer Abbildungen.) Wir wollen insbesondere die Ausnahmebedingungen $\varrho = 0,\ 1,\ 3/4$ aus M2, Gleichung (4.31) näher betrachten. Für diese Fälle ist die Abbildung nicht notwendig stabil.

Hier ist das Residuum gleich

$$\varrho = 1 - \left(\frac{d}{r} - 1\right) = \frac{d}{r}\left(2 - \frac{d}{r}\right), \tag{6.89}$$

und wir finden zunächst, dass der erste Fall $\varrho = 0$ für $d = 2r$ realisiert ist, also an der Grenze des Stabilitätsbereiches. Die Mittelpunkte beider Hohlspiegel fallen dann zusammen und *jeder* Strahl durch diesen Mittelpunkt trifft senkrecht auf beide Spiegel und ist folglich periodisch, wie im linken Teilbild von Bild 6.13 dargestellt. Der axiale Strahl ist nicht mehr isoliert, sondern es gibt ein ganzes kontinuierliches Bündel periodischer Strahlen mit Periode eins und neutraler Stabilität.

Der Fall $\varrho = 1$ führt auf $\beta = \pi$ und $d = r$. Hier liegt der Mittelpunkt jedes Kugelspiegels axial auf dem gegenüberliegenden Spiegel. Jeder von diesem Punkt ausgehende Strahl wird in sich selbst reflektiert (Bild 6.13, mittleres Teilbild), und wir haben wieder ein Strahlenbündel neutraler Stabilität, diesmal aber mit Periode zwei, d.h. jeder Strahl wird nach zwei Anwendungen der Abbildung $\mathbf{A}$ in sich selbst abgebildet, er ist also ein Fixpunkt von $\mathbf{A}^2$. Die einzelnen periodischen Bahnen sind hier *nicht* symmetrisch bezüglich Spiegelung (mit Ausnahme des Axialstrahls), aber wegen der Spiegelungsysmmetrie des Systems existiert zu jeder Bahn ein spiegelsymmetrischer Partner. Außerdem gibt es noch weitere periodische Bahnen der gleichen Periode (siehe den Strahlenverlauf in Bild 6.13, rechtes Teilbild). Dies ergibt sich z.B. aus der bekannten Tatsache, dass der Brennpunkt eines Kugelspiegels in paraxialer Näherung bei $r/2$ liegt. Ein achsenparalleles Bündel wird also auf einen Brennpunkt fokussiert. Der etwas kompliziertere Fall $\varrho = 3/4$ ist Gegenstand einer Aufgabe:

Aufgabe 6.3 (Lös. Seite 155): Konstruieren Sie die periodischen Strahlengänge für den Fall $\varrho = 3/4$.

Wir beenden die Anwendungen von Matrixmethoden in der geometrische Optik. Wie wir gesehen haben, entsprechen den Strahlen der geometrischen Optik die Teilchenbahnen der klassischen Dynamik. Also finden wir auch völlig analoge Methoden in der Analyse der Dynamik

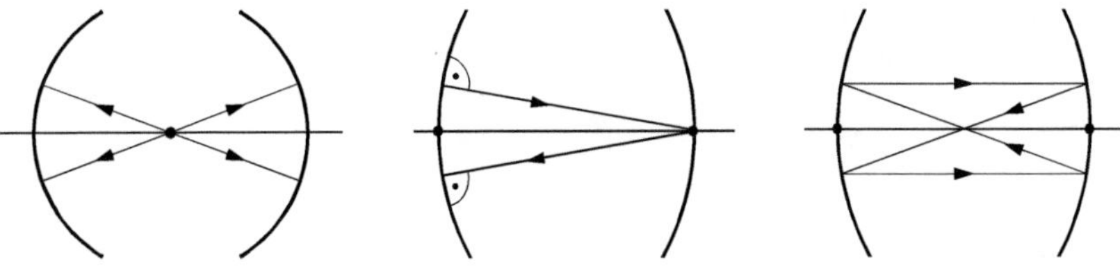

Bild 6.13 Strahlengänge in einem Hohlraumresonator aus zwei gleichen Hohlspiegeln mit Radius r im Abstand d für die speziellen Werte $d = 2r$ (links), $d = r$ (Mitte) und (rechts).

von klassischen Billards, also der Bewegung von Massepunkten auf einem Billardtisch mit einer harten Randkurve, einem paradigmatischen System zum Studium chaotischer Dynamik, das wir schon in Abschnitt 2.4.1 betrachtet haben.

6.2.2 Die Grundmode

Eine stationäre Feldverteilung in einem Resonator ist eine Verteilung, die sich bei einem Resonatordurchlauf reproduziert. Die Grundmode ist eine Gauß-Mode, wenn wir die Einflüsse von Aperturblenden vernachlässigen, also von einem unbegrenzten Resonator ausgehen. Wir beschreiben den Resonator durch eine Systemmatrix mit den Matrixelementen A, B, C, D für einen vollständigen Durchlauf beginnend an dem ersten Spiegel und suchen nach Lösungen in Form einer Gauß-Mode.

In der wellenoptischen Betrachtung haben wir gesehen, dass sich ein Gauß-Strahl (6.72) mit Strahlparameter q_0 nach Durchlaufen der Optik wieder zu einem Gauß-Strahl wird. Dabei ist der neue Strahlparameter q nach dem verallgemeinerten ABCD-Gesetz (6.73) gegeben. Wir können nun nach der Bedingung dafür fragen, dass sich ein solcher Gauß-Strahl nach einem vollständigen Durchlauf reproduziert. Dann muss insbesondere $q = q_0$ gelten oder

$$q = \frac{Aq+B}{Cq+D}. \tag{6.90}$$

Schreibt man die Lösung q auf die Größen r und w um (vgl. Gleichung (6.65)), wie oben bei der Ausbreitung eines Gauß-Strahls im freien Raum, so erhält man

$$\begin{aligned} q_\pm^{-1} &= \frac{1}{2B}\left(D - A \pm \sqrt{(A+D)^2 - 4}\right) \\ &= \frac{1}{2B}\left(D - A \pm \mathrm{i}\sqrt{4-(A+D)^2}\right) = \frac{1}{r} \pm \frac{2\mathrm{i}}{kw^2}. \end{aligned} \tag{6.91}$$

mit

$$r = \frac{2B}{D-A}, \quad \frac{kw^2}{2} = \frac{2B}{\sqrt{4-(A+D)^2}}. \tag{6.92}$$

Hier liefert nur q_+ eine beschränkte Lösung für $k > 0$. Außerdem haben wir in Gleichung (6.73) gesehen, dass das resultierende Feld mit dem Ausgangsfeld durch den Zusatzfaktor $A + B/q$ verknüpft ist, den wir etwas genauer ansehen wollen. Setzt man den sich reproduzierenden Strahlparameter (6.91) ein, so ergibt sich

$$\begin{aligned} A + B/q_\pm &= A + \frac{1}{2}\left(D - A \pm \mathrm{i}\sqrt{4-(A+D)^2}\right) \\ &= \frac{1}{2}\left(A + D \pm \mathrm{i}\sqrt{4-(A+D)^2}\right) = \mu_\pm \end{aligned} \tag{6.93}$$

mit den Eigenwerten $\mu_\pm$ der Systemmatrix $\mathbf{A}$ aus Gleichung (6.61). Nach einem vollständigen Umlauf im Resonator gilt also (vgl. Gleichung (6.73))

$$E'(x,y) = \frac{1}{\mu_\pm} \mathrm{e}^{\mathrm{i}kd} E(x,y). \tag{6.94}$$

Für den Fall $|A+D| < 2$ ist $\mu_\pm$ vom Betrag eins, also ein reiner Phasenfaktor

$$\mu_\pm = \mathrm{e}^{\pm\mathrm{i}\varphi}, \quad \varphi = \arccos\frac{A+D}{2}. \tag{6.95}$$

Wir erhalten dann eine stabile Lösung in Einklang mit der Stabilitätsbedingung aus Aufgabe 6.2. Insbesondere haben wir für

$$\mu_\pm = \mathrm{e}^{\mathrm{i}kd} \tag{6.96}$$

die gesuchte exakte Reproduktion des Feldes, also eine stabile Eigenmode des Resonators mit der Wellenzahl

$$kd = 2\pi j \pm \arccos\frac{A+D}{2}\,, \quad j = 0, \pm 1, \pm 2, \ldots . \tag{6.97}$$

Dabei ist die transversale Modenstruktur gaußförmig.

Aufgabe 6.4 (Lös. Seite 156) : Zeigen Sie, dass der Krümmungsradius der Gaußmode in einem optischen Resonator mit zwei gegeneinander gerichteten Hohlspiegeln auf den Spiegeln erwartungsgemäß mit dem Krümmungsradius des ersten Spiegels an der Referenzebene übereinstimmt. Die Systemmatrix findet man in Gleichung (6.85).

Der Strahlradius w einer Gauß-Mode in einem optischen Resonator hängt von der z-Koordinate ab. Wir können ihn auf die folgende Weise bestimmen: Es sei $\mathbf{A}(0)$ die Systemmatrix bezüglich der Referenzebene bei $z = 0$. Dann erhält man die Systemmatrix bezüglich einer Referenzebene bei z durch zwei zusätzliche Translationen um z und $-z$:

$$\begin{aligned}\mathbf{A}(z) &= \begin{pmatrix} A_z & B_z \\ C_z & D_z \end{pmatrix} = \mathbf{T}(z)\mathbf{A}(0)\mathbf{T}(-z) = \begin{pmatrix} 1 & z \\ 0 & 1 \end{pmatrix}\begin{pmatrix} A & B \\ C & D \end{pmatrix}\begin{pmatrix} 1 & -z \\ 0 & 1 \end{pmatrix} \\ &= \begin{pmatrix} 1 & z \\ 0 & 1 \end{pmatrix}\begin{pmatrix} A & -Az+B \\ C & -Cz+D \end{pmatrix} = \begin{pmatrix} A+Cz & -Az+B-Cz^2+Dz \\ C & -Cz+D \end{pmatrix}.\end{aligned} \tag{6.98}$$

Nach Gleichung (6.92) ist der Strahlradius w_0 einer Gauß-Mode durch die Elemente der Systemmatrix $\mathbf{A}(z)$ durch

$$\frac{kw^2}{2} = \frac{2B_z}{\sqrt{4-(A_z+D_z)^2}} \tag{6.99}$$

gegeben. Hier gilt nach (6.98) $A_z + D_z = A + D$ und $B_z = B + (D-A)z - Cz^2$ und daher

$$\frac{kw^2}{2} = \frac{B+(D-A)z-Cz^2}{\sqrt{1-\left(\frac{A+D}{2}\right)^2}}\,. \tag{6.100}$$

Mit $w_0^2 = w^2(z=0)$ lässt sich das als

$$w^2(z) = w_0^2\left[1 + \frac{D-A}{B}\,z - \frac{C}{B}\,z^2\right] \tag{6.101}$$

schreiben. Dieser Ausdruck wird minimal bei

$$z_{\min} = \frac{D-A}{2C} \tag{6.102}$$

und der minimale Strahlradius ergibt sich als

$$w_{\min} = w_0\sqrt{1+\frac{(D-A)^2}{4BC}} = w_0\sqrt{1+\frac{C}{B}\,z_{\min}^2}\,. \tag{6.103}$$

Aufgabe 6.5 (Lös. Seite 156) : (a) Berechnen Sie die Position des minimalen Strahlradius $z_{\min}$ für einen Hohlraumresonator mit zwei gleichen gegeneinander gerichteten Hohlspiegeln mit der Systemmatrix (6.84). Wie groß ist der minimale Strahlradius? Gibt es eine Beziehung zu dem Stabilitätskriterium aus Aufgabe 6.2 auf Seite 142 ?
(b) Amplitude und Strahlradius w des Gaußstrahls (6.79) sind z-abhängig. Vergewissern Sie sich davon, dass die Gesamtintensität in der Ebene bei festem z konstant ist.

Höhere Resonatormoden: Nach Gleichung (6.71) muss für eine stabile Resonatormode gelten

$$\gamma E(x', y') = -\frac{\mathrm{i}k\,\mathrm{e}^{\mathrm{i}kd}}{2\pi B}\iint_F \mathrm{d}x\,\mathrm{d}y\,E(x,y)\,\mathrm{e}^{\frac{\mathrm{i}k}{2B}\left[A(x^2+y^2)-2(xx'+yy')+D(x'^2+y'^2)\right]}. \tag{6.104}$$

Die Lösungen dieser Integralgleichung liefern die Eigenmoden des Resonators und den Eigenwert γ als Funktion der Wellenzahl k, genauer gesagt, die **Transversalmoden** oder kurz **TEM-Moden** (Transversal-Elektro-Magnetische-Moden). Die Stabilitätsbedingung $\gamma = 1$ ergibt dann die stabilen Moden und die zugehörigen Werte der Wellenzahl k. Dabei sind die durch die Blenden (z.B. die Begrenzungen der Linsen) aufgeprägten Symmetrien des Systems zu berücksichtigen, meist eine Rotations- oder Rechteck-Symmetrie. Eine Rotationssymmetrie führt dann auf Laguerre-Funktionen für die Radialanteile und Sinus- und Kosinusfunktionen für die Azimuthalabhängigkeit, eine Rechteck-Symmetrie führt auf Hermite-Funktionen. Hier findet man beispielsweise mit dem Separationsansatz $E(x,y) = f(x)g(y)$ Lösungen der Integralgleichung (6.104) wenn die beiden Funktionen $f(x)$ und $g(y)$ die eindimensionalen Gleichungen

$$\gamma_x f(x') = \int \mathrm{d}x\,f(x)\,\mathrm{e}^{\frac{\mathrm{i}k}{2B}[Ax^2-2xx'+Dx'^2]} \quad , \quad \gamma_y g(x') = \int \mathrm{d}y\,g(y)\,\mathrm{e}^{\frac{\mathrm{i}k}{2B}[Ax^2-2yy'+Dy'^2]} \tag{6.105}$$

erfüllen, wobei die Eigenwerte γ_x und γ_y gekoppelt sind durch

$$\gamma_x\gamma_y = \tfrac{\mathrm{i}2\pi B}{k}\,\mathrm{e}^{\mathrm{i}kd}. \tag{6.106}$$

6.3 Polarisationsoptik und Jones-Matrizen

Die Beschreibung optischer Systeme unter Berücksichtigung der Polarisation wird durch den **Jones-Formalismus**, benannt nach dem US-amerikanischen Physiker Robert Clark Jones (1916-2004) sehr erleichtert. Der Polarisationszustand einer Welle in z-Richtung wird durch die Angabe der Komponenten des Feldvektors in x- und y-Richtung beschrieben:

$$\vec{E}(t) = \vec{E}\,\mathrm{e}^{\mathrm{i}\omega t-\mathrm{i}kz} \quad , \quad \vec{E} = E_0\begin{pmatrix} j_x \\ j_y \end{pmatrix} = E_0\,\mathbf{j}\,. \tag{6.107}$$

Der Vektor $\mathbf{j}$ mit $|\mathbf{j}| = 1$ heißt **Jones-Vektor**. Es sei angemerkt, dass ein gemeinsamer Phasenfaktor von j_x und j_y herausgezogen und in den Faktor E_0 überführt werden kann. Die Realteile, also die beobachtbaren Feldkomponenten, sind dann mit $j_x > 0$ und $j_y = |j_y|\mathrm{e}^{\mathrm{i}\varphi}$ gleich

$$E_x(t) = |E_0 j_x|\cos(\omega t - kz) \quad , \quad E_y(t) = |E_0 j_y|\cos(\omega t - kz + \varphi)\,. \tag{6.108}$$

Für linear polarisiertes Licht ist $\varphi = 0$ oder gleich π. Beide Feldkomponenten sind also in Phase und der Feldvektor schwingt auf einer Geraden der (x,y)-Ebene mit einem Winkel

$$\alpha = \arctan\frac{|j_y|}{|j_x|} \tag{6.109}$$

zur x-Achse. Für den Fall $\varphi = \pm\pi/2$ liegt zirkulare Polarisation vor, und der Feldvektor beschreibt einen Kreis im Uhrzeigersinn (rechtszirkular polarisiert für $\varphi = +\pi/2$) oder gegen den Uhrzeigersinn (linkszirkular polarisiert für $\varphi = -\pi/2$). Für die Jones-Vektoren

$$\mathbf{j}_x = \begin{pmatrix} 1 \\ 0 \end{pmatrix}, \quad \mathbf{j}_{\pi/4} = \frac{1}{\sqrt{2}}\begin{pmatrix} 1 \\ 1 \end{pmatrix}, \quad \mathbf{j}_+ = \frac{1}{\sqrt{2}}\begin{pmatrix} 1 \\ \mathrm{i} \end{pmatrix}, \tag{6.110}$$

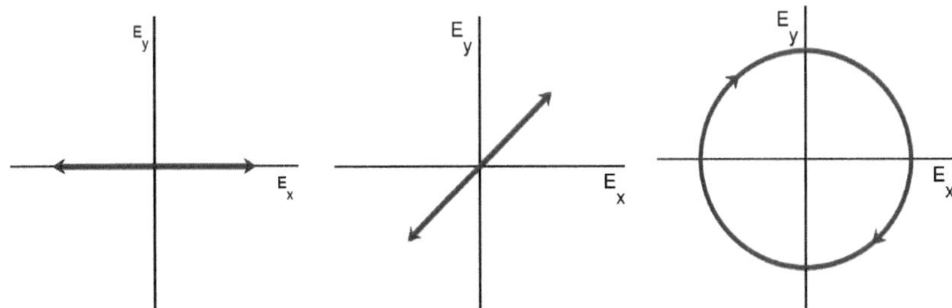

Bild 6.14 Zeitlicher Feldverlauf für lineare Polarisation in x-Richtung (links) oder $+45^o$-Richtung (mitte) sowie rechts-zirkulare Polarisation (rechts) mit Jones-Matrizen aus (6.110).

erhalten wir also lineare Polarisation in x- oder $+45^o$-Richtung sowie rechts-zirkulare Polarisation, wie in Bild 6.14 illustriert. Die Jones-Vektoren

$$\mathbf{j}_y = \begin{pmatrix} 0 \\ 1 \end{pmatrix}, \quad \mathbf{j}_{-\pi/4} = \frac{1}{\sqrt{2}} \begin{pmatrix} 1 \\ -1 \end{pmatrix}, \quad \mathbf{j}_- = \frac{1}{\sqrt{2}} \begin{pmatrix} 1 \\ -\mathrm{i} \end{pmatrix}, \tag{6.111}$$

beschreiben entsprechend lineare Polarisation in y- oder -45°-Richtung sowie links-zirkulare Polarisation.

Im allgemeinen Fall ist die Polarisation elliptisch. Dabei beschreibt der Feldvektor als Funktion der Zeit eine Ellipse, deren große Halbachse um einen Winkel gegen die x-Achse geneigt ist. Das lässt sich beispielsweise untersuchen, indem man durch Eliminieren von $\omega t - kz$ die beiden Ausdrücke in Gleichung (6.108) in eine quadratische Form überführt. Mehr über quadratische Formen findet man in M2, Abschnitt A.1.

Ganz allgemein wird bei dem Durchgang durch ein optisches System der Polarisationszustand, also der Jones-Vektor $\mathbf{j}$, verändert. Diese Änderung kann mit

$$\mathbf{j}' = \mathbf{M}\mathbf{j} \tag{6.112}$$

durch die sogenannte **Jones-Matrix M** beschrieben werden. Dabei sind alle Komponenten komplexe Zahlen. Bei dem Durchlaufen eines Systems hintereinandergeschalteter optischer Elemente mit den Jones-Matrizen $\mathbf{M}_1, \mathbf{M}_2, \ldots, \mathbf{M}_n$ multiplizieren sich die Jones-Matrizen:

$$\mathbf{M} = \mathbf{M}_n \mathbf{M}_{n-1} \cdots \mathbf{M}_1, \tag{6.113}$$

genau wie die optischen Systemmatrizen in Gleichung (6.5), sodass man wieder komplizierte Systeme durch mehrere einfache darstellen kann. In den folgenden Abschnitten werden einige wichtige Spezialfälle und Anwendungen vorgestellt.

Polarisatoren: Ein linearer Polarisator lässt das Feld nur in einer einzigen Schwingungsrichtung α passieren. Danach ist die Schwingung in dieser Richtung linear polarisiert. Ein solches Verhalten wird durch die Jones-Matrix $\mathbf{M}_\mathrm{p}(\alpha)$ beschrieben. Speziell für Durchlass in x-Richtung ($\alpha = 0$) erhalten wir

$$\mathbf{M}_\mathrm{p}(0) = \begin{pmatrix} 1 & 0 \\ 0 & 0 \end{pmatrix} \tag{6.114}$$

für einen idealen Polarisator. (Nicht-ideale Polarisatoren sind beispielsweise Brewster-Platten, also transparente Platten mit Brechungsindex n, die so in den Strahl gestellt werden, dass ihre Normale gegenüber dem Stahl um den Brewster-Winkel $\arctan n$ verkippt ist. Dann ist der durchgelassene Strahl nur teilweise polarisiert und lässt sich durch eine Jones-Matrix $\begin{pmatrix} 1 & 0 \\ 0 & r \end{pmatrix}$ mit $r = (2n/(1+n^2))^2 \leq 1$ beschreiben.)

Falls die Durchlassrichtung eines Polarisators in eine andere Richtung zeigt, beispielsweise mit der x-Achse einen Winkel α bildet, kann man das durch Multiplikation mit Drehmatrizen berücksichtigen. Bei einem idealen Polarisator also

$$\begin{aligned} \mathbf{M}_\mathrm{p}(\alpha) &= \mathbf{D}(-\alpha)\,\mathbf{M}_\mathrm{p}(0)\,\mathbf{D}(\alpha) \\ &= \begin{pmatrix} \cos\alpha & -\sin\alpha \\ \sin\alpha & \cos\alpha \end{pmatrix} \begin{pmatrix} 1 & 0 \\ 0 & 0 \end{pmatrix} \begin{pmatrix} \cos\alpha & \sin\alpha \\ -\sin\alpha & \cos\alpha \end{pmatrix} = \begin{pmatrix} \cos^2\alpha & \sin\alpha\cos\alpha \\ \sin\alpha\cos\alpha & \sin^2\alpha \end{pmatrix}. \end{aligned} \tag{6.115}$$

Ein Polarisator in y-Richtung hätte also beispielsweise die Jones-Matrix

$$\mathbf{M}_\mathrm{p}(\pi/2) = \begin{pmatrix} 0 & 0 \\ 0 & 1 \end{pmatrix}. \tag{6.116}$$

Verzögerungsplatten: Für ein doppelbrechendes Material existieren zwei zueinander senkrechte Raumrichtungen, die Hauptachsen, die unterschiedliche Brechungsindizes aufweisen. Daraus resultiert eine relative Phasenverschiebung δ der Feldkomponenten in diesen Richtungen und ein solches Material lässt sich als eine Verzögerungsplatte verwenden. Die Schwingungsrichtung des Lichtes mit der größeren Ausbreitungsgeschwindigkeit der Welle ist die „schnelle Achse", die dazu senkrecht stehende Richtung die „langsame Achse".

Bei einer Orientierung des Koordinatensytems in Richtung der Hauptachsen in diesen Raumrichtungen kann man die Jones-Matrix einer solchen Verzögerungsplatte durch die Diagonalmatrix

$$\mathbf{M}_\delta = \begin{pmatrix} \mathrm{e}^{-\mathrm{i}\delta} & 0 \\ 0 & \mathrm{e}^{\mathrm{i}\delta} \end{pmatrix} \tag{6.117}$$

beschreiben. Üblicherweise wählt man den Parameter δ positiv. Dann ist für die Matrix (6.117) die x-Achse die schnelle Achse und $\begin{pmatrix} \mathrm{e}^{\mathrm{i}\delta} & 0 \\ 0 & \mathrm{e}^{-\mathrm{i}\delta} \end{pmatrix}$ beschreibt eine Platte mit schneller y-Achse.

Wichtige spezielle Fällte sind $\lambda/2$–Platten mit $\delta = \pi/2$ und $\lambda/4$–Platten mit $\delta = \pi/4$ und den Jones-Matrizen

$$\mathbf{M}_{\pi/2} = \begin{pmatrix} -\mathrm{i} & 0 \\ 0 & \mathrm{i} \end{pmatrix}, \quad \mathbf{M}_{\pi/4} = \frac{1}{\sqrt{2}} \begin{pmatrix} 1-\mathrm{i} & 0 \\ 0 & 1+\mathrm{i} \end{pmatrix}. \tag{6.118}$$

Durch eine $\lambda/4$–Platte wird unter einem Winkel von 45° linear polarisiertes Licht, das unter einem Winkel von $\pi/2$ einfällt, rechts-zirkular polarisiert,

$$\frac{1}{2} \begin{pmatrix} 1-\mathrm{i} & 0 \\ 0 & 1+\mathrm{i} \end{pmatrix} \begin{pmatrix} E_0 \\ E_0 \end{pmatrix} = \frac{E_0}{2} \begin{pmatrix} 1-\mathrm{i} \\ 1+\mathrm{i} \end{pmatrix} = \frac{E_0(1-\mathrm{i})}{2} \begin{pmatrix} 1 \\ \mathrm{i} \end{pmatrix}, \tag{6.119}$$

wie man durch Vergleich mit Gleichung (6.110) sieht. Durch eine $\lambda/2$–Platte wird seine Polarisationsrichtung um $\pi/2$ gedreht:

$$\begin{pmatrix} -\mathrm{i} & 0 \\ 0 & \mathrm{i} \end{pmatrix} \begin{pmatrix} E_0 \\ E_0 \end{pmatrix} = \mathrm{i} \begin{pmatrix} -E_0 \\ E_0 \end{pmatrix}. \tag{6.120}$$

Ist die Verzögerungsplatte gegenüber ihren Hauptachsen um einen Winkel α verdreht (wir schreiben $\mathbf{M}_\delta$ dann als $\mathbf{M}_\delta(0)$), so ist ihre Jones-Matrix gleich

$$\begin{aligned}\mathbf{M}_\delta(\alpha) &= \mathbf{D}(-\alpha)\,\mathbf{M}_\delta(0)\,\mathbf{D}(\alpha) = \begin{pmatrix}\cos\alpha & -\sin\alpha\\ \sin\alpha & \cos\alpha\end{pmatrix}\begin{pmatrix}\mathrm{e}^{-\mathrm{i}\delta} & 0\\ 0 & \mathrm{e}^{\mathrm{i}\delta}\end{pmatrix}\begin{pmatrix}\cos\alpha & \sin\alpha\\ -\sin\alpha & \cos\alpha\end{pmatrix}\\ &= \begin{pmatrix}\mathrm{e}^{-\mathrm{i}\delta}\cos^2\alpha + \mathrm{e}^{\mathrm{i}\delta}\sin^2\alpha & (\mathrm{e}^{-\mathrm{i}\delta}-\mathrm{e}^{\mathrm{i}\delta})\sin\alpha\cos\alpha\\ (\mathrm{e}^{-\mathrm{i}\delta}-\mathrm{e}^{\mathrm{i}\delta})\sin\alpha\cos\alpha & \mathrm{e}^{-\mathrm{i}\delta}\sin^2\alpha + \mathrm{e}^{\mathrm{i}\delta}\cos^2\alpha\end{pmatrix}\\ &= \begin{pmatrix}\cos\delta - \mathrm{i}\sin\delta\cos 2\alpha & -\mathrm{i}\sin\delta\sin 2\alpha\\ -\mathrm{i}\sin\delta\sin 2\alpha & \cos\delta + \mathrm{i}\sin\delta\cos 2\alpha\end{pmatrix}.\end{aligned} \tag{6.121}$$

Für einen Drehwinkel $\alpha = \pi/2$ geht die x-Achse in die y-Achse über und $\mathbf{M}_\delta(\pi/2) = \begin{pmatrix}\mathrm{e}^{\mathrm{i}\delta} & 0\\ 0 & \mathrm{e}^{-\mathrm{i}\delta}\end{pmatrix}$ ist eine Verzögerungsplatte mit schneller y-Achse.

Faraday-Rotator: Durch einen Faraday-Rotator oder Polarisations-Rotator mit der Jones-Matrix

$$\mathbf{M}_\mathrm{F}(\gamma) = \begin{pmatrix}\cos\gamma & -\sin\gamma\\ \sin\gamma & \cos\gamma\end{pmatrix}, \tag{6.122}$$

also eine Drehmatrix mit Drehwinkel γ, wird die Polarisationsrichtung linear polarisierten Lichtes mit beliebiger Polarisationsrichtung um den Winkel γ gedreht. Solche Bauelemente werden beispielsweise durch einen Kristall realisiert, in dessen Ausbreitungsrichtung ein homogenes Magnetfeld erzeugt wird. Der Drehwinkel γ ist dann proportional zur magnetischen Feldstärke. Ein solcher Aufbau ist invariant gegenüber einer Drehung um die Strahlachse, und daher sollte dies auch für seine Jones-Matrix gelten. Wir prüfen nach:

$$\begin{aligned}\mathbf{M}_\mathrm{F}(\gamma)(\alpha) &= \mathbf{D}^{-1}(\alpha)\mathbf{M}_\mathrm{F}\mathbf{D}(\alpha) = \mathbf{D}^{-1}(\alpha)\mathbf{D}(\gamma)\mathbf{D}(\alpha)\\ &= \mathbf{D}^{-1}(\alpha)\mathbf{D}(\alpha)\mathbf{D}(\gamma) = \mathbf{D}(\gamma) = \mathbf{M}_\mathrm{F},\end{aligned} \tag{6.123}$$

denn die 2×2-Drehmatrizen vertauschen.

Hintereinandergeschaltete Polarisatoren: Werden mehrere solcher Polarisationselemente kombiniert, lässt sich die resultierende Jones-Matrix durch ein geordnetes Matrix-Produkt

$$\mathbf{M} = \mathbf{M}_n \cdots \mathbf{M}_2\,\mathbf{M}_1 \tag{6.124}$$

bestimmen, genau wie bei den Linsen-Systemen in (6.5). Als Beispiel betrachten wir eine Kombination aus einem linearen Polarisator in x-Richtung und einem zweiten, der um den Winkel α gedreht ist. Die Jones-Matrix ist dann

$$\mathbf{M} = \mathbf{M}_\mathrm{P}(\alpha)\mathbf{M}_\mathrm{P}(0) = \begin{pmatrix}\cos^2\alpha & \sin\alpha\cos\alpha\\ \sin\alpha\cos\alpha & \sin^2\alpha\end{pmatrix}\begin{pmatrix}1 & 0\\ 0 & 0\end{pmatrix} = \begin{pmatrix}\cos^2\alpha & 0\\ \sin\alpha\cos\alpha & 0\end{pmatrix}. \tag{6.125}$$

Wenn ein Feldvektor mit gleichstarken Komponenten $|E_{0x}|^2 = |E_{0y}|^2 = I_0/2$, zum Beispiel unpolarisiertes Licht, ein solches System durchläuft, ist die Intensität gleich

$$I' = |E'_{0x}|^2 + |E'_{0y}|^2 = \cos^4\alpha\,|E_{0x}|^2 + \cos^2\alpha\sin^2\alpha\,|E_{0y}|^2 = \tfrac{1}{2}\,I_0\cos^2\alpha\,. \tag{6.126}$$

Für parallel stehende Polarisatoren, $\alpha = 0$, ist die durchgelassene Intensität maximal, für gekreuzte Polarisatoren, $\alpha = \pi/2$, ist sie gleich null, es wird also kein Licht durchgelassen. Man kann eine solche Anordnung mit gekreuzten Polarisatoren beispielsweise dazu benutzen, um Spannungen in durchsichtigen Materialien sichtbar zu machen.

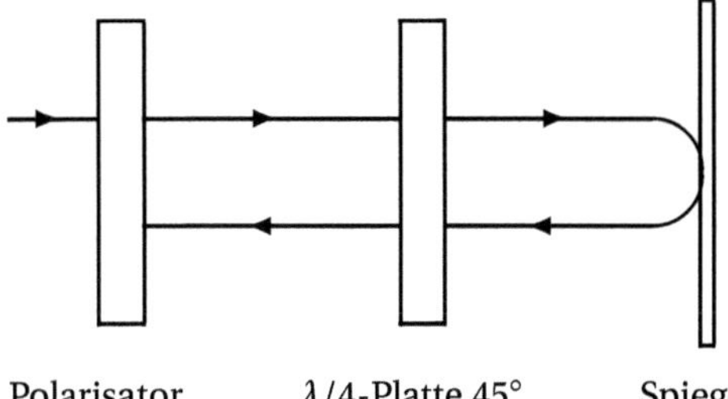

Bild 6.15 Eine optische Diode aus einem Polarisator, einer gedrehten $\lambda/4$-Platte und einem Spiegel sperrt den reflektierten Stahl.

Aufgabe 6.6 (Lös. Seite 157): Zwischen zwei gekreuzte Polarisatoren wird eine um den Winkel α verdrehte Verzögerungsplatte mit Phasenverschiebung δ gebracht. Zeigen Sie: Ein unpolarisierter Strahl mit Intensität I_0 hat nach dem Durchgang die Intensität

$$I' = \tfrac{1}{2}\, I_0 \sin^2(2\alpha) \sin^2(\delta/2) \,.$$

Für den speziellen Fall einer $\lambda/4$–Platte ist $\delta = \pm\pi/2$, also $\sin^2(\delta/2) = 1/2$, und damit

$$I' = \tfrac{1}{4} \sin^2(2\alpha)\, I_0 \,. \tag{6.127}$$

Auslöschung findet man für $\alpha = 0$, $\pi/2$, π und $3\pi/2$, dazwischen nimmt die Intensität ein Maximum an, für eine $\lambda/4$–Platte den Wert $I_0/4$.

Als **optischen Isolator** oder **optische Diode** bezeichnet man ein optisches Element, das Licht einer bestimmten Polarisationsrichtung sperrt, beipielsweise ein System aus einem linearen Polarisator in x–Richtung, einer um $\pi/4$ gedrehten $\lambda/4$–Platte und einem Spiegel. Das Gesamtsystem aus Bild 6.15 hat die Jones-Matrix

$$\begin{aligned} \mathbf{M} &= \mathbf{M}_{\mathrm{p}}(0)\,\mathbf{M}_{\pi/2}(\tfrac{\pi}{4})\,\mathbf{M}_{\pi/2}(\tfrac{\pi}{4})\,\mathbf{M}_{\mathrm{p}}(0) = \frac{1}{4}\begin{pmatrix}1 & 0\\ 0 & 0\end{pmatrix}\begin{pmatrix}1+\mathrm{i} & 1-\mathrm{i}\\ 1-\mathrm{i} & 1+\mathrm{i}\end{pmatrix}\begin{pmatrix}1+\mathrm{i} & 1-\mathrm{i}\\ 1-\mathrm{i} & 1+\mathrm{i}\end{pmatrix}\begin{pmatrix}1 & 0\\ 0 & 0\end{pmatrix} \\ &= \frac{1}{4}\begin{pmatrix}1+\mathrm{i} & 1-\mathrm{i}\\ 0 & 0\end{pmatrix}\begin{pmatrix}1+\mathrm{i} & 0\\ 1-\mathrm{i} & 0\end{pmatrix} = \begin{pmatrix}0 & 0\\ 0 & 0\end{pmatrix} \end{aligned} \tag{6.128}$$

und sperrt also die reflektierte Strahlung.

Hier ist allerdings vorausgesetzt, dass der Spiegel den Polarisationszustand unverändert lässt. Wenn das nicht gegeben ist, kann man sich helfen, indem man die gedrehte $\lambda/4$-Platte durch einen 45° Faraday-Rotator ersetzt, gefolgt von einem 45° Polarisator mit den Jones-Matrizen

$$\mathbf{M}_{\mathrm{F}}(\pi/4) = \begin{pmatrix}1/\sqrt{2} & -1/\sqrt{2}\\ 1/\sqrt{2} & 1/\sqrt{2}\end{pmatrix}, \tag{6.129}$$

$$\mathbf{M}_{\mathrm{p}}(\pi/4) = \begin{pmatrix}1/2 & 1/2\\ 1/2 & 1/2\end{pmatrix}, \tag{6.130}$$

nach (6.122) bzw. (6.115). Wir erhalten dann für eine beliebige Jones-Matrix $\mathbf{M}_S = (m_{jk})$ des Spiegels

$$\begin{aligned}\mathbf{M} &= \mathbf{M}_p(0)\,\mathbf{M}_F(\pi/4)\mathbf{M}_p(\pi/4)\,\mathbf{M}_S\,\mathbf{M}_p(\pi/4)\,\mathbf{M}_F(\pi/4)\,\mathbf{M}_p(0)\\ &= \begin{pmatrix}1&0\\0&0\end{pmatrix}\begin{pmatrix}1/\sqrt{2}&-1/\sqrt{2}\\1/\sqrt{2}&1/\sqrt{2}\end{pmatrix}\begin{pmatrix}1/2&1/2\\1/2&1/2\end{pmatrix}\begin{pmatrix}m_{11}&m_{12}\\m_{21}&m_{22}\end{pmatrix}\begin{pmatrix}1/2&1/2\\1/2&1/2\end{pmatrix}\begin{pmatrix}1/\sqrt{2}&-1/\sqrt{2}\\1/\sqrt{2}&1/\sqrt{2}\end{pmatrix}\begin{pmatrix}1&0\\0&0\end{pmatrix}\\ &= \begin{pmatrix}1&0\\0&0\end{pmatrix}\begin{pmatrix}0&0\\1/\sqrt{2}&1/\sqrt{2}\end{pmatrix}\begin{pmatrix}m_{11}&m_{12}\\m_{21}&m_{22}\end{pmatrix}\begin{pmatrix}0&0\\1/\sqrt{2}&1/\sqrt{2}\end{pmatrix}\begin{pmatrix}1&0\\0&0\end{pmatrix}\\ &= \begin{pmatrix}0&0\\0&0\end{pmatrix}\begin{pmatrix}m_{11}&m_{12}\\m_{21}&m_{22}\end{pmatrix}\begin{pmatrix}0&0\\1/\sqrt{2}&0\end{pmatrix} = \begin{pmatrix}0&0\\0&0\end{pmatrix},\end{aligned} \tag{6.131}$$

also wieder eine Sperrung des reflektierten Strahls.

Eigenwerte und Eigenvektoren der Jones-Matrizen: Die Eigenvektoren einer Jones-Matrix bezeichnen Polarisationszustände, die sich bei Durchgang durch den Polarisator nur um einen Faktor, den Eigenwert, ändern. Das Betragsquadrat des Eigenwertes, der **Verlustfaktor**, gibt den Intensitätsverlust beim Durchgang durch das System an. Am einfachsten ist hier eine Verzögerungsplatte, denn ihre Jones-Matrix (6.117) ist schon diagonal. Die Eigenvektoren stimmen also mit den Hauptachsen überein und die Eigenwerte finden wir auf der Diagonale. Da sie vom Betrag eins sind, ist hier der Verlustfaktor gleich null.

Ein Faraday-Rotator hat als Jones-Matrix (6.122) eine Drehmatrix um den Winkel γ mit den Eigenwerten und Eigenvektoren

$$\lambda_\pm = \mathrm{e}^{\pm\mathrm{i}\gamma}\ , \quad \mathbf{v}_\pm = \frac{1}{\sqrt{2}}\begin{pmatrix}1\\\pm\mathrm{i}\end{pmatrix}, \tag{6.132}$$

sie beschreiben also rechts- und links-zirkular polarisiertes Licht.

Als letztes Beispiel betrachten wir zwei um α gegeneinander verdrehte Polarisatoren. Die Jones-Matrix ist in Gleichung (6.125) berechnet worden. Sie besitzt die beiden Eigenwerte $\lambda_- = 0$ und $\lambda_+ = \cos^2\alpha$. Zum Eigenwert $\lambda_- = 0$ gehört der Eigenvektor $(0,1)^T$. Der Verlustfaktor ist gleich null, d.h. kein Licht wird durchgelassen. Das ist allerdings klar, denn hier sperrt schon der erste Polarisator in x–Richtung. Zu dem zweiten Eigenwert, $\lambda_+ = \cos^2\alpha$, gehört ein Eigenvektor $(\cos\alpha, \sin\alpha)^T$ und beschreibt in Richtung α linear polarisiertes Licht, das das System mit einer um den Verlustfaktor $\cos^4\alpha$ reduzierten Intensität verlässt.

LC-Optik: Als ein etwas anspruchsvolleren Anwendungsbeispiel betrachten wir flüssigkristalline („Liquid Crystal") Substanzen. Sie sind in den meisten Fällen aus stabförmigen Molekülen aufgebaut, die sich durch eine angelegte elektrische Spannung ausrichten und so die Polarisation des Lichtes beeinflussen können. Dieser Effekt wird beispielsweise bei LCDs, („Liquid Cristal Displays") ausgenutzt, die aus nebeneinandeliegenden kleinen LC-Segmenten aufgebaut sind, die unabhängig angesteuert werden. Wir wollen hier einen kurzen Blick auf ein solches Segment werfen und zeigen, wie es mithilfe von Jones-Matrizen modelliert werden kann.

Wenn wir uns eine LC-Schicht aus n Verzögerungsplatten $\mathbf{M}_j$ aufgebaut denken, jeweils mit der schnellen Achse in x-Richtung, die um den Winkel ϕ_j verdreht sind, dann ist die gesamte Jones-Matrix gleich $\mathbf{M}_{LC} = \mathbf{M}_n \cdots \mathbf{M}_2\mathbf{M}_1$ mit

$$\mathbf{M}_j = \mathbf{D}^{-1}(\phi_j)\mathbf{M}'_j\,\mathbf{D}(\phi_j) = \begin{pmatrix}\cos\phi_j & \sin\phi_j\\ -\sin\phi_j & \cos\phi_j\end{pmatrix}\begin{pmatrix}\mathrm{e}^{-\mathrm{i}\delta_j} & 0\\ 0 & \mathrm{e}^{\mathrm{i}\delta_j}\end{pmatrix}\begin{pmatrix}\cos\phi_j & -\sin\phi_j\\ \sin\phi_j & \cos\phi_j\end{pmatrix} \tag{6.133}$$

Eine kontinuierliche Schicht mit einer z-abhängigen Polarisation, bei der die Polarisationsrichtung kontinuierlich gedreht wird, können wir diskretisieren und sie durch n derartige Elemente approximieren. Wir nehmen an, dass diese Drehung, der **„Twist"**, anfangs gleich null ist und über die Länge d der LC-Schicht linear wächst mit einem maximalen Twist Φ bei z/d, also wie

$$\phi(z) = \Phi z/d. \tag{6.134}$$

Wenn wir äquidistante Schichten wählen, dann ist die Jones-Matrix gleich

$$\mathbf{M}_{\mathrm{LC}} = \left(\mathbf{D}^{-1}(\phi_n)\mathbf{M}'\mathbf{D}(\phi_n)\right)\cdots\left(\mathbf{D}^{-1}(\phi_2)\mathbf{M}'\mathbf{D}(\phi_2)\right)\left(\mathbf{D}^{-1}(\phi_1)\mathbf{M}'\mathbf{D}(\phi_1)\right) \tag{6.135}$$

mit $\phi_n = n\Delta\phi$, $\Delta\phi = \Phi/n$ und $\delta_j = \delta/n$. Das lässt sich mit

$$\mathbf{D}(\phi_j)\mathbf{D}^{-1}(\phi_{j-1}) = \mathbf{D}(\Delta\phi) \tag{6.136}$$

und $\phi_n = \Phi$ vereinfachen zu

$$\mathbf{M}_{\mathrm{LC}} = \mathbf{D}^{-1}(\Phi)\left(\mathbf{M}'\mathbf{D}(\Delta\phi)\right)^n. \tag{6.137}$$

Das weitere Vorgehen überlassen wir einer Aufgabe:

Aufgabe 6.7 (Lös. Seite 157): Zeigen Sie, dass man für $n \to \infty$ d

$$\mathbf{M} = \lim_{n\to\infty}\left(\mathbf{M}'\mathbf{D}(\Delta\phi)\right)^n = \begin{pmatrix} \cos\beta d - \mathrm{i}\frac{\Delta k}{\beta}\sin\beta d & \frac{\Phi}{\beta d}\sin\beta d \\ -\frac{\Phi}{\beta d}\sin\beta d & \cos\beta d + \mathrm{i}\frac{\Delta k}{\beta}\sin\beta d \end{pmatrix}$$

mit $\beta^2 d^2 = \Phi^2 + \Delta k^2 d^2$ und $\Delta k = \delta/d$ erhält.

Durch Nachrechnen bestätigt man, dass sich die Matrix $\mathbf{M}$ aus der Aufgabe mit einer Matrix $\mathbf{T}_\chi$ aus $\mathrm{SU}(2,\mathbb{C})$ in der Form

$$\mathbf{M} = \mathbf{T}_\chi^{-1}\mathbf{M}_{\beta d}\mathbf{T}_\chi = \begin{pmatrix} \cos\chi & -\mathrm{i}\sin\chi \\ -\mathrm{i}\sin\chi & \cos\chi \end{pmatrix}\begin{pmatrix} \mathrm{e}^{-\mathrm{i}\beta d} & 0 \\ 0 & \mathrm{e}^{\mathrm{i}\beta d} \end{pmatrix}\begin{pmatrix} \cos\chi & \mathrm{i}\sin\chi \\ \mathrm{i}\sin\chi & \cos\chi \end{pmatrix} \tag{6.138}$$

schreiben lässt. Dabei ist der Winkel χ durch $\sin 2\chi = \Phi/\beta d$ gegeben. Anders ausgedrückt heißt das, die Matrix $\mathbf{T}_\chi$ diagonalisiert die Matrix $\mathbf{M}$. Man erhält ihre Eigenwerte als $\mathrm{e}^{\pm\mathrm{i}\beta d}$ und die Eigenvektoren als Spaltenvektoren in $\mathbf{T}_\chi$

$$\mathbf{u}_- = \begin{pmatrix} \cos\chi \\ \mathrm{i}\sin\chi \end{pmatrix}, \quad \mathbf{u}_+ = \begin{pmatrix} \mathrm{i}\sin\chi \\ \cos\chi \end{pmatrix} \tag{6.139}$$

beschreiben elliptisch polarisierte Wellen.

Nach Multiplikation von $\mathbf{M}_{\mathrm{LC}}$ mit der Drehmatrix $\mathbf{D}^{-1}(\Phi)$ und den Parametern

$$a = \cos\Phi\cos\beta d + \frac{\Phi}{\beta d}\sin\Phi\sin\beta d\,, \quad b = \frac{\Delta k}{d}\cos\Phi\sin\beta d \tag{6.140}$$

$$c = \sin\Phi\cos\beta d - \frac{\Phi}{\beta d}\cos\Phi\sin\beta d\,, \quad d = \frac{\Delta k}{\beta d}\sin\Phi\sin\beta d \tag{6.141}$$

ergibt sich schließlich die gesuchte Jones-Matrix

$$\mathbf{M}_{\mathrm{LC}} = \mathbf{D}^{-1}(\Phi)\mathbf{M} = \begin{pmatrix} a-\mathrm{i}b & -c-\mathrm{i}d \\ c-\mathrm{i}d & a+\mathrm{i}b \end{pmatrix}, \tag{6.142}$$

eine unitäre Matrix mit Determinante eins und Spur $2a$.

Ihre Eigenwerte sind gleich

$$\lambda_\pm = \tfrac{1}{2}\left(2a \pm \sqrt{4a^2-4}\right) = a \pm \sqrt{a^2-1} = \mathrm{e}^{\pm\mathrm{i}\tau} \tag{6.143}$$

mit $\cos\tau = a$ und ihre Eigenvektoren $\mathbf{u}_\pm$ bilden sich ab wie

$$\mathbf{M}_{\mathrm{L}c}\mathbf{u}_\pm = \mathbf{D}^{-1}(\Phi)\,\mathbf{M}\mathbf{u}_\pm = \mathrm{e}^{\pm\mathrm{i}\beta d}\mathbf{D}(-\Phi)\,\mathbf{u}_\pm\,, \tag{6.144}$$

werden also um den Winkel $-\Phi$ gedreht. Der Winkel Φ war definiert als der Twistwinkel $\phi(z)$ bei $z = d$. Man kann jedoch die gesamte obige Betrachtung für jeden Wert von z in genau der gleichen Weise durchführen, wobei $\phi(z)$ die Rolle von Φ übernimmt. Wir sehen damit, dass die Eigenvektoren als elliptisch polarisierte Wellen erscheinen, die mit z rotieren.

Für zwei Grenzfälle vereinfacht sich die Beschreibung:

(a) Für einen im Vergleich zur Doppelbrechung schwachen Twist ($\phi \ll \Delta k$) ist $\beta \approx \Delta k$, $\chi \approx 0$ und daher $\mathbf{u}_- \approx (1,0)^T$, $\mathbf{u}_+ \approx (0,1)$. Also ergibt sich eine lineare Polarisation.

(b) Im gegenteiligen Grenzfall eines starken Twists ($\phi \gg \Delta k$) ist $\beta d \approx \Phi$, $\chi \approx \pi/4$ und daher $\mathbf{u}_- = \frac{1}{\sqrt{2}}(1,\mathrm{i})^T$, $\mathbf{u}_+ = \frac{1}{\sqrt{2}}(\mathrm{i},1)^T$. Also ergibt sich eine zirkulare Polarisation.

Zum Abschluss werfen wir noch einen kurzen Blick auf das Transmissionsverhalten einer LCD-Schicht für einen Eingangspolarisator in Richtung α und einen Ausgangspolarisator in Richtung α'. Dann ist die Transmissionswahrscheinlichkeit durch

$$P_{\mathrm{trans}} = |(\cos\alpha', \sin\alpha')\mathbf{M}_{\mathrm{L}c}(\cos\alpha, \sin\alpha)^T|^2 \tag{6.145}$$

gegeben. Sehr oft werden zwei orthogonale Polarisationsschichten gewählt, meist mit $\alpha = 0°$ und $\alpha' = 90°$, eine sogenannte TN-Zelle (TN steht für „twisted nematic"). Dann sieht man mithilfe der Gleichungen (6.140) bis (6.142)

$$P^{\mathrm{TN}}_{\mathrm{trans}} = c^2 + d^2 = \left(\sin\Phi\cos\beta d - \tfrac{\Phi}{\beta d}\cos\Phi\sin\beta d\right)^2 + \tfrac{\Delta k^2}{\beta^2}\sin^2\Phi\sin^2\beta d\,. \tag{6.146}$$

Die Transmission wird besonders effizient für einen Twist von $\Phi = \pi/2$ (ein normales TN-Display) oder für $\Phi = 3\pi/2$ (ein STN-Display). Hier ist die Transmissionsformel gleich

$$P^{\mathrm{TN}}_{\mathrm{trans}} = 1 - \frac{\Phi^2}{\beta^2 d^2}\sin^2\Delta k d \quad \text{mit} \quad \beta d = \sqrt{\Phi^2 + \Delta k^2 d^2}\,, \tag{6.147}$$

dargestellt in Bild 6.16 als Funktion von $\Delta k d$. Man erhält vollständige Transmission bei $\Delta k d = \frac{\pi}{2}\sqrt{3} \approx 2.72$ für ein TN-Display oder $\Delta k d = \frac{\pi}{2}\sqrt{7} \approx 4.16$ für ein STN-Display.

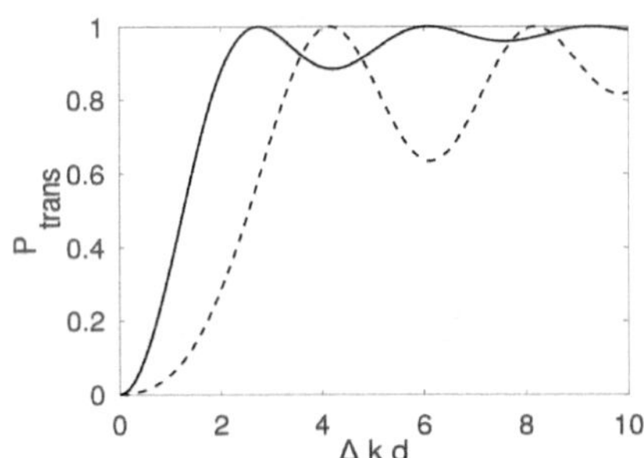

Bild 6.16 Transmissionswahrscheinlichkeit einer LCD-Zelle für ein TN-Display (—) und ein STN-Display (- - -).

6.4 Lösungen der Aufgaben

Aufgabe 6.1 (Seite 140): (a) Untersuchen Sie für eine Kugelwelle $E(\vec{r}) = \frac{a}{r}\,\mathrm{e}^{\mathrm{i}kr}$ mit $\vec{r} = (x, y, z)$ den Term $\mathrm{e}^{\mathrm{i}kr}$ und zeigen Sie: In einer (x, y)–Ebene bei einem festem z ergibt sich für $z^2 \gg x^2 + y^2$ der Ausdruck (vgl. Gleichung (6.79))

$$\mathrm{e}^{\mathrm{i}kr} \approx \mathrm{e}^{\mathrm{i}kz}\,\mathrm{e}^{\frac{\mathrm{i}k}{2}\frac{x^2+y^2}{r}} .$$

(b) Berechnen Sie den asymptotischen Öffnungswinkel θ_0 des Gaußstrahls. Zeigen Sie, dass das Produkt aus Taillenweite w_0 und Öffnungswinkel θ_0 des Strahls, das Strahlprodukt, konstant ist.

Lösung: (a) Für $z >> \sqrt{x^2 + y^2}$ gilt

$$\begin{aligned} r &= \sqrt{x^2 + y^2 + z^2} = z\sqrt{1 + \frac{x^2 + y^2}{z^2}} \approx z\left(1 + \frac{x^2 + y^2}{2z^2}\right) \\ &= z + \frac{x^2 + y^2}{2z} \approx z + \frac{x^2 + y^2}{2r} \end{aligned} \tag{6.148}$$

und damit

$$\tilde{E}(x, y, z) =) = \mathrm{e}^{\mathrm{i}kr} \approx \mathrm{e}^{\mathrm{i}kz}\,\mathrm{e}^{\frac{\mathrm{i}k}{2}\frac{x^2+y^2}{r}} \tag{6.149}$$

mit dem Integral $\int_{-\infty}^{\infty} \mathrm{e}^{-\lambda x^1}\mathrm{d}x = \sqrt{\pi/\lambda}$.

(b) Der asymptotische Öffnungswinkel θ_0 des Gauß-Strahls ist gegeben durch

$$\tan\theta_0 = \frac{w(z)}{z} \approx \frac{w_0 z/z_0}{z} = \frac{w_0}{z_0} = \frac{2}{k w_0} \tag{6.150}$$

für $z >> z_0$. Dabei wurde $z_0 = k w_0^2/2$ benutzt (Gleichung (6.75)). Für kleine Öffnungswinkel gilt $\tan\theta_0 \approx \theta_0$ und damit $\theta_0 w_0 = 2/k$.

Aufgabe 6.2 (Seite 142): (a) Leiten Sie die Gleichungen (6.85) her und zeigen Sie, dass die Stabilitätsbedingung $|\mathrm{spur}\,\mathbf{A}| < 2$ (siehe Abschnitt 1.5, Gleichung (1.60)) zu dem Stabilitätskriterium $d < |r_1| + |r_2|$ für den Hohlraumresonator führt.
(b) In der Laserphysik verwendet man oft die **g-Parameter** $g_1 = 1 - d/r_1$, $g_2 = 1 + d/r_2$ der Spiegel. Zeigen Sie, dass man damit das Stabilitätskriterium aus (a) als $0 < g_1 g_2 < 1$ ausdrücken kann.

Lösung: (a) Die Systemmatrix eines optischer Resonators aus zwei gegeneinander gerichteten Hohlspiegeln mit Krümmungsradien $r_1 > 0$ und $r_2 < 0$ ist

$$\begin{aligned} \mathbf{A} &= \mathbf{M}(r_1)\mathbf{T}(-d)\mathbf{M}(r_2)\mathbf{T}(d) = \begin{pmatrix} 1 & 0 \\ 0 - \frac{2n}{r_1} & -1 \end{pmatrix} \begin{pmatrix} 1 & -\frac{d}{n} \\ 0 & 1 \end{pmatrix} \begin{pmatrix} 1 & 0 \\ -\frac{2n}{r_2} & -1 \end{pmatrix} \begin{pmatrix} 1 & \frac{d}{n} \\ 0 & 1 \end{pmatrix} \\ &= \begin{pmatrix} 1 & -\frac{2n}{r_1} \\ -\frac{d}{n} & -1 + \frac{2n}{r_1} \end{pmatrix} \begin{pmatrix} 1 & -\frac{2n}{r_2} \\ \frac{d}{n} & -1 - \frac{2n}{r_2} \end{pmatrix} = \begin{pmatrix} 1 + \frac{2d}{r_2} & \frac{2d}{n} + \frac{2d^2}{n r_2} \\ -\frac{2n}{r_1} + \frac{2n}{r_2} - \frac{4nd}{r_1 r_2} & 1 - \frac{4d}{r_1} + \frac{2d}{r_2} - \frac{4d^2}{r_1 r_2} \end{pmatrix} . \end{aligned} \tag{6.151}$$

Die Determinante von **A** ist gleich eins, da die Determinante der vier Baustein-Matrizen in (6.151) jeweils gleich ± 1 ist. **A** ist also eine reelle symplektische Matrix und die Bedingung

$$|\mathrm{spur}\,\mathbf{A}| = \left| 2 - \frac{4d}{r_1} + \frac{4d}{r_2} - \frac{4d^2}{r_1 r_2} \right| < 2. \tag{6.152}$$

ist das Stabilitätskriterium einer solchen Abbildung (siehe auch M2, Abschnitt 3.5.1). Eine kleine Umformung liefert

$$-\frac{4d}{r_1} + \frac{4d}{r_2} < \frac{4d^2}{r_1 r_2} \quad \Longrightarrow \quad -\frac{1}{r_1} + \frac{1}{r_2} < \frac{d}{r_1 r_2}. \tag{6.153}$$

Daraus folgt

$$-r_2 + r_1 > d, \tag{6.154}$$

also

$$|r_2| + |r_1| > d, \tag{6.155}$$

d.h. der Abstand der Spiegel muss kleiner sein als die Summe ihrer Radien.

(b) Um die Stabilitätsbedingung des Hohlraumresonators durch die g-Parameter $g_1 = 1 - d/r_1$ und $g_2 = 1 + d/r_2$ auszudrücken, schreiben wir Gleichung (6.152) als

$$-2 < 2 - \frac{4d}{r_1} + \frac{4d}{r_2} - \frac{4d^2}{r_1 r_2} < 2. \tag{6.156}$$

Addiert man eine zwei und dividiert durch vier, dann erhält man

$$0 < 1 - \frac{d}{r_1} + \frac{d}{r_2} - \frac{d^2}{r_1 r_2} < 1, \tag{6.157}$$

oder $0 < g_1 g_2 < 1$, wie in der Aufgabe angegeben.

Aufgabe 6.3 (Seite 143): Konstruieren Sie die periodischen Strahlengänge für den Fall $\varrho = 3/4$.

Lösung: Für den Fall $\varrho = 3/4$ erhält man aus Gleichung (6.89) $d = r/2$ bzw. $d = 3r/4$ mit $\beta = 2\pi/3$ bzw. $\pi/2$. In diesem Fall finden wir periodische Bahnen der Periode drei wie in Bild 6.17 skizziert.

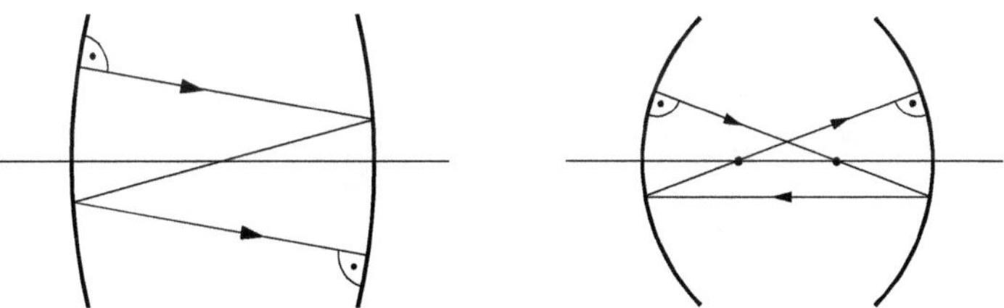

Bild 6.17 Strahlengänge in einem Hohlraumresonator aus zwei gleichen Hohlspiegeln mit Radius r im Abstand d für die speziellen Werte $d = r/2$ (links) und $d = 3r/4$ (rechts).

Aufgabe 6.4 (Seite 145) : Zeigen Sie, dass der Krümmungsradius der Gaußmode in einem optischen Resonator mit zwei gegeneinander gerichteten Hohlspiegeln auf den Spiegeln erwartungsgemäß mit dem Krümmungsradius des ersten Spiegels an der Referenzebene übereinstimmt. Die Systemmatrix findet man in Gleichung (6.85).

Lösung: Nach Gleichung (6.92) ist der Krümmungsradius des Gauß-Strahls durch

$$r = \frac{2B}{D-A} \tag{6.158}$$

gegeben. Für die Systemmatrix (6.85) ist

$$B = 2d + \frac{2d^2}{r_2} = 2d\left(1 + \frac{d}{r_2}\right) \tag{6.159}$$

und die Differenz im Nenner von (6.158) berechnen wir als

$$D - A = 1 - \frac{4d}{r_1} + \frac{2d}{r_2} - \frac{4d^2}{r_1 r_2} - 1 - \frac{4d}{r_2} = -\frac{4d}{r_1}\left(1 + \frac{d}{r_1}\right). \tag{6.160}$$

Damit ergibt sich $r = -r_1$.

Aufgabe 6.5 (Seite 145) : (a) Berechnen Sie die Position des minimalen Strahlradius z_{min} für einen Hohlraumresonator mit zwei gleichen gegeneinander gerichteten Hohlspiegeln mit der Systemmatrix (6.84). Wie groß ist der minimale Strahlradius? Gibt es eine Beziehung zu dem Stabilitätskriterium aus Aufgabe 6.2 auf Seite 142 ?
(b) Amplitude und Strahlradius w des Gaußstrahls (6.79) sind z-abhängig. Vergewissern Sie sich davon, dass die Gesamtintensität in der Ebene bei festem z konstant ist.

Lösung: (a) Für den Fall zweier gleicher gegeneinander gerichteter Hohlspiegel lautet die Systemmatrix

$$\mathbf{A} = \begin{pmatrix} A & B \\ C & D \end{pmatrix} = \begin{pmatrix} 1 - \frac{2d}{r} & 2d - \frac{2d^2}{r} \\ -\frac{4}{r} + \frac{4d}{r^2} & 1 - \frac{6d}{r} + \frac{4d^2}{r^2} \end{pmatrix} \tag{6.161}$$

nach Gleichung (6.84). Damit ist

$$D - A = -\frac{4d}{r} + \frac{4d^2}{r^2} = 4\delta(\delta - 1) \tag{6.162}$$

mit $\delta = d/r$, und die Position der Strahltaille ergibt sich mit $C = 4(\delta - 1)/r$ nach (6.102) als

$$z_{\text{min}} = \frac{D-A}{2C} = \frac{4\delta(\delta-1)}{8(\delta-1)/R} = \frac{R\delta}{2} = \frac{d}{2}, \tag{6.163}$$

was natürlich allein schon aus Symmetriegründen zu erwarten ist. Mit

$$\frac{C}{B} = \frac{4(\delta-1)/r}{2d(1-\delta)} = -\frac{2}{rd} \tag{6.164}$$

ergibt sich schließlich der minimale Strahlradius als

$$w_{\text{min}} = w_0\sqrt{1 - d/2r}. \tag{6.165}$$

Der Strahlradius w_0 auf dem Spiegel wird also um den Faktor $\sqrt{1 - d/2r}$ verkleinert. Auch hier erkennen wir wieder, dass $d < 2r$ gelten muss, damit w_{min} reell ist. Das ist genau die Stabilitätsbedingung aus Aufgabe 6.2 auf Seite 142.

(b) Die Gesamtintensität eines Gauß-Strahls

$$E(x,y,z) = \frac{E_0\,\mathrm{e}^{\mathrm{i}kz}}{A+B/q'}\,\mathrm{e}^{\frac{\mathrm{i}k}{2}\frac{x^2+y^2}{q'}} = \frac{E_0\,\mathrm{e}^{\mathrm{i}kz}}{1-iz/z_0}\,\mathrm{e}^{\frac{\mathrm{i}k}{2}\frac{x^2+y^2}{R}}\,\mathrm{e}^{-\frac{x^2+y^2}{w^2}} \tag{6.166}$$

aus Gleichung (6.79) mit z-abhängigen Strahlparametern R und w in einer (x,y)-Ebene bei festem z ist durch das Integral

$$\begin{aligned}\int_{-\infty}^{\infty}\int_{-\infty}^{\infty}\mathrm{d}x\,\mathrm{d}y\,|E(x,y,z)|^2 &= \frac{|E_0|^2}{1+(z/z_0)^2}\int_{-\infty}^{\infty}\int_{-\infty}^{\infty}\mathrm{d}x\,\mathrm{d}y\,\mathrm{e}^{-2\frac{x^2+y^2}{w^2}}\\ &= \frac{|E_0|^2\pi w^2}{1+(z/z_0)^2} = \pi w_0^2|E_0|^2\end{aligned} \tag{6.167}$$

gegeben. Dabei ist $w^2 = w_0^2(1+(z/z_0)^2)$ nach Gleichung (6.103). Also ist die Gesamtintensität unabhängig von z.

Aufgabe 6.6 (Seite 150) : Zwischen zwei gekreuzte Polarisatoren wird eine um den Winkel α verdrehte Verzögerungsplatte mit Phasenverschiebung δ gebracht. Zeigen Sie: Ein unpolarisierter Strahl mit Intensität I_0 hat nach dem Durchgang die Intensität

$$I' = \tfrac{1}{2}\,I_0\sin^2(2\alpha)\sin^2(\delta/2)\,.$$

Lösung: Mit der Jones-Matrix $\mathbf{M}_\delta(\alpha)$ für die eingeschobene verdrehte Verzögerungsplatte aus Gleichung (6.121) und denen für die gekreuzten Polarisatoren (vgl. Gleichung (6.116)) erhält man

$$\begin{aligned}\mathbf{M} = \mathbf{M}_p(\pi/2)\mathbf{M}_\delta(\alpha)\mathbf{M}_p(0) &= \begin{pmatrix}0&0\\0&1\end{pmatrix}\begin{pmatrix}\cos^2\alpha+\mathrm{e}^{\mathrm{i}\delta}\sin^2\alpha & \sin\alpha\cos\alpha(1-\mathrm{e}^{\mathrm{i}\delta})\\ \sin\alpha\cos\alpha\,(1-\mathrm{e}^{\mathrm{i}\delta}) & \sin^2\alpha+\mathrm{e}^{\mathrm{i}\delta}\cos^2\alpha\end{pmatrix}\begin{pmatrix}1&0\\0&0\end{pmatrix}\\ &= \begin{pmatrix}0&0\\0&1\end{pmatrix}\begin{pmatrix}\cos^2\alpha+\mathrm{e}^{\mathrm{i}\delta}\sin^2\alpha & \sin\alpha\cos\alpha\,(1-\mathrm{e}^{\mathrm{i}\delta}) & 0\\ & \sin\alpha\cos\alpha\,(1-\mathrm{e}^{\mathrm{i}\delta}) & 0\end{pmatrix} = \begin{pmatrix}0&0\\ \sin\alpha\cos\alpha\,(1-\mathrm{e}^{\mathrm{i}\delta}) & 0\end{pmatrix}.\end{aligned} \tag{6.168}$$

Damit ergibt sich für unpolarisiertes Licht mit $|E_{0x}|^2 = |E_{0y}|^2 = I_0/2$

$$\begin{aligned} I &= |\sin\alpha\cos\alpha\,(1-\mathrm{e}^{\mathrm{i}\delta})|^2\,\tfrac{1}{2}\,I_0\\ &= \tfrac{1}{2}\,I_0\sin^2\alpha\cos^2\alpha\,2(1-\cos\delta) = \tfrac{1}{2}\,I_0\sin^2(2\alpha)\sin^2(\delta/2)\,.\end{aligned} \tag{6.169}$$

Aufgabe 6.7 (Seite 152) : Zeigen Sie, dass man für $n\to\infty$ d

$$\mathbf{M} = \lim_{n\to\infty}\left(\mathbf{M}'\mathbf{D}(\Delta\phi)\right)^n = \begin{pmatrix}\cos\beta d - \mathrm{i}\frac{\Delta k}{\beta}\sin\beta d & \frac{\Phi}{\beta d}\sin\beta d\\ -\frac{\Phi}{\beta d}\sin\beta d & \cos\beta d+\mathrm{i}\frac{\Delta k}{\beta}\sin\beta d\end{pmatrix}$$

mit $\beta^2 d^2 = \Phi^2 + \Delta k^2 d^2$ und $\Delta k = \delta/d$ erhält.

Lösung: Die Matrix

$$\mathbf{M}'\mathbf{D}(\Delta\phi) = \begin{pmatrix}A & B\\ -B^{*} & A^{*}\end{pmatrix} \quad \text{mit } A = \mathrm{e}^{-\mathrm{i}\delta/n}\cos(\Phi/n)\,,\ B = \mathrm{e}^{-\mathrm{i}\delta/n}\sin(\Phi/n) \tag{6.170}$$

ist unitär. Die Tschebyscheff-Identität (vgl. M2, Aufgabe 2.4) liefert für ihre n-te Potenz

$$\left(\mathbf{M}'\mathbf{D}(\Delta\phi)\right)^n = \begin{pmatrix} A & B \\ -B^* & A^* \end{pmatrix}^n = \begin{pmatrix} Au_n - u_{n-1} & Bu_n \\ -B^* u_n & A^* u_n - u_{n-1} \end{pmatrix} \tag{6.171}$$

mit

$$u_j = \frac{\sin n\Omega}{\sin\Omega}, \quad \cos\Omega = \tfrac{1}{2}(A + A^*) = \cos(\delta/n)\cos(\Phi/n). \tag{6.172}$$

Jetzt lassen wir n gegen unendlich gehen und erhalten in diesem Limit mit der Näherung $\cos(\delta/n) \approx 1 - \delta^2/2n^2$ usw. die Asymptotik $\Omega \to \beta d/n$ mit

$$\beta^2 d^2 = \Phi^2 + \delta^2 = \Phi^2 + \Delta k^2 d^2 \tag{6.173}$$

und $\Delta k = \delta/d$. Nach einer einfachen Rechnung erhalten wir dann den Grenzwert

$$\mathbf{M} = \lim_{n\to\infty} \left(\mathbf{M}'\mathbf{D}(\Delta\phi)\right)^n = \begin{pmatrix} \cos\beta d - \mathrm{i}\frac{\Delta k}{\beta}\sin\beta d & \frac{\Phi}{\beta d}\sin\beta d \\ -\frac{\Phi}{\beta d}\sin\beta d & \cos\beta d + \mathrm{i}\frac{\Delta k}{\beta}\sin\beta d \end{pmatrix}. \tag{6.174}$$

7 Elementare Quantensysteme

„Die Quantenphysik macht mich richtig glücklich...
als würde man das Universum nackt sehen.“
— Sheldon Cooper

In der Quantenmechanik findet man das Eldorado der 2×2-Matrizen. Es gibt eine überwältigende Anzahl ihrer Anwendungen, mit denen die unterschiedlichsten Phänomene in möglichst leicht verständlicher Weise demonstriert werden. Hier können wir nur einen Bruchteil davon präsentieren. In diesem Kapitel werden wir elementare Anwendungsbeispiele vorstellen und uns danach zunehmend anspruchsvolleren Fragestellungen widmen, bis hin zum Quantencomputing.

7.1 Grundbegriffe der Quantenmechanik

Die Quantentheorie ist eine der erfolgreichsten Theorien der Physik, obwohl sie bis heute nicht voll und ganz verstanden ist. Es gibt eine Vielzahl von guten Lehrbüchern, die man zum besseren Verständnis der folgenden Abschnitte heranziehen kann,[1] und wir wollen hier nur kurz die einfachsten Grundbegriffe der mathematischen Struktur der Quantenmechanik darstellen um das Gedächtnis der Leserinnen und Leser aufzufrischen.

- Die Quantenmechanik beschreibt den **Zustand** eines physikalischen Systems durch einen Vektor in einem **Hilbert-Raum**, benannt nach dem deutschen Mathematiker David Hilbert (1862-1943) Das ist ein **linearer Raum** über den komplexen Zahlen mit einem (komplexen) Skalarprodukt, der vollständig ist bezüglich der durch das Skalarprodukt erzeugten Norm. Man bezeichnet die Vektoren oft durch ein Symbol wie $|\varphi\rangle$ oder $|n\rangle$ und das Skalarprodukt zweier Vektoren $|\varphi\rangle$ und $|\psi\rangle$ als $\langle\psi|\varphi\rangle = \langle\varphi|\psi\rangle^*$. Meist werden die Zustandsvektoren **normiert** wie $\langle\varphi|\varphi\rangle = 1$.
- Zu dem Hilbert-Raum bildet man einen **Dualraum**, in dem ein Hilbert-Raum Vektor $|\varphi\rangle$ durch einen dualen Vektor mit dem Symbol $\langle\varphi|$ dargestellt wird. Das entspricht für endlich dimensionale Räume einer Darstellung durch Zeilen- statt Spaltenvektoren.
- **Physikalische Größen** wie Ort, Impuls oder Energie, man bezeichnet sie als **Observable**, werden durch **Operatoren** $\hat{A}$ auf dem Hilbert-Raum dargestellt. Ein solcher Operator bildet einen Zustand $|\varphi\rangle$ auf einen Zustand $|\varphi'\rangle = \hat{A}|\varphi\rangle$ des Hilbert-Raums ab. Von größter Bedeutung ist es, dass diese Operatoren **linear** sind, das heißt es gilt

$$\hat{A}(\alpha|\varphi\rangle + \beta|\psi\rangle) = \alpha\hat{A}|\varphi\rangle + \beta\hat{A}|\psi\rangle\,. \tag{7.1}$$

[1] Eine erste Einführung findet man in H. J. Korsch, *Mathematik der Quantenmechanik*, Hanser Verlag 2019

- Einem Operator $\hat{A}$ entspricht im Dualraum der **adjungierte Operator** $\hat{A}^\dagger$, das heißt dem Vektor $|\varphi'\rangle = \hat{A}|\varphi\rangle$ entspricht im Dualraum der duale Vektor $\langle\varphi'| = \langle\varphi|\hat{A}^\dagger$. Auf das Skalarprodukt überträgt sich das als
$$\left(\langle\psi|\hat{A}^\dagger\right)|\varphi\rangle = \langle\psi'|\varphi\rangle = \langle\varphi|\psi'\rangle^* = \left(\langle\varphi|(\hat{A}|\psi\rangle)\right)^* . \tag{7.2}$$
Der adjungierte Operator eines Produkts $\hat{A}\hat{B}$ zweier Operatoren ist gleich $(\hat{A}\hat{B})^\dagger = \hat{B}^\dagger\hat{A}^\dagger$. Operatoren mit $\hat{A} = \hat{A}^\dagger$ nennt man **hermitesch**.
- **Eigenzustände** eines Operators $\hat{A}$ sind Vektoren $|a\rangle$, die nicht gleich dem Nullvektor sind und $\hat{A}|a\rangle = a|a\rangle$ erfüllen. Die Zahl a heißt **Eigenwert** und für einen hermiteschen Operator sind alle diese Eigenwerte reell.
- Bei einer **Messung** der Observablen $\hat{A}$ im (normierten) Systemzustand $|\varphi\rangle$ erhält man einen Eigenwert a von $\hat{A}$. Welcher der Eigenwerte sich ergibt, ist rein **zufällig**, und man kann nur die Wahrscheinlichkeit $|\langle a|\varphi\rangle|^2$ dafür angeben, dass dieser Messwert auftritt. Da die Messwerte physikalischer Größen reell sind, beschreibt man sie durch hermitesche Operatoren.
- Den **Erwartungswert** der Größe $\hat{A}$, also den Mittelwert der Messwerte in dem (normierten) Zustand $|\varphi\rangle$ des Systems erhält man durch $\langle\hat{A}\rangle = \langle\varphi|\hat{A}|\varphi\rangle$.
- Die Planck-Konstante $h \approx 6.62607\,10^{-34}$Js ist eine Naturkonstante von der Dimension einer Wirkung, das **plancksche Wirkungsquantum**, benannt nach dem deutschen Physiker Max Planck (1822-1900). Oft verwendet man stattdessen die Größe $\hbar = h/2\pi$, gelesen als „h quer".
- Die **Zeitentwicklung** $|\psi(t)\rangle$ eines Zustandes $|\psi(t_0)\rangle$ zur Zeit t_0 wird mit dem **Hamilton-Operator** $\hat{H}$ und der **Schrödinger-Gleichung**
$$\mathrm{i}\hbar\frac{\mathrm{d}}{\mathrm{d}t}|\psi(t)\rangle = \hat{H}|\psi(t)\rangle. \tag{7.3}$$
erzeugt, benannt nach dem österreichischen Physiker Erwin Schrödinger (1887-1961). Dabei ist $\hat{H} = \hat{H}^\dagger$ der hermitesche Operator für die Energie des Systems. Der quantenmechanische Hamilton-Operator entspricht der Hamilton-Funktion der klassischen Mechanik (vgl. Abschnitt 3.1).

Neben diesen wesentlichen Strukturelementen der Quantenmechanik benötigen wir noch einige Folgerungen daraus:

- Die Quantentheorie ist **linear**. Es gilt das **Superpositionsprinzip**: Jede Linearkombination von Lösungen der Schrödinger-Gleichung ist wieder eine Lösung.
- Anstelle des Zustandes $|\psi(t)\rangle$ als Lösung der Schrödinger-Gleichung ist es oft von Vorteil, den **Zeitentwicklungsoperator** $\hat{U}(t,t_0)$ zu verwenden. Er ist definiert durch $|\psi(t)\rangle = \hat{U}(t,t_0)|\psi(t_0)\rangle$ und erfüllt die Differentialgleichung
$$\mathrm{i}\hbar\frac{\mathrm{d}}{\mathrm{d}t}\hat{U}(t) = \hat{H}\hat{U}(t) \quad \text{mit} \quad \hat{U}(t_0) = \hat{I}. \tag{7.4}$$
Der Zeitentwicklungsoperator $\hat{U}$ ist **unitär**, das heißt es gilt $\hat{U}^\dagger\hat{U} = \hat{I}$.
- Lineare Operatoren kommutieren im Allgemeinen nicht. Man definiert den **Kommutator** $[\hat{A},\hat{B}]$ und den **Antikommutator** $\{\hat{A},\hat{B}\}$ zweier Operatoren durch
$$\left[\hat{A},\hat{B}\right] = \hat{A}\hat{B} - \hat{B}\hat{A} \quad \text{und} \quad \left\{\hat{A},\hat{B}\right\} = \hat{A}\hat{B} + \hat{B}\hat{A}. \tag{7.5}$$
Eine wichtige Eigenschaft nicht-kommutierender Obvervablen ist die heisenbergsche **Unschärferelation** für die mittlere Abweichung vom Mittelwert $\Delta A = \sqrt{\langle\hat{A}^2\rangle - \langle\hat{A}\rangle^2}$:
$$\Delta A\,\Delta B \geq \tfrac{1}{2}\,|\langle[\hat{A},\hat{B}]\rangle|^2, \tag{7.6}$$

benannt nach dem deutschen Physiker Werner K. Heisenberg (1901-1976).

- Für den speziellen Fall des **Ortsoperators** $\hat{x}$ und des **Impulsoperators** $\hat{p}$ gilt die bekannte Vertauschungsrelation
$$[\hat{x},\hat{p}] = \mathrm{i}\hbar\hat{I} \tag{7.7}$$
mit dem Einheitsoperator $\hat{I}$. Das Produkt ihrer Unschärfen ist folglich größer als $\hbar/2$:
$$\Delta x \Delta p \geq \tfrac{\hbar}{2}\,. \tag{7.8}$$

- Aus der Schrödinger-Gleichung (7.3) folgt mit $-\mathrm{i}\hbar\frac{\mathrm{d}\langle\psi|}{\mathrm{d}t} = \langle\psi|\hat{H}$, dass die Zeitableitung des Erwartungswertes einer nicht explizit zeitabhängigen Observablen $\hat{A}$ die Gleichung
$$\mathrm{i}\hbar\frac{\mathrm{d}}{\mathrm{d}t}\langle\psi|\hat{A}|\psi\rangle = -\langle\psi|\hat{H}\hat{A}|\psi\rangle + \langle\psi|\hat{A}\hat{H}|\psi\rangle = \langle\psi|[\hat{A},\hat{H}]|\psi\rangle \tag{7.9}$$
erfüllt. Insbesondere sind sie zeitlich konstant falls gilt $[\hat{A},\hat{H}] = 0$. Operatoren, die mit dem Hamilton-Operator kommutieren, sind daher **Erhaltungsgrößen**.

- Allgemeiner lässt sich der Zustand eines Systems durch den **Dichteoperator** $\hat{\rho}$ beschreiben, dies ist ein positiver Operator, er hat also nur positive Eigenwerte, mit $\mathrm{spur}\,\hat{\rho} = 1$. Er liefert die Erwartungwerte
$$\langle\hat{A}\rangle = \mathrm{spur}\,(\hat{\rho}\hat{A}) \tag{7.10}$$
und erfüllt die Bewegungsgleichung
$$\frac{\mathrm{d}\hat{\rho}}{\mathrm{d}t} = -\frac{\mathrm{i}}{\hbar}[\hat{H},\hat{\rho}]. \tag{7.11}$$
Falls gilt $\hat{\rho}^2 = \hat{\rho}$ ist der Dichteoperator ein Projektor und lässt sich als $\hat{\rho} = |\psi\rangle\langle\psi|$ mit einem Zustandsvektor $|\psi\rangle$ ausdrücken. Dann beschreibt $\hat{\boldsymbol{\rho}}$ einen **reinen Zustand**. Sonst sprich man von einem **gemischten Zustand**. Für einen reinen Zustand gilt $\hat{\rho}^2 = \hat{\rho}$ und folglich $\mathrm{spur}\,\hat{\rho}^2 = 1$, ein gemischter Zustand ist charakterisiert durch
$$\mathrm{spur}\,\hat{\rho}^2 < 2. \tag{7.12}$$
Alternativ kann man ihn auch durch die **Entropie**
$$S = -\mathrm{spur}\,(\hat{\rho}\ln\hat{\rho}) \tag{7.13}$$
charakterisieren. Für einen reinen Zustand ist $\hat{\rho}$ ein Projektor, hat also nur die Eigenwerte 0 und 1, und damit ist die Entropie gleich null. Für einen gemischten Zustand gilt $S > 0$.

- Die **Eigenzustände** eines Systems sind die Eigenvektoren des (hermiteschen) Hamilton-Operators $\hat{H}$, also Vektoren $|\varphi_E\rangle$ mit
$$\hat{H}|\varphi_E\rangle = E|\varphi_E\rangle. \tag{7.14}$$
Dann löst $|\psi_E(t)\rangle = \mathrm{e}^{-\mathrm{i}Et/\hbar}|\varphi_E\rangle$ die Schrödinger-Gleichung. Die Eigenwerte E sind reell und die Menge aller Eigenwerte bezeichnet man als das **Spektrum**. Die Struktur des Spektrums kann einfach sein oder sehr kompliziert. Ein rein diskretes Spektrum besteht nur aus abzählbaren Werten E_n, $n = 0,1,2,\ldots$ (z.B. für ein Teilchen in einem Potentialtopf). Ein kontinuierliches Spektrum besteht aus Eigenwerten in einem Intervall (z.B. für ein freies Teilchen). Typische Spektren haben diskrete und kontinuierliche Komponenten oder noch wesentlich kompliziertere (z.B. fraktale) Strukturen. Im einfachsten Fall eines diskreten Spektrums liefern die Eigenvektoren eine **orthonormale Basis** des Hilbert-Raums und die allgemeine Lösung der Schrödinger-Gleichung ist gleich
$$|\psi(t)\rangle = \sum_n c_n \mathrm{e}^{-\mathrm{i}E_n t/\hbar}|\varphi_n\rangle \quad \text{mit} \quad c_n = \langle\varphi_n|\psi(0)\rangle. \tag{7.15}$$

- Für den Fall eines Teilchens mit Masse m in einem Potential $V(x)$ ist die Eigenwertgleichung in der **Ortsdarstellung** gegeben durch die zeitunabhängige Schrödinger-Gleichung

$$-\frac{\hbar^2}{2m}\varphi''(x) + V(x)\varphi(x) = E\varphi(x)\,. \tag{7.16}$$

Basisdarstellung: Eine der wichtigsten Methoden zur Untersuchung eines Quantensystems, insbesondere für numerische Berechnungen, ist eine Darstellung der Systemzustände in einer Basis. In einem endlich dimensionalen Hilbert-Raum mit Dimension N wählt man linear unabhängige Vektoren $|k\rangle$, $k = 1,\ldots N$ und stellt einen Vektor $|\psi\rangle$ als Linearkombination

$$|\psi\rangle = \sum_{k=1}^{N} c_k\,|k\rangle \tag{7.17}$$

dar, wobei man meist eine orthonormale Basis wählt mit

$$\langle k'|k\rangle = \delta_{k'k}\,. \tag{7.18}$$

Dann sind die Koeffizienten in (7.17) durch

$$c_k = \langle k|\psi\rangle \tag{7.19}$$

gegeben. Eine solche Basis kann man zweckmäßig wählen, angepasst an das zu behandelnde System. Oft benutzt man dazu die (orthogonalen) Eigenvektoren eines geeigneten hermiteschen Operators. Hat man eine solche Basis festgelegt, dann werden die Vektoren $|\psi\rangle$ eineindeutig auf die Spaltenvektoren $\mathbf{c} = (c_1, c_2, \ldots, c_N)^T$ abgebildet und die Operatoren $\hat{A}$ mit $|\psi'\rangle = \hat{A}|\psi\rangle$ werden durch Matrizen dargestellt. Es gilt mit $|\psi\rangle = \sum_k c_k\,|k\rangle$

$$|\psi'\rangle = \sum_{k'} c'_{k'}\,|k'\rangle = \hat{A}|\psi\rangle = \hat{A}\sum_k c_k|k\rangle = \sum_k c_k\,\hat{A}|k\rangle \tag{7.20}$$

und daher

$$\langle k''|\psi'\rangle = \sum_{k'} c'_{k'}\,\langle k''|k'\rangle = \sum_k c_k\,\langle k''|\hat{A}|k\rangle\,, \tag{7.21}$$

also wegen (7.18)

$$c'_{k'} = \sum_k A_{k'k}\,c_k \quad \text{mit} \quad A_{k'k} = \langle k'|\hat{A}|k\rangle\,, \tag{7.22}$$

oder als

$$\mathbf{c}' = \mathbf{A}\mathbf{c} \tag{7.23}$$

mit der Matrix $\mathbf{A} = (A_{k'k})$.

Die Matrixdarstellung $\mathbf{A}^\dagger$ des adjungierten Operators $\hat{A}^\dagger$ ergibt sich aus Gleichung (7.2) mit $\langle k'|\hat{A}^\dagger|k\rangle = \langle k|\hat{A}|k'\rangle^*$ als

$$(\mathbf{A}^\dagger)_{k'k} = (\mathbf{A})^*_{kk'}\,, \tag{7.24}$$

also als die transponierte uns komplex konjugierte Matrix. Eine hermitesche Matrix $\mathbf{A}^\dagger = \mathbf{A}$ ist also eine Matrix mit

$$(\mathbf{A})_{k'k} = (\mathbf{A})^*_{kk'}\,. \tag{7.25}$$

Eigenwertbestimmung: Wie oben dargestellt, kann man in einem endlich dimensionalen Raum die Operatoren durch Matrizen darstellen. Dann ergeben sich die Eigenwerte der Operatoren als Eigenwerte von Matrizen. In einem unendlich dimensionalen Hilbert-Raum wird man die Basisdarstellung in aller Regel bei einem maximalen Index abbrechen:

$$|\psi\rangle = \sum_{k=1}^{\infty} c_k\,|k\rangle \approx \sum_{k=1}^{k_{\max}} c_k|k\rangle\,. \tag{7.26}$$

Das Gleiche gilt auch oft für den endlich dimensionalen Fall, wobei k_{max} meist deutlich kleiner ist als die Dimension des Hilbert-Raumes. Man muss dabei in jedem Fall die Gültigkeit dieser Näherung untersuchen.

Wir wollen zunächst auf diese Weise die Eigenwerte des Hamilton-Operators bestimmen. Dazu setzen wir Gleichung (7.26) in (7.14) ein und multiplizieren von links mit $\langle j|$. Das ergibt das Gleichungssystem

$$\sum_{k=1}^{N} \langle j|\hat{H}|k\rangle c_k = E \sum_{k=1}^{N} \langle j|k\rangle c_k \quad , \quad j = 1,2,3,\ldots N, \tag{7.27}$$

das man mit der Hamilton-Matrix $\mathbf{H} = (H_{jk})$ und der Überlappungs-Matrix $\mathbf{W} = (W_{jk})$ mit den Matrixelementen

$$H_{jk} = \langle j|\hat{H}|k\rangle \quad , \quad W_{jk} = \langle j|k\rangle . \tag{7.28}$$

in Matrixform als

$$\mathbf{Hc} = E\mathbf{Wc} \quad \text{oder} \quad \mathbf{W}^{-1}\mathbf{Hc} = E\mathbf{c} \tag{7.29}$$

schreiben kann, falls die Matrix $\mathbf{W}$ invertierbar ist. Die Eigenwerte E von $\hat{H}$ und die Koeffizienten $\mathbf{c}$ der dazugehörigen Eigenvektoren ergeben sich somit durch Lösen des verallgemeinerten Eigenwertproblems (7.29).

In der gleichen Weise kann man die Zeitentwicklung eines Zustandes durch die zeitabhängige Schrödinger-Gleichung $\mathrm{i}\hbar|\dot{\psi}\rangle = \hat{H}|\psi\rangle$ in der Basis darstellen. Mit

$$\mathrm{i}\hbar \sum_k \dot{c}_k |k\rangle = \sum_k \hat{H}|k\rangle\, c_k \tag{7.30}$$

erhält man nach Multiplikation von links mit $\langle j|$

$$\mathrm{i}\hbar \sum_k W_{jk}\dot{c}_k = \sum_k H_{jk}\, c_k \tag{7.31}$$

oder, wieder in Matrixform,

$$\mathrm{i}\hbar \mathbf{W}\dot{\mathbf{c}} = \mathbf{Hc} \quad \text{oder} \quad \mathrm{i}\hbar\dot{\mathbf{c}} = \mathbf{W}^{-1}\mathbf{Hc}. \tag{7.32}$$

Die Wahl einer geeigneten Basis hängt von dem untersuchten System ab, wobei die auftretenden Matrixelemente $\langle m|\hat{H}|n\rangle$ und $\langle m|n\rangle$ einfach zu berechnen sein sollten, wenn möglich in geschlossener Form. Auch wählt man die Basiszustände so, dass sie den gesuchten Eigenzuständen möglichst ähnlich sind, damit man mit wenigen Entwicklungsfunktionen auskommt, also mit kleinen Werten von N. Ein Beispiel, in dem eine nicht-orthogonale Basis zweckmäßig ist, findet man in Abschnitt 7.3.3. In aller Regel wird man jedoch eine orthogonale Basis vorziehen. Dann ist $\mathbf{W}$ gleich der Einheitsmatrix $\mathbf{I}$ und die Rechnungen vereinfachen sich wesentlich.

In den folgenden Abschnitten werden kurz die wesentlichen Züge einiger einfacher Modellsysteme der elementaren Quantenmechanik vorgestellt. Wir beginnen mit einem System, in dem der Hilbert-Raum auf zwei Dimensionen beschränkt ist, ein Zweizustandssystem. Danach betrachten wir einfache Modellsysteme gefolgt von einer genaueren Darstellung von Resonanzzuständen, also zerfallenden Zuständen, sowie Zuständen für periodische Potentiale. Alle diese Systeme beschreiben ein Teilchen der Masse m in einem eindimensionalen Potential $V(x)$.

7.2 Das Zweiniveausystem

In einfachsten Situationen lassen sich Problemstellungen der Quantenmechanik auf nur zwei beteiligte Zustände reduzieren. Das liefert einerseits oft eine brauchbare Näherung für das untersuchte System und andererseits ein überschaubares Modell, an dem charakteristische Prozesse isoliert studiert werden können, was noch ausführlich herausgearbeitet wird. Wir haben also zwei geeignete normierte und orthogonale Basiszustände $|1\rangle$ und $|2\rangle$ ausgewählt und stellen unsere Zustände als Linearkombinationen

$$|\psi\rangle = c_1|1\rangle + c_2|2\rangle \quad \text{mit} \quad c_1 = \langle 1|\psi\rangle\,, \; c_2 = \langle 2|\psi\rangle \tag{7.33}$$

dar. Operatoren beschreiben wir durch 2 × 2-Matrizen, wie beispielsweise den Hamilton-Operator $\hat{H}$ durch die Matrix $\mathbf{H}$ mit den Matrixelementen $h_{jk} = \langle j|\hat{H}|k\rangle$. Dann erhält die zeitabhängige Schrödinger-Gleichung für den Zustand $|\psi\rangle$ die Form

$$\mathrm{i}\hbar \frac{\mathrm{d}}{\mathrm{d}t}\begin{pmatrix} c_1 \\ c_2 \end{pmatrix} = \begin{pmatrix} h_{11} & h_{12} \\ h_{21} & h_{22} \end{pmatrix}\begin{pmatrix} c_1 \\ c_2 \end{pmatrix}, \tag{7.34}$$

und entsprechend eine Matrixgleichung für die Matrix $\mathbf{U}(t)$ des Zeitentwicklungsoperators. In Matrixform mit dem Vektor $\mathbf{c} = (c_1, c_2)^T$ lauten diese Gleichungen

$$\mathrm{i}\hbar \frac{\mathrm{d}\mathbf{c}}{\mathrm{d}t} = \mathbf{H}\mathbf{c}\,, \quad \mathrm{i}\hbar \frac{\mathrm{d}\mathbf{U}}{\mathrm{d}t} = \mathbf{H}\mathbf{U}. \tag{7.35}$$

Wenn wir hier annehmen, dass $\mathbf{H}$ nicht von der Zeit abhängt (mehr zu explizit zeitabhängigen Systemen findet man weiter unten), dann erhält man mit

$$\mathbf{U}(t) = \mathrm{e}^{-\frac{\mathrm{i}}{\hbar}\mathbf{H}t} \tag{7.36}$$

eine Lösung mit $\mathbf{U}(0) = \mathbf{I}$, wobei man die Exponentialfunktion einer 2 × 2-Matrix als

$$\mathrm{e}^{-\frac{\mathrm{i}}{\hbar}\mathbf{H}t} = \mathrm{e}^{-\frac{\mathrm{i}}{\hbar}st}\left\{\cos\omega t\,\mathbf{I} - \frac{\mathrm{i}}{\omega}\sin\omega t\big(\mathbf{H} - s\mathbf{I}\big)\right\}. \tag{7.37}$$

angeben kann (vgl. M2, Gleichung (2.91)). Dabei sind die Parameter durch

$$s = \tfrac{1}{2}(h_{11} + h_{22}) \quad \text{und} \quad \omega = \tfrac{1}{\hbar}\sqrt{\tfrac{1}{4}(h_{11} - h_{22})^2 + h_{12}h_{21}} \tag{7.38}$$

gegeben. Eine Lösung für den Koeffizientenvektor erhält man dann mit $\mathbf{c}(t) = \mathbf{U}(t)\,\mathbf{c}(0)$.

In der Praxis geht man allerdings oft nicht so vor, sondern beispielsweise wie folgt: Man ermittelt die Eigenwerte E_1 und E_2 der Matrix $\mathbf{H}$ aus

$$E_{1,2} = \tfrac{1}{2}(h_{11} + h_{22}) \pm \sqrt{\tfrac{1}{4}(h_{11} - h_{22})^2 + h_{12}h_{21}} \tag{7.39}$$

und die Eigenvektoren $\mathbf{u}_1$ und $\mathbf{u}_2$ aus

$$\mathbf{u}_j = N_j \begin{pmatrix} E_j - h_{22} \\ h_{21} \end{pmatrix} \tag{7.40}$$

mit den Normierungskonstanten N_j (vgl. M2, Gleichungen (1.59) und (1.68)). Dann sind $\mathrm{e}^{-\frac{\mathrm{i}}{\hbar}E_1 t}\mathbf{u}_1$ und $\mathrm{e}^{-\frac{\mathrm{i}}{\hbar}E_2 t}\mathbf{u}_2$ jeweils Lösungen der Schrödinger-Gleichung und, wegen der Linearität, auch ihre Linearkombination

$$\mathbf{c}(t) = a_1\mathrm{e}^{-\frac{\mathrm{i}}{\hbar}E_1 t}\mathbf{u}_1 + a_2\mathrm{e}^{-\frac{\mathrm{i}}{\hbar}E_2 t}\mathbf{u}_2\,. \tag{7.41}$$

Falls die Eigenvektoren linear unabhängig sind, ist dies die allgemeine Lösung, und man kann die Koeffizienten a_1 und a_2 so bestimmen, dass die Anfangsbedingung erfüllt ist.

Für den Fall eines hermiteschen Systems, $\mathbf{H}^\dagger = \mathbf{H}$, sind H_{11}, H_{22} reell und $H_{21} = H_{12}^*$. Wir überprüfen, dass dann, wie zu erwarten, die Eigenwerte (7.39) reell sind. Falls sie voneinander verschieden sind, sind die Eigenvektoren orthogonal, andernfalls können sie orthogonal gewählt werden. Mehr darüber findet man in M2. Man normiert diese orthogonalen Eigenvektoren $\mathbf{u}_j$ zweckmäßigerweise und erhält dann die Koeffizienten durch das Skalarprodukt

$$a_1 = \mathbf{u}_1 \cdot \mathbf{c}(0)\,, \quad a_2 = \mathbf{u}_2 \cdot \mathbf{c}(0). \tag{7.42}$$

Falls $\mathbf{H}$ nicht hermitesch ist, muss man die Koeffizienten durch Lösung eines linearen Gleichungssystems bestimmen, oder – eleganter – mithilfe der linken Eigenvektoren $\mathbf{v}_1$ und $\mathbf{v}_2$, den Eigenvektoren von $\mathbf{H}^\dagger$, die mit den $\mathbf{u}_1$, $\mathbf{u}_2$ ein biorthogonales Paar bilden mit

$$\mathbf{v}_j \cdot \mathbf{u}_k = \delta_{jk} \tag{7.43}$$

(siehe M2, Abschnitt 1.3.2). Damit gilt

$$a_1 = \mathbf{v}_1 \cdot \mathbf{c}(0)\,, \quad a_2 = \mathbf{v}_2 \cdot \mathbf{c}(0). \tag{7.44}$$

Dies illustriert die folgende Aufgabe:

Aufgabe 7.1 (Lös. Seite 184) : Geben Sie für die Matrix $\mathbf{H} = \left(\begin{smallmatrix} 4\mathrm{i} & 5 \\ 5 & -4\mathrm{i} \end{smallmatrix}\right)$ die Eigenwerte und die rechten und linken Eigenvektoren an. Prüfen Sie die Bi-Orthogonalitätsrelation und normieren Sie die Eigenvektoren wie $\mathbf{v}_j \cdot \mathbf{u}_k = \delta_{jk}$.

In den folgenden Kapiteln werden wir noch viel über das quantenmechanische Zweiniveausystem erfahren, aber zunächst sollen kurz einige wichtige Modellsysteme der Quantenmechanik beschrieben werden.

7.3 Einfache Modellsysteme

Eine Kenntnis der wichtigsten Eigenschaften der Quantenzustände für ein harmonischen Oszillatorpotential oder ein Kastenpotential ist eine gute Basis für ein Verständnis komplizierterer Systeme. In den beiden folgenden Abschnitten werden wir diese beiden Modellpotentiale darstellen und dann exemplarisch an einem Potential mit zwei Minima demonstrieren, wie hier die Kenntnisse des harmonischen Oszillators und des Zweiniveausystems bei der Analyse helfen.

7.3.1 Der harmonische Oszillator

Das wohl bekannteste System der klassischen Mechanik und der Quantenmechanik ist der harmonische Oszillator mit dem Potential

$$V(x) = \frac{m}{2}\,\omega^2 x^2\,. \tag{7.45}$$

Klassisch finden wir harmonische Schwingungen mit der Frequenz ω, quantenmechanisch die äquidistanten Energieeigenwerte

$$E_n = \hbar\omega\big(n + \tfrac{1}{2}\big), \quad n = 0, 1, 2, \ldots \tag{7.46}$$

mit den Eigenfunktionen

$$\varphi_n(x) = \sqrt{\frac{s}{2^n\, n!\sqrt{\pi}}}\, H_n(sx)\, \mathrm{e}^{-s^2x^2/2} \quad \text{mit} \quad s = \sqrt{m\omega/\hbar}\,. \tag{7.47}$$

Dabei sind die $H_n(u)$ **Hermite-Polynome** n-ten Grades in u, die sich bequem mithilfe der Rekursionsformel $H_{n+1}(u) = 2u\,H_n(u) - 2n\,H_{n-1}(u)$ mit $H_0(u) = 1$ und $H_1(x) = x$ erzeugen lassen. Der Vorfaktor in (7.47) ist so gewählt, dass die Eigenfunktionen normiert sind. Außerdem sind sie, als Eigenfunktionen eines hermiteschen Operators, orthogonal, es gilt also

$$\int_{-\infty}^{\infty} \varphi_m(x)\varphi_n(x)\,\mathrm{d}x = \delta_{mn}. \tag{7.48}$$

Die Grundzustandsfunktion ist eine einfache Gauß-Funktion

$$\varphi_0(x) = \sqrt{\frac{s}{\sqrt{\pi}}}\,\mathrm{e}^{-s^2x^2/2} \tag{7.49}$$

mit Mittelwert $\langle x\rangle = 0$ und Breite, also Ortsunschärfe,

$$\Delta x = 1/s\sqrt{2}. \tag{7.50}$$

Der harmonische Oszillator erscheint auch bei einer Quantisierung des elektromagnetischen Strahlungsfeldes, insbesondere also in der Quantenoptik. Hier beschreibt $\hbar\omega$ die Energie eines Photons zu einer Frequenz ω. Oft schreibt man die Eigenzustände des harmonischen Oszillators in der bequemen Form $|n\rangle$ mit der Orthonormierung $\langle n'|n\rangle = \delta_{n'n}$ und definiert die nützlichen Leiteroperatoren $\hat{a}$ und $\hat{a}^\dagger$ mit

$$\hat{a}\,|n+1\rangle = \sqrt{n+1}\,|n\rangle\ , \quad \hat{a}^\dagger\,|n\rangle = \sqrt{n+1}\,|n+1\rangle\,. \tag{7.51}$$

Der Operator $\hat{n} = \hat{a}^\dagger\,\hat{a}$ heißt wegen

$$\hat{a}^\dagger\,\hat{a}\,|n\rangle = \sqrt{n}\,\hat{a}^\dagger\,|n-1\rangle = n|n\rangle \tag{7.52}$$

der **Teilchenzahloperator**. Genauso gilt $\hat{a}\hat{a}^\dagger\,|n\rangle = (n+1)|n\rangle$ und daher ist ihr Kommutator gleich dem Einheitsoperator:

$$\left[\hat{a}, \hat{a}^\dagger\right] = \hat{I}\,. \tag{7.53}$$

Also gibt n die Anzahl der Photonen an, und der Operator $\hat{a}^\dagger$ erzeugt ein Photon und $\hat{a}$ vernichtet eines. Man bezeichnet den Operator $\hat{a}^\dagger$ daher als **Erzeugungsoperator** und $\hat{a}$ als **Vernichtungsoperator**.

7.3.2 Das Kastenpotential

Ein Teilchen der Masse m in einem Kastenpotential $V(x) = 0$ für $-a < x < a$ mit undurchdringlichen Wänden bei $\pm a$ ist eines der ersten Modellsysteme in jeder Einführung in die Quantenmechanik. Man erhält Eigenzustände mit den Energieeigenwerten

$$E_n = \frac{\pi^2\hbar^2}{8ma^2}\,n^2\,, \quad n = 1, 2, \ldots\,. \tag{7.54}$$

Ein verwandtes Modellpotential ist das Kastenpotential

$$V(x) = \begin{cases} V_0 & \text{für } |x| \le a \\ 0 & \text{für } |x| > a \end{cases} \tag{7.55}$$

mit einer endlichen Tiefe $V_0 < 0$ für einen Potentialtopf und $V_0 > 0$ für eine Potentialbarriere. Im Falle eines Potentialtopfes lassen sich dann für Energien $0 > E > V_0$ die Eigenzustände bestimmen, indem die Lösungen

$$\varphi(x) = \begin{cases} B\mathrm{e}^{k'x} & \text{für } x < -a \\ \alpha\mathrm{e}^{\mathrm{i}\kappa x} + \beta\mathrm{e}^{-\mathrm{i}\kappa x} & \text{für } -a < x < a\ , \\ C\mathrm{e}^{-k'x} & \text{für } a < x \end{cases} \tag{7.56}$$

mit

$$\hbar k' = \sqrt{-2mE} \quad \text{und} \quad \hbar\kappa = \sqrt{2m(E-V_0)} \tag{7.57}$$

in den drei Bereichen bei $x = \pm a$ stetig differenzierbar aneinander angepasst werden. Daraus ergibt sich dann eine Bedingungsgleichung

$$2\cot 2\kappa a = \frac{\kappa}{k'} - \frac{k'}{\kappa} \tag{7.58}$$

für die Energie E, die numerisch gelöst werden muss. Durch einiges Nachdenken kann man sich davon überzeugen, dass es eine endliche Anzahl gebundener Zustände gibt mit abwechselnd symmetrischen und antisymmetrischen Eigenfunktionen, deren Energien sich für große Topftiefe den Werten $V_0 + E_n$ mit E_n aus (7.54) annähern.

Für positive Energie $E > 0$ sind die Lösungen links und rechts des Kastenpotentials gleich

$$\psi_-(x) = A\mathrm{e}^{+\mathrm{i}kx} + B\mathrm{e}^{-\mathrm{i}kx} \quad , \quad \psi_+(x) = C\mathrm{e}^{+\mathrm{i}kx} + D\mathrm{e}^{-\mathrm{i}kx}, \tag{7.59}$$

also Überlagerungen nach links ($\mathrm{e}^{-\mathrm{i}kx}$) und nach rechts ($\mathrm{e}^{+\mathrm{i}kx}$) laufender ebener Wellen mit der Wellenzahl $k = \sqrt{2mE}/\hbar$. Diese Lösungen existieren für alle Energien, das Energiespektrum ist also kontinuierlich. Wir werden solche **Streuzustände** im folgenden Kapitel 8 eingehend untersuchen. Es existieren aber auch **Resonanzzustände**, Lösungen der Schrödinger-Gleichung mit den Randbedingungen rein auslaufender Wellen. Die zugehörigen Besetzungswahrscheinlichkeiten nehmen exponentiell wie $\sim \mathrm{e}^{-\Gamma_n t/\hbar}$ mit der Zeit ab. Hier fordern wir also für die Resonanzwellenfunktionen ein Verhalten wie $\sim \mathrm{e}^{\mathrm{i}kx}$ für $x > a$ oder $\sim \mathrm{e}^{-\mathrm{i}kx}$ für $x < -a$ mit $\hbar k = \sqrt{2mE}$. Diese **Resonanzenergien** ergeben sich dann, analog zu den gebundenen Zuständen, als Lösungen der Gleichung

$$2\cot 2\kappa a = \mathrm{i}\left(\frac{\kappa}{k} + \frac{k}{\kappa}\right), \tag{7.60}$$

der komplexen Fortsetzung von (7.58). Mehr über solche **Resonanzzustände** erfahren wir in Abschnitt 7.4.

7.3.3 Ein Doppelmuldenpotential

Wir wollen uns ein beliebtes Modellsystem der Quantenmechanik näher ansehen, ein symmetrisches Potential mit zwei Minima, die durch eine Potentialbarriere getrennt sind. Für ein solches Potential ist die klassische Bewegung für Energien unterhalb der Potentialbarriere auf

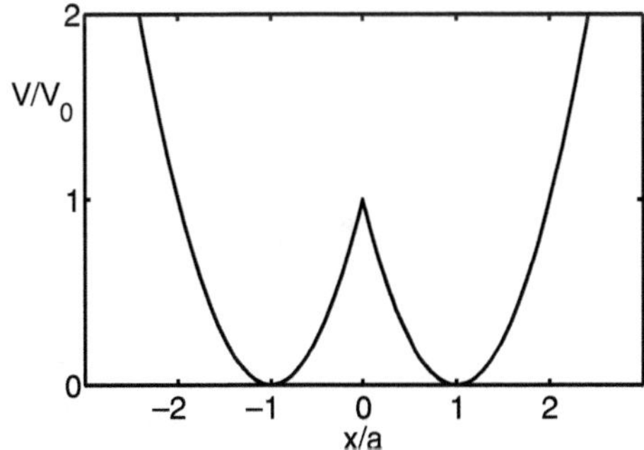

Bild 7.1 Doppelmuldenpotential (7.61), das aus zwei um $\pm a$ verschobenen harmonischen Oszillatorpotentialen zusammengesetzt ist.

eine Umgebung der rechten oder linken Minimums beschränkt, während der quantenmechanische Tunneleffekt einen Übergang zwischen den beiden Bereichen gestattet. Für unsere Modellrechnungen wählen wir zwei verschobene harmonische Potentiale:

$$V(x) = \frac{m}{2}\,\omega^2\left(|x| - a\right)^2 . \tag{7.61}$$

Das Potential ist symmetrisch mit einer Potentialbarriere bei $x = 0$ mit der Höhe $V_0 = V(0) = m\omega^2 a^2/2$ und zwei Minima bei $x = \pm a$ mit $V(\pm a) = 0$, dargestellt in Bild 7.1. Wir wollen zunächst die Energieeigenwerte für dieses Potential näherungsweise berechnen und danach die zeitliche Entwicklung eines Wellenpakets betrachten. Dabei interessieren wir uns nur für das Systemverhalten bei sehr tiefer Energie weit unterhalb der Potentialbarriere und beschränken uns auf einen stark reduzierten Teilraum unseres Hilbert-Raumes, der nur von zwei Basiszuständen aufgespannt wird, nämlich von einer Grundzustands-Ozillatorfunktion im linken und im rechten Potentialtopf, also

$$\varphi_-(x) = \varphi_0(x+a) \quad \text{und} \quad \varphi_+(x) = \varphi_0(x-a) \tag{7.62}$$

mit $\varphi_0(x) = \sqrt{s/\sqrt{\pi}}\,\mathrm{e}^{-s^2x^2/2}$ und $s = \sqrt{m\omega/\hbar}$ aus (7.49). Wir müssen jedoch beachten, dass diese Basisfunktionen zwar normiert, aber nicht orthogonal zueinander sind. Das Überlappungsintegral ergibt sich als

$$w = \int_{-\infty}^{+\infty} \varphi_-(x)\varphi_+(x)\,\mathrm{d}x = \frac{s}{\sqrt{\pi}}\,\mathrm{e}^{-s^2a^2}\int_{-\infty}^{+\infty} \mathrm{e}^{-s^2x^2}\,\mathrm{d}x = \mathrm{e}^{-s^2a^2} \tag{7.63}$$

mit $0 < w < 1$. Für das weitere Vorgehen gibt es mehrere Möglichkeiten. Man kann die beiden Basisfunktionen orthogonalisieren, indem man statt φ_- die Funktion $\widetilde{\varphi}_- = a\varphi_- + b\varphi_+$ verwendet, wobei die Koeffizienten so gewählt werden, dass $\widetilde{\varphi}_-$ normiert und orthogonal zu φ_+ ist. Wir wollen jedoch mit der nicht-orthogonalen Basis weiterarbeiten. Dann ist die Überlappungsmatrix (7.29) durch $\mathbf{W} = \left(\begin{smallmatrix} 1 & w \\ w & 1 \end{smallmatrix}\right)$ gegeben.

Außerdem benötigen wir die Matrixelemente

$$h_{jk} = \int_{-\infty}^{+\infty} \varphi_j(x)\,\hat{H}\varphi_k(x)\,\mathrm{d}x \tag{7.64}$$

des Hamilton-Operators für $j, k \in \{+, -\}$ und berechnen sie in einer Aufgabe:

Aufgabe 7.2 (Lös. Seite 184): Zeigen Sie: Die Matrixelemente (7.64) des Hamilton-Operators des Doppelmuldenpotentials sind gleich

$$h_{++} = h_{--} = \hbar\omega\Big(\frac{1}{2} - \frac{sa}{\sqrt{\pi}}\,w + s^2a^2\,\mathrm{erfc}(sa)\Big)\,, \quad h_{-+} = h_{+-} = \hbar\omega\Big(\frac{1}{2} - \frac{sa}{\sqrt{\pi}}\Big)w.$$

Wir setzen zur Vereinfachung $h_{--} = h_{++} = \alpha$ und $h_{-+} = h_{+-} = \beta$ und bestimmen zunächst die Energieeigenwerte und dann die Zeitentwicklung.

Energieeigenwerte: Die Eigenwerte und Eigenvektoren unseres Zweizustandssystems sind jetzt gegeben durch den Ansatz $\varphi(x) = c_-\varphi_-(x) + c_+\varphi_+(x)$, wobei die Koeffizienten und die Energieeigenwerte E nach Gleichung (7.29) durch die Matrixgleichung $\mathbf{Hc} = E\mathbf{Wc}$ bestimmt sind, also durch

$$\begin{pmatrix} \alpha & \beta \\ \beta & \alpha \end{pmatrix}\begin{pmatrix} c_- \\ c_+ \end{pmatrix} = E\begin{pmatrix} 1 & w \\ w & 1 \end{pmatrix}\begin{pmatrix} c_- \\ c_+ \end{pmatrix}. \tag{7.65}$$

Die restliche Rechnung ist vorgezeichnet: Wir multiplizieren Gleichung (7.65) mit der inversen **W**-Matrix und bestimmen die Eigenwerte der Produktmatrix

$$\begin{aligned}\mathbf{H}' &= \mathbf{W}^{-1}\mathbf{H} = \frac{1}{1-w^2}\begin{pmatrix}1 & -w\\ -w & 1\end{pmatrix}\begin{pmatrix}\alpha & \beta\\ \beta & \alpha\end{pmatrix}\\ &= \frac{1}{1-w^2}\begin{pmatrix}\alpha - w\beta & \beta - w\alpha\\ \beta - w\alpha & \alpha - w\beta\end{pmatrix} = \begin{pmatrix}\alpha' & \beta'\\ \beta' & \alpha'\end{pmatrix}\end{aligned} \tag{7.66}$$

mithilfe der Formel $E_\pm = \alpha' \pm \beta'$ für die Eigenwerte einer Matrix dieses Typs (vgl. M2, Gleichung (1.60)) als

$$E_\pm = \frac{1}{1-w^2}\big(\alpha - w\beta \pm (\beta - w\alpha)\big) = \frac{\alpha \pm \beta}{1 \pm w} \tag{7.67}$$

mit den Eigenvektoren $\mathbf{c}_\pm = \binom{1}{\pm 1}$. Eine kleine Nebenrechnung ergibt $E_+ \leq E_-$. Wenn wir die rechten und die linken Oszillatorzustände als $|\varphi_+\rangle$ bzw. $|\varphi_-\rangle$ bezeichnen und normieren, schreiben sich diese Eigenzustände als

$$|E_\pm\rangle = N_\pm\big(|\varphi_+\rangle \pm |\varphi_-\rangle\big) \quad \text{mit} \quad N_\pm = \frac{1}{\sqrt{2(1 \pm w)}}\,. \tag{7.68}$$

Wir wollen uns noch einmal direkt davon überzeugen, dass die Zustände orthogonal und normiert sind:

$$\begin{aligned}\langle E_+|E_-\rangle &= \frac{1}{\sqrt{2(1\pm w)2(1\pm w)}}\big(\langle\varphi_+| + \langle\varphi_-|\big)\big(|\varphi_+\rangle - |\varphi_-\rangle\big)\\ &= \frac{1}{2\sqrt{1-w^2}}\big(\langle\varphi_+|\varphi_+\rangle - \langle\varphi_-|\varphi_-\rangle - \langle\varphi_+|\varphi_-\rangle + \langle\varphi_-|\varphi_+\rangle\big)\\ &= \frac{1}{2\sqrt{1-w^2}}\big(1 - 1 - w + w\big) = 0\,,\end{aligned} \tag{7.69}$$

$$\begin{aligned}\langle E_\pm|E_\pm\rangle &= \frac{1}{\sqrt{2(1+w)2(1+w)}}\big(\langle\varphi_+| \pm \langle\varphi_-|\big)\big(|\varphi_+\rangle \pm |\varphi_-\rangle\big)\\ &= \frac{1}{2(1\pm w)}\big(\langle\varphi_+|\varphi_+\rangle + \langle\varphi_-|\varphi_-\rangle \pm \langle\varphi_+|\varphi_-\rangle \pm \langle\varphi_-|\varphi_+\rangle\big)\\ &= \frac{1}{2(1\pm w)}\big(1 + 1 \pm w \pm w\big) = 1\,.\end{aligned} \tag{7.70}$$

In der Ortsdarstellung der Eigenfunktionen

$$\chi_\pm(x) = \langle x|E_\pm\rangle = N_\pm\big(\varphi_+(x) \pm \varphi_-(x)\big) \tag{7.71}$$

erkennt man die Symmetrie $\chi_\pm(-x) = \pm\chi_\pm(x)$, eine direkte Konsequenz der Symmetrie des Hamilton-Operators. Der Grundzustand ist also symmetrisch und der erste angeregte Zustand antisymmetrisch.

Für große Abstände $a \to \infty$ ergeben sich zwei getrennte Oszillatorpotentiale mit den übereinstimmenden Eigenwerten $E_0 = \hbar\omega/2$. Im Grenzfall $a \to 0$ verschmelzen die beiden Töpfe zu einem einzigen harmonischen Oszillator, und E_+ nähert sich der Grundzustandsenergie $E_0 = \hbar\omega/2$, während E_- sich zu dem ersten angeregten Zustand mit Energie $E_1 = 3\hbar\omega/2$ entwickelt. Wir bestätigen dies in einer Aufgabe:

Aufgabe 7.3 (Lös. Seite 185): Untersuchen Sie die Energieeigenwerte $E_\pm = \frac{\alpha\pm\beta}{1\pm w}$ aus Gleichung (7.67) im Grenzfall großer und kleiner Potentialabstände a.

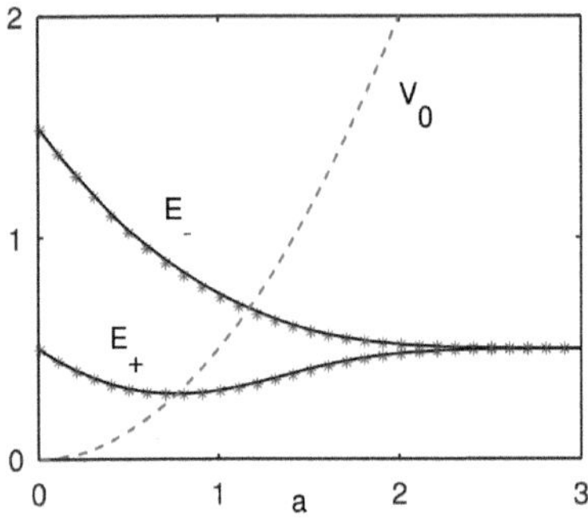

Bild 7.2 Die tiefsten Energieeigenwerte der Näherung (7.67) für das Doppelmuldenpotential als Funktion des Muldenabstandes a sowie die numerisch exakten Eigenwerte ($*$). Die gestrichelte Linie zeigt das Potentialmaximum V_0.

Als Beispiel zeigt Bild 7.2 die a-Abhängigkeit der beiden tiefsten Energieniveaus $E_\pm$ des Doppelmuldenpotentials (7.61) aus Bild 7.1 (Parameter $m = \omega = \hbar = 1$). Die Näherung (7.67) ist in guter Übereinstimmung mit den numerisch exakten Eigenwerten[2], was die Qualität der Zweizustandsnäherung demonstriert. Mit wachsender Verschiebung a wächst die Höhe der Potentialbarriere V_0. Wenn die Energie unterhalb der Barriere liegt (große Werte von a), ist die Aufspaltung klein, oberhalb der Barriere (kleines a) groß. Für den ersten Fall lässt sich diese Aufspaltung näherungsweise bestimmen:

Aufgabe 7.4 (Lös. Seite 186): Zeigen Sie: Unter der Annahme eines großen Wertes der Verschiebung a ist die Engergiedifferenz der tiefsten Zustände des Doppelmuldenpotentials (7.61) mit einer Potentialbarriere der Höhe V_0 gegeben durch

$$\Delta E = E_- - E_+ = \sqrt{8\hbar\omega V_0/\pi}\, \mathrm{e}^{-2V_0/\hbar\omega} .$$

Es sollte noch erwähnt werden, dass wir einen allgemeinen Zustand in unserem Modell wahlweise in der Basis $|\varphi_\pm\rangle$ oder in der Basis $|E_\pm\rangle$ darstellen können, also als

$$|\psi\rangle = c_+|\varphi_+\rangle + c_-|\varphi_-\rangle = d_+|E_+\rangle + d_-|E_-\rangle , \tag{7.72}$$

wobei die Koeffizienten nach (7.68) durch $c_\pm = N_+ d_+ \pm N_- d_-$ verknüpft sind. Die Projektionen auf die Topfzustände

$$\langle\varphi_+|\psi\rangle = c_+ + wc_- , \quad \langle\varphi_-|\psi\rangle = c_- - wc_+ \tag{7.73}$$

ergeben die Wahrscheinlichkeiten $|\langle\varphi_\pm|\psi\rangle|^2$ für die Besetzung des rechten oder linken Topfes, aber sie summieren nicht zu eins, da die beiden Topfzustände nicht orthogonal sind.

Zeitentwicklung: Zum Abschluss wollen wir das Zeitverhalten des Doppelmuldensystems betrachten, also die Wellenfunktion $\psi(x,t)$. Dazu präparieren wir den Systemzustand in der rechten Potentialmulde, und zwar in dem Grundzustand $\psi(x,0) = \varphi_+(0)$ des rechten Oszillatorpotentials $m\omega^2(x-a)^2/2$, und lösen numerisch die zeitabhängige Schrödinger-Gleichung (vgl. dazu Fußnote 2). Dabei beobachtet man, dass die Wellenfunktion die Potentialbarriere durchtunnelt, dann fast vollständig den linken Potentialtopf besetzt und wieder in den rechten Topf zurückschwingt. Das lässt sich verdeutlichen durch die numerische Berechnung des

[2] H. J. Korsch, M. Glück: *Computing quantum eigenvalues made easy*, Eur. J. Phys. 23 (2002) 413; H. J. Korsch, K. Rapedius: *Computations in quantum mechanics made easy*, Eur. J. Phys. 37 (2016) 055410

Erwartungswertes des Ortes

$$\langle\hat{x}\rangle_t = \int_{-\infty}^{+\infty} \psi^*(x,t)\, x\, \psi(x,t)\, \mathrm{d}x \tag{7.74}$$

durch Integration. Wenn wir in unserer Zweizustandsnäherung die Wellenfunktion durch die Linearkombination $\psi(x) = c_+\varphi_+(x) - c_-\varphi_-(x)$ darstellen, lässt sich der Ortserwartungwert berechnen:

Aufgabe 7.5 (Lös. Seite 186) : Bestätigen Sie zunächst die Integrale

$$\int_{-\infty}^{+\infty} \varphi_\pm^*(x)\, x\, \varphi_\pm(x)\, \mathrm{d}x = \pm a\,, \qquad \int_{-\infty}^{+\infty} \varphi_\pm^*(x)\, x\, \varphi_\mp(x)\, \mathrm{d}x = 0$$

und berechnen Sie damit

$$\langle\hat{x}\rangle = a\big(|c_+|^2 - |c_-|^2\big)\,.$$

Die Näherung durch ein Zweiniveausystem besitzt mit den Eigenzuständen $|\varphi_\pm\rangle$ aus Gleichung (7.68) die allgemeine Lösung

$$|\psi(t)\rangle = d_+ \mathrm{e}^{-\frac{\mathrm{i}}{\hbar}E_+ t}|E_+\rangle + d_- \mathrm{e}^{-\frac{\mathrm{i}}{\hbar}E_- t}|E_-\rangle \tag{7.75}$$

und, wenn wir als Anfangsbedingung eine Besetzung des rechten Oszillatorpotentials fordern, also $|\psi(0)\rangle = |\varphi_+\rangle$, erhalten wir mit $d_\pm = 1/2N_\pm$ nach (7.72)

$$c_\pm(t) = \tfrac{1}{2}\big(\mathrm{e}^{-\frac{\mathrm{i}}{\hbar}E_+ t} \pm \mathrm{e}^{-\frac{\mathrm{i}}{\hbar}E_- t}\big) = \mathrm{e}^{-\frac{\mathrm{i}}{\hbar}(E_+ + E_-)t}\,\tfrac{1}{2}\big(\mathrm{e}^{\frac{\mathrm{i}}{\hbar}\Omega t/2} \pm \mathrm{e}^{-\frac{\mathrm{i}}{\hbar}\Omega t/2}\big) \tag{7.76}$$

mit der Frequenz

$$\Omega = (E_- - E_+)/\hbar = \Delta E/\hbar\,. \tag{7.77}$$

Mit den Betragsquadraten

$$|c_+(t)|^2 = \cos^2\tfrac{\Omega t}{2}\,, \quad |c_-(t)|^2| = \sin^2\tfrac{\Omega t}{2}\,, \tag{7.78}$$

ergibt sich nach der Gleichung aus Aufgabe 7.5 der Erwartungswert des Ortes als

$$\langle\hat{x}\rangle_t = a\big(|c_+|^2 - |c_-|^2\big) = a\cos^2\tfrac{\Omega t}{2} - a\sin^2\tfrac{\Omega t}{2} = a\cos\Omega t\,, \tag{7.79}$$

also eine Oszillation mit der Frequenz Ω, der **Tunnelfrequenz**, und der Amplitude a. Es sollte noch einmal darauf hingewiesen werden, dass sich die $p_\pm(t) = |c_\pm(t)|^2$ mit $p_+(t) + p_-(t) = 1$ nur mit Vorsicht als Besetzungswahrscheinlichkeiten der beiden Potentialtöpfe interpretieren lassen.

Als Beispiel zeigt Bild 7.3 den Erwartungswert $\langle\hat{x}\rangle_t$ als Funktion der Zeit für die Parameterwerte $m = \omega = \hbar = 1$. Der Erwartungswert oszilliert mit der Tunnelfrequenz Ω zwischen den beiden Potentialminima. Dabei wird die oben beschriebene numerische Berechnung für den Hamilton-Operator $\hat{H}$ mit dem Zweiniveausystem verglichen. Die Verschiebung der Potentialtöpfe ist als $a = 1.5$ gewählt mit einer numerisch exakten Energiedifferenz $\Delta E = 0.17886$ in passabler Übereinstimmung mit dem Wert von 0.17764 aus dem Zweiniveaumodell. Das liefert eine Oszillationsperiode von $T = 2\pi/\Omega = 35.1$. Das Bild zeigt, dass das exakte Verhalten gut durch die harmonische Oszillation (7.79) approximiert werden kann. Die geringen Abweichungen verringern sich bei größeren Werten von a. In Abschnitt 10.7 werden wir das gleiche System ein weiteres Mal betrachten, wobei wir in den beiden Potentialtöpfen Zerfalls- bzw. Wachstumsprozesse berücksichtigen.

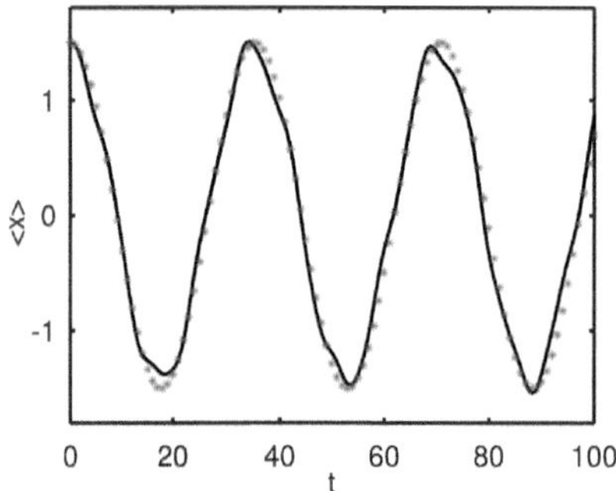

Bild 7.3 Ortserwartungswert $\langle \hat{x} \rangle_t$ für das Doppelmuldenpotential für $a = 1.5$. Numerisch exakte Rechnungen für das volle System (—) im Vergleich mit dem Zweiniveaumodell (*).

7.4 Resonanzzustände

Am Beispiel des Potentialtopfes im Abschnitt 7.3.2 haben wir ein System kennengelernt, das diskrete gebundene Zustände bei negativen Energien besitzt und ein Kontinuum von Streuzuständen für positive Energien. Systeme mit ähnlicher Potentialstruktur trifft man sehr häufig und wir wollen einen kurzen Blick darauf werfen und einige wichtige Charakteristika solcher Quantensysteme kennenlernen. Beispielsweise zeigen sie sogenannte **Resonanzphänomene**, wie ausgeprägte Maxima in den Wirkungsquerschnitten bei Streuung oder langlebige Zwischenzustände bei einer zeitabhängigen Beschreibung.

In einem einfachen Modell lässt sich dies durch die Anregung eines **Resonanzzustandes** beschreiben, eine Lösung der Schrödinger-Gleichung mit der Randbedingung einer rein auslaufenden Welle. Für einen hermiteschen Hamilton-Operator können solche Randbedingungen nur für komplexe Energieeigenwerte $E_n - \mathrm{i}\Gamma_n/2$ erfüllt werden. Dabei beschreibt der Imaginärteil $\Gamma_n > 0$ die Zerfallsrate: Die Besetzungswahrscheinlichkeiten der Zustände nehmen wie $\sim \mathrm{e}^{-\Gamma_n t/\hbar}$ exponentiell mit der Zeit ab, sie sind **metastabil**. Wir hatten solche Zustände schon kurz erwähnt für das Beispiel eines Potentialtopfes und in diesem Abschnitt sollen einige ihrer wichtigsten Eigenschaften beschrieben werden.[3]

Ein typisches Beispiel eines Systems mit Resonanzzuständen ist die Streuung eines Teilchens durch ein rotationsymmetrisches Potential $V(r)$ wie links in Bild 7.4, charakterisiert durch einen Potentialtopf und eine Potentialbarriere, eventuell eine Konsequenz des Zentrifugalterms $\hbar^2\ell(\ell+1)/(2mr^2)$ mit Drehimpulsquantenzahl ℓ und reduzierter Masse m. Für große Abstände geht das Potential gegen null und man findet dort Lösungen der Schrödinger-Gleichung als Linearkombination von einlaufenden und auslaufenden Wellen. Ein Resonanzzustand ist eine Lösung mit rein auslaufender Randbedingung. Hier ergeben sich gebundene Zustände mit negativen reellen Energien und Resonanzzustände mit komplexen Energien $E_n - \mathrm{i}\Gamma_n/2$ für positive Realteile E_n, wobei die Wellenfunktion die Potentialbarrire „durchtunnelt". Man bezeichnet solche Resonanzzustände auch als **Shape-Resonanzen**.

Ein anderer Typus metastabiler Zustände wird nach dem amerikanischen Physiker Herman Feshbach (1917-2000) als **Feshbach-Resonanz** bezeichnet. Damit wird ein gebundener Zustand in einem Potential beschrieben, der durch Kopplung an ein Kontinuum instabil wird. Ein

[3] Mehr dazu findet man in der Literatur, beispielsweise in dem Buch: N. Moiseyev, *Non-Hermitian Quantum Mechanics*, Cambridge-University Press, 2011.

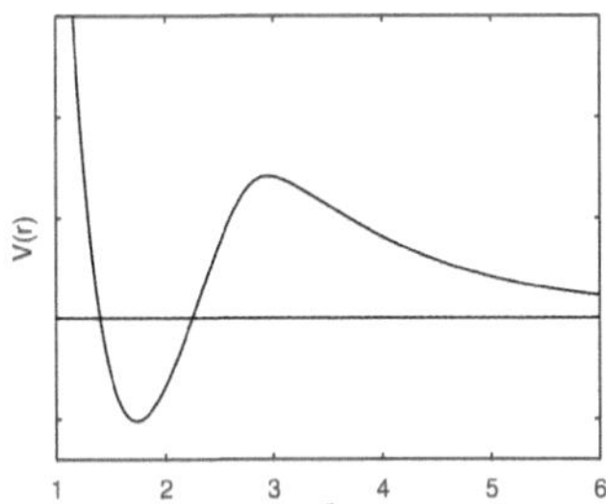

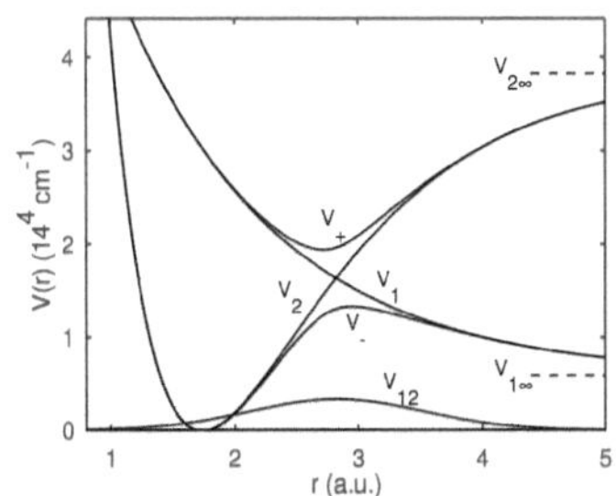

Bild 7.4 Links: Ein Radialpotential mit Potentialtopf und -barriere führt zu metastabilen Zuständen (Shape-Resonanzen). Rechts: MgH-Modellpotential. Metastabile Zustände können durch Kurvenkreuzung mit einem Kontinuumspotential zerfallen (Feshbach-Resonanzen).

Beispiel zeigt das rechte Teilbild in Bild 7.4 für das Molekül MgH (Energie in $\text{cm}^{-1} = 0.12\text{meV}$, Länge in atomaren Einheiten ($1\text{a.u.} = 1\,a_0 = 0.528\,10^{-8}\text{cm}$). Dabei können die Zustände in dem Potentialtopf $V_2(r)$ durch ein Kopplungspotential mit den Kontinuumszuständen des repulsiven Potentials $V_1(r)$ wechselwirken und zerfallen. Einen solchen Zerfall eines Moleküls bezeichnet man als **Prädissoziation**.

Dieses **Kurvenkreuzungssystem** lässt sich näherungsweise durch die gekoppelten Differentialgleichungen

$$\begin{aligned}\left(\frac{\hbar^2}{2m}\frac{\mathrm{d}^2}{\mathrm{d}r^2} + E - V_1(r)\right)\psi_1(r) &= V_{12}(r)\psi_1(r)\\ \left(\frac{\hbar^2}{2m}\frac{\mathrm{d}^2}{\mathrm{d}r^2} + E - V_2(r)\right)\psi_2(r) &= V_{21}(r)\psi_1(r)\end{aligned} \tag{7.80}$$

beschreiben. $V_1(r)$ und $V_2(r)$ sind die radialen diabatischen Kanalpotentiale und $V_{12}(r) = V_{21}(r)$ ist das Kopplungspotential. Wenn man die symmetrische Potentialmatrix $\begin{pmatrix} V_1 & V_{12} \\ V_{12} & V_2 \end{pmatrix}$ diagonalisiert, erhält man die (reellen) adiabatischen Potentiale

$$V_\pm(r) = \tfrac{1}{2}\left(V_1(r) + V_2(r) \pm \sqrt{(V_1(r) - V_2(r))^2 + 4V_{12}^2(r)}\,\right). \tag{7.81}$$

Eine komplexe Fortsetzung dieser adiabatischen Potentialflächen liefert eine komplexe riemannsche Potentialfläche, die beide Potentiale verknüpft, das heißt $V_-(r)$ ist die komplexe Fortsetzung von $V_+(r)$. Beide Flächen kreuzen im Komplexen bei den Kreuzungspunkten r_c und r_c^*, und die Resonanzzustände sind näherungsweise gebundene Zustände des oberen adiabatischen Potentials $V_+(r)$, deren Zerfall sich durch eine komplexe Fortsetzung auf den riemannschen Flächen beschreiben lässt. Dazu eine kleine Aufgabe. Mehr findet man in Abschnitt 7.6.

Aufgabe 7.6 (Lös. Seite 187): Bestimmen Sie für die Modellpotentiale $V_1(r) = b(r-a)$, $V_2(r) = -b(r-a)$ und $V_{12} = v$ mit positiven Parametern a, b, v die adiabatischen Potentiale $V_\pm(r)$, ihre komplexen Kreuzungspunkte und skizzieren Sie die Potentialflächen.

Numerisch lassen sich Resonanzzustände durch eine Vielzahl von Verfahren bestimmen. Hier sei nur eine besonders elegante Methode erwähnt: Eine Integration der Schrödinger-Gleichung längs der positiven reellen r-Achse wird in eine Integration längs eines Strahls $r\,\mathrm{e}^{\mathrm{i}\phi}$ mit $0 < r < \infty$ in der komplexen Ebene umgewandelt. Bei dieser Drehung ins Komplexe verliert zwar der Hamilton-Operator seine Hermitizität, aber wenn der Drehwinkel ϕ hinreichend groß gewählt ist, wird die auslaufende Welle e^{ikr} exponentiell fallend und der Zustand daher normierbar, sodass man viele der effizienten Methoden zur Berechnung gebundener Zustände anwenden kann. Eine kurze Überlegung zeigt, dass ϕ größer als das Argument von $k(E_n)$ sein muss, um den Resonanzzustand zu E_n normierbar zu machen. Mehr dazu findet man in der oben angegebenen Literatur.

Als Beispiel einer numerischen Berechnung zeigt Bild 7.5 die komplexen Resonanzenergien $E_n - i\Gamma_n/2$ für die Prädissoziation des MgH-Moleküls mit den Potentialen aus Bild 7.4. Die Realteile der Resonanzenergien belegen den Bereich des oberen Potentialtopfes $V_+(r)$ und die Breiten Γ_n zeigen ein oszillierendes Verhalten, das man auch semiklassisch beschreiben kann (vgl. Abschnitt 7.6).[4]

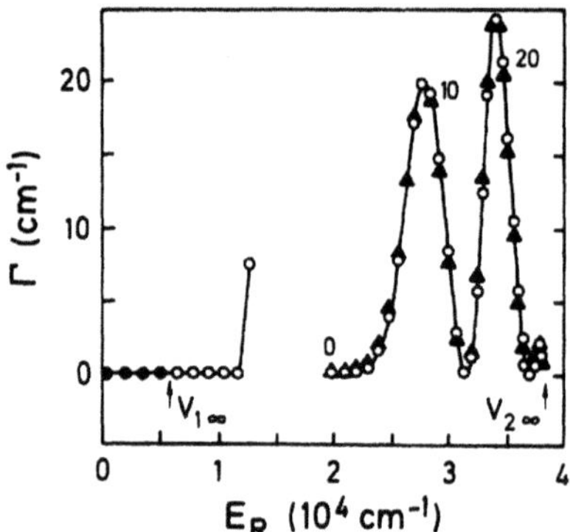

Bild 7.5 Resonanzenergien $E_n - i\Gamma_n/2$ für das MgH-Podellpotential aus Bild 7.4. Numerisch exakte Werte ∘ und semiklassische Näherung ▲ (vgl. Abschnitt 7.6).

7.5 Periodische Potentiale

Bisher haben wir Potentiale betrachtet, deren Energiespektren diskret sind. Anders ist das bei periodischen Potentialen, da die Wellenfunktionen im Unendlichen nicht gegen null gehen. Also existieren keine normierbaren Lösungen der eindimensionalen Schrödinger-Gleichung

$$-\frac{\hbar^2}{2m}\varphi''(x) + V(x)\varphi(x) = E\varphi(x) \quad \text{für} \quad V(x+d) = V(x) \tag{7.82}$$

und man muss in anderer Weise vorgehen. Wir wollen zeigen, dass es Lösungen der Schrödinger-Gleichung gibt, die „fast" periodisch sind, d.h., die sich nach einer Potentialperiode d bis auf einen Faktor reproduzieren, also

$$\varphi(x+d) = e^{i\kappa d}\,\varphi(x) \tag{7.83}$$

für alle x. Diese Lösungen können dann, grob gesprochen, die Rolle der Eigenfunktionen übernehmen.

Zum Beweis gehen wir aus von zwei Lösungen $f(x)$ und $g(x)$ der Schrödinger-Gleichung (7.82) mit $f(0) = 1$, $g(0) = 0$ und $f'(0) = 0$, $g'(0) = 1$. Sie bilden ein sogenanntes **Fundamentalsystem**

[4] Mehr dazu findet man in R. Möhlenkamp, H. J. Korsch, Phys. Rev. A34 (1986) 4716.

und man kann jede Lösung durch ihre Linearkombination

$$\varphi(x) = \alpha f(x) + \beta g(x) \tag{7.84}$$

ausdrücken. Jetzt definieren wir die Matrix

$$\mathbf{M}(x;E) = \begin{pmatrix} f(x) & g(x) \\ f'(x) & g'(x) \end{pmatrix}, \tag{7.85}$$

die durch die Funktionen $f(x)$ und $g(x)$ von der Energie E abhängt. Durch Differenzieren und mithilfe der Schrödinger-Gleichung zeigt man die Konstanz der Determinante von $\mathbf{M}$, der **Wronski-Determinante**. Es gilt also

$$\det\mathbf{M}(x;E) = \det\mathbf{M}(0;E) = f(0)g'(0) - g(0)g'(0) = 1\,. \tag{7.86}$$

Da $f(x)$ und $g(x)$ ein Fundamentalsystem bilden, lassen sich durch sie auch die um die Periode d verschobenen Funktionen $f(x-d)$ und $g(x+d)$ als Linearkombinationen

$$\begin{pmatrix} f(x+d) \\ g(x+d) \end{pmatrix} = \mathbf{A}\begin{pmatrix} f(x) \\ g(x) \end{pmatrix} \quad\Longrightarrow\quad \begin{pmatrix} f'(x+d) \\ g'(x+d) \end{pmatrix} = \mathbf{A}\begin{pmatrix} f'(x) \\ g'(x) \end{pmatrix} \tag{7.87}$$

mit einer konstanten Matrix $\mathbf{A}$ darstellen. Damit erhalten wir

$$\begin{aligned} \mathbf{M}(d;E) &= \begin{pmatrix} f(d) & g(d) \\ f'(d) & g'(d) \end{pmatrix} \\ &= \mathbf{A}^T\begin{pmatrix} f(0) & g(0) \\ f'(0) & g'(0) \end{pmatrix} = \mathbf{A}^T\begin{pmatrix} 1 & 0 \\ 0 & 1 \end{pmatrix} = \mathbf{A}^T. \end{aligned} \tag{7.88}$$

Jede beliebige Lösung lässt sich als eine Linearkombination wie (7.84) darstellen. Dann gilt

$$\begin{aligned} \varphi(x+d) &= \alpha f(x+d) + \beta g(x+d) \\ &= \alpha\big(A_{11}f(x) + A_{12}g(x)\big) + \beta\big(A_{21}f(x) + A_{22}g(x)\big) \\ &= \big(A_{11}\alpha + A_{21}\beta\big)f(x) + \big(A_{12}\alpha + A_{22}\beta\big)g(x)\,. \end{aligned} \tag{7.89}$$

Für $A_{11}\alpha + A_{21}\beta = \mathrm{e}^{\mathrm{i}\kappa d}\alpha$ und $A_{12}\alpha + A_{22}\beta = \mathrm{e}^{\mathrm{i}\kappa d}\beta$ oder

$$\mathbf{A}^T\begin{pmatrix} \alpha \\ \beta \end{pmatrix} = \mathrm{e}^{\mathrm{i}\kappa d}\begin{pmatrix} \alpha \\ \beta \end{pmatrix} \tag{7.90}$$

ist dieser Ausdruck identisch mit

$$\mathrm{e}^{\mathrm{i}\kappa d}\varphi(x) = \mathrm{e}^{\mathrm{i}\kappa d}\big(\alpha f(x) + \beta g(x)\big)\,, \tag{7.91}$$

das heißt, es gilt $\varphi(x+d) = \mathrm{e}^{\mathrm{i}\kappa d}\varphi(x)$, wie in Gleichung (7.83) gefordert. Damit ist einerseits gezeigt, dass solche Lösungen existieren, und andererseits besitzen wir schon eine Methode, um den Faktor $\mathrm{e}^{\mathrm{i}\kappa d}$ zu bestimmen, nämlich als Eigenwert von $\mathbf{A}^T = \mathbf{M}(d;E)$.

Als letzten Schritt können wir unser Resultat, bekannt unter dem Namen **Bloch-Theorem** nach dem deutschen Physiker Felix Bloch (1905-1983), umformulieren in einer Form, deren Beweis wir einer Aufgabe überlassen:

Aufgabe 7.7 (Lös. Seite 187): Die Schrödinger-Gleichung (7.82) für ein Potential mit der Periode d hat Lösungen der Form $\varphi(x) = \mathrm{e}^{\mathrm{i}\kappa x}u(x)$ mit $u(x+d) = u(x)$. Dabei ist κ bestimmt durch $\mathrm{e}^{\mathrm{i}\kappa d}$ als Eigenwert der Matrix $\mathbf{M}(d;E)$ aus Gleichung (7.88).

Der gleiche Sachverhalt ist, für zeitperiodische Systeme, auch bekannt als **Satz von Floquet**. Dazu einige Ergänzungen:

(a) Die sogenannten **Bloch-Funktionen** $\varphi(x)$ sind abhängig von der Energie E, sodass man sie eigentlich als $\varphi(x;E)$ schreiben sollte und ebenso $\kappa(E)$. Oft unterlässt man dies aber, um die Schreibweise zu vereinfachen.

(b) Die $\varphi(x)$ haben die Eigenschaft, dass sie sich, über eine Periode d propagiert, nur um einen konstanten Phasenfaktor $\mathrm{e}^{\mathrm{i}\kappa d}$ ändern:

$$\varphi(x+d) = \mathrm{e}^{\mathrm{i}\kappa(x+d)} u(x+d) = \mathrm{e}^{\mathrm{i}\kappa d}\mathrm{e}^{\mathrm{i}\kappa x} u(x) = \mathrm{e}^{\mathrm{i}\kappa d}\varphi(x). \tag{7.92}$$

Man spricht daher auch von **Bloch-Wellen**.

(c) Da die Determinante der 2×2-Matrix $\mathbf{M}$ gleich eins ist, muss neben $\mathrm{e}^{\mathrm{i}\kappa d}$ auch $\mathrm{e}^{-\mathrm{i}\kappa d}$ ein Eigenwert sein, denn das Produkt der Eigenwerte ist gleich der Determinante. Ihre Summe ist gleich der Spur, und daher gilt

$$\cos\kappa d = \tfrac{1}{2}\left(\mathrm{e}^{\mathrm{i}\kappa d} + \mathrm{e}^{-\mathrm{i}\kappa d}\right) = \tfrac{1}{2}\,\mathrm{spur}\,\mathbf{M}(d;E) = \tfrac{1}{2}\left(f(d;E) + g'(d;E)\right). \tag{7.93}$$

Man erhält also einen reinen Phasenfaktor $\mathrm{e}^{\mathrm{i}\kappa d}$, ein reelles κ, nur für Energien, für die dieser Ausdruck reell ist und im Intervall $[-1,+1]$ liegt. Dadurch werden Intervalle auf der Energieachse ausgezeichnet, sogenannte **Energiebänder** oder **Bloch-Bänder**, in denen Bloch-Funktionen $\varphi(x;E)$ existieren.

Wegen der Verwandtschaft zum Impuls nennt man κ den **Quasiimpuls**, obwohl dies eigentlich eine „Quasiwellenzahl" ist. Die Phase der Bloch-Welle ist nur bis auf ganzzahlige Vielfache von 2π bestimmt und daher ist der Quasiimpuls κ periodisch mit der Periode $2\pi/d$. Man nennt den Bereich $-\pi/d \le \kappa < \pi/d$ die erste **Brillouin-Zone**. Aus der Energierelation $E = E(\kappa)$ kann man das Ausbreitungsverhalten eines Wellenpaketes bestimmen, also seine Dispersion, und daher bezeichnet man den Zusammenhang zwischen Energie und Quasiimpuls als **Dispersionsrelation**. Mehr dazu findet man in dem auf Seite 159 angegebenen Lehrbuch zur Quantenmechanik (vgl. auch die Ausführungen über die (klassischen!) Schwingungen linearer Federketten auf Seite 34).

In Abschnitt 8.3.2 im folgenden Kapitel werden wir im Rahmen einer Transfermatrix-Methode die Dispersionsrelation für einen Delta-Kamm, bestimmen, also für eine periodische Delta-Funktion. Dies ist aber nicht der einzige Weg, um die Bloch-Lösungen herzuleiten. Wenn man die Ähnlichkeit der Schrödinger-Gleichung (7.82) mit der hillschen Differentialgleichung (2.75) betrachtet, kann man auch die dort vorgestellte Lösungsmethode übernehmen, wobei man nur die Bezeichnungen übersetzen muss, dass heißt aus t, x, ω_0 und T in (2.75) werden x, ψ, k und d in (7.82). Dann entspricht beispielsweise das im nächsten Kapitel mithilfe der Transfermatrix hergeleitete Resultat der Bloch-Lösung in Gleichung (8.92) für den Delta-Kamm genau der für die Floquet-Lösung in Gleichung (2.82).

7.6 Semiklassische Näherungen

Semiklassische Methoden waren über viele Jahre hinweg fast unvermeidlich, wenn es darum ging, quantenmechanische Resultate zu interpretieren oder, bei der damaligen Leistungsfähigkeit der Computer, durch einfachere Näherungen zu ersetzen. Heute sind diese Techniken etwas aus der Mode geraten, obwohl sie ohne Zweifel immer noch nützlich sind. Das soll in diesem Abschnitt demonstriert werden, insbesondere weil man auch hier Matrixmethoden effizient verwenden kann.

Wir wollen hier darauf verzichten, die elementaren semiklassischen Näherungen herzuleiten, denn man findet sie in (fast) jedem Lehrbuch der Quantenmechanik (oft bezeichnet als **WKB-Näherung**) und wir geben nur die grundlegenden Formeln an. Dabei beschränken wir uns auf Systeme mit nur einem Freiheitsgrad.

Im Grenzfall kleiner Werte von $\hbar$ nähert sich die quantenmechanische Welt der klassischen. Dieser Grenzfall ist jedoch ganz und gar nicht trivial, beispielsweise wegen der stark zunehmenden Oszillationen der Wellenfunktionen. Die semiklassische Approximation der Lösung der Schrödinger-Gleichung für ein Teilchen der Masse m in einem Potential $V(x)$ ist gegeben durch

$$\psi_\pm(x) = \frac{1}{\sqrt{k(x)}}\exp\Big(\pm\mathrm{i}\int_{x_r}^{x} k(x')\,\mathrm{d}x'\Big) \quad \text{mit} \quad k(x) = \tfrac{1}{\hbar}\sqrt{2m(E-V(x))}\,. \tag{7.94}$$

Den Punkt x_r bezeichet man als Phasenreferenzpunkt. Dabei ist das Integral im Exponenten die klassische Wirkung, dividiert durch $\hbar$. Die $\psi_\pm(x)$ sind linear unabhängig und wir können die allgemeine semiklassische Wellenfunktion als ihre Linearkombination

$$\psi(x) = \frac{A}{\sqrt{k(x)}}\exp\Big(+\mathrm{i}\int_{x_r}^{x} k(x')\,\mathrm{d}x'\Big) + \frac{B}{\sqrt{k(x)}}\exp\Big(-\mathrm{i}\int_{x_r}^{x} k(x')\,\mathrm{d}x'\Big) \tag{7.95}$$

darstellen. Es fallen zwei Probleme auf:

(1) Diese Lösung divergiert an den Punkten mit $V(x) = E$, den **klassischen Umkehrpunkten**.

(2) In einem **klassisch verbotenen Bereich** der reellen Achse mit $E < V(x)$ wird $k(x)$ imaginär, und man muss untersuchen, wie man die Linearkombination aus einem erlaubten Bereich über den Umkehrpunkt hinweg in den verbotenen fortsetzt.

Diese Probleme können gelöst werden, beispielsweise durch eine sorgfältige Fortsetzung in die komplexe x-Ebene oder durch eine uniforme Abbildung auf ein exakt lösbares Modellsystem. Dabei ergibt sich als einfachstes Resultat, dass die Wellenfunktion bei der Reflexion an einem klassischen Umkehrpunkt einen Phasensprung von $-\frac{\pi}{2}$ erfährt, falls $V(x) > E$ für alle x jenseits des Umkehrpunktes gilt.

In den folgenden Abschnitten werden einige typische Anwendungen vorgestellt.

Potentialmulde: Betrachten wir als erstes Beispiel ein Potential mit einem einzigen Minimum wie links in Bild 7.6. Dann existieren für eine Energie oberhalb des Minimums zwei klassische Umkehrpunkte $a < b$ mit $V(a) = V(b) = E$ und die klassische Bahn oszilliert zwischen den beiden Umkehrpunkten. Ausgehend vom Punkt a, wächst die Phase der Wellenfunktion bei Durchgang durch die Potentialmulde von a nach b um

$$\gamma(E) = \int_a^b k(x)\,\mathrm{d}x \tag{7.96}$$

an und springt bei der Reflexion am Punkt b um $-\frac{\pi}{2}$, wie schematisch in Bild 7.7 dargestellt. Es gilt also

$$C = \mathrm{e}^{\mathrm{i}\gamma}A \quad , \quad D = \mathrm{e}^{-\mathrm{i}\pi/2}C \quad , \quad B = \mathrm{e}^{\mathrm{i}\gamma}C \tag{7.97}$$

und schließlich nach einem vollständigen Umlauf

$$A' = \mathrm{e}^{-\mathrm{i}\pi/2}B = \mathrm{e}^{-\mathrm{i}\pi/2}\mathrm{e}^{\mathrm{i}\gamma}\mathrm{e}^{-\mathrm{i}\pi/2}\mathrm{e}^{\mathrm{i}\gamma}A = \mathrm{e}^{\mathrm{i}2(\gamma-\pi/2)}A\,, \tag{7.98}$$

wie in Bild 7.7 illustriert.

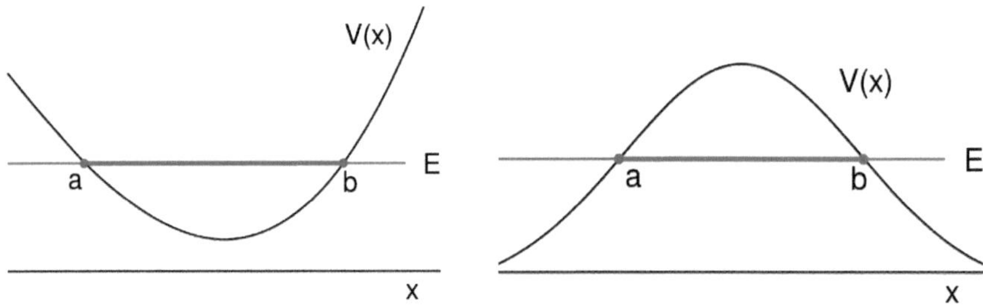

Bild 7.6 Potentialmulde (links) und -barriere (rechts) $V(x)$. Für die Energie E ist der Bereich zwischen den Umkehrpunkten a und b klassisch erlaubt (links) oder verboten (rechts).

Die Eindeutigkeit der Lösung erfordert $A' = A$, also

$$N(E) = \frac{1}{\pi}\gamma(E) = n + \tfrac{1}{2}\,, \; n = 0, 1, , \ldots \tag{7.99}$$

eine **semiklassische Quantisierungsbedingung**, deren Lösung näherungsweise die Energieeigenwerte E_n bestimmt. Hier sei angemerkt, dass es Potentiale gibt, deren semiklassische Quantisierung die exakten Resultate liefert, wie beispielsweise der harmonische Oszillator.

Die Quantisierungsformel (7.99) lässt sich auch anders interpretieren, denn mit dem Impuls $p = \hbar k$ sieht man aus

$$2\int_a^b p(x)\,\mathrm{d}x = \oint_{V(x)=E} p(x)\,\mathrm{d}x = 2\pi(n + \tfrac{1}{2})\hbar \approx nh\,, \tag{7.100}$$

dass die von der Phasenbahn eingeschlossene Fläche im Phasenraum gleich dem n-fachen des planckschen Wirkungsquantums h ist. Das ist die **weylsche Regel**, benannt nach dem deutschen Mathematiker, Physiker und Philosophen Hermann Weyl (1885-1955): Ein Quantenzustand belegt ein Phasenraumvolumen der Größe h (oder h^f bei einem System mit f Freiheitsgraden).

Bisher gingen wir davon aus, dass die Energie E reell ist, aber für viele Anwendungen ist es notwendig, auch komplexe Energien zuzulassen. Ein Beispiel sind Resonanzzustände, die wir im Abschnitt 7.4 betrachtet haben. Wir werden daher im Folgenden komplexwertige Energien E erlauben, wobei wir die klassische Potentialfunktion ins Komplexe fortsetzen.

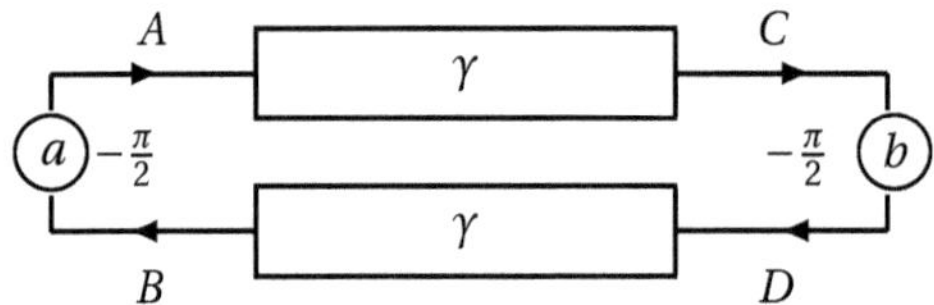

Bild 7.7 Diagrammatische Darstellung der Dynamik für eine Potentialmulde mit den Umkehrpunkten a und b.

Potentialbarriere: Ein weiteres elementares Problem ist der Durchgang durch eine Potentialbarriere wie rechts in Bild 7.6 mit einem Maximum der Höhe $V_0 = V(x_0)$ bei x_0. Hier erweist sich die semiklassische Beschreibung als etwas aufwendiger, aber wir werden sehen, dass sich mit diesen beiden Bausteinen, Potentialtopf und -barriere, eine beachtliche Zahl von quantenmechanischen Phänomenen beschreiben lassen.

Die Amplituden der semiklassischen Wellenfunktionen

$$\frac{A}{\sqrt{k(x)}}\exp\Big(+\mathrm{i}\int_{x_1}^{x}k(x')\,\mathrm{d}x'\Big)+\frac{B}{\sqrt{k(x)}}\exp\Big(-\mathrm{i}\int_{x_1}^{x}k(x')\,\mathrm{d}x'\Big) \tag{7.101}$$

links von der Barriere und

$$\frac{C}{\sqrt{k(x)}}\exp\Big(+\mathrm{i}\int_{x_2}^{x}k(x')\,\mathrm{d}x'\Big)+\frac{D}{\sqrt{k(x)}}\exp\Big(-\mathrm{i}\int_{x_2}^{x}k(x')\,\mathrm{d}x'\Big) \tag{7.102}$$

rechts von der Barriere sind durch

$$\begin{pmatrix} C \\ D \end{pmatrix}=\begin{pmatrix} B_{11} & B_{12} \\ B_{21} & B_{22} \end{pmatrix}\begin{pmatrix} A \\ B \end{pmatrix} \tag{7.103}$$

verknüpft. Die Verknüpfungsmatrix $\mathbf{B}=\begin{pmatrix} B_{11} & B_{12} \\ B_{21} & B_{22} \end{pmatrix}$ ist eine sogenannte Transfermatrix. Solche Matrizen sind sehr nützlich für eine effiziente Behandlung vieler quantenmechanischer Systeme und wir werden uns im folgenden Kapitel ausführlich mit ihnen befassen.

In den Gleichungen (7.101) und (7.102) wählt man zweckmäßigerweise für $\mathrm{Re}\,E<V_0$ die Phasenreferenzpunkte als die klassischen Umkehrpunkte links bzw. rechts, $x_1=a$ und $x_2=b$, und für $\mathrm{Re}\,E>V_0$ als die Position des Maximums, $x_1=x_2=x_0$, und definiert das Wirkungsintegral

$$\epsilon(E)=\frac{\mathrm{i}}{\pi}\int_a^b k(x)\,\mathrm{d}x \tag{7.104}$$

durch die Potentialbarriere. Für reelle Energie $E<V_0$ sind die Umkehrpunkte reell, $k(x)$ ist imaginär und ϵ ist negativ reell. Für $E>V_0$ bilden die Umkehrpunkte ein komplex konjugiertes Paar und ϵ ist positiv reell. Dann kann man zeigen[5], dass die Verknüpfungsmatrix in semiklassischer Näherung durch

$$\mathbf{B}=\begin{pmatrix} f(\epsilon)^{-1}\sqrt{1+\mathrm{e}^{-2\pi\epsilon}}\,\mathrm{e}^{-\mathrm{i}\phi(\epsilon)} & -\mathrm{i}\,\mathrm{e}^{-\pi\epsilon} \\ \mathrm{i}\,\mathrm{e}^{-\pi\epsilon} & f(\epsilon)\sqrt{1+\mathrm{e}^{-2\pi\epsilon}}\,\mathrm{e}^{\mathrm{i}\phi(\epsilon)} \end{pmatrix} \tag{7.105}$$

gegeben ist mit der Phase

$$\phi(\epsilon)=\begin{cases} \epsilon-\epsilon\ln(-\epsilon)+\arg\Gamma(\frac{1}{2}+\mathrm{i}\epsilon)\ , & \mathrm{Re}\,E<V_0 \\ \epsilon-\epsilon\ln(\epsilon)+\arg\Gamma(\frac{1}{2}+\mathrm{i}\epsilon)\ , & \mathrm{Re}\,E>V_0 \end{cases} \tag{7.106}$$

und

$$f(\epsilon)=|\Gamma(\tfrac{1}{2}+\mathrm{i}\epsilon)|\,\sqrt{\cosh(\pi\epsilon)/\pi}. \tag{7.107}$$

Dabei gilt $\det\mathbf{B}=1$. Alternativ kann man die Matrix auch in der Form

$$\mathbf{B}=\begin{pmatrix} \frac{\sqrt{2\pi}}{\Gamma(1/2+\mathrm{i}\epsilon)}\,\mathrm{e}^{-\pi\epsilon/2-\mathrm{i}\epsilon(1-\ln(-\epsilon))} & -\mathrm{i}\,\mathrm{e}^{-\pi\epsilon} \\ \mathrm{i}\,\mathrm{e}^{-\pi\epsilon} & \frac{\sqrt{2\pi}}{\Gamma(1/2-\mathrm{i}\epsilon)}\,\mathrm{e}^{-\pi\epsilon/2+\mathrm{i}\epsilon(1-\ln(-\epsilon))} \end{pmatrix} \tag{7.108}$$

schreiben, woraus direkt $\mathbf{B}^*(\epsilon)=\mathbf{B}^{-1}(\epsilon^*)$ folgt.

Für reelle Energie und daher auch reelles ϵ ist $f(\epsilon)=1$ und die Barrierenmatrix hat die einfache Form

$$\mathbf{B}=\begin{pmatrix} \sqrt{1+\kappa^2}\,\mathrm{e}^{\mathrm{i}\phi(\epsilon)} & -\mathrm{i}\kappa \\ \mathrm{i}\kappa & \sqrt{1+\kappa^2}\,\mathrm{e}^{-\mathrm{i}\phi(\epsilon)} \end{pmatrix} \tag{7.109}$$

mit

$$\kappa=\mathrm{e}^{-\pi\epsilon}\ \text{ und }\ \ \phi(\epsilon)=\epsilon-\epsilon\ln|\epsilon|+\arg\Gamma(\tfrac{1}{2}+\mathrm{i}\epsilon)\,. \tag{7.110}$$

Dann gilt $B_{22}=B_{11}^*$ und $B_{21}=B_{12}^*$ und daher $\mathbf{B}^{-1}=\mathbf{B}^*$.

[5] Siehe beispielsweise J. N. L. Connor, Mol. Phys. 25 (1973) 1469; M. S. Child, J. Mol. Spect. 53 (1974) 280.

Es ist instruktiv, für eine reelle Energie den Fall einer nur von links einfallenden Welle zu betrachten. Dann ist $D = B_{21}A + B_{22}B = 0$ und wir erhalten für die semiklassische Reflexions- und Transmissionswahrscheinlichkeit

$$p_{\text{refl}} = \left|\frac{B}{A}\right|^2 = \left|-\frac{B_{21}}{B_{22}}\right|^2 = \frac{\kappa^2}{1+\kappa^2}\,, \quad p_{\text{trans}} = \left|\frac{C}{A}\right|^2 = \frac{1}{1+\kappa^2}\,. \tag{7.111}$$

Ist die Energie gleich der Barrierenhöhe, so ist das Tunnelintegral ϵ gleich null, also $\kappa = 1$ und folglich $p_{\text{refl}} = p_{\text{trans}} = 1/2$.

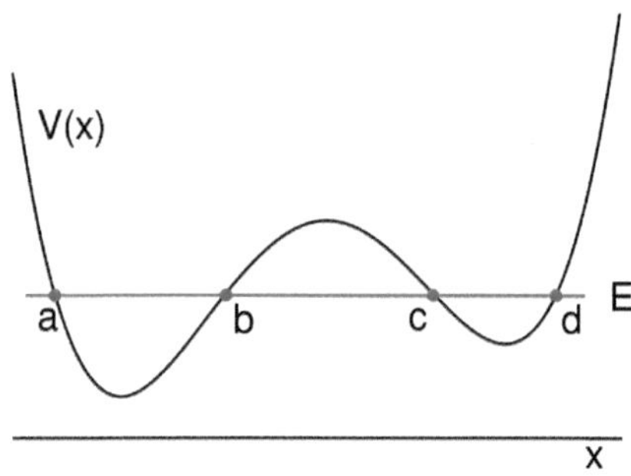

Bild 7.8 Ein Doppelmuldenpotential hat für Energien zwischen dem höher liegenden Minimum und dem Maximum vier klassische Umkehrpunkte.

Doppelmuldenpotential: Wir definieren eine Transfermatrix auch für eine einzelne Potentialmulde, also für ein Topfpotential, durch die Diagonalmatrix

$$\mathbf{T} = \begin{pmatrix} \mathrm{e}^{\mathrm{i}\gamma} & 0 \\ 0 & \mathrm{e}^{-\mathrm{i}\gamma} \end{pmatrix}, \tag{7.112}$$

wobei wir, wenn erforderlich, eine Notation wie $\mathbf{T}^{(ba)}$ mit $\gamma = \gamma_{ba} = \int_a^b k(x)\,\mathrm{d}x$ benutzen, um die Umkehrpunkte zu charakterisieren. Auf diese Weise können wir beispielsweise die Transfermatrix für ein (nicht notwendig symmetrisches) Doppelmuldenpotential (vgl. Abschnitt 7.3.3) mit den vier Umkehrpunkten $a < b < c < d$ wie in Bild 7.8 durch die Transfermatrix

$$\mathbf{M} = \mathbf{T}^{(dc)}\,\mathbf{B}^{(cb)}\,\mathbf{T}^{(ba)} \tag{7.113}$$

beschreiben. Die diagrammatische Darstellung 7.9 zeigt die Verknüpfung der Amplituden A und B der linken mit den Amplituden C und D auf der rechten Seite zwischen den Umkehrpunkten a und d durch die Matrix $\mathbf{M}$.

Bei der Reflexion an den Umkehrpunkten gilt $A = -\mathrm{i}B$ und $D = -\mathrm{i}C$, also

$$C\begin{pmatrix} 1 \\ -\mathrm{i} \end{pmatrix} = \begin{pmatrix} C \\ D \end{pmatrix} = \begin{pmatrix} M_{11} & M_{12} \\ M_{21} & M_{22} \end{pmatrix}\begin{pmatrix} A \\ B \end{pmatrix} = \begin{pmatrix} M_{11} & M_{12} \\ M_{21} & M_{22} \end{pmatrix}\begin{pmatrix} -\mathrm{i} \\ 1 \end{pmatrix} B\,, \tag{7.114}$$

und daher

$$C = (-\mathrm{i}M_{11} + M_{12})B\,, \quad -\mathrm{i}C = (-\mathrm{i}M_{21} + M_{22})B\,. \tag{7.115}$$

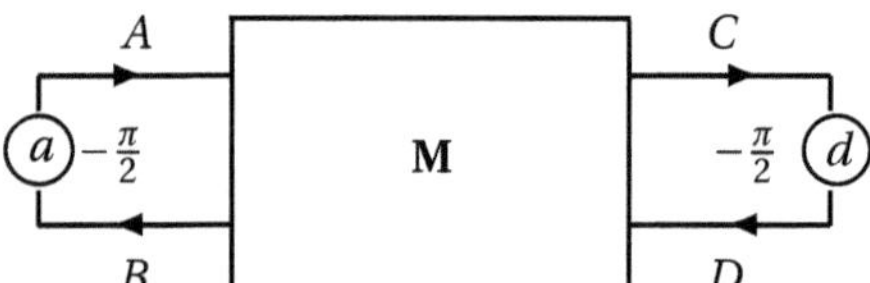

Bild 7.9 Diagramm für semiklassische gebundene Zustände.

Elimination von B und C führt mit $M_{22} = M_{11}^*$ und $M_{21} = M_{12}^*$ (wir setzen hier reelle Energien voraus) auf

$$\operatorname{Re} M_{11} = \operatorname{Im} M_{12} \tag{7.116}$$

eine semiklassische Quantisierungsbedingung für einen gebundenen Zustand.

Wenn wir uns hier auf ein symmetrisches Doppelmuldenpotential $V(-x) = V(x)$ beschränken mit einer Barrierenhöhe $V_0 = V(0)$, dann treten nur zwei Wirkungsintegrale auf: Das Wirkungsintegral über eine Mulde

$$\gamma = \int_c^d k(x)\,\mathrm{d}x \text{ für } E < V_0 \text{ bzw. } \gamma = \int_0^d k(x)\,\mathrm{d}x \text{ für } E > 0 \tag{7.117}$$

sowie das Tunnelintegral

$$\epsilon = \frac{\mathrm{i}}{\pi} \int_{-c}^{c} k(x)\,\mathrm{d}x\,. \tag{7.118}$$

Dann ergibt sich aus Gleichung (7.113) mit den Matrixelementen B_{jk} aus (7.105) oder (7.109) die **M**-Matrix

$$\mathbf{M} = \begin{pmatrix} \mathrm{e}^{2\mathrm{i}\gamma} B_{11} & B_{12} \\ B_{21} & \mathrm{e}^{-2\mathrm{i}\gamma} B_{22} \end{pmatrix}, \tag{7.119}$$

und mit $\kappa = \mathrm{e}^{-\pi\epsilon}$ finden wir aus (7.116) die gesuchte Quantisierungsformel

$$\cos(2\gamma - \phi) = -\frac{\kappa}{\sqrt{1+\kappa^2}}, \tag{7.120}$$

deren Lösung die semiklassischen Eigenwerte des Doppelmuldenpotentials ergibt. Dieses Resultat ist uniform gültig, das heißt sowohl unterhalb als auch oberhalb der Barriere mit einem stetigen Übergang. Man kann sich davon überzeugen, dass sich für große Energien, also für $\mathrm{e}^{-\pi\epsilon}$ gegen null, die semiklassische Quantisierungsformel für einen einzelnen Potentialtopf ergibt und für Energien weit unterhalb der Potentialbarriere die Quantisierungsformel für die einzelnen Potentialtöpfe.

Resonanzzustände: Als letztes Beispiel einer semiklassischen Quantisierung betrachten wir Potentiale mit Resonanzzuständen. Zuerst eine Potentialmulde mit einer Potentialbarriere wie links in Bild 7.10. Hier existieren Resonanzzustände $|\psi_n(t)\rangle$, beschrieben durch eine komplexe Energie E_n, deren Imaginärteil $-\Gamma_n/2$ die Lebensdauer des Zustandes beschreibt, also $|\langle\psi_n|\psi_n\rangle|^2 \sim \mathrm{e}^{-\Gamma_n t/\hbar}$.

Bevor wir wieder unseren Matrixbaukasten heranziehen, könnten wir eine kleine Vorüberlegung anstellen und eine erste Erwartung formulieren. Für eine Energie weit unterhalb der

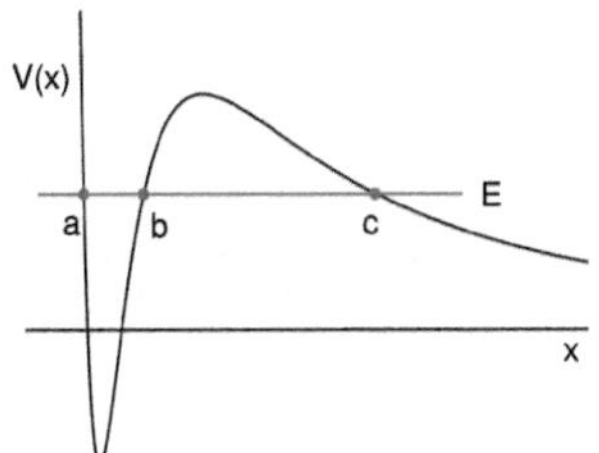

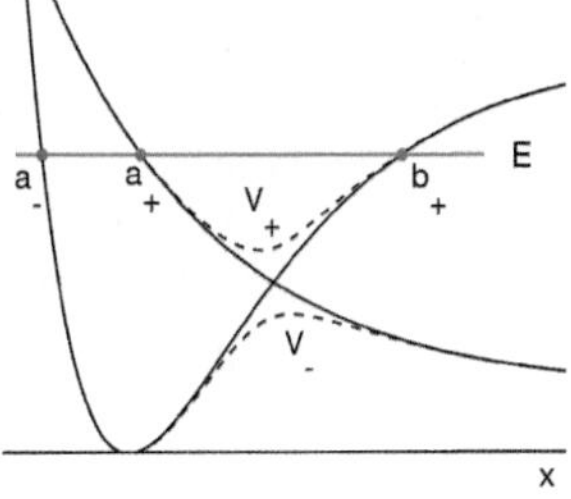

Bild 7.10 Potential mit Resonanzzuständen, die durch eine Potentialbarriere zerfallen.

Barriere erwarten wir nur einen schwachen Zerfall. Man sollte also näherungsweise die (semiklassisch) quantisierten reellen Energieeigenwerte E_n erhalten. Das Teilchen oszilliert dann in dem Potentialtopf mit einer (energieabhängigen) Periode

$$T(E) = \int_0^T \mathrm{d}t = 2\int_a^b \frac{\mathrm{d}x}{v(x)} = 2m\int_a^b \frac{\mathrm{d}x}{p(x)} = 2m\int_a^b \frac{\mathrm{d}x}{\sqrt{2m(E-V(x)}}, \tag{7.121}$$

also mit einer Frequenz $\omega_n = 2\pi/T(E_n)$. Bei jedem Umlauf trifft es einmal auf die Barriere und wird nach Gleichung (7.111) mit einer Wahrscheinlichkeit $p_{\text{refl}} = \frac{\kappa^2}{1+\kappa^2}$ reflektiert. Dabei hängt auch $\kappa = \mathrm{e}^{-\epsilon}$ von der Energie E_n ab. Nach ν Oszillationen, also zu der Zeit $t = \nu T$, ist seine Überlebenswahrscheinlichkeit im Potentialtopf gleich $(p_{\text{refl}})^\nu$, also gleich

$$p(t) = (p_{\text{refl}})^{t/T} = \mathrm{e}^{\frac{\omega t}{2\pi}\ln\frac{\kappa^2}{1+\kappa^2}} = \mathrm{e}^{-\frac{\omega t}{2\pi}\ln(1+\kappa^{-2})}. \tag{7.122}$$

Vergleicht man das mit $\mathrm{e}^{-\Gamma_n t/\hbar}$, so erhält man für die Resonanzbreiten

$$\Gamma_n = \frac{\hbar\omega}{2\pi}\ln(1+\kappa^{-2}) = \frac{\hbar\omega(E_n)}{2\pi}\ln(1+\mathrm{e}^{2\pi\epsilon(E_n)}) \approx \frac{\hbar\omega(E_n)}{2\pi}\mathrm{e}^{2\pi\epsilon(E_n)}. \tag{7.123}$$

Das ist ein sehr einfaches Modell für die WKB-Tunnelrate, die man weit unterhalb der Barriere erwarten könnte. Für ein anspruchsvolleres Resultat, das für alle Energien gilt, ermitteln wir die Matrix $\mathbf{M} = \mathbf{BT}$, die die Amplituden A und B der linken Seite mit Umkehrpunkt a mit den Amplituden C und D der aus- bzw. einlaufenden Wellen auf der rechten Seite verknüpft:

$$\begin{pmatrix} C \\ D \end{pmatrix} \begin{pmatrix} M_{11} & M_{12} \\ M_{21} & M_{22} \end{pmatrix} \begin{pmatrix} A \\ B \end{pmatrix}. \tag{7.124}$$

Ein Resonanzzustand ist charakterisiert durch rein auslaufende Randbedingungen. Setzen wir also die Amplitude $D = M_{21}A + M_{22}B$ der von rechts einlaufenden Welle gleich null. Das liefert mit $A = -\mathrm{i}B$ für die Reflexion am Umkehrpunkt a die Beziehung $0 = (-\mathrm{i}M_{21} + M_{22})B$ und folglich

$$M_{22} = \mathrm{i}M_{21} \tag{7.125}$$

als semiklassische Resonanzbedingung. Wenn wir die Matrixelemente aus den Gleichungen oben einsetzen, erhalten wir

$$-1 = \frac{\sqrt{2\pi}}{\Gamma(1/2-\mathrm{i}\epsilon)}\mathrm{e}^{-2\mathrm{i}\gamma}\mathrm{e}^{\pi\epsilon/2+\mathrm{i}\epsilon(1-\ln(-\epsilon))} \tag{7.126}$$

oder, umgeschrieben, die semiklassische Quantisierungsformel

$$N(E) = \frac{1}{\pi}\Big(\gamma - \frac{\epsilon}{\pi}\big(1-\ln(-\epsilon)\big) + \frac{\mathrm{i}}{2}\ln\Big(\frac{\sqrt{2\pi}\,\mathrm{e}^{\pi\epsilon/2}}{\Gamma(1/2-\mathrm{i}\epsilon)}\Big)\Big) = n + \tfrac{1}{2}\,,\ n = 0, 1, \ldots \tag{7.127}$$

für die komplexen Resonanzenergien $E_n - \mathrm{i}\Gamma_n$.

Die Behandlung von **Feshbach-** oder **Kurvenkreuzungsresonanzen**, wie man sie für die rechts im Bild 7.5 dargestellten Potentiale findet, erweist sich als nur wenig komplizierter. Die Herleitung erfordert allerdings eine sorgfältige Analyse der komplexen Fortsetzung der semiklassischen Wellenfunktionen auf der komplexen Fortsetzung der adiabatischen Potentialflächen $V_\pm(x)$ um ihre beiden Kreuzungspunkte x_{c+} und x_{c-} herum (vgl. Seite 173). Die Amplituden der semiklassischen Flüsse rechts in Bild 7.11 sind verknüpft durch

$$\begin{pmatrix} W'_+ \\ W'_- \end{pmatrix} = \begin{pmatrix} B^- & -\mathrm{e}^{-\pi\nu} \\ \mathrm{e}^{-\pi\nu} & B^+ \end{pmatrix} \begin{pmatrix} U'_+ \\ U'_- \end{pmatrix}, \quad \begin{pmatrix} U''_+ \\ U''_- \end{pmatrix} = \begin{pmatrix} B^- & \mathrm{e}^{-\pi\nu} \\ -\mathrm{e}^{-\pi\nu} & B^+ \end{pmatrix} \begin{pmatrix} W''_+ \\ W''_- \end{pmatrix}. \tag{7.128}$$

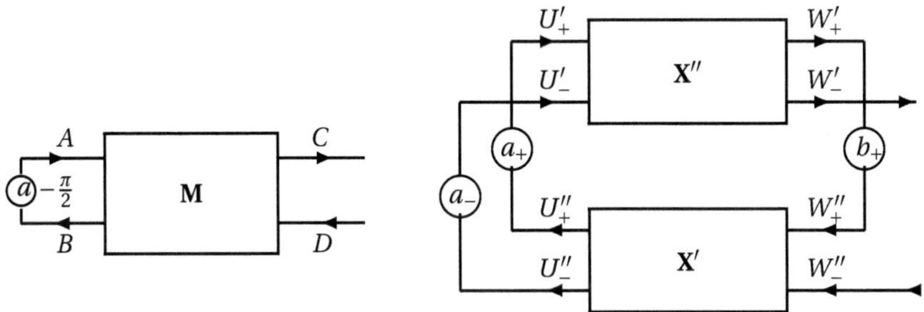

Bild 7.11 Diagramm für semiklassische Resonanzzustände für Potentiale wie in Bild 7.10. Links das Diagramm für Shape-Resonanzen, rechts für Feshbach-Resonanzen.

Dabei sind die Amplituden der Flüsse von links nach rechts durch einen Strich ($'$) gekennzeichnet, die in der Gegenrichtung durch einen Doppelstrich ($''$) und die Indizes ($\pm$) bezeichnen die obere, (+), oder untere, (−), Potentialfläche. Die Größen

$$B^{\pm} = \frac{\sqrt{\pm 2\pi \nu \mathrm{i}}}{\Gamma(1 \pm \mathrm{i}\nu)}\, \mathrm{e}^{-(\pi/2)\nu \mp \mathrm{i}(\nu - \nu \ln \nu)} \tag{7.129}$$

ähneln denen für die Potentialbarriere in Gleichung (7.108). Die Rolle des Tunnelintegrals dort übernimmt hier das Phasenintegral

$$\nu = -\frac{\mathrm{i}}{2\pi\hbar} \oint p(x)\,\mathrm{d}x\,, \tag{7.130}$$

wobei der Integrationsweg die beiden Kreuzungspunkte auf der adiabatischen Potentialfläche umrundet. Außerdem definieren wir auch hier wieder einen Phasenreferenzpunkt x_r in der „Mitte" der Kreuzungsregion.

Die restlichen Überlegungen sind einfach: Mit der Hilfe der Phasenintegrale für die Impulse $p_{\pm}(x)$ auf den adiabatischen Flächen

$$\alpha_{\pm} = \frac{1}{\hbar}\int_{a_{\pm}}^{x_r} p_{\pm}(x)\,\mathrm{d}x\;, \quad \beta_{+} = \frac{1}{\hbar}\int_{x_r}^{b_+} p_{\pm}(x)\,\mathrm{d}x \tag{7.131}$$

zwischen den Umkehrpunkten und den Phasenreferenzpunkten erhalten wir mit dem Phasensprung bei Reflexion am Umkehrpunkt die Beziehungen

$$U'_{\pm} = -\mathrm{i}\mathrm{e}^{2\alpha_{\pm}} U''_{\pm}\;, \quad W''_{+} = -\mathrm{i}\mathrm{e}^{2\beta_{+}} W'_{+} \tag{7.132}$$

zwischen den Amplituden. Wenn wir jetzt wieder die rein auslaufenden Randbedingungen fordern, also $W''_- = 0$, dann erhalten wir mit $U''_+ = -\mathrm{i}B^- \mathrm{e}^{2\mathrm{i}\beta_+} W'_+$ und $U''_- = \mathrm{i}\mathrm{e}^{-\pi\nu}\mathrm{e}^{2\mathrm{i}\beta_+} W'_+$ aus Gleichung (7.128)

$$W'_+ = B^- U'_+ - \mathrm{e}^{-\pi\nu} U'_- = -\big((B^-)^2 \mathrm{e}^{2\mathrm{i}\alpha_+} + \mathrm{e}^{-2\pi\nu + 2\mathrm{i}\alpha_-}\big)\mathrm{e}^{2\mathrm{i}\beta_+} W'_+ \tag{7.133}$$

und daher

$$\big((B^-)^2 \mathrm{e}^{2\mathrm{i}\alpha_+} + \mathrm{e}^{-2\pi\nu + 2\mathrm{i}\alpha_-}\big)\mathrm{e}^{2\mathrm{i}\beta_+} = -1\,, \tag{7.134}$$

was sich umschreiben lässt als semiklassische Quantisierungsbedingung

$$N(E) = \frac{\beta_+}{\pi} + \frac{1}{2\pi\mathrm{i}} \ln\big((B^-)^2 \mathrm{e}^{2\mathrm{i}\alpha_+} + \mathrm{e}^{-2\pi\nu + 2\mathrm{i}\alpha_-}\big) = n + \tfrac{1}{2}\;, \quad n = 0, 1, \ldots \tag{7.135}$$

für Feshbach-Resonanzen, deren Lösung die komplexen Resonanzenergien $E_n - \mathrm{i}\Gamma_n$ liefert. Ein Beispiel einer solchen Auswertung findet man in Bild 7.5 für die Prädissoziation des Moleküls MgH. Die Übereinstimmung mit den exakten Werten demonstriert die Qualität der semiklassischen Näherung.

7.7 Lösungen der Aufgaben

Aufgabe 7.1 (Seite 165) : Geben Sie für die Matrix $\mathbf{H} = \left(\begin{smallmatrix} 4i & 5 \\ 5 & -4i \end{smallmatrix}\right)$ die Eigenwerte und die rechten und linken Eigenvektoren an. Prüfen Sie die Bi-Orthogonalitätsrelation und normieren Sie die Eigenvektoren wie $\mathbf{v}_j \cdot \mathbf{u}_k = \delta_{jk}$.

Lösung: Zunächst bestimmen wir die Eigenwerte aus Gleichung (7.39) als $E_1 = \sqrt{(4i)^2 + 5^2} = 3$ und $E_2 = -\sqrt{(4i)^2 + 5^2} = -3$ mit den (rechten) Eigenvektoren

$$\mathbf{u}_1 = N_1 \begin{pmatrix} 3+4i \\ 5 \end{pmatrix} \;, \quad \mathbf{u}_2 = N_2 \begin{pmatrix} -3+4i \\ 5 \end{pmatrix} \tag{7.136}$$

nach (7.40)). Die linken Eigenvektoren, also die Eigenvektoren $\mathbf{v}_1, \mathbf{v}_2$ der Matrix $\mathbf{H}^\dagger = \left(\begin{smallmatrix} -4i & 5 \\ 5 & 4i \end{smallmatrix}\right)$ zu den Eigenwerten $E_1^* = 3$, $E_2^* = -3$, die hier mit denen von $\mathbf{H}$ übereinstimmen, sind daher durch

$$\mathbf{v}_1 = \mathbf{u}_1^* = N_1^* \begin{pmatrix} 3-4i \\ 5 \end{pmatrix} \;, \quad \mathbf{v}_2 = \mathbf{u}_2^* = N_2^* \begin{pmatrix} -3-4i \\ 5 \end{pmatrix} \tag{7.137}$$

gegeben. Man prüft die Bi-Orthogonalität nach,

$$\begin{aligned} \mathbf{v}_1 \cdot \mathbf{u}_2 &= N_1 N_2 \begin{pmatrix} 3+4i \;, & 5 \end{pmatrix} \begin{pmatrix} -3+4\&ri \\ 5 \end{pmatrix} \\ &= N_1 N_2 \big((3+4i)(-3+4i) + 5^2\big) = N_1 N_2 (-9 - 16 + 25) = 0 \end{aligned} \tag{7.138}$$

und genauso $\mathbf{v}_2 \cdot \mathbf{u}_1 = 0$. Die Normierungskonstanten erhalten wir aus

$$\begin{aligned} 1 = \mathbf{v}_1 \cdot \mathbf{u}_1 &= N_1 N_1 \begin{pmatrix} 3+4i \;, & 5 \end{pmatrix} \begin{pmatrix} 3+4\&ri \\ 5 \end{pmatrix} \\ &= N_1^2 \big((3+4i)(3+4i) + 5^2\big) = N_1^2 (9 + 24i - 16 + 25) = N_1^2 (18 + 24i) \,, \end{aligned} \tag{7.139}$$

also $N_1 = 1/\sqrt{18+24i}$ und genauso $N_2 = 1/\sqrt{18-24i}$.

Aufgabe 7.2 (Seite 168) : Zeigen Sie: Die Matrixelemente (7.64) des Hamilton-Operators des Doppelmuldenpotentials sind gleich

$$h_{++} = h_{--} = \hbar\omega\Big(\frac{1}{2} - \frac{sa}{\sqrt{\pi}}\, w + s^2 a^2 \operatorname{erfc}(sa)\Big) \,, \quad h_{-+} = h_{+-} = \hbar\omega\Big(\frac{1}{2} - \frac{sa}{\sqrt{\pi}}\Big) w.$$

Lösung: Um diese Matrixelemente für das Doppelmuldenpotential $V(x) = \frac{m}{2}\omega^2\big(|x| - a\big)^2$ für die Zustände $\varphi_\pm(x) = \sqrt{s/\sqrt{\pi}}\mathrm{e}^{-s^2(x\pm a)^2}$ zu berechnen, ist es zweckmäßig, mit

$$(|x| - a)^2 = x^2 - 2a|x| + a^2 = x^2 + 2ax + a^2 - 2a(|x| + x) = (x+a)^2 - \begin{cases} 4ax & x > 0 \\ 0 & x < 0 \end{cases} \tag{7.140}$$

den Hamilton-Operator mit $k = m\omega^2$ umzuschreiben als

$$\hat{H} = \hat{H}_- - \begin{cases} 2kax & x > 0 \\ 0 & x < 0 \end{cases} .$$

Dabei ist $\hat{H}_-$ der Hamilton-Operator für das linke Oszillatorpotential $k(x+a)^2/2$ mit der Grundzustandseigenfunktion $\varphi_-(x) = \varphi_0(x+a)$ zum Energieeigenwert $E_0 = \hbar\omega/2$ und es gilt

$$\hat{H}\varphi_-(x) = E_0\varphi_-(x) - \begin{cases} 2kax\varphi_-(x) & x>0 \\ 0 & x<0 \end{cases} \tag{7.141}$$

und folglich

$$\int_{-\infty}^{+\infty} \varphi_\mp(x)\,\hat{H}\varphi_-(x)\mathrm{d}x = E_0 \int_{-\infty}^{+\infty} \varphi_\mp(x)\varphi_-(x)\mathrm{d}x - 2ka\int_0^{\infty} x\varphi_\mp(x)\varphi_-(x)\mathrm{d}x. \tag{7.142}$$

Damit berechnen wir zuerst mit $u = \int_{-\infty}^{+\infty}\varphi_+(x)\varphi_-(x)\,\mathrm{d}x = \mathrm{e}^{-s^2a^2}$ das Matrixelement

$$\begin{aligned} h_{+-} &= E_0\,u - 2ka\frac{s}{\sqrt{\pi}}\int_0^{\infty} x\mathrm{e}^{-s^2(x-a)^2/2-s^2(x+a)^2/2}\,\mathrm{d}x \\ &= E_0\,u - 2ka\frac{s}{\sqrt{\pi}}\mathrm{e}^{-s^2a^2}\int_0^{\infty} x\mathrm{e}^{-s^2x^2}\,\mathrm{d}x = E_0\,w - 2ka\frac{s}{\sqrt{\pi}}\mathrm{e}^{-s^2a^2}\Big[-\frac{1}{2s^2}\mathrm{e}^{-s^2x^2}\Big]_0^{\infty} \\ &= E_0\,u - \frac{ka}{s\sqrt{\pi}}\mathrm{e}^{-s^2a^2} = \hbar\omega\Big(\frac{1}{2} - \frac{sa}{\sqrt{\pi}}\Big)\mathrm{e}^{-s^2a^2}, \end{aligned} \tag{7.143}$$

und in gleicher Weise mit der Normierung $\int_{-\infty}^{+\infty}\varphi_+(x)\varphi_+(x)\,\mathrm{d}x = 1$ und $k = m\omega^2 = s^2\hbar\omega$

$$\begin{aligned} h_{--} &= E_0 - 2ka\frac{s}{\sqrt{\pi}}\int_0^{\infty} x\mathrm{e}^{-s^2(x+a)^2}\,\mathrm{d}x = E_0 - \frac{2ka}{\sqrt{\pi}}\int_{sa}^{\infty}\Big(\frac{t}{s} - a\Big)\mathrm{e}^{-t^2}\,\mathrm{d}t \\ &= E_0 - \frac{2ka}{\sqrt{\pi}}\Big(\frac{1}{s}\int_{sa}^{\infty} t\mathrm{e}^{-t^2}\,\mathrm{d}t - a\int_{sa}^{\infty}\mathrm{e}^{-t^2}\,\mathrm{d}t\Big) \\ &= E_0 - \frac{2ka}{\sqrt{\pi}}\Big(-\frac{1}{s}\Big[\frac{1}{2}\mathrm{e}^{-t^2}\Big]_{sa}^{\infty} - a\,\mathrm{erfc}(as)\Big) = \hbar\omega\Big(\frac{1}{2} - \frac{sa}{\sqrt{\pi}}\mathrm{e}^{-s^2a^2} + s^2a^2\,\mathrm{erfc}(as)\Big). \end{aligned} \tag{7.144}$$

Dabei ist $\mathrm{erfc}(u) = 1 - \mathrm{erf}(u) = \frac{2}{\sqrt{\pi}}\int_u^{\infty}\mathrm{e}^{-y^2}\mathrm{d}y$ die komplementäre Fehlerfunktion.

Aufgabe 7.3 (Seite 169) : Untersuchen Sie die Energieeigenwerte $E_\pm = \frac{\alpha\pm\beta}{1\pm w}$ aus Gleichung (7.67) im Grenzfall großer und kleiner Potentialabstände a.

Lösung: Wir benötigen zwei Grenzfälle der Fehlerfunktion. Wie man einer Formelsammlung entnimmt, gilt $\mathrm{erfc}(u) \approx \frac{2}{\sqrt{\pi}u}\mathrm{e}^{-u^2}$ für $u\to\infty$ und $\mathrm{erfc}(u) \approx 1 - \frac{2}{\sqrt{\pi}}u$ für $u\to 0$.

Mit der Abkürzung $u = sa$ sind die Größen α und β durch

$$\alpha = \hbar\omega\big(\tfrac{1}{2} - \tfrac{u}{\sqrt{\pi}}w + u^2\mathrm{erfc}(u)\big)\;,\quad \beta = \hbar\omega\big(\tfrac{1}{2} - \tfrac{u}{\sqrt{\pi}}\big)w \tag{7.145}$$

gegeben (vgl. Aufgabe 7.2).

Für große Abstände a, also für $u\to\infty$, gehen $w = \mathrm{e}^{-u^2}$ und uw sowie $u^2\mathrm{erfc}(u)$ gegen null, und damit auch β. Mit $\alpha\to\frac{\hbar\omega}{2}$ und $1\pm w\to 1$ nähern sich beide Eigenwerte dem gleichen Grenzwert: $E_\pm\to\frac{\hbar\omega}{2}$.

Für kleine Abstände a, also für $u\to 0$, finden wir

$$\begin{aligned} \alpha &\approx \hbar\omega\big(\tfrac{1}{2} - \tfrac{u}{\sqrt{\pi}}(1-u^2) + u^2(1 - \tfrac{2}{\sqrt{\pi}}u)\big) \approx \hbar\omega\big(\tfrac{1}{2} - \tfrac{u}{\sqrt{\pi}} + u^2\big) \\ \beta &\approx \hbar\omega\big(\tfrac{1}{2} - \tfrac{u}{\sqrt{\pi}}\big)(1-u^2) \approx \hbar\omega\big(\tfrac{1}{2} - \tfrac{u}{\sqrt{\pi}} - \tfrac{u^2}{2}\big) \end{aligned} \tag{7.146}$$

und daher

$$\alpha - \beta \approx \hbar\omega\big(u^2 + \tfrac{u^2}{2}\big) = \tfrac{3}{2}\hbar\omega u^2\,. \tag{7.147}$$

Mit $1 - w^2 \approx u^2$ erhalten wir daher $E_- \to \frac{3}{2}\hbar\omega$, und mit $\alpha + \beta \to \hbar\omega$ und $w + 1 \to 2$ schließlich $E_+ \to \frac{1}{2}\hbar\omega$.

Aufgabe 7.4 (Seite 170) : Zeigen Sie: Unter der Annahme eines großen Wertes der Verschiebung a ist die Engergiedifferenz der tiefsten Zustände des Doppelmuldenpotentials (7.61) mit einer Potentialbarriere der Höhe V_0 gegeben durch

$$\Delta E = E_- - E_+ = \sqrt{8\hbar\omega V_0/\pi}\,\mathrm{e}^{-2V_0/\hbar\omega}\,.$$

Lösung: Für große Abstände gilt für das Überlappungsintegral (7.63) $w \ll 1$ und $\beta \approx -\hbar\omega \frac{sa}{\sqrt{\pi}}\,w$. Dann ist $E_\pm = \alpha \pm \beta$ und die Energiedifferenz ist gleich

$$\Delta E = E_- - E_+ \approx -2\beta = (2\hbar\omega sa/\sqrt{\pi})\,\mathrm{e}^{-s^2a^2} \tag{7.148}$$

und, wenn wir $sa = \sqrt{2V_0/\hbar\omega}$ einsetzen, erhalten wir das gesuchte Ergebnis.

Aufgabe 7.5 (Seite 171) : Bestätigen Sie zunächst die Integrale

$$\int_{-\infty}^{+\infty} \varphi_\pm^*(x)\,x\,\varphi_\pm(x)\,\mathrm{d}x = \pm a\,, \qquad \int_{-\infty}^{+\infty} \varphi_\pm^*(x)\,x\,\varphi_\mp(x)\,\mathrm{d}x = 0$$

und berechnen Sie damit

$$\langle\hat{x}\rangle = a\big(|c_+|^2 - |c_-|^2\big)\,.$$

Lösung: Die Wellenfunktion $\varphi_0(y)$ ist reell, normiert und symmetrisch. Also gilt

$$\int_{-\infty}^{+\infty} \varphi_0(y)\,\varphi_0(y)\,\mathrm{d}y = 1\;, \qquad \int_{-\infty}^{+\infty} \varphi_0(y)\,y\,\varphi_0(y)\,\mathrm{d}y = 0\,, \tag{7.149}$$

und daher mit $\varphi_\pm(x) = \varphi_0(x \mp a)$

$$\begin{aligned}\int_{-\infty}^{+\infty} \varphi_\pm^*(x)\,x\,\varphi_\pm(x)\,\mathrm{d}x &= \int_{-\infty}^{+\infty} \varphi_0(x\mp a)\,x\,\varphi_0(x\mp a)\,\mathrm{d}x = \int_{-\infty}^{+\infty} \varphi_0(y)\,(y\pm a)\,\varphi_0(y)\,\mathrm{d}y \\ &= \int_{-\infty}^{+\infty} \varphi_0(y)\,y\,\varphi_0(y)\,\mathrm{d}y \pm a\int_{-\infty}^{+\infty} \varphi_0(y)\,\varphi_0(y)\,\mathrm{d}y = \pm a\,.\end{aligned} \tag{7.150}$$

Das zweite Integral ist gleich null, denn der Integrand ist antisymmetrisch:

$$\begin{aligned} f(x) &= \varphi_+^*(x)\,x\,\varphi_-(x) = \varphi_0(x-a)\,x\,\varphi_0(x+a) = \varphi_0(-x+a)\,x\,\varphi_0(-x-a) \\ &= \varphi_0(-x-a)\,x\,\varphi_0(-x+a) = -f(-x)\,.\end{aligned} \tag{7.151}$$

Nach dieser Vorbereitung erhält man den Erwartungswert des Ortes als

$$\begin{aligned}\langle\hat{x}\rangle &= \int_{-\infty}^{+\infty} \big(c_+^*\varphi_+^*(x) + c_-^*\varphi_+^*(x)\big)\,x\,\big(c_+\varphi_+(x) + c_-\varphi_+(x)\big)\,\mathrm{d}x \\ &= |c_+|^2\int_{-\infty}^{+\infty} \varphi_+^*(x)x\varphi_+(x)\mathrm{d}x + c_+^*c_-\int_{-\infty}^{+\infty} \varphi_+^*(x)x\varphi_-(x)\mathrm{d}x \\ &\qquad + c_-^*c_+\int_{-\infty}^{+\infty} \varphi_-^*(x)x\varphi_+(x)\mathrm{d}x + |c_-|^2\int_{-\infty}^{+\infty} \varphi_-^*(x)x\varphi_-(x)\mathrm{d}x \\ &= a\big(|c_+|^2 - |c_-|^2\big)\,.\end{aligned} \tag{7.152}$$

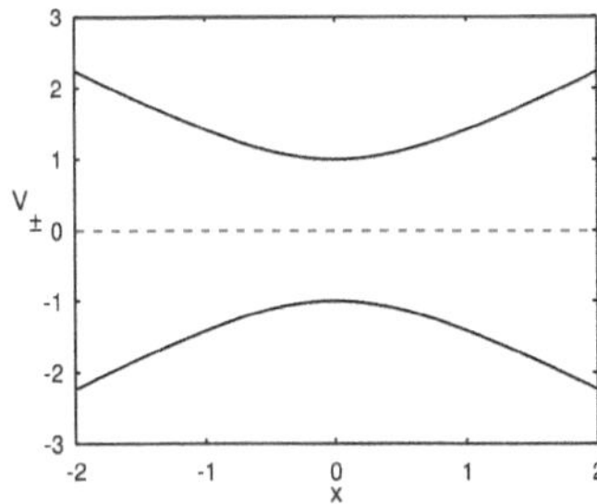

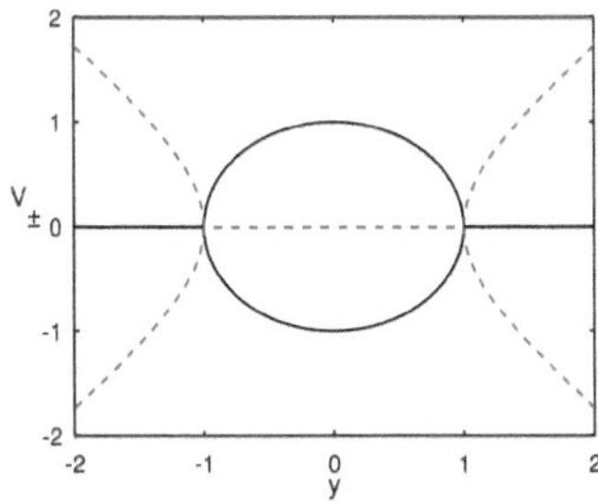

Bild 7.12 Realteile (—) und Imaginärteile (- - -) der Potentiale $V_\pm(r)$ mit $r = a + x + iy$ für $y = 0$ (links) und $x = 0$ (rechts).

Aufgabe 7.6 (Seite 173): Bestimmen Sie für die Modellpotentiale $V_1(r) = b(r-a)$, $V_2(r) = -b(r-a)$ und $V_{12} = v$ mit positiven Parametern a, b, v die adiabatischen Potentiale $V_\pm(r)$, ihre komplexen Kreuzungspunkte und skizzieren Sie die Potentialflächen.

Lösung: Die adiabatischen Potentiale sind nach (7.81) gleich

$$V_\pm(r) = \pm\sqrt{b^2(r-a)^2 + v^2} = \pm b\sqrt{x^2 - y^2 + (v/b)^2 + 2ixy} \tag{7.153}$$

mit $r = a + x + iy$. Aus $V_+(r) = V_-(r)$ erhalten wir die Kreuzungspunkte $r_c = a + iv/b$ und $r_c^* = a - iv/b$. Bild 7.12 zeigt die Realteile und Imaginärteile der Potentialflächen entlang der reellen Achse und entlang einer Geraden durch die Kreuzungspunkte für $b = v = 1$.

Aufgabe 7.7 (Seite 175): Die Schrödinger-Gleichung (7.82) für ein Potential mit der Periode d hat Lösungen der Form $\varphi(x) = e^{i\kappa x}u(x)$ mit $u(x+d) = u(x)$. Dabei ist κ bestimmt durch $e^{i\kappa d}$ als Eigenwert der Matrix $\mathbf{M}(d;E)$ aus Gleichung (7.88).

Lösung: Die Periodizität der Funktion $u(x)$ sieht man sofort, denn wenn man eine Lösung mit $\varphi(x+d) = e^{i\kappa d}\varphi(x)$ als $\varphi(x) = e^{i\kappa x}u(x)$ ansetzt, folgt einerseits

$$\varphi(x+d) = e^{i\kappa(x+d}u(x+d) = e^{i\kappa d}e^{i\kappa x}u(x+d) \tag{7.154}$$

und andererseits gilt

$$\varphi(x+d) = e^{i\kappa d}\varphi(x) = e^{i\kappa d}e^{i\kappa x}u(x)\,. \tag{7.155}$$

Ein Vergleich ergibt $u(x+d) = u(x)$. Der letzte Teil, die Bestimmung von κ, ist offensichtlich.

8 Transfermatrix und Streumatrix

„Es gibt nichts Praktischeres als eine gute Theorie."
— Immanuel Kant (1724-1804)

Sehr praktisch sind ohne Zweifel die Transfermatrizen. Derartige Matrizen haben wir schon in der Optik als Systemmatrizen und als Jones-Matrizen kennengelernt oder als Kettenmatrizen bei den elektrischen Vierpolen. Diese Matrizen bilden eine Gruppe und ermöglichen durch ihre Hintereinanderschaltung einen Aufbau komplizierter Strukturen aus elementaren Bausteinen, hier den Transfermatrizen für elementare Potentialboxen, wie wir sie auch schon bei den semiklassischen Näherungen kennengelernt haben.

Wir untersuchen hier für den einfachen eindimensionalen Fall die Lösung der zeitunabhängigen Schrödinger-Gleichung

$$-\frac{\hbar^2}{2m}\frac{\mathrm{d}^2\psi}{\mathrm{d}x^2} + V(x)\psi = E\psi. \tag{8.1}$$

Dabei sei das Potential $V(x)$ nur in einem Intervall $[a,b]$ von null verschieden und die Energie sei positiv: $E > 0$, wie in Bild 8.1 dargestellt (vgl. auch Bild 7.6). Wir kennen also die Lösungen $\psi_-(x)$ und $\psi_+(x)$ links bzw. rechts von diesem Intervall:

$$\psi_-(x) = A\mathrm{e}^{+ikx} + B\mathrm{e}^{-ikx} \quad , \quad \psi_+(x) = C\mathrm{e}^{+ikx} + D\mathrm{e}^{-ikx}. \tag{8.2}$$

Hier sind e^{-ikx} und e^{+ikx} nach links bzw. rechts laufende ebene Wellen mit der Wellenzahl $k = \sqrt{2mE}/\hbar$. Wir sollten dabei festhalten, dass dadurch alle Koeffizienten relativ zu einen festgehaltenen Bezugspunkt $x = 0$ definiert sind.

In diesem quantenmechanischen Streuproblem sind die Amplituden auf der rechten Seite mit den Amplituden der linken Seite durch die (lineare!) Schrödinger-Gleichung verknüpft. Sie sind daher lineare Funktionen dieser Amplituden, also

$$C = M_{11}A + M_{12}B\,, \quad D = M_{21}A + M_{22}B, \tag{8.3}$$

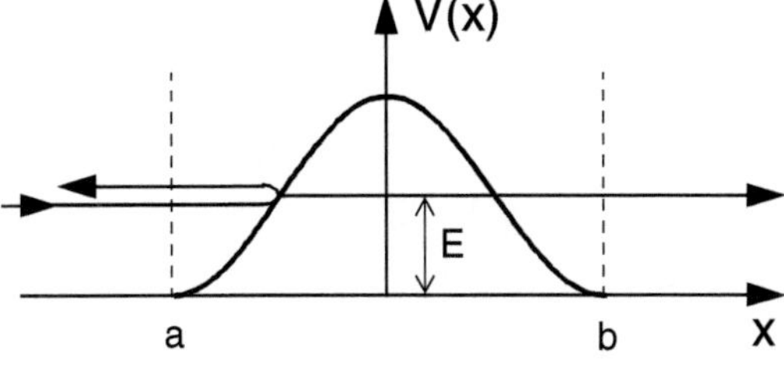

Bild 8.1 Durchgang und Reflexion an einer Potentialbarriere $V(x)$ im Intervall $a < x < b$.

oder bequemer in Matrixform

$$\begin{pmatrix} C \\ D \end{pmatrix} = \begin{pmatrix} M_{11} & M_{12} \\ M_{21} & M_{22} \end{pmatrix} \begin{pmatrix} A \\ B \end{pmatrix}, \tag{8.4}$$

mit der **Transfermatrix** oder auch **Transmissionsmatrix** $\mathbf{M} = (M_{ij})$. Man bezeichnet die nach rechts oder links laufenden ebenen Wellen auch als **Kanäle**. Die Transfermatrix **M** koppelt also die Kanäle links und rechts des Potentialbereiches, an dem die ebenen Wellen gestreut werden, wie in Bild 8.2 illustriert.

Ein Beispiel einer solchen Transfermatrix hatten wir schon bei der Betrachtung des Durchgangs durch eine Potentialbarriere in semiklassischer Näherung kennengelernt: Die Verknüpfungsmatrix **B** aus Gleichung (7.109) ist eine Transfermatrix.

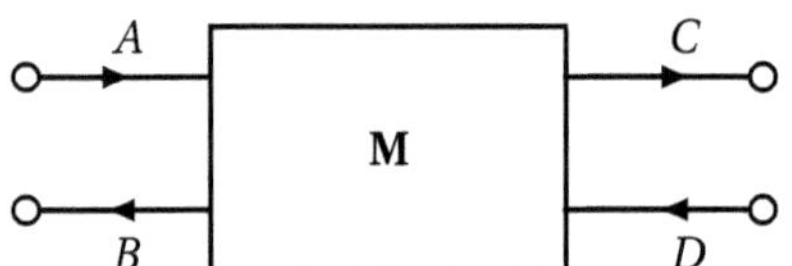

Bild 8.2 Die Transfermatrix **M** verknüpft die Amplituden A und B links vom Potential mit den Amplituden C und D auf der rechten Seite.

8.1 Eigenschaften von Transfer- und Streumatrix

Wir wollen im Folgenden annehmen, dass das Potential $V(x)$ und die Energie E reell sind, falls nicht etwas anderes gesagt wird. Dann ist mit $\psi(x)$ auch die konjugiert komplexe Funktion $\psi^*(x)$ eine Lösung der Schrödinger-Gleichung (8.1). Diese Funktion lautet in den Bereichen links und rechts des Intervalls $[a, b]$

$$\psi_-^*(x) = A^* \, \mathrm{e}^{-\mathrm{i}kx} + B^* \, \mathrm{e}^{\mathrm{i}kx}, \quad \psi_+^*(x) = C^* \, \mathrm{e}^{-\mathrm{i}kx} + D^* \, \mathrm{e}^{\mathrm{i}kx}. \tag{8.5}$$

Vergleicht man dies mit (8.2), so sieht man nur einen Unterschied in den Bezeichnungen, und daher müssen auch die *gleichen* Beziehungen zwischen den Koeffizienten gelten, also

$$D^* = M_{11} B^* + M_{12} A^*, \quad C^* = M_{21} B^* + M_{22} A^*, \tag{8.6}$$

oder als komplex konjugierte Gleichungen,

$$D = M_{11}^* B + M_{12}^* A, \quad C = M_{21}^* B + M_{22}^* A, \tag{8.7}$$

und mit (8.3) findet man

$$M_{21} = M_{12}^*, \quad M_{22} = M_{11}^*. \tag{8.8}$$

Eine weitere Beziehung erhält man mithilfe der Stromdichte

$$j = \frac{\hbar}{2\mathrm{i}m} \left\{ \psi^* \frac{\mathrm{d}\psi}{\mathrm{d}x} - \psi \frac{\mathrm{d}\psi^*}{\mathrm{d}x} \right\}. \tag{8.9}$$

Sie ist unabhängig von x, also eine Erhaltungsgröße, was sich direkt durch Ableitung von j nach x und Einsetzen der Schrödinger-Gleichung ergibt. Wir berechnen die Stromdichte in den Bereichen mit $V = 0$ aus (8.2) und setzen beide Werte gleich:

$$j = \frac{\hbar k}{m} \left\{ |A|^2 - |B|^2 \right\} = \frac{\hbar k}{m} \left\{ |C|^2 - |D|^2 \right\}, \tag{8.10}$$

d.h. die Differenz der Amplitudenbeträge ist erhalten:

$$|A|^2 - |B|^2 = |C|^2 - |D|^2. \tag{8.11}$$

Wenn man hier die Amplituden aus (8.4) mit (8.8) einsetzt, erhält man

$$\begin{aligned}
|C|^2 - |D|^2 &= |M_{11}\,A + M_{12}\,B|^2 - |M_{12}^*A + M_{11}^*B|^2 \\
&= |M_{11}|^2|A|^2 + M_{11}M_{12}^*AB^* + M_{11}^*M_{12}A^*B + |M_{12}|^2|B|^2 - |M_{12}|^2|A|^2 \\
&\qquad - M_{12}^*M_{11}AB^* - M_{11}^*M_{12}A^*B - |M_{11}|^2|B|^2 \\
&= \left(|M_{11}|^2 - |M_{12}|^2\right)\left(|A|^2 - |B|^2\right)
\end{aligned} \tag{8.12}$$

und damit eine weitere Beziehung zwischen den Koeffizienten der Transfermatrix:

$$|M_{11}|^2 - |M_{12}|^2 = 1 \quad \text{oder} \quad M_{11}M_{22} - M_{12}M_{21} = \det\mathbf{M} = 1\,. \tag{8.13}$$

Die Transfermatrix wird also für reelle Energie durch drei reelle Parameter bestimmt und hat die Struktur

$$\mathbf{M} = \begin{pmatrix} M_{11} & M_{12} \\ M_{12}^* & M_{11}^* \end{pmatrix} \quad \text{mit} \quad \det\mathbf{M} = |M_{11}|^2 - |M_{12}|^2 = 1. \tag{8.14}$$

Eine wichtige Eigenschaft der Transfermatrizen ist ihre Kombinierbarkeit. Wenn man zwei Potentialbereiche hintereinander setzt, dann ergibt sich die Transfermatrix für das Gesamtpotential als Produkt der einzelnen Transfermatrizen. Diese Matrizen, also Matrizen vom Typ (8.14) mit Determinante eins, bilden eine Gruppe, die Pseudounitäre Gruppe (vgl. M2, Seite 80).

Es gibt jedoch Situationen, in denen links und rechts des Bereiches $[a,b]$ *nicht* die freien Lösungen e^{+ikx} und e^{-ikx} vorliegen, wie beispielsweise in den semiklassischen Näherungen in Abschnitt 7.6. Man kann dann eine verallgemeinerte Transfermatrix definieren, indem man die freien Lösungen $e^{\pm ikx}$ in Gleichung (8.2) durch zwei linear unabhängige Lösungen $f_-(x)$ und $f_-^*(x)$ bzw. $f_+(x)$ und $f_+^*(x)$ in den Bereichen links bzw. rechts ersetzt. Da die Wronski-Determinante $W = \psi_1(x)\psi_2'(x) - \psi_1'(x)\psi_2(x)$ zweier Lösungen der Schrödinger-Gleichung konstant ist (vgl. Seite 175), normiert man die Lösungsfunktionen zweckmäßigerweise wie

$$W_- = f_-(x)f_-^{*\prime}(x) - f_-'(x)f_-^*(x) = f_+(x)f_+^{*\prime}(x) - f_+'(x)f_+^*(x) = W_+\,. \tag{8.15}$$

Wie oben für ebene Wellen beschrieben, lässt sich dann eine Transfermatrix definieren, die die Amplituden der Linearkombinationen $\psi_-(x) = A\,f_-(x) + B\,f_-^*(x)$ und $\psi_+(x) = C\,f_+(x) + D\,f_+^*(x)$ verknüpft.

Aufgabe 8.1 (Lös. Seite 203) : Zeigen Sie, dass eine verallgemeinerte Transfermatrix die gleiche Struktur hat wie die für ebene Wellen, dass sie also die Eigenschaften (8.8) und (8.13) besitzt.

Oft ist es zweckmäßiger, das Streuproblem reell zu behandeln, indem man die Lösungen in den linken und rechten Bereichen als Linearkombinationen zweier reeller Lösungen $g(x)$ und $h(x)$ darstellt. Damit lässt sich eine reelle Transfermatrix $\widetilde{\mathbf{M}}$ konstruieren. Dazu eine Aufgabe:

Aufgabe 8.2 (Lös. Seite 204) : Zeigen Sie: Die komplexe Transfermatrix **M**, die man mit dem Ansatz $f(x) = g(x) + ih(x)$ nach Aufgabe 8.1 erhält, erfüllt mit der unitären Transformationsmatrix $\mathbf{U} = \frac{1}{\sqrt{2}}\left(\begin{smallmatrix} 1 & 1 \\ i & -i \end{smallmatrix}\right)$ die Gleichung $\mathbf{M} = \mathbf{U}^\dagger\widetilde{\mathbf{M}}\mathbf{U}$.

Durch explizites Ausrechnen dieser Transformation sieht man, dass zwischen der Transfermatrix **M** mit der pseudounitären Struktur (8.14) und der Matrix $\widetilde{\mathbf{M}}$ eine einfache Beziehung besteht, nämlich

$$\mathbf{M} = \begin{pmatrix} u+\mathrm{i}w & v+\mathrm{i}z \\ v-\mathrm{i}z & u-\mathrm{i}w \end{pmatrix} \iff \widetilde{\mathbf{M}} = \begin{pmatrix} u+v & w-z \\ -w-z & u-v \end{pmatrix} \tag{8.16}$$

mit rellen Parametern u, v, w, z und $\det\mathbf{M} = \det\widetilde{\mathbf{M}} = u^2 + w^2 - v^2 - z^2 = 1$. Wir sehen, dass $\widetilde{\mathbf{M}}$ nicht mehr pseudounitär ist, sondern reell symplektisch. Mehr dazu findet man in M2, Abschnitt 3.5.1 und Abschnitt 3.5.2.

Die Streumatrix: Alternativ zu der Konstruktion der Transfermatrix kann man die Amplituden der auslaufenden Wellen durch die einlaufenden ausdrücken, also als $C = S_{11}A + S_{12}D$ und $B = S_{21}A + S_{22}D$. Als Matrixgleichung schreiben wir das als

$$\begin{pmatrix} C \\ B \end{pmatrix} = \begin{pmatrix} S_{11} & S_{12} \\ S_{21} & S_{22} \end{pmatrix} \begin{pmatrix} A \\ D \end{pmatrix}, \tag{8.17}$$

mit der **Streumatrix S** = (S_{ij}). Auflösen der zweiten Zeile von (8.4) nach B ergibt zunächst

$$B = -\frac{M_{21}}{M_{22}} A + \frac{1}{M_{22}} D, \tag{8.18}$$

und, nach Einsetzen in die Gleichung der ersten Zeile von (8.4) und mithilfe von $\det\mathbf{M} = 1$, schließlich

$$C = \left(M_{11} - \frac{M_{21}}{M_{22}}\right) A + \frac{M_{12}}{M_{22}} D = \frac{1}{M_{22}} A + \frac{M_{12}}{M_{22}} D. \tag{8.19}$$

Damit erhält man

$$\mathbf{S} = \frac{1}{M_{11}^*} \begin{pmatrix} 1 & M_{12} \\ -M_{12}^* & 1 \end{pmatrix}. \tag{8.20}$$

Man rechnet sofort nach:

$$\mathbf{S}\mathbf{S}^\dagger = \frac{1}{|M_{11}|^2} \begin{pmatrix} 1 & M_{12} \\ -M_{12}^* & 1 \end{pmatrix} \begin{pmatrix} 1 & -M_{12} \\ M_{12}^* & 1 \end{pmatrix} = \frac{1}{|M_{11}|^2} \begin{pmatrix} 1+|M_{12}|^2 & -M_{12}+M_{12} \\ -M_{12}^*+M_{12}^* & |M_{11}|^2+1 \end{pmatrix}. \tag{8.21}$$

Wegen $\det\mathbf{M} = |M_{11}|^2 + |M_12|^2 = 1$ ergibt das die Identität **I**, und daher ist die Streumatrix **S** unitär.

Reflexion und Transmission: Von direktem Interesse ist zum Beispiel die Wahrscheinlichkeit für eine Reflexion einer *nur* von links einlaufenden Welle (also $D = M_{12}^* A + M_{11}^* B = 0$)

$$P_{\text{refl}}^L = \left|\frac{B}{A}\right|_{D=0}^2 = \left|S_{21}\right|^2 = \left|\frac{M_{12}}{M_{11}}\right|^2 \tag{8.22}$$

oder die Reflexionswahrscheinlichkeit einer *nur* von rechts einlaufenden Welle (also $A = 0$)

$$P_{\text{refl}}^R = \left|\frac{C}{D}\right|_{A=0}^2 = \left|S_{12}\right|^2 = \left|\frac{M_{12}}{M_{22}}\right|^2 = \left|\frac{M_{12}}{M_{11}}\right|^2. \tag{8.23}$$

Ein Vergleich zeigt, dass diese Wahrscheinlichkeiten übereinstimmen,

$$P_{\text{refl}}^L = P_{\text{refl}}^R = P_{\text{refl}}, \tag{8.24}$$

und damit natürlich auch die Wahrscheinlichkeiten für eine Transmission:

$$P_{\text{trans}} = 1 - P_{\text{refl}} = \frac{1}{|M_{11}|^2}. \tag{8.25}$$

Dies gilt ganz allgemein, also auch dann, wenn das Potential $V(x)$ unsymmetrisch ist.

Aus der Bedingung $\det\mathbf{M} = |M_{11}|^2 - |M_{12}|^2 = 1$ in Gleichung (8.13) folgt direkt die Ungleichung $|M_{11}|^2 > 1$. Also liegen, wie zu erwarten, die Wahrscheinlichkeiten zwischen null und eins. Eine

vollständige Transparenz finden wir für Energien, die die Bedingung $|M_{11}|^2 = 1$ erfüllen. Dann gilt $M_{12} = 0$ und die Transfer- oder Streumatrix sind diagonal:

$$\mathbf{M} = \begin{pmatrix} e^{i\varphi} & 0 \\ 0 & e^{-i\varphi} \end{pmatrix}, \quad \mathbf{S} = \begin{pmatrix} e^{i\varphi} & 0 \\ 0 & e^{i\varphi} \end{pmatrix}. \tag{8.26}$$

Eine **vollständige Reflexion** ist nur möglich, wenn M_{11} und M_{12} gegen unendlich streben. Dies impliziert andererseits, dass die Wellenfunktionen auf beiden Seiten des Potentials identisch verschwinden, was nur im Grenzfall $k \to 0$ möglich ist.

Translation: Eine **Verschiebung** des gesamten Potentials um die Strecke s überträgt sich in einfacher Weise auf die **M**-Matrix. Mit $x' = x + s$ ist

$$\begin{aligned} \psi_-(x) &= \psi_-(x'-s) \\ &= A\,e^{-iks}e^{ikx'} + B\,e^{+iks}e^{-ikx'} = A'\,e^{ikx'} + B'\,e^{-ikx'} \end{aligned} \tag{8.27}$$

und entsprechend

$$\begin{aligned} \psi_+(x) &= \psi_+(x'-s) \\ &= C\,e^{-iks}e^{ikx'} + D\,e^{+iks}e^{-ikx'} = C'\,e^{ikx'} + D'\,e^{-ikx'}. \end{aligned} \tag{8.28}$$

Die neue Transfermatrix $\mathbf{M}'$ ist definiert als

$$C' = M'_{11}A' + M'_{12}B' \quad , \quad D' = M'_{21}A' + M'_{12}B'. \tag{8.29}$$

Setzt man in Gleichung (8.27) ein,

$$\begin{aligned} e^{-iks}C' &= M'_{11}\,e^{-iks}A + M'_{12}\,e^{+iks}B, \\ e^{+iks}D' &= M'_{21}\,e^{-iks}A + M'_{12}\,e^{+iks}B, \end{aligned} \tag{8.30}$$

multipliziert mit e^{iks} bzw. e^{-iks} und vergleicht mit Gleichung (8.3), so findet man die Verschiebungsrelation

$$\begin{pmatrix} M'_{11} & M'_{12} \\ M'_{21} & M'_{22} \end{pmatrix} = \begin{pmatrix} M_{11} & e^{-2iks}M_{12} \\ e^{+2iks}M_{21} & M_{22} \end{pmatrix}. \tag{8.31}$$

Symmetrische Potentiale: Für den Fall eines zu $x = 0$ symmetrischen Potentials $V(-x) = V(x)$ ist die **S**-Matrix symmetrisch bezüglich einer Vertauschung der Kanäle, d.h. es gilt

$$S_{jk} = S_{kj} \tag{8.32}$$

und damit insbesondere $M_{12} = -M^*_{12}$, d.h. das Matrixelement M_{12} ist rein imaginär. Also können wir ansetzen

$$M_{12} = -i\beta\,,\ \beta \in \mathbb{R}, \tag{8.33}$$

und (8.13) liefert die Gleichung $|M_{11}|^2 = 1 + \beta^2$ und folglich $M_{11} = \sqrt{1+\beta^2}\,e^{i\theta}$. Die Transfermatrix und die Streumatrix haben in diesem häufig betrachteten symmetrischen Fall die allgemeine Gestalt

$$\mathbf{M} = \begin{pmatrix} \sqrt{1+\beta^2}\,e^{i\theta} & -i\beta \\ i\beta & \sqrt{1+\beta^2}\,e^{-i\theta} \end{pmatrix}, \quad \mathbf{S} = \frac{e^{-i\theta}}{\sqrt{1+\beta^2}} \begin{pmatrix} 1 & -i\beta \\ -i\beta & 1 \end{pmatrix}. \tag{8.34}$$

(8.35)

Gebundene Zustände und Resonanzen: Wir unterstellen hier im Augenblick ein Potential mit $V(x) = 0$ für $|x| > a$ und beschreiben unser System durch seine Transfermatrix **M** über den Bereich $-a < x < a$.

Man kann nun auf den Gedanken kommen, nach der Existenz von Zuständen *ohne* einlaufende Wellen zu fragen. Dazu setzen wir die Amplituden der einlaufenden Wellen gleich null (also A, D bei der Transfermatrix oder der Streumatrix) und erhalten aus Gleichung (8.4)

$$\begin{pmatrix} C \\ 0 \end{pmatrix} = \begin{pmatrix} M_{11} & M_{12} \\ M_{21} & M_{22} \end{pmatrix} \begin{pmatrix} 0 \\ B \end{pmatrix}. \tag{8.36}$$

als Bedingung für die Wellenzahl k oder die Energie $E = \hbar^2 k^2 / 2m$ solcher Zustände

$$M_{22}(k) = 0. \tag{8.37}$$

Die S-Matrix wird dann singulär.[1] Man bezeichnet einen solchen Zustand für negative reelle Energie als **gebundenen Zustand** oder, für komplexe Energiewerte, als **Resonanzzustand**.

8.2 Einfache Modellpotentiale

Einige einfache Beispiele für das Delta-Potential und für Stufenpotentiale sollen die Anwendung einer solchen Transfermatrix oder Streumatrix illustrieren. Diese Transfermatrizen werden dann im folgenden Abschnitt eingesetzt, um Ketten aufeinander folgender Potentialboxen zu beschreiben.

8.2.1 Das Delta-Potential

Wir betrachten zuerst den wohl einfachsten Fall, ein Punktpotential an einer Stelle $x = 0$, ein sogenanntes Delta-Potential

$$V(x) = \lambda \delta(x) \tag{8.38}$$

mit der Delta-Funktion $\delta(x)$.[2] Zunächst bestimmen wir die Transfer- und die Streumatrix im Rahmen einer Aufgabe:

Aufgabe 8.3 (Lös. Seite 204): Zeigen Sie: Für das Deltapotential $V(x) = \lambda\delta(x)$ sind Transfermatrix **M** und Streumatrix **S** gegeben durch

$$\mathbf{M} = \begin{pmatrix} 1 - \mathrm{i}\beta & -\mathrm{i}\beta \\ \mathrm{i}\beta & 1 + \mathrm{i}\beta \end{pmatrix}, \quad \mathbf{S} = \frac{1}{1 + \mathrm{i}\beta} \begin{pmatrix} 1 & -\mathrm{i}\beta \\ -\mathrm{i}\beta & 1 \end{pmatrix} \quad \text{mit} \quad \beta = \frac{m\lambda}{\hbar^2 k}.$$

Beide Formeln in Aufgabe 8.3 stimmen mit der allgemeinen Gleichung (8.35) für symmetrische Potentiale überein, wobei die Phase θ durch

$$\tan\theta = \beta \tag{8.39}$$

gegeben ist. Die Transmissionswahrscheinlichkeit durch ein solches Delta-Potential ist dann durch

$$p_{\text{trans}} = \frac{1}{|M_{11}|^2} = \frac{1}{1 + \beta^2} = \frac{\hbar^4 k^2}{\hbar^4 k^2 + m^2 \lambda^2} \tag{8.40}$$

---

[1] Hier ist zu beachten, dass für komplexe k-Werte die Beziehungen $M_{11}^* = M_{22}$ und $M_{12}^* = M_{21}$ nicht erfüllt sein müssen.

[2] Die Delta-Funktion erfüllt $\delta(x) = 0$ für $x \neq 0$ und $\int_{-\infty}^{+\infty} \delta(x)\,\mathrm{d}x = 1$.

gegeben. Sie ist also unabhängig davon, ob das Potential attraktiv ($\lambda < 0$) oder repulsiv ($\lambda < 0$) ist, und wächst monoton vom Wert null bei $k = 0$ auf den Wert eins im Grenzfall $k \to \infty$.

Die Bedingung (8.37) für die Existenz eines gebundenen Zustandes lautet für das Delta-Potential (8.38)

$$0 = M_{22}(k) = 1 + \mathrm{i}\beta \quad \Rightarrow \quad \beta = \mathrm{i} \quad \Rightarrow \quad k = -\mathrm{i}m\lambda/\hbar^2 \tag{8.41}$$

mit der Definition von β in Aufgabe 8.3. Das ergibt links und rechts rein auslaufende Wellen mit imaginärem k, also $\psi(x) = C\mathrm{e}^{\mathrm{i}kx} = C\mathrm{e}^{m\lambda x/\hbar^2}$ für $x > 0$ und $\psi(x) = B\mathrm{e}^{-\mathrm{i}kx} = B\mathrm{e}^{-m\lambda x/\hbar^2}$ für $x < 0$. Dabei sind die Amplituden wegen $C = M_{12}B$ und $M_{12} = -\mathrm{i}\beta = 1$ gleich, die Wellenfunktion ist also symmetrisch. (Entsprechend wäre sie für $M_{12} = -1$ antisymmetrisch.) Für ein attraktives Potential ($\lambda < 0$) fallen diese Lösungen exponentiell ab, und wir erhalten wir nach stetiger Ergänzung bei $x = 0$ und Normierung

$$\psi(x) = \sqrt{-m\lambda/\hbar^2}\,\mathrm{e}^{m\lambda|x|/\hbar^2}, \tag{8.42}$$

also eine normierte Eigenfunktion. Ein attraktives Delta-Potential mit $\lambda < 0$ besitzt also einen einzigen gebundenen Zustand mit einer Bindungsenergie

$$E = \frac{\hbar^2 k^2}{2m} = -\frac{m\lambda^2}{2\hbar^2}. \tag{8.43}$$

8.2.2 Die Potentialstufe

Ein zweiter einfacher Fall ist die Potentialstufe bei $x = d$

$$V(x) = \begin{cases} V_1(x)\,, & x < d \\ V_2(x)\,, & x > d \end{cases} \tag{8.44}$$

mit den Lösungen

$$\psi(x) = \begin{cases} \psi_1(x) = Af_1(x) + Bg_1(x) & , \quad x < d \\ \psi_2(x) = Cf_2(x) + Dg_2(x) & , \quad x > d \end{cases} \tag{8.45}$$

links und rechts der Stufe bei d. Hierbei sind die $f_j(x)$ und $g_j(x)$ linear unabhängige Lösungen in den beiden Bereichen, die wir so normieren, dass ihre Wronski-Determinanten

$$W_j = f_j g_j' - f_j' g_j \tag{8.46}$$

übereinstimmen (vgl. auch Aufgabe 8.1). Im einfachsten Fall konstanter Potentiale ergeben sich dann die Lösungen

$$f_j(x) = k_j^{-1/2}\mathrm{e}^{+\mathrm{i}k_j x} \quad , \quad g_j(x) = k_j^{-1/2}\mathrm{e}^{-\mathrm{i}k_j x} \tag{8.47}$$

mit $k_j = \left(2m(E - V_j)\right)^{1/2}/\hbar$ für $j = 1,2$ und $W_1 = W_2 = -2\mathrm{i}$. Die Forderung stetiger Differenzierbarkeit bei d, also

$$\begin{aligned} Af_1(d) + Bg_1(d) &= Cf_2(d) + Dg_2(d) \\ Af_1'(d) + Bg_1'(d) &= Cf_2'(d) + Dg_2'(d)\,, \end{aligned} \tag{8.48}$$

liefert die Matrixgleichung (wir unterdrücken hier die Abhängigkeit von der Sprungstelle d)

$$\begin{pmatrix} f_1 & g_1 \\ f_1' & g_1' \end{pmatrix} \begin{pmatrix} A \\ B \end{pmatrix} = \begin{pmatrix} f_2 & g_2 \\ f_2' & g_2' \end{pmatrix} \begin{pmatrix} C \\ D \end{pmatrix}, \tag{8.49}$$

oder kompakter geschrieben

$$\mathbf{T}_1\,\mathbf{a}_1 = \mathbf{T}_2\,\mathbf{a}_2 \tag{8.50}$$

mit den Vektoren $\mathbf{a}_1 = (A,B)^T$, $\mathbf{a}_2 = (C,D)^T$ der Amplituden und den Matrizen

$$\mathbf{T}_j = \begin{pmatrix} f_j & g_j \\ f_j' & g_j{}' \end{pmatrix}, \quad j = 1,2. \tag{8.51}$$

Aus Gleichung (8.50) erhalten wir $\mathbf{a}_2 = \mathbf{M}\,\mathbf{a}_1 = \mathbf{T}_2^{-1}\,\mathbf{T}_1\,\mathbf{a}_1$ mit der Transfermatrix

$$\mathbf{M} = \mathbf{T}_2^{-1}\,\mathbf{T}_1 . \tag{8.52}$$

Es ist hier nützlich, diese Transfermatrix explizit zu berechnen. Mit der Inversen $\mathbf{T}_2^{-1}$ (vgl. M2, Gleichung (1.21)) ergibt sich mit $\det \mathbf{T}_2 = f_2 g_2' - f_2' g_2 = W$

$$\mathbf{M} = \begin{pmatrix} M_{11} & M_{12} \\ M_{21} & M_{22} \end{pmatrix} = \frac{1}{W}\begin{pmatrix} g_2' & -g_2 \\ -f_2' & f_2 \end{pmatrix}\begin{pmatrix} f_1 & g_1 \\ f_1' & g_1' \end{pmatrix} = \frac{1}{W}\begin{pmatrix} -g_2 f_1' + g_2' f_1 & -g_2 g_1' + g_2' g_1 \\ f_2 f_1' - f_2' f_1 & f_2 g_1' - f_2' g_1 \end{pmatrix}. \tag{8.53}$$

Für $g_j = f_j^*$ ist W rein imaginär und man verifiziert leicht, dass dieser Ausdruck die allgemeinen Eigenschaften einer Transfermatrix besitzt (vgl. (8.14) und (8.13)). Ein wichtiger Fall ist eine Potentialstufe zwischen konstanten Potentialen. Setzt man (8.47) ein, so erhält man

$$\mathbf{M} = \frac{1}{2\sqrt{k_2 k_1}}\begin{pmatrix} (k_2+k_1)\mathrm{e}^{-\mathrm{i}(k_2-k_1)d} & (k_2-k_1)\mathrm{e}^{-\mathrm{i}(k_2+k_1)d} \\ (k_2-k_1)\mathrm{e}^{+\mathrm{i}(k_2+k_1)d} & (k_2+k_1)\mathrm{e}^{+\mathrm{i}(k_2-k_1)d} \end{pmatrix}, \tag{8.54}$$

falls die k_j reell sind. Dies ist der Fall, wenn die Energie E oberhalb der Potentialstufe liegt, also größer als V_1 und V_2 ist. Für den Fall, dass E zwischen beiden Potentialstufen liegt, also unterhalb von V_j, wird die Wellenzahl k_j imaginär, und man setzt mit

$$k_j = \mathrm{i}\kappa_j = \frac{\mathrm{i}}{\hbar}\sqrt{2m(V_j - E)} \tag{8.55}$$

ins Komplexe fort.

8.2.3 Das Kastenpotential

Das Bequeme an dem Transfermatrix-Ansatz ist die einfache Kombinierbarkeit der einzelnen Ausdrücke, was weiter unten noch genauer ausgewertet werden soll. Hier berechnen wir als ein einfaches Beispiel die Transfermatrix für das endlich tiefe Kastenpotential aus Gleichung (7.55) Wir unterstellen dabei zunächst eine Potentialbarriere ($V_0 > 0$) und den Tunnelfall $0 < E < V_0$. Mit

$$\hbar k = \sqrt{2mE} \qquad \text{und} \qquad \hbar\kappa = \sqrt{2m(V_0 - E)} \tag{8.56}$$

(vgl. Gleichung (7.57)) erhält man durch stetig differenzierbaren Anschluss der Linearkombinationen der Lösungen $\mathrm{e}^{\pm\mathrm{i}kx}$ und $\mathrm{e}^{\pm\kappa x}$ in den Bereichen $|x| > a$ bzw. $|x| < a$ bei $x = \pm a$ als

$$\mathbf{M} = \begin{pmatrix} \big(\cosh 2\kappa a - \mathrm{i}u_- \sinh 2\kappa a\big)\,\mathrm{e}^{-2\mathrm{i}ka} & -\mathrm{i}u_+ \sinh 2\kappa a \\ +\mathrm{i}u_+ \sinh 2\kappa a & \big(\cosh 2\kappa a + \mathrm{i}u_- \sinh 2\kappa a\big)\,\mathrm{e}^{+2\mathrm{i}ka} \end{pmatrix} \tag{8.57}$$

mit

$$u_\pm = \frac{\kappa}{2k} \pm \frac{k}{2\kappa}. \tag{8.58}$$

Dabei gilt $u_+^2 - u_-^2 = (u_+ + u_-)(u_+ - u_-) = 1$. Nach Gleichung (8.25) ist die Wahrscheinlichkeit für Transmission gleich

$$P_{\text{trans}} = \frac{1}{|M_{11}|^2} = \frac{1}{\cosh^2 2\kappa a + u_-^2 \sinh^2 2\kappa a} = \frac{1}{1 + u_+^2 \sinh^2 2\kappa a}.$$

Im Grenzfall eines Delta-Potentials, also für $a \to 0$ mit konstantem $2aV_0 = \lambda$ findet man mit $\kappa \to \infty$ und $\kappa a \to 0$ zunächst $u_\pm \to \kappa/2k$ und $\cosh 2\kappa a \to 1$ sowie

$$u_\pm \sinh 2\kappa a \longrightarrow m\lambda/\hbar^2 k = \frac{2mV_0 a}{k\hbar^2} = \frac{m\lambda}{\hbar^2 k} = \beta . \tag{8.59}$$

Das stimmt mit dem in Aufgabe 8.3 angegebenen Ausdruck überein.

Für Energien oberhalb der Barriere ($E > V_0$) oder für die Streuung an einem Potentialtopf mit $V_0 < 0$ erhält man durch analoge Rechnung oder durch komplexe Fortsetzung mit $\kappa \to \mathrm{i}\kappa$, also für $\hbar\kappa = \sqrt{2m(E-V_0)}$, die Matrix

$$\mathbf{M} = \begin{pmatrix} \left(\cos 2\kappa a + \mathrm{i}u_- \sin 2\kappa a\right) \mathrm{e}^{-2\mathrm{i}ka} & \mathrm{i}u_+ \sin 2\kappa a \\ -\mathrm{i}u_+ \sin 2\kappa a & \left(\cos 2\kappa a - \mathrm{i}u_- \sin 2\kappa a\right) \mathrm{e}^{+2\mathrm{i}ka} \end{pmatrix} \tag{8.60}$$

mit

$$u_\pm = \frac{\kappa}{2k} \mp \frac{k}{2\kappa} , \tag{8.61}$$

wobei hier gilt $u_+^2 - u_-^2 = -1$.

Aufgabe 8.4 (Lös. Seite 205) : Berechnen Sie die Transfermatrix für das Kastenpotential (7.55), indem Sie es als eine Kombination zweier Potentialstufen betrachten.

Die Transmissionswahrscheinlichkeit (8.59) wird zu

$$P_{\text{trans}} = \frac{1}{|M_{11}|^2} = \frac{1}{\cos^2 2\kappa a + u_-^2 \sin^2 2\kappa a} = \frac{1}{1 + u_+^2 \sin^2 2\kappa a} . \tag{8.62}$$

Der Ausdruck lässt sich für u_+^2 in (8.59) oder (8.62) in übersichtlicher Form als

$$u_+^2 = \frac{V_0^2}{4E|E-V_0|} \tag{8.63}$$

schreiben. Die Transmissionswahrscheinlichkeit für den Fall einer Potentialbarriere mit $V_0 > 0$ ist in Bild 8.3 dargestellt für Parameter mit $(2a/\hbar)\sqrt{2mV_0} = 3\pi$. Für $2\kappa a = n\pi$, $n = 1, , 2, \ldots$, ist $\sin 2\kappa a = 0$ und die Transmissionswahrscheinlichkeit hat den maximalen Wert $P_{\text{trans}} = 1$, das Potential ist also vollkommen transparent. Interessanterweise liegt hier die Energie dieser **Transmissionsresonanz** bei

$$E_n = \frac{\hbar^2\kappa^2}{2m} = V_0 + \frac{\hbar^2\pi^2 n^2}{8ma^2} , \tag{8.64}$$

also bei den Bindungsenergien eines Kastenpotentials mit unendlich hohen Wänden (vgl. Gleichung (7.54)).

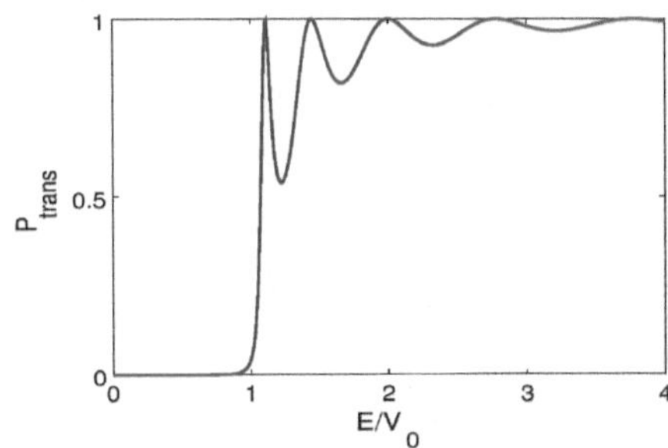

Bild 8.3 Transmissionswahrscheinlichkeit P_{trans} eines Kastenpotentials mit $V_0 > 0$ als Funktion der Energie E.

Wie oben dargestellt, können die Energien E_n der gebundenen Zustände eines attraktiven Kastenpotentials (7.55) durch stetig differenzierbaren Anschluss der Lösungen in den drei Potentialbereichen bei $x = \pm a$ bestimmt werden. Sie lassen sich aber auch aus der Transfermatrix (8.60) mithilfe der Bedingung (8.37) ermitteln. Aus $0 = M_{22}(k) = \big(\cos 2\kappa a - \mathrm{i}u_- \sin 2\kappa a\big)\,\mathrm{e}^{+2\mathrm{i}ka}$ erhält man

$$2\cot(2\kappa a) = 2\mathrm{i}u_- = \mathrm{i}\Big(\frac{\kappa}{k} + \frac{k}{\kappa}\Big) \tag{8.65}$$

in Übereinstimmung mit Gleichung (7.60), oder, mit $z = ka$ und $A^2 = -2mV_0a^2/\hbar^2 > 0$,

$$2\cot(2\sqrt{z^2 + A^2}) = \mathrm{i}\Big(\sqrt{\frac{z^2 + A^2}{z^2}} + \sqrt{\frac{z^2}{z^2 + A^2}}\,\Big). \tag{8.66}$$

Diese Gleichung besitzt abzählbar unendlich viele Lösungen für $z = ka$ und damit für die Energie E_n. Neben den endlich vielen reellen Energien gebundener Zustände mit $E_n < 0$ findet man komplexwertige Resonanzenergien. Mehr darüber findet man in der Literatur,[3] insbesondere auch über das Verhalten der Zustände bei Variation des Potentialparameters A^2.

8.3 Potentialketten

Die wohl wichtigste Anwendung von **Transfermatrizen** beruht auf ihrer Kombinierbarkeit. (Hier sei noch einmal auf die Gruppenstruktur der Transfermatrizen hingewiesen.) Hat man zwei aufeinander folgende Potential-Boxen wie in Bild 8.4, so ergibt sich die gesamte Transfermatrix **M** durch Hintereinanderschalten von $\mathbf{M}_1$ und $\mathbf{M}_2$:

$$\mathbf{M}^{(2,1)} = \mathbf{M}_2\,\mathbf{M}_1\,, \tag{8.67}$$

und entsprechend für eine Kette von Potential-Boxen $V_1, V_2, \ldots, V_n$:

$$\mathbf{M}^{(n,\ldots,2,1)} = \mathbf{M}_n \cdots \mathbf{M}_2\,\mathbf{M}_1\,. \tag{8.68}$$

Matrizen mit ganz ähnlichem Eigenschaften haben wir schon unter dem Namen **Kettenmatrix** bei elektronischen Vierpolen in Abschnitt 4.2 und als **Systemmatrizen** der Linsenoptik in Abschnitt 6.1 kennengelernt. Im Folgenden werden einige Anwendungen der Transfermatrizen dargestellt.

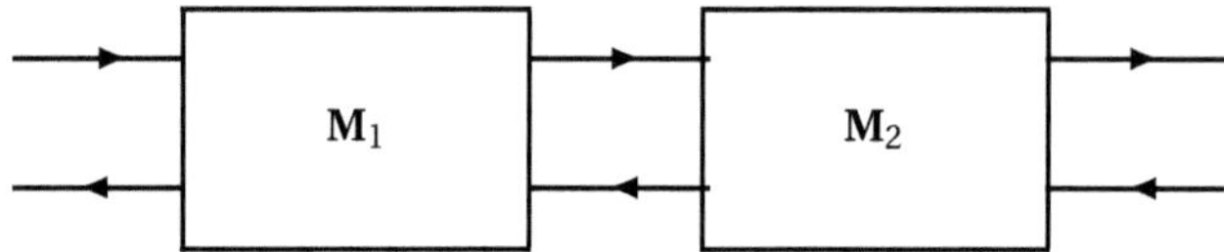

Bild 8.4 Transfermatrizen für die Streuung an zwei Potential-Boxen V_1 und V_2 multiplizieren sich: $\mathbf{M} = \mathbf{M}_2\mathbf{M}_1$.

[3] Siehe zum Beispiel: N. Moiseyev, *Non-Hermitian Quantum Mechanics*, Cambridge University Press, 2011.

8.3.1 Das Doppel-Delta-Potential

Als einfachste Anwendung untersuchen wir die Streuung an einem System von zwei Potentialboxen. Dann ist die Transfermatrix $\mathbf{M} = \mathbf{M}_2\mathbf{M}_1$ durch einfache Matrixmultiplikation der beiden einzelnen Transfermatrizen zu berechnen. Wir demonstrieren das für zwei Delta-Potentiale der Stärke λ_1 und λ_2 bei $x = -d/2$ bzw. $x = +d/2$, also

$$V(x) = \lambda_1\delta(x+d/2) + \lambda_2\delta(x-d/2)\,. \tag{8.69}$$

Dann erhält man die beiden Transfermatrizen aus der Matrix $\mathbf{M} = \begin{pmatrix} 1-\mathrm{i}\beta & -\mathrm{i}\beta \\ \mathrm{i}\beta & 1+\mathrm{i}\beta \end{pmatrix}$ für das Delta-Potential bei $x = 0$ aus Aufgabe 8.3 und der Verschiebungsrelation (8.31):

$$\mathbf{M}_1 = \begin{pmatrix} 1-\mathrm{i}\beta_1 & -\mathrm{i}\beta_1 \mathrm{e}^{+\mathrm{i}kd} \\ \mathrm{i}\beta_1 \mathrm{e}^{-\mathrm{i}kd} & 1+\mathrm{i}\beta_1 \end{pmatrix}, \quad \mathbf{M}_2 = \begin{pmatrix} 1-\mathrm{i}\beta_2 & -\mathrm{i}\beta_2 \mathrm{e}^{-\mathrm{i}kd} \\ \mathrm{i}\beta_2 \mathrm{e}^{+\mathrm{i}kd} & 1+\mathrm{i}\beta_2 \end{pmatrix}, \quad \beta_j = \frac{m\lambda_j}{\hbar^2 k}\,. \tag{8.70}$$

Die Matrixmultiplikation ergibt die Matrixelemente von $\mathbf{M} = \mathbf{M}_2\mathbf{M}_1$:

$$\begin{aligned}
M_{11} &= 1 - \mathrm{i}(\beta_1+\beta_2) - \beta_1\beta_2\left(1-\mathrm{e}^{-\mathrm{i}2kd}\right) \\
M_{12} &= -\mathrm{i}\beta_1\mathrm{e}^{+\mathrm{i}kd} - \mathrm{i}\beta_2\mathrm{e}^{-\mathrm{i}kd} - \beta_1\beta_2\left(\mathrm{e}^{+\mathrm{i}kd} - \mathrm{e}^{-\mathrm{i}kd}\right) \\
M_{21} &= +\mathrm{i}\beta_1\mathrm{e}^{-\mathrm{i}kd} + \mathrm{i}\beta_2\mathrm{e}^{+\mathrm{i}kd} + \beta_1\beta_2\left(\mathrm{e}^{+\mathrm{i}kd} - \mathrm{e}^{-\mathrm{i}kd}\right) \\
M_{22} &= 1 + \mathrm{i}(\beta_1+\beta_2) - \beta_1\beta_2\left(1-\mathrm{e}^{+\mathrm{i}2kd}\right).
\end{aligned} \tag{8.71}$$

Wir betrachten etwas eingehender den Fall gleicher attraktiver Potentiale mit $\lambda_1 = \lambda_2 = \lambda < 0$, also $\beta_1 = \beta_2 = \beta = m\lambda/\hbar^2 k < 0$, und bestimmen zunächst die Bindungsenergien. Dafür muss gelten $M_{22} = 0$, also

$$M_{22} = 1 + 2\mathrm{i}\beta - \beta^2\left(1-\mathrm{e}^{\mathrm{i}2kd}\right) = (1+\mathrm{i}\beta)^2 + \beta^2\mathrm{e}^{\mathrm{i}2kd} = 0, \tag{8.72}$$

oder, als Bestimmungsgleichung für die Eigenzustände,

$$\mathrm{e}^{\mathrm{i}kd} = \pm\left(1 - \frac{\mathrm{i}}{\beta}\right) = \pm\left(1 - \frac{\mathrm{i}\hbar^2 k}{m\lambda}\right). \tag{8.73}$$

Diese Gleichung besitzt Lösungen für rein imaginäre Werte von k und damit existieren gebundene Zustände mit negativen Energien, die wir in der folgenden Aufgabe näher untersuchen:

Aufgabe 8.5 (Lös. Seite 206): (a) Berechnen Sie das Matrixelement M_{12} für die Lösungen der Quantisierungsbedingung (8.73) des attraktiven Doppel-Delta-Potentials. (b) Bestimmen Sie die möglichen Lösungen von (8.73) mit rein imaginärem k für die beiden unterschiedlichen Vorzeichen sowie die Symmetrie der zugehörigen Wellenfunktionen. Untersuchen Sie auch die Grenzfälle sehr kleiner und sehr großer Potentialabstände. (c) Stellen Sie die Energieeigenwerte E_0 und E_1 für $\lambda < 0$ in Abhängigkeit vom Potentialabstand graphisch dar.

Die Transmissionswahrscheinlichkeiten $p_{\text{trans}} = |M_{11}|^{-2}$ des symmetrischen Doppel-Delta-Potentials zeigen genau wie die des Kastenpotentials (vgl. Bild 8.3) ein interessantes oszillierendes Verhalten in Abhängigkeit von der Energie oder der Wellenzahl k, wie in Bild 8.5 für attraktive ($\lambda = -1$) und repulsive ($\lambda = +1$) Potentiale dargestellt. Bei bestimmten Energien, den Transmissionsresonanzen, gilt $|M_{11}| = 1$ und das Potential ist vollständig transparent.

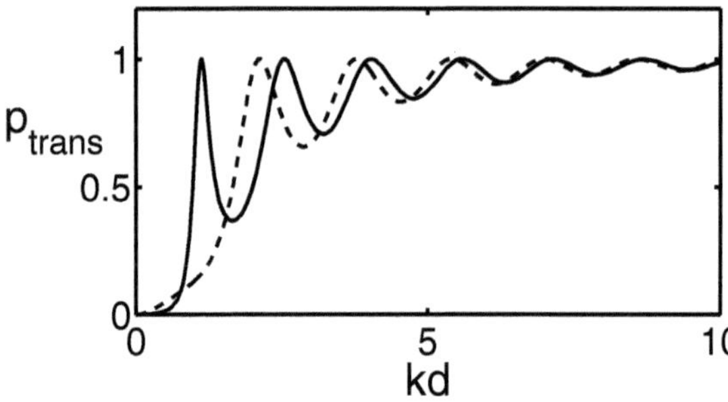

Bild 8.5 Transmissionswahrscheinlichkeit $p_{\rm trans}$ für das attraktive (—) und repulsive (- -) Doppel-Delta-Potential in Abhängigkeit von *kd*.

8.3.2 Der Delta-Kamm

Als eine weitere interessante Anwendung der Transfermatrix betrachten wir eine Serie äquidistanter gleicher Delta-Potentiale.[4] Wählt man die Positionen der Delta-Potentiale bei $x_\nu = \nu d$, $\nu = 0, 1, \ldots, n$, also

$$V^{(n)}(x) = \lambda \sum_{\nu=0}^{n} \delta(x - \nu d)\,, \tag{8.74}$$

so erhält man

$$\mathbf{M}^{(n)} = \mathbf{M}_n \ldots \mathbf{M}_1 \mathbf{M}_0\,, \tag{8.75}$$

wobei die einzelnen Transfermatrizen sich mithilfe der Verschiebungsrelation (8.31) aus der Formel in Aufgabe 8.1 ergeben:

$$\mathbf{M}_\nu = \begin{pmatrix} 1 - \mathrm{i}\beta & -\mathrm{i}\beta \mathrm{e}^{-2\mathrm{i}\nu\phi} \\ \mathrm{i}\beta \mathrm{e}^{2\mathrm{i}\nu\phi} & 1 + \mathrm{i}\beta \end{pmatrix} = \begin{pmatrix} \sqrt{1+\beta^2}\,\mathrm{e}^{\mathrm{i}\theta_0} & -\mathrm{i}\beta \mathrm{e}^{-2\mathrm{i}\nu\phi} \\ \mathrm{i}\beta \mathrm{e}^{2\mathrm{i}\nu\phi} & \sqrt{1+\beta^2}\,\mathrm{e}^{-\mathrm{i}\theta_0} \end{pmatrix}, \tag{8.76}$$

mit $\beta = m\lambda/\hbar^2 k$ aus Aufgabe 8.1 und $\phi = kd$, $\theta_0 = -\arctan\beta$. Wir berechnen zunächst $\mathbf{M}^{(1)}$:

$$\begin{aligned} \mathbf{M}^{(1)} = \mathbf{M}_1\mathbf{M}_0 &= \begin{pmatrix} 1 - \mathrm{i}\beta & -\mathrm{i}\beta \mathrm{e}^{-2\mathrm{i}\phi} \\ \mathrm{i}\beta \mathrm{e}^{2\mathrm{i}\phi} & 1 + \mathrm{i}\beta \end{pmatrix} \begin{pmatrix} 1 - \mathrm{i}\beta & -\mathrm{i}\beta \\ \mathrm{i}\beta \mathrm{e}^{2\mathrm{i}\phi} & 1 + \mathrm{i}\beta \end{pmatrix} \\ &= \begin{pmatrix} \sqrt{1+(2z\beta)^2}\,\mathrm{e}^{\mathrm{i}\theta_1} & -\mathrm{i}\beta \mathrm{e}^{-2\mathrm{i}\phi} \\ \mathrm{i}\beta \mathrm{e}^{2\mathrm{i}\phi} & \sqrt{1+(2z\beta)^2}\,\mathrm{e}^{-\mathrm{i}\theta_1} \end{pmatrix}, \end{aligned} \tag{8.77}$$

mit

$$\theta_1 = -\arctan\left(2\beta \frac{1 + \beta\sin\phi\cos\phi}{1 - 2\beta^2\sin^2\phi}\right) \quad \text{und} \quad z = \cos\phi + \beta\sin\phi\,. \tag{8.78}$$

Entsprechend ergibt sich

$$\mathbf{M}^{(2)} = \begin{pmatrix} \sqrt{1+4(\{4z^2-1\}\beta)^2}\,\mathrm{e}^{\mathrm{i}\theta_2} & -\mathrm{i}\beta \mathrm{e}^{-2\mathrm{i}\phi}(4z^2-1) \\ \mathrm{i}\beta \mathrm{e}^{2\mathrm{i}\phi}(4z^2-1) & \sqrt{1+4(\{4z^2-1\}\beta)^2}\,\mathrm{e}^{-\mathrm{i}\theta_2} \end{pmatrix}, \tag{8.79}$$

und man vermutet die folgende allgemeine Form:

$$\mathbf{M}^{(n)} = \begin{pmatrix} \sqrt{1+(\beta U_n)^2}\,\mathrm{e}^{\mathrm{i}\theta_n} & -\mathrm{i}\mathrm{e}^{-\mathrm{i}n\phi}(\beta U_n) \\ \mathrm{i}\mathrm{e}^{\mathrm{i}n\phi}(\beta U_n) & \sqrt{1+(\beta U_n)^2}\,\mathrm{e}^{-\mathrm{i}\theta_n} \end{pmatrix}. \tag{8.80}$$

4 Diese Darstellung beruht auf der Arbeit von D. J. Griffiths, N. F. Taussig, Am. J. Phys. 60 (1992) 884.

Dabei erwarten wir wegen $U_0(z) = 1$, $U_1(z) = 2z$, $U_2(z) = 4z^2 - 1, \ldots$ für U_n ein Polynom n-ten Grades in der Variablen z. Dies ist erfüllt für $n = 1$. Weiterhin ist

$$\begin{aligned} \mathbf{M}^{(n+1)} &= \mathbf{M}_{n+1}\mathbf{M}^{(n)} \\ &= \begin{pmatrix} 1-\mathrm{i}\beta & -\mathrm{i}\beta\mathrm{e}^{-2\mathrm{i}(n+1)\phi} \\ \mathrm{i}\beta\mathrm{e}^{2\mathrm{i}(n+1)\phi} & 1+\mathrm{i}\beta \end{pmatrix} \begin{pmatrix} \sqrt{1+(\beta U_n)^2}\,\mathrm{e}^{\mathrm{i}\theta_n} & -\mathrm{i}\mathrm{e}^{-\mathrm{i}n\phi}(\beta U_n) \\ \mathrm{i}\mathrm{e}^{\mathrm{i}n\phi}(\beta U_n) & \sqrt{1+(\beta U_n)^2}\,\mathrm{e}^{-\mathrm{i}\theta_n} \end{pmatrix}. \end{aligned} \tag{8.81}$$

Das stimmt genau dann mit der angestrebten Form (8.80) überein, wenn die Gleichungen

$$(1-\mathrm{i}\beta)\sqrt{1+(\beta U_n)^2}\,\mathrm{e}^{\mathrm{i}\theta_n} + \beta^2 U_n \mathrm{e}^{-\mathrm{i}(n+2)\phi} = \sqrt{1+(\beta U_{n+1})^2}\,\mathrm{e}^{\mathrm{i}\theta_{n+1}} \tag{8.82}$$

$$(1+\mathrm{i}\beta)U_n\,\mathrm{e}^{\mathrm{i}n\phi} + \sqrt{1+(\beta U_n)^2}\,\mathrm{e}^{2\mathrm{i}(n+1)\phi}\,\mathrm{e}^{\mathrm{i}\theta_n} = \mathrm{e}^{\mathrm{i}(n+1)\phi}\,U_{n+1} \tag{8.83}$$

erfüllt sind. Schreibt man (8.83) als

$$\sqrt{1+(\beta U_n)^2}\,\mathrm{e}^{\mathrm{i}\theta_n} = \mathrm{e}^{-\mathrm{i}(n+1)\phi}\left(U_{n+1} - (1+\mathrm{i}\beta)\mathrm{e}^{-\mathrm{i}\phi}U_n\right) \tag{8.84}$$

und setzt dort (8.82) ein, so ergibt sich eine einfache Rekursionsgleichung für die $U_n(z)$:

$$U_{n+2}(z) = 2z\,U_{n+1}(z) - U_n(z)\,. \tag{8.85}$$

Mit $U_0(z) = 1$ und $U_1(z) = 2z$ erzeugt diese Rekursion die Tschebyscheff-Polynome zweiter Art $U_n(z)$ (mehr dazu findet man in M2). Die Phase θ_{n+1} bestimmt sich dann rekursiv nach (8.82).

Die Wahrscheinlichkeit für die Transmission einer Kette von $n+1$ Delta-Potentialen ist damit durch einen einfachen Ausdruck gegeben:

$$P_{\text{trans}}(n) = \frac{1}{|M_{22}|^2} = \frac{1}{1+\left(\beta U_n(z)\right)^2}, \tag{8.86}$$

mit einem Tschebyscheff-Polynom $U_n(z)$ und

$$z = \cos kd + \beta \sin kd \tag{8.87}$$

(zur Erinnerung: $\beta = m\lambda/\hbar^2 k$).

Bild 8.6 zeigt ein Beispiel für eine Kette von 2, 3 und 4 Delta-Potentialen (Parameterwerte $m = \hbar = 1$, $d = 2$ und $\lambda = 10$) im Bereich $0 < E < 1$ der Energie $E = m\hbar^2 k^2/2$. Man beobachtet in diesem Energiebereich zwei Gruppen von Transmissionsresonanzen mit $P_{\text{trans}}(n) = 1$, die aus jeweils n Mitgliedern besteht. Solch eine vollständige Transparenz findet man an den Nullstellen der Tschebyscheff-Polynome $U_n(z)$. Diese liegen im Bereich $-1 < z < +1$ und man kann dort diese Polynome auf die Form

$$U_n(\cos\chi) = \frac{\sin(n+1)\chi}{\sin\chi} \tag{8.88}$$

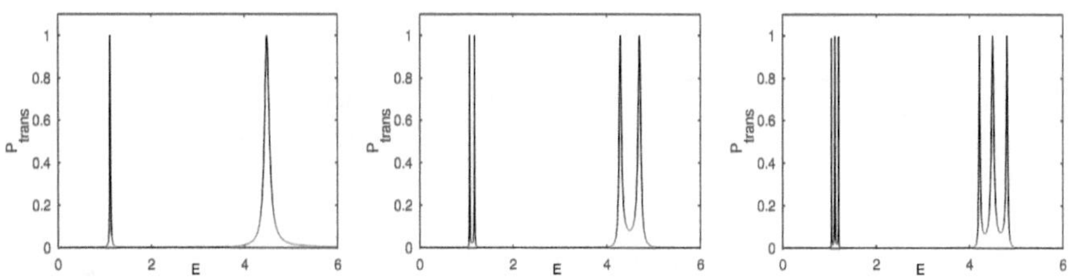

Bild 8.6 Transmissionswahrscheinlichkeit für eine Kette von 2, 3 und 4 Delta-Potentialen ($m = \hbar = 1$, $d = 2$ und $\lambda = 10$).

bringen mit $z = \cos\chi$. Man erhält dann

$$P_{\text{trans}}(n) = \left(1 + \beta^2 \frac{\sin^2(n+1)\chi}{\sin^2\chi}\right)^{-1}, \tag{8.89}$$

eine Formel, die an die Beugung an einem Gitter erinnert.

Wenn die Anzahl n der Potentialboxen gegen unendlich strebt, erhalten wir eine unendliche Kette von Delta-Potentialen, einen **Delta-Kamm** oder auch **Dirac-Kamm**. Die Schrödinger-Gleichung

$$-\frac{\hbar^2}{2m}\psi''(x) + V(x)\psi(x) = E\psi(x) \tag{8.90}$$

mit

$$V(x) = \lambda \sum_{n=-\infty}^{+\infty} \delta(x - nd) = V(x + d) \tag{8.91}$$

zeigt also für alle Energiewerte $E = \hbar^2 k^2/2m$ mit $z(E)$ aus Gleichung (8.87) in dem Intervall $-1 < z < +1$ vollständige Transparenz, also einen reflexionsfreien Transport längs der x-Achse. Setzen wir $z = \cos\kappa d$ mit $\kappa \in \mathbb{R}$, so erhalten wir aus (8.87)

$$z(E) = \cos\kappa d = \cos kd + \beta \sin kd = \cos kd + \frac{m\lambda}{\hbar^2 k}\sin kd. \tag{8.92}$$

(vgl. dazu auch die Bemerkung auf Seite 176). Mit einer kurzen Rechnung kann man sich davon überzeugen, dass dann für die Wellenfunktion $\psi(x)$ die Beziehung

$$\psi(x + d) = \mathrm{e}^{\mathrm{i}\kappa d}\psi(x) \tag{8.93}$$

erfüllt ist. Nach einer Periode reproduziert sich die Wellenfunktion bis auf einen Phasenfaktor. Das linke Teilbild in Bild 8.7 zeigt die Funktion $z(E)$ für für eine Delta-Kette mit den Parametern $m = \hbar = 1$, $d = 2\pi$ und $\lambda = 1.5$. Man beobachtet Oszillationen, deren Amplituden mit wachsender Energie E abnehmen. Für E-Werte mit $-1 < z(E) < +1$, also innerhalb der gestrichelten Linien, ist die Transportgleichung (8.93) erfüllt.

Jetzt ist es an der Zeit, sich an die allgemeinen Überlegungen zu den Lösungen der Schrödinger-Gleichung für eindimensionale periodische Potentiale in Abschnitt 7.5 zu erinnern. Wir haben also hier für den Delta-Kamm die **Bloch-Bänder** berechnet sowie die **Dispersionsrelation** $E = E(\kappa)$. Die Breite der Lücken zwischen den Bloch-Bändern, man nennt sie auch „Gaps“, nehmen mit wachsender Energie ab. Das Bild 8.7 zeigt rechts die Dispersionsrelation der unteren vier Bloch-Bänder.

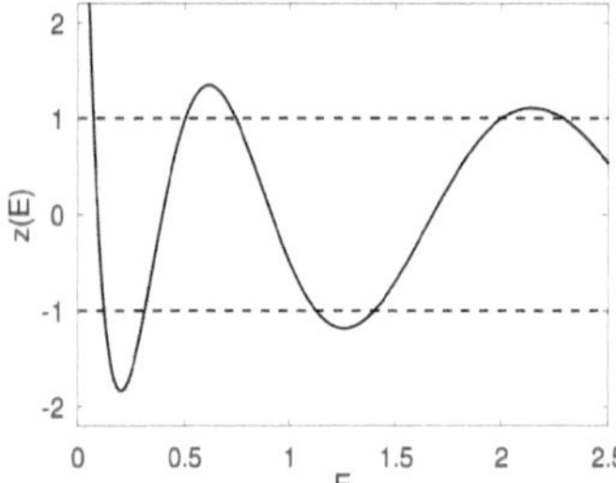

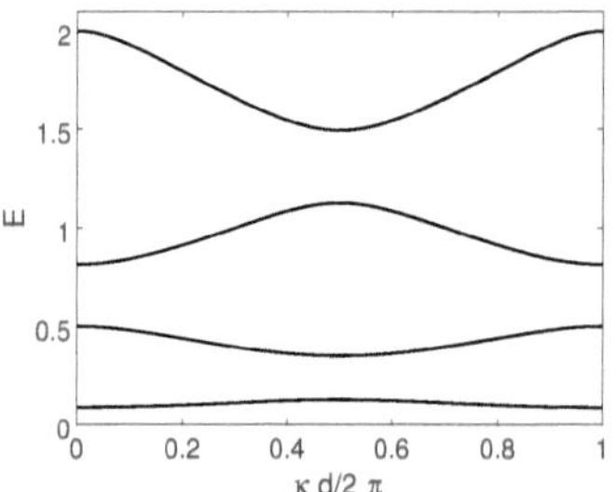

Bild 8.7 Delta-Kamm: Links: Die Funktion $z(E)$ aus (8.92) als Funktion der Energie E. Die Bereiche $|z(E)| \leq 1$ innerhalb der gestrichelten Linien, die Bloch-Bänder, erlauben vollständige Transmission. Rechts: Dispersionsrelation $E(\kappa)$ für die vier tiefsten Bloch-Bänder (Parameter: $m = \hbar = 1$, $d = 2\pi$ und $\lambda = 1.5$).

8.3.3 Allgemeine periodische Potentiale

Die Bloch-Lösungen der Schrödinger-Gleichung

$$\psi''(x) + k^2(x)\psi(x) \text{ mit } k^2(x) = 2m(E - V(x)/\hbar^2 \tag{8.94}$$

und $k = \sqrt{2mE}/\hbar$, die für ein periodisches Potential mit $k^2(x+d) = k^2(x)$ die Bloch-Relation (8.93) erfüllen, lassen sich auch mithilfe der Transfermatrix **M** bestimmen, die die Wellenfunktionen auf der linken und rechten Seite einer Potentialbox der Länge d verknüpft. Durch Einsetzen von $\psi(x) = A\mathrm{e}^{\mathrm{i}kx} + B\mathrm{e}^{-\mathrm{i}kx}$ und $\psi(x+d) = C\mathrm{e}^{\mathrm{i}k(x+d)} + B\mathrm{e}^{-\mathrm{i}k(x+d)}$ in $\psi(x+d) = \mathrm{e}^{\mathrm{i}\kappa d}\psi(x)$ erhalten wir

$$\begin{aligned} A\mathrm{e}^{\mathrm{i}\kappa d} &= C\mathrm{e}^{+\mathrm{i}kd} = (M_{11}A + M_{12}B)\mathrm{e}^{+\mathrm{i}kd} \\ B\mathrm{e}^{\mathrm{i}\kappa d} &= D\mathrm{e}^{-\mathrm{i}kd} = (M_{21}A + M_{22}B)\mathrm{e}^{-\mathrm{i}kd} \end{aligned} \tag{8.95}$$

oder

$$\mathrm{e}^{\mathrm{i}\kappa d}\begin{pmatrix} A \\ B \end{pmatrix} = \begin{pmatrix} \mathrm{e}^{+\mathrm{i}kd}M_{11} & \mathrm{e}^{+\mathrm{i}kd}M_{12} \\ \mathrm{e}^{-\mathrm{i}kd}M_{21} & \mathrm{e}^{-\mathrm{i}kd}M_{22} \end{pmatrix}\begin{pmatrix} A \\ B \end{pmatrix} = \begin{pmatrix} \mathrm{e}^{+\mathrm{i}kd} & 0 \\ 0 & \mathrm{e}^{-\mathrm{i}kd} \end{pmatrix}\begin{pmatrix} M_{11} & M_{12} \\ M_{21} & M_{22} \end{pmatrix}\begin{pmatrix} A \\ B \end{pmatrix}. \tag{8.96}$$

Der Phasenfaktor $\mathrm{e}^{\mathrm{i}\kappa d}$ ist also Eigenwert der Matrix

$$\mathbf{M}_d(k) = \mathbf{T}(kd)\mathbf{M}(k) \tag{8.97}$$

mit $\mathbf{T}(kd) = \begin{pmatrix} \mathrm{e}^{+\mathrm{i}kd} & 0 \\ 0 & \mathrm{e}^{-\mathrm{i}kd} \end{pmatrix}$. Damit lässt sich, wie eine kurze Rechnung zeigt, mit $M_{22} = M_{11}^*$ und $\det\mathbf{M} = 1$ die Bedingung für die Existenz von Bloch-Wellen als

$$\cos\kappa d = \mathrm{Re}\left(\mathrm{e}^{\mathrm{i}kd}M_{11}(k)\right) \tag{8.98}$$

ausdrücken. Die Lösung dieser Gleichung liefert den Zusammenhang zwischen Quasiimpuls κ und Wellenzahl k und damit die Dispersionsrelation $E(\kappa) = \hbar^2k^2(\kappa)/2m$. Beispielsweise erhält man für den Delta-Kamm mit $M_{11} = 1 - \mathrm{i}\beta = 1 - \mathrm{i}m\lambda/\hbar^2k$ die Gleichung (8.92). Eine weitere kurze Überlegung zeigt auch, dass diese Methode im Wesentlichen äquivalent ist zu dem in Abschnitt 7.5 dargestellten Zugang mit dem Fundamentalsystem von Lösungen.

Aufgabe 8.6 (Lös. Seite 207): In Abschnitt 7.6 wurde der Durchgang durch eine Potentialmulde und eine Potentialbarriere in semiklassischer Näherung durch die beiden Matrizen **T** bzw. **B** beschrieben. Leiten Sie damit eine semiklassische Dispersionsrelation $E(\kappa)$ zwischen Energie E und Quasiimplus κ her.

8.4 Lösungen der Aufgaben

Aufgabe 8.1 (Seite 191): Zeigen Sie, dass eine verallgemeinerte Transfermatrix die gleiche Struktur hat wie die für ebene Wellen, dass sie also die Eigenschaften (8.8) und (8.13) besitzt.

Lösung: Mit dem Ansatz $\psi_-(x) = Af_-(x) + Bf_-^*(x)$ und $\psi_+(x) = Cf_+(x) + Df_+^*(x)$ und der Definition einer Transfermatrix $C = M_{11}A + M_{12}B$, $D = M_{21}A + M_{22}B$ wie in (8.3) kann man zunächst ganz genau wie im Fall ebener Wellen in den Gleichungen (8.5) – (8.7) folgern, dass auch hier gilt

$$M_{21} = M_{12}^* \quad , \quad M_{22} = M_{11}^*. \tag{8.99}$$

Die Auswertung der Stromdichte $j = \frac{\mathrm{i}\hbar}{2m}\left\{\psi \frac{\mathrm{d}\psi^*}{\mathrm{d}x} - \psi^* \frac{\mathrm{d}\psi}{\mathrm{d}x}\right\}$ führt auf

$$\begin{aligned}(2m/\mathrm{i}\hbar)\, j &= (Af_- + Bf_-^*)(A^* f_-^{*\prime} + B^* f_-^\prime) - (A^* f_-^* + B^* f_-)(Af_-^\prime + Bf_-^{*\prime}) \\ &= AA^* f_- f_-^{*\prime} + AB^* f_- f_-^\prime + BA^* f_-^* f_-^{*\prime} + BB^* f_-^* f_-^\prime \\ &\qquad - AA^* f_-^* f_-^\prime - A^* Bg_-^* f_-^{*\prime} - B^* Af_- f_-^\prime BB^* f_- f_-^{*\prime} \\ &= \left(|A|^2 - |B|^2\right)\left(f_- f_-^{*\prime} - f_-^\prime f_-^*\right) = \left(|A|^2 - |B|^2\right) W_- \end{aligned} \tag{8.100}$$

mit der (rein imaginären) Wronski-Determinante W_- (vgl. Gleichung (8.15)). Genauso ergibt sich für die rechte Seite

$$(2m/\mathrm{i}\hbar)\, j = \left(|C|^2 - |D|^2\right) W_+ . \tag{8.101}$$

und damit für $W_- = W_+$

$$|A|^2 - |B|^2 = |C|^2 - |D|^2 , \tag{8.102}$$

genau wie in (8.11). Also gilt auch hier $\det \mathbf{M} = 1$.

Aufgabe 8.2 (Seite 191) : Zeigen Sie: Die komplexe Transfermatrix **M**, die man mit dem Ansatz $f(x) = g(x) + \mathrm{i}h(x)$ nach Aufgabe 8.1 erhält, erfüllt mit der unitären Transformationsmatrix $\mathbf{U} = \frac{1}{\sqrt{2}}\left(\begin{smallmatrix}1 & 1\\ \mathrm{i} & -\mathrm{i}\end{smallmatrix}\right)$ die Gleichung $\mathbf{M} = \mathbf{U}^\dagger \widetilde{\mathbf{M}} \mathbf{U}$.

Lösung: Die Koeffizienten aus der komplexen und der reellen Darstellung transformieren sich wie

$$\begin{aligned} Af(x) + Bf^*(x) &= A\big(g(x) + \mathrm{i}h(x)\big) + A\big(g(x) - \mathrm{i}h(x)\big) \\ &= (A+B)\, g(x) + \mathrm{i}\,(A-B)\, h(x) = \widetilde{A}g(x) + \widetilde{B}h(x) , \end{aligned} \tag{8.103}$$

also wie

$$\begin{pmatrix}\widetilde{A}\\ \widetilde{B}\end{pmatrix} = \begin{pmatrix}A+B\\ \mathrm{i}(A-B)\end{pmatrix} = \begin{pmatrix}1 & 1\\ \mathrm{i} & -\mathrm{i}\end{pmatrix}\begin{pmatrix}A\\ B\end{pmatrix} = \sqrt{2}\,\mathbf{U}\begin{pmatrix}A\\ B\end{pmatrix} \tag{8.104}$$

mit der Transformationsmatrix **U** aus der Aufgabe. Dann ist

$$\begin{pmatrix}\widetilde{A}^\prime\\ \widetilde{B}^\prime\end{pmatrix} = \sqrt{2}\,\mathbf{U}\begin{pmatrix}A^\prime\\ B^\prime\end{pmatrix} = \sqrt{2}\,\mathbf{U}\mathbf{M}\begin{pmatrix}A\\ B\end{pmatrix} = \sqrt{2}\,\mathbf{U}\mathbf{M}\frac{1}{\sqrt{2}}\mathbf{U}^\dagger\begin{pmatrix}\widetilde{A}\\ \widetilde{B}\end{pmatrix} = \widetilde{\mathbf{M}}\begin{pmatrix}\widetilde{A}\\ \widetilde{B}\end{pmatrix} , \tag{8.105}$$

und wir erhalten die gesuchte Transformationsgleichung $\mathbf{M} = \mathbf{U}^\dagger \widetilde{\mathbf{M}} \mathbf{U}$.

Aufgabe 8.3 (Seite 194) : Zeigen Sie: Für das Deltapotential $V(x) = \lambda\delta(x)$ sind Transfermatrix **M** und Streumatrix **S** gegeben durch

$$\mathbf{M} = \begin{pmatrix}1 - \mathrm{i}\beta & -\mathrm{i}\beta\\ \mathrm{i}\beta & 1 + \mathrm{i}\beta\end{pmatrix} , \quad \mathbf{S} = \frac{1}{1 + \mathrm{i}\beta}\begin{pmatrix}1 & -\mathrm{i}\beta\\ -\mathrm{i}\beta & 1\end{pmatrix} \quad \text{mit} \quad \beta = \frac{m\lambda}{\hbar^2 k}.$$

Lösung: Für $x \neq 0$ ist die Lösung der Schrödinger-Gleichung für das Delta-Potential $V(x) = \lambda\delta(x)$ eine ebene Welle. Bei $x = 0$ ist die Wellenfunktion stetig, mit $\epsilon > 0$ gilt also

$$\lim_{\epsilon \to 0} \psi(\pm\epsilon) = \psi(0) , \tag{8.106}$$

aber ihre Ableitung nicht. Integration der Schrödinger-Gleichung $-\frac{\hbar^2}{2m}\psi''(x) + \lambda\delta(x)\psi(x) = E\psi(x)$ von $-\varepsilon$ bis $+\varepsilon$ liefert

$$-\frac{\hbar^2}{2m}\big(\psi'(+\varepsilon) - \psi'(-\varepsilon)\big) + \lambda\psi(0) = E\int_{-\varepsilon}^{+\varepsilon}\psi(x)\,\mathrm{d}x\,, \tag{8.107}$$

wobei die rechte Seite mit $\varepsilon \to 0$ gegen null geht. Also haben wir einen Sprung um

$$\psi'(0_+) - \psi'(0_-) = \frac{2m\lambda}{\hbar^2}\psi(0)\,. \tag{8.108}$$

Wenn wir damit die Funktionen $\psi_-(x) = A\mathrm{e}^{\mathrm{i}kx} + B\mathrm{e}^{-\mathrm{i}kx}$ und $\psi_+(x) = C\mathrm{e}^{\mathrm{i}kx} + D\mathrm{e}^{-\mathrm{i}kx}$ wie in Gleichung (8.2) bei $x = 0$ anpassen, erhalten wir $A + B = C + D$ und

$$\mathrm{i}k\big(C - D - A + B\big) = \frac{2m\lambda}{\hbar^2}\big(A + B\big)\,. \tag{8.109}$$

Auflösen nach C und D ergibt die Transfermatrix

$$\mathbf{M} = \begin{pmatrix} 1 - \mathrm{i}\beta & -\mathrm{i}\beta \\ \mathrm{i}\beta & 1 + \mathrm{i}\beta \end{pmatrix}, \tag{8.110}$$

mit $\beta = \frac{m\lambda}{\hbar^2 k}$ und damit auch die Streumatrix

$$\mathbf{S} = \frac{1}{1 + \mathrm{i}\beta}\begin{pmatrix} 1 & -\mathrm{i}\beta \\ -\mathrm{i}\beta & 1 \end{pmatrix}. \tag{8.111}$$

Aufgabe 8.4 (Seite 197): Berechnen Sie die Transfermatrix für das Kastenpotential (7.55), indem Sie es als eine Kombination zweier Potentialstufen betrachten.

Lösung: Die Transfermatrix für das Kastenpotential lässt sich alternativ aus den Transfermatrizen für Stufenpotentiale berechnen. Für die Stufe bei $x = a$ und $k_1 = \kappa$, $k_2 = k$ schreibt sich (8.54) als

$$\mathbf{M}(a) = \frac{1}{2\sqrt{k\kappa}}\begin{pmatrix} (k+\kappa)\,\mathrm{e}^{-\mathrm{i}(k-\kappa)a} & (k-\kappa)\,\mathrm{e}^{-\mathrm{i}(k+\kappa)a} \\ (k-\kappa)\,\mathrm{e}^{+\mathrm{i}(k+\kappa)a} & (k+\kappa)\,\mathrm{e}^{+\mathrm{i}(k-\kappa)a}, \end{pmatrix} \tag{8.112}$$

und für die zweite Stufe bei $x = -a$ erhält man mit $k_1 = k$ und $k_2 = \kappa$

$$\mathbf{M}(-a) = \frac{1}{2\sqrt{\kappa k}}\begin{pmatrix} (\kappa+k)\,\mathrm{e}^{+\mathrm{i}(\kappa-k)a} & (\kappa-k)\,\mathrm{e}^{+\mathrm{i}(\kappa+k)a} \\ (\kappa-k)\,\mathrm{e}^{-\mathrm{i}(\kappa+k)a} & (\kappa+k)\,\mathrm{e}^{-\mathrm{i}(\kappa-k)a}. \end{pmatrix} \tag{8.113}$$

Die gesamte Transfermatrix ist also

$$\mathbf{M} = \mathbf{M}(a)\,\mathbf{M}(-a)\,. \tag{8.114}$$

Wegen der Symmetrie $M_{22} = M_{11}^*$ und $M_{21} = M_{12}^*$ (vgl. (8.14)) müssen nur zwei Matrixelemente der Produktmatrix berechnet werden:

$$\begin{aligned} 4k\kappa\,M_{11} &= (k+\kappa)\,\mathrm{e}^{-\mathrm{i}(k-\kappa)a}\,(\kappa+k)\,\mathrm{e}^{+\mathrm{i}(\kappa-k)a} + (k-\kappa)\,\mathrm{e}^{-\mathrm{i}(k+\kappa)a}\,(\kappa-k)\,\mathrm{e}^{-\mathrm{i}(\kappa+k)a} \\ &= (\kappa+k)^2\,\mathrm{e}^{2\mathrm{i}(\kappa-k)a} - (\kappa-k)^2\,\mathrm{e}^{-2\mathrm{i}(\kappa+k)a} = \big(4k\kappa\cos 2\kappa a + 2\mathrm{i}(k^2+\kappa^2)\sin 2\kappa a\big)\mathrm{e}^{-2\mathrm{i}ka} \\ &= 4k\kappa\,\big(\cos 2\kappa a + \mathrm{i}u_-\sin 2\kappa a\big)\,\mathrm{e}^{-2\mathrm{i}ka} \end{aligned} \tag{8.115}$$

$$\begin{aligned} 4k\kappa\,M_{12} &= (\kappa+k)\,\mathrm{e}^{+\mathrm{i}(\kappa-k)a}\big((\kappa-k)\,\mathrm{e}^{+\mathrm{i}(\kappa+k)a}\big) + (\kappa-k)\,\mathrm{e}^{+\mathrm{i}(\kappa+k)a}\,(\kappa+k)\,\mathrm{e}^{+\mathrm{i}(\kappa-k)a} \\ &= (\kappa^2 - k^2)\big(\mathrm{e}^{+2\mathrm{i}\kappa a} - \mathrm{e}^{-2\mathrm{i}\kappa a}\big) = 2\mathrm{i}(\kappa^2 - k^2)\,\sin 2\kappa a \\ &= 4k\kappa\,\mathrm{i}u_+\,\sin 2\kappa a \end{aligned} \tag{8.116}$$

mit

$$\frac{\kappa^2 \mp k^2}{2k\kappa} = \frac{\kappa}{2k} \mp \frac{k}{2\kappa} = u_\pm \quad , \; u_-^2 - u_+^2 = 1 \,. \tag{8.117}$$

Also insgesamt

$$M_{11} = \left(\cos 2\kappa a + \mathrm{i} u_- \sin 2\kappa a\right) \mathrm{e}^{-2\mathrm{i}ka}, \quad M_{12} = \mathrm{i}\, u_+ \sin 2\kappa a \tag{8.118}$$

in Übereinstimmung mit (8.60). Auf diese Weise kann man die Transfermatrix für beliebig lange Potentialketten konstruieren. Mehr dazu in Abschnitt 8.3.

Aufgabe 8.5 (Seite 199): (a) Berechnen Sie das Matrixelement M_{12} für die Lösungen der Quantisierungsbedingung (8.73) des attraktiven Doppel-Delta-Potentials. (b) Bestimmen Sie die möglichen Lösungen von (8.73) mit rein imaginärem k für die beiden unterschiedlichen Vorzeichen sowie die Symmetrie der zugehörigen Wellenfunktionen. Untersuchen Sie auch die Grenzfälle sehr kleiner und sehr großer Potentialabstände. (c) Stellen Sie die Energieeigenwerte E_0 und E_1 für $\lambda < 0$ in Abhängigkeit vom Potentialabstand graphisch dar.

Lösung: (a) Aus (8.71) erhält man unter der Benutzung von (8.73)

$$\begin{aligned} M_{12} &= -\mathrm{i}\beta \mathrm{e}^{+\mathrm{i}kd} - \mathrm{i}\beta \mathrm{e}^{-\mathrm{i}kd} - \beta^2\left(\mathrm{e}^{+\mathrm{i}kd} - \mathrm{e}^{-\mathrm{i}kd}\right) = -\beta^2 \mathrm{e}^{+\mathrm{i}kd}\left(1 + \frac{\mathrm{i}}{\beta}\right) + \beta^2 \mathrm{e}^{-\mathrm{i}kd}\left(1 - \frac{\mathrm{i}}{\beta}\right) \\ &= \mp\beta^2\left(1 - \frac{\mathrm{i}}{\beta}\right)\left(1 + \frac{\mathrm{i}}{\beta}\right) \pm \beta^2 \mathrm{e}^{-\mathrm{i}kd}\mathrm{e}^{+\mathrm{i}kd} = \mp\beta^2\left(1 + \frac{1}{\beta^2}\right) \pm \beta^2 = \mp 1 \,. \end{aligned} \tag{8.119}$$

(b) Für rein imaginäres k setzen wir $k = \mathrm{i}\kappa$ mit $\kappa \in \mathbb{R}$. Dann lautet die Quantisierungsbedingung

$$\mathrm{e}^{-\kappa d} = \pm\left(1 + \frac{\hbar^2 \kappa}{m\lambda}\right) \quad \text{oder} \quad \mathrm{e}^{-\kappa d} = \pm\left(1 - b\kappa\right) \tag{8.120}$$

mit $b = \hbar^2/m\lambda > 0$ für $\lambda < 0$. Gesucht ist eine Lösung $\kappa > 0$, denn die Wellenfunktion muss normierbar sein, also hier für große Abstände exponetiell fallend.

Im Falle eines negativen Vorzeichens in (8.120) hat diese Quantisierungsbedingung immer eine (einzige) reelle Lösung κ, den Schnittpunkt einer Geraden mit positiver Steigung durch den Punkt -1 bei $\kappa = 0$ mit einer abfallenden Exponentialfunktion. Das ergibt einen gebundenen Zustand mit Energie $E_0 = -\hbar^2\kappa^2/2m$. Die Symmetrie der zugehörigen Wellenfunktion kann man mithilfe des Matrixelements M_{12} beurteilen (vgl. Seite 195). Nach Teil (a) gilt hier für das negative (untere) Vorzeichen $M_{12} = 1$ und daher ist die Wellenfunktion symmetrisch.

Für das positive Vorzeichen in (8.120) lässt sich diese Bedingung lesen als Schnittpunkt einer Geraden mit negativer Steigung und einer abfallenden Exponentialfunktion. Beide haben für

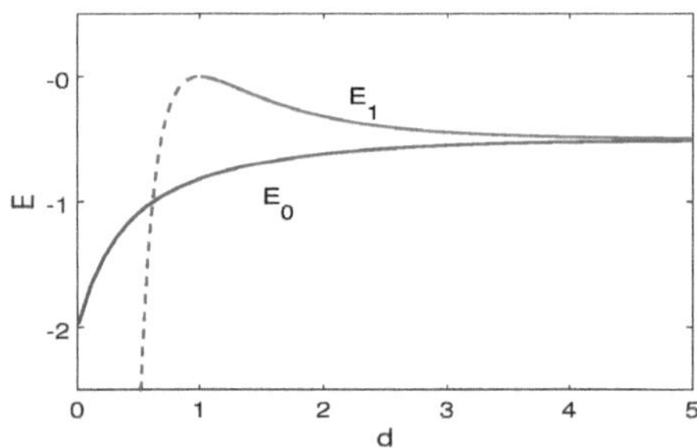

Bild 8.8 Energieeigenwerte E_0 und E_1 für ein attraktives Doppel-Delta-Potential ($\lambda = -1$) in Abhängigkeit vom Potentialabstand d. Für $d < d_c = -1/\lambda$ ist der Zustand zur Energie E_1 ein virtueller Zustand.

$\kappa = 0$ den Wert eins und die Steigung $-d$ bzw. $-b$. Ein weiterer Schnittpunkt $\kappa > 0$ mit einer Bindungsenergie $E_1 = -\hbar^2\kappa^2/2m$ existiert nur für $b < d$. Wegen $M_{12} = -1$ ist die Wellenfunktion antisymmetrisch. Bei dem kritischen Abstand $d_c = -\hbar^2/m\lambda$ erreicht die Energie den Schwellenwert $E_1 = 0$ und für kleinere Abstände wird dieser Zustand zu einem virtuellen Zustand mit $\kappa < 0$, dessen Energie für $d \to 0$ gegen $-\infty$ geht.

Für große Abstände d gilt $\mathrm{e}^{-\kappa d} \to 0$ und daher $\beta = \mathrm{i}$ wie bei einem einfachen Delta-Potential (vgl. Gleichung (8.41)). Im Grenzfall $d \to 0$, bei dem die beiden Delta-Potentiale zu einem einzigen Delta-Potential mit doppelter Stärke verschmelzen, überlebt nur ein einziger gebundener Zustand, nämlich der symmetrische Zustand mit Energie E_0.

(c) In Bild 8.8 sind die Energieeigenwerte E_0 und E_1 in Abhängigkeit vom Potentialabstand d dargestellt (Parameterwerte $\hbar = 1$, $m = 1$, $\lambda = -1$).

Aufgabe 8.6 (Seite 203) : In Abschnitt 7.6 wurde der Durchgang durch eine Potentialmulde und eine Potentialbarriere in semiklassischer Näherung durch die beiden Matrizen **T** bzw. **B** beschrieben. Leiten Sie damit eine semiklassische Dispersionsrelation $E(\kappa)$ zwischen Energie E und Quasiimplus κ her.

Lösung: Wir betrachten ein Potential, das aufgebaut ist aus einer Potentialmulde mit den Umkehrpunkten a, b und dem Wirkungsintegral $\gamma(E)$ sowie einer Barriere (Umkehrpunkte b, c und Wirkungsintegral $\epsilon(E)$), die periodisch fortgesetzt werden mit einer Periodenlänge $d = c - a$. Das Matrixprodukt

$$\mathbf{M} = \mathbf{B}\mathbf{T} \tag{8.121}$$

ist die semiklassische Transfermatrix für eine „Elementarzelle“. In der semiklassischen Näherung der beiden Matrizen erhalten wir dann aus der Bloch-Bedingung (8.98) mit

$$M_{11} = \mathrm{e}^{\mathrm{i}\gamma} B_{11} = \sqrt{1+\kappa^2}\,\mathrm{e}^{\mathrm{i}(\gamma-\phi(\epsilon))} \tag{8.122}$$

die Formel

$$\cos\kappa d = \mathrm{Re}\left(\mathrm{e}^{\mathrm{i}kd} M_{11}\right) = \sqrt{1+\kappa^2}\cos(kd+\gamma-\phi(\epsilon)) \tag{8.123}$$

für den Zusammenhang zwischen Quasiimpuls κ und k, also der Energie $E = \hbar^2 k^2/2m$, und damit die semiklassische Dispersionsrelation.

9 Von den Spinmatrizen zur Dirac-Gleichung

„Unser Freund Dirac hat eine Religion;
und der Leitsatz dieser Religion lautet:
Es gibt keinen Gott und Dirac ist sein Prophet."
— Wolfgang Pauli

Quantenmechanik und 2×2-Matrizen – damit verbindet jeder Physiker die paulischen Spinmatrizen, die in diesem Kapitel im Mittelpunkt stehen. Wir werden ihre wichtigsten Eigenschaften kennenlernen, das Zeitverhalten eines Spinvektors mithilfe der Bloch-Kugel illustrieren und ein solches Spinsystem im Dichtematrix-Formalismus beschreiben. Danach werden wir auf unsere Kenntnisse der Relativitätstheorie zurückgreifen und den Spin durch die Dirac-Theorie aus der Klein-Gordon-Gleichung herleiten.

9.1 Die Spin- oder Pauli-Matrizen

Die hermiteschen 2×2-Matrizen sind von besonderer Bedeutung in der elementaren Quantenphysik, weil man mit ihrer Hilfe die Dynamik eines Spin-1/2-Teilchens, also eines Teilchens mit einem Spin, einem „Eigendrehimpuls" der Größe $\hbar/2$, sehr übersichtlich formulieren kann. Bevor wir hier in die Details gehen, sollten wir uns noch einmal an die Definition einer hermiteschen Matrix erinnern. Aus der Forderung der Hermitizität $\mathbf{A}^\dagger = \mathbf{A}$ folgt direkt, dass für die Matrixelemente einer hermiteschen Matrix $\mathbf{A}$ die Beziehung

$$A_{jk} = A_{kj}^* \tag{9.1}$$

gelten muss (vgl. Gleichung (7.25), d.h. die Matrixelemente auf der Diagonale sind reell und die an der Diagonalen gespiegelten Matrixelemente sind komplex konjugiert zueinander. Im 2×2-Fall haben wir also die allgemeine Struktur

$$\mathbf{A} = \begin{pmatrix} a & b-\mathrm{i}c \\ b+\mathrm{i}c & d \end{pmatrix} \tag{9.2}$$

mit *vier* reellen Parametern a, b, c und d. Wir können uns sofort davon überzeugen, dass wir eine solche allgemeine hermitesche Matrix schreiben können als

$$\begin{aligned} \mathbf{A} &= \begin{pmatrix} a & b-\mathrm{i}c \\ b+\mathrm{i}c & d \end{pmatrix} = \frac{a+d}{2}\begin{pmatrix} 1 & 0 \\ 0 & 1 \end{pmatrix} + \frac{a-d}{2}\begin{pmatrix} 1 & 0 \\ 0 & -1 \end{pmatrix} + b\begin{pmatrix} 0 & 1 \\ 1 & 0 \end{pmatrix} + c\begin{pmatrix} 0 & -\mathrm{i} \\ \mathrm{i} & 0 \end{pmatrix} \\ &= u\mathbf{I} + x\boldsymbol{\sigma}_x + y\boldsymbol{\sigma}_y + z\boldsymbol{\sigma}_z \end{aligned} \tag{9.3}$$

mit den reellen Parametern $u = (a+d)/2$, $x = b$, $y = c$, $z = (a-d)/2$, der Einheitsmatrix $\mathbf{I}$ und den **Pauli-Matrizen** oder **Spinmatrizen**

$$\boldsymbol{\sigma}_x = \begin{pmatrix} 0 & 1 \\ 1 & 0 \end{pmatrix} \ , \quad \boldsymbol{\sigma}_y = \begin{pmatrix} 0 & -\mathrm{i} \\ \mathrm{i} & 0 \end{pmatrix} \ , \quad \boldsymbol{\sigma}_z = \begin{pmatrix} 1 & 0 \\ 0 & -1 \end{pmatrix}, \tag{9.4}$$

benannt nach dem österreichischen Physiker Wolfgang Pauli (1900-1958). Durch die Wahl dieser Darstellung wird die z-Richtung ausgezeichnet ($\boldsymbol{\sigma}_z$ ist diagonal). Man spricht daher auch von der $\boldsymbol{\sigma}_z$-Darstellung. Wir bemerken außerdem, dass umgekehrt jede reelle Linearkombination der Form (9.3) eine hermitesche 2×2-Matrix darstellt. Die hermiteschen 2×2-Matrizen bilden also einen vierdimensionalen Vektorraum über $\mathbb{R}$ mit der Basis $\mathbf{I}$, $\boldsymbol{\sigma}_x$, $\boldsymbol{\sigma}_y$, $\boldsymbol{\sigma}_z$.

Da die Pauli-Matrizen sehr wichtig sind, z.B. für eine übersichtliche Formulierung der Quantenphysik des Spins, sollte man ihre Eigenschaften gut kennen. Zunächst die einfachen:

- Die Einheitsmatrix hat $\operatorname{spur}\mathbf{I} = 2$, die drei Spinmatrizen sind spurfrei:
$$\operatorname{spur}\boldsymbol{\sigma}_x = \operatorname{spur}\boldsymbol{\sigma}_y = \operatorname{spur}\boldsymbol{\sigma}_z = 0\,. \tag{9.5}$$
- Die Einheitsmatrix hat $\det\mathbf{I} = 1$, für die drei Spinmatrizen gilt:
$$\det\boldsymbol{\sigma}_x = \det\boldsymbol{\sigma}_y = \det\boldsymbol{\sigma}_z = -1\,. \tag{9.6}$$
- Die Linearkombinationen mit reellen Koeffizienten *nur* der Spinmatrizen, d.h. ohne die Einheitsmatrix, $x\boldsymbol{\sigma}_x + y\boldsymbol{\sigma}_y + z\boldsymbol{\sigma}_z$ bilden einen dreidimensionalen linearen Raum, den der spurfreien hermiteschen 2×2-Matrizen mit der Basis $\boldsymbol{\sigma}_x$, $\boldsymbol{\sigma}_y$, $\boldsymbol{\sigma}_z$. Man unterstreicht die Analogie zum dreidimensionalen Vektorraum oft noch durch eine explizite vektorielle Schreibweise wie $\vec{\boldsymbol{\sigma}}$.
- Durch Quadrieren der Spinmatrizen prüft man leicht nach, dass gilt
$$\boldsymbol{\sigma}_x^2 = \boldsymbol{\sigma}_y^2 = \boldsymbol{\sigma}_z^2 = \mathbf{I}\,. \tag{9.7}$$
Die Spinmatrizen sind also zu sich selbst invers: $\boldsymbol{\sigma}_x^{-1} = \boldsymbol{\sigma}_x$, usw.
- Die Spinmatrizen haben die Eigenwerte $+1$ und -1.
- Die Spinmatrizen sind zueinander orthogonal bzgl. des Skalarproduktes von Matrizen (siehe M2, Seite 16).

Nur wenig komplizierter sind die algebraischen Eigenschaften. Bildet man die paarweisen Produkte der Spinmatrizen, so findet man

$$\boldsymbol{\sigma}_x\boldsymbol{\sigma}_y = \begin{pmatrix} 0 & 1 \\ 1 & 0 \end{pmatrix}\begin{pmatrix} 0 & -\mathrm{i} \\ \mathrm{i} & 0 \end{pmatrix} = \begin{pmatrix} \mathrm{i} & 0 \\ 0 & -\mathrm{i} \end{pmatrix} = \mathrm{i}\boldsymbol{\sigma}_z \quad , \quad \boldsymbol{\sigma}_y\boldsymbol{\sigma}_x = \begin{pmatrix} 0 & -\mathrm{i} \\ \mathrm{i} & 0 \end{pmatrix}\begin{pmatrix} 0 & 1 \\ 1 & 0 \end{pmatrix} = \begin{pmatrix} -\mathrm{i} & 0 \\ 0 & -\mathrm{i} \end{pmatrix} = -\mathrm{i}\boldsymbol{\sigma}_z \tag{9.8}$$

und genauso

$$\boldsymbol{\sigma}_y\boldsymbol{\sigma}_z = \mathrm{i}\boldsymbol{\sigma}_x \quad , \quad \boldsymbol{\sigma}_z\boldsymbol{\sigma}_y = -\mathrm{i}\boldsymbol{\sigma}_x \quad , \quad \boldsymbol{\sigma}_z\boldsymbol{\sigma}_x = \mathrm{i}\boldsymbol{\sigma}_y \quad , \quad \boldsymbol{\sigma}_x\boldsymbol{\sigma}_z = -\mathrm{i}\boldsymbol{\sigma}_y\,. \tag{9.9}$$

Damit ergeben sich die drei Beziehungen

$$\begin{aligned} \boldsymbol{\sigma}_y\boldsymbol{\sigma}_z - \boldsymbol{\sigma}_z\boldsymbol{\sigma}_y &= 2\mathrm{i}\boldsymbol{\sigma}_x, \\ \boldsymbol{\sigma}_z\boldsymbol{\sigma}_x - \boldsymbol{\sigma}_x\boldsymbol{\sigma}_z &= 2\mathrm{i}\boldsymbol{\sigma}_y \\ \boldsymbol{\sigma}_x\boldsymbol{\sigma}_y - \boldsymbol{\sigma}_y\boldsymbol{\sigma}_z &= 2\mathrm{i}\boldsymbol{\sigma}_z, \end{aligned} \tag{9.10}$$

wobei die linken Seiten der Gleichungen den Beziehungen zwischen den Vektorkomponenten des Vektorproduktes im $\mathbb{R}^3$ entsprechen. Man schreibt daher manchmal in kompakter Weise symbolisch

$$\vec{\boldsymbol{\sigma}} \times \vec{\boldsymbol{\sigma}} = 2\mathrm{i}\vec{\boldsymbol{\sigma}} \tag{9.11}$$

mit dem Vektoroperator[1] $\vec{\boldsymbol{\sigma}} = (\boldsymbol{\sigma}_x, \boldsymbol{\sigma}_y, \boldsymbol{\sigma}_z)^T$. Anders als bei klassischen Vektoren ist hier ist das Vektorprodukt von $\vec{\boldsymbol{\sigma}}$ mit sich selbst *nicht* gleich null, weil die Matrizen nicht miteinander kommutieren. Wir notieren die Gleichungen (9.10) noch einmal explizit als Kommutatorklammern:

$$[\boldsymbol{\sigma}_x, \boldsymbol{\sigma}_y] = 2\mathrm{i}\boldsymbol{\sigma}_z \ , \quad [\boldsymbol{\sigma}_y, \boldsymbol{\sigma}_z] = 2\mathrm{i}\boldsymbol{\sigma}_x \ , \quad [\boldsymbol{\sigma}_z, \boldsymbol{\sigma}_x] = 2\mathrm{i}\boldsymbol{\sigma}_y \,. \tag{9.12}$$

Wenn wir jetzt zu einer alternativen Schreibweise übergehen und die Komponenten statt x, y, z mit $1, 2, 3$ bezeichnen, also

$$\boldsymbol{\sigma}_1 = \boldsymbol{\sigma}_x \,, \quad \boldsymbol{\sigma}_2 = \boldsymbol{\sigma}_y \,, \quad \boldsymbol{\sigma}_3 = \boldsymbol{\sigma}_z \,, \tag{9.13}$$

dann lassen sich die Gleichungen (9.12) kompakter schreiben als

$$[\boldsymbol{\sigma}_i, \boldsymbol{\sigma}_j] = 2\mathrm{i}\boldsymbol{\sigma}_k \ , \quad i, j, k \text{ zyklisch}. \tag{9.14}$$

Die Antikommutatoren verschiedener $\boldsymbol{\sigma}_i$ verschwinden (vgl. Gleichung (9.9)) und für gleiche $\boldsymbol{\sigma}_i$ gilt $\boldsymbol{\sigma}_i{}^2 = \mathbf{I}$, also $\{\boldsymbol{\sigma}_i, \boldsymbol{\sigma}_j\} = 0$ für $i \neq j$ und , $\{\boldsymbol{\sigma}_i, \boldsymbol{\sigma}_i\} = 2\mathbf{I}$ oder

$$\{\boldsymbol{\sigma}_i, \boldsymbol{\sigma}_j\} = 2\delta_{ij}\mathbf{I}. \tag{9.15}$$

Die Gleichungen (9.7) bis (9.9) kann man zusammenfassen als

$$\boldsymbol{\sigma}_i \boldsymbol{\sigma}_j = \delta_{ij}\mathbf{I} + \mathrm{i}\sum_k \epsilon_{ijk}\boldsymbol{\sigma}_k \tag{9.16}$$

für beliebige i, j, k mit dem – vom Vektorprodukt bekannten – total antisymmetrischen Tensor dritter Stufe

$$\epsilon_{ijk} = \begin{cases} 1 & i, j, k \text{ zyklisch} \\ -1 & i, j, k \text{ antizyklisch} \\ 0 & \text{sonst}. \end{cases} \tag{9.17}$$

Man überlegt sich sofort, dass gilt

$$\sum_{ij} \epsilon_{ijk} = \sum_{jk} \epsilon_{ijk} = \sum_{ik} \epsilon_{ijk} = 0. \tag{9.18}$$

Damit schreibt sich der allgemeine Kommutator der Spinmatrizen als

$$[\boldsymbol{\sigma}_i \boldsymbol{\sigma}_j] = 2\mathrm{i}\sum_k \epsilon_{ijk}\boldsymbol{\sigma}_k. \tag{9.19}$$

Oft ist es von Vorteil, Linearkombinationen der Spinmatrizen zu betrachten, also Ausdrücke der Form

$$\mathbf{A} = \vec{\alpha}\cdot\vec{\boldsymbol{\sigma}} = \sum_j \alpha_j \boldsymbol{\sigma}_j = \begin{pmatrix} \alpha_z & \alpha_x - \mathrm{i}\alpha_y \\ \alpha_x + \mathrm{i}\alpha_y & -\alpha_z \end{pmatrix} \tag{9.20}$$

oder $\mathbf{B} = \vec{\beta}\cdot\vec{\boldsymbol{\sigma}}$ mit dem Kommutator

$$[\mathbf{A}, \mathbf{B}] = 2\mathrm{i}\textstyle\sum_j (\vec{\alpha}\times\vec{\beta})_j \boldsymbol{\sigma}_j = 2\mathrm{i}(\vec{\alpha}\times\vec{\beta})\cdot\vec{\boldsymbol{\sigma}}. \tag{9.21}$$

Die Matrizen **A** und **B** vertauschen also genau dann, wenn $\vec{\alpha}\times\vec{\beta} = 0$.

Aufgabe 9.1 (Lös. Seite 228): Berechnen Sie die Eigenwerte der Linearkombination $\mathbf{A} = \vec{\alpha}\cdot\vec{\boldsymbol{\sigma}}$ von Spinmatrizen und beweisen Sie für ihr Quadrat die Beziehung

$$\mathbf{A}^2 = (\vec{\alpha}\cdot\vec{\boldsymbol{\sigma}})^2 = \alpha^2\mathbf{I} \quad \text{mit} \quad \alpha = |\vec{\alpha}|.$$

[1] Ein dreidimensionaler Vektoroperator $\vec{A} = (\mathbf{A}_1, \mathbf{A}_2, \mathbf{A}_3)^T$ wird durch drei Operatoren $\boldsymbol{A}_j$ beschrieben, hier also 2×2-Matrizen, deren Erwartungswerte $\mathbf{a}^\dagger \boldsymbol{A}_j\, \mathbf{a}$, sich bei Drehungen des Koordinatensystems so transformieren wie die Komponenten eines Vektors.

Neben den beiden Pauli-Matrizen $\boldsymbol{\sigma}_x$ und $\boldsymbol{\sigma}_x$ ist es oft zweckmäßig, die Matrizen

$$\boldsymbol{\sigma}_\pm = \tfrac{1}{2}\left(\boldsymbol{\sigma}_x \pm \mathrm{i}\boldsymbol{\sigma}_y\right) \tag{9.22}$$

zu benutzen. Aus den Gleichungen (9.4) für $\boldsymbol{\sigma}_x$ und $\boldsymbol{\sigma}_y$ erhält man explizit

$$\boldsymbol{\sigma}_+ = \begin{pmatrix} 0 & 1 \\ 0 & 0 \end{pmatrix}, \quad \boldsymbol{\sigma}_- = \begin{pmatrix} 0 & 0 \\ 1 & 0 \end{pmatrix}, \tag{9.23}$$

und mit den Produkten

$$\boldsymbol{\sigma}_+\boldsymbol{\sigma}_- = \begin{pmatrix} 1 & 0 \\ 0 & 0 \end{pmatrix}, \quad \boldsymbol{\sigma}_-\boldsymbol{\sigma}_+ = \begin{pmatrix} 0 & 0 \\ 0 & 1 \end{pmatrix} \tag{9.24}$$

berechnet man die Kommutatorklammern als

$$[\boldsymbol{\sigma}_z, \boldsymbol{\sigma}_\pm] = \pm 2\boldsymbol{\sigma}_\pm \;, \quad [\boldsymbol{\sigma}_+, \boldsymbol{\sigma}_-] = \boldsymbol{\sigma}_z \,. \tag{9.25}$$

Damit sehen wir, dass die Spinmatrizen eine $\mathfrak{su}(2)$ Algebra bilden, denn (9.25) stimmt genau mit den Kommutatorelationen dieser Algebra überein (siehe M2, Gleichung (6.31)).

Exponentialdarstellung: Von besonderer Bedeutung für viele physikalische Anwendungen ist die Exponentialdarstellung

$$\mathrm{e}^{\vec{\alpha}\cdot\vec{\boldsymbol{\sigma}}} = \cosh\alpha\,\mathbf{I} + \frac{\sinh\alpha}{\alpha}\,\vec{\alpha}\cdot\vec{\boldsymbol{\sigma}}\,, \tag{9.26}$$

mit $\vec{\alpha} = (\alpha_1, \alpha_2, \alpha_3,)^T$ und $\alpha^2 = \alpha_1^2 + \alpha_2^2 + \alpha_3^2$, was man entweder der Formel aus M2, Gleichung (2.92) für die Exponentiation allgemeiner 2×2-Matrizen entnimmt, oder durch direkte Auswertung der Reihenentwicklung mit der Formel aus Aufgabe 9.1 bestätigt:

$$\begin{aligned} \mathrm{e}^{\vec{\alpha}\cdot\vec{\boldsymbol{\sigma}}} &= \sum_{k=0}^{\infty} \frac{1}{k!}\left(\vec{\alpha}\cdot\vec{\boldsymbol{\sigma}}\right)^k = \sum_{\nu=0}^{\infty} \frac{1}{(2\nu)!}\left(\vec{\alpha}\cdot\vec{\boldsymbol{\sigma}}\right)^{2\nu} + \sum_{\nu=0}^{\infty} \frac{1}{(2\nu+1)!}\left(\vec{\alpha}\cdot\vec{\boldsymbol{\sigma}}\right)^{2\nu+1} \\ &= \sum_{\nu=0}^{\infty} \frac{1}{(2\nu)!}\left(\alpha^2\mathbf{I}\right)^\nu + \sum_{\nu=0}^{\infty} \frac{1}{(2\nu+1)!}\left(\alpha^2\mathbf{I}\right)^\nu \vec{\alpha}\cdot\vec{\boldsymbol{\sigma}} = \cosh\alpha\,\mathbf{I} + \frac{\sinh\alpha}{\alpha}\,\vec{\alpha}\cdot\vec{\boldsymbol{\sigma}}. \end{aligned} \tag{9.27}$$

Für $\vec{\alpha} = \mathrm{i}\vec{\beta}$ erhalten wir daraus mit $\alpha = \mathrm{i}\beta$

$$\mathrm{e}^{\mathrm{i}\vec{\beta}\cdot\vec{\boldsymbol{\sigma}}} = \cos\beta\,\mathbf{I} + \mathrm{i}\frac{\sin\beta}{\beta}\,\vec{\beta}\cdot\vec{\boldsymbol{\sigma}} = \begin{pmatrix} \cos\beta + \mathrm{i}\frac{\sin\beta}{\beta}\beta & \mathrm{i}\frac{\sin\beta}{\beta}(\beta_1 - \mathrm{i}\beta_2) \\ \mathrm{i}\frac{\sin\beta}{\beta}(\beta_1 + \mathrm{i}\beta_2) & \cos\beta - \mathrm{i}\frac{\sin\beta}{\beta}\beta \end{pmatrix}. \tag{9.28}$$

Es sei darauf hingewiesen, dass diese Matrizen für reelle $\vec{\beta}$ eine Gruppe bilden, die Gruppe SU(2) der unitären 2×2-Matrizen mit Determinante eins. Das ist eine Lie-Gruppe mit der Lie-Algebra $\mathfrak{su}(2)$, die durch die drei Spinmatrizen erzeugt wird (vgl. Abschnitt 6.2.1 in M2).

9.2 Dichtematrix für Spin-1/2-Teilchen

In diesem Abschnitt wollen wir die Beschreibung eines Quantensystems durch einen Dichteoperator $\hat{\rho}$ kennenlernen, oder in einer Basisdarstellung durch eine Dichtematrix $\boldsymbol{\rho}$, die schon kurz auf Seite 161 beschrieben wurde. Wir wollen damit auch eine inverse Problemstellung behandeln, wobei nicht der Systemzustand gegeben ist und daraus die Erwartungswerte zu bestimmen sind, sondern umgekehrt.

Nehmen wir also an, für ein Spin-1/2-Teilchen seien die Erwartungswerte des Spins in x-, y- und z-Richtung durch s_x, s_y und s_z gegeben, also durch einen reellen Vektor, den **Polarisati-**

onsvektor

$$\vec{s} = (s_x, s_y, s_z)\,. \tag{9.29}$$

Seinen Betrag

$$p_s = \sqrt{s_x^2 + s_y^2 + s_z^2} \tag{9.30}$$

bezeichnen wir als den **Polarisationsgrad**. Gesucht ist dann die Dichtematrix $\boldsymbol{\rho}$, die die Bedingungen

$$\mathrm{spur}\,\boldsymbol{\rho} = 1\,, \quad \langle\vec{\boldsymbol{\sigma}}\rangle = \mathrm{spur}\,(\boldsymbol{\rho}\,\vec{\boldsymbol{\sigma}}) = \vec{s} \tag{9.31}$$

erfüllt. Diese vier Bedingungen reichen in diesem Fall aus, um die Dichtematrix als Linearkombination der vier Matrizen $\mathbf{I}$, $\boldsymbol{\sigma}_x, \boldsymbol{\sigma}_y, \boldsymbol{\sigma}_z$ festzulegen (vgl. dazu auch Aufgabe 9.4 weiter unten). Wir wollen hier einen Weg beschreiben, der auch für allgemeinere Fälle gangbar ist. Nach dem allgemeinen **Prinzip maximaler Unbestimmtheit** müssen wir als Zustand eines Systems denjenigen annehmen, der unter den gegebenen Nebenbedingungen die Entropie (vgl. Gleichung (7.13))

$$S = -\mathrm{spur}\,(\boldsymbol{\rho}\ln\boldsymbol{\rho}) \tag{9.32}$$

maximiert. Man ermittelt die Verteilung $\boldsymbol{\rho}$ mithilfe der Lagrange-Multiplikatoren λ, α_1, α_2, α_3 und löst die Variationsgleichung

$$\mathrm{spur}\Big(\delta\boldsymbol{\rho}\big(1 + \ln\boldsymbol{\rho} + \lambda + \vec{\alpha}\cdot\vec{\boldsymbol{\sigma}}\big)\Big) = 0\,. \tag{9.33}$$

Das führt auf $\boldsymbol{\rho} = \mathrm{e}^{-1-\lambda-\vec{\alpha}\cdot\vec{\boldsymbol{\sigma}}}$ und, unter Berücksichtigung von $\mathrm{spur}\,\boldsymbol{\rho} = 1$, auf

$$\boldsymbol{\rho} = \frac{\mathrm{e}^{-\vec{\alpha}\cdot\vec{\boldsymbol{\sigma}}}}{\mathrm{spur}\,(\mathrm{e}^{-\vec{\alpha}\cdot\vec{\boldsymbol{\sigma}}})}\,. \tag{9.34}$$

Mit der Exponentialdarstellung (9.26) gilt mit $\alpha = |\vec{\alpha}\,|$

$$\mathrm{e}^{-\vec{\alpha}\cdot\vec{\boldsymbol{\sigma}}} = \cosh\alpha\,\mathbf{I} - \frac{\sinh\alpha}{\alpha}\,\vec{\alpha}\cdot\vec{\boldsymbol{\sigma}} \tag{9.35}$$

und damit (wegen $\mathrm{spur}\,\mathbf{I} = 2$ und $\mathrm{spur}\,\boldsymbol{\sigma}_i = 0$)

$$\mathrm{spur}\,\mathrm{e}^{-\vec{\alpha}\cdot\vec{\boldsymbol{\sigma}}} = 2\cosh\alpha. \tag{9.36}$$

Aufgabe 9.2 (Lös. Seite 228): Verifizieren Sie die Gleichung $\mathrm{spur}\,\mathrm{e}^{-\vec{\alpha}\cdot\vec{\sigma}} = 2\cosh\alpha$ direkt mithilfe der Eigenwerte der Linearkombination $\vec{\alpha}\cdot\vec{\boldsymbol{\sigma}}$.

Wir erhalten also

$$\boldsymbol{\rho} = \tfrac{1}{2}\Big(\mathbf{I} - \frac{\tanh\alpha}{\alpha}\,\vec{\boldsymbol{\alpha}}\cdot\vec{\boldsymbol{\sigma}}\Big). \tag{9.37}$$

Die Nebenbedingungen (9.31) liefern

$$\begin{aligned}\vec{s} &= \mathrm{spur}\,\tfrac{1}{2}\Big(\vec{\boldsymbol{\sigma}} - \frac{\tanh\alpha}{\alpha}\,(\vec{\boldsymbol{\alpha}}\cdot\vec{\boldsymbol{\sigma}})\,\vec{\boldsymbol{\sigma}}\Big)\\ &= \mathrm{spur}\Big(\frac{\tanh\alpha}{2\alpha}\,(\vec{\boldsymbol{\alpha}}\cdot\vec{\boldsymbol{\sigma}})\,\vec{\boldsymbol{\sigma}}\Big) = -\frac{\tanh\alpha}{2\alpha}\,\vec{\boldsymbol{\alpha}}\,,\end{aligned} \tag{9.38}$$

da $\mathrm{spur}\,(\boldsymbol{\sigma}_i\boldsymbol{\sigma}_j) = 0$ für $i \neq j$ und $\mathrm{spur}\,(\boldsymbol{\sigma}_i{}^2) = 2$. Damit erhalten wir als Resultat

$$\boldsymbol{\rho} = \tfrac{1}{2}\big(\mathbf{I} + \vec{s}\cdot\vec{\sigma}\big). \tag{9.39}$$

In der Matrixdarstellung (9.4) schreibt sich diese Dichtematrix dann als

$$\boldsymbol{\rho} = \frac{1}{2}\begin{pmatrix} 1 + s_z & s_x - \mathrm{i}s_y \\ s_x + \mathrm{i}s_y & 1 - s_z \end{pmatrix}. \tag{9.40}$$

Aufgabe 9.3 (Lös. Seite 229): Zeigen Sie, die Eigenwerte der Dichtematrix (9.40) sind gleich

$$s_{\pm} = \tfrac{1}{2}\left(1 \pm p_s\right).$$

Dabei ist $p_s = |\vec{s}|$ der Polarisationsgrad (vgl. (9.30)).

In dem hier beschriebenen Fall gab es vier Nebenbedingungen zur Bestimmung der vier freien Parameter der Dichtematrix, und daher war, wie oben schon erwähnt, diese Herleitung nur eine Fingerübung für komplexerer Problemstellungen, denn unser einfaches Problem lässt sich hier auch direkt angehen:

Aufgabe 9.4 (Lös. Seite 228): Leiten Sie die Gleichung $\boldsymbol{\rho} = \frac{1}{2}(\mathbf{I}+\vec{s}\cdot\vec{\sigma})$ direkt, also ohne den Umweg über das Prinzip maximaler Entropie, aus den Bedingungen $\boldsymbol{\rho} = 1$ und $\langle\vec{\boldsymbol{\sigma}}\rangle = \vec{s}$ her.

Oft kennt man aber nur weniger Erwartungswerte als die Anzahl der Zustandsparameter und ein solche direkte Lösung ist nicht möglich. Dann muss man notwendigerweise auf die Bedingung maximaler Entropie zurückgreifen.

Zum Abschluss wollen wir noch untersuchen, ob ein reiner Zustand vorliegt, also ein Zustand mit $\boldsymbol{\rho}^2 = \boldsymbol{\rho}$. In unserem Fall ergibt sich mithilfe der Formel aus Aufgabe 9.1

$$\boldsymbol{\rho}^2 = \tfrac{1}{4}\left(\mathbf{I}+\vec{s}\cdot\vec{\boldsymbol{\sigma}}\right)^2 = \tfrac{1}{4}\left(\mathbf{I}+2\vec{s}\cdot\vec{\boldsymbol{\sigma}}+(\vec{s}\cdot\vec{\boldsymbol{\sigma}})^2\right) = \tfrac{1}{2}\left(\tfrac{1}{2}(1+p_s^2)\mathbf{I}+\vec{s}\cdot\vec{\boldsymbol{\sigma}}\right). \tag{9.41}$$

Nur für eine vollständige Polarisation, $p_s = 1$, haben wir daher einen reinen Zustand, der durch einen Zustandsvektor beschrieben werden kann, sodass man sagen könnte: „Der Spin steht in Richtung $\vec{s}$." Für $p_s < 1$ liegt ein gemischter Zustand vor. Insbesondere ist für $p_s = 0$ der Zustand vollständig unpolarisiert, denn es gilt $s_x = s_y = s_z = 0$ und folglich $\boldsymbol{\rho} = \frac{1}{2}\mathbf{I}$.

9.3 Dynamik des Bloch-Vektors

Wir können einen allgemeinen Spin-Operator für Spin-1/2-Teilchen nach Gleichung (9.39) wie

$$\boldsymbol{\rho} = \tfrac{1}{2}\left(\mathbf{I}+\vec{s}\cdot\vec{\boldsymbol{\sigma}}\right) \tag{9.42}$$

parametrisieren und durch den dreidimensionalen reellen Vektor $\vec{s}$ beschreiben, den man als **Bloch-Vektor** bezeichnet. Im diesem Abschnitt wird dieser Bloch-Vektor Formalismus ausführlicher dargestellt.

Die Bloch-Kugel: Zunächst wollen uns den Zusammenhang zwischen der Beschreibung eines reinen Zustandes als Vektor $|\psi\rangle = \alpha|1\rangle + \beta|2\rangle = (\alpha,\beta)^T$ im Hilbert-Raum mit orthonormaler Basis $|1\rangle$, $|2\rangle$ und dem reellen dreidimensionalen Vektor $\vec{s} = (s_x, s_y, s_z)^T$ mit $|\vec{s}| = 1$ genauer ansehen. Zunächst bilden wir die Dichtematrix $\boldsymbol{\rho} = |\psi\rangle\langle\psi|$

$$\boldsymbol{\rho} = \begin{pmatrix}\alpha\\ \beta\end{pmatrix}\begin{pmatrix}\alpha^*, & \beta^*\end{pmatrix} = \begin{pmatrix}\alpha\alpha^* & \alpha\beta^*\\ \alpha^*\beta & \beta\beta^*\end{pmatrix}. \tag{9.43}$$

Ein Vergleich mit (9.40) ergibt

$$s_x = \alpha^*\beta + \alpha\beta^*\,,\quad s_y = \mathrm{i}(\alpha^*\beta - \alpha\beta^*)\,,\quad s_z = \alpha^*\alpha - \beta^*\beta\,, \tag{9.44}$$

oder, ausgedrückt mit der Parametrisierung $\alpha = \mathrm{e}^{\mathrm{i}\gamma}\cos\vartheta/2$ und $\alpha = \mathrm{e}^{\mathrm{i}\gamma}\mathrm{e}^{\mathrm{i}\varphi}\sin\vartheta/2$,

$$s_x = \sin\vartheta\cos\varphi\,,\quad s_y = \sin\vartheta\sin\varphi\,,\quad s_z = \cos\vartheta\,. \tag{9.45}$$

Das beschreibt einen Einheitsvektor auf einer Kugel, der **Bloch-Kugel**, dargestellt in Bild 9.1. Sie ist benannt nach Felix Bloch, dessen blochsches Theorem für periodische Potentiale wir schon in Abschnitt 7.5 kennengelernt haben. Jeder Punkt der Bloch-Kugel stellt einen Zustand des Zweiniveausystems dar. Insbesondere entspricht der Nordpol dem Zustand $|1\rangle$, der Südpol dem Zustand $|2\rangle$.

In vielen Anwendungen treffen wir auf Operatoren wie $\hat{D}_x(\theta) = \mathrm{e}^{-\mathrm{i}\theta\boldsymbol{\sigma}_x/2}$, die auf einen Zustandsvektor $|\psi\rangle$ wirken. Dieser Operator beschreibt eine Drehung um die x-Achse mit einem Drehwinkel θ. Das wird klarer in der Bloch-Vektor-Darstellung. Dazu schreiben wir die Abbildung $|\psi'\rangle = \hat{D}_x(\theta)|\psi\rangle$ als

$$\boldsymbol{\rho}' = |\psi'\rangle\langle\psi'| = \hat{D}_x(\theta)|\psi\rangle\langle\psi|\hat{D}_x^\dagger(\theta) = \mathrm{e}^{-\mathrm{i}\theta\boldsymbol{\sigma}_x/2}\boldsymbol{\rho}\,\mathrm{e}^{\mathrm{i}\theta\boldsymbol{\sigma}_x/2}\,. \tag{9.46}$$

Wenn wir hier nach Gleichung (9.39) $\boldsymbol{\rho} = \frac{1}{2}\left(\mathbf{I} + \vec{s}\cdot\vec{\sigma}\right)$ einsetzen, stoßen wir auf Ausdrücke wie $\mathrm{e}^{-\mathrm{i}\theta\boldsymbol{\sigma}_x/2}\boldsymbol{\sigma}_j\,\mathrm{e}^{\mathrm{i}\theta\boldsymbol{\sigma}_x/2}$ für $j = x, y, z$. Mehr über die allgemeine Theorie zu solchen Lie-algebraischen kanonischen Ähnlichkeitstransformationen findet man in M2, Abschnitt 6.2.3. Hier wollen wir diesen Ausdruck elementar auswerten. Beginnen wir mit dem einfachsten Fall. Für $\boldsymbol{\sigma}_j = \boldsymbol{\sigma}_x$ gilt

$$\mathrm{e}^{-\mathrm{i}\theta\boldsymbol{\sigma}_x/2}\boldsymbol{\sigma}_x\,\mathrm{e}^{\mathrm{i}\theta\boldsymbol{\sigma}_x/2} = \boldsymbol{\sigma}_x\,, \tag{9.47}$$

da die Exponentalfunktion mit $\boldsymbol{\sigma}_x$ vertauscht. Für $\boldsymbol{\sigma}_j = \boldsymbol{\sigma}_y$ müssen wir uns etwas mehr anstrengen. Wir verwenden die Darstellung (9.28) der Exponentialfunktion und formen um unter Benutzung der Produktformeln wie $\boldsymbol{\sigma}_x\boldsymbol{\sigma}_y = \mathrm{i}\boldsymbol{\sigma}_z$ und $\boldsymbol{\sigma}_x\boldsymbol{\sigma}_y\boldsymbol{\sigma}_x = \mathrm{i}\boldsymbol{\sigma}_z\boldsymbol{\sigma}_x = -\boldsymbol{\sigma}_y$ (vgl. Gleichung (9.9)):

$$\begin{aligned}
\mathrm{e}^{-\mathrm{i}\theta\boldsymbol{\sigma}_x/2}\boldsymbol{\sigma}_y\,\mathrm{e}^{\mathrm{i}\theta\boldsymbol{\sigma}_x/2} &= \left(\cos\tfrac{\theta}{2}\,\mathbf{I} - \mathrm{i}\sin\tfrac{\theta}{2}\,\boldsymbol{\sigma}_x\right)\boldsymbol{\sigma}_y\left(\cos\tfrac{\theta}{2}\,\mathbf{I} + \mathrm{i}\sin\tfrac{\theta}{2}\,\boldsymbol{\sigma}_x\right)\\
&= \cos^2\tfrac{\theta}{2}\,\boldsymbol{\sigma}_y + \sin^2\tfrac{\theta}{2}\,\boldsymbol{\sigma}_x\boldsymbol{\sigma}_y\boldsymbol{\sigma}_x - \mathrm{i}\sin\tfrac{\theta}{2}\cos\tfrac{\theta}{2}\left(\boldsymbol{\sigma}_x\boldsymbol{\sigma}_y - \boldsymbol{\sigma}_y\boldsymbol{\sigma}_x\right)\\
&= \left(\cos^2\tfrac{\theta}{2} - \sin^2\tfrac{\theta}{2}\right)\boldsymbol{\sigma}_y + 2\sin\tfrac{\theta}{2}\cos\tfrac{\theta}{2}\,\boldsymbol{\sigma}_z = \cos\theta\,\boldsymbol{\sigma}_y + \sin\theta\,\boldsymbol{\sigma}_z\,.
\end{aligned} \tag{9.48}$$

Ganz genauso erhalten wir

$$\mathrm{e}^{-\mathrm{i}\theta\boldsymbol{\sigma}_x/2}\boldsymbol{\sigma}_z\,\mathrm{e}^{\mathrm{i}\theta\boldsymbol{\sigma}_x/2} = \cos\theta\,\boldsymbol{\sigma}_z - \sin\theta\,\boldsymbol{\sigma}_x \tag{9.49}$$

und damit

$$\begin{aligned}
\boldsymbol{\rho}' &= \mathrm{e}^{-\mathrm{i}\theta\boldsymbol{\sigma}_x/2}\boldsymbol{\rho}\,\mathrm{e}^{\mathrm{i}\theta\boldsymbol{\sigma}_x/2} = \tfrac{1}{2}\Big(\mathbf{I} + \sum_j s_j\,\mathrm{e}^{-\mathrm{i}\theta\boldsymbol{\sigma}_x/2}\sigma_j\mathrm{e}^{-\mathrm{i}\theta\boldsymbol{\sigma}_x/2}\Big)\\
&= \tfrac{1}{2}\big(\mathbf{I} + s_x\boldsymbol{\sigma}_x + s_y(\cos\theta\,\boldsymbol{\sigma}_y + \sin\theta\,\boldsymbol{\sigma}_z) + s_z(\cos\theta\,\boldsymbol{\sigma}_z - \sin\theta\,\boldsymbol{\sigma}_y)\big)\\
&= \tfrac{1}{2}\big(\mathbf{I} + s_x\boldsymbol{\sigma}_x + (s_y\cos\theta - s_z\sin\theta)\,\boldsymbol{\sigma}_y + (s_y\sin\theta + s_z\cos\theta)\,\boldsymbol{\sigma}_z\big)\,.
\end{aligned} \tag{9.50}$$

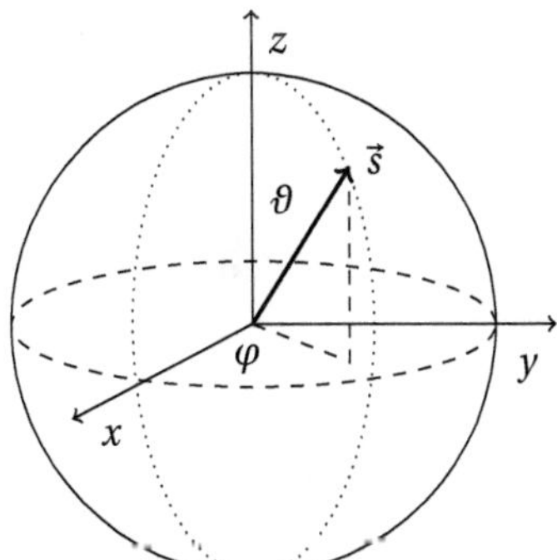

Bild 9.1 Der Zustand $|\psi\rangle$ eines Zweiniveausystems kann durch einen reellen Einheitsvektor $\vec{s}$ auf der Bloch-Kugel beschrieben werden

Setzen wir $\boldsymbol{\rho}' = \frac{1}{2}\left(\mathbf{I} + \vec{s}' \cdot \vec{\sigma}\right)$, so folgt das Endergebnis für den transformierten Bloch-Vektor $\vec{s}'$:

$$\begin{pmatrix} s'_x \\ s'_y \\ s'_z \end{pmatrix} = \begin{pmatrix} 1 & 0 & 0 \\ 0 & \cos\theta & -\sin\theta \\ 0 & \sin\theta & \cos\theta \end{pmatrix} \begin{pmatrix} s'_x \\ s'_y \\ s'_z \end{pmatrix} . \tag{9.51}$$

Der Bloch-Vektor wird also durch diese Drehmatrix um die x-Achse gedreht mit einem Drehwinkel θ. Genauso kann man für die anderen Spinmatrizen vorgehen. Die Operatoren

$$\hat{D}_x(\theta) = \mathrm{e}^{-\mathrm{i}\theta\boldsymbol{\sigma}_x/2} \;, \quad \hat{D}_y(\theta) = \mathrm{e}^{-\mathrm{i}\theta\boldsymbol{\sigma}_y/2} \;, \quad \hat{D}_z(\theta) = \mathrm{e}^{-\mathrm{i}\theta\boldsymbol{\sigma}_z/2} \tag{9.52}$$

repräsentieren also Drehungen des Bloch-Vektors um die Koordinatenrichtungen. Mit etwas mehr Aufwand beweist man auch, dass für einen (reellen) Einheitsvektor $\vec{n}$ der Operator

$$\hat{D}_{\vec{n}}(\theta) = \mathrm{e}^{-\mathrm{i}\theta\,\vec{n}\cdot\vec{\sigma}/2} \tag{9.53}$$

im Bloch-Bild eine Drehung um die Achse $\vec{n}$ mit dem Drehwinkel θ beschreibt.

Diese algebraischen Überlegungen waren recht abstrakt. Obwohl man jetzt auf ähnliche Weise das Zeitverhalten eines Quantensystems rein algebraisch beschreiben kann, werden wir im folgenden Abschnitt doch einen direkteren Zugang wählen.

Das Zeitverhalten des Bloch-Vektors: Im Folgenden werden wir die Dynamik dieses Bloch-Vektors genauer untersuchen. Zunächst kann eine Wechselwirkung unseres Spins durch einen Hamilton-Operator beschrieben werden, der durch eine allgemeine Linearkombination von $\mathbf{I}$ und den drei Spinmatrizen $\boldsymbol{\sigma}_1$, $\boldsymbol{\sigma}_2$, $\boldsymbol{\sigma}_3$ dargestellt werden kann:

$$\mathbf{H} = h_0\mathbf{I} + \sum_{j=1}^{3} h_j\boldsymbol{\sigma}_j = h_0\mathbf{I} + \vec{h}\cdot\vec{\boldsymbol{\sigma}} = \begin{pmatrix} h_0 + h_3 & h_1 - h_2\mathrm{i} \\ h_1 + h_2\mathrm{i} & h_0 - h_3 \end{pmatrix} \tag{9.54}$$

mit eventuell explizit zeitabhängigen Koeffizienten h_0 und $\vec{h} = (h_1, h_2, h_3)^T$. Ein Beispiel wäre die Spindynamik in einem äußeren Magnetfeld $\vec{B}$ mit $\mathbf{H} = \frac{\gamma\hbar}{2}\vec{\boldsymbol{\sigma}}\cdot\vec{B}$. Die Dynamik wird beschrieben durch die Zeitentwicklungsgleichung für den Dichteoperator:

$$\frac{\mathrm{d}\boldsymbol{\rho}}{\mathrm{d}t} = -\frac{\mathrm{i}}{\hbar}\left[\mathbf{H}, \boldsymbol{\rho}\right] . \tag{9.55}$$

(siehe Gl. (7.11)). Wir wollen zunächst den auf der rechten Seite dieser Gleichung – nach Einsetzen von (9.42) und (9.54) – auftretenden Ausdruck vereinfachen. Wir erhalten

$$\begin{aligned} 2\left[\mathbf{H}, \boldsymbol{\rho}\right] &= \left[h_0\mathbf{I} + \vec{h}\cdot\vec{\boldsymbol{\sigma}}, \mathbf{I} + \vec{s}\cdot\vec{\boldsymbol{\sigma}}\right] = \left[\vec{h}\cdot\vec{\boldsymbol{\sigma}}, \vec{s}\cdot\vec{\boldsymbol{\sigma}}\right] \\ &= (\vec{h}\cdot\vec{\boldsymbol{\sigma}})(\vec{s}\cdot\vec{\boldsymbol{\sigma}}) - (\vec{s}\cdot\vec{\boldsymbol{\sigma}})(\vec{h}\cdot\vec{\boldsymbol{\sigma}}) = \sum_{i,j} h_i s_j \left(\boldsymbol{\sigma}_i\boldsymbol{\sigma}_j - \boldsymbol{\sigma}_j\boldsymbol{\sigma}_i\right) \\ &= \sum_{i,j,k\,\text{zyklisch}} h_i s_j 2\mathrm{i}\boldsymbol{\sigma}_k = 2\mathrm{i}\left(\vec{h}\times\vec{s}\right)\cdot\vec{\boldsymbol{\sigma}}, \end{aligned} \tag{9.56}$$

wobei wir die Kommutatorrelation (9.14) benutzt haben. Setzt man dieses Resultat sowie $\mathrm{d}\boldsymbol{\rho}/\mathrm{d}t = \frac{1}{2}\dot{\vec{s}}\cdot\vec{\boldsymbol{\sigma}}$ in die Bewegungsgleichung (9.55) ein und vergleicht beide Seiten, so ergibt sich die einfache, fast klassisch aussehende Bewegungsgleichung

$$\dot{\vec{s}} = \frac{2}{\hbar}\vec{h}\times\vec{s} \tag{9.57}$$

für den Bloch-Vektor. Eine offensichtliche Eigenschaft dieser Bewegung ist die Erhaltung des Betrages $p_s = |\vec{s}|$, d.h. des Polarisationsgrades. Das sieht man sofort aus

$$\frac{\mathrm{d}}{\mathrm{d}t}\vec{s}\cdot\vec{s} = 2\dot{\vec{s}}\cdot\vec{s} = \frac{4}{\hbar}\,(\vec{h}\times\vec{s})\cdot\vec{s} = 0 . \tag{9.58}$$

In gleicher Weise ist die Projektion von $\vec{s}$ auf $\vec{h}$ erhalten, denn es gilt

$$\frac{\mathrm{d}}{\mathrm{d}t}\vec{s}\cdot\vec{h} = \dot{\vec{s}}\cdot\vec{h} = \frac{2}{\hbar}\,(\vec{h}\times\vec{s})\cdot\vec{h} = 0 . \tag{9.59}$$

Der Polarisationsvektor $\vec{s}(t)$ bewegt sich also auf dem „Breitenkreis“ der Bloch-Kugel um die Achse $\vec{h}$. Wenn das Koordinatensystem so gewählt wird, dass $\vec{h}$ in Richtung der z-Achse liegt, also $\vec{h} = \frac{2}{\hbar}(0,0,\epsilon)^T$ mit $\mathbf{H} = \left(\begin{smallmatrix}\epsilon & 0\\ 0 & -\epsilon\end{smallmatrix}\right)$, dann lauten die Bewegungsgleichungen

$$\begin{pmatrix}\dot{s}_x\\ \dot{s}_y\\ \dot{s}_z\end{pmatrix} = \frac{2}{\hbar}\begin{pmatrix}0 & -\epsilon & 0\\ \epsilon & 0 & 0\\ 0 & 0 & 0\end{pmatrix}\begin{pmatrix}s_x\\ s_y\\ s_z\end{pmatrix}. \tag{9.60}$$

Die Komponente s_z bleibt konstant und für s_x gilt mit $\omega = 2\epsilon/\hbar$

$$\ddot{s}_x = -\omega\dot{s}_y = -\omega^2 s_x \tag{9.61}$$

genau wie für s_y. Wir erhalten also eine harmonische Kreisbewegung mit einer Frequenz ω. In diesem Fall ist die Hamilton-Matrix $\mathbf{H}$ diagonal mit den Eigenwerten ϵ und $-\epsilon$. Die Frequenz ω ist also gleich dem negativen Produkt der Eigenwerte von $\mathbf{H}$. Da die Eigenwerte bei der Drehung das Koordinatensystems unverändert bleiben, gilt dies allgemein.

Bei einer allgemeinen Lage des Koordinatensystems lauten die Bloch-Gleichungen (9.57) mit $\vec{h} = \frac{2}{\hbar}(v,u,\epsilon)^T$

$$\begin{pmatrix}\dot{s}_x\\ \dot{s}_y\\ \dot{s}_z\end{pmatrix} = \frac{2}{\hbar}\begin{pmatrix}0 & -\epsilon & u\\ \epsilon & 0 & -v\\ -u & v & 0\end{pmatrix}\begin{pmatrix}s_x\\ s_y\\ s_z\end{pmatrix} \tag{9.62}$$

mit reellem ϵ, u und v. Hier ist die Hamilton-Matrix gleich $\mathbf{H} = \left(\begin{smallmatrix}\epsilon & v-u\mathrm{i}\\ v+u\mathrm{i} & -\epsilon\end{smallmatrix}\right)$ mit den Eigenwerten $\pm\sqrt{\epsilon^2+u^2+v^2}$. Der Polarisationsvektor $\vec{s}(t)$ präzediert daher mit einer Frequenz

$$\omega = \frac{2}{\hbar}\sqrt{\epsilon^2+u^2+v^2} \tag{9.63}$$

um den Vektor $\vec{h}$. In der folgenden Aufgabe beschreiben wir die Lösungen der Bloch-Gleichungen noch einmal durch ihre Eigenvektoren.

Aufgabe 9.5 (Lös. Seite 229) : Bestimmen Sie die Eigenwerte und die normierten Eigenvektoren der Matrix $\mathbf{M} = \frac{2}{\hbar}\left(\begin{smallmatrix}0 & -\epsilon & 0\\ \epsilon & 0 & -v\\ 0 & v & 0\end{smallmatrix}\right)$. Vergewissern Sie sich, dass diese Eigenvektoren orthogonal sind (warum?) und geben Sie die allgemeine Lösung $\vec{s}(t)$ der Bloch-Gleichung (9.62) an sowie ihre spezielle Lösung für $\vec{s}(0) = (0,0,1)$.

9.4 Die Lindblad-Master-Gleichung

Bisher haben wir isolierte Quantensysteme betrachtet, aber oft haben wir die Aufgabe, das Verhalten eines Quantensystem in einer „Umwelt“ zu beschreiben. Dabei möchte man die komplizierte Wechelwirkung zwischen System und Umgebung näherungsweise durch eine geeignet modifizierte Systemdynamik ersetzen Das erreicht man beispielsweise durch sogenannte Master-Gleichungen. Sie beschreiben phänomenologisch die Dynamik eines Systems, das mit der Außenwelt wechselwirkt. Ein klassisches Beispiel dafür ist die **Ratengleichung**

$$\frac{\mathrm{d}p_j}{\mathrm{d}t} = \sum_k \left(T_{jk}p_k - T_{kj}p_j\right). \tag{9.64}$$

für die Besetzungswahrscheinlichkeiten p_j der Zustände j. Dabei beschreiben die T_{jk} die (positiven) Übergangsraten von Zustand k in Zustand j. Eine kurze Überlegung zeigt, dass dabei die Summe der Wahrscheinlichkeiten $\sum_j p_j$ erhalten bleibt, und dass die p_j nicht negativ werden können.

In der Quantenmechanik liefert die **Lindblad-Master-Gleichung** eine solche Beschreibung. Dabei ist die Dichtematrix $\boldsymbol{\rho}(t)$ eine Lösung der Gleichung

$$\frac{\mathrm{d}\boldsymbol{\rho}}{\mathrm{d}t} = -\frac{\mathrm{i}}{\hbar}[\mathbf{H}, \boldsymbol{\rho}] + \mathbf{D}\boldsymbol{\rho} \tag{9.65}$$

mit dem (linearen) Operator

$$\mathbf{D}\boldsymbol{\rho} = \sum_j \frac{1}{2}\left(2\mathbf{V}_j\boldsymbol{\rho}\mathbf{V}_j^\dagger - \mathbf{V}_j^\dagger\mathbf{V}_j\boldsymbol{\rho} - \boldsymbol{\rho}\mathbf{V}_j^\dagger\mathbf{V}_j\right). \tag{9.66}$$

Hier beschreiben die Lindblad-Operatoren $\mathbf{V}_j$ die unterschiedlichen Kopplungsmechanismen an die Umgebung, wie beispielsweise Energieverlust oder Teilchenaustausch. Die spezielle Form der Lindblad-Gleichung erhält die wichtigsten Eigenschaften der Dichtematrix, also ihre Spur und ihre Positivität. Der Erwartungswert einer Observablen $\mathbf{A}$ wird wie gewohnt durch

$$\langle\mathbf{A}\rangle_t = \mathrm{spur}(\mathbf{A}\boldsymbol{\rho}(t)) \tag{9.67}$$

beschrieben und ist reell, wenn $\mathbf{H}$ hermitesch ist. Als einfaches Beispiel einer solchen Beschreibung wollen wir ein Zweiniveausystem betrachten.

Ein offenes Zweiniveausystem: Wir beschreiben in einem System mit nur zwei Zuständen die Hamilton- und die Dichtematrix durch

$$\mathbf{H} = \begin{pmatrix} \epsilon & w \\ w^* & -\epsilon \end{pmatrix}, \quad \boldsymbol{\rho} = \begin{pmatrix} a & b \\ b^* & d \end{pmatrix} \tag{9.68}$$

mit $w = v - u\mathrm{i}$ und reellen Parametern ϵ, a und $d = 1 - a$ (wegen $\mathrm{spur}\boldsymbol{\rho} = 1$). Dabei wollen wir hier annehmen, dass ϵ und w nicht explizit von der Zeit abhängen. Außerdem werden wir zur Vereinfachung $\hbar = 1$ setzen.

Als Lindblad-Operatoren verwendet man meist $\mathbf{V}_1 = \sqrt{\mu}\boldsymbol{\sigma}_-$ und $\mathbf{V}_2 = \sqrt{\nu}\boldsymbol{\sigma}_-$ mit den Parametern $\mu, \nu \geq 0$ und den Spinmatrizen (vgl. Gleichung (9.23)) $\boldsymbol{\sigma}_+ = \left(\begin{smallmatrix} 0 & 1 \\ 0 & 0 \end{smallmatrix}\right)$ und $\boldsymbol{\sigma}_- = \left(\begin{smallmatrix} 0 & 0 \\ 1 & 0 \end{smallmatrix}\right)$ mit $\boldsymbol{\sigma}_+^\dagger = \boldsymbol{\sigma}_-$. Das ergibt den Operator

$$\mathbf{D}\boldsymbol{\rho} = \frac{\mu}{2}\left(2\boldsymbol{\sigma}_-\boldsymbol{\rho}\boldsymbol{\sigma}_+ - \boldsymbol{\sigma}_+\boldsymbol{\sigma}_-\boldsymbol{\rho} - \boldsymbol{\rho}\boldsymbol{\sigma}_+\boldsymbol{\sigma}_-\right) + \frac{\nu}{2}\left(2\boldsymbol{\sigma}_+\boldsymbol{\rho}\boldsymbol{\sigma}_- - \boldsymbol{\sigma}_-\boldsymbol{\sigma}_+\boldsymbol{\rho} - \boldsymbol{\rho}\boldsymbol{\sigma}_-\boldsymbol{\sigma}_+\right). \tag{9.69}$$

Im Folgenden verwenden wir statt μ und ν auch die Parameter

$$\Gamma = (\mu + \nu)/2\,, \quad \gamma = (\mu - \nu)/2. \tag{9.70}$$

Wir berechnen jetzt die einzelnen Terme explizit mithilfe von $\boldsymbol{\sigma}_+\boldsymbol{\sigma}_- = \begin{pmatrix} 1 & 0 \\ 0 & 0 \end{pmatrix}$ und $\boldsymbol{\sigma}_-\boldsymbol{\sigma}_+ = \begin{pmatrix} 0 & 0 \\ 0 & 1 \end{pmatrix}$ nach Gleichung (9.24):

$$\begin{aligned} 2\boldsymbol{\sigma}_-\boldsymbol{\rho}\boldsymbol{\sigma}_+ - \boldsymbol{\sigma}_+\boldsymbol{\sigma}_-\boldsymbol{\rho} - \boldsymbol{\rho}\boldsymbol{\sigma}_+\boldsymbol{\sigma}_- &= 2\begin{pmatrix} 0 & 0 \\ 1 & 0 \end{pmatrix}\begin{pmatrix} a & b \\ b^* & d \end{pmatrix}\begin{pmatrix} 0 & 1 \\ 0 & 0 \end{pmatrix} - \begin{pmatrix} 1 & 0 \\ 0 & 0 \end{pmatrix}\begin{pmatrix} a & b \\ b^* & d \end{pmatrix} - \begin{pmatrix} a & b \\ b^* & d \end{pmatrix}\begin{pmatrix} 1 & 0 \\ 0 & 0 \end{pmatrix} \\ &= 2\begin{pmatrix} 0 & 0 \\ 1 & 0 \end{pmatrix}\begin{pmatrix} 0 & a \\ 0 & b^* \end{pmatrix} - \begin{pmatrix} a & b \\ 0 & 0 \end{pmatrix} - \begin{pmatrix} a & 0 \\ b^* & 0 \end{pmatrix} = 2\begin{pmatrix} 0 & 0 \\ 0 & a \end{pmatrix} - \begin{pmatrix} 2a & b \\ b^* & 0 \end{pmatrix} = \begin{pmatrix} -2a & -b \\ -b^* & 2a \end{pmatrix}. \end{aligned} \tag{9.71}$$

In gleicher Weise finden wir

$$2\boldsymbol{\sigma}_+\boldsymbol{\rho}\boldsymbol{\sigma}_- - \boldsymbol{\sigma}_-\boldsymbol{\sigma}_+\boldsymbol{\rho} - \boldsymbol{\rho}\boldsymbol{\sigma}_-\boldsymbol{\sigma}_+ = \begin{pmatrix} 2d & -b \\ -b^* & -2d \end{pmatrix} \tag{9.72}$$

und erhalten damit

$$\mathbf{D}\boldsymbol{\rho} = -\frac{\mu}{2}\begin{pmatrix} 2a & b \\ b^* & -2a \end{pmatrix} + \frac{\nu}{2}\begin{pmatrix} 2d & -b \\ -b^* & -2d \end{pmatrix} = \begin{pmatrix} \nu d - \mu a & -b(\mu+\nu)/2 \\ -b^*(\mu+\nu)/2 & \mu a - \nu d \end{pmatrix}. \tag{9.73}$$

Bloch-Vektor Dynamik: Mithilfe von $a = (1+s_z)/2$, $d = (1-s_z)/2$, $b = (s_x - \mathrm{i}s_y)/2$ und $\mu = \Gamma + \gamma$, und $\nu = \Gamma - \gamma$ lässt sich der dissipative Teil der Bewegungsgleichung umschreiben als

$$\mathbf{D}\boldsymbol{\rho} = -\tfrac{\Gamma}{2}\, s_x \boldsymbol{\sigma}_x - \tfrac{\Gamma}{2}\, s_y \boldsymbol{\sigma}_y - (\gamma + \Gamma s_z)\boldsymbol{\sigma}_z\,. \tag{9.74}$$

Damit ändern sich die Bewegungsgleichungen (9.62) für den Bloch-Vektor im hermiteschen Fall in

$$\begin{pmatrix} \dot{s}_x \\ \dot{s}_y \\ \dot{s}_z \end{pmatrix} = \begin{pmatrix} -\Gamma & -2\epsilon & 2u \\ 2\epsilon & -\Gamma & -2v \\ -2w & 2v & -2\Gamma \end{pmatrix}\begin{pmatrix} s_x \\ s_y \\ s_z \end{pmatrix} - \begin{pmatrix} 0 \\ 0 \\ 2\gamma \end{pmatrix} \tag{9.75}$$

oder als Matrix-Gleichung

$$\dot{\vec{s}} = \mathbf{M}\,\vec{s} - \vec{b}. \tag{9.76}$$

Diese Bewegungsgleichung einer gedämpften Spindynamik findet man schon in einer Arbeit von Felix Bloch aus dem Jahre 1946. Sie beschreibt die Bewegung des Bloch-Vektors $\vec{s}(t)$ und ihre Lösung liefert mit $\boldsymbol{\rho}(t) = \vec{s}(t)\cdot\vec{\boldsymbol{\sigma}}$ die Dichtematrix, also eine Lösung der Lindblad-Master-Gleichung (9.65). Im Folgenden werden wir die Eigenschaften der Bloch-Gleichung näher untersuchen.

Zunächst bestimmen wir die stationäre Lösung mit $\dot{\vec{s}} = 0$, die man (falls $\mathbf{M}$ invertierbar ist) problemlos als

$$\vec{s}_{\text{stat}} = \mathbf{M}^{-1}\,\vec{b} \tag{9.77}$$

identifiziert. Im Limit $\gamma \to 0$ geht $\vec{s}_{\text{stat}}$ gegen den Nullvektor, das heißt der Zustand nähert ich dem Zentrum der Bloch-Kugel.

Die Abweichung $\vec{g} = \vec{s} - \vec{s}_{\text{stat}}$ vom stationären Zustand erfüllt die Bewegungsgleichung

$$\dot{\vec{g}} = \mathbf{M}\,\vec{g}, \tag{9.78}$$

also eine gewöhnliche homogene Differentialgleichung mit der Lösung

$$\vec{g}(t) = \mathrm{e}^{\mathbf{M}t}\,\vec{g}(0). \tag{9.79}$$

Damit erhalten wir die allgemeine Lösung unserer Bloch-Gleichungen als

$$\vec{s}(t) = \mathrm{e}^{\mathbf{M}t}\big(\vec{s}(0) - \vec{s}_{\text{stat}}\big) + \vec{s}_{\text{stat}}. \tag{9.80}$$

Ihr Verhalten wird durch die Eigenwerte m_k und Eigenvektoren $\vec{m}_k$ der 3×3-Matrix $\mathbf{M}$ bestimmt. Da die Eigenwerte der Matrix leichter zu berechnen sind als ihre Eigenvektoren, ist es nützlich zu wissen, dass man Matrixfunktionen auch allein nur durch ihre Eigenwerte ausdrücken kann (mehr dazu in M2, Abschnitt 2.2), und man erhält die Exponentialfunktion als

$$\mathrm{e}^{\mathbf{M}t} = \sum_k \mathrm{e}^{m_k t}\mathbf{P}_k \quad \text{mit} \quad \mathbf{P}_k = \frac{\prod_{j\neq k}\{\mathbf{M} - m_j\mathbf{I}\}}{\prod_{j\neq k}\{m_k - m_j\}} \tag{9.81}$$

falls alle drei Eigenwerte m_k voneinander verschieden sind. Eine allgemeine Bestimmung der Eigenwerte der Matrix $\mathbf{M}$ ist möglich durch die Bestimmung der Nullstellen eines Polynoms dritten Grades, sie würde hier aber zu weit führen. Deshalb wollen wir uns auf den einfachen

Fall $\epsilon = 0$ mit reellem w beschränken, also auf die Matrix

$$\mathbf{M} = \begin{pmatrix} -\Gamma & 0 & 0 \\ 0 & -\Gamma & -2v \\ 0 & 2v & -2\Gamma \end{pmatrix} \quad \text{mit} \quad \mathbf{M}^{-1} = \frac{1}{2\Gamma^2 + 4v^2} \begin{pmatrix} -d/\Gamma & 0 & 0 \\ 0 & -2\Gamma & 2v \\ 0 & -2v & -\Gamma \end{pmatrix} \tag{9.82}$$

mit der die Determinante $2\Gamma^2 + 4v^2$ der 2×2-Untermatrix $\mathbf{M}' = \left(\begin{smallmatrix} -\Gamma & -2v \\ 2v & -2\Gamma \end{smallmatrix}\right)$. Dann ist der stationäre Zustand gleich

$$\vec{s}_{\text{stat}} = \mathbf{M}^{-1}\vec{b} = \tfrac{2\gamma}{2\Gamma^2+4v^2}\left(0, 2v, -\Gamma\right)^T. \tag{9.83}$$

Die Matrix **M** hat die Eigenwerte

$$m_0 = -\Gamma \quad \text{und} \quad m_\pm = \tfrac{1}{2}\left(-3\Gamma \pm \sqrt{\Gamma^2 - 16v^2}\right), \tag{9.84}$$

wobei $m_\pm$ mit den Eigenwerten der 2×2-Matrix $\mathbf{M}'$ übereinstimmen. Sie bilden entweder ein konjugiert komplexes Paar oder sie sind beide negativ reell. Als (hier nicht-normierte) Eigenvektoren findet man

$$\vec{s}_0 = (1,0,0)^T, \quad \vec{s}_\pm = (0, 2\Gamma + \lambda_\pm, 2v)^T. \tag{9.85}$$

Für $\Gamma = \pm 4v$ stimmen die Eigenwerte $m_\pm$ überein, genau wie die Eigenwerte m_+ und m_0 für $v = 0$. Man bezeichnet dies als eine **Entartung**. Aber diese beiden Entartungen sind sehr unterschiedlich. Im letzten Fall sind die zugehörigen Eigenvektoren voneinander verschieden, im ersten Fall stimmen sie jedoch überein. Man bezeichnet einen solchen Fall als einen **exzeptionellen Punkt** EP im Parameterraum, genauer als EP2, weil hier zwei Eigenwerte und Eigenvektoren übereinstimmen. Untersucht man das Verhalten der Eigenzustände im gesamten Parameterraum, so findet man auch Parameterwerte vom Typ EP3, bei denen also alle drei Eigenwerte und Eigenvektoren zusammenfallen. Weitere Einzelheiten über solche Entartungen werden wir im Kapitel 11 kennenlernen.

Vektorisierung: Wir haben im vorangehenden Abschnitt unsere Lindblad-Gleichung für eine Matrix, die Dichtematrix $\boldsymbol{\rho}(t)$, in eine Gleichung für einen Vektor umgewandelt Ein Vorteil einer solchen Umformulierung liegt auf der Hand: Man hat viele Lösungsmethoden für diese Gleichung zur Verfügung. Das dabei angewandte Verfahren zur Umformung der Master-Gleichung für eine Matrix $\boldsymbol{\rho}$ in eine Vektor-Gleichung ist von der Mathematik her einfach und direkt, lässt sich aber kaum auf kompliziertere Systeme anwenden. Das gelingt jedoch mit einigen tiefer liegenden Techniken, beispielsweise mithilfe des **Kronecker-Produktes**, das in M2, Abschnitt A.2 beschrieben wird. Wir wollen hier diese Methode übungshalber auf unser 2×2-System anwenden. Dabei geht die Matrix $\boldsymbol{\rho} = \left(\begin{smallmatrix} a & b \\ c & d \end{smallmatrix}\right)$ in den Spaltenvektor $\vec{\rho} = (a,c,b,d)^T$ über und die Matrixgleichungen (9.65), (9.66) in eine Differentialgleichung $\dot{\vec{\rho}} = \mathbf{M}\vec{\rho}$ mit einer Matrix **M**, die man auf folgende Weise erhält: Zunächst gehen die Produkte $\mathbf{H}\boldsymbol{\rho}$ und $\boldsymbol{\rho}\mathbf{H}$ der Dichtematrix $\boldsymbol{\rho}$ mit der Hamilton-Matrix **H** in $(\mathbf{I}\otimes\mathbf{H})\vec{\rho}$ und $(\mathbf{H}^T\otimes\mathbf{I})\vec{\rho}$ über mit den Kronecker-Produkten

$$\mathbf{I}\otimes\mathbf{H} = \begin{pmatrix} 1 & 0 \\ 0 & 1 \end{pmatrix} \otimes \begin{pmatrix} \epsilon & v \\ v^* & -\epsilon \end{pmatrix} = \begin{pmatrix} \epsilon & v & 0 & 0 \\ v^* & -\epsilon & 0 & 0 \\ 0 & 0 & \epsilon & v \\ 0 & 0 & v^* & -\epsilon \end{pmatrix} \tag{9.86}$$

$$\mathbf{H}^T\otimes\mathbf{I} = \begin{pmatrix} \epsilon & v^* \\ v & -\epsilon \end{pmatrix} \otimes \begin{pmatrix} 1 & 0 \\ 0 & 1 \end{pmatrix} = \begin{pmatrix} \epsilon & 0 & v^* & 0 \\ 0 & \epsilon & 0 & v^* \\ v & 0 & -\epsilon & 0 \\ 0 & v & 0 & -\epsilon \end{pmatrix}. \tag{9.87}$$

Der Kommutator $[\mathbf{H},\boldsymbol{\rho}] = \mathbf{H}\boldsymbol{\rho} - \boldsymbol{\rho}\mathbf{H}$ erscheint also als

$$[\mathbf{H},\boldsymbol{\rho}] \Longrightarrow \begin{pmatrix} \epsilon & v & 0 & 0 \\ v^* & -\epsilon & 0 & 0 \\ 0 & 0 & \epsilon & v \\ 0 & 0 & v^* & -\epsilon \end{pmatrix} - \begin{pmatrix} \epsilon & 0 & v^* & 0 \\ 0 & \epsilon & 0 & v^* \\ v & 0 & -\epsilon & 0 \\ 0 & v & 0 & -\epsilon \end{pmatrix} = \begin{pmatrix} 0 & v & -v^* & 0 \\ v^* & -2\epsilon & 0 & -v^* \\ -v & 0 & 2\epsilon & v \\ 0 & -v & v^* & 0 \end{pmatrix}. \tag{9.88}$$

Auf die gleiche Weise werten wir die Größen in $\mathbf{D}\boldsymbol{\rho}$ aus. Dabei geht $\boldsymbol{\sigma}_+\boldsymbol{\sigma}_-\boldsymbol{\rho} + \boldsymbol{\rho}\boldsymbol{\sigma}_+\boldsymbol{\sigma}_-$ über in

$$\begin{aligned} \mathbf{I} \otimes (\boldsymbol{\sigma}_+\boldsymbol{\sigma}_-) + (\boldsymbol{\sigma}_+\boldsymbol{\sigma}_-)^T \otimes \mathbf{I} &= \begin{pmatrix} 1 & 0 \\ 0 & 1 \end{pmatrix} \otimes \begin{pmatrix} 1 & 0 \\ 0 & 0 \end{pmatrix} + \begin{pmatrix} 1 & 0 \\ 0 & 0 \end{pmatrix} \otimes \begin{pmatrix} 1 & 0 \\ 0 & 1 \end{pmatrix} \\ &= \begin{pmatrix} 1&0&0&0 \\ 0&0&0&0 \\ 0&0&1&0 \\ 0&0&0&0 \end{pmatrix} + \begin{pmatrix} 1&0&0&0 \\ 0&1&0&0 \\ 0&0&0&0 \\ 0&0&0&0 \end{pmatrix} = \begin{pmatrix} 2&0&0&0 \\ 0&1&0&0 \\ 0&0&1&0 \\ 0&0&0&0 \end{pmatrix}, \end{aligned} \tag{9.89}$$

und $\boldsymbol{\sigma}_-\boldsymbol{\rho}\boldsymbol{\sigma}_+$ geht über in

$$\boldsymbol{\sigma}_+^T \otimes \boldsymbol{\sigma}_- = \begin{pmatrix} 0 & 0 \\ 1 & 0 \end{pmatrix} \otimes \begin{pmatrix} 0 & 0 \\ 1 & 0 \end{pmatrix} = \begin{pmatrix} 0&0&0&0 \\ 0&0&0&0 \\ 0&0&0&0 \\ 1&0&0&0 \end{pmatrix} \tag{9.90}$$

(vgl. M2, Gleichung (A.35)). Insgesamt erhalten wir die Matrixdarstellung

$$2\boldsymbol{\sigma}_-\boldsymbol{\rho}\boldsymbol{\sigma}_+ - \boldsymbol{\sigma}_+\boldsymbol{\sigma}_-\boldsymbol{\rho} - \boldsymbol{\rho}\boldsymbol{\sigma}_+\boldsymbol{\sigma}_- \quad \Longrightarrow \quad \begin{pmatrix} -2 & 0 & 0 & 0 \\ 0 & -1 & 0 & 0 \\ 0 & 0 & -1 & 0 \\ 2 & 0 & 0 & 0 \end{pmatrix}. \tag{9.91}$$

Als Übung für den Umgang mit dem Kronecker-Produkt sollte man hier selbst die entsprechende Darstellung von $2\boldsymbol{\sigma}_+\boldsymbol{\rho}\boldsymbol{\sigma}_-\boldsymbol{\sigma}_-\boldsymbol{\sigma}_+\boldsymbol{\rho} - \boldsymbol{\rho}\boldsymbol{\sigma}_-\boldsymbol{\sigma}_+$ bestimmen. Damit können wir unser Ergebnis mit

$$\mathbf{M} = -\mathrm{i}\begin{pmatrix} 0 & v & -v^* & 0 \\ v^* & -2\epsilon & 0 & -v^* \\ -v & 0 & 2\epsilon & v \\ 0 & -v & v^* & 0 \end{pmatrix} + \frac{\mu}{2}\begin{pmatrix} -2 & 0 & 0 & 0 \\ 0 & -1 & 0 & 0 \\ 0 & 0 & -1 & 0 \\ 2 & 0 & 0 & 0 \end{pmatrix} + \frac{\nu}{2}\begin{pmatrix} 0 & 0 & 0 & 2 \\ 0 & -1 & 0 & 0 \\ 0 & 0 & -1 & 0 \\ 2 & 0 & 0 & -2 \end{pmatrix} \tag{9.92}$$

zusammenfassen als vektorisierte Lindblad-Gleichung

$$\begin{pmatrix} \dot{a} \\ \dot{c} \\ \dot{b} \\ \dot{d} \end{pmatrix} = \begin{pmatrix} -\mu & -\mathrm{i}v & \mathrm{i}v^* & \nu \\ -\mathrm{i}v^* & 2\mathrm{i}\epsilon-\Gamma & 0 & \mathrm{i}v^* \\ \mathrm{i}v & 0 & -2\mathrm{i}\epsilon-\Gamma & -\mathrm{i}v \\ \mu & \mathrm{i}v & -\mathrm{i}v^* & -\nu \end{pmatrix} \begin{pmatrix} a \\ c \\ b \\ d \end{pmatrix}. \tag{9.93}$$

Hier summieren die erste und letzte Zeile zu null, woraus wir wieder sehen, dass $a + d$ erhalten bleibt, und aus der zweiten und dritten Zeile erkennt man, dass $c = b^*$ gilt. Den stationären Zustand findet man als Eigenvektor zum Eigenwert null. Insgesamt ist diese Lösung den oben angeführten Bloch-Gleichungen äquivalent, allerdings lässt sich das hier angewandte Lösungsverfahren auf allgemeinere Probleme anwenden.

9.5 Dirac-Gleichung und Dirac-Matrizen

In den vorangehenden Abschnitten haben wir uns mit der quantenmechanischen Beschreibung eines Teilchens mit Spin 1/2 beschäftigt, beispielsweise einem Elektron. Dabei wurde der „Spin" ad hoc als eine zusätzliche Eigenschaft der Teilchen eingeführt, die einem Drehimpuls ähnlich ist, aber keine klassische Entsprechung hat. Jetzt soll dies aus einer grundlegenden Gleichung für ein solches Teilchen in der relativistischen Quantenmechanik hergeleitet werden, aus der **Dirac-Gleichung**, die 1928 von dem britischen Physiker Paul Dirac (1902-1984) entwickelt wurde. Sie erfüllt die Anforderungen der speziellen Relativitätstheorie, die wir in Abschnitt 5.2 kennengelernt haben. Zur Erinnerung: Wir betrachten die Vierervektoren $x = (x^0, x^1, x^2, x^3)^T = (x^0, \vec{x})$ im vierdimensionalen Minkowski-Raum. Dabei beschreibt $\vec{x} = (x^1, x^2, x^3)^T$ die räumlichen Koordinaten und die erste Komponente $x^0 = ct$ die Zeit, skaliert mit der Lichtgeschwindigkeit c. Hier folgen wir der Konvention und verwenden hochgestellte Indizes für diese sogenannten kontravarianten Komponenten. Außerdem werden wir den Betrag $|\vec{x}|$ der Vektoren wie $\vec{x}$ in diesem Abschnitt einfach als x schreiben.

Der Impulsvektor hängt mit dem Geschwindigkeitsvektor durch $\vec{p} = m\gamma\vec{v}$ zusammen. Dabei ist m die Masse des Teilchens und $\gamma = 1/\sqrt{1 - v^2/c^2}$. Die Energie ist dann gleich

$$E^2 = c^2 p^2 + m^2 c^4, \tag{9.94}$$

und mit dem Viererimpuls (vgl. Gleichung (5.114) auf Seite 119)

$$\begin{aligned} (p^\mu) &= (p^0, p^1, p^2, p^3)^T = (E/c, m\gamma v_x, m\gamma v_y, m\gamma v_z)^T \quad \text{(kontravariant)} \\ (p_\mu) &= (p_0, p_1, p_2, p_3)^T = (E/c, -m\gamma v_x, -m\gamma v_y, -m\gamma v_z)^T \quad \text{(kovariant)} \end{aligned} \tag{9.95}$$

schreibt sich der Energiesatz als

$$p^\mu p_\mu = m^2 c^4, \tag{9.96}$$

wobei wir uns an die Summenkonvention für griechische Indizes erinnern (siehe Seite 115).

9.5.1 Die Dirac-Gleichung

Im Folgenden werden wir die Dirac-Gleichung zur Beschreibung eines freien Elektrons motivieren. Dazu erinnern wir uns zunächst an den Übergang von der klassischen Mechanik zur Quantenmechanik. Dabei korrespondiert der klassische Impuls $\vec{p}$ mit dem Ausdruck $-\mathrm{i}\hbar\vec{\nabla}$ und die klassische Energie E entspricht $\mathrm{i}\hbar\frac{\partial}{\partial t}$. Das können wir bequem zusammenfassen als $p^\mu \to \mathrm{i}\hbar\partial^\mu$ mit

$$(\partial^\mu) = \left(\frac{1}{c}\frac{\partial}{\partial t}, -\vec{\nabla}\right), \tag{9.97}$$

und damit hätten wir einen plausiblen Ausdruck für die quantenmechanische relativistische Energie, also für den Hamilton-Operator:

$$p^\mu p_\mu \longrightarrow -\hbar^2 \partial^\mu \partial_\mu = \hbar^2\left(\nabla^2 - \frac{1}{c^2}\frac{\partial^2}{\partial t^2}\right). \tag{9.98}$$

Dies eingesetzt in (9.96) führt nach Division durch $-c^2\hbar^2$ auf eine Gleichung für die quantenmechanische Wellenfunktion, nämlich

$$\left(\frac{1}{c^2}\frac{\partial^2}{\partial t^2} - \nabla^2 + \frac{m^2 c^2}{\hbar^2}\right)\psi(t, \vec{x}) = 0, \tag{9.99}$$

die **Klein-Gordon-Gleichung**, eine Gleichung, die erhebliche Unterschiede zu der Schrödinger-Gleichung aus der nichtrelativistischen Quantenmechanik aufweist. Beispielsweise ist sie eine

Differentialgleichung zweiter Ordnung in der Zeit und beschreibt das Quadrat der Energie und nicht die Energie selbst. Diese Probleme werden von Dirac in eleganter Weise umgangen, indem er den Operator aus der Klein-Gordon-Gleichung faktorisiert. Anstelle von $E^2 - c^2p^2 - m^2c^4 = 0$ macht man den Ansatz

$$\Big(E - c\sum_j \boldsymbol{\alpha}_j p_j - \boldsymbol{\beta} mc^2\Big)\Big(E + c\sum_j \boldsymbol{\alpha}_j p_j + \boldsymbol{\beta} mc^2\Big) = 0 \tag{9.100}$$

mit Matrizen $\boldsymbol{\alpha}_j$ und $\boldsymbol{\beta}$, die mit dem Impuls kommutieren. Mit etwas Rechenarbeit erhält man daraus die Bedingungen

$$\{\boldsymbol{\alpha}_j, \boldsymbol{\alpha}_k\} = 2\delta_{jk}\mathbf{I}\,, \quad \{\boldsymbol{\alpha}_j, \boldsymbol{\beta}\} = \mathbf{0}. \tag{9.101}$$

Wenn diese Antikommutatorrelationen erfüllt sind, dann ist jede Lösung von

$$\big(E \mp c\sum_j \boldsymbol{\alpha}_j p_j \mp \boldsymbol{\beta} mc^2\big)\psi(\vec{x}, t) = 0 \tag{9.102}$$

auch eine Lösung der Klein-Gordon-Gleichung (9.99). Speziell für das Minuszeichen ergibt dies mit $E \to \mathrm{i}\hbar\frac{\partial}{\partial t}$ und $\vec{p} \to -\mathrm{i}\hbar\vec{\nabla}$

$$\Big(\mathrm{i}\hbar\frac{\partial}{\partial t} + \mathrm{i}\hbar c\,\vec{\boldsymbol{\alpha}}\cdot\vec{\nabla} - mc^2\boldsymbol{\beta}\Big)\psi(\vec{x}, t) = 0, \tag{9.103}$$

die **Dirac-Gleichung**, die wir auch als

$$\mathrm{i}\hbar\frac{\partial}{\partial t}\psi(\vec{x}, t) = \mathbf{H}_D^{(0)}\psi(\vec{x}, t) \tag{9.104}$$

schreiben können mit dem **Dirac-Operator**

$$\mathbf{H}_D^{(0)} = c\,\vec{\boldsymbol{\alpha}}\cdot\vec{\boldsymbol{p}} + mc^2\boldsymbol{\beta} = -\mathrm{i}c\hbar\,\vec{\boldsymbol{\alpha}}\cdot\vec{\nabla} + mc^2\boldsymbol{\beta} \tag{9.105}$$

des freien Elektrons. Zunächst benötigen wir dazu aber die Matrizen $\vec{\boldsymbol{\alpha}}$ und $\boldsymbol{\beta}$. Sie können als 4×4-Matrizen

$$\boldsymbol{\alpha}_j = \begin{pmatrix} \mathbf{0} & \boldsymbol{\sigma}_j \\ \boldsymbol{\sigma}_j & \mathbf{0} \end{pmatrix}, \quad \boldsymbol{\beta} = \begin{pmatrix} \mathbf{I} & \mathbf{0} \\ \mathbf{0} & -\mathbf{I} \end{pmatrix} \tag{9.106}$$

dargestellt werden, also als Blockmatrizen, die aus 2×2-Matrizen aufgebaut sind. Solche Matrizen lassen sich nach den bekannten Multiplikationsregeln multiplizieren. Mehr darüber findet man in M2, Abschnitt 1.2.3. Hier eine einfache Übung dazu:

Aufgabe 9.6 (Lös. Seite 230) : Zeigen Sie, dass die Blockmatrizen $\boldsymbol{\alpha}_j = \begin{pmatrix} \mathbf{0} & \boldsymbol{\sigma}_j \\ \boldsymbol{\sigma}_j & \mathbf{0} \end{pmatrix}$ und $\begin{pmatrix} \mathbf{I} & \mathbf{0} \\ \mathbf{0} & -\mathbf{I} \end{pmatrix}$ die Antikommutatorrelationen $\{\boldsymbol{\alpha}_j, \boldsymbol{\alpha}_k\} = 2\delta_{jk}\mathbf{I}$ und $\{\boldsymbol{\alpha}_j, \boldsymbol{\beta}\} = \mathbf{0}$ erfüllen.

Ausgeschrieben in dieser Darstellung wird der Dirac-Operator zu

$$\mathbf{H}_D^{(0)} = \begin{pmatrix} mc^2 & 0 & cp_z & c(p_x - \mathrm{i}p_y) \\ 0 & mc^2 & c(p_x + \mathrm{i}p_y) & -cp_z \\ cp_z & c(p_x - \mathrm{i}p_y) & -mc^2 & 0 \\ c(p_x + \mathrm{i}p_y) & -cp_z & 0 & -mc^2 \end{pmatrix}. \tag{9.107}$$

Dies ist eine hermitesche 4×4-Blockmatrix, deren Eigenwerte E wir mithilfe der Determinantenformel (1.134) aus M2 berechnen können:

$$\begin{aligned} \det\big(\mathbf{H}_D^{(0)} - E\mathbf{I}\big) &= \big((mc^2 - E)(-mc^2 - E) - \det(c\,\vec{p}\cdot\vec{\boldsymbol{\sigma}})\big)^2 \\ &= \big(m^2c^4 - E^2 + c^2p^2\big)^2 = 0\,, \end{aligned} \tag{9.108}$$

wobei wir

$$\det(c\vec{p}\cdot\vec{\boldsymbol{\sigma}}) = \begin{vmatrix} cp_z & c(p_x - \mathrm{i}p_y) \\ c(p_x + \mathrm{i}p_y) & -cp_z \end{vmatrix}$$

$$= -c^2p_z^2 - c^2(p_x - \mathrm{i}p_y)(p_x + \mathrm{i}p_y) = -c^2(p_x^2 + p_y^2 + p_z^2) = -c^2p^2 \tag{9.109}$$

benutzt haben. Wir erhalten so die Eigenwerte

$$E_\pm = \pm\sqrt{c^2p^2 + m^2c^4} \tag{9.110}$$

in Übereinstimmung mit der klassischen relativistischen Energie (9.94).

Den Vierervektor der Wellenfunktion bezeichnet man als **Spinor**. Dann sind die Spinoren der Lösungen von

$$\mathbf{H}_D^{(0)}|\mathbf{a}\rangle = E|\mathbf{a}\rangle \tag{9.111}$$

zu den Eigenwerten $E = E_\pm$, also die (normierten) **Eigenspinoren** unseres Teilchens, gleich

$$\begin{aligned} |\mathbf{a}_+^{(1)}\rangle &= d\big(1,0,cp_z/\tilde{E},cp_+/\tilde{E}\big)^T, \quad |\mathbf{a}_+^{(2)}\rangle = d\big(0,1,cp_-/\tilde{E},-cp_z/\tilde{E}\big)^T \\ |\mathbf{a}_-^{(1)}\rangle &= d\big(-cp_z/\tilde{E},-cp_+/\tilde{E},1,0\big)^T, \quad |\mathbf{a}_-^{(2)}\rangle = d\big(-cp_-/\tilde{E},cp_z/\tilde{E},0,1\big)^T \end{aligned} \tag{9.112}$$

mit $\tilde{E} = mc^2 + \sqrt{c^2p^2 + m^2c^4}$, $p_\pm = p_x \pm p_y$ und $d^2 = 1/(1 + c^2p^2/\tilde{E}^2)$.

Im nicht-relativistischen Grenzfall $v \ll c$ finden wir mit $d \to 1$

$$\begin{aligned} |\mathbf{a}_+^{(1)}\rangle &\to \big(1,0,0,0\big)^T, \quad |\mathbf{a}_+^{(2)}\rangle \to \big(0,1,0,0\big)^T \\ |\mathbf{a}_-^{(1)}\rangle &\to \big(0,0,1,0\big)^T, \quad |\mathbf{a}_-^{(2)}\rangle \to \big(0,0,0,1\big)^T. \end{aligned} \tag{9.113}$$

Wie wir gesehen haben, sind die Eigenräume zu den beiden Eigenwerten E_+ und E_- jeweils zweidimensional. Mehr darüber im folgenden Abschnitt.

9.5.2 Die Clifford-Dirac-Algebra

Als **Dirac-Algebra** bezeichnet man die von den vier Matrizen $\boldsymbol{\gamma}^0, \boldsymbol{\gamma}^1, \boldsymbol{\gamma}^2$ und $\boldsymbol{\gamma}^3$ erzeugte Algebra, die die Relationen $\boldsymbol{\gamma}^0\boldsymbol{\gamma}^0 = 1$, $\boldsymbol{\gamma}^j\boldsymbol{\gamma}^j = -1$ für $j = 1,2,3$, und $\boldsymbol{\gamma}^\mu\boldsymbol{\gamma}^\nu = -\boldsymbol{\gamma}^\nu\boldsymbol{\gamma}^\mu$ für $\mu \neq \nu$ erfüllen, oder kompakt geschrieben für beliebige μ und ν

$$\boldsymbol{\gamma}^\mu\boldsymbol{\gamma}^\nu + \boldsymbol{\gamma}^\nu\boldsymbol{\gamma}^\mu = 2g_{\mu\nu}\mathbf{I} \tag{9.114}$$

mit der Einheitsmatrix **I** und der Minkowski-Metrik $g_{\mu\nu}$ mit $g_{00} = g^{00} = 1$, $g_{ij} = g^{ij} = -\delta_{ij}$ für $i,j = 1,2,3$ (siehe Gleichung (5.98)). Ein Vergleich der Antikommutatorrelation (9.114) mit Gleichung (6.87) in M2 zeigt, dass die γ-Matrizen eine **Clifford-Algebra** bilden.

Eine Realisierung dieser Algebra liefern die vier **Dirac-Matrizen**, das sind die Blockmatrizen (siehe Abschnitt M2, 1.2.3)

$$\boldsymbol{\gamma}^0 = \begin{pmatrix} \mathbf{I} & \mathbf{0} \\ \mathbf{0} & -\mathbf{I} \end{pmatrix}, \quad \boldsymbol{\gamma}^j = \begin{pmatrix} \mathbf{0} & \boldsymbol{\sigma}_j \\ -\boldsymbol{\sigma}_j & \mathbf{0} \end{pmatrix}, \quad j = 1,2,3, \tag{9.115}$$

die aus der 2 × 2-Einheitsmatrix **I** und den Pauli-Matrizen $\boldsymbol{\sigma}_j$ aufgebaut sind. Wie man nachprüft, erfüllen sie die Antikommutatorrelationen (9.114) und es gilt

$$(\boldsymbol{\sigma}^0)^\dagger = \boldsymbol{\sigma}^0, \quad (\boldsymbol{\sigma}^j)^\dagger = -\boldsymbol{\sigma}^j. \tag{9.116}$$

Für die weiteren Überlegungen führen wir den Vierervektor

$$\vec{\boldsymbol{\gamma}} = (\boldsymbol{\gamma}^0,\boldsymbol{\gamma}^1,\boldsymbol{\gamma}^2,\boldsymbol{\gamma}^3)^T \tag{9.117}$$

ein, sowie die kovarianten γ-Matrizen $\boldsymbol{\gamma}_\mu = g_{\mu\nu}\boldsymbol{\gamma}^\nu$, also

$$\boldsymbol{\gamma}_0 = \boldsymbol{\gamma}^0 = \begin{pmatrix} \mathbf{I} & \mathbf{0} \\ \mathbf{0} & -\mathbf{I} \end{pmatrix}, \quad \boldsymbol{\gamma}_j = -\boldsymbol{\gamma}^j = \begin{pmatrix} \mathbf{0} & -\boldsymbol{\sigma}_j \\ \boldsymbol{\sigma}_j & \mathbf{0} \end{pmatrix}. \tag{9.118}$$

Auch hier gilt wieder $\boldsymbol{\gamma}_0^2 = 1$, $\boldsymbol{\gamma}_j^2 = -1$, und $\boldsymbol{\gamma}_j\boldsymbol{\gamma}_k = -\boldsymbol{\gamma}_k\boldsymbol{\gamma}_j$ für $j \neq k$. Es ist interessant, dass eine direkte Beziehung zwischen den γ-Matrizen und den Quaternionen besteht:

Aufgabe 9.7 (Lös. Seite 230) : Die Quaternionen $\mathbb{H}$ sind charakterisiert durch die berühmten Hamilton-Regeln

$$\mathrm{i}^2 = \mathrm{j}^2 = \mathrm{k}^2 = \mathrm{ijk} = -1$$

für die Einheits-Quaternionen i, j und k (siehe M2, Abschnitt 5.3). Diese drei Größen lassen sich mit $\mathrm{i} = \boldsymbol{\gamma}_2\boldsymbol{\gamma}_3$, $\mathrm{j} = \boldsymbol{\gamma}_3\boldsymbol{\gamma}_1$ $\mathrm{k} = \boldsymbol{\gamma}_1\boldsymbol{\gamma}_2$ durch die Dirac-Matrizen darstellen. Vergewissern Sie sich, dass diese Produkte die Hamilton-Regeln erfüllen.

Der Operator

$$\Box = \frac{1}{c^2}\frac{\partial^2}{\partial t^2} - \frac{\partial^2}{\partial x^2} - \frac{\partial^2}{\partial y^2} - \frac{\partial^2}{\partial z^2} \tag{9.119}$$

(gesprochen als *„Box"* oder auch als *„Quabla"*) in der Klein-Gordon-Gleichung (9.99) ist ein vierdimensionaler Laplace-Operator der Minkowski-Geometrie, den man als **Wellen-Operator** oder **d'Alembert-Operator** bezeichnet. Schreiben wir die Koordinaten der Raumzeit als kontravariante Komponenten $(x^0, x^1, x^2, x^3)^T = (x^\mu)^T$ und kürzen den zugehörigen Differentialoperator ab als $(\partial_\mu)^T = (\partial_0, \partial_1, \partial_2, \partial_3)^T$ mit $\partial_\mu = \frac{\partial}{\partial x^\mu}$, dann erhalten wir

$$\Box = (\gamma^\mu \partial_\mu)^2 = \not{\partial}^2 \tag{9.120}$$

mit dem Dirac-Operator

$$\not{\partial} = \gamma^\mu \partial_\mu. \tag{9.121}$$

(Es ist zu empfehlen, diese Formel einmal selbst nachzuprüfen!) Diese handliche Schreibweise, die auf den US-amerikanischen Physiker Richard Feynman (1918-1988) zurückgeht, kann man auch für andere Größen verwenden, beispielsweise für den Viererimpuls, den man dann als $\not{p} = \gamma^\mu p_\mu = -\mathrm{i}\hbar\not{\partial}$ schreiben kann.

Mit der Abkürzung $M = mc/\hbar$ und

$$\Box + M^2 = \not{\partial}^2 + M^2 = (\not{\partial} - \mathrm{i}M)(\not{\partial} + \mathrm{i}M) \tag{9.122}$$

können wir die Dirac-Gleichung für das Elektron in der Kurzform

$$(\not{\partial} + \mathrm{i}M)\psi = 0, \tag{9.123}$$

ausdrücken.

Zur Übung berechnen wir damit noch einmal die Energie. Dazu schreiben wir die Dirac-Gleichung (9.123) mit $\not{p} = -\mathrm{i}\hbar\not{\partial}$ um als

$$(\not{p} + \hbar M)\psi = 0. \tag{9.124}$$

Multiplikation mit $(\not{p} - \hbar M)$ ergibt

$$(\not{p} - \hbar M)(\not{p} + \hbar M)\psi = (\not{p}^2 - \hbar^2 M^2)\psi = 0, \tag{9.125}$$

und mit

$$\not{p}^2 - \hbar^2 M^2 = p_0^2 - p^2 - \hbar^2 M^2 = \left(p_0 + \sqrt{p^2 + \hbar^2 M^2}\right)\left(p_0 - \sqrt{p^2 + \hbar^2 M^2}\right) \tag{9.126}$$

erhalten wir

$$p_0 = \pm\sqrt{p^2 + \hbar^2 M^2}, \tag{9.127}$$

also mit $E = cp_0$ das bekannte Ergebnis aus Gleichung (9.110).

9.5.3 Der Dirac-Spin-Operator

Bei der Berechnung der Eigenzustände des Dirac-Hamilton-Operators für das relativistische freie Elektron hatte sich herausgestellt, dass jeder Eigenwert zweifach entartet war. Das soll in diesem Abschnitt näher untersucht werden.

Wir haben in den oben ausgeführten Überlegungen gesehen, dass für eine relativistische Beschreibung des Elektrons neuartige Größen wie die $\boldsymbol{\gamma}$-Matrizen erforderlich sind, also Größen, die keine klassische Entsprechung haben. Das führt zu einer neuen Eigenschaft des Quantensystems, dem **Spin**, der sich durch die **Dirac-Spin-Operatoren**

$$\mathbf{S}_j = \frac{\hbar}{2}\begin{pmatrix} \boldsymbol{\sigma}_j & \mathbf{0} \\ \mathbf{0} & \boldsymbol{\sigma}_j \end{pmatrix}, \quad j = 1,2,3, \tag{9.128}$$

beschreiben lässt, also durch „diagonale" 4×4-Blockmatrizen mit einer Pauli-Matrix auf der Hauptdiagonale und Nullmatrizen auf der Nebendiagonale. Der Kommutator solcher Blockmatrizen ist besonders einfach. Nach M2, Gleichung (1.40) erhält man mit $\left[\boldsymbol{\sigma}_i, \boldsymbol{\sigma}_j\right] = 2\mathrm{i}\sum_k \epsilon_{ijk}\boldsymbol{\sigma}_k$ aus Gleichung (9.19)

$$\begin{aligned}\left[\mathbf{S}_i, \mathbf{S}_j\right] &= \frac{\hbar^2}{4}\begin{pmatrix} [\boldsymbol{\sigma}_i, \boldsymbol{\sigma}_j] & \mathbf{0} \\ \mathbf{0} & [\boldsymbol{\sigma}_i, \boldsymbol{\sigma}_j] \end{pmatrix} = \frac{\hbar^2}{4}\begin{pmatrix} 2\mathrm{i}\sum_k \epsilon_{ijk}\boldsymbol{\sigma}_k & \mathbf{0} \\ \mathbf{0} & 2\mathrm{i}\sum_k \epsilon_{ijk}\boldsymbol{\sigma}_k \end{pmatrix} \\ &= \mathrm{i}\frac{\hbar^2}{2}\sum_k \epsilon_{ijk}\begin{pmatrix} \boldsymbol{\sigma}_k & \mathbf{0} \\ \mathbf{0} & \boldsymbol{\sigma}_k \end{pmatrix} = \mathrm{i}\hbar\sum_k \epsilon_{ijk}\mathbf{S}_k\,. \end{aligned} \tag{9.129}$$

Die Dirac-Spin-Operatoren erfüllen damit die Vertauschungsrelationen der Drehimpulsoperatoren.

Man kann zweckmäßigerweise die $\mathbf{S}_j$ in einer Vektorschreibweise als $\vec{\mathbf{S}} = (\mathbf{S}_1, \mathbf{S}_2, \mathbf{S}_3)^T$ zusammenfassen und beschreibt damit die Projektion des Spins auf die Impulsrichtung durch den **Helizitätsoperator**

$$\mathbf{S}_{\vec{p}} = \frac{1}{p}\left(\vec{\mathbf{S}} \cdot \vec{p}\right) \tag{9.130}$$

oder, wenn man die Spinmatrizen einsetzt, explizit als

$$\mathbf{S}_{\vec{p}} = \frac{\hbar}{2p}\begin{pmatrix} p_z & p_- & 0 & 0 \\ p_+ & -p_z & 0 & 0 \\ 0 & 0 & p_z & p_- \\ 0 & 0 & p_+ & -p_z \end{pmatrix} = \frac{\hbar}{2p}\begin{pmatrix} \mathbf{A} & \mathbf{0} \\ \mathbf{0} & \mathbf{A} \end{pmatrix} \quad \text{mit} \quad \mathbf{A} = \begin{pmatrix} p_z & p_- \\ p_+ & -p_z \end{pmatrix} \tag{9.131}$$

und $p_\pm = p_x \pm \mathrm{i}\,p_y$. Damit können wir auch den Dirac-Hamilton-Operator (9.107) als

$$\mathbf{H}_D^{(0)} = \begin{pmatrix} mc^2\mathbf{I} & c\mathbf{A} \\ c\mathbf{A} & -mc^2\mathbf{I} \end{pmatrix} \tag{9.132}$$

ausdrücken. Den Kommutator mit dem Spin-Operator berechnen wir, indem wir wieder die Gleichung (1.40) aus M2 verwenden, mit dem Resultat

$$\left[\mathbf{H}_D^{(0)},\mathbf{S}_{\vec{p}}\right] = \frac{\hbar}{2p}\begin{pmatrix} mc^2[\mathbf{I},\mathbf{A}] & c[\mathbf{A},\mathbf{A}] \\ c[\mathbf{A},\mathbf{A}] & -mc^2[\mathbf{I},\mathbf{A}] \end{pmatrix} = \mathbf{0}. \tag{9.133}$$

Also kommutiert der Dirac-Spin-Operator mit dem Hamilton-Operator und beide Operatoren besitzen daher gemeinsame Eigenzustände. Die Eigenwerte λ von $\mathbf{S}_{\vec{p}}$ berechnen wir entweder direkt oder mithilfe von M2, Aufgabe 1.5:

$$\begin{aligned} 0 &= \det\left(\mathbf{S}_{\vec{p}} - \lambda\mathbf{I}\right) = \begin{vmatrix} \frac{\hbar}{2p}\mathbf{A} - \lambda\mathbf{I} & \mathbf{0} \\ \mathbf{0} & \frac{\hbar}{2p}\mathbf{A} - \lambda\mathbf{I} \end{vmatrix} = \left|\tfrac{\hbar}{2p}\mathbf{A} - \lambda\mathbf{I}\right|^2 \\ &= \left(\tfrac{\hbar}{2p}p_z - \lambda\right)\left(-\tfrac{\hbar}{2p}p_z - \lambda\right) - \tfrac{\hbar^2}{4p^2}p_+p_- = \tfrac{\hbar^2}{4p^2}\left(-p_z^2 - p_x^2 - p_y^2\right) + \lambda^2 = -\tfrac{\hbar^2}{4} + \lambda^2 . \end{aligned} \tag{9.134}$$

Das ergibt das erwartete Resultat

$$\lambda_\pm = \pm\hbar/2 . \tag{9.135}$$

Wie können also die gemeinsamen Eigenzustände des Hamilton-Operators $\mathbf{H}_D^{(0)}$ und des Helizitätsoperators $\mathbf{S}_{\vec{p}}$ als $|\pm,\uparrow\rangle$ oder $|\pm,\downarrow\rangle$ ausdrücken als

$$\begin{aligned} \mathbf{H}_D^{(0)}|\pm,\uparrow\rangle &= \pm\sqrt{c^2p^2 + m^2c^4}\,|\pm,\uparrow\rangle\,, \quad \mathbf{S}_{\vec{p}}\,|\pm,\uparrow\rangle = +\frac{\hbar}{2}\,|\pm,\uparrow\rangle\,, \\ \mathbf{H}_D^{(0)}|\pm,\downarrow\rangle &= \pm\sqrt{c^2p^2 + m^2c^4}\,|\pm,\downarrow\rangle\,, \quad \mathbf{S}_{\vec{p}}\,|\pm,\downarrow\rangle = -\frac{\hbar}{2}\,|\pm,\downarrow\rangle . \end{aligned} \tag{9.136}$$

Die expliziten Eigenvektoren lassen sich als Linearkombinationen der oben berechneten $|\mathbf{a}_\pm^{(1,2)}\rangle$ aus (9.112), (9.112) bestimmen, also beispielsweise als

$$|+,\uparrow\rangle = c_1\,|\mathbf{a}_+^{(1)}\rangle + c_2\,|\mathbf{a}_+^{(2)}\rangle\,, \tag{9.137}$$

wobei die Koeffizienten so gewählt werden, dass die Eigenwertgleichung für $\mathbf{S}_{\vec{p}}$ mit dem Eigenwert $+\hbar/2$ erfüllt ist. Das soll hier aber nicht weiter ausgeführt werden.

Auf diese Weise lässt sich also die neuartige Eigenschaft des Elektrons beschreiben, der Spin, der viele Eigenschaften des Drehimpulses teilt. Die Helizität $\mathbf{S}_{\vec{p}}$ ist dann eine Erhaltungsgröße für das freie relativistische Elektron mit den beiden Eigenwerten $\pm\hbar/2$. Das gilt aber nicht für den Gesamtspin $\vec{\mathbf{S}}$ oder den Bahndrehimpuls $\vec{\mathbf{L}}$, wohl aber für ihre Summe $\vec{\mathbf{L}} + \vec{\mathbf{S}}$, den Gesamtdrehimpuls.

Wir wollen damit unseren kurzen Ausflug in die relativistische Quantenmechanik beenden, nicht ohne darauf hinzuweisen, dass wir in Gleichung (9.110) auch negative Werte für die Eigenwerte der Energie erhalten hatten, ohne es weiter zu kommentieren. Es sei der Leserin oder dem Leser überlassen, sich über die Bedeutung dieser Lösungen zu informieren (Stichworte dazu wären *Positron* oder *Antiteilchen*). Das gleiche gilt für die Untersuchung des nicht-freien Elektrons, also des Einflusses elektromagnetischer Felder. Darüber hinaus sollte hervorgehoben werden, dass sich alle diese Überlegungen auf die spezielle Relativitätstheorie beziehen, also auf die flache Raumzeit. Der Einfluss von Masse und Energie auf die Raumkrümmung und ihr Zusammenhang mit der Teilchendynamik, die wir in Abschnitt 5.3 kurz betrachten hatten, konnte bis heute nicht befriedigend mir der Quantenmechanik verheiratet werde. Die Zusammenführung von allgemeiner Relativitätstheorie und Quantenmechanik hat sich einer Lösung bisher widersetzt, trotz intensiver Bemühungen seit nunmehr fast hundert Jahren.

9.6 Lösungen der Aufgaben

Aufgabe 9.1 (Seite 211): Berechnen Sie die Eigenwerte der Linearkombination $\mathbf{A} = \vec{\alpha} \cdot \vec{\boldsymbol{\sigma}}$ von Spinmatrizen und beweisen Sie für ihr Quadrat die Beziehung

$$\mathbf{A}^2 = (\vec{\alpha} \cdot \vec{\boldsymbol{\sigma}})^2 = \alpha^2 \mathbf{I} \quad \text{mit} \quad \alpha = |\vec{\alpha}| .$$

Lösung: Für die Linearkombination $\mathbf{A} = \sum_j \alpha_j \boldsymbol{\sigma}_j$ aus Gleichung (9.20) berechnen wir zunächst die Spur und die Determinante:

$$\operatorname{spur}\mathbf{A} = \alpha_z - \alpha_z = 0 , \tag{9.138}$$

$$\det\mathbf{A} = -\alpha_z^2 - (\alpha_x - \mathrm{i}\alpha_y)(\alpha_x - \mathrm{i}\alpha_y) = -\alpha_z^2 - \alpha_x^2 - \alpha_y^2 = -\alpha^2 . \tag{9.139}$$

Damit ergeben sich die Eigenwerte als $\lambda_\pm = \pm\alpha$ (vgl. M2, Gleichung (1.57)). Für das Quadrat folgt aus den Gleichungen (9.16) und (9.18)

$$\begin{aligned}(\vec{\alpha} \cdot \vec{\boldsymbol{\sigma}})^2 &= \sum_{i,j} \alpha_i \alpha_j \boldsymbol{\sigma}_i \boldsymbol{\sigma}_j = \sum_{i,j} \alpha_i \alpha_j \big(\delta_{i,j} \mathbf{I} + \mathrm{i} \sum_k \epsilon_{i,j,k} \boldsymbol{\sigma}_k\big) \\ &= \sum_i \alpha_i^2 \mathbf{I} + \mathrm{i} \sum_k \big(\sum_{i,j} \epsilon_{i,j,k}\big) \boldsymbol{\sigma}_k = \alpha^2 \mathbf{I} .\end{aligned} \tag{9.140}$$

Einfacher scheint hier allerdings eine simple Multiplikation der 2×2-Matrix aus Gleichung (9.20), die direkt dieses Resultat liefert.

Aufgabe 9.2 (Seite 213): Verifizieren Sie die Gleichung $\operatorname{spur} \mathrm{e}^{-\vec{\alpha}\cdot\vec{\boldsymbol{\sigma}}} = 2\cosh\alpha$ direkt mithilfe der Eigenwerte der Linearkombination $\vec{\alpha} \cdot \vec{\boldsymbol{\sigma}}$.

Lösung: Die Eigenwerte der Spinmatrix $\boldsymbol{\sigma} = \vec{\alpha} \cdot \vec{\boldsymbol{\sigma}}$ sind $\pm\alpha$ (vgl. die vorangehende Aufgabe). Dann ist $\mathrm{e}^{\boldsymbol{\sigma}}$ in der Eigenvektor-Basis diagonal mit den Diagonalelementen $\mathrm{e}^{\pm\alpha}$. Damit ergibt sich die gesuchte Spur als

$$\operatorname{spur}\big(\mathrm{e}^{-\vec{\alpha}\cdot\vec{\boldsymbol{\sigma}}}\big) = \mathrm{e}^{+\alpha} + \mathrm{e}^{-\alpha} = 2\cosh\alpha . \tag{9.141}$$

Aufgabe 9.3 (Seite 214): Leiten Sie die Gleichung $\boldsymbol{\rho} = \frac{1}{2}\big(\mathbf{I} + \vec{s} \cdot \vec{\sigma}\big)$ direkt, also ohne den Umweg über das Prinzip maximaler Entropie, aus den Bedingungen $\boldsymbol{\rho} = 1$ und $\langle\vec{\boldsymbol{\sigma}}\rangle = \vec{s}$ her.

Lösung: Zur Erfüllung der Bedingungen für die Erwartungswerte $\operatorname{spur}(\boldsymbol{\rho}\vec{\boldsymbol{\sigma}}) = \vec{s}$, $\operatorname{spur}\boldsymbol{\rho} = 1$ setzen wir eine allgemeine 2×2-Matrix als eine Linearkombination

$$\boldsymbol{\rho} = r_0 \mathbf{I} + r_x \boldsymbol{\sigma}_x + r_y \boldsymbol{\sigma}_y + r_z \boldsymbol{\sigma}_z \tag{9.142}$$

der Einheitsmatrix und der drei Spinmatrizen an mit noch zu bestimmenden Werten der Koeffizienten r_j. Da die Spinmatrizen spurfrei sind, führt die Bedingung $\operatorname{spur}\boldsymbol{\rho} = 1$ zu $r_0 = 1/2$. Die anderen drei Bestimmungsgleichungen ergeben nach Vereinfachung mit (9.7)–(9.9)

$$\boldsymbol{\rho}\boldsymbol{\sigma}_x = r_0 \boldsymbol{\sigma}_z + r_x \boldsymbol{\sigma}_x \boldsymbol{\sigma}_z + r_y \boldsymbol{\sigma}_y \boldsymbol{\sigma}_z + r_z \boldsymbol{\sigma}_z^2 = r_0 \boldsymbol{\sigma}_z - \mathrm{i}\, r_x \boldsymbol{\sigma}_y + \mathrm{i}\, r_y \boldsymbol{\sigma}_x + r_z \mathbf{I} \tag{9.143}$$

und damit $\operatorname{spur}\boldsymbol{\rho}\boldsymbol{\sigma}_x = 2r_z = s_z$, also $r_z = s_z/2$. Genauso findet man $r_x = s_x/2$ und $r_y = s_y/2$, also insgesamt das gesuchte Ergebnis.

Aufgabe 9.4 (Seite 214) : Zeigen Sie, die Eigenwerte der Dichtematrix (9.40) sind gleich

$$s_\pm = \tfrac{1}{2}\left(1 \pm p_s\right).$$

Dabei ist $p_s = |\vec{s}|$ der Polarisationsgrad (vgl. (9.30)).

Lösung: Die Spur der Dichtematrix ist gleich eins, und ihre Determinante berechnet man aus (9.40) als

$$\begin{aligned}\det\boldsymbol{\rho} &= \tfrac{1}{4}\left((1+s_z)(1-s_z)-(s_x-\mathrm{i}s_y)(s_x+\mathrm{i}s_y)\right)\\ &= \tfrac{1}{4}\left(1-s_z^2-s_x^2-s_y^2\right)=\tfrac{1}{4}\left(1-p_s\right).\end{aligned} \tag{9.144}$$

Damit sind die Eigenwerte nach M2, Gleichung (1.57)

$$s_\pm = \tfrac{1}{2}\left(1 \pm \sqrt{1-(1-p_s^2)}\,\right)=\tfrac{1}{2}\left(1\pm p_s\right). \tag{9.145}$$

Aufgabe 9.5 (Seite 217) : Bestimmen Sie die Eigenwerte und die normierten Eigenvektoren der Matrix $\mathbf{M}=\frac{2}{\hbar}\left(\begin{smallmatrix}0 & -\epsilon & 0\\ \epsilon & 0 & -v\\ 0 & v & 0\end{smallmatrix}\right)$. Vergewissern Sie sich, dass diese Eigenvektoren orthogonal sind (warum?) und geben Sie die allgemeine Lösung $\vec{s}(t)$ der Bloch-Gleichung (9.62) an sowie ihre spezielle Lösung für $\vec{s}(0)=(0,0,1)$.

Lösung: Die Eigenwerte λ der Matrix $\hbar\mathbf{M}$ berechnen wir als Lösungen der charakteristischen Gleichung

$$0=\begin{vmatrix}-\lambda & -2\epsilon & 0\\ 2\epsilon & -\lambda & -2v\\ 0 & 2v & -\lambda\end{vmatrix}=-\lambda^3-4v^2\lambda-4\epsilon^2\lambda=-\lambda(\lambda^2-4\epsilon^2-4v^2) \tag{9.146}$$

mit den Lösungen

$$\lambda_0=0\,,\quad \lambda_\pm=\pm\mathrm{i}2\sqrt{\epsilon^2+v^2}=\pm\mathrm{i}\hbar\omega. \tag{9.147}$$

Die Eigenvektorgleichungen $\hbar\mathbf{M}\,\vec{s}=\lambda\vec{s}$ führen auf

$$-2\epsilon s_y=\lambda s_x\,,\quad 2\epsilon s_x-2v s_z=\lambda y\,,\quad 2v s_y=\lambda s_z\,. \tag{9.148}$$

Man sieht sofort, dass $(v,0,\epsilon)^T$ Eigenvektor zu $\lambda_0=0$ ist, und mit $x=(2\epsilon/\lambda)y$, $z=(2v/\lambda)y$ findet man die beiden Eigenvektoren $(2\epsilon,\lambda_\pm,2v)^T$ zu $\lambda_\pm$. Mit $d=\sqrt{\epsilon^2+v^2}$

$$\vec{s}_0=\frac{1}{d}\,(v,0,\epsilon)^T\,,\quad \vec{s}_\pm=\frac{1}{\sqrt{2}d}\,(-\epsilon,\pm\mathrm{i}d,v)^T\,. \tag{9.149}$$

sind diese Vektoren normiert,

$$\vec{s}_0^{\,*}\cdot\vec{s}_0=\frac{1}{d^2}\,(v^2+\epsilon^2)=1\,,\quad \vec{s}_\pm^{\,*}\cdot\vec{s}_\pm=\frac{1}{2d^2}\,(\epsilon^2+d^2+v^2)=1\,, \tag{9.150}$$

und orthogonal zueinander:

$$\vec{s}_0^{\,*}\cdot\vec{s}_\pm=\frac{1}{\sqrt{2}d^2}\,(-v\epsilon+\epsilon v)=0\,,\quad \vec{s}_+^{\,*}\cdot\vec{s}_-=\frac{1}{2d^2}\,(\epsilon^2-d^2+v^2)=0\,. \tag{9.151}$$

Die Orthogonalität der Eigenvektoren ist zu erwarten. Das kann man entweder dadurch begründen, dass die Matrix $\mathbf{M}$ normal ist ($\mathbf{M}^\dagger\mathbf{M}=\mathbf{M}\mathbf{M}^\dagger$), oder indem man nachprüft, dass die Matrix $\mathrm{i}\mathbf{M}$ hermitesch ist.

Die allgemeine Lösung der Bewegungsgleichung ist dann

$$\vec{s}(t)=c_0\vec{s}_0+c_+\mathrm{e}^{\mathrm{i}\omega t}\vec{s}_+ +c_-\mathrm{e}^{-\mathrm{i}\omega t}\vec{s}_-\,, \tag{9.152}$$

wobei die Koeffizienten durch die Skalarprodukte mit $\vec{s}(0)$ gegeben sind, also $c_0 = \vec{s}_0 \cdot \vec{s}(0)$ usw. Für den speziellen Fall aus der Aufgabe ergibt das $c_0 = \epsilon/d$, $c_+ = c_- = v/(\sqrt{2}d)$ und daher

$$\vec{s}(t) = \frac{\epsilon}{d^2}\begin{pmatrix} v \\ 0 \\ \epsilon \end{pmatrix} + \frac{v}{2d^2}\begin{pmatrix} -\epsilon(\mathrm{e}^{\mathrm{i}\omega t} + \mathrm{e}^{-\mathrm{i}\omega t}) \\ \mathrm{i}d(\mathrm{e}^{\mathrm{i}\omega t} - \mathrm{e}^{-\mathrm{i}\omega t}) \\ v(\mathrm{e}^{\mathrm{i}\omega t} + \mathrm{e}^{-\mathrm{i}\omega t}) \end{pmatrix} = \frac{\epsilon}{d^2}\begin{pmatrix} \epsilon v(1-\cos\omega t) \\ -vd\sin\omega t \\ d^2\cos\omega t \end{pmatrix}. \tag{9.153}$$

Aufgabe 9.6 (Seite 223): Zeigen Sie, dass die Blockmatrizen $\boldsymbol{\alpha}_j = \begin{pmatrix} \mathbf{0} & \boldsymbol{\sigma}_j \\ \boldsymbol{\sigma}_j & \mathbf{0} \end{pmatrix}$ und $\begin{pmatrix} \mathbf{I} & \mathbf{0} \\ \mathbf{0} & -\mathbf{I} \end{pmatrix}$ die Antikommutatorrelationen $\{\boldsymbol{\alpha}_j, \boldsymbol{\alpha}_k\} = 2\delta_{jk}\mathbf{I}$ und $\{\boldsymbol{\alpha}_j, \boldsymbol{\beta}\} = \mathbf{0}$ erfüllen.

Lösung: Eine Multiplikation der Blockmatrizen $\boldsymbol{\alpha}_j$ und $\boldsymbol{\alpha}_k$ nach den bekannten Matrix-Multiplikationsregeln ergibt

$$\begin{aligned} \boldsymbol{\alpha}_j\boldsymbol{\alpha}_k &= \begin{pmatrix} \mathbf{0} & \boldsymbol{\sigma}_j \\ \boldsymbol{\sigma}_j & \mathbf{0} \end{pmatrix}\begin{pmatrix} \mathbf{0} & \boldsymbol{\sigma}_k \\ \boldsymbol{\sigma}_k & \mathbf{0} \end{pmatrix} = \begin{pmatrix} \boldsymbol{\sigma}_j\boldsymbol{\sigma}_k & \mathbf{0} \\ \mathbf{0} & \boldsymbol{\sigma}_j\boldsymbol{\sigma}_k \end{pmatrix}, \\ \boldsymbol{\alpha}_k\boldsymbol{\alpha}_j &= \begin{pmatrix} \mathbf{0} & \boldsymbol{\sigma}_k \\ \boldsymbol{\sigma}_k & \mathbf{0} \end{pmatrix}\begin{pmatrix} \mathbf{0} & \boldsymbol{\sigma}_j \\ \boldsymbol{\sigma}_j & \mathbf{0} \end{pmatrix} = \begin{pmatrix} \boldsymbol{\sigma}_k\boldsymbol{\sigma}_j & \mathbf{0} \\ \mathbf{0} & \boldsymbol{\sigma}_k\boldsymbol{\sigma}_j \end{pmatrix} \end{aligned} \tag{9.154}$$

und daher mit $\{\sigma_j, \sigma_k\} = 2\delta_{jk}$ nach (9.15)

$$\begin{aligned} \{\boldsymbol{\alpha}_j, \boldsymbol{\alpha}_k\} &= \boldsymbol{\alpha}_j\boldsymbol{\alpha}_k + \boldsymbol{\alpha}_k\boldsymbol{\alpha}_j = \boldsymbol{\alpha}_j\boldsymbol{\alpha}_k + \begin{pmatrix} \boldsymbol{\sigma}_k\boldsymbol{\sigma}_j & \mathbf{0} \\ \mathbf{0} & \boldsymbol{\sigma}_k\boldsymbol{\sigma}_j \end{pmatrix} \\ &= \begin{pmatrix} \{\boldsymbol{\sigma}_j, \boldsymbol{\sigma}_k\} & \mathbf{0} \\ \mathbf{0} & \{\boldsymbol{\sigma}_j, \boldsymbol{\sigma}_k\} \end{pmatrix} = \begin{pmatrix} 2\delta_{jk}\mathbf{I} & \mathbf{0} \\ \mathbf{0} & 2\delta_{jk}\mathbf{I} \end{pmatrix} = 2\delta_{jk}\mathbf{I} \end{aligned} \tag{9.155}$$

mit einer 4×4-Einheitsmatrix $\mathbf{I}$. Genauso finden wir

$$\boldsymbol{\alpha}_j\boldsymbol{\beta} = \begin{pmatrix} \mathbf{0} & \boldsymbol{\sigma}_j \\ \boldsymbol{\sigma}_j & \mathbf{0} \end{pmatrix}\begin{pmatrix} \mathbf{I} & \mathbf{0} \\ \mathbf{0} & -\mathbf{I} \end{pmatrix} = \begin{pmatrix} \mathbf{0} & -\boldsymbol{\sigma}_j \\ \boldsymbol{\sigma}_j & \mathbf{0} \end{pmatrix}, \quad \boldsymbol{\beta}\boldsymbol{\alpha}_j = \begin{pmatrix} \mathbf{I} & \mathbf{0} \\ \mathbf{0} & -\mathbf{I} \end{pmatrix}\begin{pmatrix} \mathbf{0} & \boldsymbol{\sigma}_j \\ \boldsymbol{\sigma}_j & \mathbf{0} \end{pmatrix} = \begin{pmatrix} \mathbf{0} & \boldsymbol{\sigma}_j \\ -\boldsymbol{\sigma}_j & \mathbf{0} \end{pmatrix} \tag{9.156}$$

und folglich $\{\boldsymbol{\alpha}_j, \boldsymbol{\beta}\} = \mathbf{0}$.

Aufgabe 9.7 (Seite 223): Die Quaternionen $\mathbb{H}$ sind charakterisiert durch die berühmten Hamilton-Regeln

$$\mathrm{i}^2 = \mathrm{j}^2 = \mathrm{k}^2 = \mathrm{ijk} = -1$$

für die Einheits-Quaternionen i, j und k (siehe M2, Abschnitt 5.3). Diese drei Größen lassen sich mit $\mathrm{i} = \boldsymbol{\gamma}_2\boldsymbol{\gamma}_3$, $\mathrm{j} = \boldsymbol{\gamma}_3\boldsymbol{\gamma}_1$ $\mathrm{k} = \boldsymbol{\gamma}_1\boldsymbol{\gamma}_2$ durch die Dirac-Matrizen darstellen. Vergewissern Sie sich, dass diese Produkte die Hamilton-Regeln erfüllen.

Lösung: Um dies zu zeigen, bilden wir einfach der Reihe nach die vier Produkte und wenden die Kommutator-Regeln der γ_j für $j = 1,2,3$ an, also $\boldsymbol{\gamma}_j^2 = -1$ und $\boldsymbol{\gamma}_j\boldsymbol{\gamma}_k = -\boldsymbol{\gamma}_k\boldsymbol{\gamma}_j$ für $j \neq k$:

$$\begin{aligned} &\mathrm{i}^2 = \boldsymbol{\gamma}_2\boldsymbol{\gamma}_3\boldsymbol{\gamma}_2\boldsymbol{\gamma}_3 = -\boldsymbol{\gamma}_2\boldsymbol{\gamma}_2\boldsymbol{\gamma}_3\boldsymbol{\gamma}_3 = -\boldsymbol{\gamma}_2^2\boldsymbol{\gamma}_3^2 = -1 \\ &\mathrm{j}^2 = \boldsymbol{\gamma}_3\boldsymbol{\gamma}_1\boldsymbol{\gamma}_3\boldsymbol{\gamma}_1 = -\boldsymbol{\gamma}_3\boldsymbol{\gamma}_3\boldsymbol{\gamma}_1\boldsymbol{\gamma}_1 = -\boldsymbol{\gamma}_3^2\boldsymbol{\gamma}_1^2 = -1 \\ &\mathrm{k}^2 = \boldsymbol{\gamma}_1\boldsymbol{\gamma}_2\boldsymbol{\gamma}_1\boldsymbol{\gamma}_2 = -\boldsymbol{\gamma}_1\boldsymbol{\gamma}_1\boldsymbol{\gamma}_2\boldsymbol{\gamma}_2 = -\boldsymbol{\gamma}_1^2\boldsymbol{\gamma}_2^2 = -1 \\ &\mathrm{ijk} = \boldsymbol{\gamma}_2\boldsymbol{\gamma}_3\boldsymbol{\gamma}_3\boldsymbol{\gamma}_1\boldsymbol{\gamma}_1\boldsymbol{\gamma}_2 = \boldsymbol{\gamma}_2\boldsymbol{\gamma}_3^2\boldsymbol{\gamma}_1^2\boldsymbol{\gamma}_2 = \boldsymbol{\gamma}_2^2 = -1. \end{aligned} \tag{9.157}$$

10 Das Zweiniveausystem der Quantenmechanik

„Wenn es bei dieser verdammten Quantenspringerei bleiben soll, so bedaure ich, mich mit der Quantentheorie überhaupt befaßt zu haben.“
— Erwin Schrödinger

In diesem Kapitel werden wir uns ausführlich mit Anwendungen der 2×2-Matrizen in der Quantenmechanik befassen. Wir beginnen mit einer ersten Einführung in die Geheimnisse der (vermiedenen) Kreuzung der Eigenwerte, dem Hauptthema dieses Kapitels. Dann wenden wir uns ganz anderen Fragestellungen zu. Wir untersuchen zunächst die Eigenschaften des Spektrums rein zufälliger Matrizen verschiedener Symmetrieklassen. Danach stellen wir Methoden zur Behandlung explizit zeitabhängiger Systeme vor, werfen einen kurzen Blick auf die Kontrolle quantenmechanischer Übergänge zwecks Optimierung und geben schließlich einen Einblick in das aktuell interessante Gebiet nicht-hermitescher Systeme.

10.1 Vermiedene Kreuzungen

In vielen quantenmechanischen Problemen ist es wichtig zu verstehen, wie sich ungekoppelte Systeme verhalten, wenn sie „koppeln“, also miteinander in Wechselwirkung treten. Oft können wir die wesentlichen Phänomene schon durch eine Beschränkung auf nur zwei solche Zustände beschreiben.

Es unterstützt die Anschauung, wenn wir uns ein konkretes System etwas genauer vorstellen, beispielsweise den Stoß zweier Atome. Wenn wir mit r den Abstand der Atome bezeichnen, so bewegen sich die Atome aufeinander zu bis zu einem Minimalabstand r_{min} und entfernen sich anschließend wieder voneinander. Im allereinfachsten Fall stoßen die Atome elastisch miteinander und jedes Atom bleibt dabei in seinem anfänglichen (elektronischen) Zustand. Es kann aber geschehen, dass eines der beiden Atome dabei in einen anderen elektronischen Zustand übergeht. Man könnte in einem ersten Modell den Stoßprozess der Atome rein klassisch beschreiben unter der Annahme einer (eindimensionalen) Stoßbahn $r(t)$ für die Relativbewegung der Atome und danach in einem zweiten Schritt die Quantendynamik der internen Zustände der Atome untersuchen. Das führt dann zu einem Hamilton-Operator, der parametrisch über den Abstand r von der Zeit abhängt. Diese Beschreibung durch eine klassische Bahn enthält allerdings eine konzeptionelle Schwäche, denn die interatomare Bewegung berücksichtigt nicht die Energieübertragung auf innere Freiheitsgrade.

In einfach gelagerten Fällen können wir uns dabei auf Übergänge zwischen zwei Zuständen eines der Atome mit den Energien E_1 und E_2 beschränken (wir vereinbaren $E_1 < E_2$ für große atomare Abstände). Das andere Atom wird dann als strukturlos angenommen. Wenn sich dieses andere Atom in einem endlichen Abstand r befindet, erwartet man, dass sich die Energien durch die Wechselwirkung ändern, also wie $E_1 = V_1(r)$ und $E_2 = V_2(r)$, wobei im allereinfachsten Fall die beiden Energien einfach angehoben werden, wie in Bild 10.1 dargestellt. Wichtig dabei ist eine eventuell auftretende Kreuzung der beiden Energiekurven, denn wir werden sehen, dass dort Übergänge zwischen den Zuständen sehr effektiv sind.

Bisher haben wir die Kopplung zwischen den beiden Zuständen nicht berücksichtigt. Wir können dazu ein Kopplungsmatrixelement $V(r)$ einführen und unser gesamtes Zweizustandssystem durch eine (hermitesche) Hamilton-Matrix

$$\mathbf{H} = \begin{pmatrix} V_1(r) & V(r) \\ V^*(r) & V_2(r) \end{pmatrix} \tag{10.1}$$

beschreiben. Die Eigenwerte

$$V_\pm(r) = \frac{1}{2}\left(V_1(r) + V_2(r) \pm \sqrt{(V_1(r) - V_2(r))^2 + 4|V(r)|^2}\right). \tag{10.2}$$

und Eigenzustände von $\mathbf{H}$ bezeichnet man als **adiabatische Zustände**. Die $V_1(r)$, $V_2(r)$ nennt man dann **diabatisch**. In Kapitel 7 haben wir dies schon kurz beschrieben (siehe Seite 173 und Seite 182). Mehr zu diesem Thema erfahren wir in Abschnitt 11.2.

Um den quantenmechanischen Transfer zwischen den Zuständen genauer zu untersuchen, konzentrieren wir uns auf die Umgebung der diabatischen Kreuzung, die wir zur Vereinfachung in den Energienullpunkt legen. Wir wollen außerdem annehmen, dass die Diagonalelemente wie $\pm\epsilon$ von einem zeitabhängigen Parameter ϵ abhängen, und approximieren die Kopplung $V(r)$ in der Umgebung der Kreuzung durch eine reelle Konstante v. Dann wird unser Zweiniveau-Modell durch die Matrix

$$\mathbf{H} = \begin{pmatrix} \epsilon & v \\ v & -\epsilon \end{pmatrix} \tag{10.3}$$

beschrieben. Ohne Kopplung, also für $v = 0$, haben wir zwei Eigenwerte

$$E_\pm(\epsilon) = \pm\epsilon, \tag{10.4}$$

die sich bei $\epsilon = 0$ kreuzen. Für $v \neq 0$ zeigen die Energieeigenwerte

$$E_\pm = \pm\sqrt{\epsilon^2 + |v|^2} \tag{10.5}$$

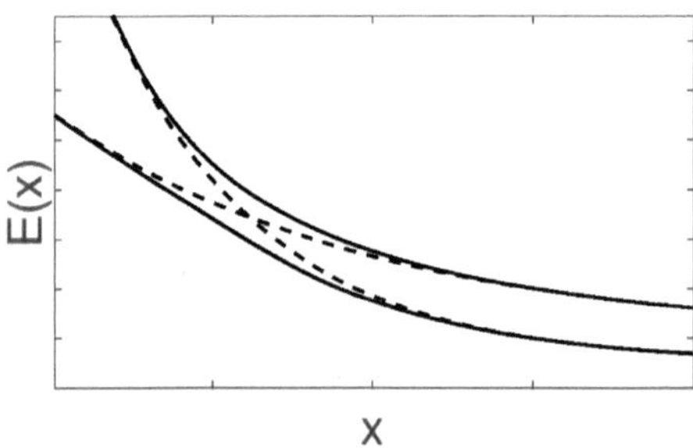

Bild 10.1 Vermiedene Kreuzung: Diabatische (– –) und adiabatische (—) Zustandsenergien des Zweizustandssystems (10.1) in Abhängigkeit vom Atomabstand x.

eine so genannte **vermiedene Kreuzung**. Bild 10.2 zeigt diese Eigenwerte als Funktion des Parameters ϵ. Mehr darüber, insbesondere über das Verhalten der zugehörigen Eigenzustände, findet man in Kapitel 11. Dort werden wir uns auch damit beschäftigen, wie sich der Zustand eines Systems ändert, wenn man den Parameter ϵ *zeitabhängig* variiert, und in welcher Weise man einen Zerfall der Zustände berücksichtigen kann.

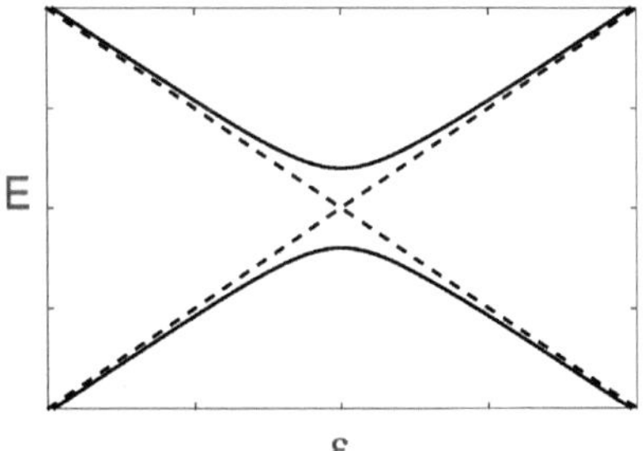

Bild 10.2 Vermiedene Kreuzung der Energieeigenwerte $E_\pm$ (—) des Zweizustandssystems (10.3) in Abhängigkeit von ϵ. Die Kreuzung der Energieniveaus (– –) im ungekoppelten Fall wird durch die Kopplung aufgehoben.

10.2 Zufallsmatrizen und Eigenwert-Statistik

Rein gefühlsmäßig scheint es eine enge Verbindung zwischen einer chaotischen Dynamik und einer zufälligen zu geben. In gewisser Weise ist das korrekt, aber Vorsicht ist angebracht, insbesondere wenn wir uns in der Quantenwelt befinden. Beispielsweise haben wir gesehen, dass schon einfachste klassische dynamische Systeme chaotisches Verhalten zeigen, aber in jedem Fall ist dies an die Nichtlinearität der Dynamik gekoppelt. Die quantenmechanische Dynamik ist aber linear. Daraus könnte man folgern, dass so etwas wie **Quantenchaos** nicht existieren kann. Aber in unserer real existierenden Welt gibt es Zufall und Chaos, jedenfalls sieht es oft so aus. Und unsere Welt ist letztlich quantenmechanisch. Also fragen wir vorsichtiger: Gibt es Signaturen chaotischer Dynamik schon in einfachen Quantensystemen?[1]

Ein wichtiges Charakteristikum eines Quantensystems ist ohne Zweifel sein Energiespektrum. Wie verhalten sich beispielsweise die Abstände der Energieeigenwerte? Wir werden sehen, dass die Häufigkeitsverteilung der Nächste-Nachbar-Abstände wertvolle Aufschlüsse liefert. Beginnen wir mit einer solchen Abstandsverteilung für rein zufällige gewählte reelle Zahlenwerte in einem vorgegebenen Intervall. Hier findet man, wohl entgegen der Erwartung Vieler, eine Häufung bei kleinen Abständen:

Aufgabe 10.1 (Lös. Seite 263): (a) Untersuchen Sie durch ein (numerisches) Experiment die Verteilung der Abstände nächster Nachbarn für zufällig (gemäß einer Gleichverteilung) ausgewählte Punkte in einem Intervall. Überprüfen Sie, dass sich näherungsweise eine Exponentialverteilung $P(s) = \lambda e^{-\lambda s}$ mit einem mittlerem Abstand $1/\lambda$ ergibt. (b) Versuchen Sie dies theoretisch zu begründen.

[1] Mehr darüber findet man in dem Buch F. Haake, *Quantum Signatures of Chaos*, Springer, 2001.

Rein zufällige Zahlen, man nennt sie auch unkorreliert, zeigen also eine exponentielle Verteilung der Nächste-Nachbar-Abstände, eine Poisson-Verteilung. Aber wie verhält es sich mit den Eigenwerten zufälliger Matrizen? Betrachten wir beispielsweise in einem numerischen Experiment quadratische Matrizen, deren Matrixelemente reelle Zufallszahlen sind. Wir symmetrisieren die Matrix und berechnen ihre (reellen) Eigenwerte. Ihre Nächste-Nachbar-Verteilung unterscheidet sich deutlich von einer Exponentialverteilung, insbesondere findet man kaum kleine Abstände. Wir wollen dies am Beispiel von 2×2-Matrizen näher untersuchen.

Energie-Niveau-Abstoßung und Entartung: Für eine symmetrische reelle 2×2-Matrix

$$\mathbf{H} = \begin{pmatrix} h_{11} & h_{12} \\ h_{21} & h_{22} \end{pmatrix} \qquad h_{11},\, h_{22},\, h_{21} = h_{12} \in \mathbb{R} \tag{10.6}$$

sind die Eigenwerte

$$E_{\pm} = \tfrac{1}{2}\Big(h_{11} + h_{22} \pm \sqrt{(h_{11} - h_{22})^2 + 4h_{12}^2}\,\Big) \tag{10.7}$$

reell. Unter der Wurzel steht die Summe zweier positiver Größen und man benötigt typischerweise die Variation von zwei reellen Parametern, um eine Entartung $E_+ = E_-$ der Eigenwerte herbeizuführen. Bei Variation nur eines Parameters findet man das bekannte Szenario einer vermiedenen Kreuzung (vgl. Bild 10.2), das wir ausführlich in Kapitel 11 behandeln werden. Man nennt dann die Anzahl dieser Parameter die **Kodimension** n der Kreuzung, hier also $n = 2$.

Wir betrachten nun eine Menge solcher Matrizen, deren Matrixelemente gemäß einer Gaußverteilung zufällig verteilt sind. Da die Symmetrie der Matrix unter orthogonalen Transformationen erhalten bleibt, spricht man von einem **gaußschen orthogonalen Ensemble (GOE)**. Gesucht ist die Wahrscheinlichkeit, mit der eine solche Matrix auftritt.[2]

Die Wahrscheinlichkeitsverteilung $P(\mathbf{H})$ wird von den drei Parametern h_{11}, h_{22} und h_{12} abhängen. Wenn wir fordern, dass diese Parameter unkorreliert sind, gilt

$$P(\mathbf{H}) = P(h_{11})\,P(h_{22})\,P(h_{12})\,. \tag{10.8}$$

Außerdem fordern wir, dass die Wahrscheinlichkeit nur von den Eigenschaften von $\mathbf{H}$ abhängt, und nicht von der gewählten Basis. Sie sollte also invariant sein unter orthogonalen Transformationen:

$$P(\mathbf{H}) = P(\mathbf{H}') \quad \text{mit} \quad \mathbf{H}' = \mathbf{O}^T\mathbf{H}\mathbf{O}. \tag{10.9}$$

Insbesondere gilt für eine infinitesimale Transformation

$$\mathbf{O} = \begin{pmatrix} \cos\theta & -\sin\theta \\ \sin\theta & \cos\theta \end{pmatrix} \approx \begin{pmatrix} 1 & -\theta \\ \theta & 1 \end{pmatrix} \tag{10.10}$$

näherungsweise

$$h'_{11} = h_{11} + 2\theta\, h_{12}\,, \quad h'_{22} = h_{22} - 2\theta\, h_{12}\,, \quad h'_{12} = h_{12} + \theta\,(h_{22} - h_{11})\,. \tag{10.11}$$

Entwickeln wir $P(\mathbf{H})$ mithilfe der Umformung

$$f(x+y) \approx f(x) + f'(x)\,y = f(x_0)\Big(1 + \frac{\mathrm{d}\ln f(x)}{\mathrm{d}x}\,y\Big), \tag{10.12}$$

[2] Hier folgen wir dem oben genannten Buch von Haake, insbesondere Kap. 4.2.

so erhalten wir

$$P(\mathbf{H}) \approx P(\mathbf{H}')\Big(1+\theta\Big\{2h_{12}\,\frac{\mathrm{d}\ln P(h_{11})}{\mathrm{d}h_{11}} - 2h_{12}\,\frac{\mathrm{d}\ln P(h_{22})}{\mathrm{d}h_{22}} + (h_{22}-h_{11})\,\frac{\mathrm{d}\ln P(h_{12})}{\mathrm{d}h_{12}}\Big\}\Big). \tag{10.13}$$

Mit $P(\mathbf{H}) = P(\mathbf{H}')$ folgt, dass die geschweifte Klammer verschwinden muss. Eine Variablentrennung führt dann zu

$$P(\mathbf{H}) = C\,\mathrm{e}^{-a\left(h_{11}^2 + h_{22}^2 + 2h_{12}^2\right) - b\left(h_{11}+h_{22}\right)}. \tag{10.14}$$

Wählen wir jetzt den Nullpunkt der Eigenwertskala so, dass gilt $\mathrm{spur}\,\mathbf{H} = h_{11} + h_{22} = 0$. (Zur Erinnerung: Die Spur ist invariant bei orthogonalen Transformationen.) Wir erhalten dann mit $\mathrm{spur}\,(H^2) = h_{11}^2 + h_{22}^2 + 2h_{12}^2$ die einfache Formel

$$P(\mathbf{H}) = C\,\mathrm{e}^{-a\,\mathrm{spur}\,\mathbf{H}^2}. \tag{10.15}$$

Der Wert der Konstanten a wird durch die verwendeten Einheiten der Energie festgelegt und der von C durch die Normierung.

Die GOE-Eigenwertverteilung: Aus der Formel (10.15) für die Verteilung lässt sich direkt die Wahrscheinlichkeitsverteilung für die Eigenwerte ableiten. Durch eine orthogonale Transformation (10.10) (jetzt nicht infinitesimal) lässt sich die Matrix H diagonalisieren und die Matrixelemente von $\mathbf{H} = \mathbf{O}\,\mathrm{diag}\,(E_+, E_-)\,\mathbf{O}^T$ lauten

$$\begin{aligned} h_{11} &= E_+\cos^2\theta + E_-\sin^2\theta \\ h_{22} &= E_+\sin^2\theta + E_-\cos^2\theta \\ h_{12} &= (E_+ - E_-)\cos\theta\sin\theta\,. \end{aligned} \tag{10.16}$$

Aufgabe 10.2 (Lös. Seite 264) : Zeigen Sie: Es gilt

$$J(E_+, E_-, \theta) = \left|\frac{\partial(h_{11}, h_{22}, h_{12})}{\partial(E_+, E_-, \theta)}\right| = E_+ - E_-\,.$$

für die Jacobi-Determinante der Transformation $\big(h_{11}, h_{22}, h_{12}\big) \longleftrightarrow \big(E_+, E_-, \theta\big)$.

Mit der Jacobi-Determinante aus der Aufgabe folgt dann

$$P(E_+, E_-) = c\,|E_+ - E_-|\,\mathrm{e}^{-a\,(E_+^2 + E_-^2)}. \tag{10.17}$$

mit einer Normierungskonstanten c.

Entsprechend kann man für $N \times N$-Matrizen vorgehen, wobei sich die Resultate für große Werte von N vereinfachen, und man erhält dann

$$P(E_1, \ldots, E_N) = c\prod_{\mu<\nu}^{N} |E_\mu - E_\nu|\,\mathrm{e}^{-a\sum_{\nu=1}^{N} E_\nu^2}. \tag{10.18}$$

Die GUE- und GSE-Verteilungen: Wenn die 2×2-Matrix (10.6) nicht reell symmetrisch ist, sondern nur hermitesch, also weiterhin gilt h_{11}, h_{22} reell, aber $h_{21} = h_{12}^*$ komplex, dann erhalten wir ihre Eigenwerte als

$$E_\pm = \tfrac{1}{2}\Big(h_{11} + h_{22} \pm \sqrt{(h_{11} - h_{22})^2 + 4\,(\mathrm{Real}\,h_{12})^2 + 4\,(\mathrm{Im}\,h_{12})^2}\Big). \tag{10.19}$$

Hier erfordert eine Entartung die Variation von drei unabhängigen reellen Variablen und die Kodimension der Kreuzung ist $n - 3$. Die Menge der hermiteschen Matrizen ist invariant gegenüber unitären Transformationen und man spricht hier von einem **gaußschen unitären Ensemble (GUE)**. Eine weitere Klasse, das **gaußsche symplektische Ensemble (GSE)**, mit einer Kodimension $n = 5$ erlaubt keine 2×2-Matrixdarstellung und wir müssen auf 4×4-Matrizen ausweichen. Betrachten wir die Blockmatrix

$$\overline{\mathbf{M}} = \begin{pmatrix} \lambda\mathbf{I} & \mathbf{B}_\pm \\ \mathbf{B}_\pm^\dagger & \gamma\mathbf{I} \end{pmatrix}, \quad mit \quad \mathbf{B} = \begin{pmatrix} a & b \\ -b^* & a^* \end{pmatrix}, \quad a \in \mathbb{R}. \tag{10.20}$$

Die Eigenwerte E dieser Matrix berechnen wir mithilfe der Formel (1.134) aus M2 für die Determinante dieser Blockmatrix

$$\begin{vmatrix} (\lambda - E)\mathbf{I} & \mathbf{B}_\pm \\ \mathbf{B}_\pm^\dagger & (\gamma - E)\mathbf{I} \end{vmatrix} = \big((\gamma - E)(\lambda - E) - |a|^2 - |b|^2\big)^2 = 0 \tag{10.21}$$

als

$$E_\pm = \tfrac{1}{2}\Big(\lambda + \gamma \pm \sqrt{(\lambda-\gamma)^2 + 4|a|^2 + 4|b|^2}\Big), \tag{10.22}$$

und eine Kreuzung erfordert

$$\tfrac{1}{4}(\lambda-\gamma)^2 + (\mathrm{Real}\, a)^2 + (\mathrm{Im}\, a)^2 + (\mathrm{Real}\, b)^2 + (\mathrm{Im}\, b)^2 = 0, \tag{10.23}$$

also die Variation von fünf reellen Größen.

Die Formel (10.15) für die Matrix-Wahrscheinlichkeiten ist sehr allgemein. Es lässt sich zeigen, dass sie auch für $N \times N$-Matrizen aus dem gaußschen unitären Ensemble (GUE) und dem symplektischen Ensemble (GSE) gilt. Die Verteilungsfunktion für die Eigenwerte hängt jedoch von der Kodimension ab. Man erhält für große Werte von N

$$P(E_1, \ldots, E_N) = c \prod_{\mu<\nu}^{N} |E_\mu - E_\nu|^{n-1} \mathrm{e}^{-a\sum_{\nu=1}^N E_\nu^2}. \tag{10.24}$$

mit $n = 2$ für das orthogonale Ensemble (GOE), $n = 3$ für das unitäre (GUE) und $n = 5$ für das symplektische (GSE).

Nächste-Nachbar-Abstände: Im Folgenden soll die Wahrscheinlichkeitsdichte $P(s)$ der Abstände nächster Nachbarn berechnet werden. Im 2×2-Fall erhalten wir die Wahrscheinlichkeitsdichte der Abstände $s = |E_+ - E_-|$ der Eigenwerte durch Integration der Verteilungsfunktion $P(E_+, E_-)$ über alle E_+ und E_-, wobei wir durch eine δ-Funktion die Abstände s aussieben:

$$P(s) = \int_{-\infty}^{+\infty} \mathrm{d}E_+ \int_{-\infty}^{+\infty} \mathrm{d}E_-\, \delta\big(s - |E_+ - E_-|\big)\, P(E_+, E_-). \tag{10.25}$$

Mit $P(E_+, E_-)$ aus Gleichung (10.17) ergibt sich dann

$$\begin{aligned} P(s) &= c \int_{-\infty}^{+\infty} \mathrm{d}E_+ \int_{-\infty}^{+\infty} \mathrm{d}E_-\, \delta\big(s - |E_+ - E_-|\big)\, |E_+ - E_-|\, \mathrm{e}^{-a(E_+^2 + E_-^2)} \\ &\sim s\,\mathrm{e}^{-As^2}. \end{aligned} \tag{10.26}$$

Wenn man die Verteilung wie

$$\int_0^\infty P(s)\,\mathrm{d}s = 1 \quad , \quad \langle s \rangle = \int_0^\infty s\,P(s)\,\mathrm{d}s = 1 \tag{10.27}$$

normiert, erhält man den parameterfreien Ausdruck

$$P(s) = \frac{\pi}{2}\, s\,\mathrm{e}^{-s^2\pi/4} \tag{10.28}$$

für die Nächste-Nachbar-Verteilung. Bei der Herleitung dieser Formel sind wir von 2×2-Matrizen ausgegangen. Man kann das auf den $N \times N$-Fall verallgemeinern und erhält für große Werte von N die gleiche Verteilungsfunktion. In ähnlicher Weise ergeben sich auch die

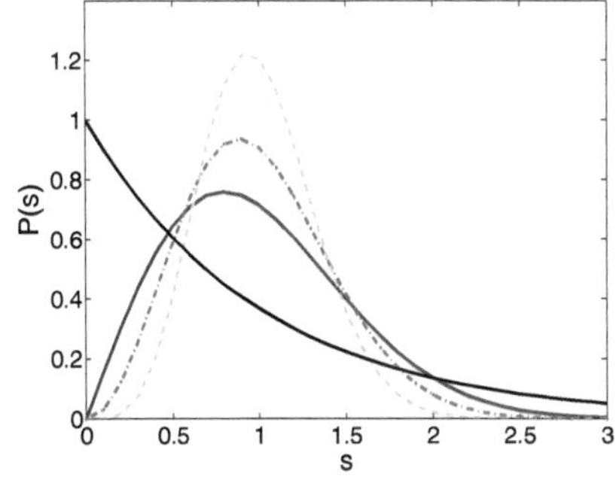

Bild 10.3 Verteilung der „Nächste-Nachbar-Abstände" *s* für GOE (—), GUE (· – ·) und GSE (– – –). Die Abstände von Zufallszahlen folgen einer Poisson-Verteilung (—).

Verteilungsfunktionen für die anderen Ensembles als

$$P(s) = \begin{cases} \frac{\pi}{2}\, s\, \mathrm{e}^{-s^2\pi/4} & \text{(GOE)} \\ \frac{32}{\pi^2}\, s\, \mathrm{e}^{-s^2 4/\pi} & \text{(GUE)} \\ \frac{2^{18}}{3^6\pi^3}\, s\, \mathrm{e}^{-s^2 64/9\pi} & \text{(GSE)}. \end{cases} \tag{10.29}$$

Die GOE-Verteilung für $n = 2$ wird auch als **Wigner-Dyson-Verteilung** bezeichnet. Das Bild 10.3 zeigt die verschiedenen Kurven. Wie zu erwarten, sind die wesentlichen Unterschiede die Unterdrückung kleiner Abstände wegen der Niveau-Abstoßung. Insgesamt wirken die Eigenwerte von Zufallsmatrizen „geordneter" als die reinen Zufallszahlen der Poisson-Verteilung, ihre Abstände vermeiden kleine Werte und bevorzugen den mittleren Abstand $s = 1$.

Zum Abschluss noch ein kurzer Hinweis: Bei unseren Überlegungen wurde unterstellt, dass das Spektrum unseres Systems homogen ist, dass also die mittlere Dichte der Eigenwerte unabhängig von der Energie ist. Ist dies nicht der Fall, dann ist vor einer Analyse der Niveauabstände eine **Entfaltung** des Spektrums erforderlich, eine Umskalierung auf eine konstante Energiedichte. Mehr darüber findet man in der Literatur, beispielsweise in dem oben angegebenen Buch von Haake.

10.3 Zeitabhängige Hamilton-Operatoren

Wir wollen im Folgenden Quantensysteme in zeitabhängigen Feldern betrachten, zum Beispiel Atome oder Moleküle in Strahlungsfeldern. Wenn die Wellenlänge des Feldes groß ist gegenüber der Systemdimension, kann man die Felder rein klassisch behandeln und die Wechselwirkung mit einem elektrischen Feld $\vec{E}$ in elektrischer Dipolnäherung durch ein Potential

$$V(\vec{r},t) = -\vec{\mu}(\vec{r})\cdot\vec{E}(t) \tag{10.30}$$

mit dem Dipolmoment $\vec{\mu}(\vec{r})$ beschreiben. In vielen Fällen sind die Felder (näherungsweise) monochromatisch mit konstanter Amplitude, $\vec{E}(t) = \vec{E}_0 \sin(\omega t + \phi)$, oder die Amplitude $\vec{E}_0$ und Frequenz ω variieren langsam („adiabatisch") im Vergleich zu $\sin\omega t$.

Manchmal sind nur wenige Zustände involviert, und man kann sich auf ein getriebenes N-Niveausystem beschränken. Ein bekanntes Beispiel ist das Zweiniveausystem mit dem

Hamilton-Operator

$$\hat{H}(t) = \hat{H}_0 + \hat{V} = -\frac{\Delta}{2}\,\hat{\sigma}_z - \mu_0 E_0 \sin(\omega t + \phi)\,\hat{\sigma}_x \tag{10.31}$$

für ein linear polarisiertes Feld. Hier sind $\Delta = E_2 - E_1$ der Niveauabstand und $\hat{\sigma}_z$, $\hat{\sigma}_x$ die paulischen Spinmatrizen (9.4).

Einen äquivalenten Hamilton-Operator erhält man für den Fall der Spin-Magnetfeld-Resonanz, z.B. der Elektron-Spin-Resonanz (ESR) oder der Nuclear-Magnetic-Spin-Resonanz (NMR). Dabei wird ein konstantes Magnetfeld B_0 in $\vec{e}_z$-Richtung und ein oszillierendes Feld in einer dazu senkrechten Richtung $\vec{e}_x$ angelegt:

$$\hat{B}(t) = B_0\,\vec{e}_z + 2B_1 \cos\omega t\,\vec{e}_x. \tag{10.32}$$

Das magnetische Moment $\vec{\mu}$ ist mit dem Drehimpuls $\vec{J}$ durch das gyromagnetische Verhältnis γ gekoppelt, $\vec{\mu} = \gamma\vec{J}$, und wir erhalten für einen Spin 1/2, d.h. $\hat{J} = \frac{\hbar}{2}\hat{\sigma}_z$,

$$\hat{H}(t) = -\vec{\mu}\cdot\vec{B} = -\frac{\hbar}{2}\gamma B_0\,\hat{\sigma}_z - \hbar\gamma B_1 \cos\omega t\,\hat{\sigma}_x \tag{10.33}$$

in Übereinstimmung mit (10.31).

Zeitabhängige Hamilton-Operatoren: Im Folgenden werden wir uns also mit Hamilton-Operatoren befassen, die explizit von der Zeit abhängen, also $\hat{H} = \hat{H}(t)$, beispielsweise durch eine externe Manipulation der Systemparameter, wie oben geschildert. Wir beginnen mit einigen allgemeinen Überlegungen und werden dann auf das Zweiniveausystem zurückkommen.

Das zeitliche Verhalten eines Systemzustandes $|\psi(0)\rangle$ zur Zeit $t = 0$ für einen solchen Hamilton-Operator $\hat{H}(t)$ lässt sich durch einen **Zeitentwicklungsoperator** $\hat{U}(t)$ beschreiben mit

$$|\psi(t)\rangle = \hat{U}(t)|\psi(0)\rangle\,. \tag{10.34}$$

Man erhält diesen Zeitentwicklungsoperator durch eine Lösung der Differentialgleichung

$$\mathrm{i}\hbar\frac{\mathrm{d}}{\mathrm{d}t}\,\hat{U}(t) = \hat{H}(t)\hat{U}(t) \quad \text{und} \quad \hat{U}(0) = \hat{I} \tag{10.35}$$

(vgl. Seite 160). Es ist verführerisch, eine Lösung in exponentieller Form

$$\hat{U}(t) = \exp\big(-\tfrac{\mathrm{i}}{\hbar}\int_0^t \hat{H}(t')\,\mathrm{d}t'\big), \tag{10.36}$$

zu vermuten, aber das ist falsch, da der Hamilton-Operator $\hat{H}(t_1)$ zur Zeit t_1 im Allgemeinen nicht mit $\hat{H}(t_2)$ zur Zeit $t_2 \neq t_1$ vertauscht. Mehr dazu findet sich in Abschnitt 10.6. Für ein sehr kleines Zeitintervall Δt, in dem der Hamilton-Operator als konstant angesehen werden kann, lässt sich der Zeitentwicklungsoperator $\hat{U}(t + \Delta t, t)$ durch $\exp(-\frac{\mathrm{i}}{\hbar}\hat{H}(t)\,\Delta t)$ approximieren. Bei einer äquidistanten Zeitdiskretisierung in Zeitintervalle Δt kann man dann ansetzen

$$\hat{U}(t) = \lim_{\Delta t\to 0} \exp\big(-\tfrac{\mathrm{i}}{\hbar}\hat{H}(t_n)\,\Delta t\big)\cdots\exp\big(-\tfrac{\mathrm{i}}{\hbar}\hat{H}(t_1)\,\Delta t\big)\exp\big(-\tfrac{\mathrm{i}}{\hbar}\hat{H}(t_0)\,\Delta t\big) \tag{10.37}$$

mit $t_k = k\Delta t$, oder formal ausgedrückt,

$$\hat{U}(t) = \mathcal{T}\exp\Big(-\tfrac{\mathrm{i}}{\hbar}\int_0^t \hat{H}(t')\,\mathrm{d}t\Big), \tag{10.38}$$

mit dem Zeitordnungsoperator $\mathcal{T}$. Das verlangt natürlich nach einer genaueren Konvergenzuntersuchung, die wir uns hier ersparen.

Wir wollen bei dieser Gelegenheit eine wichtige Eigenschaft des Zeitentwicklungsoperators notieren: Im endlich dimensionalen Fall, bei dem wir die Operatoren durch endliche Matrizen darstellen können, gilt

$$\det \mathbf{U}(t) = \exp\left(-\tfrac{\mathrm{i}}{\hbar}\int_0^t \mathrm{spur}\,\mathbf{H}(t')\,\mathrm{d}t'\right). \tag{10.39}$$

Um dies einzusehen, überzeugt man sich zunächst mit der Beziehung $\det\left(\mathrm{e}^{\mathbf{A}}\right) = \mathrm{e}^{\mathrm{spur}\,\mathbf{A}}$ (siehe M2, Gleichung (2.95)) und den Eigenschaften von Determinante und Spur (die Determinante einen Produkts von Matrizen ist gleich dem Produkt ihrer Determinanten und die Summe der Spur zweier Matrizen ist gleich der Spur ihrer Summe) davon, dass unsere Aussage für die endlichen Produkte in (10.37) gültig ist. Den Konvergenzbeweis für den Grenzwert überlassen wir wieder dem interessierten Leser. Stattdessen beweisen wir für 2×2-Systeme die Formel durch direkte Rechnung:

Sei also $\mathbf{H} = \left(\begin{smallmatrix} a & b \\ c & d \end{smallmatrix}\right)$ und $\mathbf{U} = \left(\begin{smallmatrix} \alpha & \beta \\ \gamma & \delta \end{smallmatrix}\right)$. Dann ergeben sich aus (10.35) die Differentialgleichungen

$$\mathrm{i}\hbar\dot{\alpha} = a\alpha + b\gamma\,, \quad \mathrm{i}\hbar\dot{\beta} = a\beta + b\delta\,, \quad \mathrm{i}\hbar\dot{\gamma} = c\alpha + d\gamma\,, \quad \mathrm{i}\hbar\dot{\delta} = c\beta + d\delta \tag{10.40}$$

und durch die Zeitableitung von $\det\mathbf{U} = \alpha\delta - \beta\gamma$ finden wir

$$\begin{aligned} \mathrm{i}\hbar\tfrac{\mathrm{d}}{\mathrm{d}t}\det\mathbf{U} &= \mathrm{i}\hbar(\dot{\alpha}\delta + \alpha\dot{\delta} - \dot{\beta}\gamma - \beta\dot{\gamma}), \\ &= (a\alpha + b\gamma)\delta + \alpha(c\beta + d\delta) - (a\beta + b\delta)\gamma - \beta(c\alpha + d\gamma) \\ &= a(\alpha\delta - \beta\gamma) + b(\gamma\delta - \delta\gamma) + c(\alpha\beta - \beta\alpha) + d(\alpha\delta - \beta\gamma) \\ &= (a + d)(\alpha\delta - \beta\gamma) = \mathrm{spur}\,\mathbf{H}\,\det\mathbf{U}\,. \end{aligned} \tag{10.41}$$

Mit der Anfangsbedingung $\det\mathbf{U}(0) = 1$ folgt schließlich nach Integration die gesuchte Formel (10.39). Als ein wichtiges Nebenergebnis erhalten wir

$$\det\mathbf{U}(t) = 1 \quad \text{für} \quad \mathrm{spur}\,\mathbf{H}(t) = 0\,. \tag{10.42}$$

Für eine spurfreie Hamilton-Matrix ist also die Determinante der Zeitentwicklungsmatrix konstant.

Doch zurück zur allgemeinen Zeitentwicklung. Eine analytische Bestimmung für $\mathbf{U}(t)$ ist nur in den seltensten Fällen möglich. Fast immer ist eine numerische „Lösung" eines derartigen Problems unvermeidbar, beispielsweise durch Verwendung der Formel aus (10.37) mit einem endlichen Zeitintervall Δt. Allerdings stehen einige Techniken zur Verfügung, die eine Analyse der Systemdynamik erleichtern. Das sind beispielsweise Floquet-Methoden bei zeitperiodischen Hamilton-Operatoren, auf die wir in Abschnitt 10.4.1 eingehen, oder die Lie-algebraischen Techniken zur Konstruktion des Zeitentwicklungsoperators in Abschnitt 10.6.

Es ist instruktiv, sich zuerst einen (zumindest teilweise) geschlossen lösbaren Fall genauer anzusehen, das Zweizustandssystem mit zeitabhängigem Antrieb.

Das angetriebene Zweizustandssystem: Ein einfaches Modellsystem ist das angetriebene Zweizustandssystem

$$\mathrm{i}\hbar\frac{\mathrm{d}}{\mathrm{d}t}\begin{pmatrix} a_1 \\ a_2 \end{pmatrix} = \begin{pmatrix} -\Delta/2 & f(t) \\ f(t) & +\Delta/2 \end{pmatrix}\begin{pmatrix} a_1 \\ a_2 \end{pmatrix}, \tag{10.43}$$

das zu Beginn dieses Abschnittes schon vorgestellt wurde. Hierbei ist $\Delta = E_2 - E_1 > 0$ die Energiedifferenz der beiden Niveaus und $f(t)$ eine reelle Antriebsfunktion, eine „Kraft". Die Besetzungswahrscheinlichkeiten der beiden Zustände sind $p_1(t) = |a_1(t)|^2$ und $p_2(t) = |a_2(t)|^2$ mit $p_1 + p_2 = 1$. Zunächst wollen wir die Gleichungen vereinfachen:

Aufgabe 10.3 (Lös. Seite 264): Zeigen Sie: Durch die Transformation $a_1 = c_1\,\mathrm{e}^{+\mathrm{i}\Delta t/2\hbar}$ und $a_2 = c_2\,\mathrm{e}^{-\mathrm{i}\Delta t/2\hbar}$ werden die Diagonalterme in (10.43) eliminiert und man erhält

$$\mathrm{i}\hbar\frac{\mathrm{d}}{\mathrm{d}t}\begin{pmatrix} c_1 \\ c_2 \end{pmatrix} = \begin{pmatrix} 0 & f(t)\,\mathrm{e}^{-\mathrm{i}\Delta t/\hbar} \\ f(t)\,\mathrm{e}^{+\mathrm{i}\Delta t/\hbar} & 0 \end{pmatrix}\begin{pmatrix} c_1 \\ c_2 \end{pmatrix}.$$

Dieses System zweier gekoppelter Differentialgleichungen nicht mehr geschlossen lösbar, und zwar auch nicht für den Fall eines harmonischen Antriebs

$$f(t) = 2\hbar\lambda\cos\omega t = \hbar\lambda\left(\mathrm{e}^{\mathrm{i}\omega t} + \mathrm{e}^{-\mathrm{i}\omega t}\right), \tag{10.44}$$

für den sich die Gleichung aus Aufgabe 10.3 auf

$$\mathrm{i}\begin{pmatrix} \dot{c}_1 \\ \dot{c}_2 \end{pmatrix} = \begin{pmatrix} 0 & \lambda\,[\mathrm{e}^{-\mathrm{i}(\omega+\omega_0)t} + \mathrm{e}^{+\mathrm{i}(\omega-\omega_0)t}] \\ \lambda\,[\mathrm{e}^{+\mathrm{i}(\omega+\omega_0)t} + \mathrm{e}^{-\mathrm{i}(\omega-\omega_0)t}] & 0 \end{pmatrix}\begin{pmatrix} c_1 \\ c_2 \end{pmatrix} \tag{10.45}$$

mit $\hbar\omega_0 = \Delta$ reduziert. Die Frquenzdifferenz $\delta = \omega - \omega_0$ bezeichnet man als **Verstimmung** (engl. „Detuning"). Bild 10.4 illustriert die energetische Situation.

Die Rotating-Wave-Approximation: In der sogenannten **Drehwellen-Näherung** („Rotating-Wave-Approximation" (RWA)) nimmt man an, dass die Antriebsfrequenz ω in der Nähe der Resonanzfrequenz ω_0 liegt, und dass die Amplitude λ des Antriebs relativ schwach ist. Wenn man über die schnell variierenden Terme $\mathrm{e}^{\pm\mathrm{i}(\omega+\omega_0)t}$ mittelt, erhält man schließlich

$$\mathrm{i}\begin{pmatrix} \dot{c}_1 \\ \dot{c}_2 \end{pmatrix} = \begin{pmatrix} 0 & \lambda\mathrm{e}^{\mathrm{i}\delta t} \\ \lambda\,\mathrm{e}^{-\mathrm{i}\delta t} & 0 \end{pmatrix}\begin{pmatrix} c_1 \\ c_2 \end{pmatrix}. \tag{10.46}$$

Differenzieren von $\dot{c}_1 = -\mathrm{i}\lambda\,\mathrm{e}^{\mathrm{i}\delta t}c_2$ nach t und Eliminieren von $\dot{c}_2$ und c_2 führt auf die einfache Differentialgleichung zweiter Ordnung

$$\ddot{c}_1 - \mathrm{i}\delta\dot{c}_1 + \lambda^2 c_1 = 0, \tag{10.47}$$

die schon von der Theorie des gedämpften harmonischen Oszillators bekannt ist (siehe Abschnitt 1.3).

Mit dem Ansatz $c_1 = \mathrm{e}^{\mathrm{i}\sigma t}$ und den Lösungen der sich durch Einsetzen in (10.47) ergebenden charakteristischen Gleichung $\sigma^2 - \delta\sigma - \lambda^2 = 0$,

$$\sigma_\pm = \tfrac{1}{2}(\delta \pm \Omega) \tag{10.48}$$

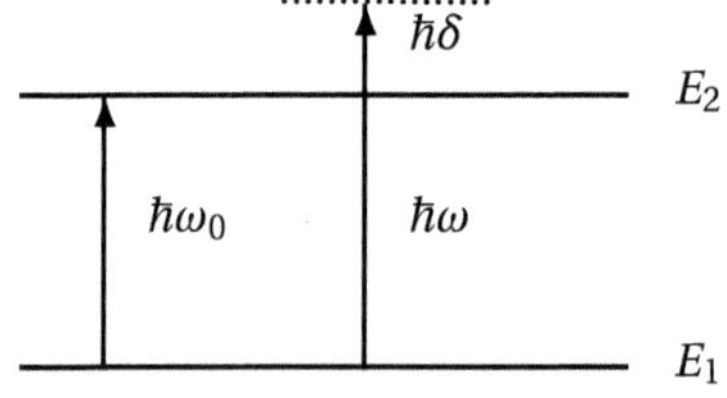

Bild 10.4 Energieniveaus des mit einer Frequenz ω angetriebenen Zweizustandssystems mit Energiedifferenz $E_2 - E_1 = \hbar\omega_0$; $\delta = \omega - \omega_0$ ist die Verstimmung.

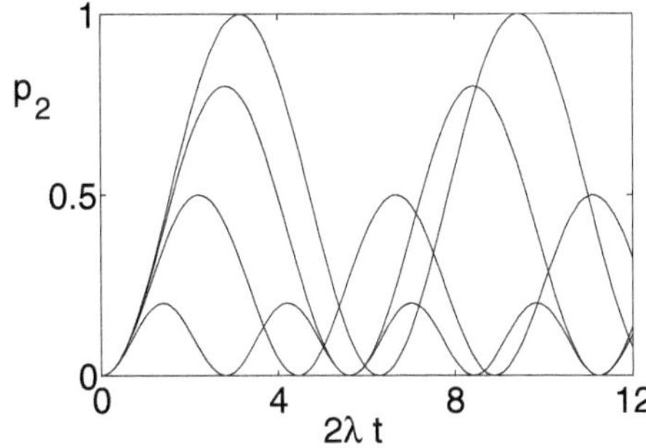

Bild 10.5 RWA-Anregungswahrscheinlichkeit $p_2(t)$ als Funktion von $2\lambda t$ für verschiedene Werte der Verstimmung $\delta = 0, 0.5, 1, 2$.

und der sogenannten **Rabi-Frequenz**

$$\Omega = \sqrt{\delta^2 + 4\lambda^2} \tag{10.49}$$

(benannt nach dem US-amerikanischen Physiker Isidor Isaac Rabi (1898-1988)) lautet die allgemeine Lösung

$$\begin{aligned} c_1(t) &= \mathrm{e}^{\mathrm{i}\delta t/2}\left[c_+\mathrm{e}^{+\mathrm{i}\Omega t/2} + c_-\mathrm{e}^{-\mathrm{i}\Omega t/2}\right] \\ c_2(t) &= -\frac{1}{2\lambda}\,\mathrm{e}^{-\mathrm{i}\delta t/2}\left[(\delta+\Omega)c_+\mathrm{e}^{+\mathrm{i}\Omega t/2} + (\delta-\Omega)c_-\mathrm{e}^{-\mathrm{i}\Omega t/2}\right], \end{aligned} \tag{10.50}$$

wobei die Konstanten $c_\pm$ durch die Anfangsbedingungen bestimmt sind. Für die Anfangsbedingungen $c_1(0) = 1$ und $c_2(0) = 0$ ergeben sich insbesondere

$$p_2(t) = |a_2(t)|^2 = |c_2(t)|^2 = \left(\frac{2\lambda}{\Omega}\right)^2 \sin^2\frac{\Omega t}{2} = \frac{4\lambda^4}{\delta^2 + 4\lambda^2}\sin^2\frac{\Omega t}{2}\,. \tag{10.51}$$

Wir beobachten:

- Die Übergangswahrscheinlichkeit ist für kleine Zeiten ($\Omega t \ll 1$) mit $p_2 \approx \lambda^2 t^2$ unabhängig von der Verstimmung δ.
- Im Resonanzfall, $\delta = 0$, ist $\Omega = 2\lambda$ und $p_2 = \sin^2 \lambda t$, d.h. die Besetzungswahrscheinlichkeit oszilliert vollständig zwischen den beiden Zuständen hin und her. Nur in diesem Fall wird der Grundzustand vollständig geleert.

Bild 10.5 zeigt als Beispiel den Zeitverlauf der Besetzungswahrscheinlichkeit $p_2 8t)$ in der Rotating-Wave-Approximation für verschiedene Werte der Verstimmung $\delta = 0, 0.5, 1, 2$. Ohne die RWA zeigt das Zweizustandssystem Abweichungen von dem oben geschilderten Verhalten, beispielsweise die in Bild 10.6 gezeigten zusätzlichen Oszillationen.

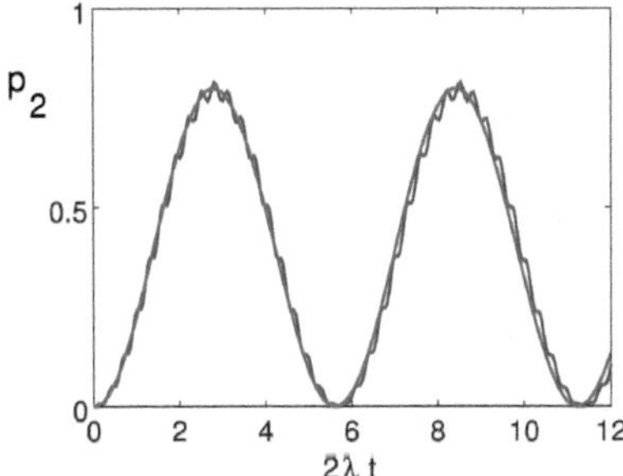

Bild 10.6 Anregungswahrscheinlichkeit $p_2(t)$ als Funktion von $2\lambda t$ für $\lambda = 0.05$ und $\omega = 1.05$. Numerische Lösung (oszillierende Kurve) im Vergleich mit der Rotating-Wave-Approximation (glatte Kurve).

10.4 Zeitperiodische Systeme

10.4.1 Floquet-Theorie

Im vorangehenden Abschnitt haben wir ein Beispiel eines explizit zeitabhängigen Quantensystems mit periodischer Zeitabhängigkeit kennengelernt. Solche zeitperiodischen Systeme sind von großer Bedeutung in der Quantenmechanik und es ist nützlich, einige ihrer allgemeinen Eigenschaften zu kennen. Wir betrachten also einen Hamilton-Operator

$$\hat{H}(t+T) = \hat{H}(t), \tag{10.52}$$

der oft in der Form

$$\hat{H}(t) = \hat{H}_0 + \hat{V}(t), \text{mit} \quad \hat{V}(t+T) = \hat{V}(t) \tag{10.53}$$

auftritt, mit einer diskreten Zeitsymmetrie $t \longrightarrow t+T$ und häufig auch mit einer Zeitumkehrsymmetrie $t \longrightarrow -t$ (manchmal auch in der verschobenen Form $t_0 + t \longrightarrow t_0 - t$). Die zeitabhängige Schrödinger-Gleichung ist dann eine lineare Differentialgleichung mit zeitperiodischen Parametern, was eine Lösung durch die Floquet-Methode nahelegt.

Die klassische Floquet-Theorie, benannt nach dem französischen Mathematiker Achille Marie Gaston Floquet (1847-1920), stammt aus dem Jahr 1883 und behandelt die Differentialgleichung

$$\ddot{y} + g(t)y = 0 \quad \text{mit} \quad g(t+T) = g(t), \tag{10.54}$$

die auch als **hillsche Differentialgleichung** bekannt ist.[3] Sind $y_1(t)$ und $y_2(t)$ linear unabhängige Lösungen von (10.54), dann auch $y_1(t+T)$ und $y_2(t+T)$, und es läßt sich schreiben

$$y_i(t+T) = \sum_j a_{ji}\, y_j(t). \tag{10.55}$$

Im Allgemeinen existieren keine periodischen Lösungen von (10.54), aber man kann Lösungen finden, die sich nach einer Periode T bis auf einen Faktor σ reproduzieren. Der allgemeine Ansatz $y(t) = \sum_i c_i\, y_i(t)$ liefert

$$\begin{aligned} y(t+T) &= \sum_i c_i y_i(t+T) = \sum_{ij} c_i\, a_{ji}\, y_j(t) \\ &\stackrel{!}{=} \sigma y(t) = \sigma \sum_j c_j\, y_j(t) \end{aligned} \tag{10.56}$$

und führt auf die Bedingung

$$\sum_i a_{ji} c_i = \sigma c_j, \tag{10.57}$$

oder in Matrixform $\mathbf{A}\mathbf{c} = \sigma\mathbf{c}$. Die Eigenwerte σ sind also Lösungen der charakteristischen Gleichung

$$|\mathbf{A} - \sigma\mathbf{I}| = 0, \tag{10.58}$$

[3] Wir haben die Floquet-Theorie schon in Abschnitt 2.2 zur Beschreibung zeitperiodisch getriebener Systeme der klassischen Dynamik herangezogen.

und man nennt die $\mu_\pm$ mit $\sigma_\pm = \exp(\mu_\pm T)$ die **charakteristischen Exponenten**. Weiterhin unterscheidet man stabile (μ_i rein imaginär) und instabile Fälle. Ein typisches Beispiel ist hier die **Mathieu-Gleichung**

$$\ddot{y} + (\delta + 2\epsilon\cos 2t)y = 0\,, \tag{10.59}$$

deren Stabilitätsbereiche in der (ϵ,δ)-Ebene eine charakteristische Bandstruktur zeigen.
In der Quantenmechanik ist es zweckmäßig, zunächst den **Floquet-Operator** als Zeitentwicklungssoperator über eine Periode T zu definieren:

$$\hat{F}(t) = \hat{U}(t+T,t)\,. \tag{10.60}$$

Dieser Operator ist unitär und seine Eigenwerte sind vom Betrag eins:

$$\hat{F}(t)|\psi_\alpha(t)\rangle = \mathrm{e}^{-\mathrm{i}\epsilon_\alpha T/\hbar}|\psi_\alpha(t)\rangle \tag{10.61}$$

mit reellem ϵ_α, der sogenannten **Quasienergie**, und dem **Quasienergie**- oder **Floquet-Zustand** $|\psi_\alpha(t)\rangle$.

Aufgabe 10.4 (Lös. Seite 265): Eine kurze Rechnung liefert eine wichtige Faktorisierung der $|\psi_\alpha(t)\rangle$. Zeigen Sie:

$$|\psi_\alpha(t)\rangle = \mathrm{e}^{-\mathrm{i}\epsilon_\alpha t/\hbar}|\varphi_\alpha(t)\rangle \quad \text{mit} \quad |\varphi_\alpha(t+T)\rangle = |\varphi_\alpha(t)\rangle.$$

Die Quasienergie-Zustände $|\psi_\alpha(t)\rangle$ faktorisieren also in einen Phasenfaktor und einen zeitperiodischen Anteil. Es gilt natürlich

$$\hat{H}(t)\,|\psi_\alpha(t)\rangle = \mathrm{i}\hbar\,\partial_t|\psi_\alpha(t)\rangle \tag{10.62}$$

und damit

$$\hat{H}(t)\,\mathrm{e}^{-\mathrm{i}\epsilon_\alpha t/\hbar}|\varphi_\alpha(t)\rangle = \mathrm{i}\hbar\Big(-\frac{\mathrm{i}}{\hbar}\epsilon_\alpha\,\mathrm{e}^{-\mathrm{i}\epsilon_\alpha t/\hbar}|\varphi_\alpha(t)\rangle + \mathrm{e}^{-\mathrm{i}\epsilon_\alpha t/\hbar}\frac{\partial}{\partial t}|\varphi_\alpha(t)\rangle\Big) \tag{10.63}$$

oder

$$\big(\hat{H}(t) - \mathrm{i}\hbar\partial_t\big)|\varphi_\alpha(t)\rangle = \epsilon_\alpha|\varphi_\alpha(t)\rangle\,. \tag{10.64}$$

Die $|\varphi_\alpha(t)\rangle$ sind also Eigenzustände des Operators

$$\hat{K}(t) = \hat{H}(t) - \mathrm{i}\hbar\partial_t \tag{10.65}$$

mit zeitperiodischen Randbedingungen. Dieser **Quasienergie-Operator** $\hat{K}(t)$ ist hermitesch.

Das Quasienergie-Spektrum:

(a) Die Quasienergien sind nur definiert bis auf ein ganzzahliges Vielfaches von $\hbar\omega$ mit $\omega = 2\pi/T$. Eine einzelne Quasienergie ϵ_α ist daher Repräsentant einer ganzen Klasse $\epsilon_\alpha + k\hbar\omega$ mit $k = 0, \pm1, \pm2, \ldots$. Stellvertretend für diese Klasse schreiben wir auch α'. Wir können einen Repräsentanten $|\varphi_\alpha\rangle$ aus dieser Klasse in dem Intervall

$$-\tfrac{\hbar\omega}{2} < \epsilon_\alpha \le \tfrac{\hbar\omega}{2}\,, \tag{10.66}$$

auswählen, der ersten **Brillouin-Zone** (benannt nach dem französisch-amerikanischer Physiker Léon Nicolas Brillouin (1889-1969)). Die einer Quasienergie $\epsilon_\alpha + k\hbar\omega$ entsprechenden Zustände sind dann

$$|\varphi_{\alpha,k}(t)\rangle = \mathrm{e}^{-\mathrm{i}k\omega t}|\varphi_\alpha(t)\rangle \,. \tag{10.67}$$

Die „physikalischen" Zustände $|\psi_\alpha(t)\rangle$ sind unabhängig von dem Index k.

(b) Im Falle zeitunabhängiger Systeme erscheinen die Engergieeigenwerte E_n in einer natürlichen Ordnung, nämlich $E_n \leq E_{n+1}$, und man kann diese Ordnung dazu verwenden, die Eigenwerte zu nummerieren. Für die Quasienergien ist dies nicht so einfach. Man erhält typischerweise eine Menge von Werten ϵ_α in der ersten Brillouin-Zone und muss explizit eine Methode angeben, um die einzelnen Quasizustände mittels Indizes zu kennzeichnen. Man mache sich klar, dass die Quasienergien zum Beispiel schon im einfachen Fall mit einem äquidistantem Quasienergie-Spektrum mit Abständen $\hbar\omega_0$ und inkommensurablen Werten von ω_0 und ω in der ersten Brillouin-Zone dicht liegen!

(c) Von großer Bedeutung für die Dynamik ist auch die Struktur des Quasienergie-Spektrums. Man unterscheidet ein **Punktspektrum** mit einer abzählbaren Menge von Quasienergien, ein **absolut stetiges (oder kontinuierliches) Spektrum** und ein **singulär stetiges Spektrum**, das z.B. lokalisiert ist auf einer Cantor-Menge (definiert als kompakt, nirgends dicht[4] und überabzählbar). Zudem können alle diese Spektralanteile simultan existieren. Eine Untersuchung der spektralen Eigenschaften eines solchen Systems ist generell schwierig.

10.4.2 Periodisch getriebene Zweiniveausysteme

Es ist lehrreich, die Quasienergie-Zustände des periodisch angetriebenen Zweiniveausystems (hier geschrieben mit den Spinmatrizen)

$$\hat{H} = \frac{\hbar}{2}\omega_0\hat{\sigma}_z + 2\hbar\lambda\cos(\omega t)\,\hat{\sigma}_x - \mathrm{i}\hbar\partial_t \tag{10.68}$$

genauer zu untersuchen. Einerseits lassen sich hier typische Phänomene klar herausarbeiten, und andererseits finden sich auch eine Fülle von Anwendungen auf reale Atome in Strahlungsfeldern, die oft näherungsweise als Zweizustandssysteme behandelt werden können (vgl. Seite 238). Die gekoppelten Gleichungen für die Besetzungsamplituden der beiden Zustände

$$\mathrm{i}\hbar\frac{\mathrm{d}}{\mathrm{d}t}\begin{pmatrix} a_1 \\ a_2 \end{pmatrix} = \begin{pmatrix} -\Delta/2 & f(t) \\ f(t) & +\Delta/2 \end{pmatrix}\begin{pmatrix} a_1 \\ a_2 \end{pmatrix}. \tag{10.69}$$

($\Delta = E_2 - E_1 = \hbar\omega_0$) und $f(t) = 2\hbar\lambda\cos\omega t$ wurde in Abschnitt 10.3 im Rahmen der Rotating-Wave-Approximation (RWA) „gelöst". Wie schon oben diskutiert, führt eine Ähnlichkeitstransformation von (10.68) in das rotierende System

$$\mathrm{e}^{\mathrm{i}\omega t\hat{\sigma}_z/2}\,\hat{H}(t)\,\mathrm{e}^{-\mathrm{i}\omega t\hat{\sigma}_z/2} = \hat{H}^{\mathrm{RWA}} + \hat{H}^{\mathrm{cr}} - \mathrm{i}\hbar\partial_t \tag{10.70}$$

[4] Eine Menge heißt nirgends dicht, wenn in der Umgebung eines jeden Punktes dieser Menge eine offene Menge liegt, die nicht zu ihr gehört.

mit dem Rotating-Wave-Hamilton-Operator

$$\hat{H}^{\text{RWA}} = \frac{\hbar}{2}\Big[(\omega_0 - \omega)\hat{\sigma}_z + 2\lambda\hat{\sigma}_x\Big] \tag{10.71}$$

und dem gegenrotierenden („counter rotating") Term

$$\hat{H}^{\text{cr}} = \lambda\left[\cos(2\omega t)\hat{\sigma}_x - \sin(2\omega t)\hat{\sigma}_y\right], \tag{10.72}$$

der in der RWA vernachlässigt wird, was wir im Folgenden auch tun werden. Dann ergibt sich aus den Transformationsgleichungen der Aufgabe 10.3 und Gleichung (10.50) mit $\delta = \omega - \omega_0$ sowie der Rabi-Frequenz $\Omega = \sqrt{\delta^2 + 4\lambda^2}$ (vgl. Gleichung (10.49)) die Näherungslösung

$$\begin{aligned} a_1^{\text{RWA}}(t) &= \mathrm{e}^{\mathrm{i}\omega t/2}\left[c_+\mathrm{e}^{+\mathrm{i}\Omega t/2} + c_-\mathrm{e}^{-\mathrm{i}\Omega t/2}\right] \\ a_2^{\text{RWA}}(t) &= -\frac{1}{2\lambda}\,\mathrm{e}^{-\mathrm{i}\omega t/2}\left[(\delta+\Omega)c_+\mathrm{e}^{+\mathrm{i}\Omega t/2} + (\delta-\Omega)c_-\mathrm{e}^{-\mathrm{i}\Omega t/2}\right]. \end{aligned} \tag{10.73}$$

Setzt man $c_+ = 0$ oder $c_- = 0$, so findet man die Floquet-Lösungen mit der Quasienergie

$$\epsilon_{\pm,k}^{\text{RWA}} = \frac{\hbar}{2}(\omega \pm \Omega) + k\hbar\omega \quad ; \quad k = 0, \pm 1, \pm 2, \ldots \tag{10.74}$$

und den Quasienergie-Zuständen

$$|\varphi_{\pm,k}^{\text{RWA}}\rangle = \frac{1}{\sqrt{2\Omega}}\begin{pmatrix} \pm\sqrt{\Omega \mp \delta} \\ \sqrt{\Omega \pm \delta}\,\mathrm{e}^{\mathrm{i}\omega t}\end{pmatrix}\mathrm{e}^{\mathrm{i}k\omega t}. \tag{10.75}$$

Zunächst soll das Verhalten für kleine Feldstärke untersucht werden, d.h. der Grenzfall $\lambda \to 0$. Für die Rabi-Frequenz gilt dann $\Omega \longrightarrow |\delta| = |\omega - \omega_0|$ mit $\Omega \geq |\delta|$. Wir unterscheiden zwei Fälle (vgl. Bild 10.7):

- Für eine *rotverstimmte* Anregungsfrequenz $\omega < \omega_0$ ist $\delta < 0$ und

$$\begin{aligned} \epsilon_{+,0}^{\text{RWA}} &\longrightarrow \tfrac{\hbar}{2}(\omega + \omega_0 - \omega) = \tfrac{\hbar}{2}\,\omega_0 \\ \epsilon_{-,-1}^{\text{RWA}} &\longrightarrow \tfrac{\hbar}{2}(\omega - \omega_0 + \omega) - \hbar\omega = -\tfrac{\hbar}{2}\omega_0\,. \end{aligned} \tag{10.76}$$

- Für eine *blauverstimmte* Anregungsfrequenz $\omega > \omega_0$ ist $\delta > 0$ und

$$\begin{aligned} \epsilon_{-,0}^{\text{RWA}} &\longrightarrow \tfrac{\hbar}{2}(\omega - \omega + \omega_0) = \tfrac{\hbar}{2}\omega_0 \\ \epsilon_{+,-1}^{\text{RWA}} &\longrightarrow \tfrac{\hbar}{2}(\omega + \omega - \omega_0) - \hbar\omega = -\tfrac{\hbar}{2}\,\omega_0\,. \end{aligned} \tag{10.77}$$

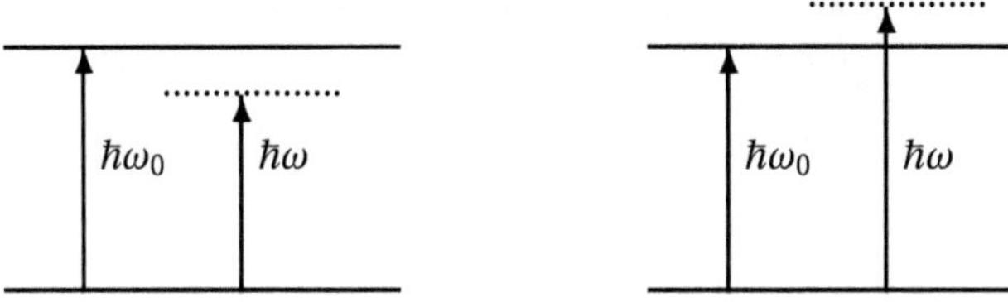

Bild 10.7 Rotverstimmung (links) und Blauverstimmung (rechts).

Mit anwachsendem λ erhöht sich die Rabi-Frequenz Ω und die Quasienergien $\epsilon_{+,k}^{\text{RWA}}$ wachsen an, die $\epsilon_{-,k}^{\text{RWA}}$ fallen. Folglich wachsen die Quasienergieabstände bei Rotverstimmung an (Niveauabstoßung) und fallen bei Blauverstimmung ab (Niveauanziehung). Dies bezeichnet man auch als **dynamischen Stark-Effekt** („ac Stark shift"), der z.B. dazu führt, dass in räumlich inhomogenen Feldern eine Kraft auf Atome ausgeübt wird (die **optische Dipolkraft**). Das kann man z.B. dazu benutzen, um Atome in Fallen zu halten.

Bei einer weiteren Erhöhung der Feldamplitude λ kreuzen sich die anwachsenden Energien $\epsilon_{+,k_1}^{\text{RWA}}$ und die fallenden $\epsilon_{-,k_2}^{\text{RWA}}$ bei

$$\epsilon = \tfrac{\hbar}{2}(\omega+\Omega) + k_1\hbar\omega = \tfrac{\hbar}{2}(\omega-\Omega) + k_2\hbar\omega\,, \tag{10.78}$$

also für

$$\Omega = (k_2 - k_1)\omega = n\omega \tag{10.79}$$

d.h. für $n = \sqrt{(1-\omega_0/\omega)^2 + (2\lambda/\omega)^2}$. Unter diesen Bedingungen sind also die antreibende Frequenz und die interne Rabi-Frequenz in Resonanz (n „Photonen" können resonant absorbiert werden). Wenn wir die Brillouin-Zonenstruktur $-\hbar\omega/2 < \epsilon \leq +\hbar\omega/2$ des Quasienergie-Spektrums beachten, finden wir die Kreuzungen bei

$$\begin{aligned} &n \text{ gerade}: && \epsilon^{\text{RWA}} = \hbar\omega/2 && \text{mod}\,\hbar\omega \\ &n \text{ ungerade}: && \epsilon^{\text{RWA}} = 0 && \text{mod}\,\hbar\omega\,, \end{aligned}$$

also am Rand (n gerade) oder in der Mitte (n ungerade) der Brillouin-Zone.

Diese Ergebnisse beruhen auf der RWA. Wenn man darüber hinausgehen will, muss der gegenrotierende Term $\hat{H}^{\text{cr}}$ im Hamilton-Operator (10.72) berücksichtigt werden. Dieser Term enthält die Frequenz 2ω und wir erwarten einen wesentlichen Einfluss für $\Omega = 2\omega$, d.h. an den Rändern der Brillouin-Zone.

10.4.3 Der angetriebene Rotor

In Abschnitt 10.2 haben wir die Eigenschaften rein zufälliger Eigenwertspektren für Matrizen aus verschiedenen Symmetrieklassen beschrieben. Interessanterweise konnte man feststellen, dass die Energiespektren für ein konkretes System genau solche Eigenschaften zufälliger Spektren besitzen können. Insbesondere zeigte sich an vielen Beispielen, dass die Spektren klassisch chaotischer Systeme durch die Zufallsmatrixtheorie beschrieben werden können. Dies wurde unter dem Namen **Bohigas-Giannoni-Schmit-Vermutung**[5] bekannt. Beispiele sind Rydberg-Zustände des Wasserstoffatoms im Magnetfeld, Rotations-Schwingungsniveaus von Molekülen oder Mikrowellen in Hohlraumresonatoren.

Gleiches gilt für die Quasienergie-Spektren für Systeme mit zeitperiodischem Hamilton-Operator (siehe Abschnitt 10.4.1). Ein Beispiel ist der periodisch angetriebene planare Rotor

$$H = \frac{J^2}{2I} - f\cos\omega t\cos\vartheta\,. \tag{10.80}$$

Die periodisch gekickte Version dieses Systems hatten wir schon in Abschnitt 3.2.1 kennengelernt. Für das harmonisch angetriebene System (10.80) finden wir in der klassischen Dynamik

[5] F. Haake, H.-J. Stöckmann, Physikalische Blätter 56, Nr. 6 (2000) 27.

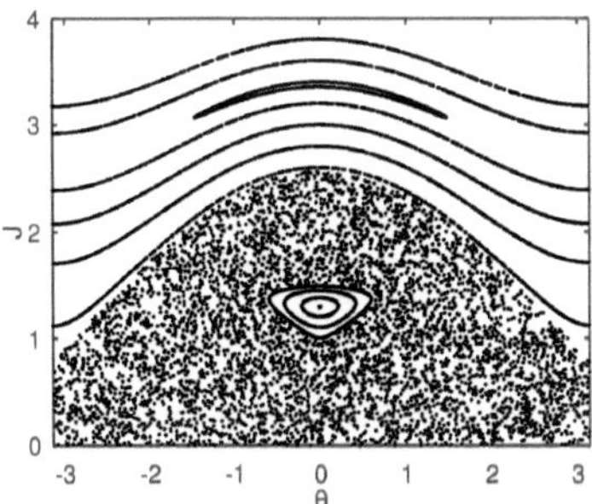

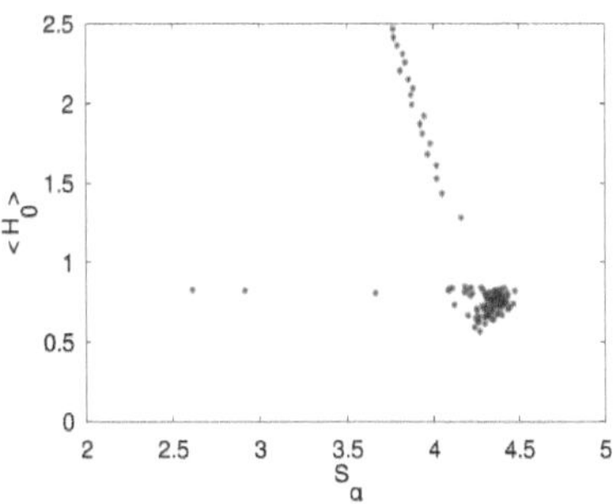

Bild 10.8 Der angetriebene Rotor. Links: Klassischer stroboskopischer Poincaré-Schnitt im Phasenraum. Rechts: Quantenmechanische mittlere kinetische Energie der Quasienergie-Zustände gegen die Phasenraum-Entropie S_α.

für $I = 1$, $\omega = 1$ und ein starkes Feld eine klare Phasenraumorganisation, wie in der stroboskopischen Abbildung 10.8 (linkes Bild) für $f = 1$ dargestellt. Aus Symmetriegründen wird hier nur der Teil des Phasenraums mit $J \geq 0$ gezeigt. Es gibt einen äußeren regulären Bereich mit schneller Rotation, der einen großen chaotischen See umschließt. In diesen See ist eine Insel eingebettet, in deren Zentrum sich eine periodische Bahn befindet, die synchron zu der Anregung rotiert. Weitere sehr kleine Stabilitätsinseln erkennt man nur bei stärkerer Vergrößerung.

Durch Diagonalisierung des quantenmechanischen Floquet-Operators lassen sich seine Eigenzustände $|\psi_\alpha\rangle$ numerisch berechnen. Daraus kann man quantenmechnische Wahrscheinlichkeitsverteilungen im Phasenraum bestimmen. Diese Phasenraumdichten $\varrho_\alpha(J,\vartheta)$ ermöglichen es dann, die Lokalisierung dieser Quasienergie-Zustände im Phasenraum mit der klassischen Dynamik zu vergleichen. Eine detaillierte Darstellung würde hier zu weit führen[6] und wir beschränken uns daher auf das Diagramm rechts in Bild 10.8, in dem der Erwartungswert der kinetischen Energie $H_0 = J^2/2I$ gegen die **Phasenraum-Entropie**

$$S_\alpha = -\int \frac{\mathrm{d}J\,\mathrm{d}\vartheta}{2\pi\hbar}\,\varrho_\alpha(J,\vartheta)\ln\varrho_\alpha(J,\vartheta) \tag{10.81}$$

aufgetragen ist ($\hbar = 0.02$). Diese Größe S_α ist ein Maß für den Lokalisierungsgrad des Zustandes $|\psi_\alpha\rangle$ im Phasenraum. Zustände mit kleiner Entropie sind stark lokalisiert, Zustände mit großer Entropie stark ausgedehnt im Phasenraum. Man erkennt klar eine Entsprechung zur oben beschriebenen Dreiteilung der klassischen Dynamik: Die Zustände mit hoher Rotationsenergie sind lokalisiert in dem äußeren regulären Bereich, die Anhäufung der Punkte mit fast gleicher Rotationsenergie und Lokalisierung in den chaotischen Seen und die wenigen Zustände mit gleicher Rotationsenergie, aber unterschiedlicher Entropie lokalisieren auf der zentralen Insel. Man kann sich außerdem davon überzeugen, dass die Anzahl der Inselzustände und der chaotischen Zustände durch die Phasenraumflächen dividiert durch $2\pi\hbar$ gegeben ist, gemäß der **weylschen Regel** (siehe Seite 178).

Auf diese Weise lassen sich die quantenmechanischen Quasienergie-Zustände in Klassen einteilen und man kann für jede Klasse eine Statistik der Häufigkeit der Quasienergie-Abstände ermitteln. Bild 10.9 zeigt solche numerisch bestimmten Abstandsverteilungen. Dabei ist S der

6 Mehr dazu findet man in: N. Moiseyev, H. J. Korsch, B. Mirbach, Z. Phys. D 29 (1994) 125; T. Gorin, H. J. Korsch, B. Mirbach, Chem. Phys. 217 (1997) 145

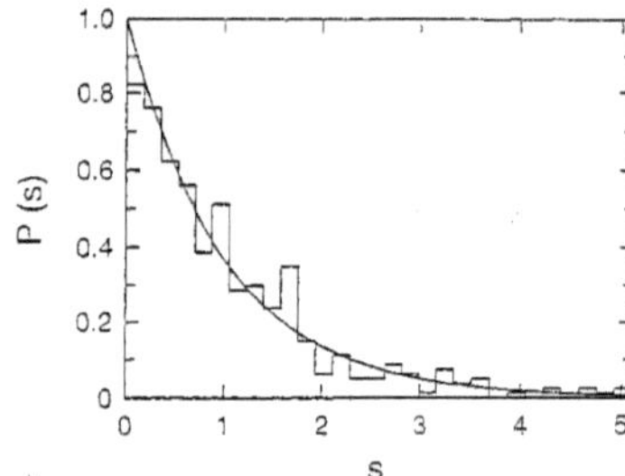

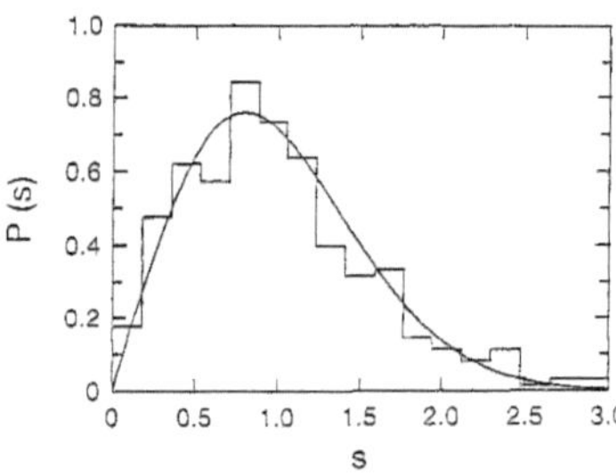

Bild 10.9 Nächste-Nachbar-Abstände der Quasienergie für Zustände, die als regulär (links) oder chaotisch (rechts) klassifiziert werden können.

Nächste-Nachbar-Abstand der Quasienergien, renormiert auf einen mittleren Wert von eins. (Im Vergleich zu Bild 10.8 wurde der Wert von $\hbar$ verringert, um die Anzahl der Zustände zu erhöhen.) Man erkennt klar eine GOE-Verteilung für die als chaotisch klassifizierten Zustände und eine Exponential- oder Poisson-Verteilung der regulären (vgl. dazu auch Bild 10.3). Die Tatsache, dass hier eine Poisson-Verteilung auftritt, erscheint im ersten Moment verwunderlich, denn dies beschreibt eine rein zufällige Verteilung der Nächste-Nachbar-Abstände, wie wir oben gesehen haben. Aber eine sorgfältige Analyse zeigt, dass dies genau das Charakteristikum für die Eigenwerte eines integrablen Systems darstellt, also eines Systems mit streng regulärer klassischer Dynamik. Mehr dazu findet man in dem auf Seite 233 angegebenen Buch von Haake. Damit beenden wir unsere kurze Darstellung der Quantendynamik des angetriebenen Rotors und verweisen für weitere Informationen auf die oben angegebene Literatur.

10.5 Kontrolle von Quantenprozessen

Dieser Abschnitt soll eine kurze Einführung in ein sehr wichtiges Gebiet aktueller Forschung geben, der gezielten externen Kontrolle quantenmechanischer Prozesse. Als anschauliches einfaches Beispiel wollen wir ein Quantensystem betrachten, etwa ein Molekül in einem vorgegebenen Zustand, das wir durch ein Laserfeld in einen anderen Zustand bringen wollen, und zwar mit möglichst hundertprozentiger Effizienz. Zur Verfügung steht uns beispielsweise ein Laserfeld mit einer zeitlich konstanten (aber in einem gewissen Bereich wählbaren) Frequenz ω und einer kontrollierbaren Amplitude, zum Beispiel ein Puls, der bei der Zeit $t = 0$ beginnt, bis zu einem maximalen Wert $f_{\max}$ ansteigt, diesen Wert eine gewisse Zeit beibehält, und dann zur Zeit $t = T_\mathrm{p}$ wieder auf Nul labfällt. Die Zeit T_p ist die Pulsdauer. Eine einfache Art, einen solchen „Puls" für ein Molekül zu realisieren, wäre zum Beispiel das Durchfliegen eines Laserstrahls.

Wir beschränken uns hier auf Systeme, die sich durch die Zweiniveaugleichungen (10.43) modellieren lassen, also durch

$$\mathrm{i}\hbar\frac{\mathrm{d}}{\mathrm{d}t}\begin{pmatrix}a_1\\a_2\end{pmatrix}=\begin{pmatrix}-\Delta/2 & f(t)\\ f(t) & +\Delta/2\end{pmatrix}\begin{pmatrix}a_1\\a_2\end{pmatrix}, \tag{10.82}$$

wobei wir den Puls beispielsweise durch

$$f(t) = 2\hbar\lambda(t)\cos\omega t \tag{10.83}$$

beschreiben können mit einer konstanten[7] Frequenz ω und einer zeitlich veränderlichen Amplitude $\lambda(t)$. Wir werden zwei Fälle genauer darstellen.

Zweiniveausysteme: π-Pulse: Zunächst betrachten wir einen sogenannten π-Puls mit der Pulsamplitude

$$\lambda(t) = \begin{cases} \lambda_{\mathrm{max}} & (0 < t < T_{\mathrm{p}}) \\ 0 & (\text{sonst}) \end{cases} \tag{10.84}$$

In Abschnitt 10.3 haben wir im Rahmen der RWA die Zweiniveaugleichungen näherungsweise gelöst. Mit der Anfangsbedingung, dass sich das System zur Zeit $t = 0$ im Zustand 1 befindet, ergab sich für die Besetzung des Zustandes 2 die Wahrscheinlichkeit

$$p_2(t) = \left(\frac{2\lambda}{\Omega}\right)^2 \sin^2\frac{\Omega t}{2}\,. \tag{10.85}$$

(vgl. Gleichung (10.51)) für ein konstantes $\lambda = \lambda_{\mathrm{max}}$, also für einen π-Puls. Dabei ist

$$\Omega = \sqrt{\delta^2 + 4\lambda_{\mathrm{max}}^2} \tag{10.86}$$

die Rabi-Frequenz und $\delta = \omega - \omega_0$ das Detuning. Man kann in dieser Näherung, d.h. also für nicht zu große Felder, die gestellte Aufgabe einer Prozesskontrolle in einfacher Weise lösen: Wählt man eine resonante Antriebsfrequenz $\omega = \omega_0$, so wird $\Omega = 2\lambda_{\mathrm{max}}$. Für eine Amplitude

$$\lambda_{\mathrm{max}} = \pi(\ell + 1/2)/T_{\mathrm{p}}\,, \quad \ell = 0, 1, \ldots\,, \tag{10.87}$$

erhält man dann die Übergangswahrscheinlichkeit

$$p_2(t) = \sin^2\lambda_{\mathrm{max}}t \tag{10.88}$$

mit $p_2(T_{\mathrm{p}}) = 1$. Das heißt, man erhält zur Zeit T_{p} den gewünschten vollständigen Transfer.

Eine alternative Darstellung des gleichen Sachverhaltes basiert auf den Floquet-Zuständen. Im Gegensatz zu der vorangehenden Behandlung ist dieser Ansatz aber weitaus flexibler und soll daher kurz dargestellt werden. Mit den Floquet-Zuständen $|\varphi_\pm(t)\rangle$ und den Quasienergien $\epsilon_\pm$ des Zweiniveausystems (vgl. Abschnitt 10.4.2) können wir einen beliebigen Zustandsvektor als

$$|\psi(t)\rangle = c_+ \mathrm{e}^{-\mathrm{i}\epsilon_+ t/\hbar}|\varphi_+(t)\rangle + c_- \mathrm{e}^{-\mathrm{i}\epsilon_- t/\hbar}|\varphi_-(t)\rangle \tag{10.89}$$

ausdrücken, mit konstanten Koeffizienten $c_\pm$. Wie oben erhalten wir in der RWA bei resonanter Abstimmung, $\omega = \omega_0$, auf den Übergang

$$\mathrm{e}^{-\mathrm{i}\epsilon_\pm t/\hbar}|\varphi_\pm(t)\rangle = \frac{1}{\sqrt{2}}\mathrm{e}^{\mp\mathrm{i}\Omega t/2}\begin{pmatrix} \pm\mathrm{e}^{-\mathrm{i}\omega t/2} \\ \mathrm{e}^{-\mathrm{i}\omega t/2} \end{pmatrix} \tag{10.90}$$

mit $\Omega = 2\lambda_{\mathrm{max}}$. Die Anfangsbedingung $|\psi(0)\rangle = (1,0)^T$ erfüllt man mit $c_\pm = \pm 1/\sqrt{2}$, d.h. der Anfangszustand ist eine Linearkombination der beiden Floquet-Zustände mit gleichen Gewichten. Mit wachsender Zeit sammeln die beiden Floquet-Anteile unterschiedliche dynamische

[7] Es gibt jedoch auch interessante Anwendungen von sogenannten *„gechirpten"* Pulsen, bei denen die Frequenz während des Pulses anwächst oder abfällt.

Phasen auf, die zu Interferenzen führen. Konstruktive Interferenz haben wir unter der Bedingung

$$\tfrac{1}{\hbar}\,(\epsilon_+ - \epsilon_-)\,T_\text{p} = \pi(2\ell+1)\,,\quad \ell = 0, \pm 1, \pm 2, \dots\,. \tag{10.91}$$

Nun ist aber nach (10.75)

$$\epsilon_\pm = \tfrac{\hbar}{2}\,(\omega \pm \Omega) + k\hbar\omega \tag{10.92}$$

für ganzzahliges k, und damit

$$\epsilon_+ - \epsilon_- = \hbar\omega = 2\hbar\lambda_\text{max}\,. \tag{10.93}$$

Wir erhalten folglich für unseren optimalen π-Puls die Bedingung $\lambda_\text{max} = \pi(\ell + 1/2)\,T_\text{p}$, in völliger Übereinstimmung mit (10.87).

Zweiniveausysteme: $\sin^2$-Pulse: Alternativ zu den abrupten π-Pulsen können wir eine langsame („adiabatische") Variation von $\lambda(t)$ zulassen, wobei die Feldamplitude von dem Wert null auf einen maximalen Wert λ_max heraufgefahren und später wieder abgesenkt wird. Ein typisches Beispiel ist ein $\sin^2$-Puls

$$\lambda(t) = \begin{cases} \lambda_\text{max}\sin^2\left(\pi t/T_\text{p}\right) & (0 < t < T_\text{p}) \\ 0 & (\text{sonst})\,. \end{cases} \tag{10.94}$$

Bei einer langsamen Änderung der Feldamplitude folgen die Quasienergie-Zustände $|u_\pm\rangle$ adiabatisch und wir erhalten Quasienergien, die sich zeitlich langsam verändern, also $\epsilon_\pm(t)$, und die optimale Pulsbedingung (10.91) lautet jetzt

$$\frac{1}{\hbar}\int_0^{T_\text{p}} \left(\epsilon_+(t) - \epsilon_-(t)\right)\mathrm{d}t = \pi(2\ell+1)\,,\quad \ell = 0, \pm 1, \pm 2, \dots\,. \tag{10.95}$$

Dabei ist T_p die gesamte Pulsdauer. Weiterhin kann man durch die RWA (vgl. Gleichung (10.74)) die Differenz der Quasienergien durch die Rabi-Frequenz ausdrücken. Es gilt dann

$$\epsilon_+(t) - \epsilon_-(t) \;=\; \hbar\Omega(t) = \hbar\sqrt{\delta^2 + 4\lambda^2(t)} = 2\hbar\,\lambda(t) \tag{10.96}$$

für eine exakte Abstimmung auf den Übergang ($\delta = 0$). Damit erhält man die Bedingung

$$\int_0^{T_\text{p}} 2\lambda(t)\,\mathrm{d}t = \pi(2\ell+1)\,, \tag{10.97}$$

d.h. die Fläche unter dem Puls muss einer Quantisierungsbedingung genügen. Gleichung (10.97) bezeichnet man daher auch als die **„Flächenbedingung"** für einen optimalen Übergang.

10.6 Lie-algebraische Zeitevolution

Für zeitabhängige Hamilton-Operatoren $\hat{H}(t)$ haben wir schon erwähnt, dass der Zeitentwicklungsoperator $\hat{U}(t)$, die Lösung der linearen Differentialgleichung

$$\mathrm{i}\frac{\mathrm{d}\hat{U}}{\mathrm{d}t} = \hat{H}(t)\hat{U}(t) \quad \text{mit} \quad \hat{U}(0) = \hat{I}, \tag{10.98}$$

(wir wählen in diesem Abschnitt Einheiten mit $\hbar = 1$) *nicht* die einfache Form

$$\hat{U}(t,t_0) = \exp\left(-\tfrac{\mathrm{i}}{\hbar}\int_{t_0}^{t} \hat{H}(t')\,\mathrm{d}t'\right), \tag{10.99}$$

besitzt (vgl. Gleichung (10.36)), aber eine exponentielle Form ließe sich vermuten. In der Tat existiert eine solche Lösung

$$\hat{U}(t) = \exp\big(-\mathrm{i}\hat{\Omega}(t)\big) \quad \text{mit} \quad \hat{\Omega}(t) = \sum_j \hat{\Omega}_j(t) \tag{10.100}$$

als eine sogenannte **Magnus-Entwicklung**, eine Reihe von Multikommutatoren, von der wir hier nur die ersten drei Terme angeben:

$$\begin{aligned}
&\hat{\Omega}_1(t) = \int_{t_0}^{t} \mathrm{d}t_1\, \hat{H}(t_1), \quad \hat{\Omega}_2(t) = -\frac{\mathrm{i}}{2}\int_{t_0}^{t} \mathrm{d}t_2 \int_{t_0}^{t_2} \mathrm{d}t_1 \big[\hat{H}(t_2), \hat{H}(t_1)\big],\\
&\hat{\Omega}_3(t) = \frac{1}{6}\int_{t_0}^{t} \mathrm{d}t_3 \int_{t_0}^{t_3} \mathrm{d}t_2 \int_{t_0}^{t_2} \mathrm{d}t_1 \Big(\big[\hat{H}(t_3), \big[\hat{H}(t_2), \hat{H}(t_1)\big] + \big[\hat{H}(t_1), \big[\hat{H}(t_2), \hat{H}(t_3)\big]\big]\Big).
\end{aligned} \tag{10.101}$$

Der erste Term stimmt mit der naiven Vermutung (10.99) überein, die folgenden Terme sind aber unangenehm auszuwerten, sogar für Zweiniveausysteme, und die höheren Terme werden schnell unübersichtlich. Deshalb sind alternative Ansätze von Interesse.

Wir nehmen dazu an, dass unser Hamilton-Operator ein Element einer d-dimensionalen Algebra ist, einer sogenannten **Lie-Algebra** ist, benannt nach dem norwegischen Mathematiker Marius Sophus Lie (1842-1899), dass er also durch die d Generatoren $\hat{X}_1,\ldots, \hat{X}_d$ der Algebra als Linearkombination

$$\hat{H}(t) = \sum_{i=1}^{d} h_i(t)\hat{X}_i \tag{10.102}$$

dargestellt werden kann. Wir werden zeigen, dass man dann den Zeitentwicklungsoperator in einer Umgebung von $t = 0$ als exponentielles Produkt

$$\hat{U}(t) = \mathrm{e}^{g_1(t)\hat{X}_1}\mathrm{e}^{g_2(t)\hat{X}_2}\ldots\mathrm{e}^{g_d(t)\hat{X}_d} \tag{10.103}$$

ausdrücken kann[8], und wir werden im folgenden Abschnitt Differentialgleichungen für die Koeffizienten $g_i(t)$ herleiten.

Zunächst benötigen wir eine wichtige Technik aus der Theorie der Lie-Algebren: Die Ähnlichkeitstransformation

$$\hat{X}_i \;\rightarrow\; \mathrm{e}^{g_r\hat{X}_r}\,\hat{X}_i\mathrm{e}^{-g_r\hat{X}_r} \tag{10.104}$$

ergibt wieder ein Element der Lie-Algebra, also eine Linearkombination der $\hat{X}_k$. Durch wiederholte Anwendung dieser Transformationen folgt dann

$$\mathrm{e}^{g_1\hat{X}_1}\ldots\mathrm{e}^{g_r\hat{X}_r}\,\hat{X}_i\,\mathrm{e}^{-g_r\hat{X}_r}\ldots\mathrm{e}^{-g_1\hat{X}_1} = \textstyle\sum_k \xi_{ki}^{(r)}\,\hat{X}_k \quad \text{für} \quad r = 1, 2, 3\ldots. \tag{10.105}$$

Dabei sind die Koeffizienten $\xi_{ki}^{(r)}$ analytische Funktionen der $g_1, \ldots, g_r$. Im nächsten Schritt differenzieren wir (10.103) nach der Zeit,

$$\frac{\mathrm{d}\hat{U}}{\mathrm{d}t} = \sum_{i=1}^{d} \dot{g}_i\,\mathrm{e}^{g_1\hat{X}_1}\ldots\mathrm{e}^{g_{i-1}\hat{X}_{i-1}}\,\hat{X}_i\,\mathrm{e}^{g_i\hat{X}_i}\ldots\mathrm{e}^{g_d\hat{X}_d}, \tag{10.106}$$

und multiplizieren von rechts mit $\hat{U}^{-1} = \mathrm{e}^{-g_d\hat{X}_d}\ldots\mathrm{e}^{-g_1\hat{X}_1}$:

$$\begin{aligned}
\frac{\mathrm{d}\hat{U}}{\mathrm{d}t}\hat{U}^{-1} &= \sum_{i=1}^{d} \dot{g}_i\,\mathrm{e}^{g_1\hat{X}_1}\ldots\mathrm{e}^{g_{i-1}\hat{X}_{i-1}}\,\hat{X}_i\,\mathrm{e}^{g_i\hat{X}_i}\ldots\mathrm{e}^{g_d\hat{X}_d}\,\mathrm{e}^{-g_d\hat{X}_d}\ldots\mathrm{e}^{-g_1\hat{X}_1}\\
&= \sum_{i=1}^{d} \dot{g}_i\,\mathrm{e}^{g_1\hat{X}_1}\ldots\mathrm{e}^{g_{i-1}\hat{X}_{i-1}}\,\hat{X}_i\,\mathrm{e}^{-g_{i-1}\hat{X}_{i-1}}\ldots\mathrm{e}^{-g_1\hat{X}_1} = \sum_{i=1}^{d}\dot{g}_i\sum_{k=1}^{d}\xi_{ki}\hat{X}_k,
\end{aligned} \tag{10.107}$$

[8] Wegen der Nicht-Kommutativität ist bei allen diesen Produkten auf die Reihenfolge zu achten!

wobei wir (10.105) benutzt und die Notation durch $\xi_{ki} = \xi_{ki}^{(i-1)}$ für $i = 2,\ldots,d$ und $\xi_{k1} = \delta_{k1}$ für $k = 1,\ldots,d$ mit

$$\mathrm{e}^{g_1\hat{X}_1}\ldots\mathrm{e}^{g_{i-1}\hat{X}_r}\,\hat{X}_i\,\mathrm{e}^{-g_{i-1}\hat{X}_r}\ldots\mathrm{e}^{-g_1\hat{X}_1} = \sum\nolimits_k \xi_{ki}\,\hat{X}_k \tag{10.108}$$

vereinfacht haben.

Andererseits folgt aus $\mathrm{i}\frac{\mathrm{d}\hat{U}}{\mathrm{d}t} = \hat{H}\hat{U}$ die Beziehung $\mathrm{i}\frac{\mathrm{d}\hat{U}}{\mathrm{d}t}\hat{U}^{-1} = \hat{H}$ und daher durch Vergleich mit (10.107) für die h_k aus (10.102)

$$h_k = \mathrm{i}\sum_{i=1}^{d}\xi_{ki}\,\dot{g}_i \quad \text{für} \quad k = 1,\ldots,d, \tag{10.109}$$

oder in Matrixform

$$\mathbf{h} = \mathrm{i}\boldsymbol{\xi}\,\dot{\mathbf{g}}, \tag{10.110}$$

als Bestimmungsgleichung für die Exponentialkoeffizienten $\mathbf{g}(t)$ mit der Anfangsbedingung $\mathbf{g}(0) = 0$ wegen $\hat{U}(0) = \hat{I}$. Das impliziert $\boldsymbol{\xi}(0) = \mathbf{I}$ und daher $\det\boldsymbol{\xi}(0) = 1$. Da die Determinante eine analytische Funktion der g_j ist, gibt es eine Umgebung von $t = 0$ mit $\det\boldsymbol{\xi}(t) \neq 0$. Dort ist also $\boldsymbol{\xi}(t)$ invertierbar und wir erhalten die Differentialgleichung

$$\mathrm{i}\frac{\mathrm{d}\mathbf{g}}{\mathrm{d}t} = \boldsymbol{\xi}^{-1}\mathbf{h} \quad \text{mit} \quad \mathbf{g}(0) = \mathbf{0} \tag{10.111}$$

mit einer eindeutigen Lösung in der oben erwähnten Umgebung von $t = 0$. Eine konkrete Anwendung wird helfen, diese abstrakten Überlegungen fassbarer zu machen.

Wir betrachten die (einfachen) dreidimensionalen Lie-Algebren $\mathfrak{su}(2)$ und $\mathfrak{su}(1,1)$ mit den Basisoperatoren $\hat{K}_0$, $\hat{K}_+$, $\hat{K}_-$ und den Kommutatoren

$$[\hat{K}_0,\hat{K}_\pm] = \pm 2\hat{K}_\pm\,, \quad [\hat{K}_+,\hat{K}_-] = \delta\,\hat{K}_0\,. \tag{10.112}$$

mit $\delta = +1$ für $\mathfrak{su}(2)$ und $\delta = -1$ für $\mathfrak{su}(1,1)$ (vgl. M2, Abschnitt 6.2). Wie wir sehen werden, erlauben diese Algebren eine Beschreibung der Dynamik von Zweiniveausystemen, aber es existieren weitere wichtige Realisierungen dieser Algebren in der Quantenphysik (siehe Aufgabe 10.6 weiter unten).

Die Koeffizienten g_j in der Produktdarstellung (10.103) hängen von der Anordung der Faktoren ab. Wir ordnen sie in der Reihenfolge wie $\hat{K}_0$, $\hat{K}_+$, $\hat{K}_-$, wählen statt g_1, g_2, g_3 die Bezeichnungen c_0, c_+, c_- und setzen den Zeitentwicklungsoperator als

$$\hat{U}(t) = \mathrm{e}^{c_0\hat{K}_0}\,\mathrm{e}^{c_+\hat{K}_+}\,\mathrm{e}^{c_-\hat{K}_-} \tag{10.113}$$

an. Zunächst berechnen wir die Matrix $\boldsymbol{\xi}$ durch Auswertung der Gleichung (10.108). Wir bezeichnen die $i = 1,2,3$ hierbei als $0,+,-$. Dabei benötigen wir die kanonischen Ähnlichkeitstransformationen $\mathrm{e}^{z\hat{K}_j}\,\hat{K}_i\,\mathrm{e}^{-z\hat{K}_j}$ (siehe M2, Abschnitt 6.2.3), die wir hier in der Tabelle 10.1 zusammenfassen:

Tabelle 10.1 $\hat{K}_j$-entwickelte Basis $\mathrm{e}^{z\hat{K}_j}\,\hat{K}_i\,\mathrm{e}^{-z\hat{K}_j}$.

$\hat{K}_j \backslash \hat{K}_i$	$\hat{K}_0$	$\hat{K}_+$	$\hat{K}_-$
$\hat{K}_0$	$\hat{K}_0$	$\mathrm{e}^{2z}\hat{K}_+$	$\mathrm{e}^{-2z}\hat{K}_-$
$\hat{K}_+$	$\hat{K}_0 - 2z\hat{K}_+$	$\hat{K}_+$	$\delta z\hat{K}_0 - \delta z^2\hat{K}_+ + \hat{K}_-$
$\hat{K}_-$	$\hat{K}_0 + 2z\hat{K}_-$	$-\delta z\hat{K}_0 + \hat{K}_+ - \delta z^2\hat{K}_-$	$\hat{K}_-$

Für $i = 2$ ergibt sich dann

$$e^{c_0\hat{K}_0}\hat{K}_+e^{-c_0\hat{K}_0} = e^{2c_0}\hat{K}_+, \tag{10.114}$$

also $\xi_{12} = 0$, $\xi_{22} = e^{2c_0}$, $\xi_{32} = 0$, und für $i = 3$

$$\begin{aligned} e^{c_0\hat{K}_0}e^{c_+\hat{K}_+}\hat{K}_-e^{-c_+\hat{K}_+}e^{-c_0\hat{K}_0} &= e^{c_0\hat{K}_0}\big(\delta c_+\hat{K}_0 - \delta c_+^2\hat{K}_+ + \hat{K}_-\big)e^{-c_0\hat{K}_0} \\ &= \delta c_+ e^{c_0\hat{K}_0}\hat{K}_0 e^{-c_0\hat{K}_0} - \delta c_+^2 e^{c_0\hat{K}_0}\hat{K}_+e^{-c_0\hat{K}_0} + e^{c_0\hat{K}_0}\hat{K}_-e^{-c_0\hat{K}_0} \\ &= \delta c_+\hat{K}_0 - \delta c_+^2 e^{2c_0}\hat{K}_+ + e^{-2c_0}\hat{K}_- \end{aligned} \tag{10.115}$$

und damit $\xi_{13} = \delta c_+$, $\xi_{23} = -\delta c_+^2 e^{2c_0}$, $\xi_{33} = e^{-2c_0}$. Die $\boldsymbol{\xi}$-Matrix und ihre Inverse sind folglich

$$\boldsymbol{\xi} = \begin{pmatrix} 1 & 0 & \delta c_+ \\ 0 & e^{2c_0} & -\delta c_+^2 e^{2c_0} \\ 0 & 0 & e^{-2c_0} \end{pmatrix}, \quad \boldsymbol{\xi}^{-1} = \begin{pmatrix} 1 & 0 & -\delta c_+ e^{2c_0} \\ 0 & e^{-2c_0} & \delta c_+^2 e^{2c_0} \\ 0 & 0 & e^{2c_0} \end{pmatrix}. \tag{10.116}$$

Schreibt man den Hamilton-Operator (10.102) in der Form

$$\hat{H}(t) = \omega_0(t)\hat{K}_0 + \omega_+(t)\hat{K}_+ + \omega_-(t)\hat{K}_-, \tag{10.117}$$

so liefert (10.111) dessen Bewegungsgleichung $\mathrm{i}\dot{\mathbf{c}} = \boldsymbol{\xi}^{-1}\boldsymbol{\omega}$. Einsetzen von (10.116) ergibt dann das Differentialgleichungssystem

$$\begin{aligned} \mathrm{i}\,\dot{c}_0 &= \omega_0 - \delta\omega_- c_+ e^{2c_0} \\ \mathrm{i}\,\dot{c}_+ &= \omega_+ e^{-2c_0} + \delta\omega_- c_+^2 e^{2c_0} \\ \mathrm{i}\,\dot{c}_- &= \omega_- e^{2c_0}. \end{aligned} \tag{10.118}$$

mit den Anfangsbedingungen $c_0(0) = c_+(0) = c_-(0) = 0$ beschrieben. Diese Differentialgleichungen erscheinen nichtlinear, aber die Variablentransformation

$$H = e^{-c_0}, \quad G = c_+e^{+c_0}, \quad F(t) = c_-e^{-c_0} \tag{10.119}$$

bringt die Gleichungen auf die lineare Form

$$\mathrm{i}\dot{H} = -\omega_0 H + \delta\omega_- G \tag{10.120}$$

$$\mathrm{i}\dot{G} = \omega_+ H + \omega_0 G, \tag{10.121}$$

und die Funktion $F(t)$ ergibt sich aus der Lösung der Gleichung

$$\dot{H}F - H\dot{F} = \mathrm{i}\omega_-. \tag{10.122}$$

Dabei sind die Anfangsbedingungen als $H(0) = 1$ und $G(0) = F(0) = 0$ zu wählen. Wir notieren noch, dass bisher die Hermitizität des Hamilton-Operators nicht vorausgesetzt wurde. Die Lie-algebraische Methode erlaubt also auch eine Beschreibung der Zeitevolution nichthermitescher Systeme.

Für physikalische Anwendungen sind natürlich konkrete Realisierungen der beiden betrachteten Algebren von Interesse. Da ist zunächst eine einfache Realisierung durch 2×2-Matrizen zu nennen. Die Matrizen

$$\mathbf{K}_0 = \begin{pmatrix} 1 & 0 \\ 0 & -1 \end{pmatrix}, \quad \mathbf{K}_+ = \begin{pmatrix} 0 & \delta \\ 0 & 0 \end{pmatrix}, \quad \mathbf{K}_- = \begin{pmatrix} 0 & 0 \\ 1 & 0 \end{pmatrix} \tag{10.123}$$

liefern Darstellungen der Algebren $\mathfrak{su}(2)$ ($\delta = 1$) und $\mathfrak{su}(1,1)$ ($\delta = -1$) mit einer Matrixdarstellung des Hamilton-Operators (10.117) als Zweiniveausystem

$$\mathbf{H}(t) = \omega_0(t)\mathbf{K}_0 + \omega_+(t)\mathbf{K}_+ + \omega_-(t)\mathbf{K}_- = \begin{pmatrix} \omega_0(t) & \delta\omega_+(t) \\ \omega_-(t) & -\omega_0(t) \end{pmatrix}. \tag{10.124}$$

Diese nützliche Illustration für die Konstruktion einer Lie-algebraischen Lösung liefert aber hier nichts wirklich Neues, wie man aus der folgenden Aufgabe erkennen kann:

Aufgabe 10.5 (Lös. Seite 265): (a) Überzeugen Sie sich davon, dass die Matrizen $\mathbf{K}_0$, $\mathbf{K}_+$, $\mathbf{K}_-$ aus Gleichung (10.123) die Kommutatorrelationen (10.112) erfüllen. (b) Stellen Sie für die Zeitentwicklungsmatrix $\mathbf{U} = \left(\begin{smallmatrix} H' & \delta G \\ F & H \end{smallmatrix}\right)$ die Differentialgleichungen für die Lösungen von $\mathrm{i}\dot{\mathbf{U}} = \mathbf{HU}$ auf und vergleichen Sie sie mit denen aus dem Text.

Weitaus interessanter sind beispielsweise Realisierungen durch Operatoren der Algebra des harmonischen Oszillators, die Erzeuger $\hat{a}^\dagger$ und Vernichter $\hat{a}$ mit $[\hat{a},\hat{a}^\dagger] = 1$ (vgl. Abschnitt 7.3.1). Einfache Beispiele sind das **Bose-Hubbard-Dimer**

$$\hat{H} = \epsilon\big(\hat{a}^\dagger\hat{a} - \hat{b}^\dagger\hat{b}\big) + v\big(\hat{a}^\dagger\hat{b} + \hat{b}^\dagger\hat{a}\big) \tag{10.125}$$

mit Erzeugungs- und Vernichtungsoperatoren $\hat{a}^\dagger$, $\hat{b}^\dagger$ bzw. $\hat{a}$, $\hat{b}$ an den Plätzen a bzw. b. Dabei beschreibt der erste Term die Energien $\pm\epsilon$ eines Teilchens an den jeweiligen Plätzen und der zweite Übergänge zwischen ihnen. Die Gesamtteilchenzahl $\hat{N} = \hat{a}^\dagger\hat{a} + \hat{b}^\dagger\hat{b}$ bleibt dabei erhalten. Mehr darüber in Kapitel 12 auf Seite 291.

Ein weiteres Beispiel ist der Hamilton-Operator

$$\hat{H} = \omega_0\big(\hat{a}^\dagger\hat{a} + \tfrac{1}{2}\big) + \tfrac{1}{2}\,\omega_+\hat{a}^{\dagger 2} + \tfrac{1}{2}\,\omega_-\hat{a}^2, \tag{10.126}$$

ein harmonischer Oszillator mit quadratischer Deformation, der als **Swanson-Oszillator** bekannt ist. Beide Systeme lassen sich durch unsere beiden Algebren mit den drei Operatoren $\{\hat{K}_0, \hat{K}_+, \hat{K}_-\}$ beschreiben. Dazu zunächst eine Aufgabe:

Aufgabe 10.6 (Lös. Seite 265): Zeigen Sie: Die drei Operatoren $\{\hat{a}^\dagger\hat{a} + \frac{1}{2}, \frac{1}{2}\hat{a}^{\dagger 2}, \frac{1}{2}\hat{a}^2\}$ mit den Erzeugern und Vernichtern $\hat{a}^\dagger$ und $\hat{a}$ der harmonischen Oszillator Algebra ($[\hat{a},\hat{a}^\dagger] = 1$) erfüllen die Kommutatorrelationen einer $\mathfrak{su}(1,1)$-Algebra, und die $\{\hat{a}^\dagger\hat{a} - \hat{b}^\dagger\hat{b},\ \hat{a}^\dagger\hat{b},\ \hat{a}\hat{b}^\dagger\}$ mit $[\hat{b},\hat{b}^\dagger] = 1$ und $[\hat{b},\hat{a}^\dagger] = [\hat{b},\hat{a}] = 0$ die einer $\mathfrak{su}(2)$-Algebra.

Um Ähnlichkeiten und Unterschiede zu den hier im Fokus stehenden 2×2-Matrixsystemen herauszuarbeiten, soll eines des beiden Systeme näher betrachtet werden. Wir wählen dazu den Swanson-Oszillator (10.126) mit reellen zeitunabhängigen Parametern ω_0 und $\omega_\pm$. Zunächst vergewissern wir uns, dass $\hat{H}$ für $\omega_+ = \omega_-$ hermitesch ist, was wir hier aber ausdrücklich *nicht* voraussetzen wollen. Man kann zeigen, dass die Eigenwerte durch

$$E_n = \omega\big(n + \tfrac{1}{2}\big),\ n = 0, 1, \ldots \quad \text{mit} \quad \omega = \sqrt{\omega_0^2 - \omega_+\omega_-} \tag{10.127}$$

gegeben sind. Sie sind also, wie bei dem harmonischen Oszillator äquidistant, für $\omega_0^2 \geq \omega_+\omega_-$ reell und sonst komplex. Mehr über solche PT-symmetrischen Systeme werden wir im folgenden Abschnitt 10.7 erfahren.

Wir drücken also den Hamilton-Operator (10.126) als

$$\hat{H} = \omega_0\hat{K}_0 + \omega_+\hat{K}_+ + \omega_-\hat{K}_- . \tag{10.128}$$

in den drei Operatoren

$$\hat{K}_0 = \hat{a}^\dagger\hat{a} + \tfrac{1}{2}\,, \qquad \hat{K}_+ = \tfrac{1}{2}\,\hat{a}^{\dagger 2}\,, \qquad \hat{K}_- = \tfrac{1}{2}\,\hat{a}^2 \tag{10.129}$$

mit $\hat{K}_0^\dagger = \hat{K}_0$ und $\hat{K}_\pm^\dagger = \hat{K}_\mp$ aus, die eine $\mathfrak{su}(1,1)$-Algebra bilden. Die Lösungen der Differentialgleichungen (10.120) und (10.121) für die Parameter $G(t)$ und $H(t)$

$$\frac{\mathrm{d}}{\mathrm{d}t}\begin{pmatrix} H \\ G \end{pmatrix} = \begin{pmatrix} \omega_0 & -\omega_+ \\ \omega_- & -\omega_0 \end{pmatrix}\begin{pmatrix} H \\ G \end{pmatrix} \tag{10.130}$$

findet man für zeitunabhängige Parameter ω_0, $\omega_\pm$ leicht mihilfe der Eigenwerte $\pm\omega$ der Matrix $\mathbf{\Omega} = \left(\begin{smallmatrix} \omega_0 & -\omega_+ \\ \omega_- & -\omega_0 \end{smallmatrix}\right)$ als

$$H(t) = \cos\omega t + \mathrm{i}\frac{\omega_0}{\omega}\sin\omega t\ , \quad G(t) = -\mathrm{i}\frac{\omega_+}{\omega}\sin\omega t \ \text{ mit } \ \omega = \sqrt{\omega_0^2 - \omega_+\omega_-}\,. \tag{10.131}$$

und $F(t) = -\mathrm{i}\frac{\omega_-}{\omega}\sin\omega t$. Man beachte, dass dabei die Frequenz ω mit der in den Eigenwerten (10.127) übereinstimmt. Der Zeitentwicklungsoperator (10.113) ist gleich

$$\hat{U}(t) = \mathrm{e}^{c_0(t)\hat{K}_0}\,\mathrm{e}^{c_+(t)\hat{K}_+}\,\mathrm{e}^{c_-(t)\hat{K}_-}\,, \tag{10.132}$$

mit den Parametern sind gleich $\mathrm{e}^{-c_0(t)} = H(t)$ und $c_+ = GH$, $c_- = F/H$ nach Gleichung (10.119).

Für einen **nicht-hermiteschen Hamilton-Operator** ist die Normierung der Systemzustände nicht erhalten: $\langle\psi(t)|\psi(t)\rangle = \langle\psi(0)|\hat{U}^\dagger(t)\hat{U}(t)|\psi(0)\rangle \neq \langle\psi(0)|\psi(0)\rangle$. Wir bestimmen daher den Norm-Operator

$$\begin{aligned}\hat{P}(t) &= \hat{U}^\dagger\hat{U} = \mathrm{e}^{c_-^*\hat{K}_-^\dagger}\,\mathrm{e}^{c_+^*\hat{K}_+^\dagger}\,\mathrm{e}^{c_0^*\hat{K}_0^\dagger}\,\mathrm{e}^{c_0\hat{K}_0}\,\mathrm{e}^{c_+\hat{K}_+}\,\mathrm{e}^{c_-\hat{K}_-} \\ &= \mathrm{e}^{c_-^*\hat{K}_+}\,\mathrm{e}^{c_+^*\hat{K}_-}\,\mathrm{e}^{(c_0^*+c_0)\hat{K}_0}\,\mathrm{e}^{c_+\hat{K}_+}\,\mathrm{e}^{c_-\hat{K}_-}\end{aligned} \tag{10.133}$$

und, nach Umordnen der Operatoren im Zentrum mithilfe einer verallgemeinerten Baker-Campbell-Hausdorff-Relation

$$\mathrm{e}^{c_0\hat{K}_0}\,\mathrm{e}^{c_+\hat{K}_+}\,\mathrm{e}^{c_-\hat{K}_-} = \mathrm{e}^{c_+\mathrm{e}^{2c_0}\hat{K}_+}\,\mathrm{e}^{c_0\hat{K}_0}\,\mathrm{e}^{c_-\hat{K}_-} \tag{10.134}$$

(siehe M2, Gleichung 6.54), erhalten wir

$$\hat{P}(t) = \mathrm{e}^{s^*(t)\hat{K}_+}\,\mathrm{e}^{s_0(t)\hat{K}_0}\,\mathrm{e}^{s(t)\hat{K}_-}. \tag{10.135}$$

mit den Koeffizienten

$$\mathrm{e}^{-s_0} = \mathrm{e}^{-c_0-c_0^*} - c_+c_+^*\mathrm{e}^{c_0+c_0^*} = |H(t)|^2 - |G(t)|^2 = d^{-1}(t) \tag{10.136}$$

$$s = c_- + \frac{c_+^*}{\mathrm{e}^{-2(c_0+c_0^*)} - c_+c_+^*} = \big(F(t) + d(t)G^*(t)\big)/H(t)\,, \tag{10.137}$$

die sich mit der expliziten Lösung (10.131) als

$$d^{-1}(t) = 1 - \frac{\omega_+(\omega_+ - \omega_-)}{\omega^2}\sin^2\omega t\,, \quad s(t) = \mathrm{i}\frac{\omega_+ d(t) - \omega_-}{\omega H(t)}\sin\omega t \tag{10.138}$$

ausdrücken lassen. Der Norm-Operator ist hermitesch, $\hat{P}^\dagger(t) = \hat{P}(t)$, da s_0 reell ist. In dem speziellen Fall eines hermiteschen Hamilton-Operators für $\omega_+ = \omega_-$ ist $s = s_0 = 0$ und der Norm-Operator ist, wie erwartet, identisch gleich $\hat{I}$ und $\hat{U}$ ist unitär.

Mit der Lie-algebraischen Technik lassen sich in gleicher Weise auch die Zeitentwicklung anderer interessierender Größen ermitteln sowie ihre Matrixelemente. Das wollen wir hier kurz demonstrieren, indem wir die Norm eines Zustandes berechnen. Wir wählen dazu einen anfangs kohärenten Zustand, also einen normierten Eigenzustand von $\hat{a}$,

$$\hat{a}|\alpha\rangle = \alpha|\alpha\rangle \quad \text{mit} \quad \alpha \in \mathbb{C}\,, \quad \langle\alpha|\alpha\rangle = 1\,. \tag{10.139}$$

Durch eine kleine Rechnung kann man sich davon überzeugen, dass ein kohärenter Zustand in den Eigenzuständen $|n\rangle$ mit $\hat{a}^\dagger\hat{a}|n\rangle = n|n\rangle$, $n = 1,2,\ldots$ und $\langle n'|n\rangle = \delta_{n'n}$ die Entwicklung

$$|\alpha\rangle = \sum_{n=0}^{\infty}\frac{\alpha^n}{\sqrt{n!}}|n\rangle \tag{10.140}$$

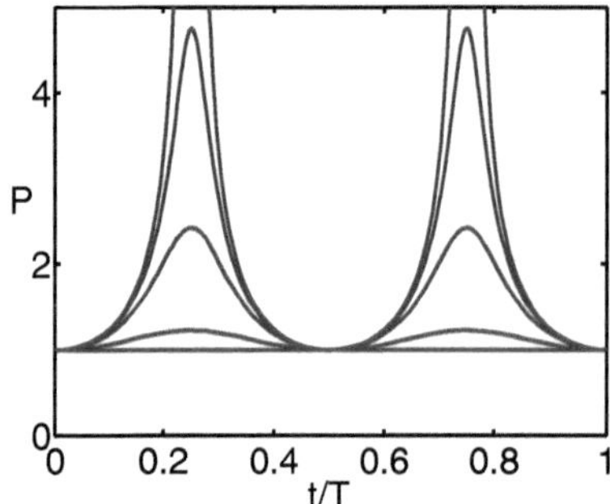

Bild 10.10 Norm $P(t)$ eines anfangs kohärenten Zustandes als Funktion der Zeit t/T mit $T = 2\pi/\omega$ für $\omega_0 = 5$, $\omega_- = 2$ und $\omega_+ = 2, 4, 4.8, 4.95$ and 5.0.

besitzt. Damit finden wir

$$\langle\alpha|\mathrm{e}^{x\hat{a}^\dagger\hat{a}}|\alpha\rangle = \sum_{n=0}^{\infty}|\langle n|\alpha\rangle|^2 = \mathrm{e}^{-|\alpha|^2}\sum_{n=0}^{\infty}\frac{(|\alpha|^2\mathrm{e}^x)^n}{n!} = \mathrm{e}^{|\alpha|^2(\mathrm{e}^x-1)} \tag{10.141}$$

und können problemlos die Norm für einen Anfangszustand $|\psi(0)\rangle = |\alpha\rangle$ berechnen:

$$\begin{aligned} P(t) &= \langle\alpha|\hat{P}(t)|\alpha\rangle = \langle\alpha|\mathrm{e}^{s^*\hat{a}^{\dagger 2}/2}\mathrm{e}^{s_0(\hat{a}^\dagger\hat{a}+1/2)}\mathrm{e}^{s\hat{a}^2/2}|\alpha\rangle \\ &= \mathrm{e}^{s_0/2}\,\mathrm{e}^{s^*\alpha^{*2}/2}\langle\alpha|\mathrm{e}^{s_0\hat{a}^\dagger\hat{a}}|\alpha\rangle\mathrm{e}^{s\alpha^2/2} = \mathrm{e}^{s_0/2}\,\mathrm{e}^{(\mathrm{e}^{s_0}-1)|\alpha|^2+s^*\alpha^{*2}/2+s\alpha^2/2}\,. \end{aligned} \tag{10.142}$$

Das Bild 10.10 zeigt als Beispiel die Norm $P(t)$ eines anfangs kohärenten Zustandes mit $\alpha = \mathrm{i}/\sqrt{2}$ als Funktion der Zeit für $\omega_0 = 5$, $\omega_- = 2$ und verschiedene Werte von ω_+. Wir beobachten ein Anwachsen der Norm und sogar eine Divergenz für $\omega_+ = 5$. Das ist darauf zurückzuführen, dass für $\omega_+ = \omega_0$ der Faktor $d(t)$ singulär wird. Aus Gleichung (10.138) sehen wir, dass dann $d^{-1}(t)$ für die Zeiten $t = T/4, 3T/4, \ldots$ Nullstellen besitzt.

Hier ist jedoch nicht der Ort für weitere Details einer solchen nicht-unitären Zeitentwicklung für nicht-hermitesche Systeme. Es sollte aber hervorgehoben werden, dass ein derartiges Divergieren der Norm für endlich dimensionale Systemen nicht auftritt, insbesondere also nicht für Zweiniveausysteme.

10.7 PT-Symmetrie

In dem vorangehenden Abschnitt haben wir schon einen ersten Eindruck von den Besonderheiten nicht-hermitescher Quantendynamik erhalten. Wir werden das in diesem Abschnitt noch vertiefen. Dabei werden wir uns der Einfachheit halber auf Systeme beschränken, die nicht explizit von der Zeit abhängen. Die traditionelle Quantenmechanik konzentriert sich auf Systeme, die durch einen hermiteschen Hamilton-Operator $\hat{H} = \hat{H}^\dagger$ beschrieben werden. Dann sind die Energieeigenwerte reell und die Zeitentwicklung ist unitär. In den letzten Jahren wurde jedoch ein neues Gebiet erschlossen, in dem ein ähnliches Systemverhalten vorliegt, obwohl $\hat{H}$ nicht-hermitesch ist. Das sind Systeme mit einer sogenannten **PT-Symmetrie** (von dem englischen Ausdruck „parity-time symmetry"). Hier sind (in bestimmten Parameterbereichen) alle Eigenwerte von $\hat{H} \neq \hat{H}^\dagger$ reell und die Dynamik ist quasi-unitär.

Um uns mit dieser PT-Symmetrie vertraut zu machen, benötigen wir einige Vorüberlegungen. Zunächst betrachten wir einen linearen Operator $\hat{P}$ mit $\hat{P}^2 = \hat{I}$, also beispielsweise eine Spiegelung. Dies ist eine **Involution**, ein selbst-inverser Operator, der nur die Eigenwerte +1 oder −1 haben kann. Falls $\hat{H}$ mit $\hat{P}$ vertauscht, nennt man das System $\hat{P}$-symmetrisch. Etwas anders verhält sich die sogenannte **Zeitspiegelung** oder **Zeitumkehr** $\hat{T}$, eine Ähnlichkeitstransformation, bei der sich die Vektoren wie $|\psi'\rangle = \hat{T}|\psi\rangle$ transformieren und die Operatoren wie $\hat{A}' = \hat{T}\hat{A}\hat{T}^{-1}$. Es handelt sich dabei um eine Richtungsumkehr der Bewegung, bei der sich der Ortsoperator nicht ändert und der Impulsoperator das Vorzeichen wechselt:

$$\hat{x}' = \hat{T}\hat{x}\hat{T}^{-1} = \hat{x}\,, \quad \hat{p}' = \hat{T}\hat{p}\hat{T}^{-1} = -\hat{p}. \tag{10.143}$$

Gleiches gilt für die anderen Raumrichtungen und auch für den Drehimpulsoperator.

Wenn man das Verhalten des Kommutators $[\hat{x}, \hat{p}] = \mathrm{i}\hbar\hat{I}$ (siehe Gleichung (7.7)) unter der Transformation $\hat{T}$ betrachtet, so findet man

$$\begin{aligned}\hat{T}\mathrm{i}\hbar\hat{T}^{-1} &= \hat{T}[\hat{x},\hat{p}]\hat{T}^{-1} = \hat{T}\hat{x}\hat{T}^{-1}\hat{T}\hat{p}\hat{T}^{-1} - \hat{T}\hat{p}\hat{T}^{-1}\hat{T}\hat{x}\hat{T}^{-1}\\ &= \hat{x}(-\hat{p}) - (-\hat{p})\hat{x} = -[\hat{x},\hat{p}] = -\mathrm{i}\hbar\end{aligned} \tag{10.144}$$

oder $\hat{T}(\mathrm{i}\hbar) = -\mathrm{i}\hbar\hat{T}$. Hier ist das Vorzeichen interessant. Die Operation $\hat{T}$ erfüllt also nicht wie $\hat{P}$ die Linearitätsbeziehung $\hat{P}(\lambda|\psi\rangle) = \lambda\hat{P}|\psi\rangle$, sondern $\hat{T}(\lambda|\psi\rangle) = \lambda^*\hat{T}|\psi\rangle$, oder allgemeiner

$$\hat{T}(\lambda|\psi\rangle + \gamma|\phi\rangle) = \lambda^*\hat{T}|\psi\rangle + \gamma^*\hat{T}|\phi\rangle. \tag{10.145}$$

Man bezeichnet einen solchen Operator als **antilinear**.

Wenn wir die Schrödinger-Gleichung

$$\hat{H}|\psi(t)\rangle = \mathrm{i}\hbar\frac{\partial}{\partial t}|\psi(t)\rangle \tag{10.146}$$

unter dieser Transformation betrachten, so müssen wir beachten, dass hier die Zeit t nur als ein Parameter auftritt und nicht etwa als ein Operator! Also ändert die Zeitumkehr $\hat{T}$ nicht etwa t in $-t$, sondern man erhält zunächst

$$\hat{T}\hat{H}|\psi(t)\rangle = \hat{T}\hat{H}\hat{T}^{-1}\hat{T}|\psi(t)\rangle = \hat{T}\mathrm{i}\hbar\frac{\partial}{\partial t}|\psi(t)\rangle = -\mathrm{i}\hbar\frac{\partial}{\partial t}\hat{T}|\psi(t)\rangle. \tag{10.147}$$

Wenn nun $\hat{H}$ invariant ist unter der Transformation, $\hat{T}\hat{H}\hat{T}^{-1} = \hat{H}$, so finden wir, wenn wir das Vorzeichen von t umkehren, dass mit $|\psi(t)\rangle$ auch $\hat{T}|\psi(-t)\rangle$ die Schrödinger-Gleichung löst.

Als letzte Bemerkung wollen wir untersuchen, was geschieht, wenn wir die Operation $\hat{T}$ zweimal auf einen Zustand anwenden. Da sich der physikalische Zustand dabei nicht ändern kann, muss $\hat{T}^2|\psi\rangle$ den gleichen Zustandsvektor beschreiben wie $|\psi\rangle$. Es muss also gelten $\hat{T}^2|\psi\rangle = c|\psi\rangle$ mit $|c| = 1$. Dies lässt sich aber noch weiter einschränken. Wenden wir $\hat{T}^2$ auf den Zustand $\hat{T}|\psi\rangle$ an, so gilt einerseits $\hat{T}^2\big(\hat{T}|\psi\rangle\big) = c\hat{T}|\psi\rangle$ und andererseits

$$\hat{T}^2(\hat{T}|\psi\rangle) = \hat{T}(\hat{T}^2|\psi\rangle) = \hat{T}(c|\psi\rangle) = c^*\hat{T}|\psi\rangle\,, \tag{10.148}$$

also $c = c^*$ und daher $c = \pm 1$ wegen $|c| = 1$.

Mehr über den Zeitumkehroperator findet man in der weiterführenden Literatur[9], insbesondere über seine Beziehung zum Spin. Dabei ergibt sich $\hat{T}^2|\psi\rangle = |\psi\rangle$ für Zustände mit ganzzahligem Spin und $\hat{T}^2|\psi\rangle = -|\psi\rangle$ für Zustände mit halbzahligem Spin. Wir werden uns auf den ersteren Fall beschränken und im Folgenden $\hat{T}$ mit der simplen komplexen Konjugation identifizieren.

Betrachten wir jetzt eine kombinierte $\hat{P}$- und $\hat{T}$-Symmetrie für ein System, das durch eine Hamilton-Matrix $\mathbf{H}$ beschrieben wird, die nicht explizit zeitabhängig ist. Dabei ist $\hat{P}$ ein **Paritätsoperator** mit $\hat{P} = \hat{P}^*$ und $\hat{P}^2 = \hat{I}$. Wir nennen das System PT-symmetrisch, falls gilt

$$[\hat{P}\hat{T},\mathbf{H}] = 0\,. \tag{10.149}$$

9 Zum Beispiel L. E. Ballentine, *Quantum Mechanics*, World Scientific 1998.

Wir multiplizieren $\hat{P}\hat{T}\mathbf{H} = \mathbf{H}\hat{P}\hat{T}$ von rechts mit $\hat{T}$ und erhalten mit $\hat{P}\hat{T}\mathbf{H}\hat{T} = \mathbf{H}\hat{P}\hat{T}^2$ oder, wegen $\hat{T}\mathbf{H}\hat{T} = \mathbf{H}^*$ und $\hat{T}^2 = \mathbf{I}$,

$$\hat{P}\mathbf{H}^* = \mathbf{H}\hat{P}. \tag{10.150}$$

Die Eigenwerte einer PT-symmetrischen Hamilton-Matrix sind entweder reell oder bilden ein komplex-konjugiertes Paar. Wir überlassen den Beweis einer Aufgabe:

Aufgabe 10.7 (Lös. Seite 266) : Die Eigenwerte einer PT-symmetrischen Hamilton-Matrix **H** sind entweder reell oder bilden ein komplex-konjugiertes Paar. Beweisen Sie diese Aussage, indem Sie beispielsweise von der charakteristischen Gleichung ausgehen und mithilfe des Satzes von Cayley-Hamilton und der Symmetrie $\hat{P}\mathbf{H}^* = \mathbf{H}\hat{P}$ zeigen, dass das charakteristische Polynom reell ist.

Von besonderem Interesse sind hier Parameterbereiche, in denen *alle* Eigenwerte reell sind, wie im hermiteschen Fall. Man spricht dann von einer **ungebrochenen PT-Symmetrie**, andernfalls von einer **gebrochenen**.

10.7.1 ... und 2 × 2-Matrizen

Wenn wir uns auf 2 × 2-Matrizen beschränken, dann ist die Matrix $\mathbf{P}_3 = \begin{pmatrix} 1 & 0 \\ 0 & -1 \end{pmatrix}$ eine mögliche Wahl für einen Paritätsoperator $\hat{P}$. Aus (10.150) sehen wir dann, dass die PT-symmetrische Matrix **H** dann die allgemeine Form

$$\mathbf{H} = \begin{pmatrix} a & \mathrm{i}b \\ \mathrm{i}c & d \end{pmatrix}, \quad a, b, c, d \in \mathbb{R} \tag{10.151}$$

haben muss. Man berechnet die Eigenwerte als

$$\lambda_\pm = \tfrac{1}{2}\big(a + d \pm \sqrt{(a-d)^2 - 4bc}\big) \tag{10.152}$$

und identifiziert die Bedingung $(a-d)^2 > 4bc$ für eine ungebrochene PT-Symmetrie mit reellen Eigenwerten. Ein Teilbereich davon mit $c = -b$ ist der hermitesche Fall. Für gebrochene PT-Symmetrie gilt $\lambda_- = \lambda_+^*$.

Eine alternative Wahl des Paritätsoperators $\hat{P}$ ist die Matrix $\mathbf{P}_1 = \begin{pmatrix} 0 & 1 \\ 1 & 0 \end{pmatrix}$ mit der allgemeinen Form

$$\mathbf{H} = \begin{pmatrix} \epsilon + \mathrm{i}\gamma & v \\ v^* & \epsilon - \mathrm{i}\gamma \end{pmatrix}, \quad \epsilon, \gamma \in \mathbb{R}, \quad v \in \mathbb{C} \tag{10.153}$$

für die PT-symmetrische Hamilton-Matrix mit den Eigenwerten

$$\lambda_\pm = \epsilon \pm \sqrt{|v|^2 - \gamma^2} \tag{10.154}$$

mit dem Bereich $|v|^2 > \gamma^2$ ungebrochener PT-Symmetrie mit der Teilmenge $\gamma = 0$ für hermitesche Matrizen. Die zugehörigen (nicht normierten) Eigenvektoren

$$\mathbf{u}_\pm = \big(\mathrm{i}\gamma \pm \sqrt{|v|^2 - \gamma^2}, v^*\big)^T \tag{10.155}$$

sind nicht orthogonal. An der Grenze des Bereichs ungebrochener PT-Symmetrie bei $|v|^2 = \gamma^2$ finden wir neben der Koinzidenz der Eigenwerte auch eine Koinzidenz der Eigenvektoren, das Charakteristikum eines **exzeptionellen Punktes** (vgl. Abschnitt 11.3).

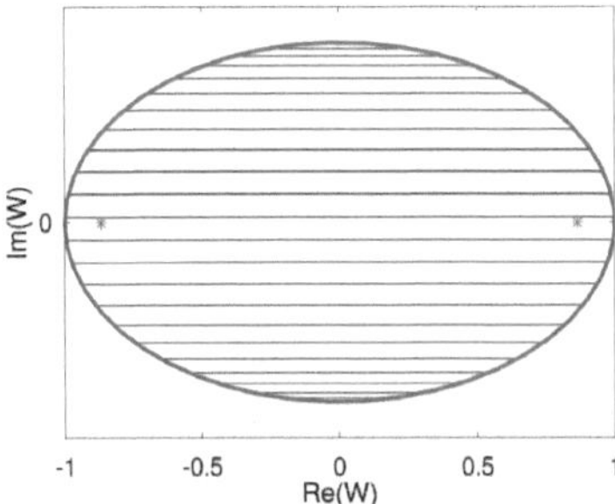

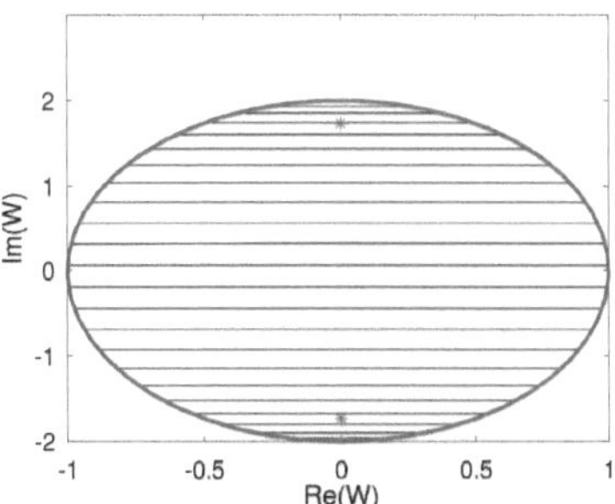

Bild 10.11 Wertebereich W für die PT-symmetrische Matrix (10.153) für $\epsilon = 0$, $v = 1$ und $\gamma = 0.5$ (links) bzw. $\gamma = 2$ (rechts). Die beiden Eigenwerte (*) liegen in den Brennpunkten der einhüllenden Ellipsen.

Die Tatsache, dass die Energieeigenwerte einer PT-symmetrischen Hamilton-Matrix $\mathbf{H}$ reell sind, darf aber nicht zu der Annahme verleiten, dass die Erwartungswerte von $\mathbf{H}$ reell sind, wie bei einer hermiteschen Matrix. Das ist hier definitiv *nicht* der Fall. Der sogenannte **Wertebereich** von $\mathbf{H}$, also der Bereich

$$W(\mathbf{H}) = \{\langle\psi|\mathbf{H}|\psi\rangle \mid \text{für } |\psi\rangle \text{ mit } \langle\psi|\psi\rangle = 1\}, \tag{10.156}$$

ist ein konvexer Bereich in der komplexen Ebene (vgl. M2, Abschnitt 4.3). Er enthält alle Eigenwerte und ist *nur* dann rein reell, wenn $\mathbf{H}$ hermitesch ist. Als Beispiel zeigt das Bild 10.11 den Wertebereich für die Matrix $\mathbf{H}$ aus (10.153) für ungebrochene und gebrochene PT-Symmetrie. Dieser Bereich ist für 2×2-Matrizen das Innere einer Ellipse mit den Eigenwerten im Brennpunkt.

Ein System mit einer solchen Struktur ist das Doppelmuldenpotential aus Abschnitt 7.3.3. Dort haben wir gesehen, dass man die Dynamik tiefliegender Zustände weit unterhalb der Potentialbarriere in guter Näherung durch ein Zweiniveaumodell beschreiben kann. Als (nichtorthogonale) Basiszustände wurden die Grundzustände eines harmonischen Oszillatorpotentials mit Potentialminima bei $x = \pm a$ gewählt. Jetzt wollen wir das System erweitern, indem wir zusätzlich einen Zerfall im linken und einen Zuwachs im rechten Potentialtopf einführen.

Das lässt sich durch rein imaginäre Delta-Potentiale in den Potentialminima modellieren, also durch ein Potential

$$V(x) = \frac{m}{2}\omega^2\left(|x| - a\right)^2 + \Gamma(x) \quad \text{mit} \quad \Gamma(x) = \mathrm{i}\gamma\frac{\pi}{s}\left(\delta(x-a) - \delta(x+a)\right) \tag{10.157}$$

mit der Zerfalls- bzw. Zuwachsstärke $\gamma > 0$ (siehe dazu auch das Doppel-Delta-Potential in Abschnitt 8.3.1). Dann erhält das Matrixelement h_{++} aus Aufgabe 7.2 einen additiven Zusatz

$$\int_{-\infty}^{+\infty} \varphi_+(x)\Gamma(x)\varphi_+(x)\,\mathrm{d}x = \mathrm{i}\gamma\frac{\pi}{s}\left(\varphi_0^2(0) - \varphi_0^2(-2a)\right) \approx \mathrm{i}\gamma, \tag{10.158}$$

wobei wir den zweiten Term für große Werte von a vernachlässigen konnten. Entsprechend erhält man für h_{--} einen Zusatzterm $-\mathrm{i}\gamma$. Die Nichtdiagonalelemente h_{+-} und h_{-+} bleiben wegen der Antisymmetrie $\Gamma(-x) = -\Gamma(x)$ unverändert. Damit erhält das 2×2-Modell (7.66) unseres Doppelmuldenpotentials die modifizierte Hamilton-Matrix

$$\mathbf{H}' = \begin{pmatrix} \alpha' + \mathrm{i}\gamma & \beta' \\ \beta' & \alpha' - \mathrm{i}\gamma \end{pmatrix} \tag{10.159}$$

in der PT-symmetrischen Form (10.153). Als Erinnerung sei hier noch erwähnt, dass die Parameter durch $\alpha' = (\alpha - w\beta)/(1 - w^2)$ und $\beta' = (\beta - w\alpha)/(1 - w^2)$ mit $w = \mathrm{e}^{-s^2 a^2}$ gegeben sind. (Näheres zu α und β findet man auf Seite 168.) Die Eigenwerte können wir aus (10.154) als

$$E_\pm = \alpha' \pm \sqrt{\beta'^2 - \gamma^2} \tag{10.160}$$

ablesen. Sie sind reell für ungebrochene PT-Symmetrie, also für

$$\gamma < \gamma_c = \beta' = (\beta - w\alpha)/(1 - w^2)\,, \tag{10.161}$$

ein Bereich, auf den wir uns hier beschränken wollen.

Zur Bestimmung des Zeitverhaltens kann man, genau wie im hermiteschen Doppelmuldenpotential, die Eigenvektoren von $\mathbf{H}'$ berechnen und damit den allgemeinen Lösungsvektor darstellen. Wir wollen hier aber einen anderen Zugang wählen. Dazu berechnen wir den Zeitentwicklungsoperator $\mathbf{U}(t) = \mathrm{e}^{-\mathrm{i}\mathbf{H}'t/\hbar}$ mit den Formeln aus M2, Abschnitt 2.2.1. Das ergibt

$$\mathbf{U}(t) = \mathrm{e}^{-\mathrm{i}\alpha' t/\hbar} \begin{pmatrix} \cos\frac{\Omega t}{2} + \frac{2\gamma}{\Omega}\sin\frac{\Omega t}{2} & -\frac{2\mathrm{i}\beta'}{\Omega}\sin\frac{\Omega t}{2} \\ -\frac{2\mathrm{i}\beta'}{\Omega}\sin\frac{\Omega t}{2} & \cos\frac{\Omega t}{2} - \frac{2\gamma}{\Omega}\sin\frac{\Omega t}{2} \end{pmatrix} \tag{10.162}$$

mit $\Omega = (E_- E_+)/\hbar = 2\sqrt{\beta'^2 - \gamma^2}$. Wenn wir das System so präparieren, dass anfangs der rechte Potentialtopf besetzt ist, dann finden wir den zeitabhängigen Lösungsvektor als

$$\begin{pmatrix} c_+(t) \\ c_-(t) \end{pmatrix} = \mathbf{U}(t)\begin{pmatrix} 1 \\ 0 \end{pmatrix} = \mathrm{e}^{-\mathrm{i}\alpha' t/\hbar} \begin{pmatrix} \cos\frac{\Omega t}{2} + \frac{2\gamma}{\Omega}\sin\frac{\Omega t}{2} \\ -\frac{2\mathrm{i}\beta'}{\Omega}\sin\frac{\Omega t}{2} \end{pmatrix}. \tag{10.163}$$

In diesem nicht-hermiteschen Quantensystem ist die Normierung des Zustandes nicht erhalten und die Besetzungen $|c_+|^2$ des rechten und $|c_-|^2$ des linken Topfes summieren nicht zu eins. Diese Veränderung der Norm muss bei der Bildung von Erwartungswerten berücksichtigt werden. Der Ortserwartungswert $\langle \hat{x} \rangle = \frac{\langle \psi|\hat{x}|\psi\rangle}{\langle \psi|\psi\rangle}$ ist dann für das Zweiniveaumodell durch

$$\langle \hat{x} \rangle_t = a\,\frac{|c_+(t)|^2 - |c_-(t)|^2}{|c_+(t)|^2 + |c_-(t)|^2} \tag{10.164}$$

gegeben (vgl. Gleichung (7.79).

Als Beispiel betrachten wir das hermitesche Doppelmuldenpotential aus Bild 7.3 ($a = 1.5$) für einen Nicht-Hermitizitätsparamenter $\gamma = 0.05$ mit einer Anfangsbesetzung des rechten Topfes. Das Bild 10.12 zeigt die beiden Besetzungen, ihre Summe und den Ortserwartungwert $\langle \hat{x} \rangle_t$. Alle diese Größen oszillieren harmonisch mit der Tunnelfrequenz Ω, wobei die Periode $T = 2\pi/\Omega$

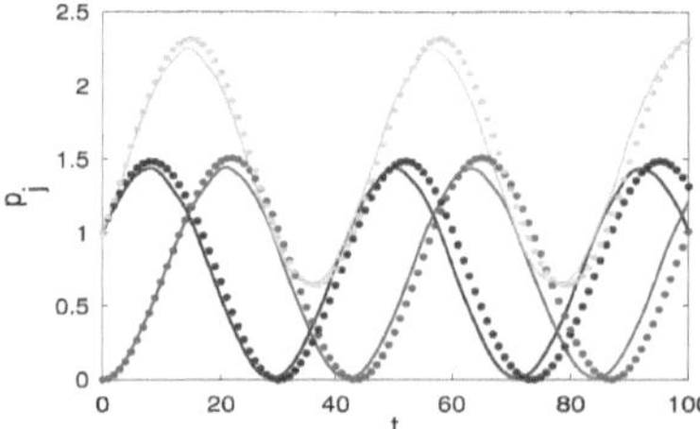

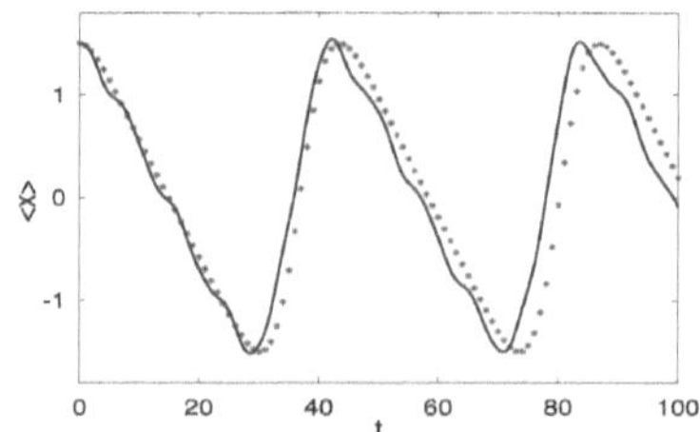

Bild 10.12 Nicht-hermitesches Doppelmuldenpotential. Die Besetzungen des rechten Potentialminimums und des linken, ihre Summe sowie der Ortserwartungswert (rechts) oszillieren mit der Tunnelfrequenz Ω. Numerisch exakte Rechnungen für das volle System ($*$) sind verglichen mit dem Zweiniveau-Modell (—).

durch den γ-Term im Vergleich zum hermiteschen Fall verlängert wird und im Grenzfall $\gamma \to \gamma_c$ gegen unendlich geht. Man beobachtet, dass $|c_+(t)|^2$ zunächst wegen der Verstärkung im rechten Topf über den Anfangswert $|c_+(0)|^2 = 1$ ansteigt, bis das Tunneln durch die Barriere dominiert und es zu einem Abfall kommt. Durch diesen Effekt wird der Transport zum linken Topf verzögert und das Zeitintervall zwischen $\langle\hat{x}\rangle = a$ für $t = 0$ und dem Übergang zum rechten Topf $\langle\hat{x}\rangle = -a$ (bei $c_+(t) = 0$) verlängert sich gegenüber der halben Periode für $\gamma = 0$. Entsprechend verkürzt sich das Zeitintervall für die Rückkehr zum rechten Topf. Daraus resultiert ein sägezahnähnlicher Verlauf der Funktion $\langle\hat{x}\rangle_t$.

Zum Abschluss dieses kurzen Ausflugs in die nicht-hermiteschen Quantensysteme mit PT-Symmetrie sollte darauf hingewiesen werden, dass man wegen der Äquivalenz von Maxwell- und Schrödinger-Gleichung auf diese Weise auch optische Systeme der Photonik beschreiben kann, beispielsweise die Führung elektrischer Wellen in Wellenleitern in aktiven Medien mit Verstärkung und Verlust. Dabei übernimmt die Koordinate längs des Wellenleiters die Rolle der Zeit und der Brechungsindex die des Potentials. Mehr dazu findet man in der Literatur.[10]

10.7.2 ...und elektronische Schwingkreise

Wohl die einfachsten PT-symmetrischen Systeme sind elektronische Schwingkreise. Dabei wird die Nicht-Hermitizität durch die Verluste an ohmschen Widerständen bewirkt, die sich durch negative ohmsche Widerstände kompensieren lässt. Solche negativen Widerstände lassen sich tatsächlich realisieren und damit konnten auch PT-symmetrische Schwingkreise wie in Bild 10.13 experimentell untersucht werden [11].

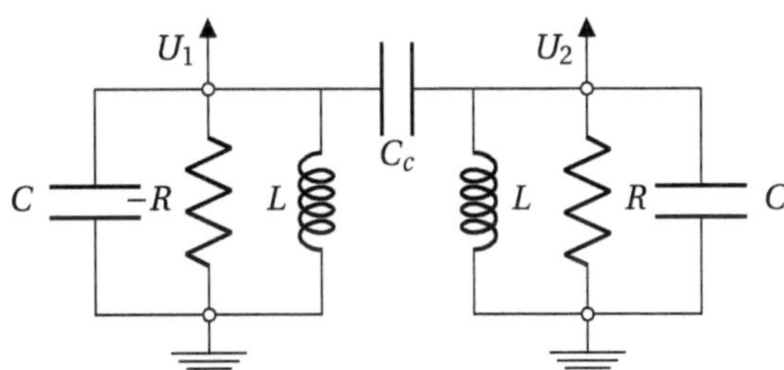

Bild 10.13 Elektronisches PT-Dimer: Gekoppelte *LRC*-Schwingkreise mit positiven und negativen Widerständen.

Die notwendigen Gleichungen für die Spannungen $U_1(t)$ und $U_2(t)$ wurden schon in Abschnitt 4.1 hergeleitet. Mit den Widerständen $R_1 = -R$ und $R_2 = R$ lauten sie

$$-\frac{1}{R}\dot{U}_1 + \frac{1}{L}U_1 + C\ddot{U}_1 + C_c(\ddot{U}_1 - \ddot{U}_2) = 0, \tag{10.165}$$

$$+\frac{1}{R}\dot{U}_2 + \frac{1}{L}U_2 + C\ddot{U}_2 - C_c(\ddot{U}_1 - \ddot{U}_2) = 0. \tag{10.166}$$

[10] Beispielsweise in dem Artikel S. Klaiman, U. Günther, N. Moiseyev, Phys. Rev. Lett. 101 (2008) 080402.

[11] J. Schindler *et al.*, J. Phys. A45 (2012) 444029, J. C. Schindler, *PT-Symmetric Electronics*, Thesis, Wesleyan University 2013

(vgl. Gleichungen (4.14) und (4.15)). Mit dem Ansatz $U_j(t) = A_j e^{i\Omega t}$ und der Skalierung durch $\Omega = \omega\omega_0$ mit $\omega_0 = 1/\sqrt{LC}$, $c = C_c/C$ und $\gamma = z_0/R$ mit $z_0 = \sqrt{L/C}$ führt das auf

$$\begin{pmatrix} \frac{1}{\omega} - (1+c)\omega - i\gamma & c\omega \\ c\omega & \frac{1}{\omega} - (1+c)\omega + i\gamma \end{pmatrix} \begin{pmatrix} A_1 \\ A_2 \end{pmatrix} = 0\,, \qquad (10.167)$$

eine Matrixgleichung für die Amplituden A_1, A_2 mit der dimensionslosen „Frequenz" ω. Diese vier Frequenzen sind bestimmt durch die Nullstellen der Determinante als Bedingung für nichttriviale Lösungen. Sie lassen sich hier in geschlossener Form angeben, nämlich als

$$\omega_{1,2} = \pm\frac{\sqrt{\gamma_c^2-\gamma^2}+\sqrt{\gamma_{\rm PT}^2-\gamma^2}}{2\sqrt{1+2c}}\quad,\quad \omega_{3,4} = \pm\frac{\sqrt{\gamma_c^2-\gamma^2}-\sqrt{\gamma_{\rm PT}^2-\gamma^2}}{2\sqrt{1+2c}}\,. \qquad (10.168)$$

Dabei sind

$$\gamma_{\rm PT} = \sqrt{1+2c}-1 < \gamma_c = \sqrt{1+2c}+1 \qquad (10.169)$$

kritische γ-Werte, bei denen sich die Eigenschaften der Lösungen ändern.

Zunächst überzeugen wir uns davon, dass das System PT-symmetrisch ist. Dies sieht man einmal anhand der Differentialgleichungen (10.165) und (10.166). Sie sind invariant gegenüber einer Vertauschung der Indizes 1 und 2, kombiniert mit einer Zeitumkehr. Auch sieht man, dass die 2×2-Matrix in Gleichung (10.167) die gleiche Struktur besitzt wie die PT-symmetrische Matrix (10.153), oder dass, ganz naiv betrachtet, der Schaltkreis in Bild 10.13 invariant ist gegenüber einer Spiegelung an der Vertikalen und einer Vertauschung von R und $-R$.

Wir wollen diese Beobachtungen erhärten durch eine genauere Untersuchung der Frequenzeigenwerte. Bild 10.14 zeigt ihre Real- und Imaginärteile als Funktion des Parameters $\gamma = z_0/R$ für $c = 4$. Man muss drei Bereiche unterscheiden:

- **Exakte PT-Symmetrie:** Für $\gamma < \gamma_{\rm PT}$ ist das System PT-symmetrisch. Hier sind alle vier Frequenzen reell und wir bezeichnen sie als $0 < \omega_- < \omega_+$ und $-\omega_\pm$. Die Eigenvektoren der Matrix aus (10.167) mit $\omega = \omega_\pm$ berechnet man als

$$\begin{pmatrix} A_1 \\ A_2 \end{pmatrix}_\pm = \frac{1}{\sqrt{2}}\begin{pmatrix} 1 \\ e^{i\phi_\pm} \end{pmatrix} \quad \text{mit} \quad \phi_\pm = \tfrac{\pi}{2} \pm \arctan\left(\tfrac{1}{\gamma}\left(\tfrac{1}{\omega_\pm} - (1+c)\omega_\pm\right)\right) \qquad (10.170)$$

und für die negativen Frequenzen findet man die komplex konjugierten Eigenvektoren. Alle Amplituden A_j der Spannungen haben den gleichen Betrag und die Lösungen sind rein oszillierend. Für $\gamma = 0$ ist die Matrix hermitesch und die Eigenvektoren orthogonal. Für $\gamma \to \gamma_{\rm PT}$ koinzidieren die Eigenwerte zu $\pm\omega_+ = \pm\omega_- = \pm(1+2c)^{-1/4}$ und auch die zugehörigen Eigenvektoren. Wir haben hier einen exzeptionellen Punkt (vgl. Abschnitt 11.3).

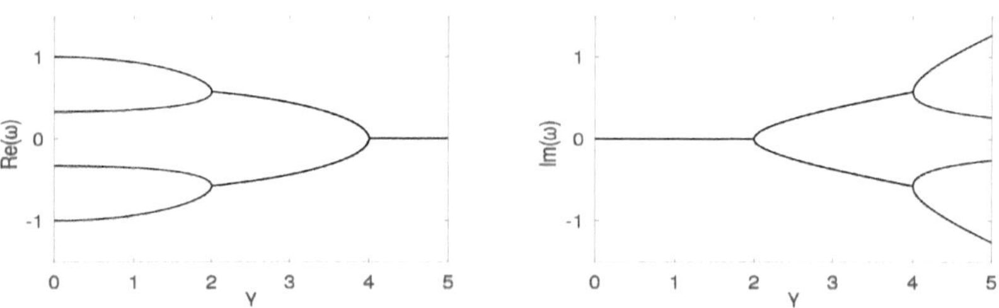

Bild 10.14 Elektronisches PT-Dimer: Abhängigkeit der Eigenfrequenzen $\omega_\pm$ von dem Parameter $\gamma = z_0/R$.

- **Gebrochene PT-Symmetrie:** Für $\gamma_{\text{PT}} < \gamma < \gamma_c$ haben wir zwei komplex konjugierte Paare von Frequenzen ω_j mit positiven oder negativen Realteilen. Die Lösungen enthalten oszillierende sowie exponentiell fallende oder wachsende Anteile. Im Grenzfall $\gamma \to \gamma_c$ gehen die Realteile der Frequenzen gegen null und die Imaginärteile koinzidieren bei $\pm\text{i}(1+2c)^{-1/4}$. Auch hier liegt ein exzeptioneller Punkt vor mit gleichen Eigenvektoren.
- **Rein exponentielle Phase:** Für $\gamma_c < \gamma$ sind alle Frequenzen ω_j rein imaginär und alle Lösungen exponentiell wachsend oder fallend.

10.8 Lösungen der Aufgaben

Aufgabe 10.1 (Seite 233) : (a) Untersuchen Sie durch ein (numerisches) Experiment die Verteilung der Abstände nächster Nachbarn für zufällig (gemäß einer Gleichverteilung) ausgewählte Punkte in einem Intervall. Überprüfen Sie, dass sich näherungsweise eine Exponentialverteilung $P(s) = \lambda \text{e}^{-\lambda s}$ mit einem mittlerem Abstand $1/\lambda$ ergibt. (b) Versuchen Sie dies theoretisch zu begründen.

Lösung: (a) Mit dem Matlab-Programm

```
n=10000; E=sort(rand(n,1));
for m=1:n-1
  s(m)=E(m+1)-E(m);
end
[H,sc]=hist(s,20); semilogy(sc,H,'*')
```

berechnet man beispielsweise für $n = 10000$ zufällig gewählte Zahlen aus dem Einheitsintervall die Abstände nächster Nachbarn und deren Verteilung als Histogramm. Bild 10.15 zeigt einen linearen Abfall des logarithmischen Histogramms, also den erwarteten exponentiellen Verlauf der Wahrscheinlichkeitsdichte.

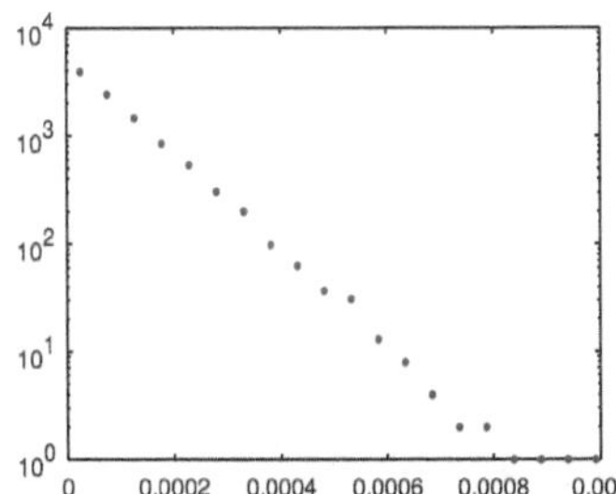

Bild 10.15 Logarithmischer Plot der Verteilung der Abstände von Zufallszahlen.

(b) Für eine theoretische Herleitung nehmen wir an, dass wir einen Wert bei x in einem großen Intervall gefunden haben, das wir als unendlich ausgedehnt annehmen. Weiterhin sei $g(s)\,\text{d}s$ die Wahrscheinlichkeit, eine Zahl im Abstandsintervall zwischen s und $s + \text{d}s$ zu finden, wobei wir annehmen, dass $g(s)$ nicht von x abhängt. Wenn $p(s)$ die Wahrscheinlichkeitsdichte für den *nächsten* Nachbarn im Abstand s bezeichnet, dann ist $\int_0^s p(s')\,\text{d}s'$ die Wahrscheinlichkeit dafür, dass der nächste Nachbar im Abstandsintervall $0 < x < s$ liegt, und folglich ist

$\int_s^\infty p(s')\,\mathrm{d}s'$ die Wahrscheinlichkeit, dort *keinen* nächsten Nachbarn zu finden. Dann gilt offensichtlich

$$p(s) = g(s)\int_s^\infty p(s')\,\mathrm{d}s',$$

denn die Wahrscheinlichkeit, im Abstand s den nächsten Nachbarn zu finden, ist gleich dem Produkt der Wahrscheinlichkeit, dort überhaupt eine Zahl zu finden, multipliziert mit der Wahrscheinlichkeit, dass vorher kein Nachbar auftrat. Wir differenzieren,

$$\frac{\partial p}{\partial s} = \frac{\partial g}{\partial s}\int_s^\infty p(s')\,\mathrm{d}s' - g(s)p(s) = \Big(\frac{1}{g(s)}\frac{\partial g}{\partial s} - g(s)\Big)p(s),$$

und lösen diese Differentialgleichung durch

$$p(s) \sim g(s)\mathrm{e}^{-\int_0^s g(s')\,\mathrm{d}s'}. \tag{10.171}$$

Für den hier interessierenden Fall einer konstanten Verteilung $g(s)$ erhalten wir $p(s) \sim \exp(-\lambda s)$, also nach Normierung die gesuchte Verteilung.

Aufgabe 10.2 (Seite 235) : Zeigen Sie: Es gilt

$$J(E_+,E_-,\theta) = \left|\frac{\partial(h_{11},h_{22},h_{12})}{\partial(E_+,E_-,\theta)}\right| = E_+ - E_-.$$

für die Jacobi-Determinante der Transformation $\big(h_{11}, h_{22}, h_{12}\big) \longleftrightarrow \big(E_+, E_-, \theta\big)$.

Lösung: Mit $\Delta = E_+ - E_-$ berechnet man die Jacobi-Determinante der Transformation (10.16) als

$$J = \left|\frac{\partial(h_{11},h_{22},h_{12})}{\partial(E_+,E_-,\theta)}\right| = \begin{vmatrix} \cos^2\theta & \sin^2\theta & -2\Delta\sin\theta\cos\theta \\ \sin^2\theta & \cos^2\theta & 2\Delta\sin\theta\cos\theta \\ \sin\theta\cos\theta & -\sin\theta\cos\theta & \Delta(\cos^2\theta - \sin^2\theta) \end{vmatrix}$$

$$= \begin{vmatrix} 1 & 1 & 0 \\ \sin^2\theta & \cos^2\theta & 2\Delta\sin\theta\cos\theta \\ \sin\theta\cos\theta & -\sin\theta\cos\theta & \Delta(\cos^2\theta - \sin^2\theta) \end{vmatrix} = \begin{vmatrix} 2 & 1 & 0 \\ 1 & \cos^2\theta & 2\Delta\sin\theta\cos\theta \\ 0 & -\sin\theta\cos\theta & \Delta(\cos^2\theta - \sin^2\theta) \end{vmatrix}$$

$$\begin{aligned} &= (2\cos^2\theta(\cos^2\theta - \sin^2\theta) + 4\sin^2\theta\cos^2\theta - \cos^2\theta + \sin^2\theta)\Delta \\ &= (2\cos^2\theta(\cos^2\theta + \sin^2\theta) - \cos^2\theta + \sin^2\theta)\Delta = (\cos^2\theta + \sin^2\theta)\Delta = \Delta. \end{aligned} \tag{10.172}$$

Aufgabe 10.3 (Seite 240) : Zeigen Sie: Durch die Transformation $a_1 = c_1\,\mathrm{e}^{+\mathrm{i}\Delta t/2\hbar}$ und $a_2 = c_2\,\mathrm{e}^{-\mathrm{i}\Delta t/2\hbar}$ werden die Diagonalterme in (10.43) eliminiert und man erhält

$$\mathrm{i}\hbar\frac{\mathrm{d}}{\mathrm{d}t}\begin{pmatrix} c_1 \\ c_2 \end{pmatrix} = \begin{pmatrix} 0 & f(t)\,\mathrm{e}^{-\mathrm{i}\Delta t/\hbar} \\ f(t)\,\mathrm{e}^{+\mathrm{i}\Delta t/\hbar} & 0 \end{pmatrix}\begin{pmatrix} c_1 \\ c_2 \end{pmatrix}.$$

Lösung: Differenziert man $a_1 = c_1\,\mathrm{e}^{+\mathrm{i}\Delta t/2\hbar}$ nach der Zeit und setzt dies und $a_2 = c_2\,\mathrm{e}^{-\mathrm{i}\Delta t/2\hbar}$ in die erste Differentialgleichung ein, so erhält man

$$\mathrm{i}\hbar\,\dot a_1 = \mathrm{i}\hbar\Big(\mathrm{i}\frac{\Delta}{2\hbar}\,a_1 + \dot c_1\mathrm{e}^{+\mathrm{i}\Delta t/2\hbar}\Big) = -\frac{\Delta}{2}\,a_1 + \dot c_1\,\mathrm{e}^{+\mathrm{i}\Delta t/2\hbar} = -\frac{\Delta}{2}\,a_1 + f(t)c_2\,\mathrm{e}^{-\mathrm{i}\Delta t/2\hbar}.$$

Die Ausdrücke $-\frac{\Delta}{2}\,a_1$ heben sich auf und eine Multiplikation mit $\mathrm{e}^{+\mathrm{i}\Delta t/2\hbar}$ ergibt

$$\mathrm{i}\hbar\,\dot{c}_1 = f(t)\,\mathrm{e}^{-\mathrm{i}\Delta t/\hbar}\,c_2.$$

Genauso erhält man aus der zweiten Gleichung

$$\mathrm{i}\hbar\,\dot{c}_2 = f(t)\,\mathrm{e}^{+\mathrm{i}\Delta t/\hbar}\,c_1.$$

Aufgabe 10.4 (Seite 243): Eine kurze Rechnung liefert eine wichtige Faktorisierung der $|\psi_\alpha(t)\rangle$. Zeigen Sie:

$$|\psi_\alpha(t)\rangle = \mathrm{e}^{-\mathrm{i}\epsilon_\alpha t/\hbar}|\varphi_\alpha(t)\rangle \quad \text{mit} \quad |\varphi_\alpha(t+T)\rangle = |\varphi_\alpha(t)\rangle.$$

Lösung: Mit

$$\hat{F}(t)\psi_\alpha(t) = \hat{U}(t+T,t)\psi_\alpha(t) = \psi_\alpha(t+T) = \mathrm{e}^{-\mathrm{i}\epsilon_\alpha T/\hbar}\psi_\alpha(t), \tag{10.173}$$

und dem Ansatz $|\psi_\alpha(t)\rangle = \mathrm{e}^{-\mathrm{i}\epsilon_\alpha t/\hbar}|\varphi_\alpha(t)\rangle$ aus der Aufgabe erhält man

$$|\psi_\alpha(t+T)\rangle = \mathrm{e}^{-\mathrm{i}\epsilon_\alpha t/\hbar}\mathrm{e}^{-\mathrm{i}\epsilon_\alpha T/\hbar}|\varphi_\alpha(t+T)\rangle \tag{10.174}$$

und durch Vergleich mit (10.173) $|\varphi_\alpha(t+T)\rangle = |\varphi_\alpha(t)\rangle$.

Aufgabe 10.5 (Seite 254): (a) Überzeugen Sie sich davon, dass die Matrizen $\mathbf{K}_0$, $\mathbf{K}_+$, $\mathbf{K}_-$ aus Gleichung (10.123) die Kommutatorrelationen (10.112) erfüllen. (b) Stellen Sie für die Zeitentwicklungsmatrix $\mathbf{U} = \begin{pmatrix} H' & \delta G \\ F & H \end{pmatrix}$ die Differentialgleichungen für die Lösungen von $\mathrm{i}\dot{\mathbf{U}} = \mathbf{HU}$ auf und vergleichen Sie sie mit denen aus dem Text.

Lösung: (a) Wir berechnen die Kommutatoren durch explizite Matrixmultiplikation, wie z.B.

$$[\mathbf{K}_0,\mathbf{K}_+] = \begin{pmatrix} 1 & 0 \\ 0 & -1 \end{pmatrix}\begin{pmatrix} 0 & \delta \\ 0 & 0 \end{pmatrix} - \begin{pmatrix} 0 & \delta \\ 0 & 0 \end{pmatrix}\begin{pmatrix} 1 & 0 \\ 0 & -1 \end{pmatrix} = \begin{pmatrix} 0 & \delta \\ 0 & 0 \end{pmatrix} - \begin{pmatrix} 0 & \delta \\ 0 & 0 \end{pmatrix} = \begin{pmatrix} 0 & 2\delta \\ 0 & 0 \end{pmatrix} = 2\mathbf{K}_+. \tag{10.175}$$

Die anderen beiden Beziehungen $[\mathbf{K}_0,\mathbf{K}_-] = -2\mathbf{K}_-$ und $[\mathbf{K}_+,\mathbf{K}_-] = \delta\,\mathbf{K}_0$ ergeben sich genauso.

(b) Die explizite Auswertung der Matrixgleichung $\mathrm{i}\dot{\mathbf{U}} = \mathbf{HU}$ wie in Gleichung (10.40) führt auf die vier Gleichungen

$$\begin{aligned} \mathrm{i}\dot{H}' &= \omega_0 H' + \delta\,\omega_+ F\,, \quad \mathrm{i}\dot{G} = \omega_0 G + \omega_+ H \\ \mathrm{i}\dot{F} &= \omega_- H' - \omega_0 F\,, \quad \mathrm{i}\dot{H} = \delta\,\omega_- G - \omega_0 H \end{aligned} \tag{10.176}$$

mit $H'(0) = H(0) = 1$ und $F(0) = G(0) = 0$, von denen die beiden rechten mit (10.120) und (10.121) übereinstimmen. Wegen $\mathrm{spur}\,\mathbf{H} = 0$ wissen wir, dass die Determinante von $\mathbf{U}(t)$ konstant gleich eins ist (vgl. Gleichung (10.42)), $\det\mathbf{U} = H'H - FG = 1$, und damit erhalten wir

$$\begin{aligned} \mathrm{i}(\dot{H}F - H\dot{F}) &= (\delta\omega_- G - \omega_0 H)F - H(\omega_- H' - \omega_0 F) \\ &= \omega_0(-HF + HF) - \omega_-(H'H - \delta GF) = -\omega_-\,, \end{aligned} \tag{10.177}$$

in Übereinstimmung mit (10.122).

Aufgabe 10.6 (Seite 254): Zeigen Sie: Die drei Operatoren $\{\hat{a}^\dagger\hat{a} + \frac{1}{2}, \frac{1}{2}\hat{a}^{\dagger 2}, \frac{1}{2}\hat{a}^2\}$ mit den Erzeugern und Vernichtern $\hat{a}^\dagger$ und $\hat{a}$ der harmonischen Oszillator Algebra ($[\hat{a},\hat{a}^\dagger] = 1$) erfüllen die Kommutatorrelationen einer $\mathfrak{su}(1,1)$-Algebra, und die $\{\hat{a}^\dagger\hat{a} - \hat{b}^\dagger\hat{b},\ \hat{a}^\dagger\hat{b},\ \hat{a}\hat{b}^\dagger\}$ mit $[\hat{b},\hat{b}^\dagger] = 1$ und $[\hat{b},\hat{a}^\dagger] = [\hat{b},\hat{a}] = 0$ die einer $\mathfrak{su}(2)$-Algebra.

Lösung: Mit $\hat{K}_0 = \hat{a}^\dagger \hat{a} + \frac{1}{2}$, $\hat{K}_+ = \frac{1}{2}\hat{a}^{\dagger 2}$, $\hat{K}_- = \frac{1}{2}\hat{a}^2$ und

$$[\hat{a}, \hat{a}^{\dagger 2}] = \hat{a}^\dagger[\hat{a}, \hat{a}^\dagger] + [\hat{a}, \hat{a}^\dagger]\hat{a}^\dagger = 2\hat{a}^\dagger , \quad [\hat{a}^\dagger, \hat{a}^2] = \hat{a}[\hat{a}^\dagger, \hat{a}] + [\hat{a}^\dagger, \hat{a}]\hat{a} = -2\hat{a} \tag{10.178}$$

berechnen wir zunächst

$$[\hat{K}_0, \hat{K}_+] = [\hat{a}^\dagger \hat{a} + \tfrac{1}{2}, \tfrac{1}{2}\hat{a}^{\dagger 2}] = \tfrac{1}{2}\hat{a}^\dagger[\hat{a}, \hat{a}^{\dagger 2}] = \hat{a}^{\dagger 2} = 2\hat{K}_+ . \tag{10.179}$$

Der Kommutator $[\hat{K}_0, \hat{K}_+] = -2\hat{K}_-$ folgt daraus direkt wegen $\hat{K}_0^\dagger = \hat{K}_0$ und $\hat{K}_+^\dagger = \hat{K}_-$ und für den dritten Kommutator verifizieren wir die $\mathfrak{su}(1,1)$ Beziehung

$$\begin{aligned} [\hat{K}_+, \hat{K}_-] &= \tfrac{1}{4}[\hat{a}^{\dagger 2}, \hat{a}^2] = \tfrac{1}{4}\big(\hat{a}^\dagger[\hat{a}^\dagger, \hat{a}^2] + [\hat{a}^\dagger, \hat{a}^2]\hat{a}^\dagger\big) \\ &= -\tfrac{1}{2}(\hat{a}^\dagger \hat{a} + \hat{a}\hat{a}^\dagger) = -\hat{a}^\dagger \hat{a} - \tfrac{1}{2} = -\hat{K}_0 . \end{aligned} \tag{10.180}$$

Für die zweite Algebra $\hat{K}_0 = \hat{a}^\dagger \hat{a} - \hat{b}^\dagger \hat{b} = \hat{K}_0^\dagger$, $\hat{K}_+ = \hat{a}^\dagger \hat{b}$, $\hat{K}_- = \hat{a}\hat{b}^\dagger = \hat{K}_+^\dagger$ finden wir

$$\begin{aligned} [\hat{K}_0, \hat{K}_+] &= [\hat{a}^\dagger \hat{a} - \hat{b}^\dagger \hat{b}, \hat{a}^\dagger \hat{b}] = -\hat{a}^\dagger[\hat{b}^\dagger \hat{b}, \hat{b}] + [\hat{a}^\dagger \hat{a}, \hat{a}^\dagger]\hat{b} \\ &= -\hat{a}^\dagger[\hat{b}^\dagger, \hat{b}]\hat{b} + \hat{a}^\dagger[\hat{a}, \hat{a}^\dagger]\hat{b} = 2\hat{a}^\dagger \hat{b} = 2\hat{K}_+ . \end{aligned} \tag{10.181}$$

Wie oben folgt daraus $[\hat{K}_0, \hat{K}_-] = -2\hat{K}_-$ und die $\mathfrak{su}(2)$ Kommutatorrelation

$$\begin{aligned} [\hat{K}_+, \hat{K}_-] &= [\hat{a}^\dagger \hat{b}, \hat{a}\hat{b}^\dagger] = \hat{a}^\dagger[\hat{b}, \hat{a}\hat{b}^\dagger] + [\hat{a}^\dagger, \hat{a}\hat{b}^\dagger]\hat{b} \\ &= \hat{a}^\dagger \hat{a}[\hat{b}, \hat{b}^\dagger] + [\hat{a}^\dagger, \hat{a}]\hat{b}^\dagger \hat{b} = \hat{a}^\dagger \hat{a} - \hat{b}^\dagger \hat{b} = \hat{K}_0 . \end{aligned} \tag{10.182}$$

Aufgabe 10.7 (Seite 258) : Die Eigenwerte einer PT-symmetrischen Hamilton-Matrix $\mathbf{H}$ sind entweder reell oder bilden ein komplex-konjugiertes Paar. Beweisen Sie diese Aussage, indem Sie beispielsweise von der charakteristischen Gleichung ausgehen und mithilfe des Satzes von Cayley-Hamilton und der Symmetrie $\hat{P}\mathbf{H}^* = \mathbf{H}\hat{P}$ zeigen, dass das charakteristische Polynom reell ist.

Lösung: Die Bedingungsgleichung $\det(\mathbf{H} - \lambda\mathbf{I}) = 0$ für die Eigenwerte λ von $\mathbf{H}$ führt auf das charakteristische Polynom $\sum_k a_k \lambda^k = 0$. Nach dem Satz von Cayley-Hamilton löst auch $\mathbf{H}$ diese Gleichung:

$$\sum_k a_k \mathbf{H}^k = 0 . \tag{10.183}$$

Aus der Symmetrie $\hat{P}\mathbf{H}^* = \mathbf{H}\hat{P}$ folgt

$$\hat{P}(\mathbf{H}^*)^2 = \hat{P}\mathbf{H}^*\mathbf{H}^* = \mathbf{H}\hat{P}\mathbf{H}^* = \mathbf{H}\mathbf{H}\hat{P} = \mathbf{H}^2\hat{P} \tag{10.184}$$

und weiter $\hat{P}(\mathbf{H}^*)^k = \mathbf{H}^k\hat{P}$. Wenn wir (10.183) komplex konjugieren und $\hat{P}$ darauf anwenden, so erhalten wir

$$0 = \hat{P}\sum_k a_k^* (\mathbf{H}^*)^k = \sum_k a_k^* \hat{P}(\mathbf{H}^*)^k = \sum_k a_k^* \mathbf{H}^k \hat{P} , \tag{10.185}$$

also $\sum_k a_k^* \mathbf{H}^k = 0$ und der Vergleich mit (10.183) ergibt $a_k = a_k^*$. Also ist das charakteristische Polynom reell und hat folglich nur reelle oder komplex konjugierte Lösungen, die gesuchten Eigenwerte.

11 Phänomene bei Fast-Entartungen

„Mit einem Diplom in Mathematik kann man heute topologische Berechnungen durchführen, die Riemann oder Poincaré noch nicht einmal angefangen hätten.“
— Donal O'Shea, in: Poincarés Vermutung

Bei einer Fast-Entartung kommen sich Energieeigenwerte eines Hamilton-Operators sehr nahe mit interessanten Konsequenzen für das Systemverhalten. Beispielsweise werden dadurch Übergänge zwischen den Zuständen erleichtert, was wir am klassischen Modell eines Landau-Zener-Übergangs untersuchen. Dabei wird ein Systemparameter mit konstanter Geschwindigkeit variiert, wodurch sich die instantanen Eigenzustände nahe kommen und Übergänge zwischen den Zuständen ermöglichen. Entartungen haben aber noch weitere, vielleicht interessantere Konsequenzen, die topologischer Natur sind: Bei einer zyklischen Parametervariation ergeben sich topologische Zusatzphasen, auch bekannt als Berry-Phasen, mit unerwarteten Konsequenzen für das Systemverhalten.

11.1 Landau-Zener-Übergänge

Wir betrachten exemplarisch ein explizit zeitabhängiges Zweiniveausystem mit einer sehr einfachen Struktur, das durch

$$i\hbar\frac{\mathrm{d}}{\mathrm{d}t}\begin{pmatrix}\psi_1\\ \psi_2\end{pmatrix} = \begin{pmatrix}-\epsilon & v\\ v & \epsilon\end{pmatrix}\begin{pmatrix}\psi_1\\ \psi_2\end{pmatrix} \quad \text{mit} \quad \epsilon = \alpha t, \;\; \alpha \geq 0. \tag{11.1}$$

beschrieben wird mit rellen Parametern ϵ und v. Dabei ist der Kopplungsparameter $v \neq 0$ konstant und die beiden Diagonalelemente ϵ und $-\epsilon$ sind zeitabhängig und werden mit der Geschwindigkeit α durchlaufen.

Zunächst bestimmen wir die Eigenwerte für konstante Parameter, die **instantanen Eigenwerte** als

$$E_\pm = \pm\sqrt{\epsilon^2 + v^2} \tag{11.2}$$

mit den normierten instantanen Eigenzuständen

$$|\phi_\pm\rangle = \frac{1}{N_\pm}\begin{pmatrix} v\\ E_\pm + \epsilon\end{pmatrix} \quad \text{mit} \quad N_\pm = \sqrt{(E_\pm + \epsilon)^2 + v^2}\,. \tag{11.3}$$

Wenn die Parameter unendlich langsam variiert werden, also adiabatisch, dann folgt ein Systemzustand diesen instantanen, und daher werden die instantanen Eigenzustände auch als die **adiabatischen** bezeichnet und die des ungekoppelten Systems, also die Basiszustände $|1\rangle = (1,0)^T$ und $|2\rangle = (0,1)^T$, als die **diabatischen**.

Als Beispiel zeigt Bild 11.1 im linken Teilbild die adiabatischen Eigenwerte $E_\pm$ und die diabatischen Eigenwerte $\pm\epsilon$ in Abhängigkeit vom Systemparameter ϵ für $v = 0.2$. Wir finden eine typische **vermiedene Kreuzung** mit einem Minimalabstand $2v$ der adiabatischen Eigenwerte für $\epsilon = 0$. Der wesentliche Kreuzungsbereich erstreckt sich über ein Intervall der Länge $2v$. Das rechte Bild zeigt für den unteren adiabatischen Eigenzustand $|\phi_-\rangle$ die Besetzungswahrscheinlichkeiten $p_j = |\langle j|\phi_-\rangle|^2$ der beiden diabatischen Zustände. Für $\epsilon \to \infty$ nähert sich dieser Zustand dem diabatischen Zustand $|2\rangle$ und für ϵ gegen $+\infty$ dem diabatischen Zustand $-|1\rangle$.

Wir variieren jetzt, wie oben beschrieben, den Parameter ϵ mit konstanter Geschwindigkeit $\mathrm{d}\epsilon/\mathrm{d}t = \alpha$. Dabei präparieren wir das System anfangs, also zu einer Zeit weit in der Vergangenheit, in dem unteren adiabatischen Zustand $|\phi_-\rangle$ mit der Energie ϵ, der hier mit dem diabatischen Zustand $|2\rangle$ übereinstimmt. Wir interessieren uns für das Schicksal des Systemzustandes $|\phi(t)\rangle$ in Abhängigkeit von der Zeit. Dazu bieten sich zwei Möglichkeiten an:

- Einmal können wir die Besetzungswahrscheinlichkeiten $p_j(t) = |\langle j|\psi(t)\rangle|^2$ der beiden diabatischen Zustände betrachten. (Dabei gilt natürlich $p_1(t) + p_2(t) = 1$.) Als Beispiel zeigt Bild 11.2 die diabatische Übergangswahrscheinlichkeit $p_2(t)$ aus einer numerischen Rechnung (Parameter: $\hbar = 1$, $v = 0.2$ und $\alpha = 0.1$). Man erkennt einen recht scharfen Übergang im Kreuzungsbereich, gefolgt von Oszillationen, die mit der Zeit abklingen.
- Alternativ lassen sich die Besetzung der adiabatischen Zustände berechnen, also $p_\pm(t) = |\langle\phi_\pm|\psi(t)\rangle|^2$. Auch diese Wahrscheinlichkeiten summieren zu eins. Das Bild zeigt $p_-(t)$ als gestrichelte Kurve. Hier ist der Übergangsprozess klarer, denn die Oszillationen zwischen den diabatischen Zuständen treten hier zurück.

Aufgabe 11.1 (Lös. Seite 288): Das Zeitintervall, in dem die Landau-Zener-Übergänge im Wesentlichen erfolgen, ist deutlich lokalisiert in einem Zeitintervall mit einer Breite Δt um $t = 0$. Begründen Sie dieses Verhalten und prüfen Sie Ihre Vermutungen anhand der numerischen Daten aus Bild 11.2.

Für große Zeiten nähert sich die Übergangswahrscheinlichkeiten einem asymptotischen Wert, da für großes ϵ die Kopplung v vernachlässigt werden kann. Wir bezeichnen diesen Grenzwert

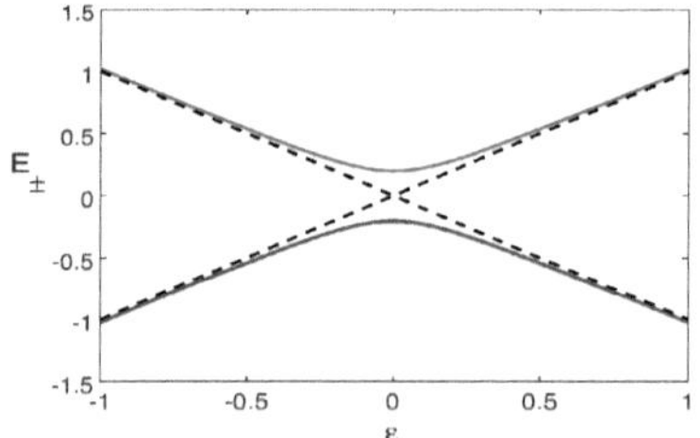

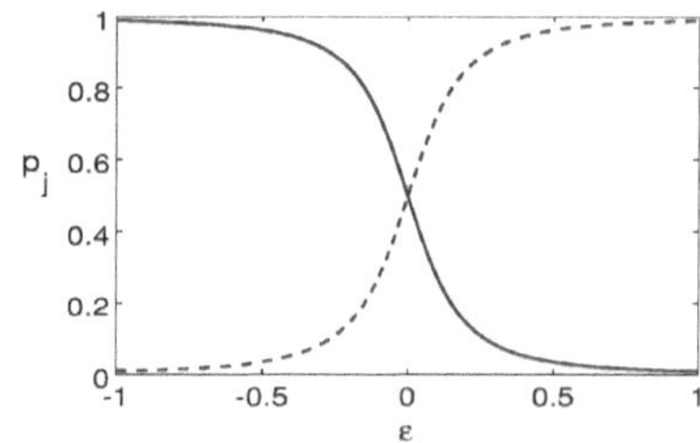

Bild 11.1 Links: adiabatische Eigenwerte $E_\pm$ ($E_+ > E_-$) in Abhängigkeit von ϵ für $v = 0.2$. Die gestrichelten Linien zeigen die diabatischen Eigenwerte. Rechts: Besetzungswahrscheinlichkeiten des unteren adiabatischen Eigenzustandes in der diabatischen Basis: $p_1 = |\langle 1|\phi_-\rangle|^2$ (—) und $p_2 = |\langle 2|\phi_-\rangle|^2$ (- - -).

von $p_2(t)$ als die **Landau-Zener-Wahrscheinlichkeit** p_{LZ} Da in diesem Limit die adiabatischen Zustände $|\phi_+\rangle$ und $|\phi_-\rangle$ mit den diabatischen Zuständen $|2\rangle$ bzw. $-|1\rangle$ übereinstimmen, gilt für $t \to \infty$ auch $p_+ = p_{LZ}$ und $p_- = 1 - p_{LZ}$, was man auch in Bild 11.2 erkennt.

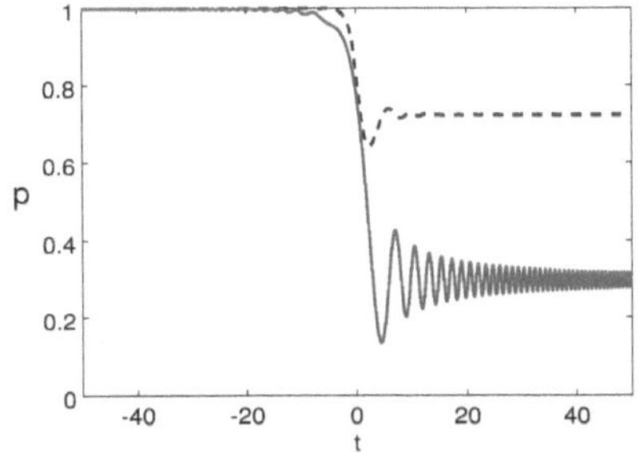

Bild 11.2 Besetzungswahrscheinlichkeiten des diabatischen (—) und des adiabatischen Zustandes (- - -) als Funktion der Zeit für einen Zustand, anfangs im unteren Niveau.

Für dieses spezielle zeitabhängige System ist eine analytische Lösung der gekoppelten explizit zeitabhängigen Schrödinger-Gleichung möglich. Eine solche Lösung wurde um das Jahr 1932 unabhängig von mehreren Autoren hergeleitet, unter anderem von dem russischen Physiker Lew D. Landau (1908-1968) und dem US-amerikanischen Physiker Clarence M. Zener (1905-1993), nach denen die diabatische Übergangswahrscheinlichkeit p_{LZ} benannt wurde. Für die Übergangswahrscheinlichkeit im Grenzfall $t \to \infty$ ergibt sich die einfache Formel

$$p_{LZ} = e^{-\pi v^2/\hbar\alpha}. \tag{11.4}$$

Man vergewissert sich, dass p_{LZ} für $\alpha \to 0$ gegen null strebt, dass heißt, das System folgt dem adiabatischen Zustand, und für $\alpha \to \infty$ gilt $p_{LZ} \to 1$. Für den in Bild 11.2 dargestellten Fall ($v = 0.2$ und $\alpha = 0.1$) ergibt sich $p_{LZ} = 0.28$, in Übereinstimmung mit dem numerischen Resultat.

11.2 Diabolische Punkte und Berry-Phasen

In dem vorangehenden Abschnitt haben wir die Entwicklung der Quantenzustände untersucht unter einer Zeitvariation der Diagonalelemente einer 2 × 2-Hamiltonmatrix, die mit konstanter Geschwindigkeit variiert werden. Das soll im Folgenden verallgemeinert und genauer untersucht werden. Wir beginnen hierzu mit einer langsamen, **adiabatischen Veränderung** der Systemparameter. Eine grundlegende Frage, die man sich stellen kann, ist: Was geschieht mit einem Quantenzustandsvektor bei einer zyklischen Parametervariation, die also wieder bei den Ausgangsparametern endet. Dann liegt sicher wieder der gleiche Hamilton-Operator vor, aber was geschieht mit dem Zustandsvektor? Gibt es außer der trivialen Veränderung der Phasen der Eigenzustände noch weitere Effekte? Diese Frage wurde u.A. von dem britischen Physiker Michael V. Berry untersucht, und diese geometrischen Phase wird heute als **Berry-Phase** bezeichnet. Wir folgen in diesem Abschnitt im Wesentlichen einer einflussreichen Arbeit von Berry[1], wobei wir uns auf den einfachen Fall eines Systems mit zwei Zuständen beschränken.

Bei den Landau-Zener-Übergängen spielt die vermiedene Niveaukreuzung in der Umgebung eines Punktes im Parameterraum, für den zwei Energieeigenwerte übereinstimmten, eine

[1] M. V. Berry: *Quantal phase factors accompanying adiabatic changes*, Proc. Roy. Soc. Lond. A 392 (1994) 45.

wichtige Rolle. Im Folgenden sollen die Phänomene in der Umgebung eines solchen **Entartungspunktes** genauer untersucht werden. Wir betrachten dazu die Hamilton-Matrix

$$\mathbf{H} = \begin{pmatrix} -\epsilon & v \\ v & \epsilon \end{pmatrix} \tag{11.5}$$

aus Gleichung (11.1), die von zwei reellen Parametern ϵ und v abhängt, die wir kurz als $\vec{r} = (\epsilon, v)^T$ bezeichnen. Bild 11.3 zeigt die Energieeigenwerte $E_\pm = \pm\sqrt{\epsilon^2 + v^2}$ über der Parameterebene.

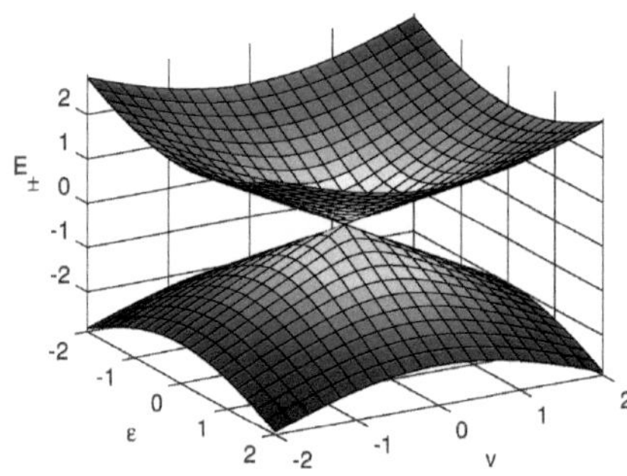

Bild 11.3 Die Eigenwerte $E_\pm$ der Hamilton-Matrix (11.5) in Abhängigkeit der Parameter ϵ und v zeigen ein diabolisches Kreuzungsszenario.

Das Bild erinnert an ein Diabolo, und man spricht von einem **diabolischen Kreuzungsszenario** (siehe dazu auch M2, Abschnitt 3.1). Wenn wir die Parameter adiabatisch in einer Umgebung des Kreuzungspunktes variieren, können wir die instantanen Eigenzustände $|\phi_m(\vec{r})\rangle$ zur Konstruktion einer Lösung der Schrödinger-Gleichung bei einer adiabatischen Zeitentwicklung der Parameter $\vec{r}(t)$ benutzen.

Aufgabe 11.2 (Lös. Seite 288): Zeigen Sie: Im adiabatischen Grenzfall folgen die Zustände den instantanen wie

$$|\psi_\pm(t)\rangle = \exp\{-\frac{\mathrm{i}}{\hbar}\int_0^t \mathrm{d}t' E_\pm(\vec{r}(t')) + \mathrm{i}\gamma_\pm(t)\}\,|\phi_\pm(\vec{r}(t))\rangle .$$

Der erste Phasenfaktor ist die **dynamische Phase** $-\frac{\mathrm{i}}{\hbar}\int_0^T \mathrm{d}t' E_\pm(\vec{r}(t'))$, hervorgerufen durch die Zeitvariation der instantanen Eigenwerte. Der zweite Term, $\gamma_\pm(t)$, ist die hier interessierende **geometrische Phase**. Setzt man die Formel aus der Aufgabe in die Schrödinger-Gleichung ein und bildet das Matrixelement mit $|\phi_\pm(\vec{r}(t)\rangle$, so erhält man für die Zeitableitungen der geometrische Phasen $\gamma_\pm(t)$ den Ausdruck

$$\dot{\gamma}_\pm(t) = \mathrm{i}\langle\phi_\pm(\vec{r}(t))|\vec{\nabla}\phi_\pm(\vec{r}(t))\rangle\cdot\dot{\vec{r}}(t), \tag{11.6}$$

wobei der Gradient bezüglich $\vec{r}$ genommen wird: $\vec{\nabla} = \vec{\nabla}_{\vec{r}}$. Bei einer Variation der Parameter längs der geschlossenen Kurve $\mathscr{C} = \left\{\vec{r}(t)\,|\,0 \le t \le T\right\}$ mit $\vec{r}(T) = \vec{r}(0)$ liefert die Integration von Gleichung (11.6)

$$\gamma_\pm(\mathscr{C}) = \mathrm{i}\int_0^T \langle\phi_\pm(\vec{r}(t))|\vec{\nabla}\phi_\pm(\vec{r}(t))\rangle\cdot\dot{\vec{r}}(t)\,\mathrm{d}t = \mathrm{i}\oint_{\mathscr{C}}\langle\phi_\pm(\vec{r}(t))|\vec{\nabla}\phi_\pm(\vec{r})\rangle\cdot\mathrm{d}\vec{r}. \tag{11.7}$$

Wegen der Normierung der $|\phi_\pm(\vec{r})\rangle$ gilt

$$\vec{0} = \vec{\nabla}(1) = \vec{\nabla}\langle\phi_\pm(\vec{r})|\phi_\pm(\vec{r})\rangle = \langle\vec{\nabla}\phi_\pm(\vec{r})|\phi_\pm(\vec{r})\rangle + \langle\phi_\pm(\vec{r})|\vec{\nabla}\phi_\pm(\vec{r})\rangle \tag{11.8}$$

und daher

$$\langle \vec{\nabla}\phi_\pm(\vec{r})|\phi_\pm(\vec{r})\rangle = -\langle \phi_\pm(\vec{r})|\vec{\nabla}\phi_\pm(\vec{r})\rangle = \langle \phi_\pm(\vec{r})|\vec{\nabla}\phi_\pm(\vec{r})\rangle^* . \tag{11.9}$$

Also ist dieser Ausdruck imaginär, und die Phasen $\gamma_\pm$ sind daher reell. Genauso erhält man

$$\vec{0} = \vec{\nabla}(1) = \vec{\nabla}\langle \phi_+(\vec{r})|\phi_-(\vec{r})\rangle = \langle \vec{\nabla}\phi_+(\vec{r})|\phi_-(\vec{r})\rangle + \langle \phi_+(\vec{r})|\vec{\nabla}\phi_-(\vec{r})\rangle . \tag{11.10}$$

Eine Auswertung des Integrals in dieser Form ist nicht sehr angenehm (man muss dazu die Phasen der Eigenzustände (lokal) eindeutig definieren) und auch wenig ergiebig. Vorteilhafter ist es, das Kurvenintegral mithilfe des Satzes von Stokes in ein Oberflächenintegral im Parameterraum zu transformieren. Wir bezeichnen dabei das Oberflächenelement als $\overrightarrow{\mathrm{d}s}$. Hierbei hilft uns die Tatsache, dass unser Parametervektor $\vec{r}$ ein dreidimensionaler reeller Vektor ist. Wir können dann das Vektorprodukt verwenden und erhalten damit durch Umformung des Kurvenintegrals über die Kurve $\mathscr{C}$ in ein Flächenintegral über eine davon berandete Fläche $\mathscr{F}$ (Satz von Stokes):

$$\begin{aligned}
\gamma_+(\mathscr{C}) &= -\mathrm{Im}\int_{\mathscr{C}} \mathrm{d}\vec{r}\cdot\langle\phi_+|\vec{\nabla}\phi_+\rangle = -\mathrm{Im}\iint_{\mathscr{F}} \overrightarrow{\mathrm{d}s}\cdot\vec{\nabla}\times\langle\phi_+|\vec{\nabla}\phi_+\rangle \\
&= -\mathrm{Im}\iint_{\mathscr{F}} \overrightarrow{\mathrm{d}s}\cdot\langle\vec{\nabla}\phi_+|\times|\vec{\nabla}\phi_+\rangle = -\mathrm{Im}\iint_{\mathscr{F}} \overrightarrow{\mathrm{d}s}\cdot\sum_\pm\langle\vec{\nabla}\phi_+|\phi_\pm\rangle\times\langle\phi_\pm|\vec{\nabla}\phi_+\rangle \\
&= -\mathrm{Im}\iint_{\mathscr{F}} \overrightarrow{\mathrm{d}s}\cdot\langle\vec{\nabla}\phi_+|\phi_-\rangle\times\langle\phi_-|\vec{\nabla}\phi_+\rangle = -\mathrm{Im}\iint_{\mathscr{F}} \overrightarrow{\mathrm{d}s}\cdot\vec{v}_+(\vec{r})
\end{aligned} \tag{11.11}$$

mit $\vec{v}_+(\vec{r}) = \langle\vec{\nabla}\phi_+|\phi_-\rangle\times\langle\phi_-|\vec{\nabla}\phi_+\rangle$. Der ϕ_+-Term in der Summe der dritten Zeile konnte dabei wegfallen, denn er ist rein reell. Bildet man den $\vec{r}$-Gradienten von $0 = \langle\phi_-|\mathbf{H}|\phi_+\rangle$, so ergibt sich

$$\begin{aligned}
\vec{0} &= \langle\vec{\nabla}\phi_-|\mathbf{H}|\phi_+\rangle + \langle\phi_-|\mathbf{H}|\vec{\nabla}\phi_+\rangle + \langle\phi_-|\vec{\nabla}\mathbf{H}|\phi_+\rangle \\
&= E_+\langle\vec{\nabla}\phi_-|\phi_+\rangle + E_-\langle\phi_-|\vec{\nabla}\phi_+\rangle + \langle\phi_-|\vec{\nabla}\mathbf{H}|\phi_+\rangle
\end{aligned} \tag{11.12}$$

oder mit Gleichung (11.10)

$$\langle\phi_-|\vec{\nabla}\phi_+\rangle = \frac{\langle\phi_-|\vec{\nabla}\mathbf{H}|\phi_+\rangle}{E_- - E_+} . \tag{11.13}$$

Insgesamt erhalten wir damit das Vektorfeld

$$\vec{v}_+(\vec{r}) = \mathrm{Im}\frac{\langle\phi_+(\vec{r})|\vec{\nabla}\mathbf{H}(\vec{r})|\phi_-(\vec{r})\rangle\times\langle\phi_-(\vec{r})|\vec{\nabla}\mathbf{H}(\vec{r})|\phi_+(\vec{r})\rangle}{(E_- - E_+)^2} , \tag{11.14}$$

nur ausgedrückt durch die partielle Ableitung von **H** nach den Systemparametern und die Eigenwerte. Es ist dabei beruhigend zu sehen, dass das Vektorfeld $\vec{v}_+$ nicht von der gewählten Phase der instantanen Eigenzustände abhängt, denn die Normierung der Eigenvektoren lässt ja noch eine Phase unbestimmt.

Eine Integration über eine Fläche $\mathscr{F}$ im Parameterraum, die durch die Kurve $\mathscr{C}$ berandet wird, ergibt schließlich die gesuchte Phase:

$$\gamma_+(\mathscr{C}) = -\iint_{\mathscr{F}} \overrightarrow{\mathrm{d}s}\cdot\vec{v}_+(\vec{r}) . \tag{11.15}$$

Eine analoge Gleichung erhält man mit $\vec{v}_-(\vec{r})$ für $\gamma_-(\mathscr{C})$. Wegen der Antikommutativität des Vektorproduktes gilt $\vec{v}_-(\vec{r}) = -\vec{v}_+(\vec{r})$ und damit

$$\gamma_-(\mathscr{C}) = -\gamma_+(\mathscr{C}) . \tag{11.16}$$

Durch den Nenner in Gleichung (11.14) wird die große Bedeutung einer Entartung

$$E_+(\vec{r}_c) - E_-(\vec{r}_c) \tag{11.17}$$

der Zustände an einem Punkt $\vec{r}_c$ des Parameterraums deutlich.

Es kann – bedingt durch die Hamilton-Matrix **H** des Systems – keine oder viele solche Entartungspunkte geben. Als ein charakteristisches Beispiel betrachten wir eine Umgebung eines einzelnen Entartungspunktes im Parameterraum, in den wir unseren Nullpunkt des Parameterraums legen: $\vec{r}_c = \vec{0}$, und wir approximieren unsere Hamilton-Matrix lokal durch eine 2×2-Matrix. Außerdem wählen wir unseren Energienullpunkt bei $E_+(\vec{0}) = E_-(\vec{0}) = 0$. Die allgemeinste hermitesche 2×2-Matrix hat dann die Form

$$\mathbf{H} = \begin{pmatrix} z & x - \mathrm{i}y \\ x + \mathrm{i}y & -z \end{pmatrix}, \quad x, y, z \in \mathbb{R}, \tag{11.18}$$

parametrisiert durch $\vec{r} = (x, y, z)^T$. Die Eigenwerte sind dann

$$E_\pm(\vec{r}) = \pm\tfrac{1}{2}\sqrt{(2z)^2 + 4|x - \mathrm{i}y|^2} = \pm\sqrt{x^2 + y^2 + z^2} = \pm r\,. \tag{11.19}$$

Es ist zweckmäßig, **H** durch die Spinmatrizen (siehe Kapitel 9) darzustellen, also als

$$\mathbf{H} = x\boldsymbol{\sigma}_x + y\boldsymbol{\sigma}_y + z\boldsymbol{\sigma}_z = \vec{r}\cdot\vec{\boldsymbol{\sigma}} \tag{11.20}$$

mit $\vec{\boldsymbol{\sigma}} = \left(\boldsymbol{\sigma}_x, \boldsymbol{\sigma}_y, \boldsymbol{\sigma}_z\right)^T$. Damit hat die Gradienten-Matrix von **H** die einfache Form

$$\vec{\nabla}\mathbf{H} = \vec{\boldsymbol{\sigma}}\,. \tag{11.21}$$

Eine explizite Berechnung der Eigenvektoren und der Matrixelemente zur Ermittlung von $\vec{v}_+$ nach Gleichung (11.14) können wir uns wegen der Isotropie des Spins in (11.21) ersparen, indem wir vorübergehend eine bequeme Spinachse in Richtung $\vec{r}$ wählen. Dann werden die $|\phi_\pm(\vec{r})\rangle$ zu den Eigenvektoren $|\pm\rangle$ von $\boldsymbol{\sigma}_z$, und die Matrixelemente lassen sich einfach aus den Spinmatrizen ablesen:

$$\langle\phi_+(\vec{r})|\vec{\nabla}\mathbf{H}(\vec{r})|\phi_-(\vec{r})\rangle = \langle +|\vec{\boldsymbol{\sigma}}|-\rangle = \big(\langle +|\boldsymbol{\sigma}_x|-\rangle, \langle +|\boldsymbol{\sigma}_y|-\rangle, \langle +|\boldsymbol{\sigma}_z|-\rangle\big) = \big(1, -\mathrm{i}, 0\big)^T. \tag{11.22}$$

Mit dem Vektorprodukt $(1, -\mathrm{i}, 0) \times (1, \mathrm{i}, 0) = (0, 0, 2\mathrm{i}) = 2\mathrm{i}\frac{\vec{r}}{r}$ und mit $E_+ - E_- = 2r$ erhält man $\vec{v}(\vec{r}) = \frac{\vec{r}}{2r^3}$ und schließlich mit dem Oberflächenelement $\overrightarrow{\mathrm{d}s} = \mathrm{d}\Omega\, r\,\vec{r}$

$$\gamma_+(\mathscr{C}) = -\iint_{\mathscr{C}} \overrightarrow{\mathrm{d}s}\cdot\vec{v}_+(\vec{r}) = -\tfrac{1}{2}\iint_{\mathscr{C}} \mathrm{d}\Omega = -\tfrac{1}{2}\,\Omega(\mathscr{C})\,. \tag{11.23}$$

Es ist nützlich, diese einfache Formel für die Berry-Phase noch einmal auf eine andere Weise herzuleiten. Wir ergänzen dazu den Ausdruck in der Formel (11.14) durch einen reellen Zusatzterm, der also den benötigten Imaginärteil nicht verändert, zu

$$\langle +|\vec{\boldsymbol{\sigma}}|+\rangle \times \langle +|\vec{\boldsymbol{\sigma}}|+\rangle + \langle +|\vec{\boldsymbol{\sigma}}|-\rangle \times \langle -|\vec{\boldsymbol{\sigma}}|+\rangle = \langle +|\vec{\boldsymbol{\sigma}}\times\vec{\boldsymbol{\sigma}}|+\rangle = 2\mathrm{i}\langle +|\vec{\boldsymbol{\sigma}}|+\rangle = 2\mathrm{i}\frac{\vec{r}}{r}\,. \tag{11.24}$$

Dabei haben wir die Beziehung $\vec{\boldsymbol{\sigma}} \times \vec{\boldsymbol{\sigma}} = 2\mathrm{i}\vec{\boldsymbol{\sigma}}$ benutzt (vgl. Gleichung (9.11)). Wir erhalten also wieder

$$\gamma_\pm(\mathscr{C}) = \mp\tfrac{1}{2}\,\Omega(\mathscr{C})\,. \tag{11.25}$$

Die Berry-Phase ist also gleich dem halben Raumwinkel, unter dem der Zyklus $\mathscr{C}$ im Parameterraum vom Punkt $\vec{r}_c$ aus erscheint, wie in Bild 11.4 illustriert. Diese Phase ist also manifest *geometrischer* Natur.

Für den einfacheren Spezialfall einer rein reellen Matrix **H**, also hier für $y = 0$, liegt die Kurve $\mathscr{C}$ ganz in der (x, z)-Ebene. Wir müssen dann zwei Fälle unterscheiden, je nach Lage dieses **diabolischen Punktes**:

- $\vec{r}_c$ liegt *außerhalb* der Kurve $\mathscr{C}$. Dann ist der Raumwinkel und damit auch die Berry-Phase gleich null.

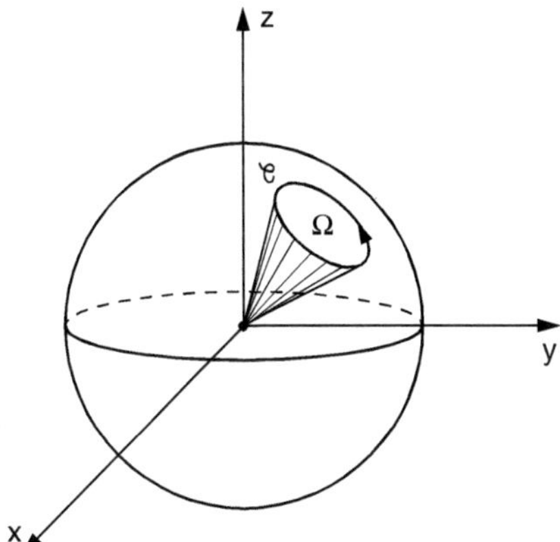

Bild 11.4 Die Berry-Phase wird beschrieben durch dem Raumwinkel, unter dem die Parameterkurve $\mathscr{C}$ erscheint.

- $\vec{r}_c$ liegt *innerhalb* der Kurve $\mathscr{C}$. Dann ist der Raumwinkel 2π und die Berry-Phase gleich π. Der Zustandsvektor ändert also bei einem Durchlaufen der geschlossenen Kurve zusätzlich zur dynamischen Phase sein Vorzeichen.

Dieses Verhalten in der Umgebung einer konischen Durchschneidung wird in Abschnitt M2, 3.1 genauer beschrieben (vergleiche dort das Bild 3.1). Wenn wir also, wie dort dargelegt ist, die Parameter z und x wie $z = r\cos\phi$ und $x = r\sin\phi$ bei festem r adiabatisch von $\phi = 0$ nach $\phi = 2\pi$ variieren, dann entwickelt sich der Eigenvektor wie

$$|\mathbf{u}(\phi)\rangle = \cos\tfrac{\phi}{2}\,|+\rangle + \sin\tfrac{\phi}{2}\,|-\rangle \tag{11.26}$$

und erreicht dann bei einem vollständigen Umlauf wieder den Eigenzustand $|+\rangle$, allerdings mit umgekehrtem Vorzeichen.

Berry-Phase und Paralleltransport: In Abschnitt 5.1 hatten wir uns mit dem Paralleltransport eines Vektorfeldes auf einer gekrümmten Mannigfaltigkeit längs einer Kurve beschäftigt. Dabei war ein solcher Transport dadurch definiert, dass die Änderung des Feldes in jedem Punkt senkrecht zu der Oberfläche ausgerichtet ist. Ein solcher Transport hatte zur Folge, dass das Vektorfeld nach Durchlaufen eines geschlossenen Weges um einen Winkel gedreht ist, den man als **Holonomiewinkel** bezeichnet. In unserem Fall der Berry-Phase betrachten wir das Verhalten der Phase eines quantenmechanischen Zustandes nach einem solchen Prozess und den Zusammenhang mit dem Paralleltransport. Dazu wählen wir als Beispiel wieder die Hamilton-Matrix $\mathbf{H} = \vec{r}\cdot\vec{\boldsymbol{\sigma}}$ aus Gleichung (11.20) mit den Eigenwerten $\pm|\vec{r}\,|$ und einen beliebigen normierten Eigenzustand $|\phi(\vec{r}\,)\rangle$ zu einem dieser Eigenwerte. Jetzt definieren wir eine geschlossene Kurve $\vec{r}\,(t)$ im Parameterraum und betrachten einen Zustand

$$|\psi(t)\rangle = \mathrm{e}^{2\pi\mathrm{i}\gamma(t)}|\phi(\vec{r}\,(t))\rangle, \tag{11.27}$$

dessen Phase $\gamma(t)$ sich längs der Kurve $\vec{r}\,(t)$ so verändert, dass in jedem Punkt gilt

$$\langle\psi(t)|\dot{\psi}(t)\rangle = 0. \tag{11.28}$$

Die Änderung $|\dot{\psi}(t)\rangle$ des Zustandes ist also orthogonal zu dem Zustand $|\psi(t)\rangle$, analog zum Paralleltransport eines Vektorfeldes. Wenn wir hier $|\psi(t)\rangle$ aus (11.27) einsetzen, so finden wir

$$\dot{\gamma}(t) = \mathrm{i}\,\langle\phi(\vec{r}\,(t))|\,\vec{\nabla}\phi_{\pm}(\vec{r}\,(t))\rangle\cdot\dot{\vec{r}}\,(t)\,, \tag{11.29}$$

genau wie in Gleichung (11.6) mit offensichtlich den gleichen Folgerungen. Man kann also die Berry-Phase als den Paralleltransport eines Quantenzustandes interpretieren.

Zur weiteren Illustration betrachten wir zwei Beispiele physikalisch relevanter Systeme, einen Spin im Magnetfeld und die Schwingungen einer Membran.

Spin im Magnetfeld: Ein quantenmechanisches Teilchen mit einem Spin 1/2 in einem Magnetfeld **B** wird durch die Hamilton-Matrix

$$\mathbf{H} = \vec{\mathbf{r}} \cdot \vec{\boldsymbol{\sigma}} \tag{11.30}$$

beschrieben. Dabei ist der Vektor $\mathbf{r} = (x, y, z)^T$ proportional zum Magnetfeld **B** und $\vec{\boldsymbol{\sigma}} = (\boldsymbol{\sigma}_x, \boldsymbol{\sigma}_y, \boldsymbol{\sigma}_z)^T$ ist der Vektor der Spinmatrizen. Wenn wir die Hamilton-Matrix explizit ausschreiben, erhalten wir genau die Matrix aus Gleichung (11.18). Für ein verschwindendes Magnetfeld, also für $\mathbf{r} = 0$, ist das System zweifach entartet. Bei einer adiabatischen Änderung der Feldrichtung umlaufen wir die z-Achse mit konstantem $z = r\cos\vartheta$, wobei ein Raumwinkel

$$\Omega = 2\pi(1 - \cos\vartheta) \tag{11.31}$$

überstrichen wird, die Fläche der Kugelkappe auf der Einheitskugel (vgl. Bild 11.4), und die Berry-Phase ist gleich

$$\gamma_\pm = \mp\Omega/2 = \mp\pi(1 - \cos\vartheta). \tag{11.32}$$

Bei einem solchen Umlauf in der x, y-Ebene, also mit $\theta = \pi/2$, ist $\Omega = 2\pi$. Die Berry-Phase ist also gleich $-\pi$ und der Zustandsvektor wechselt das Vorzeichen.

Membranschwingungen: Diabolische Kreuzungen und Berry-Phasen treten natürlich nicht nur bei quantenmechanischen Systemen auf. Die Schwingungen einer Membran, ein System der klassischen Mechanik, liefern ein illustratives Beispiel. Es handelt sich dabei um die Schwingungen einer dünnen zweidimensionalen Membran, die längs einer Randkurve fest eingespannt ist, bei kleinen Auslenkungen. Wir interessieren uns hier für die Eigenschwingungen. Dieses System ist mathematisch äquivalent zu der Bestimmung der quantenmechanischen Eigenfunktionen für ein Teilchen auf einer ebenen Fläche mit hartem Rand. Wir betrachten der Einfachheit halber ein Quadrat mit der Seitenlänge a. Dann sind die Eigenfunktionen der Schwingungsgleichung gleich

$$u_{nm}(x, y) = \sin(n\pi x/a)\sin(m\pi y/a), \tag{11.33}$$

wenn wir mit x und y im Intervall $[0, a]$ die Koordinaten bezeichnen, und die zugehörigen Eigenfrequenzen der Schwingung sind proportional zu $n^2 + m^2$. Also haben wir eine Entartung der Eigenfunktionen $u_{nm}(x, y)$ und $u_{mn}(x, y)$. Diese Entartung wird aufgehoben, wenn man den quadratischen Bereich zu einem Parallelogramm deformiert, beispielsweise zu einem Rechteck mit Seitenlängen a und b oder zu einer Raute, indem man die rechten Winkel

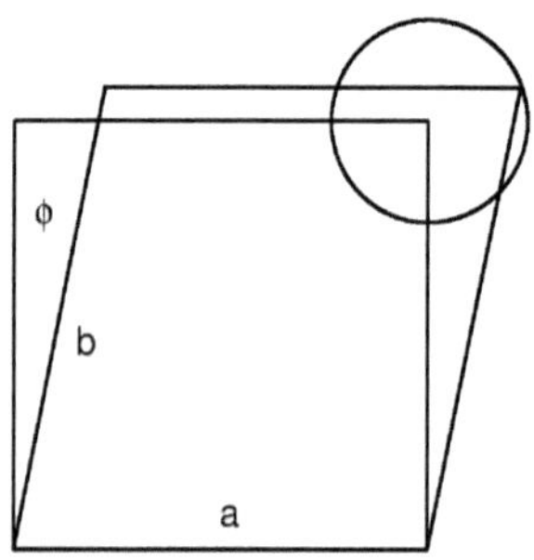

Bild 11.5 Eine quadratische Membran mit Seitenlänge a, die durch eine kleine Änderung einer Seitenlänge $b \neq a$ und des Winkels $\phi \neq 0$ in ein Parallelogramm deformiert wird. Bei einer zyklischen Variation dieser Parameter folgt die obere rechte Ecke einem Kreis.

Bild 11.6 Eigenschwingungen der entarteten Zustände $(n,m) = (5,3)$ und $(3,5)$ einer leicht gestörten quadratischen Membran für einen vollständigen Umlauf um den Entartungspunkt im Parameterraum.

des Quadrates ändert. Durch eine kleine gleichzeitige Variation des Winkels ϕ und der Seitenlänge, wie illustriert in Bild 11.5, lässt sich der Entartungspunkt im Parameterraum einmal umlaufen. Bei einer solchen adiabatischen Variation folgt die Eigenfunktion der Linearkombination

$$u(x,y) = \cos\tfrac{\phi}{2}\, u_{n,m}(x,y) + \sin\tfrac{\phi}{2}\, u_{m,n}(x,y) \tag{11.34}$$

(vgl. Gleichung (11.26)), wobei sich bei einem vollständigen Umlauf das Vorzeichen ändert. Bild 11.6 zeigt die Evolution der Eigenschwingung für $m = 3$ und $n = 5$, wenn wir uns anfangs in dem Schwingungszustand $u_{5,3}(x,y)$ befinden. Nach einem halben Umlauf hat sich der Schwingungszustand in $u_{3,5}(x,y)$ entwickelt und nach einem vollständigen Umlauf erreichen wir wieder die Ausgangssituation, allerdings mit einem Vorzeichenwechsel.[2]

In einer weiteren Studie wurde das Verhalten der Eigenfunktionen eines quantenmechanischen Billards, eine Halbleiter-Mikrokavität, experimentell untersucht (E. Estecho *et. al.*, Scientific Reports 6 (2016) 37653; arXiv:1607.05805). Dabei konnten die Phasenänderungen bei einer Umrundung eines diabolischen Punktes bei Parameteränderungen in direkter Weise visualisiert werden.

11.3 Exzeptionelle Punkte

Bisher haben wir die Fast-Entartung hermitescher Matrizen betrachtet. Für nicht-hermitesche findet man weitere interessante Phänomene, die es verdienen, genauer untersucht zu werden. Klar ist von Beginn her, dass die Eigenwerte nicht mehr reell sein müssen, und dass die Eigenvektoren zu verschiedenen Eigenwerten nicht mehr automatisch orthogonal zueinander sind. Also ist es hier möglich, dass im Falle einer Entartung der Eigenwerte auch die zugehörigen Eigenvektoren entarten können. Man bezeichnet ein solches Verhalten als **exzeptionell** und den Entartungspunkt im Parameterraum als **exzeptionellen Punkt**. Zur Einstimmung ein

[2] Mehr zu diesem Thema findet man in H. J. Korsch, Phys. Lett. 97A (1983) 77 und in den dort angegebenen Arbeiten.

einfaches Beispiel. Die Matrix

$$\mathbf{A} = \begin{pmatrix} 1 & z \\ z & -1 \end{pmatrix} \tag{11.35}$$

mit komplexem z hat die Eigenwerte $\lambda_\pm = \pm\sqrt{1+z^2}$ mit den Eigenvektoren

$$\mathbf{u}_\pm = \begin{pmatrix} \frac{z}{\lambda_\pm - 1} \\ 1 \end{pmatrix}. \tag{11.36}$$

Bei dem Parameterwert $z = \mathrm{i}$ ist $\lambda_+ = \lambda_- = 0$ und die beiden Eigenwerte entarten, aber nicht nur sie, sondern und auch die beiden Eigenvektoren, denn es gilt auch $\mathbf{u}_+ = \mathbf{u}_- = (-\mathrm{i}, 1)^T$.

Wir werden uns dieses Verhalten noch genauer ansehen, aber vorher wollen wir noch einen Blick auf das Zeitverhalten werfen. Für einen Eigenzustand eines (zeitunabhängigen) Hamilton-Operators mit Energieeigenwert E gilt

$$|\psi(t)\rangle = \mathrm{e}^{-\frac{\mathrm{i}}{\hbar}Et}\,|\psi_0\rangle\,. \tag{11.37}$$

Wenn jetzt die Energie *komplex* ist mit einem negativen Imaginärteil

$$\mathcal{E} = E - \mathrm{i}\Gamma/2 \tag{11.38}$$

(man bezeichnet Γ auch als die **Breite** des Zustandes), dann ist die Besetzungswahrscheinlichkeit des Zustandes $|\Psi\rangle$ gleich

$$|\langle\psi|\psi\rangle|^2 \sim \mathrm{e}^{-\Gamma t/\hbar}, \tag{11.39}$$

das heißt der Eigenzustand zerfällt mit einer Lebensdauer $\tau = \hbar/\Gamma$. Um allgemeinere Zustände zu beschreiben, benötigen wir ein wenig mehr Mathematik.

Die Eigenvektoren $|\mathbf{u}_n\rangle$ zu den Eigenwerten $\mathcal{E}_n = E_n - \mathrm{i}\Gamma_n/2$ der nicht-hermiteschen Hamilton-Matrix $\mathbf{H}$ bezeichnet man auch als „rechte“ Eigenvektoren. Sie sind nicht orthogonal, bilden aber mit den „linken“ Eigenvektoren $\mathbf{v}_m$, den Eigenvektoren von $\mathbf{H}^\dagger$, ein biorthogonales System (vgl. M2, Abschnitt 1.3.2). Man normiert sie zweckmäßig wie

$$\langle\mathbf{v}_m|\mathbf{u}_n\rangle = \delta_{mn}, \tag{11.40}$$

was die Normierungsfaktoren bis auf ein Vorzeichen festlegt. Wenn die Eigenvektoren eine Basis bilden, was nicht immer der Fall ist, wie wir sehen werden, dann können wir den Anfangszustand $|\psi_0\rangle$ zur Zeit $t = 0$ in dieser Eigenbasis darstellen,

$$|\psi_0\rangle = \sum_n c_n|\mathbf{u}_n\rangle \quad \text{mit} \quad c_n = \langle\mathbf{v}_n|\psi_0\rangle, \tag{11.41}$$

und entsprechend

$$\langle\psi_0| = \sum_m \tilde{c}_m\langle|\mathbf{v}_m| \quad \text{mit} \quad \tilde{c}_m = \langle\psi_0|\mathbf{v}_m\rangle \tag{11.42}$$

und der Normierung

$$\langle\psi_0|\psi_0\rangle = \sum_n \tilde{c}_n^{\,*} c_n = 1. \tag{11.43}$$

Dann ist die Zeitentwicklung des Zustandsvektors durch

$$|\psi(t)\rangle = \mathbf{U}(t)|\psi_0\rangle = \mathrm{e}^{-\mathrm{i}\mathbf{H}t/\hbar}|\psi_0\rangle = \sum_n \mathrm{e}^{-\mathrm{i}\mathcal{E}_n t/\hbar} c_n|\mathbf{u}_n\rangle \tag{11.44}$$

gegeben und die Überlebenswahrscheinlichkeit ist gleich

$$P(t) = |\langle\psi_0|\psi(t)\rangle|^2 = |\langle\psi_0|\mathbf{U}(t)|\psi_0\rangle|^2 = \left|\sum_n \tilde{c}_n^{\,*} c_n\,\mathrm{e}^{-\mathrm{i}\mathcal{E}_n t/\hbar}\right|^2. \tag{11.45}$$

Sie nähert sich für große Zeiten einem exponentiellen Abfall, bestimmt durch den stabilsten Zustand mit der kleinsten Zerfallsrate Γ_0:

$$P(t) \approx |\tilde{c}_0^{\,*} c_0|^2 \mathrm{e}^{-\Gamma_0 t/\hbar}. \tag{11.46}$$

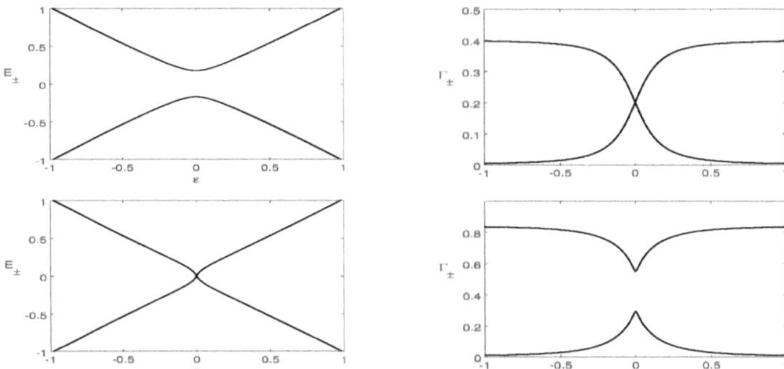

Bild 11.7 Energieeigenwerte des Zweiniveausystems mit Zerfall (11.47). Für $\gamma < |v|$ (oben) zeigen die Realteile $E_\pm$ eine vermiedene Kreuzung, die Imaginärteile $\Gamma_\pm$ kreuzen. Für $\gamma > |v|$ (unten) kreuzen die Realteile $E_\pm$, die Imaginärteile $\Gamma_\pm$ zeigen eine vermiedene Kreuzung.

Wir wollen charakteristische Eigenschaften eines solchen nicht-hermiteschen Systems an einem einfachen Modell genauer untersuchen. Wir betrachten dazu ein Zweiniveausystem mit einer Hamilton-Matrix wie in Gleichung (11.1), also zwei Niveaus mit Energien ϵ und $-\epsilon$, die durch den Parameter v gekoppelt sind, aber wir führen jetzt in dem oberen Zustand einen Imaginärteil hinzu:

$$\underline{\mathbf{H}} = \begin{pmatrix} \epsilon - 2\mathrm{i}\gamma & v \\ v & -\epsilon \end{pmatrix} \tag{11.47}$$

mit $\epsilon,\, v,\, \gamma \in \mathbb{R}$ und $\gamma > 0$. Der obere Zustand ist also instabil und kann zerfallen.[3] Die Energieeigenwerte sind jetzt komplex,

$$\mathscr{E}_\pm = -\mathrm{i}\gamma \pm \sqrt{(\epsilon - \mathrm{i}\gamma)^2 + v^2} = E_\pm - \mathrm{i}\Gamma_\pm/2\,, \tag{11.48}$$

und stimmen für $\epsilon = 0$ und $v = \pm\gamma$ überein, ein exzeptioneller Parameterwert. Das einfache Niveaukreuzungsszenario für eine diabolische Kreuzung bei hermiteschen Systemen wird komplizierter. Wenn wir wieder den Parameter ϵ bei festgehaltenen Werten von v und γ variieren, müssen wir zwei Fälle unterscheiden:

- Für $\gamma < |v|$ kreuzen sich bei $\epsilon = 0$ die Imaginärteile, die Realteile zeigen die bekannte vermiedene Kreuzung. Man bezeichnet dies als eine **Kreuzung vom Typ I.**
- Für $\gamma > |v|$ kreuzen sich bei $\epsilon = 0$ die Realteile, die Imaginärteile zeigen eine vermiedene Kreuzung. Man bezeichnet dies als eine **Kreuzung vom Typ II.**

Außerhalb des Kreuzungsbereiches ist der untere Zustand stabil, der obere zerfällt. In der Umgebung der Kreuzung der Realteile wird der untere Zustand destabilisiert, er kann zerfallen durch Übergänge in den oberen, instabilen Zustand. Umgekehrt wird der obere Zustand durch die Kopplung stabilisiert. Das Bild 11.7 illustriert diese beiden Szenarien für $v = 0.2$ und $\gamma = 0.1$.

Auch die zugehörigen Eigenvektoren zu den $\mathscr{E}_\pm$ lassen sich in geschlossener Form angeben als

$$\mathbf{u}_\pm = \frac{1}{w_\pm} \begin{pmatrix} \mathscr{E}_\pm + \epsilon \\ v \end{pmatrix}. \tag{11.49}$$

[3] Wir folgen hier der Darstellung in F. Keck, H. J. Korsch, S. Mossmann, J. Phys. A 36 (2003) 2125.

Dies sind die rechten Eigenvektoren (vgl. dazu M2, Abschnitt 1.3.2), die linken erhält man für die symmetrische Matrix $\mathbf{H}$ als $\mathbf{v}_\pm = \mathbf{u}_\pm^*$ mit $\langle v_\mp | u_\pm \rangle = 0$. Die Normierung $\langle v_\pm | u_\pm \rangle = 1$ legt die Faktoren $w_\pm$ bis auf ein Vorzeichen fest als

$$w_\pm = \sqrt{(\mathscr{E}_\pm + \epsilon)^2 + v^2}\,, \tag{11.50}$$

wobei man das Vorzeichen der Wurzel bei Parametervariation stetig fortsetzt. Wir machen jetzt die wichtige Beobachtung, dass bei einer Entartung der Eigenwerte auch die Eigenvektoren entarten. Das heißt, auf den Strahlen $v = \pm\gamma$ der exzeptionellen Punkte existiert nur ein einziger Eigenvektor, der Vektor

$$\mathbf{u}_\uparrow = \frac{1}{\sqrt{2}}\begin{pmatrix}1\\+\mathrm{i}\end{pmatrix} \quad \text{für} \quad v = \gamma\,, \quad \text{bzw.} \quad \mathbf{u}_\downarrow = \frac{1}{\sqrt{2}}\begin{pmatrix}1\\-\mathrm{i}\end{pmatrix} \quad \text{für} \quad v = -\gamma\,. \tag{11.51}$$

Diese beiden Vektoren sind orthogonal zueinander und spannen im hermiteschen Grenzfall $\gamma \to 0$ den Eigenraum am diabolischen Punkt auf.

Es ist nützlich, wenn wir das Verhalten der (komplexen) Eigenwerte unser Matrix detaillierter betrachten. Dabei halten wir, ohne Beschränkung der Allgemeinheit, $\gamma = 1$ fest und variieren ϵ und v. Bild 11.8 zeigt die Real- und Imaginärteile der Eigenwerte $\mathscr{E}_\pm$. Jeder der beiden exzeptionellen Punkte bei $v = \pm\gamma$ ist ein Verzweigungspunkt der riemannschen Flächen vom Wurzeltyp. Längs der v-Achse bei $\epsilon = 0$ innerhalb des Intervalls $-\gamma < v < \gamma$ entarten die Realteile, außerhalb die Imaginärteile. Schnitte bei festem v zeigen die beiden Kreuzungsszenarien vom Typ I bzw. II aus Bild 11.7.

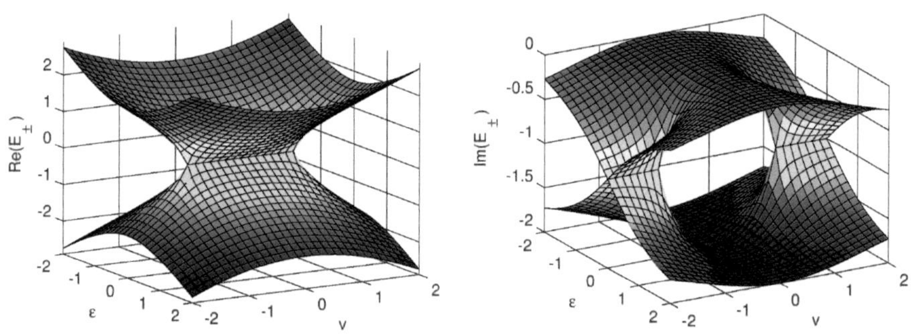

Bild 11.8 Realteile (links) und Imaginärteile (rechts) der Energieeigenwerte für $\gamma = 1$ als Funktion von ϵ und v. Auf der Geraden $\epsilon = 0$ finden wir Kreuzungen vom Typ I für $-1 < v < 1$ oder Typ II. Bei $v = \pm 1$ liegen exzeptionelle Punkte.

Wenn wir jetzt die Systemparameter entlang einer geschlossenen Kurve variieren und in jedem ihrer Punkte die Eigenwerte bestimmen, so finden wir einen charakteristischen Unterschied. Wenn die geschlossene Kurve keinen exzeptionellen Punkt einschließt, oder besser ausgedrückt, wenn sie keinen Punkt der Geraden zwischen den beiden exzeptionellen Punkten mit $v = \pm\gamma$ umschließt, so liegen die Eigenwerte $\mathscr{E}_+$ und $\mathscr{E}_-$ jeweils auf einem Blatt der riemannschen Flächen und in der komplexen Energieebene beschreiben die Eigenwerte zwei geschlossene Bahnen. Ein Beispiel zeigen die linken Teilbilder in Bild 11.9. Führt der Parameterzyklus jedoch um einen der exzeptionellen Punkte herum, wie in den mittleren Bildern, so erfolgt ein Blattwechsel, die beiden Eigenwerte tauschen sich aus und man beobachtet nur

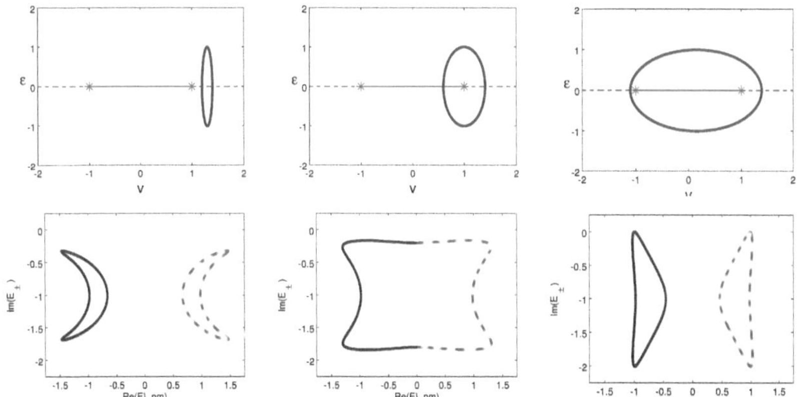

Bild 11.9 Komplexe Energieeigenwerte $\mathcal{E}_+$ (- -) und $\mathcal{E}_-$ (—) (untere Bilder), wenn die Parameter v und ϵ bei festem $\gamma = 1$ eine geschlossene Kurve durchlaufen (obere Bilder), die keinen der beiden exzeptionellen Punkte $v = \pm\gamma$ umschließt (linke Bilder) oder einen (mittlere Bilder) oder beide (rechte Bilder).

eine einzige geschlossene Energiekurve. Umschließt der Weg beide exzeptionellen Punkte, so erfolgen zwei Blattwechsel und man erhält wiederum zwei geschlossene Energiekurven, wie in den rechten Bildern. Dieses Verhalten kann in der Praxis benutzt werden, um exzeptionelle Punkte zu detektieren. Beschreiben die beiden Eigenwerte eine einzige geschlossene Kurve bei zyklischer Parameteränderung, so wird ein exzeptioneller Punkt umschlossen.

Das korrespondierende Verhalten der Eigenvektoren ist etwas komplizierter. Hier verzichten wir auf eine detaillierte Analyse und geben nur das Resultat an. Mehr darüber findet man in der Literatur, zum Beispiel in der eingangs angegebenen Arbeit. Wenn der Parameterzyklus einen exzeptionellen Punkt einmal umschließt, wir notieren das kurz als Rotation um 2π, so tauschen sich die beiden Eigenvektoren $\mathbf{u}_+$ und $\mathbf{u}_-$ aus, und einer der Zustände wechselt das Vorzeichen. Ein zweiter Umlauf resultiert dann in einem Vorzeichenwechsel der Eigenvektoren:

$$\mathbf{u}_+ \xrightarrow{2\pi} +\mathbf{u}_- \xrightarrow{2\pi} -\mathbf{u}_+ \quad , \quad \mathbf{u}_- \xrightarrow{2\pi} -\mathbf{u}_+ \xrightarrow{2\pi} -\mathbf{u}_- \,. \tag{11.52}$$

Da die beiden Eigenvektoren eine Basis bilden, wechselt bei einem zweifachen Umlauf jeder Vektor das Vorzeichen. Nach einen vierfachen Umlauf erhalten wir die ursprünglichen Eigenvektoren zurück.

Exzeptionelle Zeitentwicklung: Ein exzeptioneller Punkt mit Energieeigenwert $\mathcal{E} = E - \mathrm{i}\Gamma/2$ verursacht auch ein außergewöhnliches Verhalten der Zeitentwicklung. Die Überlebenswahrscheinlichkeit (11.45) verhält sich dann nämlich wie

$$P(t) = |\langle\psi_0|\psi(t)\rangle|^2 = \mathrm{e}^{-\Gamma t/\hbar}|1 + at + bt^2|^2, \tag{11.53}$$

das heißt, sie zeigt, abgesehen von dem zu erwartenden exponentiellen Vorfaktor, eine rein lineare oder quadratische Zeitabhängigkeit, jedenfalls in einer Beschreibung durch ein Zweiniveausystem. Dabei hängen die Koeffizienten a und b vom Anfangszustand ab. Es ist nützlich, sich dies aus unterschiedliche Weise klar zu machen. Wir setzen dabei $\hbar = 1$. Zunächst beginnen wir mit einer Herleitung anhand unseres Modellsystems mit der 2×2-Hamilton-Matrix $\mathbf{H}$ aus Gleichung (11.47):

Aufgabe 11.3 (Lös. Seite 289): Die Hamilton-Matrix $\mathbf{H} = \begin{pmatrix} \epsilon-2\mathrm{i}\gamma & v \\ v & -\epsilon \end{pmatrix}$ hat die Eigenwerte $\mathscr{E}_\pm = -\mathrm{i}\gamma \pm w$ mit $w = \sqrt{\tilde{\epsilon}^2 + v^2}$ und $\tilde{\epsilon} = \epsilon - \mathrm{i}\gamma$. Zeigen Sie, dass die Zeitevolutionsmatrix durch

$$\mathbf{U}(t) = \mathrm{e}^{-\gamma t}\begin{pmatrix} \cos(wt) - \mathrm{i}\tilde{\epsilon}\,\frac{\sin(wt)}{w} & -\mathrm{i}v\,\frac{\sin(wt)}{w} \\ -\mathrm{i}v\,\frac{\sin(wt)}{w} & \cos(wt) + \mathrm{i}\tilde{\epsilon}\,\frac{\sin(wt)}{w} \end{pmatrix}$$

gegeben ist, und verifizieren Sie, dass für $\epsilon = 0$ für $v = \gamma$ gilt $\mathbf{U}(t) = \mathrm{e}^{-\gamma t}\begin{pmatrix} 1-\gamma t & -\mathrm{i}\gamma t \\ -\mathrm{i}\gamma t & 1+\gamma t \end{pmatrix}$.

Der in der Aufgabe behandelte Parametersatz, $\epsilon = 0$ und $v = \gamma$ beschreibt, wie wir oben gesehen haben, einen exzeptionellen Punkt, und die Berechnung der Überlebenswahrscheinlichkeit $P(t) = |\langle\psi_0|\mathbf{U}(t)|\psi_0\rangle|^2$ ergibt das oben beschriebene charakteristische Verhalten aus Gleichung (11.53). Der Weg dahin ist aber unnötig lang. Insbesondere benutzt man dabei eine bekannte Lösung für nicht-exzeptionelle Parameterwerte. Die Herleitung lässt sich vereinfachen, indem man direkt von der Hamilton-Matrix $\mathbf{H} = \begin{pmatrix} -2\mathrm{i}\gamma & \gamma \\ \gamma & 0 \end{pmatrix}$ für exzeptionelle Parameter ausgeht. Diese Matrix ist nicht-diagonalisierbar und wir bestimmen ihre Exponentialfunktion mithilfe einer SN-Zerlegung $\mathbf{H} = \mathbf{SN}$ (vgl. M2, Abschnitt 2.2.2). Die Diagonalmatrix $\mathbf{S}$ hat den (doppelten) Eigenwert $\mathrm{i}\gamma$ auf der Diagonale, und die Matrix $\mathbf{N}$ mit $\mathbf{N}^2 = \mathbf{0}$ ist gleich $\mathbf{N} = \mathbf{H} - \mathbf{S}$, also

$$\mathbf{S} = \begin{pmatrix} -\mathrm{i}\gamma & 0 \\ 0 & -\mathrm{i}\gamma \end{pmatrix}, \quad \mathbf{N} = \mathbf{H} - \mathbf{S} = \begin{pmatrix} -2\mathrm{i}\gamma & \gamma \\ 0 & 0 \end{pmatrix} - \begin{pmatrix} -\mathrm{i}\gamma & 0 \\ 0 & -\mathrm{i}\gamma \end{pmatrix} = \begin{pmatrix} -\mathrm{i}\gamma & \gamma \\ \gamma & \mathrm{i}\gamma \end{pmatrix}, \tag{11.54}$$

fast genau wie in dem Beispiel in M2, Gleichung (2.126). Damit finden wir wie in M2, Gleichung (2.127)

$$\mathbf{U}(t) = \mathrm{e}^{-\gamma t}\{\mathbf{I} - \mathrm{i}t\mathbf{N}\}, \tag{11.55}$$

also das Ergebnis aus der Aufgabe.

Man kann aber hier noch immer vermuten, dass das Zeitverhalten in Gleichung (11.53) von unserem gewählten Beispiel abhängt. Deshalb versuchen wir einen dritten Zugang. An einem exzeptionellen Punkt ist die Hamilton-Matrix nicht diagonalisierbar und deshalb einer Jordan-Form ähnlich. Setzen wir also die Hamiltonmatrix als $\mathbf{H} = \begin{pmatrix} \mathscr{E} & b \\ 0 & \mathscr{E} \end{pmatrix}$ an, das heißt mit anderen Worten, wir wählen eine orthonormierte Basis aus dem (einzigen) Eigenvektor am exzeptionellen Punkt und einem dazu orthogonalen Vektor, dann ergibt eine SN-Zerlegung wie oben $\mathbf{S} = \mathscr{E}\,\mathbf{I}$ und $\mathbf{N} = \begin{pmatrix} 0 & b \\ 0 & 0 \end{pmatrix}$ und folglich

$$\mathbf{U}(t) = \mathrm{e}^{-\mathrm{i}\mathbf{H}t} = \mathrm{e}^{-\mathrm{i}\mathbf{S}t}\big(\mathbf{I} - \mathrm{i}\mathbf{N}t\big) = \mathrm{e}^{-\mathrm{i}\mathscr{E}t}\{\mathbf{I} - \mathrm{i}\mathbf{N}t\}, \tag{11.56}$$

also wiederum die Zeitabhängigkeit aus Gleichung (11.53).

Zum Abschluss wollen wir noch zeigen, dass dieses exzeptionelle Zeitverhalten nicht so ungewöhnlich ist, wie man vermuten könnte, sondern im Gegenteil gut bekannt. Dazu schreiben wir die zeitabhängige Schrödinger-Gleichung für die Komponenten des Zustandsvektors $|\psi\rangle = (\psi_1, \psi_2)^T$ für $\hbar = 1$ explizit auf,

$$\begin{aligned} \mathrm{i}\dot{\psi}_1 &= (\epsilon - 2\mathrm{i}\gamma)\psi_1 + v\psi_2 \\ \mathrm{i}\dot{\psi}_2 &= v\psi_1 - \epsilon\psi_2\,, \end{aligned} \tag{11.57}$$

und erhalten nach einer Transformation $\psi_j = \mathrm{e}^{\mathrm{i}\epsilon t}\varphi_j$

$$\begin{aligned} \mathrm{i}\dot{\varphi}_1 &= 2(\epsilon - \mathrm{i}\gamma)\varphi_1 + v\varphi_2 \\ \mathrm{i}\dot{\varphi}_2 &= v\varphi_1\,. \end{aligned} \tag{11.58}$$

Differenziert man die zweite Gleichung nach der Zeit und eliminiert φ_1 mithilfe der zweiten, so erhält man

$$\ddot{\varphi}_2 + 2(\gamma + \mathrm{i}\epsilon)\dot{\varphi}_2 + v^2\varphi_2 = 0. \tag{11.59}$$

Dies erkennt man als die Bewegungsgleichung eines gedämpften harmonischen Oszillators (vgl. Abschnitt 1.3) mit der Frequenz v und komplexer Dämpfung $\gamma + \mathrm{i}\epsilon$ und man kann die Oszillatorlösungen übernehmen. Besonders einfach wird die Situation für $\epsilon = 0$. Dann erhalten wir die wohlbekannte Schwingungsgleichung, deren Lösungen

$$\varphi_2(t) = \mathrm{e}^{-\gamma t} \begin{cases} c_+\mathrm{e}^{+\mathrm{i}\omega t} + c_-\mathrm{e}^{-\mathrm{i}\omega t} & \gamma < |v| \quad \text{(Schwingfall)} \\ a + bt \qquad \text{für} & \gamma = |v| \quad \text{(aperiodischer Grenzfall)} \\ c_+\mathrm{e}^{\tilde{\omega} t} + c_-\mathrm{e}^{-\tilde{\omega} t} & \gamma > |v| \quad \text{(Kriechfall)} \end{cases} \tag{11.60}$$

mit $\omega = \sqrt{v^2 - \gamma^2}$ und $\tilde{\omega} = \sqrt{\gamma^2 - v^2}$, was man durch Einsetzen in die Differentialgleichung bestätigen kann. Hier sollte uns auffallen, dass die Parameter für den aperiodischen Grenzfall mit denen des exzeptionellen Punktes zusammenfallen. Folglich entspricht der aperiodische Grenzfall der oben beschriebenen exzeptionellen Zeitevolution.

Zum Abschluss sei noch angemerkt, dass das exzeptionelle Zeitverhalten in besonders deutlicher Form auftritt, wenn der Zerfall in einem Niveau durch einen Gewinn im anderen kompensiert wird, beispielsweise für das Zweiniveausystem mit der Hamilton-Matrix

$$\mathbf{H} = \begin{pmatrix} \epsilon - \mathrm{i}\gamma & v \\ v & \epsilon + \mathrm{i}\gamma \end{pmatrix}. \tag{11.61}$$

Dieses System besitzt die **PT-Symmetrie**, die wir im Abschnitt 10.7 kennengelernt haben: Wenn man die Indizes 1 und 2 vertauscht und komplex konjugiert bleibt $\mathbf{H}$ unverändert. Dann sind die Eigenwerte $\mathscr{E}_\pm = \pm\sqrt{(\epsilon - \mathrm{i}\gamma)^2 + v^2}$ für $\epsilon = 0$ und $\gamma^2 \leq v^2$ reell und der exponentiell zerfallende Vorfaktor der Überlebenswahrscheinlichkeit aus Gleichung (11.53) verschwindet, sodass am exzeptionellen Punkt ein rein lineares oder quadratisches Zeitverhalten vorliegt, genau wie im Fall des harmonischen Oszillators.

11.4 Landau-Zener-Übergänge mit Zerfall

Im vorangehenden Abschnitt haben wir die Eigenwerte und Eigenvektoren eines beispielhaften nicht-hermiteschen Zweiniveausystems mit der Hamilton-Matrix (11.61) untersucht. Wir wollen jetzt die Zeitentwicklung eines solchen Systems betrachten, wenn wir wie im hermiteschen Fall die Energie ϵ mit einer konstanten Geschwindigkeit α variieren. Mit anderen Worten, wir betrachten ein Landau-Zener-System mit einem zerfallenden diabatischen Zustand (vgl. Abschnitt 11.2). Anders als in (11.1) verschieben wir hier jedoch den Energienullpunkt in den oberen Zustand und, anders als in dem vorangehenden Abschnitt, verlegen wir den möglichen Zerfall in den unteren Zustand. Unsere Hamilton-Matrix ist also

$$\mathbf{H} = \begin{pmatrix} 0 & v \\ v & 2\epsilon - 2\mathrm{i}\gamma \end{pmatrix} \tag{11.62}$$

für $\gamma \geq 0$ mit den Eigenwerten $\mathscr{E}_\pm = \epsilon - \mathrm{i}\gamma \pm \sqrt{(\epsilon - \mathrm{i}\gamma)^2 + v^2}$ und den zugehörigen Eigenzuständen $|\phi_\pm\rangle = (v, E_\pm)^T$. Die zeitabhängige Schrödinger-Gleichung

$$\begin{aligned} \mathrm{i}\dot{\psi}_1 &= v\psi_2 \\ \mathrm{i}\dot{\psi}_2 &= v\psi_1 + (2\epsilon - 2\mathrm{i}\gamma)\psi_2 \end{aligned} \tag{11.63}$$

lässt sich in eine Differentialgleichung zweiter Ordnung für ψ_1 umformen:

$$\ddot{\psi}_1 + 2(\gamma + \mathrm{i}\epsilon)\dot{\psi}_1 + v^2\psi_1 = 0. \tag{11.64}$$

Das entspricht einer klassischen Bewegungsgleichung für einen gedämpften harmonischen Oszillator mit einer komplexen Dämpfungskonstanten $\gamma + \mathrm{i}\epsilon$. Besonders einfach wird das Verhalten für $\epsilon = 0$. Hier haben wir das bekannte Szenario: der Schwingfall für $\gamma < v$, der Kriechfall für $\gamma > v$ und der aperiodische Grenzfall $\gamma = v$ (vgl. Gleichung (11.59) und die nachfolgende Diskussion).

Wie in Abschnitt 11.2 beschrieben, variieren wir die Niveauenergie ϵ wie $\epsilon = \alpha t$ mit konstanter Geschwindigkeit $\alpha > 0$. Wir präparieren einen Zustandsvektor anfangs in dem nicht-zerfallenden Niveau, also $|\psi(t)\rangle \to (1,0)^T$ für $t \to -\infty$. Mit anwachsender Zeit wird dann durch die Kopplung v die Komponente ψ_2 besetzt und im Langzeitlimit $t \to +\infty$ ist die Besetzung des zerfallenden Niveaus für $\gamma > 0$ immer gleich null. Allerdings überlebt die Besetzung im nicht-zerfallenden Niveau und ist im Langzeitlimit überraschenderweise sogar unabhängig von dem Zerfall. Dazu zeigt Bild 11.10 als Beispiel numerische Resultate für $\alpha = 0.5$, $v = 0.5$ und drei Werte der Zerfallskonstanten ($\gamma = 0$, 0.5 und 1):

Ohne Zerfall, also für $\gamma = 0$, finden wir einen deutlichen Übergang in den zweiten Zustand im Bereich der vermiedenen Niveaukreuzung bei $\epsilon = 0$, gefolgt von Oszillationen zwischen beiden Zuständen. Für lange Zeiten nähert sich die Besetzung dem Wert

$$|\psi_1(t)|^2 \to \mathrm{e}^{-\pi v^2/\alpha} = p_{\mathrm{LZ}}, \tag{11.65}$$

also genau der Landau-Zener-Wahrscheinlichkeit aus Gleichung (11.4).

Durch den Zerfall wird die Besetzung des Zustandes ψ_2 reduziert und folglich auch die Rückwirkung auf die Besetzung ψ_1 und außerdem werden die Oszillationen abgeschwächt, was bei einer Dämpfung nicht verwundert. Interessanterweise wird aber die Langzeitwahrscheinlichkeit durch den Zerfall *nicht* beeinflusst und es gilt dies Asymptotik (11.65) für alle Werte von γ. Das widerspricht der Erwartung, lässt sich aber mit etwas Aufwand streng beweisen, beispielsweise durch eine analytische Lösung der Differentialgleichung (11.64) für $\epsilon = \alpha t$ durch eine Abbildung auf parabolische Zylinderfunktionen.

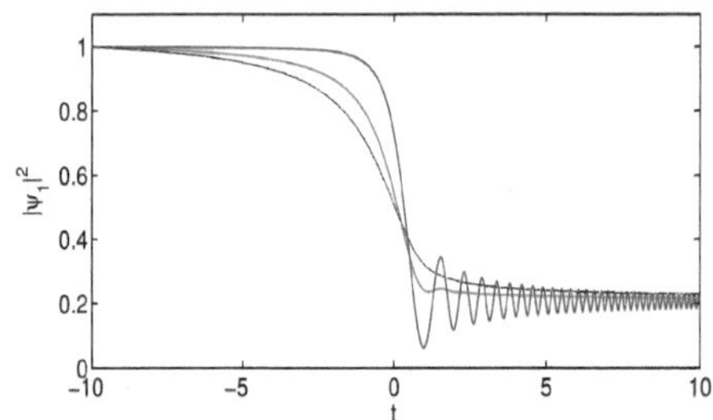

Bild 11.10 Besetzungswahrscheinlichkeit $|\psi_1(t)|^2$ für $\epsilon = \alpha t$ mit $\alpha = 0.5$ und $v = 0.5$ für $\gamma = 0$ (oszillierend), $\gamma = 0.5$ und $\gamma = 1$ (monoton fallend).

11.5 Nichtlineare Zweiniveausysteme

In den bisherigen Anwendungen von Matrizen in der Physik haben die Systeme eine wichtige Eigenschaft, sie sind linear und damit prädestiniert für Methoden der linearen Algebra und damit für den Einsatz von Matrizen. An erster Stelle ist hier natürlich die Quantenmechanik zu nennen, eine von Grund her lineare Theorie. Aber auch hier finden sich nichtlineare Methoden, in aller Regel erscheinen sie als Näherungen in gewissen Grenzfällen. Ein bekanntes Beispiel ist der Übergang zur klassischen Mechanik. Aber auch in typisch quantenmechanischem Umfeld findet man nichtlineare Theorien, die unverzichtbar sind, um das Verhalten zu verstehen. Eines der bekanntesten Beispiele ist hier die **Gross-Pitaevskii-Gleichung**, die die Zeitentwicklung eines quantenmechanischen Vielteilchensystems für große Teilchenzahlen näherungsweise beschreibt. Diese Gleichung entspricht der Schrödinger-Gleichung, ergänzt durch einen nichtlinearen Term, der von der momentanen Besetzungswahrscheinlichkeit abhängt, also von dem Betragsquadrat der Wellenfunktion.

Eine direkte und wichtige Konsequenz der Nichtlinearität ist es, dass eine Linearkombination von Lösungen der Bewegungsgleichung nicht wieder eine Lösung liefert, das heißt, das Superpositionsprinzip (vgl. Seite 160) ist nicht mehr gültig. Man kann daher nicht mehr, wie es im linearen Fall so nützlich ist, eine allgemeine Lösung als Linearkombination besonders einfacher Lösungen darstellen. Also sind hier neue Ansätze und Methoden erforderlich und neue Phänomene sind zu untersuchen und aufzuklären.

Das einfachste Beispiel einer solchen Beschreibung ist die **diskrete nichtlineare Schrödinger-Gleichung**, kurz DNLS, die eine nichtlineare Dynamik zwischen diskreten Zuständen beschreibt, zum Beispiel als Modell für ein Gitter anharmonischer Oszillatoren, oder für die Dynamik eines Bose-Einstein-Kondensates in einer Gitterstruktur. Im allereinfachsten Fall sind es nur zwei diskrete Zustände und wir werden uns ein solches nichtlineares Modellsystem etwas genauer ansehen. Es wird beschrieben durch die übliche Zeitevolutionsgleichung der Quantenmechanik, die Schrödinger-Gleichung $\mathrm{i}\hbar\,\mathrm{d}|\psi\rangle/\mathrm{d}t = \mathbf{H}|\psi\rangle$, nur hängt hier die Hamilton-Matrix

$$\mathbf{H} = \begin{pmatrix} \epsilon + g\kappa & v \\ v & -\epsilon - g\kappa \end{pmatrix} \quad \text{mit} \quad \kappa = |\psi_1|^2 - |\psi_2|^2, \tag{11.66}$$

mit reellen ϵ, v und g über den Parameter κ von der Lösung selbst ab, sie ist nichtlinear. Für die Komponenten des Zustandsvektors $|\psi\rangle = (\psi_1, \psi_2)^T$ erhält man mit $\hbar = 1$ die nichtlinearen Gleichungen

$$\begin{aligned} \mathrm{i}\dot{\psi}_1 &= (\epsilon + g\kappa)\psi_1 + v\psi_2 \\ \mathrm{i}\dot{\psi}_2 &= v\psi_1 - (\epsilon + g\kappa)\psi_2 . \end{aligned} \tag{11.67}$$

Diese Zeitentwicklung erhält, trotz ihrer Nichtlinearität, die Normierung

$$\psi_1\psi_1^* + \psi_2\psi_2^* = 1, \tag{11.68}$$

eine einfache Konsequenz der Tatsache, dass die Matrix **H** hermitesch ist.

Diese nichtlineare Dynamik besitzt, wie die der linearen Schrödinger-Gleichung, eine kanonische Struktur, wie man sie aus der klassischen Hamilton-Dynamik kennt. Sie lässt sich, was man nachprüfen sollte, wie die klassischen hamiltonschen Bewegungsgleichungen in der Form

$$\mathrm{i}\dot{\psi}_j = \frac{\partial \mathcal{H}}{\partial \psi_j^*}, \quad \mathrm{i}\dot{\psi}_j^* = \frac{\partial \mathcal{H}}{\partial \psi_j} \tag{11.69}$$

schreiben. Dabei können ψ_j und ψ_j^* als komplexe Größen aufgefasst werden, die den klassischen Orts- und Impulsvariablen entsprechen, und

$$\mathcal{H} = \epsilon(\psi_1^*\psi_1 - \psi_2^*\psi_2) + v(\psi_1^*\psi_2 + \psi_1\psi_2^*) + \frac{g}{2}(\psi_1^*\psi_1 - \psi_2^*\psi_2)^2 \tag{11.70}$$

übernimmt die Rolle einer klassischen Hamilton-Funktion.[4] Die Matrix **H** und die Energiefunktion $\mathcal{H}$ sind verknüpft durch die Beziehung

$$\mathcal{H} = \langle\psi|\mathbf{H}|\psi\rangle - \frac{g}{2}\kappa\,. \tag{11.71}$$

Wenn wir die Extremwerte der Funktion $\mathcal{H}$ unter der Normierungsbedingung (11.68) bestimmen, wobei wir den Lagrange-Parameter μ einführen, so erhalten wir die Gleichungen

$$\begin{aligned}
&\frac{\partial}{\partial\psi_1^*}\big(\mathcal{H} - \mu(\psi_1\psi_1^* + \psi_2\psi_2^* - 1)\big) = (\epsilon + g\kappa)\psi_1 + v\psi_2 - \mu\psi_1 = 0\\
&\frac{\partial}{\partial\psi_2^*}\big(\mathcal{H} - \mu(\psi_1\psi_1^* + \psi_2\psi_2^* - 1)\big) = v\psi_1 - (\epsilon + g\kappa)\psi_2 - \mu\psi_2 = 0\,,
\end{aligned} \tag{11.72}$$

die zusammen mit der Normierung die stationären Punkte $|\psi\rangle = (\psi_1, \psi_2)^T$ und μ bestimmen. Andererseits können wir von den Eigenvektoren $|\psi\rangle = (\psi_1, \psi_2)^T$ unserer nichtlinearen Matrix **H** ausgehen, also von den Lösungen der Gleichung $\mathbf{H}|\psi\rangle = \mu|\psi\rangle$ mit dem Eigenwert μ. Das ergibt das nichtlineare Gleichungssystem

$$\begin{aligned}
(\epsilon + g\kappa)\psi_1 + v\psi_2 &= \mu\psi_1\\
v\psi_1 - (\epsilon + g\kappa)\psi_2 &= \mu\psi_2
\end{aligned} \tag{11.73}$$

mit der Nebenbedingung $|\psi_1|^2 + |\psi_2|^2 = 1$, also genau die Gleichungen (11.72) für die stationären Punkte von $\mathcal{H}$, wobei der Eigenwert μ der Lagrange-Parameter ist. Die Eigenwerte μ sind reell, da die Matrix hermitesch ist, und die Eigenvektoren ändern sich zeitlich nur in einer Phase, genau wie im linearen Fall. Allerdings unterscheiden sie sich in wesentlichen Aspekten von den linearen Eigenvektoren: Sie sind nicht orthogonal und ihre Anzahl ist nicht gleich der Dimension des Vektorraums, also hier gleich zwei, sondern es kann mehr Eigenvektoren geben. Im linearen Fall, also hier für $g = 0$, lassen sich die Eigenwerte durch die Gleichung $\det(\mathbf{H} - \mu\mathbf{I}) = 0$ bestimmen, also als Nullstellen eines Polynoms zweiten Grades $\mu^2 - \epsilon^2 - v^2 = 0$ mit den Lösungen $\mu_\pm = \pm\sqrt{\epsilon^2 + v^2}$. Im nichtlinearen Fall ist die Bestimmung der Eigenwerte schwieriger, aber mit einigem Geschick durchführbar. Wir wollen das hier demonstrieren, obwohl wir weiter unten sehen werden, dass eine direkte Bestimmung der stationären Punkte einfacher erscheint, zumindest für dieses Modellsystem.

Aufgabe 11.4 (Lös. Seite 290): Vergewissern Sie sich, dass man durch Elimination von ψ_1 und ψ_2 aus den Gleichungen (11.73) und mithilfe der Normierungsbedingung $|\psi_1|^2 + |\psi_2|^2 = 1$ für μ die Gleichung $(\mu^2 - v^2)(\mu - g)^2 = \epsilon^2\mu^2$ erhält, oder, nach Umformung, das Polynom

$$\mu^4 - 2g\mu^3 + (g^2 - \epsilon^2 - v^2)\mu^2 + 2gv^2\mu - v^2g^2 = 0.$$

Wir erhalten also die Eigenwerte μ als reelle Nullstellen eines Polynoms $f(\mu)$ vierten Grades mit reellen Koeffizienten. Die vier möglichen Nullstellen sind entweder reell oder Paare kon-

[4] Eine Herleitung der angegebenen Funktion $\mathcal{H}$ sowie der Hamilton-Matrix **H** beruht auf einer sogenannten „Mean-Field"-Näherung eines bosonischen Vielteilchen-Quantensystems mit zwei Moden im Grenzfall einer unendlich großen Teilchenzahl.

jugiert komplexer Zahlen. Folglich gibt es immer zwei reelle Lösungen und in bestimmten Parameterbereichen vier. Von den drei Systemparametern ϵ, v und g sind nur zwei von Bedeutung, denn man kann alle Parameter mit $v \neq 0$ skalieren. Im kritischen Fall, dem Übergang von vier reellen Eigenwerten zu nur zwei, koinzidieren zwei Nullstellen in einer Extremstelle des Polynoms, dass heißt eine (doppelte) Nullstelle von $f(\mu)$ muss mit einer Nullstelle von $f'(\mu)$ zusammentreffen. Eine Bestimmung solcher simultaner Nullstellen von Polynomen lässt sich elegant formulieren durch die sogenannte Diskriminante der Polynome. Das führt auf die Bestimmung der Nullstelle der Determinante einer speziellen 7×7-Matrix, der sogenannten **Sylvester-Matrix** der Polynome. Eine nähere Beschreibung würde hier zu weit führen, aber ihre Lösung, beispielsweise durch eine Auswertung mit einem Programm der Computeralgebra, ergibt die Bedingung

$$(g^2 - v^2 - \epsilon^2)^3 = 27 g^2 v^2 \epsilon^2, \tag{11.74}$$

die sich umformen lässt auf die Form

$$g^{2/3} = v^{2/3} + \epsilon^{2/3}. \tag{11.75}$$

Für Parameter innerhalb dieser **Astroid-Kurve** gibt es vier Eigenwerte μ, außerhalb zwei. Dazu mehr im Zusammenhang mit Bild 11.11 weiter unten.

Es gibt aber eine alternative Möglichkeit, die Dynamik des Systems zu untersuchen, die in vielen Zügen übersichtlicher ist. Dazu führen wir statt der komplexen Größen ψ_1 und ψ_2 die reellen Variablen

$$\begin{aligned} s_1 &= \psi_1^* \psi_2 + \psi_1 \psi_2^* \\ s_2 &= -\mathrm{i}(\psi_1^* \psi_2 - \psi_1 \psi_2^*) \\ s_3 &= \psi_1 \psi_1^* - \psi_2 \psi_2^* \end{aligned} \tag{11.76}$$

ein. Dabei überträgt sich die Normierung der ψ_j auf

$$s_1^2 + s_2^2 + s_3^2 = 1, \tag{11.77}$$

das heißt, der Vektor $\mathbf{s} = (s_1, s_2, s_3)^T$ bewegt sich auf der Einheitskugel, der Bloch-Kugel (siehe Bild 9.1), nach der Bewegungsgleichung

$$\begin{aligned} \dot{s}_1 &= -2\epsilon s_2 - 2g s_2 s_3 \\ \dot{s}_2 &= 2\epsilon s_1 - 2v s_3 + 2g s_1 s_3 \\ \dot{s}_3 &= 2v s_2, \end{aligned} \tag{11.78}$$

was man durch Zeitableitung von Gleichung (11.76) mithilfe von (11.67) bestätigen kann. Dabei bleibt die Normierung und die „Energie"

$$\mathcal{H} = \epsilon s_3 + v s_1 + \frac{g}{2} s_3^2 \tag{11.79}$$

aus (11.71) erhalten. Bildet man das Vektorprodukt des Gradienten $\nabla\mathcal{H} = (v, 0, \epsilon + g s_3)^T$ mit $\mathbf{s}$, so findet man bei einem Vergleich mit der Bewegungsgleichung (11.78) die Beziehung

$$\dot{\mathbf{s}} = 2\nabla\mathcal{H} \times \mathbf{s}, \tag{11.80}$$

die eine geometrische Beschreibung der stationären Punkte erlaubt. Dort sind $\mathbf{s}$ und $\nabla\mathcal{H}$ parallel. Der Gradient steht also senkrecht auf der Bloch-Kugel oder, anders ausgedrückt, die Flächen $|\mathbf{s}| = 1$ und $\mathcal{H}$ = konstant berühren sich in diesen Punkten.

Wir berechnen die stationären Punkte $\mathbf{s} = (s_1, s_2, s_3)^T$ mit $\dot{\mathbf{s}} = 0$ als

$$s_2 = 0, \quad s_1(\epsilon + g s_3) = v s_3, \tag{11.81}$$

oder, nach Einsetzen in $s_1^2 + s_3^2 = 1$ und Umformen, als Lösungen der Gleichung

$$g^2 s_3^4 + 2\epsilon g s_3^3 + (\epsilon^2 + v^2 - g^2) s_3^2 - 2\epsilon g s_3 - \epsilon^2 = 0\,. \tag{11.82}$$

Dies ist wieder ein Polynom vierten Grades mit zwei oder vier reellen Nullstellen. Die zugehörigen nichtlinearen Eigenwerte μ erhält man dann nach Gleichung (11.71) aus $\mu = \mathcal{H} + \frac{g}{2}\, s_3$. Für $\epsilon = 0$ faktorisiert das Polynom in $(g^2 s_3^2 + v^2 - g^2) s_3^2 = 0$ mit einer doppelten Nullstelle $s_3 = 0$ (dann ist $s_1 = \pm 1$) und den beiden Nullstellen $s_3 = \pm\sqrt{1 - v^2/g^2}$ (dann ist in beiden Fällen $s_1 = v/g$). Wir finden also kritische Punkte bei $g = \pm v$. Im Bereich $g^2 < v^2$ haben wir zwei stationäre Punkte, außerhalb vier.

Um die kritischen Punkte für $\epsilon \neq 0$ zu bestimmen, können wir genauso vorgehen, wie oben für die Eigenwerte μ beschrieben. Hier bietet sich aber eine bessere Möglichkeit. Wir verwenden sphärische Polarkoordinaten für **s** und erhalten so die Energiefunktion

$$\mathcal{H} = \epsilon \cos\theta + v \sin\theta \cos\phi + \frac{g}{2} \cos^2\theta\,, \tag{11.83}$$

auf der Bloch-Kugel. Die Extremwerte bestimmen wir durch $\partial\mathcal{H}/\partial\phi = -v\sin\theta\sin\phi \overset{!}{=} 0$ als $\sin\phi = 0$, also $\cos\phi = \pm 1$, und

$$\begin{aligned}\frac{\partial\mathcal{H}}{\partial\theta} &= -\epsilon\sin\theta + v\cos\theta\cos\phi - g\sin\theta\cos\theta\Big|_{\cos\phi=\pm1} \\ &= -\epsilon\sin\theta \pm v\cos\theta - g\sin\theta\cos\theta \overset{!}{=} 0\,.\end{aligned} \tag{11.84}$$

Dabei findet man wieder, wie oben beschrieben, zwei oder vier Extrema. Den Charakter dieser Extrema kann man mithilfe der **Hesse-Matrix**, der Matrix der zweiten Ableitungen an den Extremstellen, bestimmen. Wenn man aber daran denkt, dass wir es hier mit Extrema der Funktion $\mathcal{H}(\theta,\phi)$ auf der Kugelfläche zu tun haben, dann führt auch ein anderer Weg zum Ziel. Die Anzahl N_{max} der Maxima, die der Minima N_{min} und die der Sattelpunkte N_{sat} auf einer Mannigfaltigkeit stehen nämlich durch

$$N_{\text{max}} + N_{\text{min}} - N_{\text{sat}} = \chi_{\text{E}} \tag{11.85}$$

im Zusammenhang. Dabei ist χ_{E} die **Euler-Charakteristik** der Mannigfaltigkeit, die für die Kugeloberfläche den Wert $\chi_{\text{E}} = 2$ hat. Gibt es nur zwei Extrema, dann muss es sich um ein Minimum und ein Maximum handeln, bei vier Extrema um drei Maxima/Minima und einen Sattelpunkt.

Für die kritischen Parameterwerte treffen zwei stationäre Lösungen in einem Punkt zusammen, der bestimmt ist durch Gleichung (11.84) und zusätzlich durch

$$\frac{\partial^2\mathcal{H}}{\partial\theta^2} = -\epsilon\cos\theta \mp v\sin\theta + g\sin^2\theta - g\cos^2\theta = 0\,. \tag{11.86}$$

Multipliziert man (11.84) mit $\sin\theta$ und (11.86) mit $\cos\theta$, so erhält man durch Addition dieser Gleichungen $\epsilon = -g\cos\theta$. Multiplikation von (11.84) mit $\cos\theta$ und (11.86) mit $\sin\theta$ führt nach Subtraktion auf $v = \pm g\sin^3\theta$. Diese Ergebnisse eingesetzt in $\sin^2\theta + \cos^2\theta = 1$ liefern die gesuchte kritische Relation aus (11.75), also

$$g^{2/3} = v^{2/3} + \epsilon^{2/3}\,. \tag{11.87}$$

Bild 11.11 zeigt diese Astroid-Kurve. In ihrem Inneren gibt es drei Maxima oder Minima und einen Sattelpunkt, außerhalb nur zwei Maxima oder Minima. Bei Durchgang durch diese Bifurkationskurve von innen nach außen trifft ein Minimum oder Maximum auf den Sattelpunkt und beide verschwinden.

In Bild 11.12 ist die Energie $\mathcal{H}$ an den numerisch berechneten stationären Punkten in Abhängigkeit von ϵ dargestellt für $v = 1$ und für vier Werte des nichtlinearen Kopplungsparameters

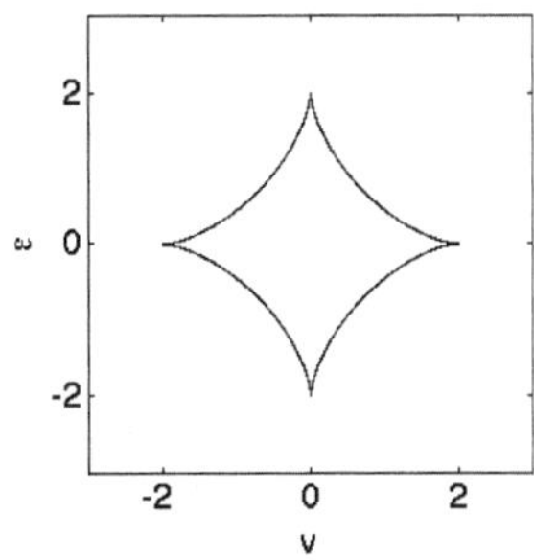

Bild 11.11 Astroid-Kurve: Kritische Bifurkationsparameter (11.87) in der (v,ϵ)-Ebene für $|g| = 2$.

g. Für $g = 0$ sehen wir die bekannten Lösungen des linearen Systems. Für $g = -0.9$, also knapp unter dem kritischen Wert für $\epsilon = 0$, bildet sich in dem unteren Niveau bei $\epsilon = 0$ eine Spitze aus (im oberen Niveau für positives g), die sich dann mit wachsender Nichtlinearität zu einer schwalbenschwanzartigen Kurve entwickelt. Im Bereich $|\epsilon| < (g^{2/3} - v^{2/3})^{3/2}$ gibt es vier nichtlineare Eigenzustände. (Es sei angemerkt, dass für die kritischen Werte zwei Eigenzustände zusammentreffen. Das heißt, es handelt sich um einen exzeptionellen Punkt (vgl. Abschnitt 11.3).) Außerdem sehen wir direkt, dass es hier ein Maximum gibt (die obere Kurve), zwei Minima (die beiden sich schneidenden unteren Kurven) und einen Sattelpunkt auf der gewölbten Kurve zwischen den beiden Spitzen). Bei positiven Werten von g erscheint das entsprechende Bild invertiert. Hier bifurkiert der obere stationäre Zustand, das Maximum, in einen Schwalbenschwanz.

Auch die Dynamik des Systems lässt sich geometrisch interpretieren. Die Trajektorien erscheinen als Schnittkurven der Flächen $\mathcal{H} = \epsilon s_3 + v s_1 + \frac{g}{2} s_3^2$ mit der Kugeloberfläche. Je nach dem Wert der Energie $\mathcal{H}$ ergeben sich unterschiedliche Schnitte als eine einzige geschlossene Kurve oder als zwei getrennte. Das Bild 11.13 (linkes Teilbild) zeigt eine solche Kurve für die Sattelpunktenergie. Bei den gewählten Parametern $\epsilon = 0$, $v = 1$ und $g = 3$ gibt es vier stationäre Punkte, die durch Sterne markiert sind. Es sind zwei Maxima, ein Minimum bei $\mathbf{s} = (-1, 0, 0)$ und ein Sattelpunkt bei $\mathbf{s} = (1, 0, 0)$. Die dargestellte Bahn, eine sogenannte **Separatrix**, trennt die Kugeloberfläche in drei Bereiche, in denen jeweils Umläufe um eines der jeweiligen Zentren, die Maxima oder das Minimum, zu finden sind. Diese Bahnen haben eine endliche Umlaufzeit, die mit Annäherung an die Separatrixbahn gegen unendlich geht.

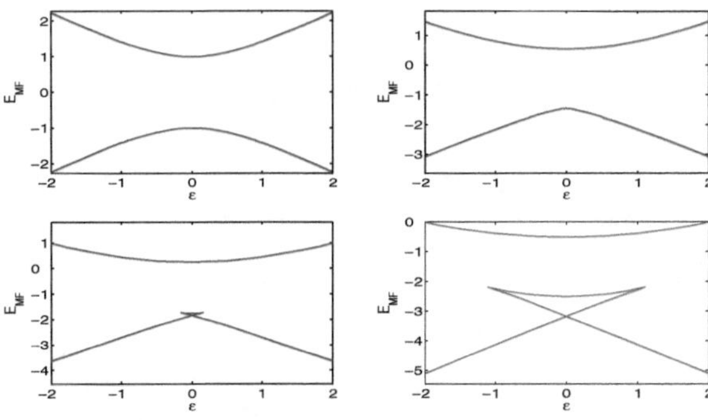

Bild 11.12 Energien $\mathcal{H}$ der stationären Punkte in Abhängigkeit von ϵ für $v = 1$ und $g = 0$, -0.9, -1.5, -3.0 (von links oben nach rechts unten).

Die Untersuchung linearer nicht-hermitescher Systeme aus Abschnitt 11.3 lässt sich auch auf den nichtlinearen Fall ausdehnen. Allerdings wird dann die Dynamik wesentlich komplizierter. Wir wollen hier nur ein Beispiel zeigen, bei dem die Bewegungsgleichungen (11.78) durch einen Dämpfungsterm modifiziert werden:

$$\begin{aligned} \dot{s}_1 &= -2\epsilon s_2 - 2g s_2 s_3 + 2\gamma s_1 s_3 \\ \dot{s}_2 &= 2\epsilon s_1 - 2v s_3 + 2g s_1 s_3 + 2\gamma s_2 s_3 \\ \dot{s}_3 &= 2v s_2 - 2\gamma(s_1^2 + s_2^2)\,. \end{aligned} \tag{11.88}$$

mit $\gamma \geq 0$. Dabei bleibt, wie man schnell nachprüft, der Betrag von $\vec{s}$ erhalten und der Vektor bewegt sich auf der Oberfläche der Bloch-Kugel. Durch die Dämpfung können sich die Lage, der Charakter und die Anzahl der Fixpunkte verändern. Ein Beispiel einer solchen Strukturänderung zeigt das rechte Teilbild in Bild 11.13 (Parameter wie im linken Bild mit $\gamma = 0.7$). Dabei bleibt der Sattelpunkt erhalten, aber zwei der drei Zentren werden zu einem attraktiven und einem repulsiven Fixpunkt, also zu einer Senke und einer Quelle des dynamischen Flusses.

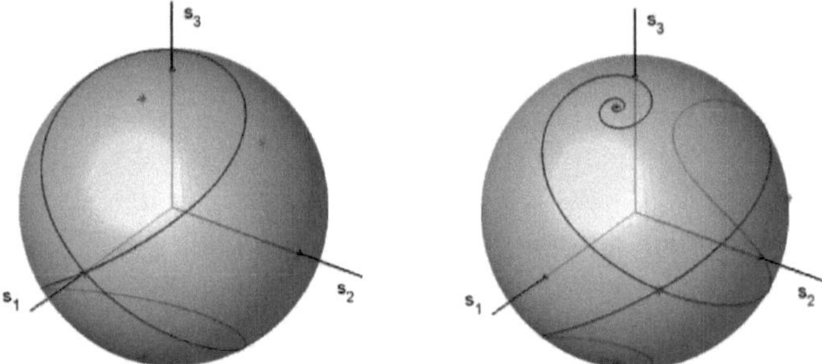

Bild 11.13 Links: Bloch-Kugel mit den vier Fixpunkten (Sterne) für $\epsilon = 0$, $v = 1$ und $g = 3$ und die Bahn durch den Sattelpunkt bei $\mathbf{s} = (1, 0, 0)$. Rechts: Das gleiche System mit zusätzlicher Dämpfung.

11.6 Lösungen der Aufgaben

Aufgabe 11.1 (Seite 268) : Das Zeitintervall, in dem die Landau-Zener-Übergänge im Wesentlichen erfolgen, ist deutlich lokalisiert in einem Zeitintervall mit einer Breite Δt um $t = 0$. Begründen Sie dieses Verhalten und prüfen Sie Ihre Vermutungen anhand der numerischen Daten aus Bild 11.2.

Lösung: Die wesentlichen Übergänge vermutet man in der Umgebung des Kreuzungspunktes $\epsilon = 0$, der zur Zeit $t = 0$ erreicht wird. Die Breite des Übergangsbereiches lässt sich mit $\Delta\epsilon = 2v$ abschätzten. Mit $\epsilon(t) = \alpha t$ ergibt das eine Breite $\Delta t = \delta\epsilon/\alpha = 2v/\alpha$. Für die Parameter der Abbildung, $v = 0.2$ und $\alpha = 0.1$, ergibt dies $\Delta t = 4$, was gut mit dem Verhalten der dargestellten Übergangswahrscheinlichkeiten übereinstimmt.

Aufgabe 11.2 (Seite 270) : Zeigen Sie: Im adiabatischen Grenzfall folgen die Zustände den instantanen wie

$$|\psi_\pm(t)\rangle = \exp\{-\frac{\mathrm{i}}{\hbar}\int_0^t \mathrm{d}t' E_\pm(\vec{r}(t')) + \mathrm{i}\gamma_\pm(t)\}\,|\phi_\pm(\vec{r}(t))\rangle\,.$$

Lösung: Wir wollen uns hier den Luxus leisten unseren Beweis allgemein für eine Hamilton-Matrix $\mathbf{H}(t)$ zu führen, die stetig differenzierbar von (höchstens) drei Parametern $\vec{r} = \vec{r}\,(t)$ abhängt, also als $H_{jk}(t) = H_{jk}(\vec{r}\,(t))$. Für jeden Parametervektor $\vec{r}$ definieren wir die orthonormierten instantanen Eigenvektoren

$$\mathbf{H}\,|\,\phi_m(\vec{r}\,)\rangle = E_m(\vec{r}\,)\,|\,\phi_m(\vec{r}\,)\rangle \tag{11.89}$$

zu den Eigenwerten $E_m(\vec{r}\,)$ mit $\langle\,\phi_m(\vec{r}\,)\,|\,\phi_n(\vec{r}\,)\,\rangle = \delta_{nm}$. Durch diese Normierung wird jeder der Eigenvektoren bis auf einen im Prinzip beliebigen Phasenfaktor festgelegt, den man geeignet wählen kann, vorausgesetzt, dass die $|\,\phi_m(\vec{r}\,)\,\rangle$ in einem Bereich, der die Kurve $\vec{r}\,(t)$ enthält eindeutig und differenzierbar sind. Wir stellen den Zustandsvektor als

$$|\psi(t)\rangle = \sum_m \psi_m(t)|\phi_m(\vec{r}\,(t))\rangle \tag{11.90}$$

dar und erhalten nach Einsetzen in die Schrödinger-Gleichung und eine Projektion auf die instantane Basis die Differentialgleichungen

$$\frac{\mathrm{d}\psi_m}{\mathrm{d}t} + \sum_n \langle\phi_m|\nabla_r\phi_n\rangle\cdot\frac{\mathrm{d}\vec{r}}{\mathrm{d}t}\,\psi_n(t) = -\frac{\mathrm{i}}{\hbar}\,E_m(t)\,\psi_m(t)\,. \tag{11.91}$$

Wenn das System sich zur Zeit $t = 0$ im Zustand m befindet, $\psi_n(0) = \delta_{nm}$, und wenn man die Terme $\langle\phi_m|\nabla_r\phi_n\rangle\cdot\frac{\mathrm{d}\vec{r}}{\mathrm{d}t}\,\psi_n(t)$ für $n \neq m$ für eine adiabatische Zeitentwicklung vernachlässigt, da adiabatischen Limit $\mathrm{d}\vec{r}/\mathrm{d}t$ und $\psi_n(t)$ klein sind, erhält man die Differentialgleichung

$$\frac{\mathrm{d}\psi_m}{\mathrm{d}t} + \langle\phi_m|\nabla_r\phi_m\rangle\cdot\frac{\mathrm{d}\vec{r}}{\mathrm{d}t}\,\psi_m(t) = -\frac{\mathrm{i}}{\hbar}\,E_m(t)\,\psi_m(t) \tag{11.92}$$

mit der Lösung

$$\psi_m(t) = \exp\Big\{-\frac{\mathrm{i}}{\hbar}\int_0^t E_m(t')\mathrm{d}t' + \mathrm{i}\gamma_m(t)\Big\}\,,\quad \gamma_m(t) = \int_0^t \langle\phi_m|\nabla_r\phi_m\rangle\cdot\frac{\mathrm{d}\vec{r}}{\mathrm{d}t}\,\mathrm{d}t\,. \tag{11.93}$$

Der Zustandsvektor folgt also bei einer adiabatischen Parameterveränderung dem instantanen Eigenzustand mit einer Phasenänderung, die aus einem dynamischen Anteil und einem rein geometrischen Anteil γ besteht.

Aufgabe 11.3 (Seite 280): Die Hamilton-Matrix $\mathbf{H} = \begin{pmatrix}\epsilon-2\mathrm{i}\gamma & v\\ v & -\epsilon\end{pmatrix}$ hat die Eigenwerte $\mathscr{E}_\pm = -\mathrm{i}\gamma \pm w$ mit $w = \sqrt{\tilde{\epsilon}^2 + v^2}$ und $\tilde{\epsilon} = \epsilon - \mathrm{i}\gamma$. Zeigen Sie, dass die Zeitevolutionsmatrix durch

$$\mathbf{U}(t) = \mathrm{e}^{-\gamma t}\begin{pmatrix}\cos(wt) - \mathrm{i}\tilde{\epsilon}\,\frac{\sin(wt)}{w} & -\mathrm{i}v\,\frac{\sin(wt)}{w}\\ -\mathrm{i}v\,\frac{\sin(wt)}{w} & \cos(wt) + \mathrm{i}\tilde{\epsilon}\,\frac{\sin(wt)}{w}\end{pmatrix}$$

gegeben ist, und verifizieren Sie, dass für $\epsilon = 0$ für $v = \gamma$ gilt $\mathbf{U}(t) = \mathrm{e}^{-\gamma t}\begin{pmatrix}1-\gamma t & -\mathrm{i}\gamma t\\ -\mathrm{i}\gamma t & 1+\gamma t\end{pmatrix}$.

Lösung: Durch Berechnung der Exponentialfunktion $\mathbf{U}(t) = \mathrm{e}^{-\mathrm{i}\mathbf{H}t}$ nach M2, Gleichung (2.91) erhält man

$$\mathbf{U}(t) = \mathrm{e}^{-\gamma t}\left\{\cos(wt)\begin{pmatrix}1 & 0\\ 0 & 1\end{pmatrix} - \frac{\mathrm{i}}{w}\sin(wt)\begin{pmatrix}\epsilon - \mathrm{i}\gamma & v\\ v & -\epsilon + \mathrm{i}\gamma\end{pmatrix}\right\} \tag{11.94}$$

und umgeschrieben die gesuchte Gleichung. Für $\epsilon = 0$ strebt in dem Grenzfall $v \to \gamma$ der Wurzelausdruck w gegen null, $\cos(wt)$ gegen eins und $\sin(wt)/(wt)$ gegen eins. Als Resultat erhalten wir den in der Aufgabe angegebenen Ausdruck.

Aufgabe 11.4 (Seite 284): Vergewissern Sie sich, dass man durch Elimination von ψ_1 und ψ_2 aus den Gleichungen (11.73) und mithilfe der Normierungsbedingung $|\psi_1|^2 + |\psi_2|^2 = 1$ für μ die Gleichung $(\mu^2 - v^2)(\mu - g)^2 = \epsilon^2\mu^2$ erhält, oder, nach Umformung, das Polynom

$$\mu^4 - 2g\mu^3 + (g^2 - \epsilon^2 - v^2)\mu^2 + 2gv^2\mu - v^2g^2 = 0.$$

Lösung: Zunächst bringen wir die Gleichungen (11.73) auf die Form

$$v\psi_2 = (\mu - \epsilon - g\kappa)\psi_1\ , \quad v\psi_1 = (\mu + \epsilon + g\kappa)\psi_2\,. \tag{11.95}$$

Wir multiplizieren beide Gleichungen und erhalten nach Division durch $\psi_1\psi_2$

$$v^2 = \mu^2 - (\epsilon + g\kappa)^2. \tag{11.96}$$

Die Division der ersten Gleichung durch das konjugiert Komplexe der zweiten[5] liefert $|\psi_2|^2 = \delta|\psi_1|^2$ mit

$$\delta = \frac{\mu - \epsilon - g\kappa}{\mu + \epsilon + g\kappa}.$$

Mit der Nebenbedingung $1 = |\psi_1|^2 + |\psi_2|^2 = |\psi_1|^2(1+\delta)$ und $\kappa = |\psi_1|^2 - |\psi_2|^2 = |\psi_1|^2(1-\delta)$ (vgl. Gleichung (11.66)) erhalten wir

$$\kappa = \frac{1-\delta}{1+\delta} = \frac{(\mu + \epsilon + g\kappa) - (\mu - \epsilon - g\kappa)}{(\mu + \epsilon + g\kappa) + (\mu - \epsilon - g\kappa)} = \frac{\epsilon + g\kappa}{\mu}, \tag{11.97}$$

oder $\kappa = \epsilon/(\mu - g)$. Wenn wir das in die obige Gleichung (11.96) einsetzen und umformen, erhalten wir

$$(\mu^2 - v^2)(\mu - g)^2 = \epsilon^2\mu^2 \tag{11.98}$$

und daraus durch Ausmultiplizieren das gesuchte Polynom.

[5] Die Parameter sind reell und wir sind nur an reellen Werten von μ interessiert.

12 Bipartite Quantensysteme und Quantencomputing

„What computers can or cannot compute is determined by the laws of physics alone, and not by pure mathematics."
— David Deutsch

In den vorangehenden Kapiteln haben wir uns nur mit Einteilchen-Quantensystemen befasst und haben sie oft reduziert auf Systeme mit nur zwei Zuständen. Hier, in unserem letzten Kapitel, wollen wir zunächst einen kurzen Blick auf das riesige Gebiet der Vielteilchensysteme mit sehr(!) vielen Zuständen werfen. Aber keine Angst, auch hier werden wir uns schnell auf einfachere Probleme zurückziehen, denn schon ein Quantensystem zweier Teilchen, die sich in zwei Teilsystemen, oder „Moden", befinden können, birgt schon viele Überraschungen. Man spricht dann von einem **bipartiten System**.

Betrachten wir ein Quantensystem mit N Teilchen, die sich in zwei Moden befinden können, etwa Atome in den Grundzuständen zweier Potentialmulden oder Photonen in zwei Strahlengängen eines optischen Systems. Es soll sich dabei um ununterscheidbare Bosonen handeln, also Teilchen mit geradzahligem Spin.

Da die Teilchen ununterscheidbar sind, ist es ausreichend, einen Zustand nur durch die Anzahl n_1 bzw. n_2 der Teilchen in Mode 1 oder 2 zu charakterisieren, also durch den Zustandsvektor $|n_1\rangle_1|n_2\rangle_2 = |n_1, n_2\rangle$. Zur mathematischen Beschreibung verwenden wir Erzeugungs- und Vernichtungsoperatoren $\hat{a}_j^\dagger$ bzw. $\hat{a}_j$ für $j = 1,2$, die mit $\hat{a}_j^\dagger|n_j\rangle_j = \sqrt{n_j+1}|n_j+1\rangle_j$ und $\hat{a}_j|n_j+1\rangle_j = \sqrt{n_j+1}|n_j\rangle_j$ ein Teilchen in Mode j erzeugen oder vernichten, und die wegen $\hat{a}_j^\dagger\hat{a}_j|n_j\rangle_j = n_j|n_j\rangle_j$ als Teilchenzahloperatoren bezeichnet werden. Die Operatoren mit unterschiedlichen Indizes j vertauschen. (Mehr über diese Operatoren findet man in Abschnitt 7.3.1.)

Hier wählen wir eine einfache Variante eines solchen **Bose-Hubbard-Dimers** mit dem Hamilton-Operator

$$\hat{H} = v(\hat{a}_1^\dagger\hat{a}_2 + \hat{a}_1\hat{a}_2^\dagger) \tag{12.1}$$

mit reellem v, der nur durch den „Hopping-Operator" $\hat{a}_1^\dagger\hat{a}_2 + \hat{a}_1\hat{a}_2^\dagger$ bestimmt wird: $\hat{a}_1^\dagger\hat{a}_2$ entfernt ein Teilchen an der Stelle 2 und erzeugt eines bei 1, beschreibt also einen Sprung von 2 nach 1, und $\hat{a}_1\hat{a}_2^\dagger$ beschreibt den Rücksprung. Dabei bleibt die Gesamtteilchenzahl

$$\hat{N} = \hat{a}_1^\dagger\hat{a}_1 + \hat{a}_2^\dagger\hat{a}_2 \tag{12.2}$$

erhalten, denn $\hat{N}$ vertauscht mit $\hat{H}$. In diesem Hamilton-Operator fehlen Terme, die die Wechselwirkung der Teilchen beschreiben sowie eventuelle Zerfallskanäle, die man zusätzlich berücksichtigen sollte. Wir beschränken uns hier aber auf dieses einfache Modell, wobei wir uns außerdem mit nur zwei Teilchen zufrieden geben. Dabei bestimmen wir die Zeitentwicklung des Systems durch den Zeitentwicklungsoperator

$$\hat{U}(t) = \mathrm{e}^{-\mathrm{i}\hat{H}t} = \mathrm{e}^{-\mathrm{i}vt(\hat{a}_1^\dagger \hat{a}_2 + \hat{a}_2 \hat{a}_1^\dagger)}. \tag{12.3}$$

Für $N = 2$ Teilchen ist der Hilbert-Raum dreidimensional und wird von den orthonormalen Basiszuständen $|1,1\rangle$, $|2,0\rangle$ und $|0,2\rangle$ aufgespannt, oder besser von den gleichfalls orthonormalen Zuständen

$$|1,1\rangle \text{ und } |\pm\rangle = \tfrac{1}{\sqrt{2}}\big(|2,0\rangle \pm |0,2\rangle\big). \tag{12.4}$$

Aus

$$\hat{H}|1,1\rangle = v\sqrt{2}\big(|2,0\rangle + |0,2\rangle\big) = 2v|+\rangle\,,\quad \hat{H}|+\rangle = 2v|1,1\rangle\,,\quad \hat{H}|-\rangle = 0 \tag{12.5}$$

sehen wir, dass der Zustand $|-\rangle$ entkoppelt, sodass wir die Dynamik durch eine 2×2-Matrix

$$\mathbf{H} = \begin{pmatrix} 0 & 2v \\ 2v & 0 \end{pmatrix} \tag{12.6}$$

in der Basis $|1,1\rangle$, $|+\rangle$ beschreiben können. Die Matrix

$$\mathbf{U}(t) = \mathrm{e}^{-\mathrm{i}\mathbf{H}t} = \mathrm{e}^{-2\mathrm{i}vt}\big(\cos 2vt\,\mathbf{I} - \tfrac{\mathrm{i}}{2v}\sin 2vt\,\mathbf{H}\big) = \mathrm{e}^{-2\mathrm{i}vt}\begin{pmatrix} \cos 2vt & -\mathrm{i}\sin 2vt \\ -\mathrm{i}\sin 2vt & \cos 2vt \end{pmatrix} \tag{12.7}$$

(siehe z.B. M2, Abschnitt 2.2.1) bestimmt die (periodische) Zeitentwicklung.

Für einen Anfangszustand $|1,1\rangle$, in dem sich anfangs je ein Teilchen in jeder der beiden Moden befindet, ist die Wahrscheinlichkeit, diesen Zustand wieder vorzufinden, gleich

$$|\langle 1,1|\psi(t)\rangle|^2 = |\langle 1,1|\mathbf{U}(t)|1,1\rangle|^2 = \cos^2 2vt. \tag{12.8}$$

Zu der Zeit $t = \pi/4v$ ist diese Rückkehrwahrscheinlichkeit gleich null. Man kann also jeweils nur Paare zweier Teilchen detektieren, mit gleicher Wahrscheinlichkeit in Mode 1 oder Mode 2.

Mit etwas mehr Rechenaufwand lässt sich dies auch für beliebige geradzahlige Teilchenzahlen $N = 2n$ berechnen. Für einen Anfangszustand $|n,n\rangle$ erhält man

$$|\langle n,n|\psi(t)\rangle|^2 = |\langle n,n|\mathbf{U}(t)|n,n\rangle|^2 = P_n^2(\cos 2vt) \tag{12.9}$$

mit einem Legendre-Polynom P_n.

Der Hamilton-Operator (12.1) beschreibt auch einen im ersten Moment völlig anders erscheinenden Prozess, nämlich einen quantenoptischen Strahlteiler. Bild 12.1 zeigt einen Strahlteiler der klassischen Optik. Er besteht im Wesentlichen aus einem halbdurchlässigen Spiegel, auf den von beiden Seiten Licht einfällt. Zwei unter einem Winkel von 45° einlaufende Lichtstrahlen, beschrieben durch die komplexen Feldamplituden E_1 und E_2, werden durch den Strahlteiler transmittiert und reflektiert und laufen wieder aus.

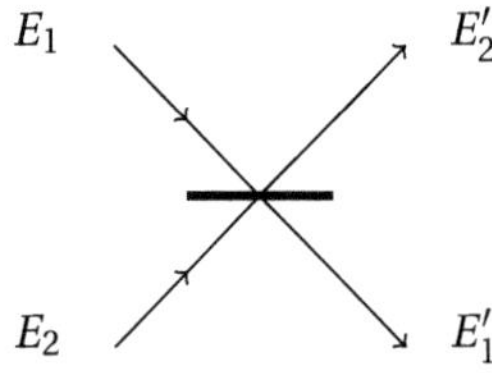

Bild 12.1 Strahlteiler der klassischen Strahlenoptik.

Die auslaufenden elektrischen Felder E_1' und E_2' sind mit den einlaufenden über die Matrixgleichung

$$\begin{pmatrix} E_1' \\ E_2' \end{pmatrix} = \begin{pmatrix} t & r \\ r' & t' \end{pmatrix} \begin{pmatrix} E_1 \\ E_2 \end{pmatrix} \tag{12.10}$$

verknüpft, mit den komplexen Transmissions- und Reflexionskoeffizienten t und r bzw. t' und r'. Die Matrix ist unitär, um die Energieerhaltung $|E_1|^2 + |E_2|^2 = |E_1|^2 + |E_2|^2$ zu gewährleisten, und dabei gilt für einen symmetrischen 50 : 50-Strahlteiler $t' = t = \frac{1}{\sqrt{2}}$ und $r' = r = \mathrm{i}\frac{1}{\sqrt{2}}$, wobei der Faktor i von dem Phasensprung bei Reflexion herrührt.

Ein **quantenoptischer Strahlteiler** realisiert den gleichen Prozess mit einzelnen Photonen. Photonen sind ununterscheidbare Bosonen und das System wird in der Quantenoptik mit Erzeugungs- und Vernichtungsoperatoren formuliert. Basiszustände sind wieder $|n_1, n_2\rangle$ mit n_1 und n_2 Photonen in jedem Kanal. Durch den Quanten-Strahlteiler geht ein Eingangszustand $|\text{in}\rangle$ in den Zustand $|\text{out}\rangle = \hat{S}|\text{in}\rangle$ über. Dabei ist $\hat{S}$ ein unitärer Operator, denn die Norm des Zustands bleibt erhalten, und die Quantenoptik lehrt uns, dass dieser Operator durch

$$\hat{S} = \mathrm{e}^{\mathrm{i}\frac{\theta}{2}\left(\hat{a}_1^\dagger \hat{a}_2 + \hat{a}_1 \hat{a}_2^\dagger\right)} \tag{12.11}$$

gegeben ist. Der Parameter θ gibt das Teilungsverhältnis Strahlteiler an. Das entspricht genau dem Zeitentwicklungsoperator (12.3) unseres Bose-Hubbard-Dimers, wenn wir $\theta/2$ durch $-\nu t$ ersetzen. Wir können daher direkt die Ergebnisse unserer obigen Rechnung übernehmen. Wenn wir also als Anfangszustand einen Zustand $|1, 1\rangle$ wählen mit je einem Photon in jedem der beiden Eingangskanäle, dann messen wir für $\theta = \pi/2$ in den Ausgangskanälen nur jeweils zwei Photonen zusammen, jeweils mit gleicher Wahrscheinlichkeit in jedem der beiden Ausgangskanäle. Dieses Phänomen, dass die beiden auslaufenden Photonen nur paarweise zu beobachten sind, wird nach seinen Entdeckern (im Jahr 1987) als **Hong-Ou-Mandel-Effekt** bezeichnet.

12.1 Bipartite Systeme und Verschränkung

Wir betrachten ein Quantensystem, das aus zwei Teilsystemen besteht, also ein bipartites Quantensystem. Zusätzlich wollen wir annehmen, das jedes Teilsystem nur zwei Zustände besitzt. Die Basiszustände jedes dieser Teilsysteme wollen wir hier mit 0 und 1 nummerieren. Unser gesamter Hilbert-Raum ist also vierdimensional mit den orthonormierten Basiszuständen $|00\rangle$, $|01\rangle$, $|10\rangle$, $|11\rangle$, die wir immer in dieser Reihenfolge anordnen. Wir können jeden Zustand durch die Linearkombination

$$|\psi\rangle = c_{00}|00\rangle + c_{01}|01\rangle + c_{10}|10\rangle + c_{11}|11\rangle \tag{12.12}$$

mit komplexen Koeffizienten c_{jk} darstellen, die $|c_{00}|^2 + |c_{01}|^2 + |c_{10}|^2 + |c_{11}|^2 = 1$ erfüllen, also durch den normierten Vektor $(c_{00}, c_{01}, c_{10}, c_{11})^T$. Lineare Operatoren entsprechen dann 4×4-Matrizen, beispielsweise beschreiben wir die Zeitentwicklung durch eine unitäre Matrix $\mathbf{U}(t)$.

Unter den Zuständen (12.12) gibt es spezielle, die sich als Produkt von Zuständen der beiden Teilsysteme darstellen lassen. Ein solcher **Produktzustand** ist gleich

$$\begin{aligned} |\psi\rangle &= \big(a_0|0\rangle + a_1|1\rangle\big)\big(b_0|0\rangle + b_1|1\rangle\big) \\ &= a_0 b_0|00\rangle + a_0 b_1|01\rangle + a_1 b_0|10\rangle + a_1 b_1|11\rangle \end{aligned} \tag{12.13}$$

mit $|a_0|^2 + |a_1|^2 = 1$ und $|b_0|^2 + |b_1|^2 = 1$. Weitaus die meisten Zustände des Systems sind aber *keine* Produktzustände. Für unser System gibt es einen einfachen Test, um dies für einen gegebenen Zustand zu entscheiden.

Aufgabe 12.1 (Lös. Seite 304): Zeigen Sie: Ein Zustand (12.12) ist genau dann ein Produktzustand, wenn gilt

$$C = 2\,|c_{00}c_{11} - c_{01}c_{10}| = 0$$

mit der sogenannten *Concurrence* C, die die Ungleichung $0 \le C \le 1$ erfüllt.

Man bezeichnet Zustände, die keine Produktzustände sind, als **verschränkt**. Betrachten wir beispielsweise die beiden Zustände

$$|\pm\rangle = \tfrac{1}{\sqrt{2}}(|01\rangle \pm |10\rangle). \tag{12.14}$$

Sie sind normiert und orthogonal mit Concurrence $C = 1$. Das entspricht dem maximal möglichen Wert. Diese Zustände sind also **maximal verschränkt** und werden als **Bell-Zustände** bezeichnet. Mehr dazu auf Seite 299. Verschränkte Zustände haben Eigenschaften, die anfangs bei der Entwicklung der Quantenmechanik überraschend waren, heute aber fast schon routinemäßig eingesetzt werden.

Die Auswirkungen einer Verschränkung werden deutlich bei einer **Messung** des Zustandes (vgl. dazu die Ausführungen zu einer quantenmechanischen Messung in Abschnitt 7.1 auf Seite 7.1). Betrachten wir zunächst ein System in einem Produktzustand (12.13). Eine Messung im ersten Teilsystem liefert den Zustand 0 mit Wahrscheinlichkeit $|a_0|^2$ und den Zustand 1 mit Wahrscheinlichkeit $|a_1|^2$, unabhängig von etwaigen Messungen am zweiten Teilsystem.

Anders verhält es sich für einen allgemeinen Zustand

$$|\psi\rangle = c_{00}|00\rangle + c_{01}|01\rangle + c_{10}|10\rangle + c_{11}|11\rangle\,. \tag{12.15}$$

Hier gibt es bei einer Messung des ersten Teilsystems zwei Möglichkeiten:

(a) Wir erhalten das Resultat 0 mit der Wahrscheinlichkeit $p_0 = |c_{00}|^2 + |c_{01}|^2$. Das System ist danach im Zustand $|\psi\rangle = \big(c_{00}|00\rangle + c_{01}|01\rangle\big)/\sqrt{p_0}$.

(b) Wir erhalten das Resultat 1 mit der Wahrscheinlichkeit $p_1 = |c_{10}|^2 + |c_{11}|^2$. Das System ist danach im Zustand $|\psi\rangle = \big(c_{10}|10\rangle + c_{11}|11\rangle\big)/\sqrt{p_1}$.

Wird dann der Zustand des zweiten Teilsystems gemessen, erhält man das Resultat 0 in Fall (a) mit der Wahrscheinlichkeit $|c_{00}|^2/p_0$, im Falle (b) mit der Wahrscheinlichkeit $|c_{10}|^2/p_1$. Für solche verschränkten Zustände sind die Messungen also korreliert.

Besonders extrem ist das für die maximal verschränkten Bell-Zustände $|\pm\rangle = \frac{1}{\sqrt{2}}(|01\rangle \pm |10\rangle)$ aus Gleichung (12.14). Wenn für einen solchen Zustand im ersten Teilsystem ein Zustand 0 gemessen wird, ist das zweite Teilsystem im Zustand 1 und umgekehrt. Das gilt überraschenderweise auch dann, wenn die beiden Teilsysteme weit voneinander entfernt sind. Ein bekanntes Beispiel dafür liefern zwei Teilchen mit Spin 1/2, die miteinander wechselwirken, in einen Bell-Zustand mit Gesamtspin null gebracht werden und die sich dann wieder voneinander entfernen. Misst man jetzt den Spin eines dieser Teilchen, dann liefert eine Messung des anderen Teilchens immer einen entgegengesetzt gerichteten Spin. Bei einer Messung des Spin in z-Richtung im ersten Teilsystem erhält man die Resultate „nach oben“ oder „nach unten“ mit gleicher Wahrscheinlichkeit. Ist das Resultat „nach oben“, liefert eine Messung am zweiten Teilsystem, auch wenn es räumlich weit entfernt ist, mit Sicherheit das Ergebnis „nach unten“.

Noch merkwürdiger erscheint dieses Verhalten eines verschränkten Quantensystems, wenn man sich klarmacht, dass dies unabhängig ist von der Ausrichtung, in der die Spinmessung vorgenommen wird.

Nach einer gemeinsamen Veröffentlichung von Albert Einstein, Boris Podolsky und Nathan Rosen aus dem Jahr 1935 über diese „spukhafte Fernwirkung" spricht man auch von dem **Einstein-Podolsky-Rosen-Paradoxon** oder kurz **EPR-Paradoxon** und die Bell-Zustände werden auch als **EPR-Zustände** bezeichnet. Es ist offensichtlich, dass man durch diese EPR-Messungen nicht direkt Information übertragen kann, was allerdings nicht ausschließt, dass man sie bei einer Informationsübertragung einsetzen kann. Als Beispiel werden wir weiter unten in Abschnitt 12.3 die Quanten-Teleportation von Zuständen betrachten.

12.2 Qubits und Quantengatter

In unseren letzten Abschnitten werfen wir einen kurzen Blick auf das schnell wachsende Gebiet des **Quantencomputing**. Hier können wir nur einige Grundzüge darstellen, in der Hoffnung, die Leser auf dieses interessante Gebiet neugierig zu machen. Die folgende Darstellung stützt sich insbesondere auf das Lehrbuch von Nielsen und Chuang[1], in dem man weitere Informationen findet.

Ein klassischer Computer lässt sich aus sogenannten Gattern aufbauen. Ein solches **Gatter** (engl. „gate") operiert auf ein oder mehrere Bits, die jeweils in einem von zwei Zuständen sein können, nennen wir sie 0 und 1. Das einfachste Gatter ist das NOT-Gatter. Es hat als Eingabe ein einzelnes Bit und als Ausgabe das jeweils andere Bit, formal geschrieben als $a \to \overline{a}$, wobei der Querstrich die Negation bezeichnet. Dies ist das einzige klassische Ein-Bit-Gatter.

Die Zwei-Bit-Gatter operieren auf zwei Bits als Eingabe und geben ein einzelnes Bit aus, also $(a,b) \to c$. Man unterscheidet fünf Typen: AND- und OR-Gatter geben nur dann $c = 1$ aus, wenn a und bzw. oder b gleich 1 sind, sonst eine 0. Die NAND- und NOR-Gatter haben die gleiche Funktion, nur gefolgt von einem NOT. Das fünfte Gatter, das XOR-, führt eine Addition modulo 2 aus, gibt also $c = a \oplus b$ aus. Wichtig ist, dass das NAND-Gatter **universell** ist, das heißt, alle klassischen multiplen Bit-Gatter lassen sich aus solchen Gattern aufbauen. Außerdem sei hervorgehoben, dass im Gegensatz zu den Quantengattern nicht alle dieser Gatter **reversibel** sind. Wenn beispielsweise das XOR Gatter eine 1 liefert, weiß man nicht, ob $a = 0$ und $b = 1$ oder $a = 1$ und $b = 0$ vorlag.

Ein-Qubit-Gatter: So wie ein klassisches Bit zwei Zustände hat, meist mit 0 und 1 bezeichnet, besitzt ein quantenmechanisches Bit, ein „**Qubit**" zwei Zustände, die wir durch zwei orthonormale Dirac-Vektoren $|0\rangle$ und $|1\rangle$ beschreiben. Ein Physiker denkt dabei gern an die Realisierung durch einen Spin 1/2 und könnte stattdessen auch die Symbole $|\downarrow\rangle$ und $|\uparrow\rangle$ verwenden, anschaulich „Spin nach unten" und „Spin nach oben". Ein allgemeiner Zustand ist also gleich

$$|\psi\rangle = \alpha|0\rangle + \beta|1\rangle\,, \quad |\alpha|^2 + |\beta|^2 = 1\,. \tag{12.16}$$

Liest man ein solches Qubit aus, also bei einer Messung, erhält man das Resultat 0 oder 1, genau wie bei einem klassischen Bit. Allerdings hier nur dann mit Sicherheit, wenn der Zustand

[1] M. A. Nielsen, I. L. Chuang, Quantum Computation and Quantum Information, Cambridge University Press, 2000.

gleich $|\psi\rangle = |0\rangle$ oder $|\psi\rangle = |1\rangle$ ist. Andernfalls erhält man entweder eine 0 mit Wahrscheinlichkeit $|\alpha|^2$ oder eine 1 mit Wahrscheinlichkeit $|\beta|^2$. Nach der Messung ist das Qubit dann in dem jeweiligen gemessenen Zustand $|0\rangle$ oder $|1\rangle$. Es sei angemerkt, dass man durch eine Messung also nie bestimmen kann, welcher Zustand $|\psi\rangle$ vorgelegen hat.

Für die Visualisierung eines solchen Qubit-Zustandes ist die Bloch-Darstellung hilfreich. Mit $\alpha = \mathrm{e}^{\mathrm{i}\gamma}\cos\frac{\vartheta}{2}$ und $\beta = \mathrm{e}^{\mathrm{i}\gamma}\mathrm{e}^{\mathrm{i}\varphi}\sin\frac{\vartheta}{2}$ können wir $|\psi\rangle = \mathrm{e}^{\mathrm{i}\gamma}\big(\cos\frac{\vartheta}{2}|0\rangle + \mathrm{e}^{\mathrm{i}\varphi}\sin\frac{\vartheta}{2}|1\rangle\big)$ bis auf eine unbeobachtbare globale Phase γ durch einen reellen Vektor $\vec{s} = (\cos\varphi\sin\vartheta, \sin\varphi\sin\vartheta, \cos\vartheta)$ auf der Einheitskugel im dreidimensionalen Raum darstellen, der **Bloch-Kugel** (siehe Abschnitt 9.3). Der Nordpol dieser Bloch-Kugel beschreibt den Zustand $|0\rangle$, der Südpol den Zustand $|1\rangle$ und die beiden Punkte auf der x-Achse die Zustände

$$|\pm\rangle = \tfrac{1}{\sqrt{2}}\big(|0\rangle \pm |1\rangle\big). \tag{12.17}$$

Wir merken uns bei dieser Gelegenheit, dass orthogonale Zustände diametralen Punkten auf der Bloch-Kugel entsprechen.

Ein Qubit lässt sich in verschiedenster Weise durch Quantensysteme realisieren und manipulieren. Von besonderer Bedeutung sind solche Manipulationen, die den Zustand eines Qubits ändern, die also den Vektor $|\psi\rangle$ in einen Vektor $|\psi'\rangle$ überführen, die also die Norm erhalten. Das sind unitäre Transformationen

$$|\psi'\rangle = \hat{U}|\psi\rangle \quad \text{mit} \quad \hat{U}^\dagger\hat{U} = \hat{I}. \tag{12.18}$$

Man bezeichnet ein solche Operation als ein **Quantengatter**.

Klassisch gibt es für ein einzelnes Bit nur ein einzelnes Gatter, das NOT-Gatter: Es vertauscht die 0 und die 1. Dieses Gatter gibt es auch für Qubits und wird beschrieben durch die unitäre Matrix $\mathbf{X} = \left(\begin{smallmatrix}0&1\\1&0\end{smallmatrix}\right)$ mit

$$\begin{pmatrix}0&1\\1&0\end{pmatrix}\begin{pmatrix}\alpha\\\beta\end{pmatrix} = \begin{pmatrix}\beta\\\alpha\end{pmatrix}. \tag{12.19}$$

Der Leser wird bemerkt haben, dass es sich hier um die Spin- oder Pauli-Matrix $\boldsymbol{\sigma}_x$ handelt. Deshalb spricht man auch von dem Pauli-X-Gatter und entsprechend auch von den Pauli-Y- und Pauli-Z-Gattern:

$$\mathbf{X} = \begin{pmatrix}0&1\\1&0\end{pmatrix}, \quad \mathbf{Y} = \begin{pmatrix}0&-\mathrm{i}\\\mathrm{i}&0\end{pmatrix}, \quad \mathbf{Z} = \begin{pmatrix}1&0\\0&-1\end{pmatrix}. \tag{12.20}$$

Jede unitäre Matrix stellt ein Gatter dar, und außer den Pauli-Gattern sind noch drei weitere von großer Bedeutung, nämlich das **Hadamard-Gatter** H, das **Phasen-Gatter** S und das **π/8-Gatter**[2] T, beschrieben durch die Matrizen

$$\mathbf{H} = \frac{1}{\sqrt{2}}\begin{pmatrix}1&1\\1&-1\end{pmatrix}, \quad \mathbf{S} = \begin{pmatrix}1&0\\0&\mathrm{i}\end{pmatrix}, \quad \mathbf{T} = \begin{pmatrix}1&0\\0&\mathrm{e}^{\mathrm{i}\pi/4}\end{pmatrix}. \tag{12.21}$$

Wir notieren einige nützliche Eigenschaften dieser Gatter: Zunächst wissen wir aus dem Abschnitt über die Pauli-Matrizen, dass ihre Quadrate gleich der Identität sind,

$$\mathbf{X}^2 = \mathbf{Y}^2 = \mathbf{Z}^2 = \mathbf{I}, \tag{12.22}$$

was aber klar ist, denn sie sind hermitesch und unitär. Außerdem gelten die Relationen

$$\mathbf{T}^2 = \mathbf{S}, \quad \mathbf{H} = \tfrac{1}{\sqrt{2}}(\mathbf{X}+\mathbf{Z}), \quad \mathbf{H}^2 = \mathbf{I}. \tag{12.23}$$

---

[2] Der Name $\pi/8$-Gatter für T ist historischen Ursprungs, denn früher wurde dieses Gatter durch $\left(\begin{smallmatrix}\mathrm{e}^{-\mathrm{i}\pi/8}&0\\0&\mathrm{e}^{\mathrm{i}\pi/8}\end{smallmatrix}\right)$ beschrieben, was bis auf den unwesentlichen Faktor $\mathrm{e}^{\mathrm{i}\pi/4}$ mit T übereinstimmt.

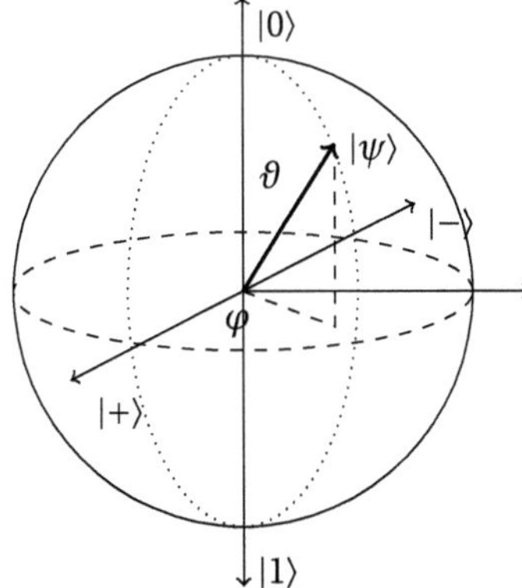

Bild 12.2 Die Zustände $|\psi\rangle$ eines bipartiten Systems lassen sich bis auf einen Phasenfaktor als reelle Vektoren auf der Bloch-Kugel beschreiben.

Wir sollten einige der wichtigsten Eigenschaften dieser Gatter kennen. Wie schon oben erwähnt, bewirkt das Pauli-X-Gatter eine Vertauschung von $|0\rangle$ und $|1\rangle$, das Pauli-Z-Gatter lässt $|0\rangle$ unverändert und invertiert („flippt“) das Vorzeichen von $|1\rangle$ zu $-|1\rangle$. Außerdem sollte man sich noch in Erinnerung rufen, dass man mithilfe der Pauli-Matrizen Rotationen auf der Bloch-Kugel darstellen kann (siehe Bild 12.2). Wie in Abschnitt 9.3 erläutert, kann man diese dreidimensionalen Drehungen durch 2×2-Matrizen beschreiben. Beispielsweise korrespondieren die Matrizen

$$\begin{aligned} \mathbf{D}_x(\theta) &= \mathrm{e}^{-\mathrm{i}\frac{\theta}{2}\mathbf{X}} = \begin{pmatrix} \cos\frac{\theta}{2} & -\mathrm{i}\sin\frac{\theta}{2} \\ -\mathrm{i}\sin\frac{\theta}{2} & \cos\frac{\theta}{2} \end{pmatrix}, \quad \mathbf{D}_y(\theta) = \mathrm{e}^{-\mathrm{i}\frac{\theta}{2}\mathbf{Y}} = \begin{pmatrix} \cos\frac{\theta}{2} & -\sin\frac{\theta}{2} \\ \sin\frac{\theta}{2} & \cos\frac{\theta}{2} \end{pmatrix}, \\ \mathbf{D}_z(\theta) &= \mathrm{e}^{-\mathrm{i}\frac{\theta}{2}\mathbf{Z}} = \begin{pmatrix} \mathrm{e}^{-\mathrm{i}\theta/2} & 0 \\ 0 & \mathrm{e}^{\mathrm{i}\theta/2} \end{pmatrix} \end{aligned} \tag{12.24}$$

zu Drehungen des Bloch-Vektors um die Koordinatenachsen mit Drehwinkel θ (siehe Gleichung (9.52)).

Das **S**-Gatter bewirkt eine Phasenverschiebung um $\pi/2$, das **T**-Gatter eine um $\pi/4$; **S** und **T** entsprechen daher einer Drehung um die z-Achse mit dem Winkel $\pi/2$ bzw. $\pi/4$. Von besonderer Bedeutung ist das Hadamard-Gatter **H**. Es operiert auf die Basiszustände wie

$$\mathbf{H}|0\rangle = \tfrac{1}{\sqrt{2}}(|0\rangle + |1\rangle)\ , \quad \mathbf{H}|1\rangle = \tfrac{1}{\sqrt{2}}(|0\rangle - |1\rangle)\,. \tag{12.25}$$

Dabei wird der Nordpol der Bloch-Kugel in die x-Richtung und der Südpol die $-x$-Richtung gedreht. Also entspricht **H** einer Drehung um die y-Achse mit Drehwinkel $\theta = \pi/2$.

Die unendlich vielen denkbaren Gatter, also alle unitären 2×2-Matrizen, sind reversibel, ihre Inverse wird beschrieben durch die adjungierte Matrix. Sie lassen sich außerdem durch nur zwei Grundtypen erzeugen, nämlich durch die beiden Rotationen $\mathbf{D}_y$ und $\mathbf{D}_z$. Es ist eine nützliche Aufgabe für den Leser, dies zu zeigen:

Aufgabe 12.2 (Lös. Seite 305) : Zeigen Sie: Jede unitäre 2×2-Matrix lässt sich darstellen als $\mathbf{U} = \mathrm{e}^{\mathrm{i}\alpha}\mathbf{D}_z(\beta)\mathbf{D}_y(\gamma)\mathbf{D}_z(\delta)$.

Multiple Qubit-Gatter: Genau wie ein klassischer Computer aus verbundenen logischen Gattern aufgebaut ist, müssen wir einen Quantencomputer aus verbundenen Qubits aufbauen,

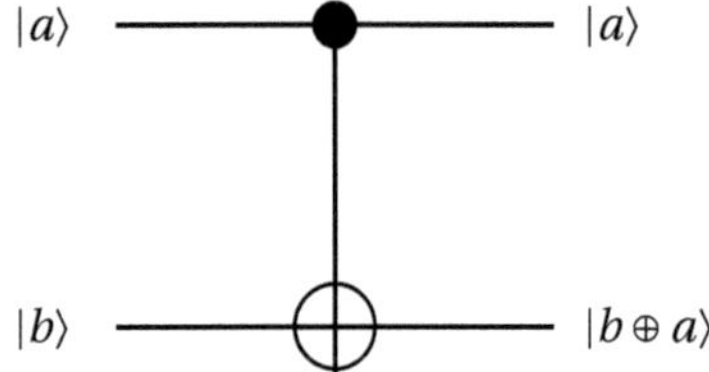

Bild 12.3 Ein CNOT-Gatter mit einem Kontroll-Qubit • und einem Ziel-Qubit ⊕. Der Zustand des Ziel-Qubits ändert sich nur dann, wenn das Kontroll-Qubit im Zustand 1 ist.

in denen Information gespeichert und manipuliert wird. Im Folgenden werden einfache derartige multiple Qubit-Gatter beschrieben. Dabei beginnen wir vorsichtig mit einem bipartiten System, zusammengesetzt aus zwei Qubits, also beispielsweise zwei Teilchen mit jeweils zwei Zuständen, dessen Zustände wir in der orthonormierten Basis $|00\rangle$, $|01\rangle$, $|10\rangle$, $|11\rangle$ (immer in dieser Ordnung) ausdrücken können.

Wir beginnen mit einem CNOT-Gatter, einem kontrollierten NOT-Gatter. Das erste Qubit ist das **Kontroll-Qubit**, das zweite das **Ziel-Qubit**. Wenn das Kontroll-Qubit gleich 0 ist, geschieht dem Ziel-Qubit nichts, ist es gleich 1, wird eine 0 des Ziel-Qubits zu einer 1 und eine 1 zu einer 0. Es gibt mehrere Möglichkeiten, dies in Formeln auszudrücken. Stellen wir beispielsweise unsere Zustände wie oben in der Basis dar, dann wird die Operation CNOT durch die 4×4 Matrix

$$\mathbf{U}_{\mathrm{SC}} = \begin{pmatrix} 1 & 0 & 0 & 0 \\ 0 & 1 & 0 & 0 \\ 0 & 0 & 0 & 1 \\ 0 & 0 & 1 & 0 \end{pmatrix} \tag{12.26}$$

beschrieben. Wenn man dies mit den Hilbert-Raum Vektoren $|ab\rangle$ ausdrücken will, dann ist das Symbol ⊕ für eine Addition modulo 2 sehr nützlich, und bei einem CNOT-Gatter geht das Ziel-Qubit $|b\rangle$ in $|b \oplus a\rangle$ über. Eine schematische Darstellung dieser Operation zeigt Bild 12.3. Dabei stehen die Linien für (abstrakte) Verbindungen des quantenmechanischen Schaltkreises (natürlich in der Regel nicht reale Drähte) und die obere horizontale Linie steht für das erste Qubit, die untere für das zweite und die Operationsrichtung ist von links nach rechts.

Ein SWAP-Gatter, das die beiden Qubits vertauscht, lässt sich aus drei CNOT-Gattern aufbauen, bei denen im mittleren Gatter die Rollen von Kontroll- und Ziel-Qubit vertauscht sind, (siehe Bild 12.4). Diese Gatter operieren so: Nach der ersten CNOT-Operation $|a,b\rangle \longrightarrow |a, b\oplus a\rangle$ ergibt sich mit dem zweiten (vertauschten) CNOT $|a, b\oplus a\rangle \longrightarrow |a\oplus(b\oplus a), b\oplus a\rangle = |b, b\oplus a\rangle$ und das dritte CNOT bewirkt $|b, b\oplus a\rangle \longrightarrow |b, (b\oplus a)\oplus b\rangle = |b,a\rangle$. Dabei muss man sich kurz die Eigenschaften der Addition modulo 2 vor Augen halten: Sie ist kommutativ, assoziativ und erfüllt $a \oplus a = 0$. Dieses sogenannte SWAP-Gatter vertauscht also die beiden Qubits.

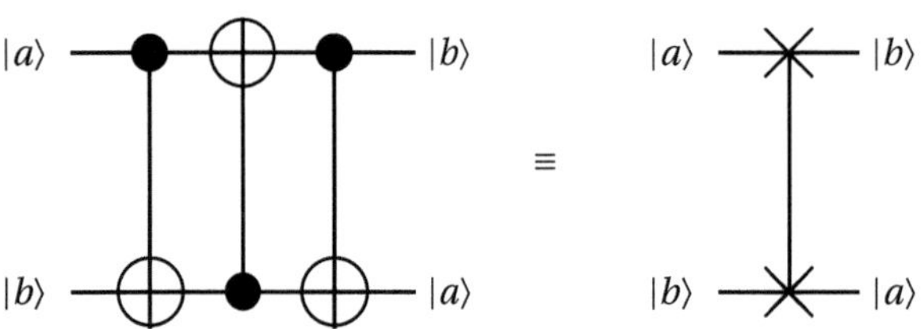

Bild 12.4 Ein SWAP-Gatter vertauscht die beiden Qubits.

Aufgabe 12.3 (Lös. Seite 305) : Stellen Sie, analog zu (12.26), eine Matrixdarstellung für das umgekehrte CNOT-Gatter auf und bestimmen Sie damit eine Matrix $\mathbf{U}_{\text{SWAP}}$ für das SWAP-Gatter.

Etwas komplizierter ist die Funktionsweise eines Systems, das in Bild 12.5 dargestellt ist. Hier operiert zunächst ein Hadamard-Gatter auf das erste Qubit, gefolgt von einem CNOT-Gatter. Dabei wird der Zustand $|00\rangle$ zunächst zu $u(|0\rangle + |1\rangle)|0\rangle = \frac{1}{\sqrt{2}}(|00\rangle + |10\rangle)$ und dann mit CNOT zu dem Zustand $\frac{1}{\sqrt{2}}(|00\rangle + |11\rangle) = |\beta_{00}\rangle$. Genauso kann man die Operation auf die anderen Basiszustände ermitteln. Es ergibt sich

$$
\begin{aligned}
|00\rangle &\longrightarrow \tfrac{1}{\sqrt{2}}(|00\rangle + |11\rangle) = |\beta_{00}\rangle \\
|01\rangle &\longrightarrow \tfrac{1}{\sqrt{2}}(|01\rangle + |10\rangle) = |\beta_{01}\rangle \\
|10\rangle &\longrightarrow \tfrac{1}{\sqrt{2}}(|00\rangle - |11\rangle) = |\beta_{10}\rangle \\
|11\rangle &\longrightarrow \tfrac{1}{\sqrt{2}}(|01\rangle - |10\rangle) = |\beta_{11}\rangle \,.
\end{aligned}
\tag{12.27}
$$

Diese Zustände sind maximal verschränkt, es werden also jeweils Bell-Zustände erzeugt. Zwei davon, die Zustände $|\beta_{01}\rangle$ und $|\beta_{11}\rangle$, haben wir schon in Gleichung (12.14) kennengelernt.

Neben dem CNOT-Gatter kann man noch mit weiteren kontrollierten Gattern arbeiten. Bild 12.5 zeigt in der Mitte eine schematische Darstellung eines solchen Gatters. Hier operiert ein U-Gatter auf das zweite Qubit falls das Kontroll-Qubit gleich 1 ist, sonst nicht. Eine Variante eines solchen Gatters ist rechts im Bild dargestellt. Dabei sind für das erste Qubit, das Kontroll-Qubit, die Rollen von 0 und 1 vertauscht, und die U Operation auf das zweite Qubit findet nur dann statt, wenn das erste im Zustand 0 ist. Wir bleiben aber im Folgenden bei den „normalen" Kontroll-Qubits. Eine kurze Überlegung zeigt, dass mit einer unitären Matrix $\mathbf{U} = \left(\begin{smallmatrix} a & b \\ c & d \end{smallmatrix}\right)$ für das Ein-Qubit-Gatter die 4 × 4-Matrix für das kontrollierte U-Gatter und seine Variante mit vertauschten Kontroll- und Ziel-Qubits die folgende Form haben:

$$
\mathbf{U}_{\text{CU}} = \begin{pmatrix} 1 & 0 & 0 & 0 \\ 0 & 1 & 0 & 0 \\ 0 & 0 & a & b \\ 0 & 0 & c & d \end{pmatrix}, \quad \mathbf{U}_{\text{CU}'} = \begin{pmatrix} 1 & 0 & 0 & 0 \\ 0 & a & 0 & b \\ 0 & 0 & 0 & 1 \\ 0 & c & 0 & d \end{pmatrix}. \tag{12.28}
$$

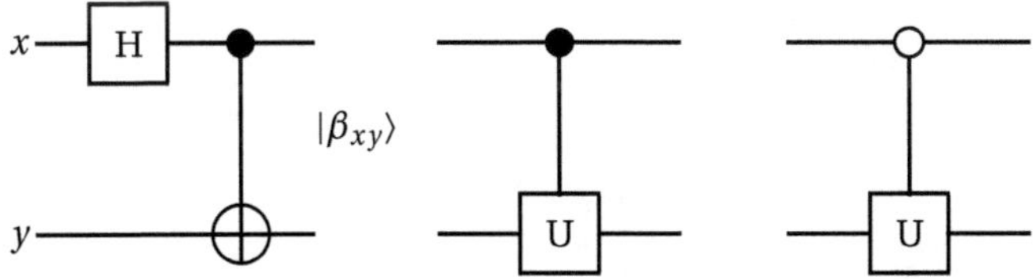

Bild 12.5 Das linke Gatter mit einem Hadamard- und einem CNOT-Gatter transformiert Basiszustände in Bell-Zustände. Die anderen Gatter symbolisieren kontrollierte U-Gatter. Der offene Kreis im rechten Gatter zeigt an, dass das Kontrollbit für den Zustand 0 statt 1 aktiv wird.

Wir sollten uns noch vergewissern, dass man für $\mathbf{U} = \mathbf{X}$ das CNOT-Gatter erhält, und dass für $\mathbf{U} = \mathbf{Z}$ das Gatter mit seiner vertauschten Variante übereinstimmt, dass also gilt $\mathbf{U}_{\text{CZ}} = \mathbf{U}_{\text{CZ}'}$.

Jede unitäre $n \times n$-Matrix stellt ein n-Qubit-Gatter dar, und umgekehrt. Damit sind die Quantengatter natürlich reversibel, also umkehrbar. Eine Irreversibilität tritt erst auf bei einer Messung des Endzustandes. Diesen Prozess, das **Auslesen** eines Zustandes, können wir im Rahmen dieser kurzen Einführung nicht beschreiben. Wir wollen aber an zwei Beispielen Anwendungen solcher Quantengatter darstellen, die Quanten-Teleportation und die Quanten-Fouriertransformation.

12.3 Quanten-Teleportation

Wie wir wissen, kann man einen (normierten) Zustand $|\psi\rangle = \alpha|0\rangle + \beta|1\rangle$ nicht durch eine einzige Messung bestimmen. Man erhält dabei als Resultat eine 0 oder 1 und weiß dann nur, dass danach der Zustand $|0\rangle$ bzw. $|1\rangle$ vorliegt. Man kann natürlich einen solchen Zustand rein physisch transportieren, eventuell sogar per Post. Ganz anders verhält es sich mit der **Quanten-Teleportation** eines Zustandes. Dabei wird ein solcher (unbekannter!) Zustand von A nach B teleportiert, ohne dass dabei physisch mehr transportiert wird als eine minimale Information über das Vorliegen einer von vier Alternativen. Traditionell spricht man dabei von „Alice", die einen solchen Zustand zu „Bob" teleportieren will. Man benötigt dazu natürlich Quantensysteme, also Qubits, Gatter und Messgeräte. Wir beschreiben dies in drei Schritten:

(1) Alice und Bob präparieren ein bipartites System, also beispielsweise ein System aus zwei Teilchen in einem Bell-(oder EPR-)Zustand $|\beta_{00}\rangle = \frac{1}{\sqrt{2}}(|00\rangle + |11\rangle)$. Hierbei vereinbaren wir, dass das erste Qubit Alice gehört, das zweite Bob. Danach trennen sich Alice und Bob und jeder der beiden bewahrt sorgfältig sein verschränktes Teilsystem auf.

(2) Alice will jetzt einen Quantenzustand $|\psi\rangle = \alpha|0\rangle + \beta|1\rangle$ an Bob übermitteln. Dazu kann sie folgendermaßen vorgehen: Sie bringt den Zustand in Wechselwirkung mit ihrem Teil des EPR-Zustandes. Sie bildet also den 3-Qubit-Zustand

$$|\Psi_0\rangle = |\psi\rangle|\beta_{00}\rangle = \tfrac{1}{\sqrt{2}}\big(\alpha|0\rangle(|00\rangle + |11\rangle) + \beta|1\rangle(|00\rangle + |11\rangle)\big). \tag{12.29}$$

Alice kann nur die beiden ersten Qubits (in unserer Notation die beiden linken) manipulieren, da das dritte sich bei Bob befindet. Diese beiden schickt sie zunächst durch ein CNOT-Gatter und mit dem Resultat

$$|\Psi_1\rangle = \tfrac{1}{\sqrt{2}}\big(\alpha|0\rangle(|00\rangle + |11\rangle) + \beta|1\rangle(|10\rangle + |01\rangle)\big). \tag{12.30}$$

Dann wirkt ein Hadamard-Gatter auf das erste Qubit, und es ergibt sich

$$\begin{aligned} |\Psi_2\rangle &= \tfrac{1}{2}\big(\alpha(|0\rangle + |1\rangle)(|00\rangle + |11\rangle) + \beta(|0\rangle - |1\rangle)(|10\rangle + |01\rangle)\big) \\ &= \tfrac{1}{2}\big(|00\rangle(\alpha|0\rangle + \beta|1\rangle) + |01\rangle(\alpha|1\rangle + \beta|0\rangle) \\ &\qquad + |10\rangle(\alpha|0\rangle - \beta|1\rangle) + |11\rangle(\alpha|1\rangle - \beta|0\rangle)\big). \end{aligned} \tag{12.31}$$

Jetzt führt Alice an $|\Psi_2\rangle$ eine Messung ihrer beiden Qubits durch, also der ersten beiden, und erhält 00, 01, 10 oder 11. Das Resultat kommuniziert sie zu Bob in einer rein klassischen Art, beispielsweise per Telefon oder E-Mail.

(3) Wenn Bob diese Nachricht erhält, dann kann er sicher sein, dass sich sein Qubit in dem korrespondierenden Zustand befindet, bei der Nachricht 00 im Zustand $\alpha|0\rangle + \beta|1\rangle$, also schon

in dem zu teleportierenden Zustand $|\psi\rangle$ und wir sind am Ziel. Bei den drei anderen Fällen muss Bob sein Qubit noch durch ein X-Gatter (bei 01), ein Z-Gatter (bei 10) oder (bei 11) sogar zuerst durch ein X-Gatter und dann durch ein Z-Gatter schicken:

$$\begin{aligned}
00 &\longrightarrow \alpha|0\rangle + \beta|1\rangle = |\psi\rangle \\
01 &\longrightarrow \alpha|1\rangle + \beta|0\rangle \xrightarrow{X} \alpha|0\rangle + \beta|1\rangle = |\psi\rangle \\
10 &\longrightarrow \alpha|0\rangle - \beta|1\rangle \xrightarrow{Z} \alpha|0\rangle + \beta|1\rangle = |\psi\rangle \\
11 &\longrightarrow \alpha|1\rangle - \beta|0\rangle \xrightarrow{X} \alpha|0\rangle - \beta|1\rangle \xrightarrow{Z} \alpha|0\rangle + \beta|1\rangle = |\psi\rangle\,.
\end{aligned} \tag{12.32}$$

In jedem Fall ist Bob jetzt im Besitz des Zustandes $|\psi\rangle$. Anders ausgedrückt, sein EPR-Qubit hat diesen Zustand angenommen.

12.4 Quanten-Fouriertransformation

Quantencomputer können Aufgaben bewältigen, an denen klassische Computer scheitern, oder die sie nicht in vertretbarer Zeit lösen können. Ein typisches Beispiel ist die Faktorisierung großer Zahlen, also ihre Zerlegung in Primfaktoren. Diese Algorithmen, wie beispielsweise den von Peter Shor aus dem Jahre 1994, können wir in diesem Rahmen nicht adäquat darstellen. Wir können nur einen ersten Eindruck davon vermitteln, wie solche Quantenalgorithmen aufgebaut sind und wie Quanten-Schaltkreise zur Ausführung solcher Algorithmen angelegt sind. Als Beispiel wählen wir eine zentrale mathematische Operation, die Fouriertransformation, und ihr quantenmechanisches Pendant, die Quanten-Fouriertransformation, die einen wesentlichen Teil des eben erwähnten Shor-Algorithmus darstellt.

Eine diskrete Fouriertransformation erzeugt aus dem Vektor $x_0, x_1, \ldots, x_{N-1}$ mit komplexen x_j einen transformierten Vektor mit den Komponenten

$$y_k = \frac{1}{\sqrt{N}} \sum_{j=0}^{N-1} x_j \mathrm{e}^{2\pi \mathrm{i} jk/N}\,. \tag{12.33}$$

Die Quanten-Fouriertransformation in einem N-dimensionalen Raum operiert genauso. Sie ist ein linearer Operator, der eine orthonormale Basis $|0\rangle, |1\rangle, \ldots, |N-1\rangle$ wie

$$|j\rangle \longrightarrow \frac{1}{\sqrt{N}} \sum_{k=0}^{N-1} \mathrm{e}^{2\pi \mathrm{i} jk/N} |k\rangle \tag{12.34}$$

transformiert. Dann wird ein beliebiger Zustand abgebildet wie

$$\sum_{j=0}^{N-1} x_j |j\rangle \longrightarrow \frac{1}{\sqrt{N}} \sum_{k=0}^{N-1} y_k |k\rangle. \tag{12.35}$$

Diese Transformation ist unitär, wovon man sich mithilfe von

$$\sum_{k=0}^{N-1} \mathrm{e}^{\mathrm{i}2\pi mk/N} \mathrm{e}^{-\mathrm{i}2\pi nk/N} = N\delta_{mn} \quad , \; n, m \in \{0, 1, \ldots, N-1\}\,, \tag{12.36}$$

überzeugen kann. Es ist lehrreich, sich ein einfaches Beispiel von $N = 4$ Zuständen im Detail anzusehen. Mit $\omega = \mathrm{e}^{2\pi \mathrm{i}/4} = \mathrm{i}$ ergibt sich

$$\begin{aligned}
|0\rangle &\longrightarrow \tfrac{1}{2}\big(|0\rangle + |1\rangle + |2\rangle + |3\rangle\big) \\
|1\rangle &\longrightarrow \tfrac{1}{2}\big(|0\rangle + \omega|1\rangle + \omega^2|2\rangle + \omega^3|3\rangle\big) \\
|2\rangle &\longrightarrow \tfrac{1}{2}\big(|0\rangle + \omega^2|1\rangle + \omega^4|2\rangle + \omega^6|3\rangle\big) \\
|2\rangle &\longrightarrow \tfrac{1}{2}\big(|0\rangle + \omega^3|1\rangle + \omega^6|2\rangle + \omega^9|3\rangle\big)
\end{aligned} \tag{12.37}$$

oder in einer Matrixdarstellung

$$\mathbf{U} = \frac{1}{2}\begin{pmatrix} 1 & 1 & 1 & 1 \\ 1 & \omega & \omega^2 & \omega^3 \\ 1 & \omega^2 & \omega^4 & \omega^6 \\ 1 & \omega^3 & \omega^6 & \omega^9 \end{pmatrix} = \frac{1}{2}\begin{pmatrix} 1 & 1 & 1 & 1 \\ 1 & \mathrm{i} & -1 & -\mathrm{i} \\ 1 & -1 & 1 & -1 \\ 1 & -\mathrm{i} & -1 & \mathrm{i} \end{pmatrix} \tag{12.38}$$

mit $\omega = \mathrm{i}$. Das ist, wie erwartet, eine unitäre symmetrische Matrix.

Diese klassische oder „normale“ Fouriertransformation erfordert N Multiplikationen für jede der N Komponenten, also N^2 Multiplikationen insgesamt. Das lässt sich noch deutlich beschleunigen durch die sogenannte „schnelle Fouriertransformation“ (engl. „Fast Fourier Transformation“, FFT) nämlich auf $N \log N$ Multiplikationen. Wir werden sehen, dass die Quanten- Fouriertransformation mit wesentlich weniger Operationen auskommt.

Im Folgenden wählen wir immer $N = 2^n$ und verwenden einige sehr nützliche Tricks aus der Werkzeugkiste der Informatik. Wir schreiben unsere Basiszustände in der Form

$$|j\rangle = |j_1 j_2 \ldots j_n\rangle \ \text{ mit } \ j_k \in \{0,1\}\,, \tag{12.39}$$

ein entscheidender Schritt, denn wir stellen die $N = 2^n$ Basiszustände durch lediglich n Qubits dar. Dies entspricht wiederum einer Darstellung von j in Binärzahlen

$$j_1 j_2 j_3 \cdots = j_1 2^{n-1} + j_2 2^{n-2} + \ldots + j_n 2^0\,, \tag{12.40}$$

wie allgemein bekannt. Wir können aber auch schreiben

$$0.j_\ell j_{\ell+1} \cdots j_m = j_\ell 2^{-1} + j_{\ell+1} 2^{-2} + \ldots + j_m 2^{-(m-\ell+1)}\,, \tag{12.41}$$

wobei wir in der Dezimalschreibweise statt eines Kommas einen Dezimalpunkt verwenden.

Damit können wir die Formel (12.34) für die Quanten-Fouriertransformation in der Basis (12.39) eine ganz anderen Weise ausdrücken, die besonders in der Quanteninformation äußerst nützlich ist, nämlich als

$$\begin{aligned}
&|j_0 j_1 \ldots j_{N-1}\rangle \longrightarrow \\
&\quad \tfrac{1}{2^{n/2}}\big(|0\rangle + \mathrm{e}^{2\pi \mathrm{i} 0.j_n}|1\rangle\big)\big(|0\rangle + \mathrm{e}^{2\pi \mathrm{i} 0.j_{n-1}j_n}|1\rangle\big)\cdots\big(|0\rangle + \mathrm{e}^{2\pi \mathrm{i} 0.j_1 j_2 \cdots j_n}|1\rangle\big)\,.
\end{aligned} \tag{12.42}$$

Es muss hervorgehoben werden, was dies bedeutet: Wir haben so die lineare Transformation eines $N = 2^n$ dimensionalen Vektors in Gleichung (12.34) in die Transformation von n einzelnen Qubits umgewandelt!

Wir wollen es dem Leser überlassen, die Äquivalenz dieser Formel zu (12.34) zeigen[3] und ziehen es vor, hier ihre Nützlichkeit für die Konstruktion von Quanten-Schaltkreisen für eine Quanten-Fouriertransformation zu demonstrieren. Vorher sollte der Leser sich aber mit dem Umgang mit der Formel (12.42) vertraut machen:

[3] Einen elementaren Beweis findet man in dem auf Seite 295 genannten Lehrbuch.

Aufgabe 12.4 (Lös. Seite 306) : Bestimmen Sie für $N = 4$ explizit die Quanten-Fouriertransformierten der Basiszustände $|00\rangle, \ldots, |11\rangle$ mithilfe der Formel (12.42) und vergewissern Sie sich von der Übereinstimmung mit (12.37) und (12.38).

Mit einer sorgfältig gewählten Folge von Zwei-Qubit-Gattern, nämlich Hadamard-Gattern H und kontrollierten R_k-Gattern, das sind Gatter mit der Matrix

$$\mathbf{R}_k = \begin{pmatrix} 1 & 0 \\ 0 & \mathrm{e}^{2\pi \mathrm{i}/2^k} \end{pmatrix}, \tag{12.43}$$

sowie SWAP-Gattern lässt sich ein Quanten-Schaltkreis aufbauen, der eine solche Quanten-Fouriertransformation ausführt. Dazu die folgenden Überlegungen:
Zunächst können wir die Hadamard-Operation in einer kompakten Form als

$$|j\rangle \xrightarrow{H} \tfrac{1}{\sqrt{2}}\big(|0\rangle + \mathrm{e}^{2\pi \mathrm{i}0.j}|1\rangle\big) \tag{12.44}$$

formulieren, denn es gilt $\mathrm{e}^{2\pi \mathrm{i}0.j} = \mathrm{e}^{2\pi \mathrm{i}j/2}$, und das ist gleich $+1$ für $j = 0$ und gleich -1 für $j = 1$. Dann betrachten wir ein R_2-Gatter, das durch das zweite Qubit kontrolliert wird. Dies lässt die Zustände $|00\rangle$, $|01\rangle$ und $|10\rangle$ unverändert und bildet $|11\rangle$ in $\mathrm{e}^{2\pi \mathrm{i}/4}|11\rangle = \mathrm{e}^{2\pi \mathrm{i}0.01}|11\rangle$ ab, operiert also allgemein wie

$$|0\,j_2\rangle \xrightarrow{cR_2} |0\,j_2\rangle\ , \quad |1\,j_2\rangle \xrightarrow{cR_2} \mathrm{e}^{2\pi \mathrm{i}0.0j_2}|1\,j_2\rangle\,. \tag{12.45}$$

Im nächsten Schritt wenden wir diese Operationen nacheinander auf unseren Zustand $|j\rangle$ an:

$$\begin{aligned} |j_1 j_2 j_3 \cdots j_n\rangle &\xrightarrow{H} \tfrac{1}{\sqrt{2}}\big(|0\rangle + \mathrm{e}^{2\pi \mathrm{i}0.j_1}|1\rangle\big)|j_2 j_3 \cdots j_n\rangle \\ &\xrightarrow{cR_2} \tfrac{1}{\sqrt{2}}\big(|0\rangle + \mathrm{e}^{2\pi \mathrm{i}0.j_1}\mathrm{e}^{2\pi \mathrm{i}0.0j_2}|1\rangle\big)|j_2 j_3 \cdots j_n\rangle \\ &= \tfrac{1}{\sqrt{2}}\big(|0\rangle + \mathrm{e}^{2\pi \mathrm{i}0.j_1 j_2}|1\rangle\big)|j_2 j_3 \cdots j_n\rangle\,. \end{aligned} \tag{12.46}$$

In der Folge werden nacheinander weitere R_k-Gatter mit $k = 3, 4, \ldots, n$ angewandt, jeweils kontrolliert durch das Qubit k. Damit erhält man zunächst mit R_3 und $2\pi \mathrm{i}/2^3 = 2\pi \mathrm{i}0.001$

$$\tfrac{1}{\sqrt{2}}\big(|0\rangle + \mathrm{e}^{2\pi \mathrm{i}0.j_1 j_2 j_3}|1\rangle\big)|j_2 j_3 \cdots j_n\rangle \tag{12.47}$$

und nach dem letzten R_n-Gatter

$$\tfrac{1}{\sqrt{2}}\big(|0\rangle + \mathrm{e}^{2\pi \mathrm{i}0.j_1 j_2 j_3 \cdots j_n}|1\rangle\big)|j_2 j_3 \cdots j_n\rangle\,, \tag{12.48}$$

was dem letzten Term in (12.42) entspricht. Jetzt operiert man in der gleichen Weise auf das zweite Qubit, also mit einem Hadamard-Gatter auf das zweite Qubit, gefolgt von weiteren R_k-Gattern kontrolliert durch Qubit 3. Das ergibt dann den Zustand

$$\tfrac{1}{2}\big(|0\rangle + \mathrm{e}^{2\pi \mathrm{i}0.j_1 j_2 j_3 \cdots j_n}|1\rangle\big)\big(|0\rangle + \mathrm{e}^{2\pi \mathrm{i}0.j_2 j_3 \cdots j_n}|1\rangle\big)|j_3 j \cdots j_n\rangle\,, \tag{12.49}$$

und ein Vergleich mit (12.42) zeigt, dass man den vorletzten Term des Produktes erzeugt hat.

In gleicher Weise fährt man fort und nach Anwendung von insgesamt $n(n+1)/2$ Gattern gefolgt von letzten SWAP-Operationen zur Änderung der Anordnung endet man in dem gewünschten fouriertransformierten Zustand (12.42).

Aufgabe 12.5 (Lös. Seite 306) : Für den einfachsten Fall $n = 2$ reichen also drei Gatter aus, ein R_2-Gatter, das mit dem oben beschriebenen S-Gatter übereinstimmt, und zwei Hadamard-Gatter, wie in Bild 12.6 dargestellt. Bitte nachprüfen!

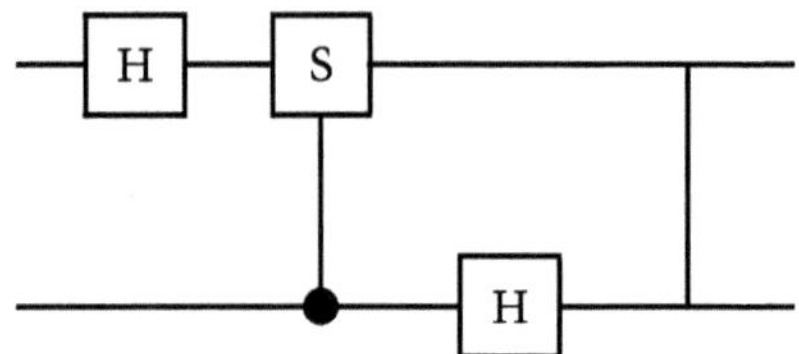

Bild 12.6 Quanten-Schaltkreis für eine Quanten-Fouriertransformation für ein System mit zwei Qubits.

An dem Beispiel der Quanten-Fouriertransformation konnten wir diese Aufgabe durch eine Kombination von recht einfachen (teilweise kontrollierten) Ein-Qubit-Gattern bewältigen. Die Anzahl von $n(n+1)/2$ Gatteroperationen ist um Größenordungen(!) kleiner ist als die Zahl $N^2 = 2^{2n}$ bzw. $N\log N = n2^n$ der Operationen, die eine klassische Fouriertransformation erfordert.

Es ist nun wichtig, dass dies (ähnlich wie bei den klassischen Gattern) **universell** ist, denn es lässt sich zeigen, dass sich jedes multiple Qubit-Gatter durch eine Kombination von Ein-Qubit- und CNOT-Gattern darstellen lässt.

Die oben beschriebene Quanten-Fouriertransformation hat viele Anwendungen zur Bewältigung schwieriger Probleme, wie zum Beispiel die Quanten-Faktorisierung, auf die wir hier leider nicht eingehen können. Das gleiche gilt für weitergehende Anwendungen im Quantencomputing, wie Such-Algorithmen, Simulation realer Quantensysteme oder die physikalische Realisierung von Quantengattern. Aber dafür wird man, neugierig geworden, genügend Information in der Literatur finden.

12.5 Lösungen der Aufgaben

Aufgabe 12.1 (Seite 294): Zeigen Sie: Ein Zustand (12.12) ist genau dann ein Produktzustand, wenn gilt

$$C = 2\,|c_{00}c_{11} - c_{01}c_{10}| = 0$$

mit der sogenannten *Concurrence* C, die die Ungleichung $0 \le C \le 1$ erfüllt.

Lösung: Zunächst vergewissern wir uns, dass die Aussage für den allgemeinen Produktzustand (12.13) erfüllt ist, denn dann ist $c_{00} = a_0b_0$, $c_{01} = a_0b_1$, $c_{10} = a_1b_0$, $c_{11} = a_1b_1$ und folglich

$$C = 2|c_{00}c_{11} - c_{01}c_{00}| = 2|a_0b_0a_1b_1 - a_0b_1a_1b_0| = 0\,. \tag{12.50}$$

Ist umgekehrt $C = 0$, dann gilt $c_{00}c_{11} = c_{01}c_{10}$. Wir bestimmen die Koeffizienten einer eventuell möglichen Produktdarstellung mit dem Ansatz $c_{00} = a_0b_0$, $c_{01} = a_0b_1$ und $c_{11} = a_1b_1$. Falls c_{01} ungleich null ist, gilt das auch für b_1 und mit $a_0 = \frac{c_{01}}{b_1}$, $a_1 = \frac{c_{11}}{b_1}$ finden wir

$$|a_0|^2 + |a_1|^2 = \frac{|c_{01}|^2 + |c_{11}|^2}{|b_1|^2} \stackrel{!}{=} 1 \;\Rightarrow\; b_1 = \sqrt{|c_{01}|^2 + |c_{11}|^2}\,. \tag{12.51}$$

Damit sind b_1, a_0 und a_1 bestimmt. Den verbleibende Koeffizienten wählen wir als

$$b_0 = \frac{c_{00}}{b_0} = \frac{c_{00}}{c_{01}}\,b_1 \tag{12.52}$$

und überprüfen noch die Normierung:

$$|b_0|^2 + |b_1|^2 = \frac{|c_{00}|^2}{|c_{01}|^2}|b_1|^2 + |b_1|^2 = \frac{|c_{00}|^2}{|c_{01}|^2}\left(|c_{01}|^2 + |c_{11}|^2\right) + |b_1|^2$$
$$= |c_{00}|^2 + \left|\frac{c_{00}c_{11}}{c_{01}}\right|^2 + |b_1|^2 = |c_{00}|^2 + |c_{10}|^2 + |c_{01}|^2 + |c_{11}|^2 = 1\,. \tag{12.53}$$

Falls $c_{01} = 0$ muss entweder gelten $c_{00} = 0$ oder $c_{11} = 0$. Im ersten Fall wählen wir $a_0 = 0$, $a_1 = 1$, $b_0 = c_{10}$, $b_1 = c_{11}$ und im zweiten Fall $b_1 = 0$, $b_0 = 1$, $a_0 = c_{00}$, $a_1 = c_{10}$.

Die angegebene Ungleichung ist fast trivial. Aus der Normierung folgt $|c_{jk}| \le 1$ für alle Koeffizienten und daher mithilfe der Dreiecksungleichung für komplexe Zahlen

$$0 \le |c_{00}c_{11} - c_{01}c_{00}| \le |c_{00}c_{11}| + |c_{01}c_{00}| \le 2\,. \tag{12.54}$$

Aufgabe 12.2 (Seite 297) : Zeigen Sie: Jede unitäre 2 × 2-Matrix lässt sich darstellen als $\mathbf{U} = \mathrm{e}^{\mathrm{i}\alpha}\mathbf{D}_z(\beta)\mathbf{D}_y(\gamma)\mathbf{D}_z(\delta)$.

Lösung: Eine unitäre 2 × 2-Matrix hat die allgemeine Form

$$\mathbf{U} = \mathrm{e}^{\mathrm{i}\chi}\begin{pmatrix} \mathrm{e}^{\mathrm{i}\varphi}\cos u & -\mathrm{e}^{\mathrm{i}\psi}\sin u \\ \mathrm{e}^{-\mathrm{i}\psi}\sin u & \mathrm{e}^{-\mathrm{i}\varphi}\cos u \end{pmatrix}. \tag{12.55}$$

Wenn wir andererseits das Produkt der Drehmatrizen aus der Aufgabe ausführen,

$$\mathbf{U} = \mathrm{e}^{\mathrm{i}\alpha}\begin{pmatrix} \mathrm{e}^{-\mathrm{i}\beta/2} & 0 \\ 0 & \mathrm{e}^{\mathrm{i}\beta/2} \end{pmatrix}\begin{pmatrix} \cos\frac{\gamma}{2} & -\sin\frac{\gamma}{2} \\ \sin\frac{\gamma}{2} & \cos\frac{\gamma}{2} \end{pmatrix}\begin{pmatrix} \mathrm{e}^{-\mathrm{i}\delta/2} & 0 \\ 0 & \mathrm{e}^{\mathrm{i}\delta/2} \end{pmatrix}, \tag{12.56}$$

dann erhalten wir

$$\mathbf{U} = \begin{pmatrix} \mathrm{e}^{\mathrm{i}(\alpha-\beta/2-\delta/2)}\cos\frac{\gamma}{2} & -\mathrm{e}^{\mathrm{i}(\alpha-\beta/2+\delta/2)}\sin\frac{\gamma}{2} \\ \mathrm{e}^{\mathrm{i}(\alpha+\beta/2-\delta/2)}\sin\frac{\gamma}{2} & \mathrm{e}^{\mathrm{i}(\alpha+\beta/2+\delta/2)}\cos\frac{\gamma}{2} \end{pmatrix} \tag{12.57}$$

in Übereinstimmung mit (12.55) für $u = \gamma/2$, $\chi = \alpha/2$, $\varphi = -\beta/2 - \delta/2$ und $\psi = -\beta/2 + \delta/2$.

Aufgabe 12.3 (Seite 299) : Stellen Sie, analog zu (12.26), eine Matrixdarstellung für das umgekehrte CNOT-Gatter auf und bestimmen Sie damit eine Matrix $\mathbf{U}_{\text{SWAP}}$ für das SWAP-Gatter.

Lösung: Bei dem vertauschten CNOT-Gatter ist das zweite Qubit das Kontroll-Qubit. Es operiert also wie

$$|00\rangle, |01\rangle, |10\rangle, |11\rangle \longrightarrow |00\rangle, |11\rangle, |10\rangle, |01\rangle\,, \tag{12.58}$$

oder in Matrixdarstellung als

$$\mathbf{U}_{\text{CN}'} = \begin{pmatrix} 1 & 0 & 0 & 0 \\ 0 & 0 & 0 & 1 \\ 0 & 0 & 1 & 0 \\ 0 & 1 & 0 & 0 \end{pmatrix}. \tag{12.59}$$

Mit den Matrizen $\mathbf{U}_{\text{CN}}$ aus (12.26) erhalten wir dann

$$\mathbf{U}_{\text{SWAP}} = \mathbf{U}_{\text{CN}}\mathbf{U}_{\text{CN}'}\mathbf{U}_{\text{CN}} = \begin{pmatrix} 1 & 0 & 0 & 0 \\ 0 & 1 & 0 & 0 \\ 0 & 0 & 0 & 1 \\ 0 & 0 & 1 & 0 \end{pmatrix}\begin{pmatrix} 1 & 0 & 0 & 0 \\ 0 & 0 & 0 & 1 \\ 0 & 0 & 1 & 0 \\ 0 & 1 & 0 & 0 \end{pmatrix}\begin{pmatrix} 1 & 0 & 0 & 0 \\ 0 & 1 & 0 & 0 \\ 0 & 0 & 0 & 1 \\ 0 & 0 & 1 & 0 \end{pmatrix}$$
$$= \begin{pmatrix} 1 & 0 & 0 & 0 \\ 0 & 1 & 0 & 0 \\ 0 & 0 & 0 & 1 \\ 0 & 0 & 1 & 0 \end{pmatrix}\begin{pmatrix} 1 & 0 & 0 & 0 \\ 0 & 0 & 1 & 0 \\ 0 & 0 & 0 & 1 \\ 0 & 1 & 0 & 0 \end{pmatrix} = \begin{pmatrix} 1 & 0 & 0 & 0 \\ 0 & 0 & 1 & 0 \\ 0 & 1 & 0 & 0 \\ 0 & 0 & 0 & 1 \end{pmatrix}. \tag{12.60}$$

Aufgabe 12.4 (Seite 303): Bestimmen Sie für $N = 4$ explizit die Quanten-Fouriertransformierten der Basiszustände $|00\rangle, \ldots, |11\rangle$ mithilfe der Formel (12.42) und vergewissern Sie sich von der Übereinstimmung mit (12.37) und (12.38).

Lösung: Nach Gleichung (12.42) gilt

$$|j_0 j_1\rangle \longrightarrow \tfrac{1}{2}\big(|0\rangle + \mathrm{e}^{2\pi\mathrm{i}0.j_2}|1\rangle\big)\big(|0\rangle + \mathrm{e}^{2\pi\mathrm{i}0.j_1 j_2}|1\rangle\big) \tag{12.61}$$

und daher mit $\omega = \mathrm{e}^{2\pi\mathrm{i}/4} = \mathrm{i}$

$$\begin{aligned}
|00\rangle &\longrightarrow \tfrac{1}{2}\big(|0\rangle + |1\rangle\big)\big(|0\rangle + |1\rangle\big) = \tfrac{1}{2}\big(|00\rangle + |01\rangle + |10\rangle + |11\rangle\big)\\
|01\rangle &\longrightarrow \tfrac{1}{2}\big(|0\rangle + \omega^2|1\rangle\big)\big(|0\rangle + \omega|1\rangle\big) = \tfrac{1}{2}\big(|00\rangle + \omega|01\rangle + \omega^2|10\rangle + \omega^3|11\rangle\big)\\
|10\rangle &\longrightarrow \tfrac{1}{2}\big(|0\rangle + |1\rangle\big)\big(|0\rangle + \omega^2|1\rangle\big) = \tfrac{1}{2}\big(|00\rangle + \omega^2|01\rangle + |10\rangle + \omega^2|11\rangle\big)\\
|11\rangle &\longrightarrow \tfrac{1}{2}\big(|0\rangle + \omega^2|1\rangle\big)\big(|0\rangle + \omega^3|1\rangle\big) = \tfrac{1}{2}\big(|00\rangle + \omega^3|01\rangle + \omega^2|10\rangle + \omega^5|11\rangle\big)
\end{aligned} \tag{12.62}$$

oder in Matrixdarstellung

$$\mathbf{U} = \frac{1}{2}\begin{pmatrix} 1 & 1 & 1 & 1\\ 1 & \omega & \omega^2 & \omega^3\\ 1 & \omega^2 & 1 & \omega^2\\ 1 & \omega^3 & \omega^2 & \omega^5 \end{pmatrix} = \frac{1}{2}\begin{pmatrix} 1 & 1 & 1 & 1\\ 1 & \mathrm{i} & -1 & -\mathrm{i}\\ 1 & -1 & 1 & -1\\ 1 & -\mathrm{i} & -1 & \mathrm{i} \end{pmatrix} \tag{12.63}$$

mit $\omega = \mathrm{i}$, genau wie in (12.38).

Aufgabe 12.5 (Seite 303): Für den einfachsten Fall $n = 2$ reichen also drei Gatter aus, ein R_2-Gatter, das mit dem oben beschriebenen S-Gatter übereinstimmt, und zwei Hadamard-Gatter, wie in Bild 12.6 dargestellt. Bitte nachprüfen!

Lösung:

$$\begin{aligned}
|00\rangle &\xrightarrow{\mathrm{H}} \tfrac{1}{\sqrt{2}}\big(|0\rangle + |1\rangle\big)|0\rangle \xrightarrow{\mathrm{CS}} \tfrac{1}{\sqrt{2}}\big(|0\rangle + |1\rangle\big)|0\rangle\\
&\xrightarrow{H} \tfrac{1}{2}\big(|0\rangle + |1\rangle\big)\big(|0\rangle + |1\rangle\big) = \tfrac{1}{2}\big(|00\rangle + |01\rangle + |10\rangle + |11\rangle\big)
\end{aligned} \tag{12.64}$$

$$\begin{aligned}
|01\rangle &\xrightarrow{\mathrm{H}} \tfrac{1}{\sqrt{2}}\big(|0\rangle + |1\rangle\big)|1\rangle \xrightarrow{\mathrm{CS}} \tfrac{1}{\sqrt{2}}\big(|0\rangle + \mathrm{i}|1\rangle\big)|1\rangle\\
&\xrightarrow{\mathrm{H}} \tfrac{1}{2}\big(|0\rangle + \mathrm{i}|1\rangle\big)\big(|0\rangle - |1\rangle\big) = \tfrac{1}{2}\big(|00\rangle - |01\rangle + \mathrm{i}|10\rangle - \mathrm{i}|11\rangle\big)
\end{aligned} \tag{12.65}$$

$$\begin{aligned}
|10\rangle &\xrightarrow{\mathrm{H}} \tfrac{1}{\sqrt{2}}\big(|0\rangle - |1\rangle\big)|0\rangle \xrightarrow{\mathrm{CS}} \tfrac{1}{\sqrt{2}}\big(|0\rangle - |1\rangle\big)|0\rangle\\
&\xrightarrow{\mathrm{H}} \tfrac{1}{2}\big(|0\rangle - |1\rangle\big)\big(|0\rangle + |1\rangle\big) = \tfrac{1}{2}\big(|00\rangle + |01\rangle - |10\rangle - |11\rangle\big)
\end{aligned} \tag{12.66}$$

$$\begin{aligned}
|11\rangle &\xrightarrow{\mathrm{H}} \tfrac{1}{\sqrt{2}}\big(|0\rangle - |1\rangle\big)|1\rangle \xrightarrow{\mathrm{CS}} \tfrac{1}{\sqrt{2}}\big(|0\rangle - \mathrm{i}|1\rangle\big)|1\rangle\\
&\xrightarrow{\mathrm{H}} \tfrac{1}{2}\big(|0\rangle - \mathrm{i}|1\rangle\big)\big(|0\rangle - |1\rangle\big) = \tfrac{1}{2}\big(|00\rangle - |01\rangle - \mathrm{i}|10\rangle + \mathrm{i}|11\rangle\big).
\end{aligned} \tag{12.67}$$

Das folgende SWAP-Gatter bewirkt nur eine Änderung bei der Transformation von $|01\rangle$ und $|10\rangle$ dieser Zustände, also

$$\tfrac{1}{2}\big(|00\rangle - |01\rangle + \mathrm{i}|10\rangle - \mathrm{i}|11\rangle\big) \xrightarrow{\mathrm{SWAP}} \tfrac{1}{2}\big(|00\rangle + \mathrm{i}|01\rangle - |10\rangle - \mathrm{i}|11\rangle\big) \tag{12.68}$$

$$\tfrac{1}{2}\big(|00\rangle + |01\rangle - |10\rangle - |11\rangle\big) \xrightarrow{\mathrm{SWAP}} \tfrac{1}{2}\big(|00\rangle - |01\rangle + |10\rangle - |11\rangle\big) \tag{12.69}$$

und wir erhalten genau die Quanten-Fouriertransformation aus Aufgabe 12.4.

Index